도시의 미래 탐구

한국도시지리학회 엮음

法 文 社

발간사

한국도시지리학회는 1997년 창립 이래 도시지리학을 비롯한 지리학계는 물론, 도시 관련 제 분야에서 비약적인 양적, 질적 발전을 거듭해 왔다. 이 결과 연구, 교육 및 정책 기여 등 여러 분야에서 탁월한 성과를 거두어 오늘날 명실상부한 국가 우수 학술단체로 성장하였다. 지난 28년 동안의 이러한 빛나는 업적은 전임 회장과 집행부 그리고 학회원이 혼연일체가 되어 뜨거운 열정과 헌신적인 노력을 다했기 때문이다.

특히, 우리 학회는 학술 및 연구 부문에서 도시지리학을 비롯한 도시 연구 전반에 걸쳐 다양한 이론과 접근을 소개하고 최신 분석 방법을 적용하여 한국 도시의 지리적 보편과 특수를 규명하는 데에 선도적인 역할을 해 왔다. 2000년에 출간한 『한국의 도시』는 국내 도시지리학 분야의 연구를 토대로 한국의 도시화 과정, 도시의 기능과 체계, 도시 내부 구조 등을 분석하여 도시 정책의 미래를 제시함은 물론 대도시권에 대한 입체적인 분석을 시도하여 큰 반향을 불러일으켰다. 2013년에는 『세계의 도시』를 번역, 출간하여 세계의 다양한 도시의 성장과 변화 양상을 국내에 소개하였다. 그리고 2020년에는 지리학과 지리교육을 비롯한 도시 관련 전공 학부생들을 위한 도시지리학 입문서인 『도시지리학개론』을 출간하여 도시지리학 분야의 후속세대 양성을 위한 학문적 초석을 놓았다.

이 책은 『도시지리학개론』 이후 5년 만에 출간하게 된 후속판이자 자매판으로서, 도시지리학 개론서에서 충분히 다루지 못했던 구체적이고 심층적인 내용을 포괄하면서도 보다 구체적이고 실증적인 접근과 방법을 소개하고 있다. 이 책의 집필진이 가급적 『도시지리학개론』의 집필진과 겹치지 않게 구성한 점도 이 책 내용과 구성의 새로움과 입체감을 더할 것이다. 당초에 이 책의 출간을 기획한 것은, 2022 개정 교육과정에 의해 고등학교 진로 선택 과목으로 신설된 《도시의 미래 탐구》가 현장에서 잘 가르쳐질 수 있게 도와야겠다는 일념에 의한 것이었다. 왜냐하면 대학의 교원양성과정이 이 교과목을 현장 선생님들이 효과적으로 가르치고 지도할 수 있게 운영되지도 않았을 뿐더러, 이 신설 교과목의 수업을 준비하는 데 참고할 수 있는 마땅한 학술 서적이 시중에 없는 상태이기 때문이다. 모쪼록 이 책이 이러한 출간의 목적에 부응하여 현장의 그리고 미래의 지리교사들에게 그 쓰임새에 맞게 다양하게 활용되어 지리교육의 발전과 미래 지리학도 양성에 보탬이 되기를 바란다.

5년 전 학회 부회장이자 편찬위원장으로서 『도시지리학개론』을 펴낸 경험이 있기에, 두세 명도 아닌 10여 명의 연구자를 모아서 이 책처럼 체계적이고 유기적으로 조직화 된 양질의 개론서를 펴내는 것이 얼마나 어려운 일인가를 잘 알고 있다. 해박한 지식과 축적된 연구 수행 경험은 당연하거니와, 인적자원의 효과적이고 공정한 배분 능력, 섬세한 인간관계의 기술과 협상력, 고도의 인내심과 탁월한 희생정신을 겸비하지 않고서는 감히 달성할 수 없기 때문이다. 이 책의 편찬위원장인 경북대의 조대헌 교수님은 이러한 모든 부분에서 조금의 부족함도 없다. 어리고 어렵던 학부생 시절 호형호제하고 동고동락하며 지냈던 것이 30년이 훌쩍 넘었음에도, 나는 그 시절 알고 있던 조대헌 교수님을 신뢰하여 이 막중한 임무를 부탁했고 어려운 상황에도 조 교수님은 이를 맡아 이처럼 훌륭하게 완수했다. 그래서 교수님에게는 감사의 말보다는 위대한 성취를 온전히 달성하였기에 축하한다는 말을 먼저 꺼내고 싶다. 그리고 편찬위원장님과 더불어 편찬위원으로서 1년 이상의 출간 여정에서 수고를 아끼지 않으신 공주대의 김종근 교수님과 경상대의 이성호 교수님, 전남대의 김수정 교수님께도 감사의 뜻을 전한다.

인류는 도시와 더불어 나타났기에 도시가 없는 인류는 존재할 수 없다. 이 자명한 사실은 미래에도 변함없을 것이다. 따라서 미래의 어떠한 기술적, 사회적, 정치적 변동에도 불구하고, 인류가 존속하는 한 도시지리를 배우고 가르치고 연구하는 일은 계속될 것이다. 모쪼록 이 자명한 사실을 깨닫고 도시의 미래를 탐구하려는 모든 독자에게 이 책이 즐겁고 유용하게 읽히기를 바란다.

2025년 12월 용봉동 연구실에서

한국도시지리학회 18대 회장 박경환

머리말

오늘날 인류는 그 어느 때보다 역동적인 도시화의 물결 속에 살고 있습니다. 도시는 경제, 사회, 문화, 정치 등 모든 영역에서 사람들의 삶이 이루어지는 터전으로 한편으로는 번영과 혁신을 이끌고 있지만 또 다른 한편으로는 도시 축소, 불평등, 기후 위기 등 여러 도전 과제를 안고 있습니다. 이와 같이 급변하는 환경 속에서 도시의 본질을 이해하고 더 나은 미래를 설계하는 일은 도시의 지속가능성에 있어 필수적인 과제가 되고 있습니다. 이러한 변화에 발맞추어 국제적으로는 UN 등을 중심으로 도시의 미래를 전망하고, 그에 대응하기 위한 여러 학술적, 정책적 논의가 활발히 전개되고 있습니다.

국내에서도 세계도시포럼 유치 및 개최 노력이 이어지고, 관련 학술도서의 출판도 잇따르고 있습니다. 더욱이 도시의 미래가 후속 세대와 직결되는 만큼 2022 개정 교육과정에 《도시의 미래 탐구》가 새로운 교과로 신설되기도 하였습니다. 이에 한국도시지리학회에서는 도시의 미래를 지리학적인 관점에서 다루는 학술도서의 편찬 필요성을 제기하였습니다. 본 저서는 이에 부응하여 미래 세대를 가르칠 예비 교사와 현직 교사, 그리고 도시를 전공하는 대학생들이 공간을 통해 도시의 미래를 입체적으로 조망할 수 있는 길잡이를 제공하고자 기획되었습니다.

도시의 미래를 지리학적인 관점으로 탐구하고자 하는 이 책의 주요 내용은 도시의 변화 특성에서부터 바람직한 도시의 미래까지 총 13장으로 구성되어 있습니다.

제1장부터 제3장까지는 변화하는 도시의 특성을 도시화의 과정, 도시 간 상호작용에 의한 도시 체계의 변화, 도시 공간 구조의 재구성을 중심으로 다룹니다. 제4장과 제5장에서는 도시의 경제에 초점을 두어 탈산업화와 서비스 경제로의 이행에 따른 도시 경제의 재구조화 및 세계경제변화와 도시 간의 연관성을 살펴봅니다. 제6장에서 제8장까지는 도시의 사회, 문화에 초점을 두는

데, 제6장은 아파트 공화국과 주거비 부담 등 한국 사회의 핵심 화두인 부동산과 주거 문제를 조명합니다. 제7장과 제8장은 국제 이주와 다문화 공간이 만드는 도시의 다양성과, 건축 및 경관을 통해 형상화되는 도시 이미지와 브랜딩을 탐구합니다. 제9장부터 제11장은 스마트 모빌리티와 같은 첨단 기술에 의한 도시 변화, 도시 정의와 도시에 대한 권리를 실현하는 도시 정치 및 거버넌스, 그리고 기후 변화에 대응하는 도시의 지속가능성과 회복력을 중점적으로 다룹니다. 마지막으로 제12장은 2022 개정 교육과정과의 연계성을 바탕으로 도시의 미래를 둘러싼 교육의 지향점을 논하고, 제13장은 앞의 논의들을 종합하여 모두를 위한 살기 좋은 도시의 미래를 전망하며 마무리합니다.

본 저서는 집필 방향에 있어 몇 가지 뚜렷한 원칙을 견지했습니다. 먼저, 고등학교 '도시의 미래 탐구' 교육과정의 주요 내용 요소를 충실히 반영하되, 이를 대학 수준에서 심화 학습할 수 있도록 교과내용학적 전문성을 강화했습니다. 기존의 도시지리학 개론서와 연계성은 가지되 새로운 주제와 관점을 가질 수 있도록 내용 중복은 최소화하려 노력했습니다. 또한, 추상적인 이론이나 개념에 그치지 않고 구체적인 사례들을 적극적으로 활용하여 오늘날 도시가 직면한 현실적인 쟁점을 생생히 다루되 미래에 대한 전망을 함께 모색하고자 했습니다. 특히 중등 교육현장과 긴밀히 연계되도록 중등 지리교사들과 협업하였는데, 교사들이 별도로 집필하는 사례 중심의 교양서와 내용적으로 연계될 수 있도록 하였습니다.

이 책이 세상에 나오기까지는 약 2년에 걸친 준비와 집필 과정이 있었습니다. 2024년 한국도시지리학회는 본 저서의 편찬을 주요 학술 과제로 결정하였으며, 그 해 5월 4인의 편찬위원회가 구성되었습니다. 편찬위원회에서는 국가교육과정분석, 기존 학술 도서 및 최신 연구 동향 검토 등을 토대로 전체 장의 구성과 각 장의 주요 내용을 기획하였습니다. 이를 토대로 각 장에 적절한 집필진을 구성하였는데, 전공 분야, 지역과 대학, 성별 등을 고려하고 동시에 『도시지리학개론』 집필진과는 중복을 최소화함으로서 새로운 관점을 제시하고자 하였습니다. 장에 따라서는 개인 사정으로 참여하지 못하는 분들이 계셔서 집필진을 확정하는 데 상당한 시간이 소요되었습니다. 이 과정에서 훌륭한 전문성과 역량을 보유하고 계심에도 불구하고 모시지 못한 분들께는 죄송하기 그지없습니다.

2024년 8월 집필진이 확정되었으며, 전체 집필진과의 회의를 통해 세부 집필 방향과 내용 구성에 대해 논의한 후 본격적인 집필이 이루어졌습니다. 2024년 12월에는 한국지리환경교육학회와 공동으로 개최된 한국도시지리학회 학술대회에서 집필 경과에 대한 보고와 토론이 있었습니다. 하지만 집필 과정에서 여러 사정으로 인해 내용 변경이나 집필진 교체를 고민하던 시기도 있었습니다. 우여곡절 끝에 2025년 6월 1차 초고를 완성한 이후, 편찬위원회의 면밀한 검토와 두 차례에 걸친 수정 및 보완 과정이 있었습니다. 그 후 출판사 편집부를 통한 편집과 편찬위원회 및 저자 교정, 재검토 등의 작업을 거쳐 비로소 현재의 모습을 갖추게 되었습니다.

아쉬운 점도 많이 있습니다. 중등 교육과정을 우선적으로 고려하다보니 도시의 미래와 관련된 방대한 학술적 논의를 모두 담아내는 데에는 물리적 한계가 명확했습니다. 각 주제마다 더 깊이 있는 논의가 필요함에도 불구하고 교재로서의 균형을 유지하기 위해 절제해야 했던 부분들도 많습니다. 중등 학교 현장에 계신 선생님들과 의견을 나누며 집필했다는 의미는 있습니다만 별도로 책을 집필하다보니 심도 있는 토론은 하지 못했습니다. 이 모두는 실로 편찬위원회의 부족한 역량 때문임을 해량하여 주시기 바랍니다. 미처 다루지 못한 주제와 논의, 학교 현장과의 협업은 새로운 집필진과 함께 후속으로 이어가야 할 숙제로 남기게 되었습니다.

마지막으로 이 책이 완성될 수 있도록 큰 힘을 보태주신 많은 분께 깊은 감사의 인사를 전합니다. 무엇보다 탁월한 추진력으로 이 프로젝트를 이끌어 주신 박경환 제18대 한국도시지리학회장님과 바쁜 학사 일정 중에도 편찬위원회의 까다로운 요구와 수정 의견을 기꺼이 수용하며 집필에 매진해주신 모든 집필진께 경의를 표합니다. 이 책이 무사히 출판되도록 관심가져주시고 격려해주신 한국도시지리학회 모든 회원님들께도 감사의 말씀을 드립니다. 또한, 복잡한 원고를 꼼꼼히 잘 정리해 주시고 읽기 편한 책으로 만들어주신 출판사 편집부의 배은영 선생님 등 관계자 여러분의 노고에도 깊이 감사드립니다. 끝으로, 학교 현장의 목소리를 더 깊게 담은 책이 동시에 출간될 수 있도록 함께 해주신 지리 선생님들께도 고맙다는 말씀을 드립니다.

이 책이 도시의 오늘을 고민하는 모든 분들께 새로운 통찰을 주는 작은 창이 되기를 바랍니다. 나아가 그 창을 통해 도시의 미래를 전망하고 토론함으로써 더욱 포용적이고 지속 가능한 도시의 미래를 만드는 데 밑거름이 되기를 소망합니다.

2025년 12월 도시의 미래 탐구 편찬위원회
경북대 조대헌
전남대 김수정
국립공주대 김종근
경상국립대 이성호

차례

제1장 변화하는 도시

제2장 도시간 상호작용과 도시체계

제3장 도시 공간 구조의 재구성

제4장 도시 경제의 재구조화

제5장 글로벌 경제와 도시의 불균등결합발전

제6장 도시의 거주공간과 부동산

제7장 도시의 다양성

제8장 도시 건축과 이미지

제9장 도시 모빌리티의 전환

제10장 도시의 공공성과 도시정치

제11장 도시의 지속가능성과 회복력

제12장 도시의 미래와 교육

제13장 도시의 삶과 지속가능한 도시

표차례

그림차례

제 1 장

변화하는 도시

| 조대헌 |

1. 도시와 도시 탐구
2. 도시화 과정
3. 다양하게 변화하는 도시

제 1 장

변화하는 도시

1. 도시와 도시 탐구

(1) 도시 정의하기

1) 도시는 어떻게 정의될 수 있는가?

도시지리학을 포함해 도시를 다루는 학계에서는 도시가 적어도 수천 년 전에 등장했다는 데에 이견을 보이지 않는다. 또한 그 이후 수많은 도시가 새로 생겨나고 성장하였으며, 오늘날에는 대부분의 사람들이 도시에 거주한다는 점도 의심하지 않는다. 2010년 UN에서 발표한 2009년 기준 세계 도시화 전망 보고서(World Urbanization Prospects: The 2009 Revision)에 따르면 2009년을 기점으로 전 세계 인구는 촌락보다 도시에 더 많이 거주하게 되었다. 우리나라는 국가통계포털(KOSIS)에 의하면 같은 해 총인구 중 도시 거주 인구의 비율, 즉 도시화율이 약 90%에 달하고 있다. 이러한 발표는 도시에 대한 정의를 전제로 하지만 도시가 정확히 무엇을 의미하는가에 대한 답은 여전히 쉽지 않고, 단일한 합의를 이루었다고 보기도 어렵다. 인간의 정주 형태인 취락이 매우 다양한 속성을 가지고 있을 뿐만 아니라 지리적으로, 시간적으로 변이가 크게 나타나기 때문에 그 어려움은 더욱 가중된다. 최근에 일부 학자들은 도시 인구가 점점 더 많아지고 장소들 간에 생활 방식 또한 유사해지면서 도시를 별도로 구분해 파악하는 것이 가능한지, 혹은 필요한 것인지에 대해 의문을 제기하기도 하였다.

그럼에도 실용적인 면에서, 그리고 개념적이고 이론적인 면에서 도시를 규정하고 정의하기 위한 시도는 지속되고 있다. 도시의 개념에 대한 학술적인 논의는 19세기 후반~20세기 초반 산업화와 함께 도시화가 두드러지게 진행되면서부터 활발해졌다. 도시는 인구와 경제, 문화, 정치 등의 중심지라는 아주 포괄적이고 추상적인 형태의 진술부터 지리학, 경제학, 사회학, 행정학, 정치학 등 관련 분야마다의 특성을 반영한 진술에 이르기까지 다양하다. 하지만 이런 학술적 논의 이전부터 사람들은 일상적 경험을 통해, 혹은 실용적인 목적을 위해 인구나 형태, 기능 등의 측면에서 도시로 간주할 수 있는 것들을 구분하여 명명하려는 시도를 해왔다. 서구의 city나 town, 우리나라의 읍(邑)이나 시(市) 등이 그에 해당한다. 도시적 정주지들이 갖는 일반적인 특성에 대한 논의는 19세기 후반부터 이루어지기 시작했다. 대표적인 관련 학자들로는 마르크스(K. Marx), 베버(M. Weber), 뒤르켐(E. Durkheim), 짐멜(G. Simmel), 워스(L. Wirth) 등을 들 수 있다. 예를 들어 베버는 시장 중심의 경제 활동과 자치권을 갖는 시민 공동체로 도시를 개념화하였다(Martindale and Neuwirth, 1958).

이런 논의들은 도시 개념에 대해 지표상에서 드러나는 분포 특성은 물론 도시의 기능이나 사회관계적 특성에 주목하였다. 초기의 논의들은 적어도 암묵적으로 도시가 촌락에 비해 그 특성이 뚜렷이 구분되는 것으로 간주하였다. 이질적인 특성을 갖는 인구가 밀도 있게 큰 규모로 집단을 이룬다는 점(집단성), 경제 활동 면에서 비농업이 큰 비중을 차지한다는 점(비농업성), 그리고 주변의 배후지나 다른 도시와의 상호작용의 거점이 된다는 점(결절성) 등이 대표적인 차이점으로 지적되어 왔다(한국도시지리학회, 2020). 주민의 대부분이 촌락에 거주하면서 도시가 성장하던 시기에 인구나 건조 환경, 기능 등의 측면에서 도시와 촌락 간의 구별은 명확하고 단순한 것으로 인식되었다. 예를 들어 중세 유럽의 도시는 성벽에 의해 촌락과 구분되고, 상공업과 같은 경제 활동의 중심지이자 자치 조직과 체계를 갖춘 정치적 중심지로 간주되었다. 따라서 도시를 촌락과 뚜렷이 대비된다고 보는 '도시-촌락 이분법'적 인식이 자리잡기도 하였다.

하지만 도시화가 진전되고 사회가 복잡해지면서 도시와 촌락 간에 명확한 구분이 가능한 것인가에 대한 의문이 제기되면서 도시-촌락 연속체(rural-urban continuum) 개념이 더 타당하다는 관점이 대두되었다. 도시-촌락 연속체 개념은 지리적 특성이나 사회적 특성 등 여러 측면에서 다루어질 수 있다. 지리적인 면에서는 완연한 촌락에서부터 완연한 도시 간에 공간적 특성이 조금씩 다른 취락들이 연속적으로 존재하는 것으로 보았다. 지표상에서 도시와 촌락 간에 절대적이고 고정적인 경계는 존재하지 않으며, 그 경계를 설정하는 것이 하나의 과제가 되는 것으로 인식하였다. 사회적인 면에서는 사회관계나 생활 방식이 촌락적인 것에서부터 도시적인 것에 이르기까지 연속적으로 나타나는 것으로 보았다. 예를 들어 워스는 삶의 양식에 주목하여 도시에서의 삶과 촌락에서의 삶 간에는 분절적이기보다는 연속적인 변이가 있음을 주장하며 규모, 밀도, 이질성과 같은 양적 요소가 강해지면서 도시적 생활 양식이 두드러지는 것으로 설명하였다(Wirth, 1938).

하지만 도시-촌락 연속체 개념도 상호 간의 단순한 대비에 머물러 복잡하고 다양한 측면을 고려하지 못한다는 비판을 받기도 하였다. 예를 들어 도시 내에 농촌적 공동체가 존재하거나 농촌에서 도시적 생활 양식이 존재하는 경우, 농촌에 거주하면서 도시 직장에서 일하는 경우가 존재할 수 있다. 또한 인구 규모는 도시에 가깝지만, 경제면에서는 촌락에 가까운 것과 같이 도시에 관련된 속성들의 수준이 서로 상이할 수도 있어 연속체 개념만으로는 불충분하다는 지적이었다(Pahl, 1966).

이러한 논의들은 대체로 도시를 지리적인 면이나 사회적인 면에서 독자적인 실체로 간주해 왔다. 위에서 예를 든 워스는 도시지리학의 발전에 큰 영향을 끼친 시카고학파의 일원으로, 도시가 거주민의 사회적 삶에 환경적으로 영향을 미치는 독립적 실체라는 관점을 보였다. 하지만 20세기 중반에는 조금 다른 면에서 도시적인 것의 본질을 다루는 논의들이 등장하였다. 비판적 도시이론의 입장에 있는 카스텔(M. Castells), 하비(D. Harvey), 르페브르(H. Lefebvre)등이 대표적인 관련 학자들이다. 이들은 독자적으로 존재하는 도시를 상정하기보다는 더 넓은 맥락의 사회 과정으로 도시를 개념화한다. 즉, 이들은 자본주의와 같은 사회관계의 실행 과정, 그리고 그 결과로 발현되는 '도시적인 것'에 관심을 두었는데, 이것은 도시라고 간주하는 곳의 경계와는 무관하게 나타날 수 있다. 더 최근에는 다양성으로 가득 차 있는 도시는 고정된 의미를 갖지 않으며, 맥락에 따라 달리 해석, 재현될 수 있다는 포스트모더니즘 혹은 포스트구조주의적 사고가 발전하기도 하였다. 하지만, 이러한 논의에도 불구하고 도시는 촌락과 구분되고 독자적인 공간적 영역을 가진다는 사고는 여전히 존재하고 있으며, 도시계획과 같이 실무적인 필요에 따라 도시와 촌락을 구분하는 경우도 많음을 부정하기 어렵다. 따라서 도시에 대한 정의는 하나의 정답을 갖는 문제라기 보다는 앞으로도 지속적으로 탐구해야 할 과제라 할 수 있다.

2) 지리적 개체로서의 도시 정의하기

도시가 무엇인가에 대한 정의는 쉽지 않지만, 도시적인 특성이 드러나는 범위라는 측면에서 도시적인 장소를 정의하려는 노력은 상당히 구체적으로 이루어져 왔다. 이런 시도는 인구나 기능, 경관 등의 측면에서 도시적 공간 단위를 식별하고자 하는 것으로 학술 연구는 물론 행정 등 실용적인 측면에서도 이루어지고 있다. 이는 적어도 도시가 촌락과 동일하지 않다는 것을 전제로 하여 지표 상에서 지리적으로 구분되는 구역이라는 개체로서의 도시를 정의하고자 한다.

지리적 개체로서 도시를 규정하기 위해 사람들의 주관적인 인식에 기초할 수도 있지만 일반적으로는 구역의 특성을 보여주는 양적인 지표를 활용한다. 흔히 인구, 인구 밀도, 산업 구조, 행정구역, 장소 간의 기능 관계 등이 사용된다. 어떤 지표를 사용할 것인가는 해당 국가나 지역에 따라 상이하다. UN에서 발표하는 세계 도시화 전망 보고서에는 각 국가에서 사용하는 도시 설정의 기준이 제시되어 있다. 2018년 기준 보고서에 의하면 인구 규모 및 밀도, 행정적 기준을 사용하는 국가가 가장 많은데 행정적 기준과 인구를 동시에 고려하는 것과 같이 둘 이상의 기준을 적용하는 경우도 다수를 차지한다. 우리나라의 경우 정부 차원에서 도시에 대한 별도의 정의를 두고 있지 않지만, 행정 단위인 시와 읍을 규정함에 있어 인구 규모 및 인구 분포(시가지 내 인구 비율), 산업 등을 종합적으로 고려하고 있다. 국가 간에 채택하는 기준도 다르지만 그 기준에 대한 임계 값 설정도 상이하다. UN의 도시화 전망 보고서에 따르면 인구 수를 기준으로 채택한 국가들간에 도시 설정의 하한 인구는 최소 200명에서 최대 5만명에 이르기까지 다양하게 나타나고 있다.

도시를 규정함에 있어 공간적 범위를 설정하는 기준 역시 다양한 방식이 가능하다. 일반적으로 행정구역 경계에 의존하지만 이는 실제 도시화된 구역의 경계, 즉 지리적 시와 일치하지 않을 수 있다. 시가지가 행정구역의 경계를 넘어 주변으로 확장되었지만 인접 행정구역이 도시 기준에 미치지 못하는 경우 실질적으로는 도시화가 진전되었음에도 불구하고 이를 과소평가할 수 있다. 또한 시가화되어 있지는 않지만 도시와 밀접하게 연계되어 있는 도시 주변을 도시와 구분하는 것이 불합리하다는 주장도 존재한다. 상기 UN의 도시화 전망 보고서에는 도시의 경계를 설정함에 있어 행정구역(City proper), 고밀도 시가지의 연속체(Urban agglomeration), 대도시권(Metropolitan area)을 혼용하였다.

이상의 상황을 종합해 보면 국가나 지역마다 필요에 의해서 상이한 도시의 기준을 가질 수 있는데, 이 경우 상호 비교가 어려워지는 문제가 야기된다. 이와 관련해 2020년 UN 통계위원회에서는 다수의 국제기구가 참여하여 개발한 "DEGURBA"(Degree of urbanisation, 도시화도)라 불리는 새로운 도시 설정 기준을 공표하였다. 이 방법은 국제적으로 일관성 있는 도시 설정을 위해 지리적 시의 개념을 보다 충실히 반영하는 방식을 택하였다. 예를 들어 우리나라에서 시 수준에 해당하는 것으로 볼 수 있는 "도시(City)"는 고밀 시가지를 포함하는 행정구역(경우에 따라서는 둘 이상의 연속체)으로 규정될 수 있는데 구체적인 설정 절차를 정리하면 다음과 같다.

DEGURBA는 1㎢ 크기의 셀로 구성된 인구 그리드 데이터를 사용한다. 우선 인구밀도가 1,500명/㎢ 이상인 셀들을 찾고, 이들의 공간적 연속체를 구역으로 설정하여 인구수를 산정한다. 이때 인구가 5만 명 이상인 구역을 "도심(Urban center)"으로 설정하고, 이를 하위 구역(행정구역이나 통계구역 등)과 중첩한다. 이때 적용하는 하위 구역의 수준은 원칙적으로 소규모 단위로 한다. 이 하위 구역 인구의 50%가 앞서 파악한 도심 내에 포함된다면 그 하위 구역은 도시에 포함된다. 즉 도시는 인구의 50% 이상이 도심에 거주하는 하위 구역, 혹은 그들의 연속체로 정의된다. 우리나라를 예로 들자면 읍면동을 최소 단위로 사용할 경우 서울과 그 인접 시의 읍면동은 대부분 도시에 속할 것이다. 여기서 상위 구역을 고려하면 앞서 파악된 도시를 시(특별시, 광역

【그림 1-1】 DEGURBA에 의한 도시(City) 설정 방법

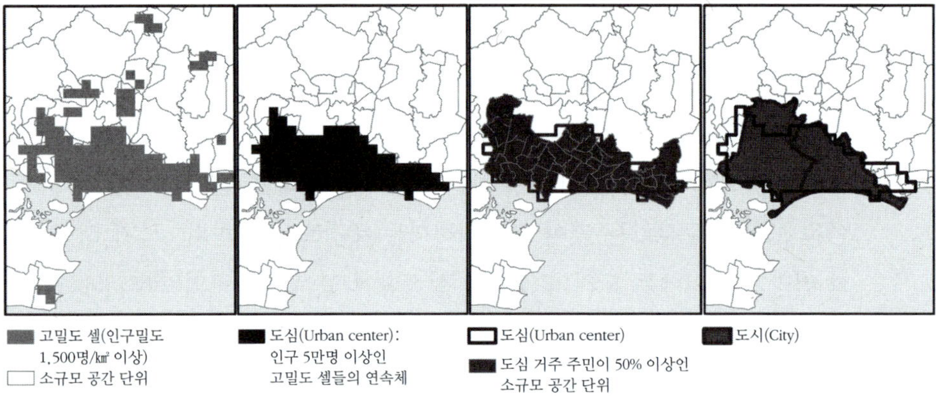

출처: European Union *et al.*,(2021, 58).

주) 고밀도 셀의 연속체를 설정하는 과정과 주민 50% 이상인 소규모 구역들로부터 도시(City)를 설정하는 과정에서 누락을 채우는 과정(gap-filling process)을 적용한 결과를 보여준다. 도시(City)의 경우 개별 소규모 공간 단위마다 도시로 규정하기 보다는 상위 경계를 고려하여 두 개의 도시로 설정한 사례에 해당한다.

시, 일반 시) 경계에 따라 세분할 수도 있을 것이다. 하지만 읍면동과 같은 정도의 소규모 단위로 도시 경계를 설정하면 지방자치단체의 행정구역과 불일치하는 문제가 발생할 수 있다. 이 경우 보다 상위의 단위를 적용할 수 있는데, 우리나라 통계청은 시군구를 기본 단위로 할 경우 전국 250개 시군구 중 169개가 도시(도시 127개, 준도시 42개)에 속하는 것으로 분석한 바 있다(남상민 등, 2024). 이렇게 구역 수준에서 파악되는 취락의 유형은 도시와 촌락이라는 이분법 보다는 연속체 개념에 충실하기 위해 셀의 밀도 및 연속체의 인구 규모에 따라 7개 수준으로 세분된다. City, Dense town, Semi-dense town, Suburban or peri-urban area, Village, Dispersed rural area, Mostly unhabitated area가 그것이다. 예를 들어 인구밀도가 1,500명/㎢ 이상인 셀들의 연속체에 속하는 인구가 5,000~50,000명인 클러스터(Dense urban cluster)에 주민 50% 이상이 거주하는 경우는 Dense town으로 구분된다. 7개 유형 가운데 City 수준에 미치지 못하는 3가지 유형(Dense town, Semi-dense town, Suburban or peri-urban area)은 준도시로, 나머지 3가지 유형은 촌락(농촌)으로 구분한다.

도시와 도시에 인접한 주변 지역이 사회경제적으로 밀접하게 연결되어 있어 서로 분리하기 어렵다면 기능지역에 해당하는 도시지역의 설정이 필요하다. 이와 관련하여 상기의 DEGURBA처럼 EU와 OECD를 중심으로 국제적인 비교를 위한 기능적 도시지역(Functional Urban Area, FUA)의 설정 방법이 제안되었다(Dijkstra *et al.*, 2019). 이 방법의 첫 단계는 DEGURBA에서 제시한 것과 동일한 절차로 도심을 파악한 후 도시를 규정하는 것이다. 그 다음 단계에서는 인근 구역들 중 인구의 15% 이상이 해당 도시로 통근하는 구역을 파악해 통근 지역(commuting zone)으로 설정한다. 마지막으로 통근 지역에 해당하는 경계를 각 도시에 대한 기능적 도시지역의 범위로 설정하되 공간적 연속성을 가지도록 일부 조정한다. 이렇게 파악된 기능적 도시지역은 2015년 기준 전 세계 8,790개가 존재하였고, 전 세계 인구의 54%(약 39억 명)가 FUA에, 이 중 17%는 통근 지역에 거주하는 것으로 분석되었다(Veneri *et al.*, 2021).

(2) 도시 탐구

1) 도시 탐구의 의미

전 세계적으로 산업혁명 이후 빠르게 변화하고 있는 도시의 모습에 대해 다양한 관점과 인식이 혼재하지만 오늘날 도시는 대부분 사람들의 삶에 있어 매우 중요한 기반이 되고 있다. 도시는 과학기술 등 혁신의 거점으로써 생산과 소비 등 경제 성장, 건축물이나 교통시설과 같은 도시 인프라 및 서비스 제공, 도시 문화의 발전 등 여러 면에서 사람들의 삶을 크게 개선하였지만, 환경오염이나 빈곤, 질병으로 사람들의 생존을 위협하기도 하였다. 2019년부터 전 세계에 걸쳐 수년간 지속되었던 COVID-19 팬데믹으로 도시에서의 사회적 교류가 차단되기도 하였으며, 기후 변화로 빈곤층부터 재앙을 겪게 될 것이란 위기감이 고조되고 있다.

이와 같은 거시적인 면에서의 변화와 함께 도시가 가진 저마다의 특성은 시민들의 일상 속에서 교육, 고용, 부, 이동성, 사회적 관계, 건강 등 삶의 질이라는 측면에서 다양한 효과를 낳는다. 예를 들어 도시가 가진 경제적 기회와 정주 기반은 출산에 대한 인식과 행위에 영향을 미치고, 태어난 아이들의 삶은 도시가 가진 보육 서비스에 의존하게 된다. 교육 기회의 제공이나 사회 정치적 특성은 사회화 과정에 영향을 미친다. 즉, 도시에서의 삶은 그 도시가 지금까지 만들어 온 제도나 자원을 토대로 하는데, 주목해야 할 점은 이 모든 과정이 공간적 차원을 가진다는 것이다. 도시의 자연지리적 조건은 물론 물리적 인프라, 경제나 인적 자원, 정치권력, 정보나 지식, 사회적 관계망은 특정한 방식으로 공간 상에 배열되거나 구조를 형성해 시민들의 행위에 영향을 미친다. 도시마다 이런 특성은 상이하므로 도시가 가진 맥락에 따라 사람들의 상호작용이나 인식, 행동 방식 등이 다르게 나타날 수 있다. 그런데 이러한 도시적 특성은 시민들의 성찰과 의지, 역량을 통해 구축되거나 변화할 수 있다는 점도 잘 인식할 필요가 있다. 일상의 반복을 통해 기존의 구조가 재생산되기도 하지만 때로는 새로운 아이디어와 실천을 통해 구조가 변화하거나 새로 만들어지기도 한다. 결과적으로 모든 도시는 각 도시가 겪어온 복잡한 도시화의 과정을 반영하여 그 도시만의 특성, 그 도시만의 생활 양식으로 귀결된다.

도시적 생활 양식이라는 말의 의미는 상당히 포괄적인데, 이와 관련하여 도시지리학 등에서는 도시성, 도시주의 등으로 번역되는 어바니즘(urbanism)이라는 개념이 사용되고 있다. 이 개념은 도시 사람들의 사회적 상호작용이나 생활 양식(또는 삶의 방식), 혹은 그에 대한 연구, 나아가 그와 관련된 규범이나 철학 등의 의미로 다양하게 사용된다. 도시화와 관련해서는 생활 양식으로서의 어바니즘, 그 중에서도 워스의 개념이 가장 큰 주목을 받았다. 그는 산업화에 따른 도시화가 빠르게 진행되던 20세기 초 규모나 밀도, 이질성과 같은 생태학적 요소가 전통 촌락의 도덕적 사회질서를 해체하고 도시적 사회관계와 생활 방식을 촉진한다고 보았다. 이처럼 생활 양식으로서의 어바니즘은 도시라는 공간적 특성이 집합적인 측면에서 사람들의 삶에 영향을 미치는 방식에 대한 관점으로 이해될 수 있다. 즉, 산업화된 도시, 혹은 탈산업화된 도시, 나아가 15분 동네처럼 특정 도시 속에서 다수의 사람들이 공통적으로 겪게 되는 삶의 방식과 주로 관련된다. 어바니즘과 더불어 일상적으로 많이 사용하는 개념으로 라이프스타일이라는 표현을 들 수 있다. 이는 주로 개개인의 측면에서 가치관 등에 따라 선택적으로 이루어지는 생활 방식을 의미할 때가 많다. 예를 들어 일하는 방식, 주거 형태, 교통수단 이용, 소비나 문화적 취향 등과 같이 각 도시에서 개인의 특성에 따라 선택된 생활 방식으로 이해할 수 있다.

이처럼 도시가 가진 특성은 도시민 전체, 혹은 개개인의 삶에 다양한 방식으로 영향을 끼치고 있다. 따라서 도시에 대한 탐구 역시 산업화 이후 꾸준히 이어지고 있는데, 이는 기존의 도시 구조나 제도, 자원에 대한 성찰을 통해 보다 나은 도시성과 삶의 방식을 형성하는데 기여한다는 점에서 매우 가치롭다. 학술적인 의미에서 탐구란 새로운 지식의 창출, 문제 해결 및 의사결정 등을 위해 질문을 던지고 근거에 기반하여 답을 찾아가는 일련의 체계적, 논리적 활동이라고 할 수 있다. 도시 탐구는 '환경오염'과 같은 현실적인 문제를 해결하고자 할 뿐만 아니라 도시가 어떻게 변화해 왔는지, 도시에서 무슨 일이 일어나고 있는지, 도시는 어떤 과정으로 작동하는지, 도시의 본성은 무엇인지, 더 나은 도시를 위해서는 어떻게 해야 하는지와 같은 다양한 의제를 다루고 있다.

도시에 대한 탐구는 지리학을 포함해, 경제학, 사회학, 행정학, 정치학, 도시계획학 등 여러 학문 분야를 중심으로 이루어지고 있다. 이 분야마다 탐구의 초점이 상이할 뿐만 아니라 시대에 따라 도시의 양상이 달라지며 탐구 문제 또한 변화해 갔다. 20세기 초에는 서구 산업도시에 대한 탐구가 주되었는데, 대표적으로 시카고 학파는 도시화가 급속히 진행되던 시기에 생태학적인 관점에서 사회 집단간 상호작용을 통해 이루어지는 주거 패턴이나 도시적 생활 양식 등에 관심을 가졌다. 20세기 중반에는 실증주의적 관점에서 과학적, 계량적 방법을 통해 경험적으로 파악되는 도시 현상에 주목하였는데, 특히 공간 조직과 패턴을 설명하고 모델화하려 시도하였다. 이어 1960년대 후반 및 1970년대부터는 도시에서의 사회적 측면, 혹은 도시와 사회 간의 연관성에 대한 탐구가 빠르게 늘어났다. 구조주의적 관점에서는 자본주의라는 보다 큰 체제 내에서 도시 공간의 형성과 변화, 그 과정에서 사회적, 공간적 불평등의 형성 등을 밝히고자 시도하였다. 경제적인 측면 이외에도 젠더, 민족이나 인종, 장애 등 다양한 측면에서의 불평등이나 갈등을 탐구하였다. 1990년대 이후에는 매우 다양한 탐구 문제가 다루어졌다. 특히 1970년대 이후의 자본주의 경제 변화, 세계화, 정보화 등과 연결되는 세계도시, 후기산업도시, 포스트모던 도시의 사회문화적·공간적 특성에 대한 관심이 크게 늘어났다.

21세기로 접어든 현시점에서 도시는 한편으로는 발전하고 있지만 다른 한편으로는 여러 도전 과제를 낳고 있다. 오늘날 대부분의 도시는 자연환경을 잘 유지 관리하면서도 경제적 번영과 사회 통합을 함께 이루어 지속가능한 발전을 추구해야 하는 시점에 있다. 도시마다 처한 상황이 상이하며, 도시 내에서도 다양한 집단들이 저마다의 목소리를 내고 있다. 도시 탐구는 이처럼 복잡하고 다층적으로 변화해 가는 도시가 현재 직면하고 있는 문제에 그치지 않고 미래에 대한 전망을 통해 더 나은 도시를 만들어 나감에 있어 필수적인 학문적, 실천적 노력의 과정이라 할 수 있다.

2) 도시 탐구 어떻게 할 것인가?

오늘날 도시는 곧 사회 전체라고 해도 과언이 아니며, 따라서 여러 분야에서 다양한 방식으로 도시 탐구가 이루어져 왔다. 지리를 중심으로 인구, 경제, 사회, 문화, 교통, 기술(정보), 환경, 정치, 행정, 계획 등의 분야에서 각기 고유한 관점을 택하기도 하고, 융합적이고 종합적인 측면에서 도시를 탐구하기도 한다. 인구 분야는 인구 규모나 구조, 그와 직결되는 가구, 주택 등이 도시 및 도시민에 미치는 영향을 탐구하고자 한다. 사회적 측면에서는 개인과 집단(공동체)의 행동 양식과 상호작용, 사회 계층 및 구조 등의 이슈를 다룬다. 경제학적 접근에서는 도시 경제 및 산업의 성장이나 고용 등의 이슈를, 정치학적 접근에서는 권력 및 정책 결정 과정을 탐구한다. 최근에 크게 주목받고 있는 정보기술 및 환경 분야에서는 빅데이터, 인공지능 등에 기초한 기술적 도시 관리, 그리고 도시 환경의 지속가능성 제고에 초점을 둔다. 각각의 접근들은 독립적으로 이루어지기도 하지만 도시 문제가 점점 복잡해지면서 통합적인 접근에 대한 요구가 커지고 있다.

이처럼 도시의 다양한 측면을 고려함에 있어 공간성을 토대로 하는 것이 매우 중요하다는 인식이 높아지고 있다. 모든 도시는 서로 다른 지리적 조건에 놓여 있을 뿐만 아니라 도시를 구성하는 개별 요소들 역시 특정 위치를 기반으로 존재하며 또 상호 연관되어 있다. 즉, 도시에서 개인, 가구, 기업, 공공기관, 각종 시설물, 동식물 등은 특정 장소를 점하며 그 장소를 중심으로, 또 서로 다른 장소에 있는 요소들과 공간적 상호작용을 하게 된다. 다시 말해 도시를 구성하는 각종 주체와 요소들은 각 장소들의 이질성, 그에 따른 장소들 간의 연관성에 기반하여 다양한 사회적, 경제적, 정치적 관계를 형성한다.

도시 내 요소나 주체들의 행동이나 상호작용에 영향을 미치는 공간적 요소로는 거리, 공간적 배열이나 구성, 영토성 등을 들 수 있다. 거리는 사회적, 경제적 상호작용의 패턴과 범위에 관계하는데, 예를 들어 다양한 기회에 대한 공간적 접근성은 시민들의 편익에 많은 영향을 미친다. 주거지구와 업무지구, 교통시설의 공간적 배치는 사회적 과정에 의해 만들어진 산물이기도 하지만 개인들의 삶과 집단의 형성 및 상호 관계에 영향을 미친다. 선거구나 통학구와 같이 사람들의 의사결정을 통해 설정되는 각종 공간 구획 역시 다양한 효과를 발휘한다. 영토성은 특정 집단이 특정 방식으로 국지적 영역을 통제하거나 지배적으로 활용하려는 경향으로 이는 해당 주민들의 태도나 행동, 정체성 및 사회관계 형성에 영향을 미친다.

도시가 가진 이런 공간적 속성과 관련해 소자(E. Soja)는 도시에서의 공간적 특수성이라는 개념화를 시도하였다(이성백 등, 2018). 그에 의하면 공간적 특수성은 도시 혹은 도시를 둘러싼 일정 영역 내에서 특정한 공간적 형태로 존재하는 다양한 유무형의 요소들과 그 관계, 그리고 이런 도시 공간을 사회적으로 형성하고 구축하는 역동적 과정이 특수하게 조합된 양식으로 정의된다. 공간적 형태에는 건물이나 시설물 등의 건조환경은 물론 도시민의 사회적, 경제적 속성까지 포함된다. 이런 도시의 공간성에 대한 강조는 그가 주창한 사회-공간 변증법(Socio-spatial dialectic)이라는 개념에서 비롯된 것으로 볼 수 있다. 사회-공간 변증법은 도시 공간이 사회적 실천에 의해 생산되는 동시에, 그러한 공간이 다시 사회적 관계와 과정을 조건 지우고 구조화하는 양방향의 상호작용 과정을 의미한다.

이런 공간성에 대한 강조는 소자와 같은 지리학자 뿐만 아니라 기든스(A. Giddens), 카스텔, 르페브르, 푸코(M. Foucault)와 같은 사회학자들에 의해서도 이루어졌다. 도시 관련 학문 분야에서 이루어진 이런 공간적 차원에 대한 부각은 "공간적 전환(spatial turn)"으로 불린다. 이 관점은 도시에서의 공간성은 사회적 차원이나 역사적 차원만큼이나 중요하게 다루어져야 하며, 적어도 서로 상호의존적인 것으로 이해되어야 함을 내포한다. 결과적으로 도시에 대한 탐구는 공간을 점유하여 존재하고, 공간을 통해서 프로세스가 이루어진다는 인식을 요하는 것이다. 특히 오늘날 현대 도시에서 나타나는 문제들은 그 자체로 공간적이거나 공간적 관점을 통해 종합적으로 탐구되어야 한다. 예를 들어 교통이나 도시 재생, 도시 환경은 그 자체로 공간적이며, 거주지 분리와 공간적 불평등을 통한 사회적 재생산 과정 역시 공간을 통해 이루어지는 사회적 프로세스를 보여준다.

2. 도시화 과정

(1) 도시화란?

도시에 대한 개념화와 밀접히 관련되는 도시화(urbanization)의 개념은 도시화를 바라보는 스케일에 따라 의미가 달라질 수 있다. 개체 수준에서, 도시-촌락 이분법적 사고로 바라본다면 도시화는 촌락이 도시로 변화하는 과정으로 생각해 볼 수 있다. 도시와 촌락 간에 연속적인 변이가 존재하는 경우에도 촌락적인 곳이 점진적으로 도시적인 곳으로 변모해가는 과정을 도시화로 볼 수 있다. 그러나, 다수의 촌락에서 소수의 도시로 인구 이동이 지속되는 경우를 상정해 본다면 위와 같은 개념화는 한계가 있다. 즉 일부 지역에서는 인구 감소가 지속되더라도 사회 전체적으로는 도시화가 진전될 수 있는 것이다. 따라서 도시화는 주어진 사회 전체, 즉 전역적인 것으로 보는 것이 더 포괄적이다. 이때 사회 전체는 전국을 의미하는 것이 일반적이지만 일부 지역에 대해서도 적용될 수 있다. 정리해 보자면 도시화는 점점 더 많은 사람들이 도시적인 장소에서 생활하게 되고, 그 장소의 도시적 특성이 더 강화되어 가는 과정으로 볼 수 있다. 도시화를 보는 지표는 다양하지만 인구가 가장 기본적인 요소이므로 일반적으로 도시화는 사회 전체적으로 도시로의 인구가 더 집중함으로써 도시 인구의 비율이 증가하는 현상으로 정의된다.

도시화는 상당히 복잡하고 다면적인 프로세스로 여러 요인들의 상호작용을 반영한다. 즉 도시화에는 인구학적, 경제적, 사회문화적, 정치적, 기술 및 환경적 프로세스 등이 작용한다. 이 프로세스들은 대체로 상호 연관되어 있지만 그렇다고 모든 프로세스가 유사한 속도나 강도로 진행되는 것은 아니다. 도시화의 정도를 파악하는데 가장 기본적인 인구학적 프로세스에는 도시로의 인구 이동(migration)이 가장 중요한 과정에 해당한다. 도시 성장(urban growth)이 주로 도시의 인구나 면적이 변화하는 그 자체를 일컫는다면 도시화는 인구 이동을 통해 도시 인구 비율이 증가하는 과정에 주목한다는 점에서 서로 구분된다. 총인구 중 전체 도시 인구의 비율은 도시화율로 표현되며, 대체로 초기의 느린 증가 속도를 거쳐 가속화 단계에서 빠르게 증가했다가 점자 완만해지고, 경우에 따라서는 역도시화로 오히려 감소하기도 한다. 인구와 관련하여 도시권 수준에서 일어날 수 있는 변화는 도시화 단계 모델(도시화→교외화→탈도시화→재도시화)로 제시되었다(구동회, 2018; 한국도시지리학회, 2020).

도시화는 단순한 인구 이동만이 아니라 경제적 과정, 즉 경제의 발전 혹은 산업 구조의 변화와 깊은 관련성을 가진다. 특히 도시화를 먼저 경험한 서구에서 도시는 산업화의 핵심 장소였는데, 광업이나 공업의 발달은 도시 인구의 빠른 증가를 촉발하였다. 20세기 중반에는 탈산업화가 진행되면서 도시의 쇠퇴, 도시 인구의 감소를 유발하기도 하였다. 하지만 경제 변화에 비해 인구의 집중이 두드러진 제3세계 국가들의 경험은 도시화에서 인구학적 과정과 경제적 과정이 동일한 수준으로 진행되는 것은 아니라는 것을 드러낸다. 사회적 측면에서의 프로세스를 통해서는 이질적인 개인들이 특정 범주에 따라 여러 집단으로 드러나게 되고, 이 집단 간에 지위나 주거 패턴의 변화 등이 발생한다. 문화적 측면은 사람들의 삶의 방식이나 가치관과 관련되는데 예를 들어 도시에서의 물질중심주의, 혹은 특정 집단에서의 하위문화 형성 및 변화와 같은 형태로 드러난다.

이러한 프로세스들이 작동함으로써 도시는 규모나 토지이용, 건조환경, 사회집단 등 여러 측면에서 변화를 겪게 된다. 이러한 변화는 경제적 번영을 가져오기도 하지만 교통 혼잡, 주택 부족, 불평등, 환경오염 등 도시 문제로 발현되기도 한다. 또한, 이 과정은 질적인 측면에서의 변화도 가져온다. 예를 들어 사회문화적 특성에서는 어바니즘의 변화가 나타나며, 기능적 측면에서는 도시의 주된 경제 구조 혹은 다른 장소나 도시와의 관계에서 갖는 역할에서의 변화가 나타난다. 주목할 점은 도시화의 결과로서 도시는 경제나, 정치, 사회, 문화 등에 있어서 중심지 기능을 수행하게 된다는 것이다. 특히 도시는 자본이나 노동력, 기업 등이 집중하며, 다양한 중추적 의사결정이 이루어지고, 새로운 혁신이 발생하는 거점이 된다. 이는 한정적인 도시에 집중된 인간의 활동에서 비롯된다는 점에서 소자가 제시한 시네키즘(Synekism), 혹은 도시 경제의 핵심 특성인 집적 경제 등의 개념과 일맥상통 한다(이성백 등, 2018). 소자는 일정한 공간에 사람들이 집중하여 함께 다양하게 상호작용 함으로써 발생하는 창조적이고 생산적인 동력을 시네키즘이라 하였다.

도시가 중심지 기능을 수행할 수 있게 되면 도시 내부 시스템은 물론 경계를 넘어 주변 지역까지 포함하는 조직화를 수반한다. 즉 중심지로서의 도시와 주변 지역 간에는 다양한 상호작용을 통해 밀접한 연계를 형성하게 되는 것이다. 중심지에서의 집중과 혁신은 주변 지역의 희생을 수반하는 경우가 많으며, 때로는 중심지에서의 혁신이 주변 지역으로 확산되기도 한다. 다시 말해 도시화는 더 도시적인 곳과 그렇지 않은 주변 간의 연계를 포함하여 이루어지는 과정으로 이는 결과적으로 도시와 비도시 간의 구분을 어렵게 하는 특성이 된다.

따라서 일단의 학자들은 'city'나 '시'처럼 경계로 구획된 공간이나 지역을 대상으로 하기보다는 사회 전체적으로 시공간을 가로질러 도시적인 것이 강화되는 현상을 도시화로 본다. 예를 들어 르페브르는 자본주의적 산업화 이후 촌락과 도시의 전통적 구분이 사라지고 전 사회가 도시적 방식으로 조직되어 가는 현상을 도시화로 보았다. 인구나 자본, 기업은 도시적인 장소에 집중되지만 촌락에도 도시적 기능이 존재할 뿐 아니라 도시 경제가 물리적 경계에 국한되지 않고 광범위하게 조직되므로 도시와 촌락의 구분이 없어져 가는 것이 도시화라는 것이다. 유사하게 브레너(N. Brenner, 2014)는 오늘날 도시화 과정이 전 세계로 확장되면서 전통적으로는 비도시로 여겨지던 지역들도 도시와의 정치적, 경제적 관계망 속에 놓이게 만드는 '도시 없는 도시화'를 초래하는 것으로 보았다. 그는 이와 같이 도시와 비도시를 구분짓는 것이 어려워지는 가운데 전 지구적 범위에서 전개되는 현대의 도시화 과정을 행성적 도시화(planetary urbanization)로 칭하였다. 이와 마찬가지로, 도시적 생활 양식이라는 것도 자본주의라는 사회적, 경제적 관계에 초점을 둔다면 도시에만 국한되어 적용되는 것이 아니라는 지적도 가능하다.

(2) 시대 변화에 따른 도시화 과정

도시는 일반적이고 공통적인 특성뿐만 아니라 시대와 지역의 특수성을 담고 있다. 도시를 어떻게 개념화하느냐에 따라 다르겠지만 인류사에 있어서 도시는 적어도 수천 년에서 길게는 1만 년 전에 처음 등장한 것으로 알려져 있다. 도시가 등장한 초기에는 빠르진 않았지만 전체 인구가 늘고 새로운 도시들이 점차 생겨나면서 도시화도 서서히 진전되었다. 기존의 오래된 도시는 지속해서 인구를 끌어모으기도 했지만 쇠퇴하거나 버려지기도 하였다. 사회경제가 발전하면서 그 시대를 선도하는 새로운 도시들은 빠르게 성장하는 특성을 보였다. 따라서 시대에 따라 도시화와 도시 발달의 특징은 조금씩 달라져 왔는데, 단일한 합의는 없지만 학자들은 수차례 정도의 시기를 구분하고 있다. 도시화라는 측면에서의 시기 구분은 통상 사회경제 발전에 의한 시대 구분과 크게 다르지 않다. 최초의 도시 등장으로부터 본다면 첫 번째 시기는 그리스·로마 시대까지, 두 번째 시기는 중세의 시작에서부터 산업혁명이 시작되기 전까지, 세 번째 시기는 산업혁명에서부터 20세기 초중반까지, 네 번째 시기는 20세기 중후반 이후로 구분가능하다. 이 가운데 근현대 도시화 과정에 해당하는 세 번째와 네 번째 시기는 현대의 도시들의 특성을 이해하는데 핵심적이다.

1) 산업화와 도시화

유럽을 중심으로 시작된 산업화는 최초의 도시화에 이어 많은 학자들에게 또 다른 도시 혁명으로 인식될 정도로 도시화에 있어 큰 변곡점이 되었다. 산업화 이후 현대까지의 도시화는 시기에 따라 18~19세기 후반, 19세기 후반에서 20세기 초중반, 20세기 중반 이후(20세기 중반~1970년대, 1970년대 이후)로

【표 1-1】 시대 변화에 따른 서구 도시화의 특성

구분	18~19세기	20세기 초중반	20세기 중반~1970년대	1970년대 이후
경제 및 생산 체제	• 자유방임형(경쟁적) 자본주의(competitive capitalism) • 산업화의 초기	• 조직적 자본주의(organized capitalism) • 포드주의, 테일러리즘	• 고도 자본주의(advanced capitalism) • 제조업 → 서비스업으로 변화	• 글로벌 자본주의(globalized capitalism) • 탈산업화, 지식기반산업, 유연적 생산, 소비주의
기술 및 인프라	• 증기엔진, 제철, 면직 • 운하, 철도	• 철강, 기계, 해운 • 철도, 자동차	• 내연기관, 석유, 전기, 항공우주, 텔레커뮤니케이션 • 자동차, 고속도로, 공항	• 전자, 디지털 커뮤니케이션, 바이오, 정보공학 • 광대역 통신, 위성
정부 및 정치(국가/도시)	• 자유방임 • 기구정치	• 정부 개입 증대 • 선전주의 및 개혁정치(관리자형 도시 등)	• 적극적 정부 개입 • 성장기구 및 성장연합	• 정부 개입 축소(신자유주의) • 기업가주의
도시 체계	• 상업 도시체계	• 산업 도시체계	• 대도시 체계	• 세계도시 및 네트워크 도시 체계
공간 구조	• 도보 중심 • 전산업도시 → 산업도시	• 산업도시 공간 구조(계층간 거주지 분리)	• 중심도시 분산(교외 발달), 메트로폴리탄	• 다중심지적 메가폴리탄, 엣지시티, 사회-공간적 분절화

출처: Knox and McCarthy(2012, 10)을 토대로 수정, 정리.

세분될 수 있다([표 1-1]). 먼저 18세기 영국을 중심으로 시작된 산업화를 거치며 도시는 동력과 기계를 기반으로 한 공업 생산의 핵심 장소가 되었다. 정치적으로는 민족 중심의 국민 국가들이 다수 탄생하면서 수도나 행정 중심지도 성장하였다. 번성하는 도시, 특히 생산력의 급증은 촌락으로부터, 또 해외로부터 산업도시로의 대규모 인구 이동을 유발하였다. 세계적인 수준에서 보자면 산업화가 먼저 이루어진 유럽과 북미 국가를 중심으로 도시화가 대규모로 진행됨으로써 지역간 편차가 나타났다. 19세기가 시작할 무렵 전 세계의 도시화율은 약 5% 내외였지만 중반을 거치며 15%를 넘겼다(Knox and McCarthy, 2012). 유럽과 미국의 도시화율은 그 보다 훨씬 높았는데, 영국은 50% 이상의 도시화율을 보이는 등 산업혁명을 기점으로 아시아 보다는 유럽과 북미가 도시화를 주도하게 된다.

사회 전반적으로 산업생산을 중심으로 자본이 순환되는 산업자본주의로 변화하였는데, 도시는 그 핵심 공간으로 부상한다. 도시는 공업 생산에 참여하는 노동자들이 급증하면서 양적으로, 질적으로 큰 변화를 겪게 되었다. 영국의 맨체스터나 미국의 시카고 등은 이런 산업화를 거치며 인구가 급증한 대표적인 산업도시로 자리 잡게 되었다. 이 산업도시들은 큰 규모와 높은 밀도를 갖게 되었고 도시의 건조 환경은 공장을 중심으로 창고나 사무실, 교통망, 주거지 등으로 채워졌다. 이 과정에서 도시 공간은 공장지대, 주거지대와 같이 주요 기능에 따라 분화되었으며 주거지역 또한 도시 내부 공장 주변의 노동자 주거지와 도시 외측의 중상류층 주거지로 분리되었다. 이질적인 개인들이 늘어나면서 도시에서 사회적 관계는 유대감이 낮아지고 개인주의적으로 변모하였다. 급격한 인구 증가로 도시는 위생이나 주택 등 주거 환경에서 많은 문제가 나타났다. 특히 노동자들은 좁고 열악한 슬럼에 거주하면서 콜레라 등 위생으로 인한 전염병을 겪어야 했다. 이런 문제는 위생이나 주거 환경의 개선을 위한 도시 관리 혹은 도시 계획을 초래하는 요인이 되기도 하였다.

2) 산업자본주의의 고도화와 산업도시화

19세기 후반에서 20세기 초중반은 전 세계적으로 식민주의 및 제국주의의 발달, 세계대전, 그리고 포드주의의 도입과 확산으로 표현할 수 있는 시기이다. 유럽을 중심으로 한 열강들의 식민지 확보 경쟁은 15~16세기 상업 식민주의 시대부터 시작되었다. 주로 아시아나 라틴아메리카 등지에서 소수의 항구 도시를 중심으로 자연 자원의 거래가 이루어졌는데 식민지 국가 전체의 도시화나 도시체계에 미치는 영향이 크지는 않았다. 하지만 19세기 후반부터 제국주의가 심화되면서 국가 차원에서 산업화에 요구되는 원료나 식량 확보를 위한 식민지 개척이 이루어졌다. 식민지에서는 단순한 거래 장소로서의 역할을 넘어 경제적 이익의 극대화를 위한 방편으로서 도시들이 조직적으로 개발된다. 화물집산지나 자원산지 등 선택적인 개발이 이루어졌는데, 대체로 교통망을 따라 항구도시와 내륙도시가 연결되는 도시체계가 형성되었다. 나아가, 개발이 집중되는 도시 내부에서도 선택적인 차별화가 나타나는데, 특히 식민지 지배층과 피지배층 간에 사회적, 공간적 분리가 뚜렷하게 나타났다.

20세기 중반이 되면서 제3세계 국가들은 대부분 독립하였는데, 경제적인 발전은 더뎠지만, 새로운 기회를 향한 이동이 활발하였다. 따라서 주요 도시들은 산업화 수준이 향상되기 전이었음에도 불구하고 대규모의 인구 유입을 겪게 된다. 유입된 인구는 대부분 젊은 층이었기에 도시는 인구 이동과 자연증가에 의해 인구가 급증하였다. 결과적으로 20세기 중반 우리나라를 비롯해 식민지에서 독립한 국가들에서는 도시화율이 상당히 가파르게 증가하였다. 이와 같이 도시의 사회경제적 수준에 앞서 인구가 급증하는 도시화는 흔히 가도시화 혹은 과잉도시화의 성격을 지닌다.

한편, 20세기로 접어들면서 세계 경제는 포드주의 생산 체제를 통해 한 단계 더 도약하게 된다. 포드주의는 이른바 전용기계를 활용한 이동식 조립라인 및 "과학적" 노동 관리 기법인 테일러리즘에 기반한 대량생산을 통해 성장하였다. 하지만 생산과 수요의 불균형으로 대공황이 발생하였으며 이후 세계자본주의는 국가가 적극적으로 나서서 수요를 관리하는 케인즈주의를 채택한다. 케인즈주의 국가는 완전 고용과 사회 복지를 추구하였는데, 증대된 임금과 더불어 대량생산에 걸맞은 대량소비를 지원하여 20세기 중반까지 안정적인 성장 체제를 형성하였다. 이에 힘입어 20세기 초중반까지 산업화를 빨리 이룩한 유럽은 물론 미국, 일본 등 세계 선진국을 중심으로 공업지역이 광범위하게 형성되고 공업도시 또한 성장을 이루었다. UN의 세계 도시화 전망 보고서에 의하면 1950년대 전 세계 인구는 약 25억 명이었으며 그 가운데 약 30%에 해당하는 7억 5천만 명이 도시에 거주하였다. 도시 인구는 선진국에, 촌락 인구는 저개발국에 훨씬 많았는데, 저개발국의 도시화율이 약 18%인 반면 선진국의 도시화율은 약 55%에 달했다.

도시화율이 높아질 뿐만 아니라 도시 공간 구조에서도 변화가 나타났다. 가장 뚜렷한 특징은 교외화 및 그와 연관된 거주지 분화 과정이라고 할 수 있다. 산업 활동이 도시 중심부로 집중되면서 고밀도화, 공해, 교통 혼잡 등이 가속화되었고, 교통망과 교통수단이 발전하면서 중산층, 부유층이 교외로 이동하는 현상이 뚜렷해진 것이다. 영국의 런던이나 뉴욕, 시카고 등에서 교외 주거지역이 빠르게 성장하면서 도시 중심부에서 교외로 갈수록 경제적인 지위가 높은 집단이 거주하는 패턴으로 전환되었다. 이와 같은 교외개발에 대해서 하비와 같은 구조주의적 학자들은 자본주의의 위기를 극복하기 위한 공간적 조정(spatial fix) 과정의 일환으로 해석하였다. 주거 중심의 교외 개발은 방사형 고속도로망과 같은 구조를 형성하며 스프롤의 형태로 이루어지고 그 결과 중심 도시로의 통근 패턴이 형성된다.

이처럼 산업도시를 중심으로 도시화가 큰 변화를 낳으면서 도시에 대한 학술적 논의들이 발전하게 된다. 엥겔스(F. Engels)는 산업화의 시초가 된 맨체스터를 대상으로 자본주의 도시에서의 계층간 불평등, 특히 도심부 공장 주변의 노동자들의 열악한 주거지역과 외곽의 부유층 주거지대 간의 공간 분리를 관찰하였다(박경환 등, 2012). 미국에서는 시카고대학을 중심으로 생태학적 도시 연구가 이루어졌다. 다양한 배경을 가진 집단들이 시카고로 몰려들면서 침입, 경쟁과 같은 상호작용을 통해 경제적 지위에 따라 도시 내에서 입지가 결정되는 과정을 생태학적인 관점으로 설명하고, 동심원 형태의 도시 공간 모델을 제시하였다. 나아가 앞서 살펴본 것처럼 도시 인구의 양적 특성이 어떻게 도시적 생활 양식을 강화하는지와 같은 산업도시의 사회 관계적 특성에 대해서도 활발한 논의가 이루어졌다. 산업도시에 대한 생태학적 접근은 20세기 중반을 거치며 다변량 통계자료에 대한 분석을 통해 사회지리를 파악하는 사회지역분석, 혹은 요인생태학으로 발전하게 된다.

3) 산업자본주의의 위기와 세계적 도시화

20세기 중반 이후 전 세계의 사회경제와 도시는 또 다른 변화를 겪게 된다. 1960~1970년대를 거치며 선진국을 중심으로 포드주의적인 대량생산-대량소비 체제는 위기에 빠진다. 원자재 가격 상승, 생산성의 저하와 경기 침체, 경쟁 국가들의 성장 등의 국면에서 선진국 산업도시는 생산 및 조립라인을 저임금국가로 이전시키게 된다. 그 과정에서 선진국의 산업도시는 노동자들의 실업과 재정 악화, 도시 서비스 및 인프라 악화 등으로 인구가 유출되며 쇠퇴하게 되었고, 저임금국가의 도시는 노동집약적인 단순 조립 생산 중심의 산업구조를 갖게 된다. 선진국의 산업도시에서는 이러한 변화를 헤쳐 나가는 과정에서 제조업 대신 첨단 사업서비스나 지식기반산업이 성장하기 시작하였다. 또한, 생산 방식에서는 유연적 생산 체제가 도입되고, 이들이 잘 작동하는 새로운 산업공간, 산업지구(신산업공간, 신산업지구)가 성장하게 되었다. 정치적으로는 포드주의 시기의 복지국가가 쇠퇴하고 신자유주의가 지배적으로 등장하면서 도시에서 민간의 역할이 커지게 되었다. 다국적 기업을 중심으로 경제의 세계화도 빠르게 진행되면서 신국제노동분업(new international division of labor) 체계로 변모하게 된다. 이 과정에서 선진국 도시는 자본, 기획과 통제, 그리고 이를 지원하기 사업서비스의 거점으로, 제3세계 저비용 도시는 생산, 조립을 맡는 공간 분업이 자리잡는다.

이와 같은 큰 흐름 속에서 진행된 이 시기의 도시화는 몇 가지 특징으로 정리될 수 있다. 첫째, 도시화를 도시 거주 인구의 증가로 볼 때 이를 주도하는 지역이 제3세계 국가들로 변화하였다. 20세기 중반을 거치며 많은 제3세계 국가들은 식민지배로부터 독립하였으며, 아시아와 라틴아메리카 등 일부 국가들에서는 산업화가 시작된다. 촌락을 떠나 도시로 집중한 인구에다 출산율에 비해 사망률 감소가 빠르게 이루어지며 도시 인구는 급성장한다. 세계 도시화 전망 보고서에 의하면 선진국의 도시화율은 1970년 66.8%에서 1990년 72.4%, 2018년 78.7%로 증가하여 1970~2018년간 약 12%p 증가하였다. 반면 저개발국가는 같은 시기 25.3%에서 34.9%, 50.6%로 증가하여 1970~2018년간 약 25%p가 증가하였다. 도시 거주 인구 수로 비교하면 더 명확한데, 1979~2018년간 선진국에서는 3억 명 정도가 늘어난 반면 저개발국가에서는 25억 명 정도가 늘었다.

둘째, 새로운 노동분업체계와 세계화 국면에서 세계도시의 성장과 세계도시체계의 구축이 본격화 되었다. 각 도시들은 세계적 공간분업 속에서 나름의 기능을 수행하게 되었으며, 도시간 네트워크는 더욱 긴밀해졌다. 이 과정에서 주요 세계도시가 그 수혜자가 되며 세계 경제와 정치, 문화 등의 중심지로 부상하게 되었다. 세계도시 및 세계도시체계를 연구하는 GaWC에 의하면 2000년 세계도시는 227개였으나 2024년 현재는 335개로 증가하였다.

셋째, 인구규모 및 면적이 큰 거대도시(지역)의 성장이 가속화되고 있다. 도시로의 인구가 계속 집중되면서 행정 경계를 넘는 평면적 확대가 나타나고, 경우에 따라서는 연담도시(conurbation)와 같이 둘 이상의 도시가 연속적으로 배열되면서 고밀도의 인구를 가진 넓은 도시지역이 형성되고 있는 것이다. 이러한 거대도시(지역)에 대해 새로운 개념이 제시되고 있는데, 예를 들어 카스텔은 인구 1천만 명 이상이면서 세계 경제의 결절 역할을 하는 도시를 메가시티(megacities)라 하였다(Castells, 1996). 이와 달리 UN의 도시화 전망 보고서는 인구 1천만명 이상의 도시(지역)를 메가시티라 칭하였는데, 2018년 현재 그 수는 33개에 해당하며 거주 인구는 전 세계인구의 6.9%를 차지하고 있다. 이 거대도시를 보유한 국가는 20개에 불과하며 아시아, 남아메리카, 아프리카 등 대부분 제3세계 국가에 위치한다.

넷째로, 대도시권 공간 구조가 다중심지화 되면서 복잡성이 증대하고 있다. 메트로폴리탄, 연담도시, 메갈로폴리스(메가폴리탄), 도시-지역(urban region)과 같은 다양한 형태의 (광역)도시권이 등장하고 있다. 이와 관련하여 스콧(A. Scott)은 세계도시-지역(global city-region)(Scott *et al.*, 2001), 홀(P. Hall)과 페인(K. Pain)은 메가-시티 지역(mega-city region)이라는 개념을 제시하였다(Hall and Pain, 2006). (광역)도시권은 하나 이상의 대도시를 중심으로 다수의 중심지(도시)들이 분산되어 있으면서도 기능적인 연계를 통해 네트워크를 형성하는 다중심지적 구조를 형성하고 있다. 이러한 다중심지적 구조는 기존 도시들의 확장과 연계를 통해서도 이루어질 수 있지만 대도시 교외에 등장한 엣지시티(edge cities)의 성장도 요인이 된다. 교외는 엣지시티 외에 배타적 공동체와 같은 주거지역은 물론 전통적인 산업단지와 새로운 산업지구, 대형 쇼핑센터 등이 혼재하는 공간으로 변모하였다.

마지막으로는 도시의 사회적 성격의 변화를 이야기할 수 있다. 국가수준에서의 신자유주의 정책이 도시 정부에 반영되면서 지방 정부의 운영은 기업가주의적으로 변모하고, 도시 개발 등에 있어 정부의 공적 역할은 축소되는 대신 공공-민간 파트너십이 증가하고 있다. 세계도시 등 성장하는 도시들도 내부적으로는 사회적, 공간적 불평등이 증가하고 있다. 질서나 패턴을 따르는 도시 보다는 분절화되고 파편화되는 '포스트모던' 도시화도 나타났는데, 소자는 이런 도시를 포스트메트로폴리스(Postmetropolis)라 명명하였다(Soja, 2000).

3. 다양하게 변화하는 도시

(1) 도시화 과정의 이질성

도시화 및 도시 발달에 관계하는 조건이나 프로세스는 매우 다양하며, 그것이 작동하는 방식, 결과적으로 도시화가 진행되는 과정 또한 시공간적으로 이질적이다. 이러한 이질성은 최초의 고대 도시가 등장하는 과정에서부터 잘 드러난다. 우르(Ur)와 같은 메소포타미아의 고대 도시는 농업 잉여를 바탕으로 형성된 것으로 보지만, 그 보다 더 오래전에 등장한 차탈회위크(Çatalhöyük)와 같은 도시는 상업이나 교역을 토대로 하였을 것으로 추정된다. 중세 중후반 유럽에서는 상업을 토대로 자치권을 획득한 시민 중심의 도시가 발달하기 시작했다. 아시아에서도 중국 등 항구 도시를 중심으로 상업이 발달하였지만 제국이나 왕조의 거점으로서 자치권을 갖지는 못하였다.

근대 산업화 이후에도 전 세계적으로 도시 인구의 비중은 지속적으로 늘어나고 있지만 시간에 따른 변화 과정은 국가나 지역마다 상이하다. 일반적인 도시화의 주요 메커니즘은 도시를 중심으로 한 산업 구조의 고도화와 촌락으로부터의 인구 이동이라 할 수 있다. 하지만 생산요소, 제도 및 전략, 정치 등의 내생적 측면과 제국주의와 같은 대외 관계 및 국제 분업에서의 역할에 따라 이 과정은 상이하게 나타날 수 있다. 실제 세계 전체적으로 산업화를 겪으면서 그 이전 시기에 비해 혁명적인 도시화를 겪었지만 지역이나 국가 상황에 따라 도시화는 다양한 경로로 이루어졌다.

동일한 서유럽에 속하면서 다른 대륙에 비해 산업화를 일찍 경험한 프랑스와 독일의 도시화는 상당히 다른 모습을 보여준다(박유열·류나영, 2024). 면적이 더 넓음에도 불구하고 프랑스는 파리 분지를 중심으로 모이는 지형과 교통망, 그리고 중앙집권적 정치체제 등으로 인해 수도인 파리 중심의 산업화와 그에 따른 종주형 도시체계를 보인다. 하지만 독일은 중앙부가 산지로 지역 간의 상호작용 가능성이 제한적이며, 지리적 자원의 분산도가 상대적으로 높고, 역사적으로도 지역 분권적인 특성이 강하다. 따라서 산업화를 이루는 과정에서도 여러 지역별로 특성이 다른 자체적인 성장 기반을 가질 수 있었고, 결과적으로 상대적으로 더 분산적이고 균형적인 도시체계를 가질 수 있었다.

제국주의 시대 식민지배를 받았던 국가의 도시화 과정은 열강에 속했던 선진국과 뚜렷하게 대비된다. 식민지를 경험했던 국가의 도시화 과정은 지배국과의 관계라는 틀 속에서 신도시가 건설되고 경제 구조 및 공간 구조가 형성되었으며, 독립 후에도 그 영향이 지속되는 특성을 보였다. 도시를 구성하는 많은 사람들은 비공식 부문의 경제 활동에 종사하며 빈곤하고, 불법주택지구에 거주하는 등 주거의 불안정성이 심하였다. 이러한 도시화에 대해 서로 다른 관점이 있는데, 근대화론에 의하면 제3세계 국가도 서구와 같은 산업화가 이루어지면서 선진적인 도시적 산업사회로 이행할 것으로 본다. 하지만 종속이론이나 세계체제론은 제3세계 국가들이 제국주의를 표방했던 선진 국가와의 불평등한 관계 속에서 원료나 저비용 노동력의 공급 기지로 전락하는 것과 같은 희생을 치르고 있다고 본다. 물론 20세기 중반 이후 다국적 기업의 생산 기지가 이전하고, 또 일부 신흥공업국을 중심으로 산업도시로 부상하기도 했지만 제3세계 국가들에서 도시 문제는 여전히 큰 과제가 되고 있다.

식민지 경험을 보유한 국가 간에도 지배국과의 관계 양상이나 독립 후 정부의 정책(특히 산업화) 등에 따라 도시화 과정에 차이가 있다. 독립 후 국가주도적인 산업화 정책과 인적자본의 축적 등을 통해 서구와 유사한 산업도시로의 성장을 이룬 경우는 소수에 불과했다. 지역 간에도 차이가 있는데, 예를 들어 라틴아메리카 지역의 도시화는 다른 지역에 비해 두드러진다. 라틴아메리카의 도시들은 오랜 식민지를 거치며 인구와 경제, 정치, 문화 등의 중심지로 일찍부터 자리잡았다. 다른 지역에 비해 이른 19세기에 독립을 하며 국가 정책에 따른 영향이 상대적으로 길었는데, 20세기 초부터 소수의 도시를 중심으로 수입대체 산업화와 개발이 이루어졌다. 이 과정에서 농촌은 물론 유럽 및 아시아로부터의 대규모의 인구 이동과 높은 자연증가를 통해 다른 제3세계 지역에 비해 더 높은 도시화율을 유지하였다.

이 외에도 동일한 유럽이지만 자본주의 체제하에서 산업화를 이룬 북서유럽과 사회주의를 겪었던 동유럽은 산업화 과정이나 도시화에서 상당한 차이를 보였다. 동유럽은 사회주의 체제 하에서 정부의 계획과 통제 하에 수도 등 소수의 중공업 도시가 발전함에 따라 도시화율은 전반적으로 낮았고 도시 간 인구 불균형이 서유럽에 비해 크게 나타났다. 주택이나 도시 인프라 등의 공급도 국가가 주도하면서 도시 내 계층 간 불균형의 정도는 상대적으로 더 적었다. 하지만 사회주의 체제가 끝난 이후에는 서유럽과 유사한 형태의 도시 변화가 나타나고 있다.

(2) 다양한 도시의 변화

국가 수준에서의 도시화에 비해 개별 도시 수준에서의 발달이나 변화에 미치는 요인과 프로세스는 각 도시가 처한 상황의 특수성으로 인해 훨씬 다양하고 또 가변적이다. 따라서 도시의 변화 과정은 한 국가나 지역 내에서도 이질적으로 나타날 수 있다. 선진국 도시의 경험을 따르자면 근대 이후 개별 도시에서의 도시 변화는 다음과 같은 과정으로 이루어져 왔다.

산업화를 거치며 도시의 인구와 경제활동이 급증하게 되고, 도시의 밀도가 높아지면서 수직적으로, 수평적으로 팽창하게 된다. 철강, 엘리베이터 등 건축 기술의 발전으로 고층건물이 등장하고, 철도나 전철, 고속도로 등의 교통망과 기반시설이 구축되며 평면 상의 확장도 두드러진다. 토지이용은 점차 합리적으로 사용되기 시작해 도시민들을 위한 각종 기능이나 시설의 배치가 조직화된다. 대체로 용도별 구역제도를 통해 업무 및 상업지역, 주거지역, 공업지역 등으로 구조화된다. 시간이 흐르며 인구 밀집에 따른 불이익이 나타나고 교통망 확대와 교외 주거단지가 개발되면서 중상류층이 교외로 이동, 거주지 분리가 나타나게 된다. 사람들의 일자리는 여전히 도시 내부에 있어 중심도시로의 통근 패턴이 두드러진다. 근린은 서로 이질적인 개인들이 모이지만 주택 공급의 특성 상 사회경제적 특성이 유사한 사람들과 가까이 거주하게 된다. 도시 서비스는 일반적으로 특정 장소에서 공급되므로 그 장소로부터 거리가 멀어지면서 접근성이 저하되는 거리 조락이 발생한다. 시민들은 사회경제적 특성은 물론 생애주기에 따라 적절한 주거 장소를 찾아 이동하게 되고, 일상 활동은 주어진 생활 공간 속에서 반복되는 일정표를 따라 조직된다. 대체로 깊이 알지 못하는 다른 누군가와 다양한 사회적 네트워크를 형성하며 상호작용한다. 교외화가 더 진전되면 주거 뿐만 아니라 경제활동의 분산도 일어나면서 교외에 고용의 중심지가 형성되는 등 다중심지적 구조로 변모하게 된다. 내부 중심도시는 쇠퇴를 겪다가 산업구조의 변화, 도시 재생 및 젠트리피케이션 등으로 재활성화되기도 한다.

하지만 도시 변화의 과정은 그 도시가 가진 지리적 조건, 산업구조 및 생산 요소, 도시정부의 역할과 제도, 다른 도시와의 기능 분담 및 상호작용 등에 따라서 상이해진다. 그 결과 공간구조를 포함해 인구학적 특성, 경제력, 도시의 주요 기능, 사회적 불평등의 수준, 지속가능성의 수준 등이 달라지고, 삶의 양식도 상이하게 나타날 수 있다([읽기 자료 1-1] 참조). 유엔의 도시화 전망 보고서에 따르면 2018년 현재 전 세계의 30만 명 이상의 도시 수는 1,860개로 그 수가 많기도 하지만 지역이나 도시 변화 과정에 따라 그 특성이 너무나도 다양하다. 세계도시 수준으로 발전한 도시와 그렇지 못한 도시 간에, 인구규모가 1천만 명을 넘는 거대도시에서도 세계경제에서 거점 역할을 하는 도시와 그렇지 못한 도시 간에 성장과 번영의 정도가 다르며, 심지어 세계도시들 간에도 역할이나 기능에서 차이를 보인다. 이러한 변화 속에서 '세계도시'와 같은 일부 도시에만 관심을 두기 보다는 지리적, 역사적 맥락의 이질성을 고려하여 다양한 보통의 도시 변화로부터 배우고자 하는 탐구 자세가 필요할 것이다(Robinson, 2006).

21세기로 접어들며 세계의 도시들은 위기와 지속발전의 기로에 서 있다. 여러 면에서 도시 간에, 도시 내에서 다양한 격차와 불평등이 나타나고 있다. 현재도 인구가 빠르게 성장하는 도시가 있는가 하면 감소하는 도시도 점차 늘어나고 있으며, 혁신을 통해 경제적으로 성장하는 도시도 있지만 쇠퇴하는 도시도 있다. 주지하는 것처럼 우리나라는 1950~1980년대에 도시화율이 빠르게 진전되어 2000년이 시작될 무렵 90% 수준을 기록하였다. 2020년 이후 총인구 감소 위기 국면에서 일부 도시는 여전히 성장하고 있지만 대부분 지방 중소도시는 인구나 경제활동에 비해 도시 인프라가 과잉되는 **도시축소(urban shrinkage)**를 경험하고 있다. 이와 달리 디트로이트 등 탈산업화로 위기를 겪었지만 도시재생 등을 통해 극복해 가는 도시도 있으며, 룩셈부르크 등 유럽의 강소도시들처럼 규모는 작지만 경제적 번영을 누리는 도시도 있다. 코펜하

겐처럼 사회통합을 위해 노력하거나 프라이부르크처럼 지속가능한 발전을 위해 노력하는 도시도 상당하다. 공간 구조에 있어 뉴어바니즘(new urbansim)의 철학과 일맥상통하도록 도보나 대중교통을 이용해 근거리에서 다양한 도시 기능을 이용할 수 있게 변모하는 도시도 증가하고 있다. 도시는 점점 세련화되고 화려한 상품과 서비스로 넘쳐나지만 공공성이 부족하다는 지적도 늘어나고 있다. 정보기술의 발전은 스마트도시와 같은 미래도시의 비전을 제시하지만 사회 통제나 보안 문제, 디지털 격차 문제 등의 이슈를 가지고 있다. 전지구적인 기후변화 속에서 폭염 등 다양한 도시 환경 문제도 발생하고 있다.

이와 같은 상황에서 우리나라를 비롯해 전 세계적으로 도시의 현재를 되짚어 보고 도시의 미래를 전망하며, 더 나은 도시가 되기 위해 어느 방향으로 어떻게 나아가야 할 것인가에 대한 논의가 집중되고 있다. 지속가능발전 세계정상회의(World Summit on Sustainable Development, WSSD), 유엔의 해비타트(UN-Habitat) 회의 및 새로운 도시의제(New Urban Agenda), 지속가능한 발전목표(Sustainable Development Goals, SDGs) 등이 대표적이다. 이러한 논의와 해결 노력은 도시 수준에서도 적극 이루어져야 하며, 전문가나 정치가 뿐만 아니라 일반 시민이나 후속 세대 등 모든 주체들이 함께 해야 한다. 미래에 대한 비전을 그리고, 그 방향에서 당면한 이슈를 돌아보고 문제를 해결해 나가는 도시 탐구의 노력이 필요하다.

읽기 자료 1-1. 도시 변화 과정에 따른 어바니즘의 차별화

서울과 싱가포르는 아시아에서 경제적인 면에서 가장 선도적인 도시들에 해당한다. 두 도시 모두 대국 사이의 반도에 위치하고, 식민지의 경험을 가지고 있으며, 독립 후 수출주도 산업화 정책으로 발전하였다. 서울이 싱가포르에 비해 인구밀도가 더 높긴 하지만 두 도시 모두 고밀도 도시에 속한다. 하지만 싱가포르는 주지하는 것처럼 도시국가라는 특성을 가지고 있으며 도시발달 과정에서 다민족, 다문화 사회를 이루었다. 2023년 기준으로 합계출산율이 1에 가까워 상당히 낮은 수준을 기록하고 있지만 이민자의 유입으로 인구(2023년 기준 약 600만 명)는 늘고 있다. 반면 서울은 싱가포르에 비해 인구 규모는 훨씬 크지만 1990년대 중반 이후 상주인구가 지속적으로 감소하고 있다. 그럼에도 서울은 우리나라의 최고차 중심지로 산업화 이후 인구이동에 있어 최종적인 목적지 역할을 수행하며 거대 도시로 발전하였고 현재까지도 젊은 층의 인구 유입은 지속되고 있다.

이와 같이 인구 규모가 크고 밀도가 높은 도시에서는 주택과 관련된 문제가 나타날 수 있는데, 도시 발달 과정에서의 제도적 차이로 인해 현재 두 도시의 주거 문제는 상당히 상이하다. 20세기 중반 싱가포르는 서울과 같이 빈민층을 중심으로 불법주택지구에 거주하는 사람들이 많았다. 하지만 싱가포르는 독립할 무렵부터 국유 토지가 많았으며, 점차 그 비중을 높여왔다. 다민족 국가인 싱가포르에서 제기된 문제 중의 하나는 '국민 의식'의 제고였는데, 싱가포르 정부는 모든 국민이 안정된 주거를 영위할 있도록 하는 정책을 통해 이를 해소하고자 하였다. 국유 토지를 통해 정부(주택개발청)가 공공주택을 공급하였는데, 불법주택지구들도 점차 공공주택단지로 재개발하게 된다. 이 공공주택은 저렴할 뿐 아니라 중앙연금기금(Central Provident Fund: CPF)와 같은 자가소유 지원정책으로 대부분의 국민들은 자기 주택을 소유할 수 있게 되었다(강미나·박미선, 2013). 면적이 좁은 도시국가이고, 다민족 사회이며 인구 밀도도 높지만 누구나 자기 집을 소유할 수 있도록 함으로써 주택 문제와 사회 통합을 동시에 이룰 수 있었고 따라서 싱가포르라는 도시에서의 삶에 있어 주거는 큰 변수가 되지 않는다.

서울 역시 독립 후 산업화 과정에서 인구가 급증하였다. 일제강점기 동안 일제가 점유한 토지가 국유지로 남아 있었으므로 약 절반 이상이 국유지였을 것으로 추정된다. 하지만 20세기 중반 산업화와 도시화가 진행되는 과정에서 개발을 위한 재원이나 이익 확보를 위해 사유화하는 과정을 거쳤다. 2020년대 들어 국공유지의 비중은 약 40%에 달하지만 그 중 절반은 임야와 도로에 해당한다(서울 열린데이터광장 서울특별시 시정통계; 국토연구원 국공유지연구센터). 서울의 주택 공급에 있어 공공주택은 거의 부재하였는데, 소유에 가까운 영구임대주택은 1980년대 말, 1990년대 들어서야 시작되었다. 서울 등 우리나라 대도시는 인구가 급증하면서 불법주택지구가 많았는데 철거하고 재개발하는 과정에서 대부분 민간 주택으로 채워지게 된다. 인구 급증기 동안 인구 증가에 비해 주택 공급의 속도가 뒤처질 수밖에 없었을 뿐더러 민간 주택으로 공급되면서 주택 가격 또한 매우 높아 주택의 자가 보유가 쉽지 않았다. 2020년 현재도 약 4백만 가구 중 220만 가구 중 자가주택 거주비율은 43% 수준에 머물고 있으며(국가통계포털), 주택 가격의 상승에 기댄 투기 문제도 여전하다. 따라서 서울 시민의 삶에 있어 현재까지 주거는 출발점이라기보다는 목적지가 되는 경향을 보인다.

생각해 볼거리

1) [분석하기] 특성이 서로 다른 두 지역을 선택해 도시화 과정이 어떻게 달랐는지 살펴보고, 지리적 조건, 경제 발전, 정책 및 제도 등의 측면에서 요인을 분석해 보자.
2) [계획하기] 다양하게 변화하고 있는 현대 도시의 주요 이슈 중 하나를 선택해 해결 방안을 모색하기 위한 탐구 계획을 세워보자. 구체적인 사례를 대상으로 탐구 문제 설정하고 적절한 연구 내용과 방법을 계획하되 공간적 관점이 반영될 수 있도록 해보자.

읽을거리

임창호·구자훈 역, 2005, 미래의 도시: 21세기 도시의 과제 및 대응전략, 한울아카데미(Peter, H., Ulrich, P., 2000, *Urban Future 21: A Global Agenda for Twenty-First Century Cities*, Routledge).

박광국·채원호 편, 2024, 도시의 미래: 진단과 처방, 박영사.

참 | 고 | 문 | 헌

강미나·박미선, 2013, 싱가포르 주택정책과 자가소유 지원정책의 시사점, 국토연구원.

구동회, 2018, “도시발전단계에 관한 이론적 검토”, 국토지리학회지, 52(4), 481-497.

김학훈·이상율·김감영·정희선 역, 2016, 도시지리학, 제3판, 시그마프레스(Kaplan, D., Wheeler, J., and Holoway, S., 2014, *Urban Geography*, 3rd edition, John Wiley & Sons).

남상민·우한수·김은아, 2024, 통계적 지역 분류체계 활용 방안 연구, 통계청 통계개발원.

박경환·류연택·정현주·이용균 역, 2012, 도시사회지리학의 이해, 시그마프레스(Knox, P. and Pinch, S., 2014, *Urban Social Geography: An Introduction*, Routledge).

박유열·류나영, 2024, “프랑스와 독일의 도시 분포 특성 비교 분석-인구 및 경제 부문을 중심으로”, 경관과 지리, 34(3), 185-205.

이성백·남영호·도승연 역, 2018, 포스트메트로폴리스 1, 라움(Soja, E. W., 2000, *Postmetropolis : Critical Studies of Cities and Regions*, Blackwell Publishing).

이현재·박경환·이재열·신승원 역, 2018, 포스트메트로폴리스 2, 라움(Soja, E. W., 2000, *Postmetropolis : Critical Studies of Cities and Regions*, Blackwell Publishing).

조명래, 2013, 공간으로 사회읽기, 한울아카데미.

한국도시지리학회 편, 2020, 도시지리학개론, 법문사.

Brenner, N.(ed.), 2014, *Implosions/Explosions*, Jovis, Berlin.

Castells, M., 1996, *The Rise of Network Society*, Blackwell, Oxford.

Dijkstra, L., Florczyk, A. J., Freire, S., Kemper, T., Melchiorri, M., Pesaresi, M., & Schiavina, M., 2021, Applying the degree of urbanisation to the globe: A new harmonised definition reveals a different picture of global urbanisation, *Journal of Urban Economics*, 125, 103312.

Dijkstra, L., Poelman, H., and Veneri, P., 2019, The EU-OECD definition of a functional urban area, OECD.

European Union, FAO, UN-Habitat, OECD, and The World Bank, 2021, Applying the Degree of Urbanisation: A Methodological Manual to Define Cites, Towns and Rural Areas for International Comparisons.

Gregory, D., Johnston, R., Pratt, G., Watts, M., and Whatmore, S. (eds.), 2009, *The Dictionary of Human Geography*, John Wiley & Sons.

Hall, T., and Barrett, H, 2018, *Urban Geography* (5th Edition), Routledge.

Hall, P. G. and Pain, K. (eds.), 2006, *The Polycentric Metropolis: Learning from Mega-city Regions in Europe*, Routledge.

Kitchin, R., and Thrift, N. (eds.), 2009, *International Encyclopedia of Human Geography*, Elsevier.

Knox, P. L. and McCarthy, L., 2012, *Urbanization: An Introduction to Urban Geography* (3rd Edition), NJ: Prentice Hall.

Lefebvre, H., 2003, *The Urban Revolution*, University of Minnesota Press.

Pacione, M., 2009, *Urban Geography: A Global Perspective* (3rd Edition), London: Routledge.

Parker, S., 2004, *Urban Theory and the Urban Experience: Encountering the City*, Routledge.

Pahl, R. E., 1966, The rural-urban continuum, *Journal of the European Society for Rural Sociology*, 6(3), 299-329.

Robinson, J., 2006, *Ordinary cities: Between Modernity and Development*, London: Routledge.

Scott, A. J. (ed.), 2001, *Global City-Regions: Trends, Theory, Policy*, OUP Oxford.

Soja, E. W., 2000, *Postmetropolis: Critical Studies of Cities and Regions*, Blackwell.

United Nations, 2019, *World Urbanization Prospects*, United Nations, New York.

Veneri, P., Schiavina, M., and Moreno-Monroy, A. I., 2021, Metropolitan areas in the world: Delineation and population trends, *Journal of Urban Economics*, 103242.

Martindale, D., and Neuwirth, G. (trans. and eds.), 1958, *The City*, New York: Free Press (Weber, M., 1921, The Stadt).

Wirth, L., 1938, Urbanism as a way of life, *American Journal of Sociology*, 44(1), 1-24.

국가통계포털, http://kosis.kr

국토연구원 국공유지연구센터, https://www.krihs.re.kr/pli

서울 열린데이터광장, https://data.seoul.go.kr

GaWC, https://gawc.lboro.ac.uk

제 2 장

도시간 상호작용과 도시체계

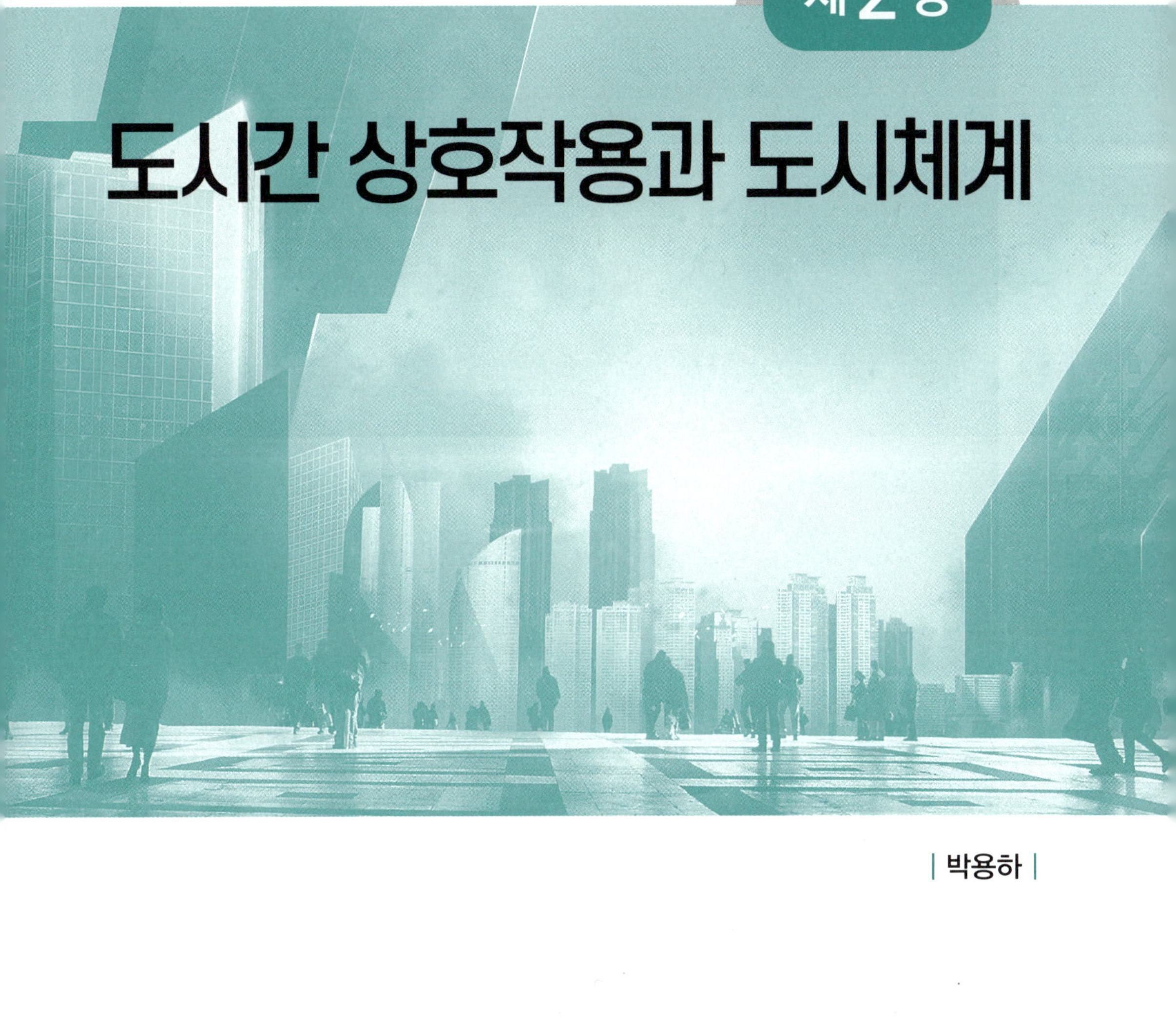

| 박용하 |

1. 공간 상호작용과 도시체계
2. 도시체계의 변화 양상
3. 도시체계와 도시 변화

제 2 장

도시간 상호작용과 도시체계

1. 공간 상호작용과 도시체계

(1) 공간 상호작용의 정의와 발생 요인

1) 공간 상호작용의 정의와 특성

공간 상호작용(spatial interaction)은 서로 다른 장소 간에 발생하는 인구, 상품, 자본, 정보 등 다양한 요소의 이동(movement)이나 흐름(flow)을 의미한다(O'Kelly, 2015). 이주, 무역, 통근·통학, 쇼핑 등 대부분의 공간 상호작용 현상은 자원과 기회의 불균등한 공간적 분포에서 비롯된다. 다시 말해, 지역마다 인구, 자원, 상품, 서비스가 상이하게 분포하며, 이러한 차이는 지역 간 상호 보완적 관계를 형성하여 다양한 형태의 이동과 흐름을 발생시킨다. 그리고 출발지(origin)의 배출요인(push factors), 목적지(destination)의 흡입요인(pull factors), 그리고 두 지점 간의 거리(distance) 혹은 거리를 극복하는 데 드는 비용은 공간 상호작용의 대상과 규모에 영향을 미치는 중요한 요인으로 작용하게 된다. 이러한 공간 상호작용의 발생 원리는 뉴턴 만유인력 법칙에서 착안한 중력모형(gravity model)을 통해 계량적으로 구현되기도 하였다.

공간 상호작용 개념은 울만(E. Ullman)에 의해 정식화된 것으로 알려져 있다(이상일, 2012; Abler *et al.*, 1971; Morill, 1970). 울만은 인간 사회에서 나타나는 다양한 이동과 흐름의 현상을 공간 상호작용이라는 용어로 개념화함으로써, 이를 단순한 이동이 아닌 장소 간에 나타나는 역동적인 상호 관계로서 이해하고자 하였다(Ullman, 1980). 나아가, 그는 공간 상호작용의 핵심적인 발생 요인으로 상호보완성(complementarity), 수송가능성(transferability), 개입기회(intervening opportunity)를 제시하였다(Ullman, 1953). 이들 조건에 대해 간단히 살펴보면([그림 2-1] 참조), 먼저 상호보완성은 두 지역 간의 차이에서 비롯되는 수요-공급 관계를 의미한다. 즉, 한 지역에서 부족한 자원이 다른 지역에 의해 충족될 수 있을 때, 이 두 지역 간에는 해당 자원의 이동이 발생하게 된다. 수송가능성은 사람, 자원, 상품, 정보 등이 얼마나 쉽게 이동할 수 있는지를 나타내는 개념으로, 일반적으로 거리조락(distance decay)의 특성이 나타난다. 즉, 두 지역 사이의 거리가 멀어질수록 이동에 필요한 비용이 증가하고, 그 결과 상호작용의 규모는 감소하는 경향을 보이게 된다. 마지막으로 개입기회는 앞서 설명한 두 요인에 의한 공간 상호작용 양상으로부터 변이를 유발하는 대체적 기회나 경쟁지역을 의미한다. 예를 들어, 거리조락 특성에 따라 두 지역 사이의 이동량은 거리가 짧을수록 커질 가능성이 높지만, 인근에 더 나은 기회를 제공하는 경쟁지역이 등장할 경우 기존 두 지역 사이의 이동량은 거리조락에 의해 결정된 규모보다 작아질 수 있다. 개입기회는 상호보완성과 수송가능성만으로 설명하기 어려운 현실의 복잡한 공간 상호작용 양상을 이해하는 데 있어 추가적인 고려 요소로 볼 수 있다. 공간 상호작용의 발생 원리

【그림 2-1】 공간 상호작용의 세 가지 발생 요인

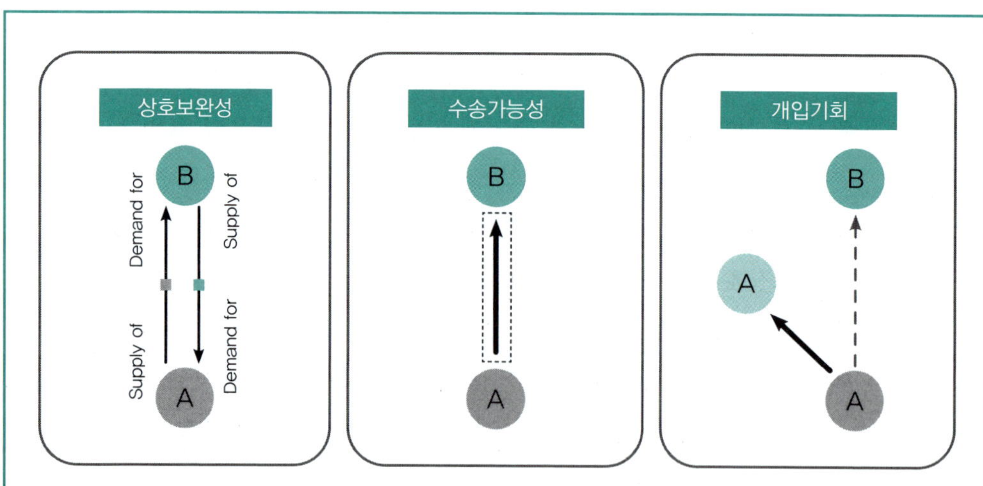

출처: Rodrigue(2020, 390).

에 대한 설명에는 공간 상호작용이 단순히 무작위적인 이동이 아니라, 인간의 복잡한 의사결정을 통해 전개되는 과정이라는 인식이 내재되어 있음을 유념할 필요가 있다(Fotheringham, 2017).

울만이 제시한 세 가지 요인은 공간 상호작용의 발생 원리를 이해하는 데 있어 여전히 유효한 틀을 제공하지만, 오늘날의 상호작용은 과거보다 훨씬 복잡하고 다양한 양상으로 전개되고 있어 추가적인 설명이 필요하다. 예를 들어, 울만이 강조한 상호보완성 개념은 국가 간 특화된 상품 교환을 중심으로 하는 전통적인 국제무역을 설명하는 데 효과적이지만, 현대의 국제무역은 이러한 설명만으로는 충분하지 않다. 구체적으로, 전통적인 국제무역 이론에서는 각 국가가 보유한 자원, 기술, 산업구조가 상이한 경우에 교역이 발생한다고 설명한다. 즉, 서로 다른 특성을 가진 국가들이 자국에서 생산하기 어려운 물품을 확보하기 위해 무역을 한다는 것이다. 그러나 오늘날에는 기술 수준이나 산업 구조가 유사한 국가들 사이에서도 활발한 교역이 이루어진다. 예를 들어 독일, 미국, 일본과 같이 자동차 산업에서 경쟁력을 가진 국가들 간에도 자동차 부품과 완성차의 상호 교역이 빈번하다. 이는 현대 무역이 단순한 상호보완적 관계를 넘어 복잡한 양상으로 전개되고 있음을 보여주는 사례로서, 신경제지리학(new economic geography)의 대표적인 학자인 크루그먼(P. Krugman)은 규모의 경제(economies of scale), 상품의 다양성(product diversity) 개념을 활용하여 이러한 현대 국제무역의 특징에 대해 설명하였다(이윤, 2021). 따라서 현대 사회에서 나타나는 복잡한 공간 상호작용 양상을 설명하기 위해서는 울만의 기본 틀을 확장하여, 신경제지리학, 진화경제지리학 등 관련 분야에서 다루는 최신 이론들을 함께 고려할 필요가 있다. 이러한 접근은 자원과 기술의 유사성 속에서도 발생하는 무역, 글로벌 생산 네트워크의 형성, 도시 간 상호작용의 다양화 등을 설명하는 데 유용한 분석 틀을 제공할 수 있다.

2) 공간 상호작용과 지역 공간조직의 성장

공간 상호작용은 지역 공간조직의 형성 및 변화 과정에서 핵심적인 역할을 담당한다. 하게트(P. Haggett)는 공간 상호작용이 집중되는 취락들로 구성된 지역 공간조직이 어떻게 발달하는지를 6가지 개념을 이용하여 단계적으로 설명하였다(Haggett *et al.*, 1977)([그림 2-2] 참조). 이들이 제시한 주요 개념은 상호작용(interaction), 네트워크(network), 결절(node), 계층(hierarchy), 영향면(surface), 확산(diffusion)이다. 이 개념들을 바탕으로 지역 공간조직의 성장 과정을 개괄적으로 살펴보면, 역내 취락들은 서로를 연결하는 네트워크를 통해 다양한 상호작용이 이루어진다. 이러한 과정 속에서 취락들은 이동과 흐름이 집중되는 결절로서 기능하며, 차별적인 성장에 따라 서로 다른 계층으로 분화된다. 영향면은 상호작용, 네트워크, 결절, 계층이 결합되어 형성된 연속적인 공간 범위이며, 이는 고정된 것이 아니라 시간의 흐름에 따라 인구 이동, 기술 혁신 등 다양한 요인에 따른 확산 과정을 거치면서 변화하게 된다.

하게트는 시스템적 관점에서 지역 공간조직의 발달 과정을 설명하였다. 즉, 지역은 공간 상호작용이 집중되는 결절들로 구성된 하나의 시스템으로 이해될 수 있으며, 역내 결절들은 서로 영향을 주고 받는 과정에서 차별적인 계층 구조를 형성하고, 지역 전체의 변화를 유발한다는 것이다. 이러한 접근은 다음 절에서 다룰 도시체계 개념과 긴밀히 연결된다. 도시체계는 개별 도시를

【그림 2-2】 공간 상호작용에 의한 지역 공간조직의 성장

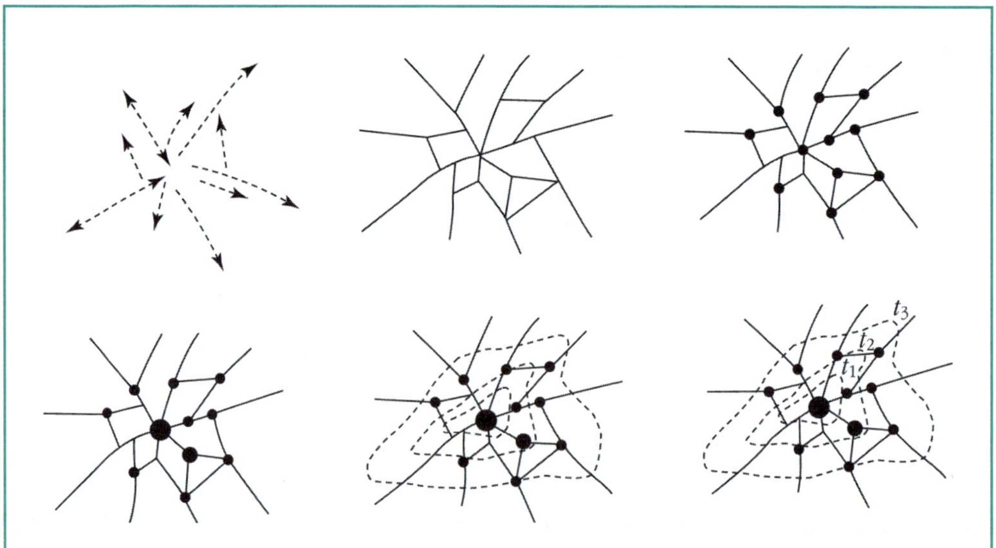

출처: Hagett *et al.*(1977, 7).

구성 요소로 하는 시스템으로, 복잡한 상호작용을 통해 형성·변화하는 도시 간 관계 구조에 주목한다.

(2) 도시체계[1]

도시체계(urban system)는 도시지리학에서 오랫동안 다뤄져 온 핵심 개념이기도 하지만, 도시를 이해하기 위한 연구 방법론이자 스케일로서도 중요한 의미를 지닌다. 베리(B. Berry)의 1964년 논문인 “도시들의 체계에 속한 하나의 시스템으로서 도시(Cities as Systems within Systems of Cities)”에서는 시스템이론(system theory)에 기반한 도시체계의 개념적 토대를 제시하였다. 이 논문에 따르면, 도시는 상호 의존적이고 영향을 주고받는 부분들(parts)로 구성된 시스템으로 간주할 수 있으며, 이러한 관계적 특성이 나타나는 도시들의 묶음(set of cities) 역시 시스템의 관점에서 이해될 수 있다(다만, 베리는 해당 논문에서 ‘도시체계’라는 용어를 직접적으로 사용하지는 않았다). 즉, 도시체계는 유기적으로 연결되어 상호작용하는 도시들의 집합으로 정의될 수 있다. 이 개념은 개별 도시 혹은 다수 도시의 기능적· 규모적·계층적 특성이 다른 도시(들)과의 관계에 영향을 받아 형성되거나 변화할 수 있다는 인식을 전제로 한다. 도시체계 개념은 도시를 이해하는 데 있어 다층적 스케일과 관계 중심적 접근 방식의 중요성을 강조한다는 점에서 도시 연구의 방법론과 스케일 측면에서의 지향점을 내포하고 있다. 다시 말해서, 도시를 고립된 개체가 아닌 상호 연결된 네트워크의 구성 요소로서 간주하며, 지역, 국가, 세계 등 다양한 공간적 스케일에서 도시(들)의 성장과 변화를 다른 도시(들)와의 상호작용 혹은 관계를 기반으로 설명하는 데 중점을 두고 있다. 나아가 도시체계는 다양한 관련 연구들이 지속적으로 축적되어옴에 따라 도시지리학의 주요 연구 분야로 자리매김하게 되었다.

이어지는 내용에서는 도시체계를 구성하는 도시 간 규모와 기능의 차이를 파악하기 위한 전통적인 접근 방식을 살펴본다. 나아가 도시체계의 형성과

1 본 장의 일부 내용은 박용하(2025)를 토대로 교재 목적에 맞게 재구성하였다.

변화를 다루고 있는 주요 개념 및 이론에 대해 알아보고자 한다.

1) 도시 간 규모의 차이

순위규모법칙(rank-size rule)은 도시의 규모와 이를 내림차순으로 정리하여 도출된 순위 사이에 나타나는 관계를 기반으로 도시체계를 구성하는 도시 간 규모의 차이를 설명한다. 이 법칙은 지프법칙(Zipf's law)으로도 알려져 있으나, 사실 법칙의 형성 과정에서 지프 외 관련 학자들의 기여도 함께 고려할 필요가 있다(Rybski and Ciccone, 2023). 먼저 아우어바흐(F. Auerbach)는 미국과 유럽 5개국의 도시체계를 분석한 결과, 소수의 최대 규모 도시를 제외한 대부분의 도시에서는 인구 규모(P_r)와 순위(r)를 곱한 값(rP_r)이 유사하게 나타나는 경향을 발견하였다(Auerbach, 1913)(식 1 참조). 롯카(A. Lotka)는 (식 1)에 지수(exponent) q를 추가하여 분석의 초점을 q의 추정 및 해석으로 전환시키는 계기를 만들었다(Lotka, 1925)(식 2 참조). 지프는 (식 2)를 이용하여 1940년 미국의 상위 100개 도시를 대상으로 규모 분포를 분석한 결과 추정된 지수 q와 상수 K가 각각 1과 수위도시(뉴욕)의 인구 규모에 가깝다는 점을 발견하였다(Zipf, 1949). 지프의 발견은 오늘날 주로 사용되는 수식(식 3 참조)과 지프법칙을 따르는 순위규모분포의 형성에 결정적인 영향을 미쳤다. 여기서 앞서 말한 두 조건, 즉 '$q=1$', 'K=수위도시 인구'를 만족하는 순위규모분포란 도시체계 내 n번째 도시의 인구가 수위 도시 인구의 1/n에 해당하는 분포를 의미한다. 참고로 도시 규모의 확률 분포 측면에 관심을 갖는 다른 분야(경제학, 물리학 등)에서는 불균등 분포를 설명하는 대표적인 확률분포 모형인 파레토 분포에 기반한 (식 4)를 주로 활용한다(Arshad *et al.*, 2018). (식 4)에서 파레토 지수(pareto exponent)인 a는 지프 지수인 q와 역수 관계($q=1/a$)이며, 이는 지프법칙을 따르는 순위규모분포($q=a=1$)가 일정한 크기의 지수를 갖는 파레토 분포라는 것을 의미한다.

$$rP_r \approx K,\ K=\text{상수} \qquad \text{(식 1)}$$

$$r^q P_r = K \qquad \text{(식 2)}$$

$$P_r = P_1 / r^q \qquad \text{(식 3)}$$

$$r = AP_r^{-a},\ A=\text{상수} \qquad \text{(식 4)}$$

앞서 설명한 순위규모분포는 도시체계 규모 분포의 불균등성 수준을 판단하기 위한 기준으로 활용할 수 있다. 현실의 도시체계에 순위규모법칙을 적용하는 경우 q는 주로 (식 3)에 로그를 취한 뒤 회귀분석을 통해 추정되며, 추정된 q값이 1보다 큰 경우 지프법칙을 따르는 순위규모분포보다 수위도시 혹은 소수의 상위 도시에 규모가 집중된 불균등 분포, 즉 베리(1961)가 제시한 종주분포(primate distribution) 경향이 나타나게 된다. 반대로, q값이 1보다 작은 경우 순위규모분포 대비 도시 간 규모 분포가 상대적으로 균등하게 나타난다고 볼 수 있다. 참고로, 제퍼슨(M. Jefferson, 1939)은 수위도시가 다른 도시들에 비해 규모가 두드러지게 크게 나타나는 현상에 주목하여 종주도시(primate city) 개념을 제시하였다.

2) 도시 간 기능의 차이

도시체계를 구성하는 도시 간 기능(주로 경제 및 산업 부문)의 차이를 파악하기 위해 다양한 지표들이 활용되어 왔다. 대표적으로 입지계수(locational quotient, LQ계수)는 도시체계에 포함된 개별 도시의 산업별 특화도를 살피기 위해 자주 활용되는 지표로서, 특정 도시의 특정 산업의 비율이 도시체계 전체 수준과 비교하여 어느 정도 더 높은지를 비율의 형태로 나타낸다. 일반적으로 한 도시가 특정 산업에 대해 1보다 큰 입지계수 값을 가질 경우 해당 산업의 특화가 이루어졌다고 볼 수 있으며, 이 값이 커질수록 특화도는 높아지게 된다. 입지계수는 도시체계 내 개별 도시가 어떤 산업에 특화되어 있는지, 그리고 산업에 따른 특화 수준은 어느 정도인지를 세부적으로 살피려는 목적으로 유용하게 활용될 수 있다. 그 외에도, 특화계수(coefficient of specialization)와 같이 개별 도시의 기능적 특화 수준을 전체 산업 부문을 고려하여 종합적으로 평가하는 지표들도 존재한다.

3) 도시체계의 계층 구조

도시체계의 계층 구조는 도시 간 기능 및 규모의 차이를 바탕으로 형성되며, 이는 또한 공간 상호작용의 방향과 규모를 결정하는 중요한 토대가 된다. 예를 들어, 도시 간 기능의 분화가 이루어지면 상위 계층의 도시는 하위 계층에 속한 도시들이 제공하지 못하는 고차원적 기능(예: 고등교육, 전문의료, 금융, 법률서비스 등)을 제공하는 반면, 하위 계층 도시들은 일상적이고 기초적인 기능을 주로 담당하게 된다. 또한 규모가 큰 도시일수록 보다 다양한 서비스를 광범위한 배후지를 대상으로 제공할 수 있게 된다. 일반적으로 규모와 기능의 측면에서 우위를 지닌 상위 계층의 도시일수록 인구, 자본, 재화, 정보가 집중되는 경향이 강하며, 이러한 흐름이 지속될 경우 도시체계의 계층 구조는 소수의 상위 도시를 중심으로 한 수직적 관계가 강화되는 방향으로 발달하게 된다. 반대로 상위 도시의 우위가 약화되거나 중·하위 도시의 성장이 두드러질 경우, 계층 구조는 상대적으로 수평적인 관계로 전환될 수 있다.

이어지는 부분에서는 도시 간 관계 양상을 일반화한 크리스탈러(W. Christaller)의 중심지이론(central place theory)에서 다루고 있는 중심지체계, 그리고 세계화로 인해 도시체계의 계층 구조가 초국가적 스케일에서 어떻게 형성되고 변화하는지 설명하는 세계도시체계(world city system)에 대해 알아보고자 한다.

① 중심지체계

도시체계의 계층 구조는 일반적으로 피라미드의 형태를 따른다. 즉, 규모가 크고 다양한 기능을 수행하는 소수의 최상위 계층 도시로부터 하위 계층으로 갈수록 도시의 수가 급격히 증가하고 규모와 기능은 제한되는 구조이다. 크리스탈러의 중심지이론(안영진·박영한, 2008)은 이러한 피라미드 형태의 계층 구조를 가진 도시체계가 공간상에서 어떻게 분포하는지를 체계적으로 설명하는 이론이다. 크리스탈러는 독일 남부 지역을 사례로 연역적 접근 방법을 활용하여, 중심지가 효율적으로 배치될 때 배후지는 육각형의 망을 형성하게 된다는 중심지-배후지 공간배열 원리, 그리고 서로 다른 계층의 중심지-배후지 공간배열들이 중첩되는 방식을 설명하는 포섭(nesting) 원리를 제시하였다.

중심지-배후지 공간배열 원리를 살펴보면, 먼저 중심지들은 등질적인 평면 상에서 일정한 간격을 유지하며 규칙적으로 분포한다고 가정한다. 중심지는 배후지로 재화와 서비스를 공급하는 역할을 담당하며, 이 기능이 지속되기 위해서는 제공되는 재화나 서비스의 최대도달범위(range)가 이를 공급하기 위한 최소 수요 규모인 최소요구치(threshold)를 만족하는 영역보다 넓어야 한다. 크리스탈러는 영역 중첩과 빈틈을 최소화하는 가장 효율적인 배후지의 모양을 육각형으로 보았으며, 이에 따라 중심지-배후지 공간배열의 형태로 육각망을 제시하였다.

다음으로 포섭 원리에 대해 살펴보면, 먼저 중심지 간에 수행하는 기능에 따라 명확한 계층체계가 존재한다는 점을 유념할 필요가 있다. 저차중심지는 최소요구치가 작은 재화와 서비스만을 제공하기 때문에 배후지의 면적은 작지만, 이러한 이유로 공간상에서 다수의 저차중심지가 밀집하여 분포한다. 반면, 고차중심지는 저차 기능에 더하여 최소요구치가 큰 재화와 서비스까지 제공하기 때문에 배후지의 면적은 상대적으로 넓어지며, 이에 따라 공간상에서 고차중심지의 수는 저차중심지의 수보다 적을 수밖에 없다. 결과적으로 전체적인 중심지-배후지 공간배열은 넓은 면적의 배후지를 지닌 소수의 고차중심

【그림 2-3】 크리스탈러의 K=3, K=4, K=7 포섭원리에 따른 중심지체계

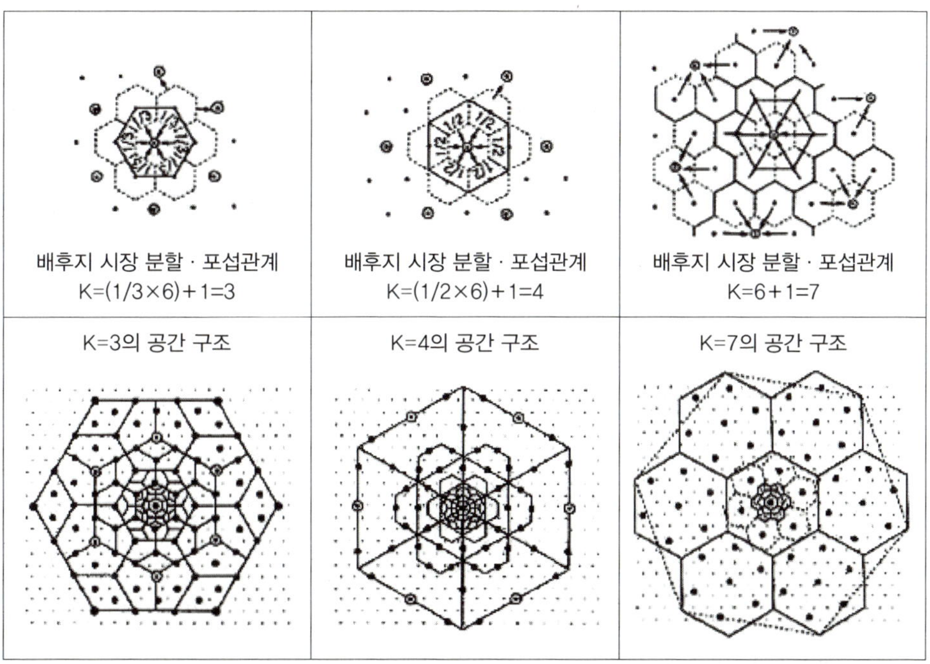

(a) (b) (c)

출처: Kolars and Nystuen(1974, 81).

지로 구성된 육각망과 상대적으로 면적이 작은 배후지를 가진 저차중심지들로 구성된 육각망이 서로 중첩된 형태로 나타나게 된다.

크리스탈러는 한 계층의 중심지-배후지가 차하위 계층의 중심지-배후지들을 포함하거나 분할하는 방식에 따라 세 가지 포섭원리에 기반한 중심지체계 사례를 제시하였다([그림 2-3] 참조). 먼저, K=3(시장원리)은 시장 기능의 작동 효율성에 초점을 둔 중심지체계로서, 다른 두 중심지체계에 비해 고차중심지가 가장 조밀하게 분포하며, 이에 따라 수요자들의 총 이동 거리가 최소화된다는 특징을 지닌다. K=4(교통원리)는 주요 교통로의 기능성에 초점을 둔 중심지체계로서, 중심부의 고차중심지로부터 그 배후지인 육각형의 꼭짓점을 연결하는 직선(주요 교통로로 가정) 상에 입지하는 중심지의 수가 다른 두 중심지체계에 비해 많다. 마지막으로, K=7(행정원리 혹은 분리원리)은 고차중심지의 배후지가 하위중심지의 배후지들을 온전하게 포함하는 중심지체계로(즉, 다른 고차중심지의 배후지에 중첩되지 않고 완벽하게 분리된 상태), 행정구역체계의 구획 방식과 유사한 특성을 보인다.

② 세계도시체계

세계도시체계는 세계화의 진전에 따라 국가의 경계를 넘어 도시들 간에 정치, 경제, 사회, 문화 등 다양한 부문에서 활발한 상호작용이 이루어지고, 복잡한 네트워크가 형성됨에 따라 초국가적 스케일에서 도시체계를 설명하기 위해 제시된 개념이다.

세계도시체계를 설명하는 대표적인 사례로는 프리드먼(J. Friedmann)의 세계도시가설(world city hypothesis)을 들 수 있다(Friedmann, 1986). 프리드먼은 노동의 신국제분업(new international division of labour)에 따라 기능의 입지가 분리되고, 이 과정에서 세계도시라 불리는 상위 계층의 도시들이 글로벌 경제의 조정과 통제 기능을 수행하게 되었다고 보았다. 나아가 그는 주요 금융 중심지, 초국적 기업 본사, 국제기구, 핵심 제조업 중심지, 핵심 교통 결절 등 다양한 지표를 활용하여 세계도시들을 소속 국가와 도시 자체의 위상 측면에서 각각 중심부(core) 국가와 반주변(semi-periphery) 국가, 그리고 1차(primary) 도시와 2차(secondary) 도시로 구분하여 계층을 분류하였다. 런던,

뉴욕, 도쿄 등 1차 도시는 주로 중심부 국가에 위치하였고, 2차 도시는 중심부와 반주변부 국가에 모두 분포하였다. 다만, 중심부 국가의 2차 도시는 주로 1차 도시들에 비해 규모가 작거나 전문화된 도시가 많은 반면, 반주변부 국가의 2차 도시는 대부분 수도에 해당하였다.

한편, 사센(S. Sassen)은 세계도시들의 공통된 특성으로 고차생산자서비스(advanced producer services, APS) 부문의 역할을 강조하였다(Sassen, 1991). APS 부문은 과거 제조업 중심의 산업경제 시대에는 주로 생산 활동을 지원하는 보조적 기능에 머물렀으나, 탈산업경제로의 전환과 함께 기업의 수직적 분화와 아웃소싱의 확대, 노동의 신국제분업에 따른 개발·생산·판매 과정에서의 불확실성 증가와 같은 변화로 인해 그 수요가 급격히 증가하였다. 이로 인해 APS는 단순한 지원 산업을 넘어 기업의 의사결정과 사업전략 수립 등 핵심적인 역할을 수행하게 되었고, 글로벌 금융, 법률, 회계, 컨설팅, 광고 등 APS 산업이 집중된 도시들은 세계 경제의 조정과 통제의 중심지로 부상하였다. 특히 사센은 APS 산업이 두드러지게 발달한 뉴욕, 런던, 도쿄를 세계도시체계에서 최상위 계층의 도시로 규정하며, 이들을 글로벌도시(global city)라고 명명하였다.

1990년대 후반부터는 경험적 자료와 계량적 방법론을 활용하여 전 세계 도시들을 연결하는 물리적·추상적 네트워크나 이를 통한 흐름의 양상을 토대로 세계도시체계를 분석하는 연구가 활발해졌다. 대표적으로 테일러(P. Taylor)는 사센의 연구를 비판적으로 수용하여 개별 도시의 특성보다는 도시간 관계의 초점을 맞추어 세계도시체계를 설명하였다(Taylor, 2001). 그는 글로벌 APS 기업들의 본사와 지사로 구성된 네트워크를 기반으로 도시의 연계 강도를 측정하는 인터로킹 네트워크(interlocking network) 모델을 제안하였고, 이를 토대로 전 세계 주요 도시들의 계층 구조를 분석하였다. 테일러가 소속된 글로벌 도시연구 기관인 세계화와 세계도시 연구네트워크(globalization and world cities, GaWC)는 이 모델을 기반으로 2000년부터 세계도시 계층 분류를 주기적으로 산출하여 공표해 오고 있다.

2. 도시체계의 변화 양상

도시체계는 서로 다른 특성의 도시들로 구성되며, 시간이 흐름에 따라 도시들 간의 복잡한 상호작용 속에서 변화한다. 도시체계를 구성하는 도시들은 서로 다른 위치에서 다양한 기능 및 역할을 수행하고, 규모와 성장의 방식 및 속도 또한 상이하게 나타난다. 즉, 도시체계는 고정된 것이 아니라, 사회·경제·정치·환경 변화에 따른 역동성을 지니고 있다. 본 절에서는 먼저 도시체계의 형성과 발달 과정에 대한 전통적인 이론 연구에 대해 살펴본 뒤, 현대 도시체계에서 나타나는 주요 변화에 대해 논의하고자 한다.

(1) 도시의 기능적 특성에 따른 도시체계의 형성 및 발달

도시체계는 지역에 따라 상이한 자연적·인문적 환경과 복잡한 상호작용을 통해 형성된다. 인구, 자원, 산업, 서비스가 공간적으로 고르게 분포하지 않음에 따라 특정 도시에는 교통·행정·경제 기능이 집중되고, 주변 도시는 이에 종속되거나 보완적인 역할을 담당하면서 도시 간 위계적 관계가 발달하게 된다. 해리스와 울만(C. Harris and E. Ullman)은 이러한 도시체계의 형성 및 발달 과정에서 중심 도시의 기능적 특성을 기반으로 세 가지 유형의 도시를 구분하고, 각 유형의 도시를 중심으로 형성·발달되는 도시체계의 공간적 패턴을 설명하였다(Harris and Ullman, 1945). 이들이 제시한 첫 번째 도시 유형은 크리스탈러의 중심지이론에서 다루는 중심지(central place)로, 이들은 등질적인 평면상에서 삼각 격자 형태로 균등한 간격을 두고 분포하는 양상을 보인다([그림 2-4]의 (a) 참조).

두 번째 도시 유형은 교통중심지(transport centers)로, [그림 2-4]의 (b)는 해안이나 하천 유역에 위치한 항구나 철도와 같은 육상교통망의 주요 결절을 중심으로 형성된 도시체계의 공간적 분포 양상을 나타낸다. 이러한 교통중심지는 상이한 교통수단들을 연결하는 지점인 적환지(break-of-bulk point)나 여러 교통로가 교차하는 지점에 전략적으로 위치하며, 그 배후지에는 다른 지역으로부터 운송된 원자재 등을 활용한 제조업이 발달하기에 유리한 조건을 갖추고 있어 급속한 성장세를 보이며 도시체계 내 계층적 우위가 강화되는 사례들이 존재한다. 예를 들어, 1825년 완공된 이리운하(Erie Canal)는 당시 북미 동부 연안의 항구 도시들 사이에서 뉴욕의 계층적 우위가 강화되는 데 지대한 영향을 미쳤다.

세 번째 도시 유형인 특수기능지(specialized-function settlements)는 다른 지역에서 쉽게 확보할 수 없는 지역 고유의 특성(예: 천연자원, 관광자원, 특정 기후 조건 등)을 활용하기 유리한 지점에 주로 입지한다. [그림 2-4]의 (c)에서 나타나듯이, 이러한 도시들은 자원의 편재적 특성과 집적경제 효과를 활용하기 위해 일정한 영역 내 군집화(clustering)하는 경향을 보인다. 대표적인 사

【그림 2-4】 도시의 기능적 유형에 따른 분포 특성

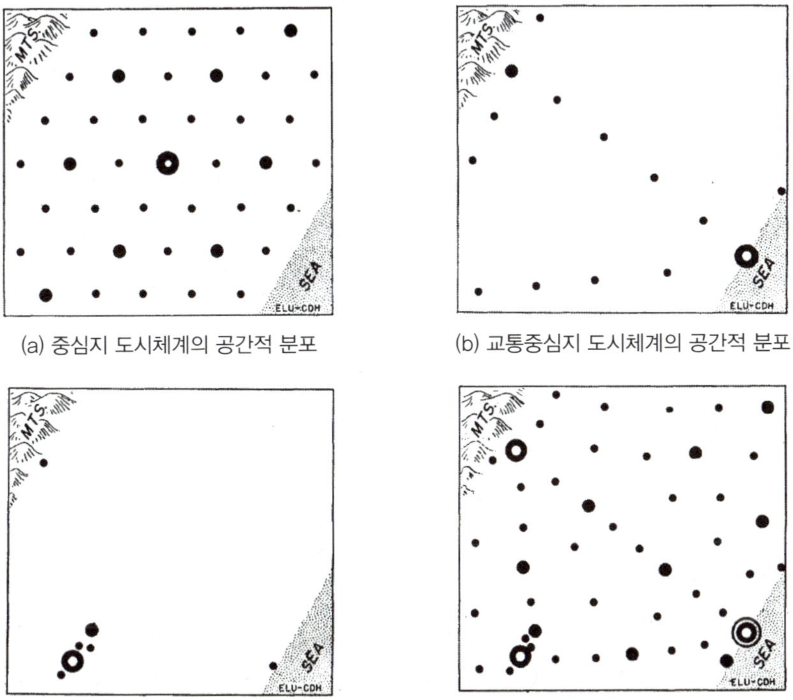

(a) 중심지 도시체계의 공간적 분포
(b) 교통중심지 도시체계의 공간적 분포
(c) 특수기능지 도시체계의 공간적 분포
(d) 복합적 도시체계((a)~(c))의 공간적 분포

출처: Harris and Ullman(1945, 8).

례로는 20세기 초중반 오대호 연안에 위치한 디트로이트, 피츠버그 등과 같은 제조업 중심의 산업 도시들을 들 수 있다.

그러나 현실에서 대부분의 도시는 특정 기능 하나만을 수행하기보다는, 전술한 세 가지 도시 유형의 특성이 서로 다른 비중으로 혼합되어 나타나는 경우가 일반적이다. 해리스와 울만은 또한 도시를 정적인 개체가 아니라 변화와 적응을 거듭하는 동적인 시스템으로 보았다. 도시는 경제적·사회적·기술적 조건의 변화에 따라 새로운 기능을 획득하거나 기존 기능을 상실하기도 하며, 이러한 변화는 도시체계의 기능적 구성과 공간적 분포가 고정적이지 않고 유동적임을 보여준다.

(2) 도시체계의 발달 과정

지금부터는 교통망의 확장과 함께 도시체계의 발달 과정을 일반화한 세 가지 모형에 대해 살펴보고자 한다.

타페(E. Taaffe)모형은 저개발국의 교통망 확장 및 도시체계 발달 과정을 해안가에 산재한 소규모 취락지들로부터 아직 개발이 이루어지지 않은 내륙으로 확장되어가는 6단계의 과정을 통해 설명한다(Taaffe *et al.*, 1963)([그림 2-5] 참조). 전반기(a, b, c)에는 해안가에 산재한 여러 포구 중 일부가 자원 개발, 영토 확장 등을 목적으로 개발된 내륙의 거점과 교통로를 통해 연결되며, 후속 거점들이 교통로를 따라 개발된다. 후반기(d, e, f)에는 이들 거점을 연결하는 간선·지선 교통망이 복잡하게 발달하게 된다. 이 모형은 내륙 개발에 따른 취락지의 선택적 성장과 쇠퇴, 그리고 이들을 연결하는 교통망의 확충에 따라 도시체계가 점점 더 복잡해지고 계층화되는 과정을 일반화한 모형이다.

밴스(J. Vance)의 상업모형(mercantile model)은 북미 대륙의 초기 교통체계 및 도시체계의 발달 과정을 다섯 단계로 구분하여 설명한다(Vance, 1970)([그림 2-6] 참조). 밴스는 중심지체계가 확립된 유럽(구대륙)으로부터의 외생적 동인(식민지 건설과 무역 확대)에 의해 미개발지였던 북미의 해안 지역을 중심으로 초기 취락지가 형성되고, 이후 점차 내륙으로 개발이 확대되며 계층성을 지닌 도시체계로 성장하는 과정을 일반화하였다. 이 모형은 지역의 성장과 변화가 외부의 간섭, 즉 외생적 요인에 의해 촉발된다는 점을 뚜렷이 명시했다는 점에서 타페모형과 구별된다. 또한 중심지이론과 달리 해안에 위치한 관문도시(무역 거점)에서 내륙으로 중심지체계와 유사한 도시체계가 확장하는 과정을 설명한다는 점에서 차별성을 갖는다.

림머(P. Rimmer)모형은 동남아시아의 식민지화 과정에서 나타난 지역 교통체계 및 도시체계의 변화를 4단계로 구분하여 설명하였다(Rimmer, 1977)([그림 2-7] 참조). 림머는 식민통치 이전 단계(a)에 형성된 토착적 도시체계와 식민통치 단계(b, c)에 새롭게 개발된 거점들(해안의 관문도시, 내륙의 광산·플랜테이

【그림 2-5】 타페모형의 전개 과정

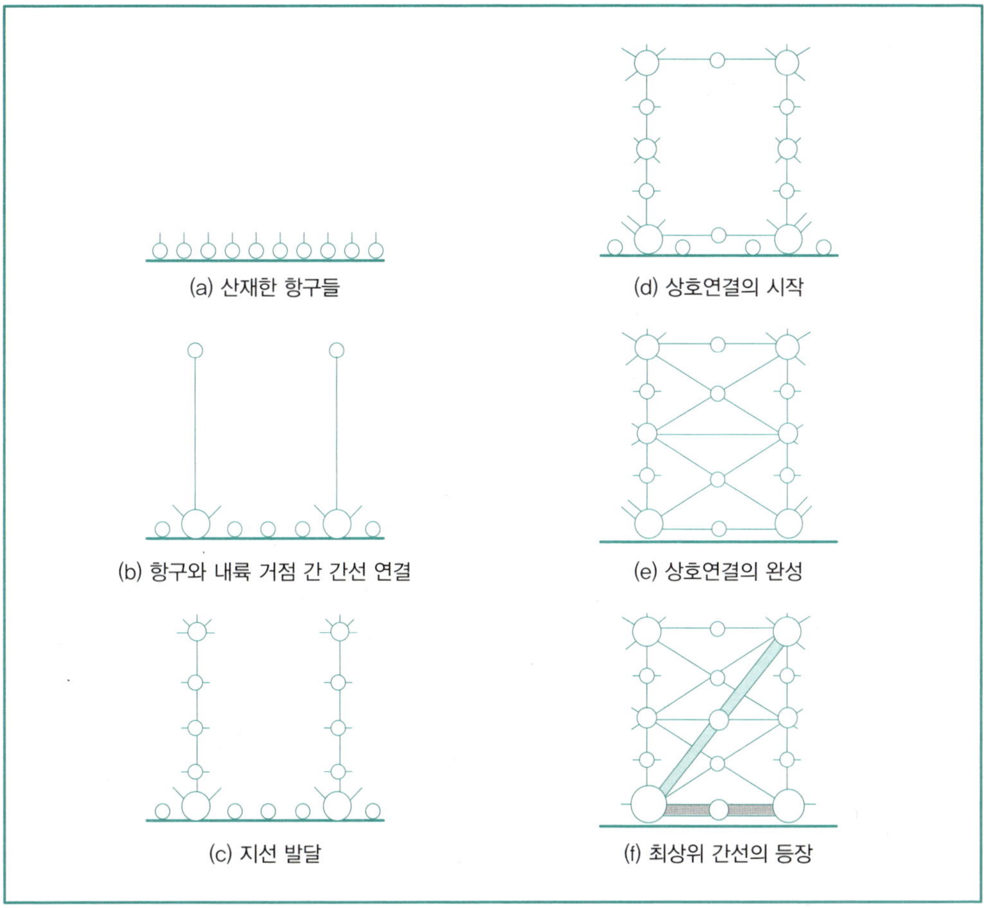

출처: Taaffe *et al.*(1963, 504).

【그림 2-6】 밴스의 무역모형의 전개 과정

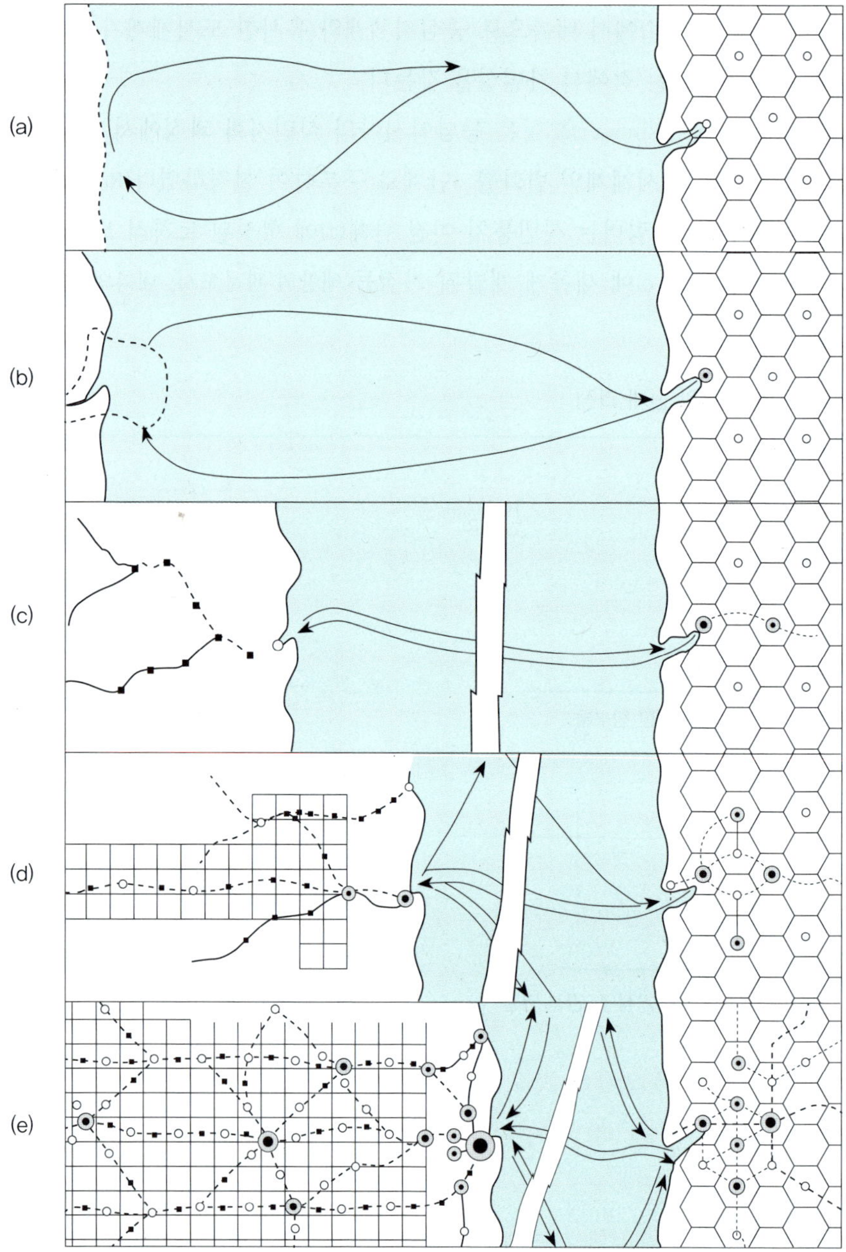

출처: Vance(1970, 151); Godfrey(1999, 584)에서 재인용.

션·휴양·행정 도시) 간의 관계에 주목하였다. 그는 식민통치 이후 단계(d)에서는 내부지향적인 토착 도시체계와 식민세력에 형성된 외부지향적 도시체계가

【그림 2-7】 림머모형의 전개 과정

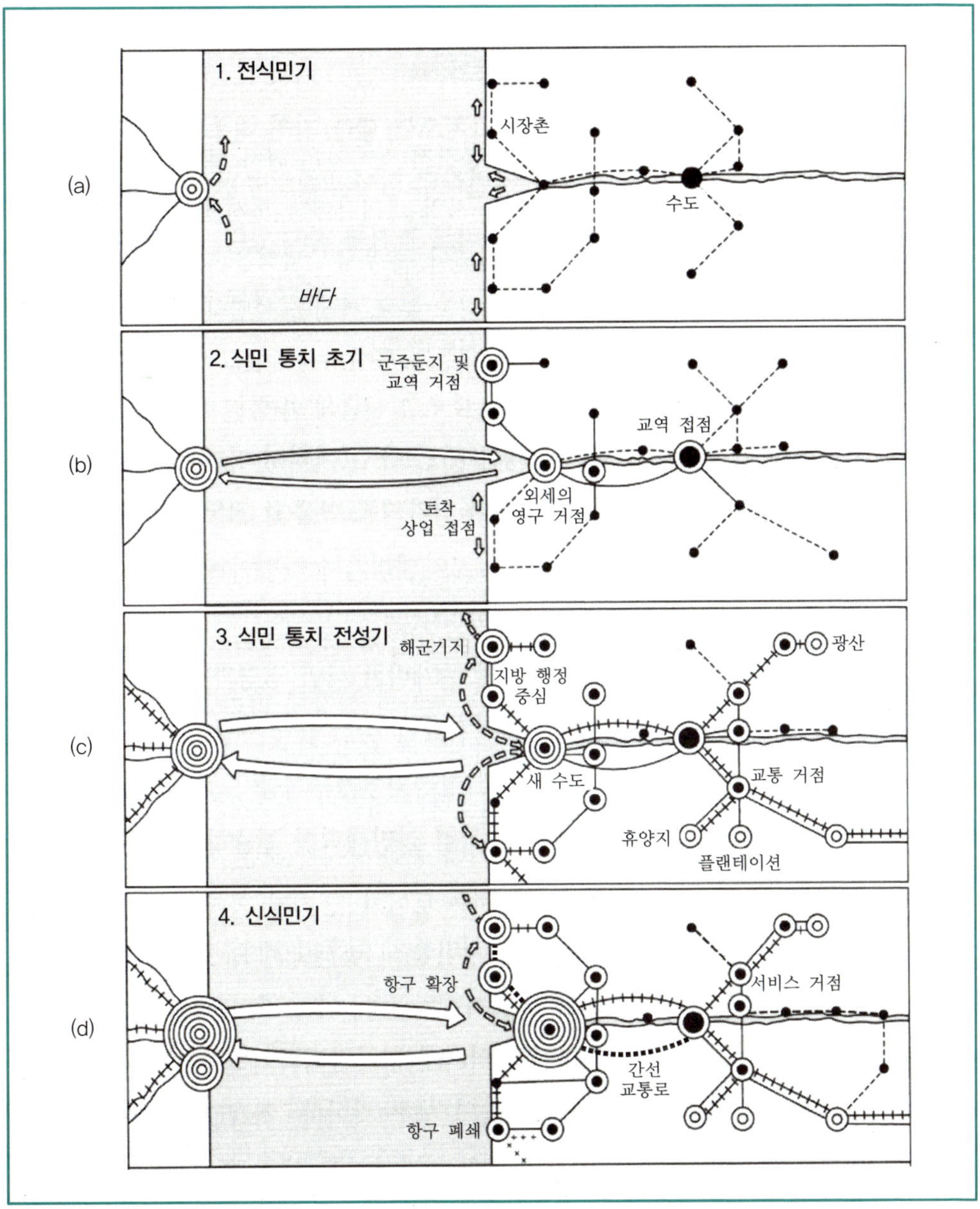

출처: Rimmer(1977, 134).

유기적으로 결합되지 못한 채 병렬적 이중구조로 남게 된다고 보았다. 림머모형은 외생적 동인에 의한 도시체계의 발달 과정을 설명하고 있다는 점에서 밴스의 무역모형과 유사하지만, 도시체계의 발달 과정에서 기존 토착 취락체계의 영향을 함께 고려했다는 점에서 타페모형, 밴스모형과 구별된다.

(3) 현대 도시체계의 주요 변화

오늘날까지 도시체계 연구의 공간적 스케일은 점차 확대되어 왔다. 예를 들어, 크리스탈러의 중심지이론은 지역 스케일에서 도시체계의 계층 구조와 공간 조직의 형성 원리를 일반화하였다. 순위규모법칙은 주로 국가 스케일에서 도시체계를 구성하는 도시들의 규모 분포 특성을 설명하는 데 주로 활용되어 왔다. 20세기 후반에 들어서는 교통과 통신의 발달, 그리고 정치·경제·사회·문화 전반에서의 세계화가 급속도로 진전됨에 따라 글로벌 스케일에서 도시체계의 특성을 규명하려는 연구가 급속히 증가하였다. 이어지는 부분에서는, 현대 도시체계 연구의 주요 관심사와 최근 변화를 지역, 국가, 글로벌 스케일로 구분하여 살펴보고자 한다.

1) 다핵구조 대도시권의 부상

대도시권(metropolitan area)은 도시의 성장에 따라 기존 행정 경계를 넘어 도시 기능과 활동이 주변 지역으로 확산되면서, 중심이 되는 대도시(metropolis)와 이에 기능적으로 밀접하게 연결된 배후지역을 포괄하는 공간적 영역을 의미한다. 초기에는 하나의 중심 도시가 모든 핵심 기능을 수행하는 단핵구조(monocentric structure)를 보이지만, 성장 과정에서 중심 도시의 일부 기능을 담당하는 새로운 중심지(들)이 형성되거나, 인근의 다른 (대)도시(권)이 연담도시화에 의해 통합되면서 점차 여러 중심지를 보유한 다핵구조(polycentric structure)로 변화한다. 프랑스 지리학자인 고트만(J. Gottmann)은 1961년 보스턴에서 워싱턴 D.C에 이르는 거대한 도시화 지대를 지칭하기 위해 메갈로폴리스(megalopolis)라는 용어를 사용하였다. 이 용어는 공간적으로 연속하여 분포하고, 기능적으로 상호 연결된 여러 대도시권으로 구성된

다핵형 거대 대도시권을 의미한다. 또한 그리스의 도시학자인 독시아디스(C. Doxiadis)는 인간의 거주 단위를 방과 집의 최소 단위에서 시작하여 대도시, 메갈로폴리스를 거쳐 에쿠메노폴리스(Ecumenopolis)에 이르기까지 14개 단계로 구분하였다. 그는 미래에는 메갈로폴리스가 성장하여 전 지구를 단일 도시권으로 포괄하는 에쿠메노폴리스로 발전할 것이라고 전망하였다.

오늘날 대도시권은 단순한 공간 단위를 넘어 초국가적 스케일에서 정치·경제·사회·문화 등 다양한 부문에 걸쳐 강력한 영향력을 발휘하는 핵심 주체로서 그 중요성이 더욱 부각되고 있다. 특히 세계 경제에서 중추적인 역할을 담당하는 세계도시들은 주변 지역과의 광역적 네트워크를 구축하며, 이를 통해 자체 경쟁력을 지속적으로 강화하고 있다. 이러한 변화 속에서 다핵구조로 성장한 세계적 대도시권들의 성장 동력과 공간 조직 형성 원리를 설명하기 위해 다양한 개념 및 모델이 제안되었다.

① 네트워크도시

배튼(D. Batten)의 네트워크도시(network cities)는 여러 도시가 서로 인접하여 입지함으로써 집적경제 효과를 누리는 동시에, 이들 도시 간에 상호보완적이고 유기적인 연계가 발달하여 네트워크경제 효과까지 창출하는 다중심 구조의 대도시권을 의미한다(Batten, 1995). 네트워크도시의 대표적인 사례 지역인 란트스타트(Randstad)는 네덜란드의 수도권으로, 암스테르담, 로테르담, 헤이크, 위트레흐트 등으로 구성된다. 이들 도시는 각기 다른 특화된 기능을 기반으로 상호보완적인 관계를 형성하며, 세계도시체계 속에서 마치 단일 도시처럼 기능하는 특징을 보인다.

네트워크도시는 복잡하고 다변화된 현대 도시체계에서 나타나는 다양한 연계 양상을 보다 유연하고 폭넓게 반영할 수 있다는 점에서 전통적인 도시 모델들과 차별성을 지닌다. 네트워크도시를 구성하는 중심지들 간의 연결 구조([그림 2-8]의 1~6)는 전통적인 단일중심 도시([그림 2-8]의 1, 2)나 회랑(corridor) 도시([그림 2-8]의 1, 2, 4)와 달리, 중심지의 계층이나 위치한 도시권 경계의 제약 없이 다른 도시들과 자유롭게 상호 연결될 수 있다는 특징을 지닌다.

또한 네트워크도시는 도시 발전 모델로서 중심지이론과도 다양한 측면

【그림 2-8】 네트워크도시 모델의 연결 구조

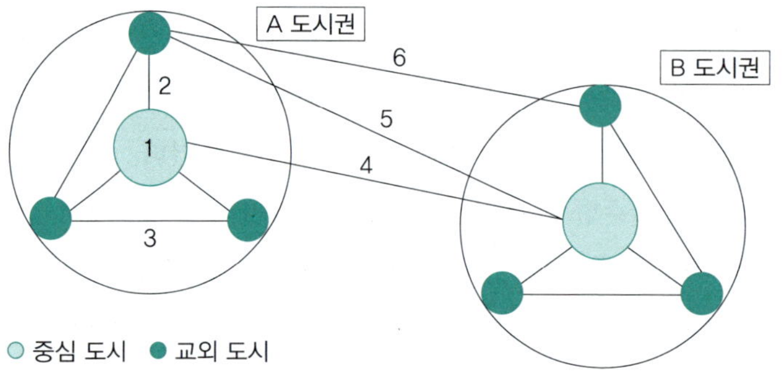

출처: van Oort *et al.*(2010, 738).

【표 2-1】 중심지이론과 네트워크도시 비교

비교	중심지이론	네트워크도시
중요도 결정 요인 [규모와의 관계]	중심성 [규모 의존성(인구, 시장)]	결절성 [규모 중립성]
도시 간 관계	종주성과 종속성	유연성과 상호보완성
접근성	수직적	수평적
상호작용 방향성	일방향 흐름	양방향 흐름
시장	공간상 완전경쟁	가격차별화를 통한 불완전 경쟁
비용 요소	운송비용 (완전한 정보 제공, 등질적 공간)	정보비용 (불완전한 정보 공유)
거래 대상	동질적인 상품과 서비스	기능 특화에 따른 이질적인 상품과 서비스

출처: Batten(1995, 320)을 수정.

에서 상이한 특성을 보인다([표 2-1] 참조). 중심지이론에서는 제공하는 재화와 서비스의 다양성, 시장 규모 등 도시의 경제적 역량을 반영하는 중심성(centrality)이 도시의 계층을 결정짓는 핵심 요인으로 본다. 반면, 네트워크도시 모델에서는 개별 도시가 다른 도시들과 얼마나 유기적으로 연결되어 있고 상호작용하는지를 나타내는 결절성(nodality)이 중요한 기준이 된다. 또한 도시 간 관계 측면에서도 중심지이론의 경우 종속성과 종주성에 기반한 수직적 접근성이 발달한 반면, 네트워크도시는 유연성과 상호보완성에 기반한 수평적 접근성을 강조한다.

사례 연구를 통해 네트워크도시는 평균적으로 전통적인 중심지형 도시보다 높은 성장률을 보이는 경향이 귀납적으로 확인된 바 있다. 네트워크도시 모델은 중심지이론처럼 계층성과 규모를 전제로 하지 않더라도, 개별 도시가 고유한 기능과 역할을 바탕으로 수평적 연계를 통해 빠르게 성장할 수 있다는 가능성을 보여준다는 점에서 중소도시에게도 유효한 발전 전략으로 볼 수 있다.

② 세계도시지역

스콧(A. Scott)이 제안한 세계도시지역(global city-region)은 세계 경제 속에서 중추적인 역할을 담당하는 단일 혹은 소수의 대도시, 그리고 이와 기능적으로 연계된 배후지역으로 구성된 거대 도시지역 혹은 도시권을 의미한다(Scott, 2001). 세계도시지역의 형태는 크게 세 가지로 구분된다: (1) 단일 대도시가 주변 배후지와 정치적으로 통합된 형태(예: 마드리드, 토론토), (2) 인접한 대도시들이 연담도시를 형성한 초거대도시지역(예: 란트스타트), (3) 지리적으로 분리된 도시들이 상호협력을 위해 제휴한 협력적 통합 형태(예: 코펜하겐-말뫼, 싱가포르-조호르-바탐 등)로 국경을 초월하여 발달하기도 한다(이재하, 2003).

세계도시지역의 주요 특성을 살펴보면 다음과 같다. 첫째, 경제적 관점에서 세계도시지역은 고급 정보와 인적자원이 집중된 공간으로, 첨단기술산업, 전문서비스업, 문화산업 등 고부가가치산업의 기업들이 집적해 있다. 이들은 거래 비용을 감축하고 지식과 정보를 공유하기 위해 긴밀한 네트워크를 기반으로 클러스터를 형성하고, 세계시장과의 밀접한 연계를 통해 지역의 경쟁력을 강화한다. 둘째, 사회적 관점에서는 인구가 급격하게 유입되면서 인구·문화의 이질성 증가, 다중심적 공간구조의 형성, 사회·경제적 양극화의 심화 등 여러 사회적 변화를 경험하고 있으며, 특히 외국인 이주민의 정착과 복지 문제가 중요한 정책 과제로 대두되고 있다. 셋째, 세계도시지역은 세계화의 진전에 따라 도시행정의 재구조화, 국가-도시 간 권력 재편, 초국가적 네트워크 참여 확대 등 정치적 측면에서 자율성과 책무성이 동시에 요구되는 새로운 정치적 공간으로 부상하고 있다.

③ 메가시티지역

메가시티지역(mega city-region)은 세계도시지역과 유사하게 초광역적 규모에서의 도시 집적과 연계를 설명하는 개념으로, 세계 경제에서 중추적인 기능을 담당하는 대도시와 그 주변에 위치한 여러 도시들이 기능적으로 긴밀하게 연계되어 경제적 시너지와 글로벌 경쟁력을 창출하는 다핵 구조의 도시 클러스터를 의미한다. 홀과 페인(P. Hall and K. Pain)이 주도한 폴리넷(POLYNET) 프로젝트는 이러한 메가시티지역 개념을 실증적으로 분석한 대표적인 연구로, 카스텔(Castells)의 '흐름의 공간(space of flows)'과 테일러의 '세계도시 네트워크'에 이론적 기반을 두고 다핵의 거대 도시권에서 나타나는 도시 간 상호작용, 정보·자본·인력의 흐름에 주목하였다(Hall and Pain, 2006). 나아가, 유럽 북서부의 8개 대도시권—예컨대 런던 중심의 잉글랜드 남동부(South East England), 네덜란드의 란트스타트(Randstad), 벨기에 중부(Central Belgium), 라인-루르(Rhine-Ruhr), 파리지역(Paris Region) 등—을 메가시티지역의 사례 지역으로 선정하고, 도시 간 네트워크와 기능적 연계를 체계적으로 분석하였다.

④ 메가지역

플로리다(R. Florida) 등이 제안한 메가지역(mega region)도 앞서 제시한 세계도시지역이나 메가시티지역과 유사하게, 인구와 경제활동이 고도로 집중된 초광역 도시지역을 설명하기 위한 개념으로, 주로 여러 대도시권이 연속적으로 분포하는 지역을 지칭한다(Florida *et al.*, 2008). 이들은 인구, 경제활동, 특허, 세계적 수준의 과학자 등의 분포를 활용하여 전 세계에서 40개의 주요 메가리전을 식별하였으며, 이들 메가리전 중 일부는 국가 경계를 넘어 여러 국가에 걸친 광범위한 영역을 차지하고 있었다. 예를 들어, 북미에서는 미국 동부의 메갈로폴리스 지역(보스턴-워싱턴 D.C.), 유럽에서는 암스테르담·로테르담(네덜란드), 루르·쾰른(독일), 브뤼셀·앤트워프(벨기에), 릴(프랑스) 등을 포함하는 다국적 초광역 도시지역, 아시아에서는 도쿄 대도시권이 각 대륙의 최대 규모 메가리전으로 나타났다. 참고로 우리나라의 서울-부산(Seoul-San) 지역은 전 세계 13번째로 경제활동 규모가 큰 메가리전으로 식별되었다. 메가리전의 개념은 공간적 스케일 측면에서 한 국가나 주(state) 안에 한정되지 않고 범세

【그림 2-9】 북미, 유럽, 아시아의 메가리전 분포

출처: Florida *et al.*(2008, 19, 21, 23).

계적인 경쟁체제에 노출되어 있는 지역을 가리킨다는 점에서 다른 도시지역 개념들과 다소 차이가 있다.

앞서 설명한 개념들은 중심 도시와 그 배후지역을 포함하는 도시지역 단위의 면(面)적인 관점에서 다핵적 구조가 두드러진 도시체계를 설명하는 데 초점을 둔다. 이는 기존의 세계도시(또는 글로벌도시) 개념을 확장한 것으로, 세계 경제에서의 영향력, 도시와 주변 지역 간의 통합된 기능적 연계, 경제적 클러스터로서의 역할, 정치적 주체성과 문화적 혼성성 등을 아우르는 복합적이고 다차원적인 공간 단위로 이해된다는 점에서 상호 유사한 성격을 지닌다.

2) 국가 스케일의 도시체계 재조명

오늘날 세계 경제의 통합이 가속화됨에 따라 도시체계 연구에서도 지역이나 국가를 넘어서는 초국가적 스케일에서 도시체계의 특성을 이해하는 데 관심이 집중되고 있다. 그러나 이러한 연구 경향에 대해 일부 연구자들은 연구 스케일의 편중을 비판하며, 국가 스케일에서의 도시체계를 이해하는 것이 여전히 중요하다는 점을 강조하고 있다(Short and Pinet-Peralta, 2009). 이는 국민국가(nation-state)가 여전히 현대의 세계경제체계 내에서 핵심적인 의사결정 주체로 작동하고 있으며, 국가공간경제(national space economy)와 세계체계(global system)의 상호작용 과정에서 중대한 영향력을 행사하고 있기 때문이다. 특히 신자유주의적 세계화가 초래한 '국가의 공동화(hollowing out of the state)' 현상 속에서도, 국가 스케일에서의 도시체계가 지닌 구조적 특성은 세계도시의 위상을 심층적으로 이해하는 데 있어 핵심적인 토대가 된다. 국가 스케일의 도시체계 분석은 초국가적 도시 연결망에 대한 보완적 시각을 제공함과 동시에, 지역 개발, 사회공간적 형평성과 같은 국가 내부의 핵심 의제들을 다루는 데에도 중요한 기반이 된다.

국가 스케일의 도시체계를 이해하는 데 있어 제퍼슨이 제시한 종주성(primacy)은 중요한 개념이다. 제퍼슨은 종주성을 "규모가 가장 큰 도시와 그 다음으로 큰 도시 사이의 규모 차이가 단순히 '다음' 수준이 아니라, 절대적으로 매우 큰 차이를 보이는 경우"라고 정의하고, 인구 기준으로 1위 도시가 2위 도시보다 2배 이상, 3위 도시보다 3배 이상 큰 규모 격차를 보이는 국가가 다수 존재한다는 점에 주목하여 이를 일종의 법칙으로 간주하였다. 이후 국가 스케일에서 도시체계의 종주성, 즉 수위도시 중심의 독점적 도시체계 여부를 식별하기 위해 여러 형태의 종주지수(예: 수위도시와 차하위 도시의 인구 비율 등)가 활용되어 왔다. 또한 많은 학자들은 종주성이 강한 국가가 어떠한 조건 하에서 나타나는지 규명하는 것에 관심을 두기도 하였다. 관련 연구에 따르면, 국가의 면적과 인구 규모가 작거나(Mehta, 1964), 인구 밀도가 높고, 1인당 소득이 낮으며, 수출 중심의 농업경제 구조를 가지거나 식민지 경험이 있는(Linsky, 1965) 국가일수록 강한 종주성을 가진다고 한다. 또한 아시아와 아메리카 대륙을 대상으로 한 실증 분석을 통해 인구 규모, 경제 규모, 산업화 수준, 수도의 위치 등이 종주성 수준과 유의한 관계를 맺고 있음을 확인하였다(Moomaw and Alwosabi, 2004). 다만, 종주성 수준은 국가의 경제 규모(GNI)와 단순 선형 관계에 의해 설명되기 어렵다는 점도 유념할 필요가 있다(Short and Pinet-Peralta, 2009). 종주성은 국가의 사회·경제·정치 환경과 역사적 맥락에 따라 상이하게 나타나며, 국가 스케일의 도시체계를 이해하는 데 있어 중요한 구조적 지표로 활용할 수 있다.

한편, 일부 연구에서는 국가 스케일의 도시체계에서 종주지수(인구 규모 기준 제1위 도시와 제2위 도시 간 인구 비율)가 5를 초과하는 경우를 가리켜 초종주성(hyper-primacy)이 존재하는 상태로 정의하였다(Short and Pinet-Peralta, 2009). 이러한 초종주성은 미국, 캐나다, 러시아와 같은 광대한 영토를 가진 국가보다는 상대적으로 중소 규모 국가에게서 더욱 뚜렷하게 나타나는 경향이 있다. 이는 영토가 넓고 공간적으로 분산된 국가에서는 경쟁 가능한 대체 도시들이 형성될 가능성이 크기 때문이다. 또한 초종주성은 오랜 기간에 걸쳐 형성된 중앙집중형 국가(예: 태국)나 식민지 및 탈식민지 시대의 통제 체계를 경험한 국가에서 더욱 강하게 나타나는 경향이 있음이 보고되었다. 이는 종주성이 단순히 경제적 요인으로 설명되기보다 정치적 집중, 식민 유산, 경로 의존성 등 다양한 요인과 맥락에 의해 형성된다는 점을 시사하며, 국가 스케일의 도시체계를 이해함에 있어 지역별 특성을 반영한 맞춤형 접근이 필요함을 의미한다.

3) 세계도시체계의 관성과 역동성

오늘날 교통·통신의 발달과 더불어 세계경제의 연계가 고도화됨에 따라 도시 간 상호작용은 초국가적 스케일에서 매우 복잡한 양상으로 나타나고 있다. 테일러의 세계도시 네트워크 연구(Taylor, 2001)를 기반으로 GaWC는 2000년도부터 2~4년 주기로 전 세계 주요 도시들의 계층 분류 결과를 업데이트하여 발표하고 있다. GaWC는 세계도시의 계층을 알파(Alpha), 베타(Beta), 감마(Gamma) 등급으로 구분한 뒤, 알파 등급은 ++, +와 -, 그리고 베타와 감마 등급은 +와 -를 이용하여 세분화하였다. 다만 GaWC의 세계도시 계층 분류는 도시의 여러 측면에 대한 종합적인 평가를 기반으로 한 것이 아니라 고차생산자서비스업 네트워킹만을 토대로 하고 있으며, 이에 따라 세계도시체계의 계층 구조에 대한 제한된 관점에서의 평가임을 유념할 필요가 있다. 다음은 2000~2024년 GaWC의 세계도시 계층 분류를 토대로 세계도시체계의 시간에 따른 주요 변화에 대한 설명이다.

첫째, 최상위 계층에 속한 세계도시들의 계층적 우위는 지난 25년 간 큰 변동없이 지속되어 왔다. 특히 가장 높은 등급인 알파++ 등급의 도시인 런던과 뉴욕은 첫 발표(2000년)부터 최근(2024년)에 이르기까지 전혀 변동이 없었다. 차상위 등급인 알파+ 도시 그룹에서도 이러한 관성적 경향이 나타났다. 2000년 첫 발표 당시에 해당 등급이었던 4개 도시(도쿄, 파리, 홍콩, 싱가포르)는 최상위 계층의 도시들과 마찬가지로 그 계층이 최근까지 유지되어 왔다. 참고로 서울은 2000년 발표 당시에는 베타+ 도시 그룹에 속해있었으나 2010년대부터는 주로 알파 등급에 속해 있다(2004, 2012, 2020년에는 알파-로 일시적 등급 하락 발생).

둘째, 2010년대 들어 BRICs, 중동, 동남아의 주요 도시들을 중심으로 세계도시체계에서의 계층 상승이 두드러지게 나타나고 있다. 2000년대 후반부터 알파+ 도시군에 포함되기 시작한 베이징, 상하이, 두바이, 시드니의 경우 비록 일부 도시의 일시적인 계층 하락이 나타나긴 했으나, 2010년대 중반부터는 해당 등급의 도시로서 계층이 고착화되는 경향이 나타났다. 또한 서울이 포함된 알파 도시 그룹에는 자카르타, 뭄바이, 광저우, 방콕, 쿠알라룸프르 등 아시아 도시들이 다수 포함되어 있어(2024년 발표 기준), 2000년 첫 발표 당시 알파 그룹의 도시 중 북미와 유럽이 아닌 다른 지역의 도시는 시드니와 상파울로가 유일했던 상황과 비교해볼 때 매우 역동적으로 계층 구조가 변화해 왔음을 알 수 있다.

셋째, 북미 도시들의 경우 세계도시체계 내에서의 계층의 변화가 미미하였다. 뉴욕은 여전히 세계도시체계의 정점으로서 그 계층적 우위가 견고하게 유지되어 왔다. 그러나 시카고, 로스엔젤레스, 샌프란시스코 등 미국의 차상위 계층 도시들의 계층성 또한 거의 변화가 나타나지 않았으며, 이는 신흥 지역 도시들의 두드러진 성장에 견주어볼 때 세계도시체계에서의 상대적 계층

우위가 오히려 감소한 결과라고도 볼 수 있다. 일부 학자들은 이러한 미국 차상위 계층 도시군의 정체 경향을 글로벌 APS 기업들의 미국 시장에서의 비즈니스 전략과 연결지어 해석하였다(Taylor and Lang, 2005). 많은 비미국계 APS 기업들의 강력한 뉴욕 입지 선호에 따른 그림자 효과(shadow effect)와 미국계 APS 기업들의 내수시장 중심의 수비적인 경형 선호에 따른 안정성 효과(comfort effect)가 GaWC의 세계도시체계 상 미국 도시들의 계층성에 영향을

【그림 2-10】 GaWC 도시 계층성 분포: 2000년(상), 2024년(하)

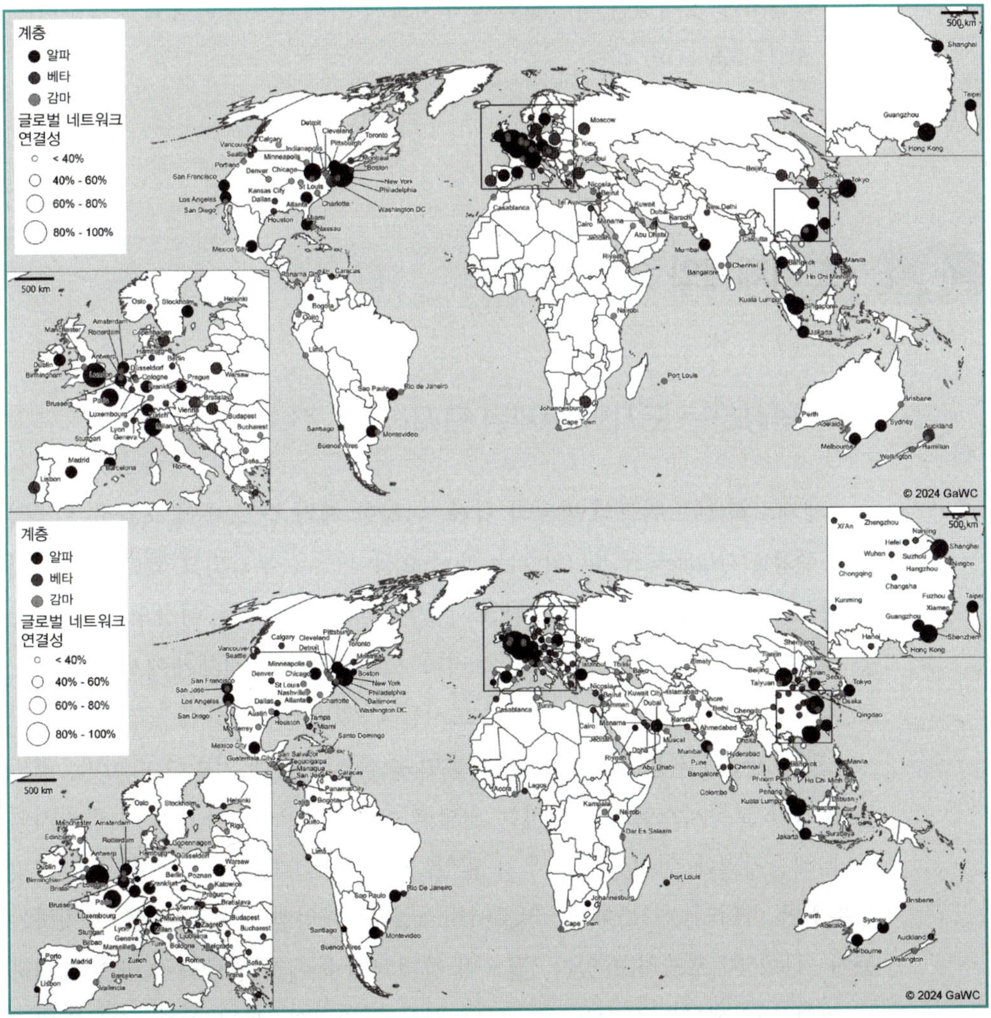

출처: https://gawc.lboro.ac.uk.

미친 것으로 설명하였다. 다시 말해, 타국 기업은 글로벌 전략을 위해 뉴욕과 같은 선도적인 세계도시를 우선하고, 미국 기업은 자국 시장에 안주하는 경향으로 인해 미국내 차상위 도시들이 세계도시로서의 면모에서 정체를 겪고 있다는 것이다.

최근 세계도시 네트워크에 대한 연구에서는 세계도시 네트워크의 연결 구조가 더욱 복잡해지고 있다는 점을 공통적으로 강조한다(Derudder and Witlox, 2016; Liu *et al.*, 2014). 또한 세계도시 네트워크는 APS뿐만 아니라 항공교통, NGO, 에너지 기업 등 다양한 부문에서 형성된 초국가적 네트워크들이 서로 복잡하게 얽혀있는 다차원적인 구조로서 이해되어야 한다고 주장한다(박용하, 2021; Toly *et al.*, 2012).

3. 도시체계와 도시 변화

(1) 부상하는 도시와 배제된 도시

세계도시 네트워크의 발달과 함께, 다양한 지역 간 흐름이 교차하는 결절로서 관문도시(gateway city)의 기능과 중요성이 더욱 부각되고 있다. 뉴욕, 런던 등 세계적인 영향력을 지닌 대도시들은 본래 일정 수준 이상의 관문 기능을 보유한 도시라고 볼 수 있다. 그러나 오늘날 세계도시체계에서는 싱가포르, 두바이처럼 관문 기능에 특화된 도시들의 성장세가 특히 두드러진다.

과거 관문도시는 물류, 운송, 교통업 중심의 기능에 기반하여 항만, 철도 등 장거리 교통시스템을 연결하는 역할을 수행하였으며, 이로 인해 접경지역이나 해안지역에 입지하는 경우가 많았다. 반면, 현대의 관문도시는 물류 및 교통뿐만 아니라 도·소매업, 전문서비스업 등 다양한 경제 부문을 매개하는 중개 기능까지 포괄하고 있다. 글로벌 경제체제 하에서 생산과 소비를 중개하는 역할을 수행하는 도시는 곧 관문도시로 간주되며, 특히 공항, 화물터미널

등 개발에 따른 기능의 강화로 내륙 도시들도 관문 기능을 수행하는 사례가 점차 증가하고 있다.

이처럼 관문도시는 글로벌 공급망(supply chain)을 연결하는 도시체계의 전략적 거점으로 기능하며, 향후 발전 가능성이 매우 높은 유형의 도시로 평가된다(노용석 등, 2022). 나아가, 최근에는 관문도시가 물리적 연결의 중심지일 뿐 아니라, 세계도시 네트워크와 글로벌 생산 네트워크(global production network, GPN)을 매개하는 중간 연결축으로서의 전략적 중요성 또한 강조되고 있다(Scholvin, 2019).

한편, 세계도시체계 내에서 중심성을 확보하지 못한, 이른바 '배제된 도시'들도 존재한다. 숏(J. Short)은 이러한 도시들을 분석하기 위해 블랙홀(black hole)과 느슨한 연결(loosely connected) 개념을 제안하였다(Short, 2004). 그는 인구 300만 명 이상임에도 세계도시로 분류되지 않은 도시들을 블랙홀로 규정하고, 인구 규모에 비해 세계적 연결성이 현저히 낮은 도시들을 느슨한 연결로 분류하였다. 이러한 개념들은 도시의 규모만으로는 세계도시체계에서의 위상을 설명하기 어렵다는 점을 보여준다.

(2) 세계도시체계와 도시

국제연합(United Nations, UN)의 세계도시화전망(World Urbanization Prospects, 2018)에 따르면, 도시화는 전 세계적으로 급속히 확산되어 왔음을 알 수 있다. 1990년 전 세계 인구의 약 30%가 도시에 거주하였으나, 2018년에는 그 비율이 55%에 도달하였고, 2050년에는 68%에 이를 것으로 전망되었다(United Nations, 2018a). 아시아와 아프리카에서 도시화 속도가 두드러지며, 특히 인도, 중국, 나이지리아는 2050년까지 전 세계 도시 인구 증가분의 약 35%를 차지할 것으로 예측되었다.

도시화의 진전에 따라 인구 1,000만 명 이상인 거대도시가 전 세계 곳곳에서 등장하고 있다. 거대도시는 1990년 10개에서 2018년 33개로 늘어났으며, 2030년에는 43개에 이를 것으로 전망된다([그림 2-11] 참조). 2018년 기준 전체 거대도시 중 27개가 저개발지역 혹은 글로벌 사우스(Global South)에 위

【그림 2-11】 2018년과 2030년 대륙과 인구 규모에 따른 도시 분포

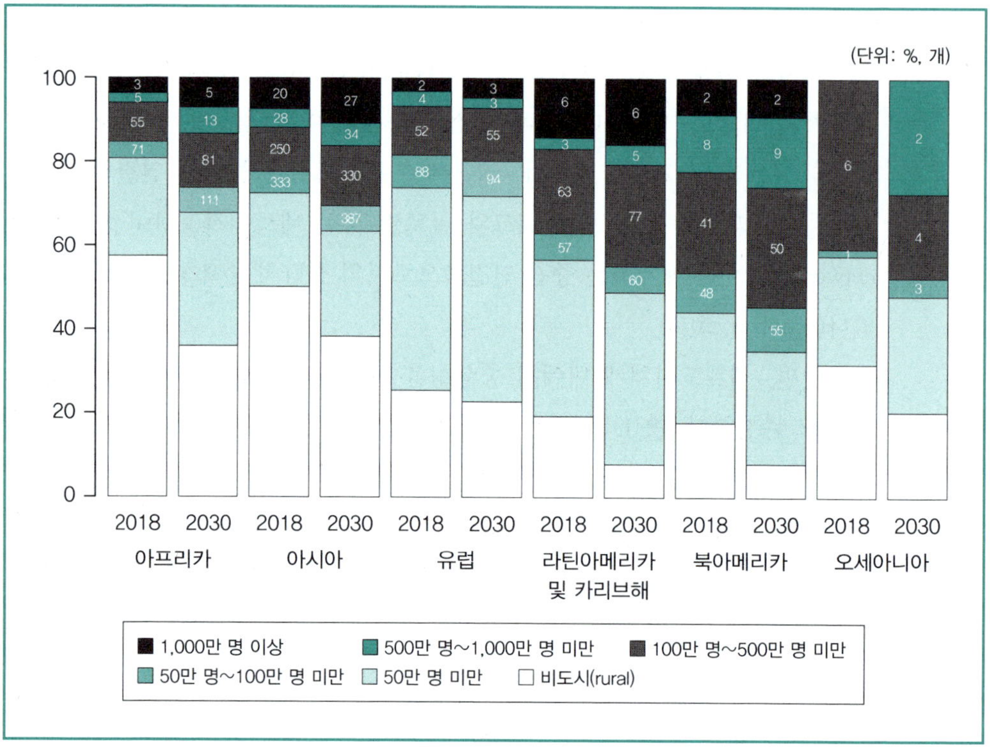

출처: United Nations(2018b, 6).

치하고 있으며, 특히 아시아는 세계 인구의 절반 이상이 거주하는 지역으로 전체 거대도시 중 60% 이상이 집중되어 있었다. 나아가 인도의 델리(Delhi)는 향후 도쿄를 제치고 세계 최대 규모의 도시에 등극할 것으로 전망되며, 2030년까지 새롭게 거대도시 규모에 도달할 것으로 예상되는 10개 도시 중 9개가 개발도상국에 위치하고 있어 인구 규모 측면에서 세계도시체계의 무게중심이 이동하고 있음을 알 수 있다.

(3) 우리나라 도시체계와 도시

우리나라의 도시체계는 한국전쟁 이후 급속한 산업화·도시화를 경험하며 수위도시인 서울, 그리고 부산, 인천, 대구, 대전, 광주 등 현 광역시급 도시들을 중심으로 성장해 왔다. 도시규모분포의 변화 추이를 살펴보면, 서울과

차하위 도시들 간 규모 격차는 점차 완화되는 양상을 보이고 있다([표 2-2] 참조). 순위규모법칙 계수인 q 값은 1955년 1.080으로, 당시 도시규모분포가 순위규모법칙에 비교적 근접한 분포를 보였음을 나타낸다(즉, 값이 1에 가까움). 이후 q 값은 증가하여 1990년에는 1.261로 최고치를 기록하였으며, 이후 2020년까지 값은 지속적으로 감소하였다. 특히 1990년과 1995년 사이 q 값이 급감한 데에는 1995년 행정구역 개편으로 도농통합시가 대거 신설되면서 중·소도시의 인구가 그 이전보다 크게 집계된 점이 일부 영향을 미친 것으로 지적된다(박현신·김광식, 2004). 그러나 이후에도 q 값의 감소세가 지속된 배경에는 수도권 신도시 개발과 같은 도시체계의 변화가 서울의 인구 흡인력을 약화시킨 데에 기인한 것으로 해석된다. 실제로 서울의 인구는 1992년 약 1,097만 명으로 정점을 기록한 이후 감소세로 전환되어, 2022년에는 950만 명 이하로

[표 2-2] 우리나라 도시체계의 순위규모법칙 계수(q)와 종주성 지표 변화 추이

연도	q	종주성지표 1 [P1/전체 도시 인구]	종주성지표 2 [P1/P2]	종주성지표 3 [P1/(P2+P3+P4)]	종주성지표 4 [P1/(P1+P2+P3+P4)]
1955	1.080	0.244	1.501	0.848	0.459
1960	1.117	0.273	2.101	1.091	0.522
1965	1.169	0.310	2.660	1.356	0.576
1970	1.243	0.354	2.949	1.535	0.606
1975	1.234	0.341	2.808	1.510	0.602
1980	1.257	0.336	2.647	1.430	0.589
1985	1.256	0.321	2.742	1.391	0.582
1990	1.261	0.308	2.794	1.353	0.575
1995	1.205	0.259	2.682	1.194	0.544
2000	1.160	0.236	2.701	1.148	0.534
2005	1.133	0.223	2.787	1.153	0.535
2010	1.127	0.215	2.868	1.149	0.535
2015	1.118	0.205	2.872	1.125	0.529
2020	1.105	0.195	2.862	1.101	0.524

주: P1, P2, P3, P4는 인구 규모 기준 1위, 2위, 3위, 4위 도시의 인구를 가리킴.
출처: Chun and Kim(2022, 7).

줄어들었다. 한편 [표 2-2]에서 제시된 3가지 종주성 지표들은 모두 1970년을 기점으로 하락세로 전환되어 q 값과는 다소 상이한 시계열 추이를 보이고 있음에 주목할 필요가 있다. 이는 지표별로 종주성의 구조적 변화를 반영하는 방식이 다르기 때문으로 해석된다. 종합적으로 볼 때, 우리나라 도시체계는 산업화와 경제성장을 거치며 1990년까지 종주적 분포 구조로 발달하였고, 이후에는 중·소도시의 성장과 함께 순위규모법칙에 근접하는 도시체계로 변화하고 있음을 확인할 수 있다(이현욱, 2017).

그러나 서울의 인구 감소(혹은 종주성 약화)가 곧 우리나라 도시체계에서 서울의 영향력 약화로 해석하는 데에는 주의가 필요하다. 1990년대부터 중간 규모 도시들의 성장이 우리나라 도시체계의 구조적 변화에 중요한 동인으로 작용한 것은 사실이나, 이들 도시 대부분이 수도권 내에 집중되어 있기 때문이다. 예를 들어, 2020년 기준 수도권 내 도시들의 평균 인구 증가율은 29.02%로, 비수도권 도시들의 평균 증가율(19.26%)보다 약 10% 높은 수준이었다(Chun and Kim, 2022). 이러한 성장세는 서울의 교외화와 밀접한 관련이 있다. 1980년대부터 서울의 주택난 해소를 위한 방안으로 추진된 신도시 개발은 수도권 도시들의 성장을 견인하였기 때문이다. 제1차(1989년)와 제2차(2003년) 신도시 개발을 통해 각각 약 30만 가구, 60만 가구가 공급되었으며, 2018년에는 제3차 신도시 개발 계획이 발표되었다. 즉, 서울의 인구 감소는 단순히 한 도시의 위상이 약화되고 있음을 의미한다기보다는, 서울 중심의 독점적 도시체계에서 다핵화된 서울대도시권 중심의 과점적 도시체계로 변모하는 과정으로 해석할 수 있다.

한편, 수도권 인구 증가는 서울 인구의 교외화뿐만 아니라, 비수도권으로부터의 인구 유입에 의해서도 촉진된다. 1990년대 이후 세계화의 진전과 함께 신자유주의적 도시화가 심화되면서, 인천을 제외한 광역시와 포항, 마산, 창원, 여수, 거제 등 비수도권의 전통적 산업도시들은 인구와 산업 기능의 유출, 세계시장에서의 경쟁력 약화 등에 따라 성장의 한계에 직면한 상황이다([읽기자료 2-1] 참조). 반면 반도체·IT 등 첨단 산업이 입지한 화성, 성남, 청주 등은 교통 인프라와 신도시 개발에 따른 직주근접 환경을 바탕으로 빠르게 성장하고 있다. 예컨대 화성은 2025년 인구 100만 명을 돌파하여 특례시가 된 반면,

창원은 인구가 감소하여 100만 명 이하로 떨어진 상황이다. 마찬가지로 비수도권의 많은 중·소도시들은 인구 감소와 지역경제 침체, 그리고 기반시설 노후화 및 과잉화가 복합적으로 나타나는 축소도시 현상을 겪고 있다. 이러한 변화는 산업구조, 입지, 교통, 주택정책 등 복합 요인에 따라 도시 간 성장과 쇠퇴가 엇갈리는 오늘날 한국 도시체계의 변동성을 잘 보여준다.

한편, 수도권 집중을 완화하고 국토균형발전을 도모하기 위한 전략으로 정부는 비수도권 낙후지역을 중심으로 행정중심복합도시, 혁신도시, 기업도시 등 다양한 유형의 전략도시를 조성해 왔다(김효성·구동회, 2019; 손정렬, 2010). 이들 도시는 정부청사와 공공기관, 주요 기업의 이전을 통해 지역 발전의 거점으로 기능하도록 계획되었다. 대표 사례인 세종특별자치시는 행정 및 중추 관리 기능이 집중되면서 인구 유입이 지속적으로 증가하고 있으나, 이를 수도권 인구의 지방 분산 효과로만 해석하기에는 한계가 있다. 실제로 세종을 비롯한 일부 전략도시는 인근 중소도시의 인구를 흡수하면서 이른바 '빨대효과(straw effect)'를 초래하고 있으며, 이는 주변 중소도시의 상대적 쇠퇴와 지역 도시체계의 불균형 심화로 이어지고 있다는 지적도 제기된다(김경리, 2020; 이상원 등, 2022).

뿐만 아니라 최근에는 수도권 집중 문제에 대응하기 위한 새로운 전략으로 초광역 메가시티[2] 조성이 활발히 논의되고 있다. 2025년 현재 국토교통부는 전국을 8대 초광역권(강원권, 광주전남권, 대구경북권, 부울경권, 수도권, 제주권, 충청권)으로 구분하고, 효율성과 균형발전을 동시에 추구하기 위한 제5차 국토종합계획 수정계획(2026~2040)을 마련 중이다(국토교통부, 2024). 초광역 메가시티 정책은 기존 행정구역의 경계를 넘어 행정, 경제, 교통, 문화 등 다양한 부문에서 도시 간 연계와 통합을 추진함으로써, 각 도시가 보유한 전문 기능을 기반으로 상호의존적 네트워크를 구축하고, 하나의 통합 거점권역으로서 집단적 시너지를 창출하는 것을 목표로 한다. 이러한 초광역 메가시티

2 일반적으로 메가시티는 인구 1,000만 명 이상의 거대 도시를 지칭하지만, 최근 국내에서 논의되는 메가시티 개념은 기존의 개념과는 별도로, 권역 내 거점도시를 중심으로 생활권과 경제권을 공유하고, 광역시와 도를 통합하여 수도권과 경쟁할 수 있는 초광역 경제권을 형성하려는 공간정책적 접근을 의미한다(김찬동, 2024; 박경현 등, 2022).

조성은 수도권과 비수도권 간 구조적 불균형을 해소하기 위한 공간 전략일 뿐만 아니라, 수도권 중심의 일극 체계에서 초광역권 네트워크 중심의 다극적 도시체계로 전환을 모색하는 정책적 실험이라는 점에서 의의가 있다. 향후 초광역 메가시티의 추진 과정과 그 결과는 한국 도시체계의 구조적 변화를 유발하는 중요한 변수가 될 것으로 예상됨에 따라, 이에 대한 지속적인 관심과 면밀한 분석이 요구된다.

(4) 도시체계의 미래

도시체계의 미래는 지속가능성과 균형발전이라는 두 가지 핵심 키워드를 중심으로 설명할 수 있다. 첫째, 기후위기와 에너지 전환, 디지털화, 고령화와 같은 사회적 변화는 도시체계의 공간 구조와 기능적 관계를 근본적으로 재편할 잠재력을 지닌다. 예를 들어, 탄소중립을 위한 환경 정책은 산업과 교통의 입지에 직접적인 영향을 미치며, 원격근무와 디지털 경제 확산은 인구 분포와 정주 패턴의 변화를 유발할 수 있다. 둘째, 국가 스케일에서는 수도권과 비수도권 간 격차 완화는 우리나라의 지속가능한 성장을 위한 핵심 과제로, 이를 달성하기 위해 다양한 유형의 전략도시 개발, 초광역 메가시티 추진, 광역교통망 확충 등 정책적 실험이 이어질 것으로 전망된다. 글로벌 스케일에서는 동아시아, 남아시아, 중동, 남미의 신흥 거점 도시들을 중심으로 성장이 두드러지면서 세계도시체계의 다극화가 더욱 가속화될 것으로 예상된다.

앞으로의 도시체계는 경제적 효율성에 치중하는 전통적 접근에서 벗어나, 사회적 형평성과 환경적 지속가능성을 동시에 고려해야 한다. 대도시의 주거 불평등, 교통 혼잡, 환경 문제를 완화하는 동시에, 중·소도시와 농촌 지역의 활력을 회복시킬 수 있는 정책적 장치가 필요하다. 나아가 글로벌 차원에서는 도시 간 경쟁보다 협력을 강화하여 기후위기 대응, 기술혁신, 문화 교류 등 초국가적 네트워크를 구축하는 방향으로 노력을 기울일 필요가 있다. 궁극적으로 미래 도시체계는 "성장"보다 "공존"과 "연결"을 핵심 가치로 삼아, 다극적·네트워크형 구조 속에서 지속가능한 발전을 실현하는 방향으로 나아가야 할 것이다.

읽기 자료 2-1. 우리나라 도시체계에서 제2의 도시는 어디일까?

우리나라의 행정구역 체계는 1개의 특별시(서울), 6개의 광역시(부산, 인천, 대구, 대전, 광주, 울산), 1개의 특별자치시(세종)를 포함한 총 75개의 도시로 구성되어 있다(행정안전부, 2025). 이들 대부분은 광복 이후 산업화와 도시화 과정을 거치면서 빠르게 성장해왔으며, 그 과정에서 수도인 서울을 중심으로 하는 도시체계가 형성되어 오늘에 이르고 있다.

그렇다면 우리나라 도시체계에서 서울 다음의 '제2도시'는 어디일까? 인구 규모를 기준으로 보면 현재까지는 부산이 제2도시로서 위상을 유지하고 있다. 2025년 6월 기준 서울의 인구는 약 933만 명, 부산은 약 325만 명으로 인구 기준 두 번째로 크다(국가통계포털). 부산은 1963년 직할시로 승격된 이후 제2도시의 지위를 오랜 기간 유지해왔다.

그러나 2000년대 이후 수도권의 대표 도시인 인천이 빠르게 성장하면서 부산의 위상을 위협하고 있다. 인천은 1995년 약 235만 명에서 꾸준히 인구가 증가하여 2024년에는 300만 명을 돌파했으며, 두 도시 간 인구 격차는 지속적으로 줄어들고 있다. 이와 관련하여 통계청의 장래인구추계(2024)에 따르면, 인천이 인구 규모 측면에서 부산을 추월하는 시점은 2031년경으로 예상된다.

제2도시로서의 위상 변화 조짐은 인구뿐만 아니라 경제적 측면에서도 감지된다. 2023년부터 인천의 지역내총생산(GRDP)은 부산을 앞서기 시작하였고, 2024년 12월 기준 경제활동인구 역시 인천(약 178만 명)이 부산(약 173만 명)을 처음으로 넘어섰다. 또한 매출액 기준 상위 100대 기업 중 부산에 본사를 둔 기업은 없는 반면, 인천에는 3개 기업의 본사가 입지해 있다. 이처럼 인구, GRDP, 경제활동인구, 대기업 본사 수 등 여러 지표에서 인천이 부산을 추월하거나 근접하고 있어, 제2도시의 지위를 둘러싼 경쟁은 점차 가시화되고 있다.

수도권 집중 현상의 심화는 비수도권 도시 전반에 위협 요인으로 작용하고 있으나, 부산은 여전히 해운, 항만, 물류 분야에서 독자적 경쟁력을 갖추고 있다. 특히 세계적 수준의 항만 인프라를 갖춘 부산항은 북극항로 개척 논의와 맞물려 아시아-유럽을 연결하는 핵심 관문으로서 새로운 전략적 가치를 인정받고 있다. 향후 우리나라 도시체계는 부산이 제2도시로서의 위상을 지속적으로 유지할 수 있을지, 아니면 인천이 이를 대체하며 새로운 도시 위계 구조를 형성하게 될지 주목해볼 필요가 있다.

생각해 볼거리

1) 수도권을 중심으로 우리나라 도시체계의 다핵화가 진행되는 가운데, 기존 광역시 및 산업도시의 기능 재편은 어떻게 이루어져야 할까?
2) 수도권과 비수도권 간의 불균형 심화를 해소하기 위한 초광역 메가시티 전략은 지역과 국가 스케일의 도시체계 재편에 어떤 긍정적·부정적 영향을 미칠 수 있을까?

읽을거리

이윤 역, 2021, 폴 크루그먼의 지리경제학, 창해(Krugman, P., 1992, *Geography and Trade*, MIT Press).

노용석·전지영·박명숙·현민·김진기 역, 2022, 환태평양 게이트웨이 지리학, 이담북스(林上, 2020, ゲートウェイの地理学, 風媒社).

참 | 고 | 문 | 헌

국토교통부, 2024. 6. 17, “인구감소, 지방소멸 위기 등 대전환 시대의 새로운 「국토종합계획」 마련”.

김경리, 2020, “세종특별자치시 주변 도시의 인구 변화에 관한 연구: 대전광역시, 청주시, 공주시를 중심으로”, 한양대학교 석사학위 논문.

김찬동, 2024, “한국의 메가시티구상의 현황과 사례: 대전·충청의 메가시티구성의 관점에서”, 사회과학연구, 35(2), 243-262.

김효성·구동회, 2019, “우리나라 도시 네트워크의 공간구조 변화”, 대한지리학회지, 54(6), 621-636.

노용석·전지영·박명숙·현민·김진기 역, 2022, 환태평양 게이트웨이 지리학, 이담북스.

박경현·윤영모·정우성·고사론·권규상·안영진·이수진·조현지, 2022, 초광역권 육성을 위한 정책적 지원방안 연구, 국토연구원.

박용하, 2025, “도시체계 관련 전통적인 연구 및 교육 주제에 대한 비판적 고찰: 순위규모법칙을 중심으로”, 한국도시지리학회지, 28(2), 81-97.

박용하, 2021, “중력 모형을 이용한 국제항공 네트워크와 GaWC 세계도시 분류 체계 간 연관성 탐색”, 한국지리학회지, 10(1), 119-137.

박현신·김광식, 2004, “도시의 순위-규모 변화 분석: 1969년~2002년 도시 인구를 중심으로”, 국토계획, 7, 7-21.

손정렬, 2010, “낙후지역 도시들의 성장과 발전에 필요한 요인들에 대한 분석: 한국 낙후지역의 전략도시들을 사례로”, 한국도시지리학회지, 13(1), 31-47.

안영진·박영한 역, 2008, 중심지이론: 남부 독일의 중심지, 나남.

이상원·구한민·김갑성, 2022, “혁신도시가 모도시의 인구유출에 미치는 영향: 신시가지형과 신도시형 혁신도시의 비교”, 한국도시지리학회지, 25(3), 27-40.

이상일, 2012, “공간적 상호작용론의 본질과 연구 영역: 인문지리학에 대한 통섭적 접근”, 한국지리학회지, 1(1), 137-151.

이윤 역, 2021, 폴 크루그먼의 지리경제학 개정판, 창해.

이재하, 2003, “세계도시지역론과 그 지역정책적 함의”, 대한지리학회지, 38(4), 562-574.

이현욱, 2017, “한국의 경제발전에 따른 도시순위규모분포의 변화: 1995~2015년”, 한국도시지리학회지, 20(2), 45-57.

통계청, 2025, 2024년 국내인구이동통계, 통계청.

행정안전부, 2025, 지방자치단체 행정구역 및 인구 현황, 행정안전부.

Abler, R., Adams, J., and Gould, P., 1971, *Spatial Organization: The Geographer's View of the World*, Engliewood Cliffs.

Arshad, S., Hu, S., and Ashraf, B. N., 2018, Zipf's law and city size distribution: A survey of the literature and future research agenda, *Physica A: Statistical mechanics and its applications*, 492, 75-92.

Auerbach, F., 1913, Das Gesetz der Bevölkerungskonzentration, *Petermanns Geographische Mitteilungen*, 59(74), 74–76.

Batten, D. F., 1995, Network cities: Creative urban agglomerations for the 21st century, *Urban Studies*, 32(2), 313-327.

Berry, B. J. L., 1961, City size distributions and economic development, *Economic Development and Cultural Change*, 9(4, Part 1), 573-588.

Berry, B. J. L., 1964, Cities as systems within systems of cities, *Papers in Regional Science*, 13(1), 147–163.

Chun, Y., and Kim, K., 2022, Temporal changes in the urban system in South Korea, *Frontiers in Sustainable Cities*, 4, 1013465.

Derudder, B., and Witlox, F., 2016, Global cities and air transport, in Budd, L., and Goetz, A. R., (eds), *The Geographies of Air Transport*, Routledge, 103-124 Florida, R., Gulden, T., and Mellander, C, 2008, The rise of the mega-region, *Cambridge Journal of Regions, Economy and Society*, 1(3), 459-476.

Fotheringham, A., 2017, Spatial Interaction, in Richardson, D., Castree, N., Goodchild, M.F., Kobayashi, A., Liu, W., and Marston, R.A., (eds), *International Encyclopedia of Geography: People, the Earth, Environment and Technology*.

Friedmann, J., 1986, The world city hypothesis, *Development and Change*, 17(1), 69–83.

Godfrey, B. J., 1999, The geography of James E. Vance Jr.(1925~1999), *Geographical Review*, 89(4), 580-589.

Haggett, P., Cliff, A. D., and Frey, A., 1977, *Locational Analysis in Human Geography*, Edward Arnold.

Hall, P. G., and Pain, K., 2006, *The Polycentric Metropolis: Learning from Mega-city Regions in Europe*, Routledge.

Harris, C. D., and Ullman, E. L., 1945, The nature of cities, *Annals of the American Academy of Political and Social Science*, 242, 7–17.

Jefferson, M., 1939, Why geography? The law of the primate city, *Geographical Review*, 29, 226-232.

Kolars, J, F., and Nystuen, J. D., 1974, *Geography: The Study of Location, Culture, and Environment*, McGraw-Hill.

Linsky, A., 1965, Some generalizations concerning primate cities, *Annals of Association of American Geographers*, 55, 506–513.

Liu, X., Derudder, B., and Wu, K., 2014, Mapping the evolution of hierarchical and regional tendencies in the world city network, *Urban Studies*, 51(16), 3388–3403.

Lotka, A. J., 1925, *Elements of Physical Biology*, Williams & Wilkins Company.

McKenzie, R. D., 1933, *The Metropolitan Community*, Russell & Russell.

Mehta, S., 1964, Some demographic and economic correlates of primate cities: case for revaluation, *Demography*, 1, 136–147.

Moomaw, R. L., and Alwosabi, M. A., 2004, An empirical analysis of competing explanations of urban primacy evidence from Asia and the Americas, *The Annals of Regional Science*, 38(1), 149-171.

Morrill, R., 1970, *The Spatial Organization of Society*, Duxbury Press.

O'Kelly, M. E., 2015, Spatial interaction, in Wright, J. D. (ed.), *International Encyclopedia of the Social & Behavioral Sciences*, 2nd edition, Vol. 23, Elsevier, 152-156.

Rimmer, P. J., 1977, A conceptual framework for examining urban and regional transport needs in Southeast Asia, *Pacific Viewpoint*, 18(2), 133-148.

Rodrigue, J. P., 2020, *The Geography of Transport Systems*, 5th edition, Routledge.

Rybski, D., and Ciccone, A., 2023, Auerbach, Lotka, and Zipf: Pioneers of power-law city-size distributions, *Archive for History of Exact Sciences*, 77(6), 601-613.

Sassen, S., 1991, *The Global City: New York, London, Tokyo*, Princeton University Press.

Scholvin, S., 2019, Revisiting gateway cities, *Urban Geography*, 40(9), 1291–1309.

Scott, A. J., 2001, *Global City-Regions: Trends, Theory, Policy*, Oxford.

Short, J. R., 2004, Black holes and loose connections in a global urban network, *The Professional Geographer*, 56(2), 295-302.

Short, J. R., and Pinet-Peralta, L. M., 2009, Urban primacy: Reopening the debate, *Geography Compass*, 3(3), 1245-1266.

Taaffe, E. J., Morrill, R. L., and Gould, P. R., 1963, Transport expansion in underdeveloped countries: A comparative analysis, *Geographical Review*, 53(4), 503-529.

Taylor, P. J., 2001, Specification of the world city network, *Geographical Analysis*, 33(2), 181-194.

Taylor, P. J. and Lang, R. E., 2005, *US Cities in the 'World City Network'*, Brookings Institution Metropolitan Policy Program.

Toly, N., Bouteligier, S., Smith, G., and Gibson, B., 2012, New maps, new questions: Global cities beyond the advanced producer and financial services sector, *Globalizations*, 9(2), 289-306.

Ullman, E.L., 1953, Human geography and area research, *Annals of the Association of American Geographers*, 43(1), 54-66.

Ullman, E.L., 1980, *Geography as Spatial Interaction*, University of Washington Press.

United Nations, 2018a, *World Urbanization Prospects: The 2018 Revision*, United Nations, New York.

United Nations, 2018b, *The World's Cities in 2018-Data Booklet*, United Nations.

van Oort, F., Burger, M., and Raspe, O., 2010, On the economic foundation of the urban network paradigm: Spatial integration, functional integration and economic complementarities within the Dutch Randstad, *Urban Studies*, 47, 725–748.

Vance, J., 1970, *The Merchant's World: The Geography of Wholesaling*, Prentice Hall.

Zipf, G. K., 1949, *Human Behavior and the Principle of Least Effort: An introduction to human ecology*, Addison-Wesley Press, Cambridge.

국가통계포털, http://kosis.kr

제 3 장

도시 공간 구조의 재구성

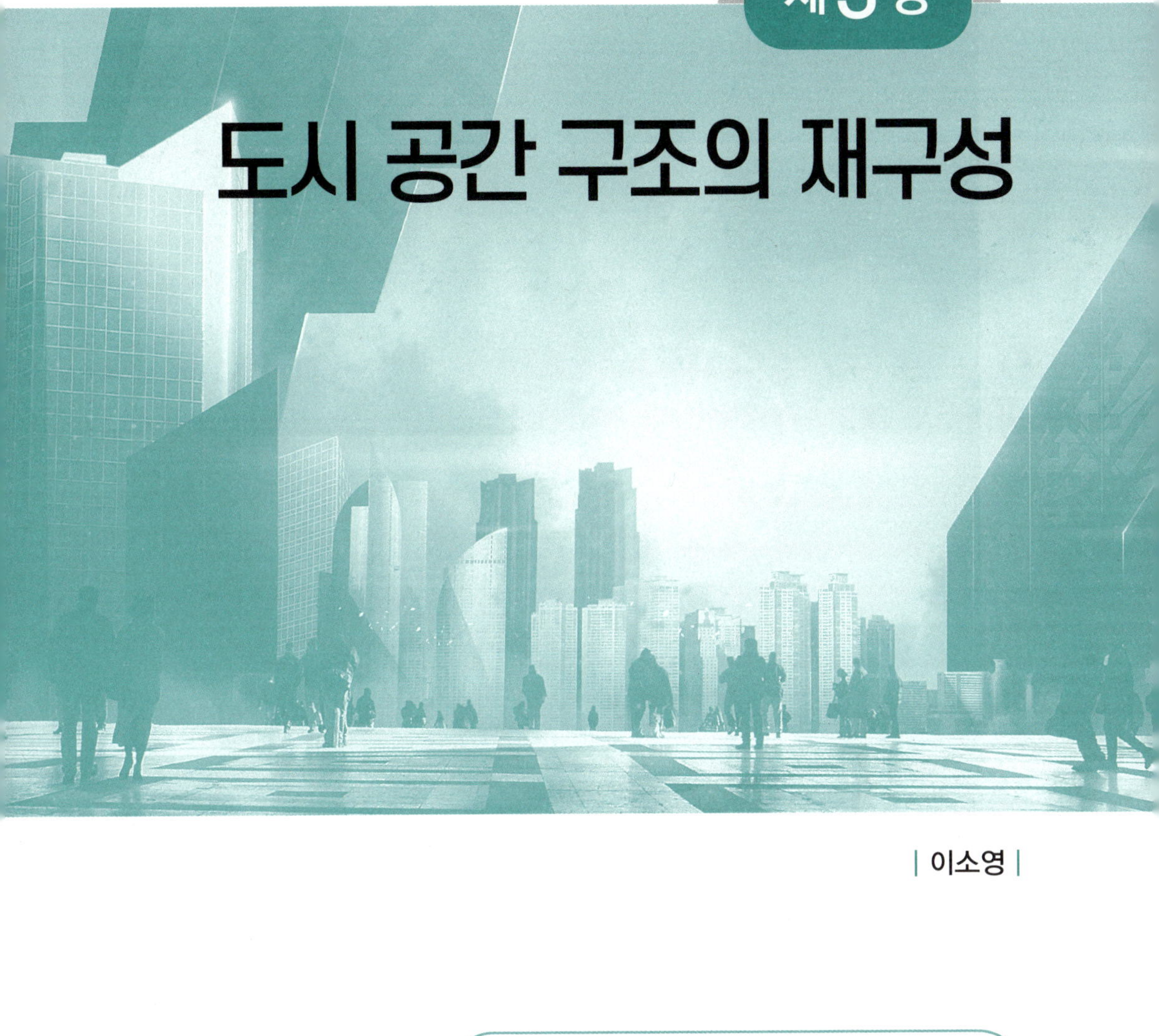

| 이소영 |

1. 도시 공간 구조의 의미
2. 도시 공간 구조의 형성 요인
3. 도시 공간 구조의 변화
4. 도시 공간 구조와 도시 정책 및 계획

제3장

도시 공간 구조의 재구성

1. 도시 공간 구조의 의미

전통적인 도시지리학 연구에서 도시는 두 가지 방식으로 이해될 수 있다. 하나는 도시를 하나의 '점(point)'으로 간주하여 다른 도시들과 맺는 관계와 상호작용에 주목하는 방식이며, 다른 하나는 도시를 하나의 '면(surface)'으로 바라보고, 내부의 다양한 지리적 사상(사물과 현상)이 어떻게 분포하고 배열되는지를 탐구하는 방식이다. 전자는 '도시 체계'에 대한 접근이고, 후자는 '도시 구조'에 대한 접근이라 할 수 있다. 이번 장에서는 후자의 관점을 바탕으로, 도시 내부의 공간적 패턴과 이를 만들어내는 과정에 초점을 맞춘다.

도시 공간 구조에 대한 사람들의 관심은 20세기 이후 도시가 급격히 성장하면서 높아지기 시작하였다(Anas *et al.*, 1998). 이는 도시가 성장하면서 외연적으로 확장됨과 동시에 내부 기능의 분화를 겪었기 때문이다. 이러한 맥락에서 버제스(E. W. Burgess)의 동심원 모형, 호이트(H. Hoyt)의 선형 모형, 해리스와 울만(C. D. Harris and E. L. Ullman)의 다핵 모형과 같은 고전적 도시 구조 이론이 등장하였으며, 당시 도시지리학 연구의 핵심 과제는 도시 공간 구조의 규명이라 해도 과언이 아니었다.

그렇다면 도시 공간 구조란 무엇일까? 지금까지 수많은 연구가 축적되었지만, 학자마다 강조점이 달라 명확히 정의하기는 쉽지 않다. 우선, '구조'의 사전적 의미는 "부분이나 요소가 모여 전체를 이루는 짜임새"를 뜻한다(국립국어원 표준국어대사전). 이를 공간에 적용하면 '작은 공간들이 모여 더 큰 규모의 공간을 구성하는 관계'로 이해할 수 있다. 결국 도시 공간 구조란 '도시 안에 존재하는 하위 지역들이 어떻게 배열되고, 연결되는지 보여주는 틀'이라 할 수 있다. 이와 관련하여 본(L. Bourne)은 도시 공간 구조를 도시 공간 요소들의 형태와 상호관계로 설명했고(Bourne, 1982), 디킨과 헤플(P. Dicken and P.E. Hepple)은 인구·고용·자본 등 지역적 집합체의 분포에 주목하였다(Dicken and Hepple, 1990). 번지(W. Bunge, 1962)는 다양한 현상들이 상호작용하는 공간과정에서 산출된 지표현상의 배열이라 정의하였다(Bunge, 1962; 임은선 외, 2006에서 재인용). 이처럼 도시 공간 구조에 대한 정의는 학자마다 차이가 있으나, 도시 내부 요소들의 상호작용과 그로부터 나타나는 공간적 패턴에 주목한다는 점은 공통적이다.

한편, 도시 공간 구조에 접근하는 방식 또한 연구자의 관심사에 따라 다양하다. 경제지리학자들은 다양한 경제활동이 도시 공간에 어떻게 위치하는지에 대해 관심을 가지며(Anas *et al.*, 1998), 도시 사회지리학자들은 사회적·민족적 분포 및 격리에 주목한다. 그 외에도 거주지와 직장의 분포(Giuliano, 1993), 인구 밀도의 공간적 패턴(Wang and Zhou, 1999), 중심지(CBD) 식별, 단핵·다핵 구조 규명 등 다양한 연구가 이루어져 왔다(김감영·이윤미, 2013).

이러한 논의를 종합하면, 도시 공간 구조는 '전체 도시 지역을 구성하는 하위 지역 혹은 다양한 지리적 요소의 공간적 패턴, 배열, 위치, 형태'로 정리할 수 있다. 그리고 이를 이해하기 위해서는 두 가지 차원에 대한 고려가 필요하다. 첫 번째는 도시의 공간적 범위가 어디까지인지 규정하는 문제로, 이는 곧 '도시 공간 구조'의 정의와 직결된다.[1] 두 번째는 도시 내부의 기능이나 속성에 따른 분화 양상이다. 도시권을 구성하는 하위 지역은 크게 두 가지 관점으로 설명할 수 있다. 하나는 '등질지역(homogeneous region, uniform region)',

1 도시 공간 구조는 흔히 '도시 내부 구조(internal structure)'로 불려왔는데, 이는 1970년대 초반의 도시 상황을 반영한 개념이다. 예컨대 Bourne(1982)은 도시 구조를 도시 내 사회적·물리적 요소들의 입지, 배열, 상호관계로 설명하며 내부구조 관점에서 이해하였다. 그러나 1980년대 이후 도시의 외연적 확장과 교외화가 본격화되면서 도시 구조는 더 이상 '내부'에만 국한된다고 보기는 어려워졌다. 이에 따라 일부 학자들은 도시 주변부의 토지 이용을 '도시 외부구조(external structure)'라고 부르기도 했지만(한국도시지리학회, 2020), 도시의 범위를 어떻게 설정하느냐에 따라 도시의 내부와 외부를 구분하는 기준도 달라지기 때문에 이것 역시 개념적 혼란을 야기할 수 있다. 따라서 도시 공간 구조를 규명하기 위해서는 분석 대상의 공간 스케일을 명확히 하는 것이 선행되어야 한다. 즉, 단일 도시를 대상으로 할 것인지, 혹은 그보다 넓은 도시권을 대상으로 할 것인지 분명히 하는 것이 필요하다.

다른 하나는 '기능지역(functional region)'의 관점이다.

우선, 등질지역이란 하나 이상의 유사한 속성을 지닌 장소들로 이루어진 영역을 의미한다. 등질지역을 구분하는 '속성'으로는 사회·경제적 속성을 비롯하여 다양한 요소가 이에 해당할 수 있다. 도시 내부를 주거·상업·공업·녹지 지역으로 구분하는 것 외에도, 특정 종교나 문화를 공유하는 문화권, 특정 작물을 재배하는 농업지역 등으로 구분하는 것 또한 등질지역의 관점에서 도시 구조를 조망하는 방식이다. 이러한 관점은 '소득 수준이 유사한 집단은 도시 내 어디에 분포하는가?' 혹은 '특정 국가 출신의 이주민은 도시 내 어디에 집중되어 있는가?'와 같은 질문에 답하는 데 유용하며, 도시 내 사회·경제적 공간 분화를 파악하는 분석적 틀로 활용될 수 있다.

기능지역은 교통·통신·물류 등과 같은 공간적 상호작용을 토대로 형성되며, 주로 경제권, 상권, 통근권, 통학권처럼 특정 기능을 중심으로 상호 연결된 지역을 지칭한다. 이러한 기능지역은 실제 통계자료를 활용하여 산출·공표될 수 있으며, 대표적인 예시로는 미국의 MSA, 영국의 TTWA가 있다.

우선, 미국의 MSA(Metropolitan Statistical Area)는 인구 5만명 이상의 도시화 지역으로, 중심부(core)와 사회·경제적으로 연계된 인접 카운티로 구성된다. 이때, 중심부와 인접 카운티 간의 사회·경제적 연계는 통근 자료를 바탕으로 설정된다(U.S. Census Bureau). 영국의 TTWA(Travel to Work Area) 역시 행정구역과는 별개로 설정된 일종의 통근권으로, 거주지와 직장 간 이동 패턴을 반영한 지역 단위이다. 각 TTWA의 최소 근로 인구는 3,500명 이상이며, 거주자의 약 75%가 해당 지역 내에서 근무하고, 동시에 그 지역에서 근무하는 근로자의 약 75%가 그 지역에 거주하는지를 기준으로 정의된다. 이처럼 기능지역은 실제 생활권이나 통근권을 반영하여 설정되기에, 도시 정책 수립에도 유용하게 활용될 수 있다. 다만, 기능지역의 범위와 개수는 교통·통신의 발달, 산업구조, 통근 패턴의 변화 등에 따라 달라질 수 있다. 실제로 영국의 TTWA는 장거리 통근자 비율 증가 등으로 인해 1991년 308개에서 2011년 228개로 감소하였다(Coombes and the Office for National Statistics, 2015). 이러한 변화는 기능지역을 설정하는 기준과 범위가 국가별·시기별로 상이할 수 있음을 보여주며, 행정경계를 넘어 실제 생활권을 반영한 도시 분석과 정책이 필요함을 시사한다(OECD, 2012b).

이러한 문제의식 속에서 최근 OECD는 기능지역의 개념을 확장하여 '기능적 도시지역(Functional Urban Area, 이하 FUA)'을 제안하였다(Dijkstra and Poelman, 2012; Dijkstra *et al*., 2019). FUA 역시 앞서 살펴본 여타 기능지역의 설정 방법과 유사하게 인구밀도가 높은 '도시 중심부(urban core)'와 해당 중심부로 일정 비율 이상 통근하는 '통근지역(commuting zone)'[2]으로 구성된다(Dijkstra *et al*., 2019). 이 개념은 국가 간 비교가 가능한 표준화된 도시 분석의 틀을 마련하였다는 점에서 중요한 의의를 갖는다.

그러나 현실에서 이러한 등질적·기능적 분화 과정은 매우 복잡하게 얽혀 나타난다(남영우, 2015). 유사한 맥락에서 도시의 공간 구조는 다양한 프로세스들이 복합적으로 작용한 결과물로, 고정된 패턴이 아니라 시간의 흐름에 따라 끊임없이 변화하고 재구성된다. 그러한 변화는 순간적인 것이 아니라, 일정 기간 유지되는 '연속성'을 가진다. 가령, 특정 시점(t)에 형성된 도시 공간 구조는 어느 정도 유지되다가 그 다음 시점(t+1)에 또 다른 프로세스에 따라 변화하는 과정을 거치는 것이다. 이러한 시간의 흐름 속에서 도시 공간 구조에는 일종의 '관성'과 '흔적'이 남는다(Shearmur, 2011). 소자(E.W. Soja)는 로스앤젤레스를 팔림프세스트(palimpsest), 즉, "무언가를 지우고 다시 쓰지만, 흔적이 남아 있는 문서"에 비유했는데(Soja, 1989), 이는 도시 공간 구조가 과거의 과정을 품은 채 현재와 미래에까지 영향을 미친다는 점을 잘 보여준다.

결국, 도시 공간 구조는 다양한 프로세스의 산물이다. 하지만 도시마다 작동하는 프로세스가 상이하므로, 모든 요인을 완전히 분리해 파악하기는 쉽지 않다. 그럼에도 불구하고, 여러 도시에서 보편적으로 나타나는 경향성을 통해 주요 형성 요인을 도출할 수 있을 것이다. 이는 전 세계적으로 적용 가능한 보편적인 과정일 수도 있고, 특정 지역이나 시대적 맥락에 한정되는 과정일 수도 있다. 다음 장에서는 도시 공간 구조를 형성하는 대표적인 요인들을 구체적으로 살펴보도록 한다.

---

2 도시 중심부로의 통근 흐름을 기준으로 설정되는 주변 지역으로, '배후지(hinterland)'로 표기되기도 한다(OECD, 2012b).

2. 도시 공간 구조의 형성 요인

도시의 공간 구조에는 다양한 요인과 프로세스가 작용한다. 자본, 중앙정부와 도시정부, 시민 등과 같은 도시의 구성원들, 도시 정책과 계획, 역사적·문화적 맥락 등의 복잡한 얽힘 속에서 도시의 공간 구조는 형성된다. 이들은 때로 상호작용하며, 때로는 물리적 환경의 제약을 받기도 한다. 더 나아가 도시 공간 구조는 도시 내부의 프로세스뿐만 아니라 도시 외부의 영향을 받기도 한다. 가령, 과학과 기술의 발전, 글로벌화 등 역시 도시 공간 구조 재편에 영향을 미친다([그림 3-1] 참조). 심지어 디어와 플러스티(M. Dear and S. Flusty)는 도시에서의 특정한 공간 패턴은 더 이상 중요하지 않으며(Dear and Flusty, 1998), 글로벌 시장과 글로벌 접근성 등이 중요한 입지 요인이라고 주장하기도 하였다(Shearmur, 2011).

무엇보다 자본과 경제는 도시 공간을 끊임없이 재편해 온 주된 동력이다. 입지에 대한 선호도, 접근성, 지대 지불 능력 등은 특정한 공간 구조를 형성하는 데 중요한 역할을 하며(Alonso, 1964), 젠트리피케이션과 부동산 (재)개발 역시 자본의 이동과 밀접한 관련이 있다. 닐 스미스의 '시소 운동'이 보여주듯, 자본의 이동은 도시 공간을 재편하는 결정적 요인으로 작용한다. 또한, 일부 업종은 집적이익을 얻기 위해 서로 인접한 곳에 입지하고, 그로 인해 특정 구역은 특정 산업에 의해 점유되기도 한다. 이처럼 다양한 경제 활동이 도시 공간에 어떻게 분포하는지 이해하는 것은 도시경제지리학자들의 주된 관심사이기도 하다(Anas *et al.*, 1998).

그러나 도시 공간 구조가 자본과 경제 논리만으로 형성되는 것은 아니다. 국가와 지방정부의 정책과 계획 역시 공간 구조 편성에 큰 영향을 미친다. 예를 들어 교통 인프라 건설, 도시재개발, 택지개발사업, 신도시 건설 등은 도시 공간 구조를 재편하는 큰 힘을 가진다. 그리고 그러한 계획 및 정책은 각종 규제, 건축법, 보조금 지급, 용도지역제 등의 제도를 통해 실질적으로 작동한다(Shearmur and Alvergne, 2003; Shearmur, 2011에서 재인용). 특히, 토지 이용을 규제하는 용도지역제(zoning)는 1891년 주택 문제 해결을 위해 독일에서 처음

【그림 3-1】 도시 공간 구조 형성의 다양한 요인

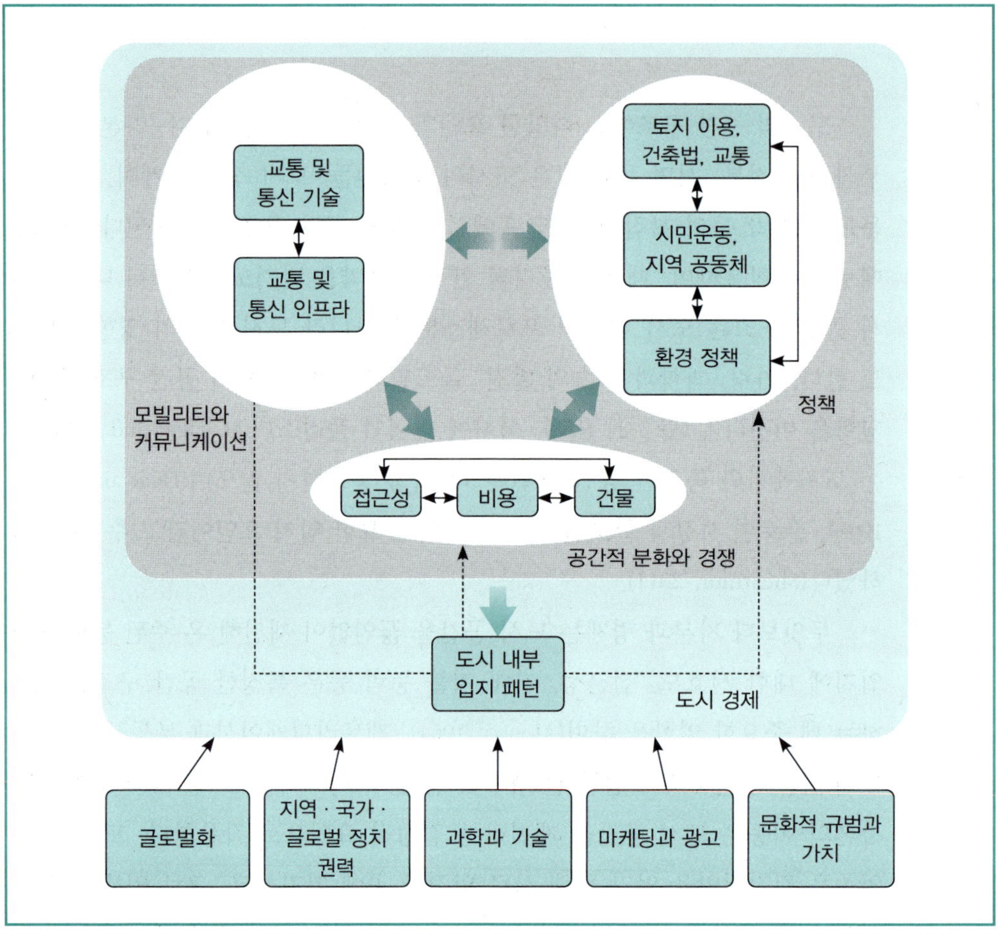

출처: Shearmur(2011, 22).

도입되었으나, 미국에서는 배타적 주거지의 동질성을 강화하고, 부동산 가치를 유지하는 수단으로 기능하기도 하였다(조재성, 2004). 그러나 오늘날 이러한 경직된 용도 분리 방식은 오히려 미래 도시 공간 구조 형성을 저해하는 요인으로 지적되기도 한다.

이와 함께 다양한 도시 행위자들 역시 공간 구조 형성 과정에서 목소리를 낼 수 있다. 성장연합과 같은 일부 이익 집단은 자신들이 보유한 토지와 부동산의 교환가치를 높이기 위해 개발을 유도하는 반면, 또 다른 집단은 불균등 발전에 저항하며 '도시에 대한 권리'를 주장하기도 한다(Lefebvre, 1996; 곽노완,

2013).

더불어 도시 공간 구조는 역사적 맥락의 중첩과 함께 더욱 복잡해진다. 과거 우리나라의 전통도시는 주로 읍성을 중심으로 발달했는데, 이는 도시 구조 형성의 중요한 모태가 되었다. 예를 들어 대구의 경우, 일제강점기에 대구읍성이 철거되었지만, 그 자리는 여전히 도시의 중심부로 기능하고 있으며, 동성로·서성로·남성로·북성로와 같은 도로명을 통해서도 그 흔적을 엿볼 수 있다. 한편, 식민 통치를 겪은 도시의 경우, 기존의 전통적인 공간 구조 위에 식민 권력이 새로운 공간 질서를 강제로 덧씌우면서 이중구조를 형성하기도 한다. 뿐만 아니라 험준한 산지, 강, 해안선 등 지형적 요소 역시 도시의 확장 및 공간 배치에 영향을 주는 요소이다.

종합하자면, 도시 공간 구조는 자본과 경제 논리, 도시 관리자의 의사결정, 시민들의 목소리, 다양한 정책과 제도, 교통 및 기술의 발달, 그리고 역사적·자연적·문화적 맥락이 복합적으로 얽혀 형성된다. 본 절에서는 그중에서도 대다수 도시에 보편적으로 적용되는 주요 형성 요인인 경제 논리, 교통 및 기술 발전에 대해 살펴보도록 하겠다. 그리고 다음 4절에서는 최근 세계적으로 대두되고 있는 도시 정책의 기조에 대해서도 다루도록 하겠다.

(1) 경제 원리에 따른 공간 분화

도시의 공간 구조는 다양한 프로세스의 산물이며, 그중에서도 경제적 요인, 특히 위치, 접근성, 지대 간의 관계는 토지 이용 패턴의 이해에 핵심적인 역할을 한다(김학훈 등 역, 2016; 한국지역지리학회, 2020). 이들의 관계를 잘 설명하는 이론이 바로 '알론소(W. Alonso)의 입찰지대이론(bid-rent theory)'이다(Alonso, 1964). 이 이론에 따르면 도시 내에는 접근성이 가장 높은 지점이 존재하며, 그곳은 '최고지가지점(PVI, Prime Value Intersection)'으로 가정한다. 그리고 그곳을 기준으로 거리가 멀어질수록 지대는 낮아진다. 여기서 지대란, 단위 면적의 토지에 기대할 수 있는 수익을 의미한다.

일반적으로 접근성이 높은 곳일수록 더 많은 수익을 창출할 수 있기 때문에 대부분의 기능은 접근성이 높은 지역에 입지하는 것을 선호한다. 그러나 접근성이 뛰어난 지점은 한정적이기에 토지 이용을 둘러싼 경쟁이 발생하게 되고, 그 결과 지가(land value)와 임대료는 상승한다. 이때, 기능별로 PVI에서 기대할 수 있는 최고 이윤과 접근성에 대한 민감도는 상이하다. 예를 들어 금융기관이나 기업 사무실, 상점과 같이 대면 접촉이나 신속 거래가 중요한 기능들은 PVI 인근에 입지할 때 더 높은 이윤을 얻을 수 있고, 다른 기능에 비해 접근성에 대한 민감도 역시 높다. 따라서 이들은 높은 비용을 지불하고서라도 접근성이 뛰어난 곳에 입지하고자 한다. 그러한 경쟁 속에서 PVI의 토지는 더욱 집약적으로 활용된다. 접근성이 좋은 도심에 고층 건물이 밀집하는 현상도 그러한 맥락에서 설명할 수 있다. 반면, 상대적으로 PVI에서 얻을 수 있는 이윤이 적고, 높은 임대료의 감당이 어려운 업종들은 주변부로 밀려나게 된다. 이처럼 기능별로 기꺼이 지불할 수 있는 '지대지불능력'이 상이한데, 이러한 원리에 따라 도시는 PVI로부터의 거리에 따라 서로 다른 용도로 분화된다([그림 3-2] 참조). [그림 3-2]에서 Y절편은 PVI에서 얻을 수 있는 기능별 최고 이윤을, 기울기는 기능별 접근성에 대한 민감도를 나타낸다.

그러나 도시 공간 구조는 입찰지대의 논리만으로 설명되지는 않는다. 일부 업종은 '집적이익(agglomeration economies)'을 얻기 위해 서로 인접한 곳에 입지하며, 이는 특정 구역이 특정 산업에 의해 점유되는 결과로 이어진다. 이러한 집적은 거래비용 절감, 암묵적 지식의 교환, 전문 인력 획득, 로컬 인프라의 공유 등에서 이점을 제공하기 때문에 동종 업종의 지리적 근접을 강화하는 경향이 있다.

하지만 최근에는 정보통신기술과 교통의 발달로 인해 물리적 접근성뿐만 아니라 관계적 접근성의 중요성 역시 부각되고 있다. 다시 말해, 기업 간 협력과 산업 간 교류는 이제 지리적 근접성에 의존하지 않고도 글로벌 네트워크를 통해 가능해졌다. 이는 곧 로컬 버즈(local buzz)와 글로벌 파이프라인(global pipeline) 논의로도 이어진다(Bathelt *et al*., 2004). 과거에는 동일 업종 또는 이종 업종 간 지리적 근접성이 중요하여 이러한 요인들이 도시 공간 구조에 직접적으로 반영되었으나, 오늘날 정보통신기술의 발달과 관계적 접근성의 강화로 인해 앞으로 도시 공간 구조가 어떻게 변화할지 귀추가 주목된다.

【그림 3-2】 입찰지대곡선

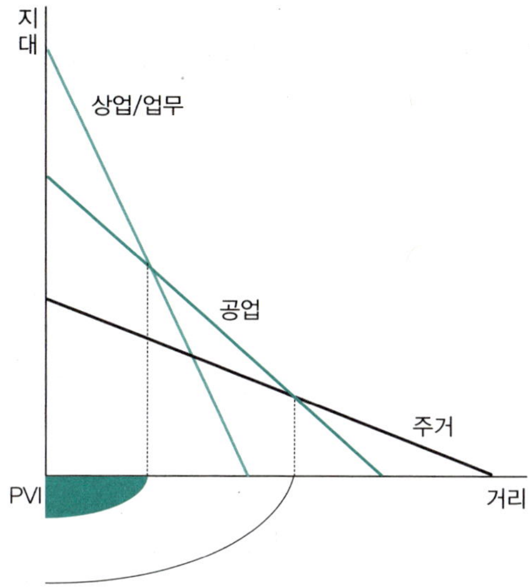

(2) 교통 발달에 따른 도시 공간의 확장

교통수단의 발달은 접근성의 변화를 야기하기 때문에 도시 공간 구조 형성에 지대한 영향을 미친다. 따라서 이번 장에서는 교통수단의 발달 과정에 따라 도시 공간 구조가 어떻게 변화해왔는지 살펴보도록 하겠다. 일반적으로 교통수단의 등장 순서에 따라 '도보·마차시대, 전차시대, 자동차 시대'로 구분하므로(허우긍, 2018; 한국지역지리학회, 2020), 본 장에서도 이러한 구분에 따라 논의를 전개하고자 한다.

1) 도보·마차시대

도보·마차시대의 도시는 이동성의 한계로 인해 멀리까지 이동하는 것이 힘들었기 때문에 도시의 물리적 확장은 제한적이었다. 따라서 도보·마차시대의 도시 규모는 작았으며, 지형적 장애만 없다면 원형에 가까운 형태를 띠었다. 이른바 보행도시(walking city)로, 도보와 마차에 의존하는 고밀도 공간구조가 나타났다.

2) 전차시대

도보를 중심으로 형성되었던 기존의 도시 구조는 궤도와 철도 기술의 등장으로 점차 변화하기 시작하였다. '궤도(軌道, track)'란, 기차나 전차의 바퀴가 굴러갈 수 있도록 레일을 깔아놓은 길을 의미하며, 오늘날에는 대부분 철로로 대체되었지만, 과거에는 목재나 콘크리트 등 다양한 재료가 사용되었다(서사범, 1999).

초기의 궤도마차는 이러한 궤도를 따라 운행되는 마차형 교통수단으로, 이전에 비해 훨씬 많은 승객을 태울 수 있어 일종의 대중교통수단의 역할을 수행하였다. 이러한 궤도마차는 주로 중산층이 이용하였으며, 그들의 거주지는 자연스럽게 마차 궤도를 따라 확장되었다.

이후 산업혁명의 진전과 함께 '전차'가 등장하였고, 전차의 등장으로 도시는 궤도 노선을 따라 더 멀리 더 빠르게 도시 외곽으로 확장되어갔다. 그 결과, 도시는 '성형(star shape)'으로 확장되었고, 변두리까지 이어진 전차노선은 교외도시의 발달을 촉진하는 계기가 되었다.

3) 자동차 시대

20세기 자동차의 등장은 도시 공간 구조에 획기적인 변화를 주었다. 엄밀히 따지면 자동차가 등장하는 순간부터라기보다는 자동차 통근이 대규모로 이루어지면서부터였다. 우선, 자동차의 가장 중요한 특징은 전술한 궤도마차, 전차, 철도처럼 궤도를 따라서 움직일 필요가 없다는 점이다. 즉, 사람들은 미리 놓여진 궤도만을 따라 움직이지 않으니, 그동안 별모양으로 형성되었던 도시는 이전의 미개발지까지 확장되게 된다. 즉, 도시는 이전에 비해 확장·분산되는 형태를 보이면서 다시 전체적으로 둥근 모양을 이루게 되는 것이다. 하지만 과거 도보·마차 시대의 도시보다는 훨씬 더 큰 원형의 형태이다. 이러한 흐름은 [그림 3-3]의 타페 (E. Taaffe) 등의 모형에서 매우 잘 드러난다(Taaffe *et al.*, 1996).

자동차는 도시의 확장뿐만 아니라 도시 내부 구조에도 큰 영향을 미쳤다. 자동차의 발달로 사람들은 대중교통에 의존할 필요 없이, 보다 자유롭게 주거지를 선택할 수 있게 되었고, 공업 등 경제활동의 입지에 있어서도 예전보다

【그림 3-3】 교통발달에 따른 도시공간의 확장

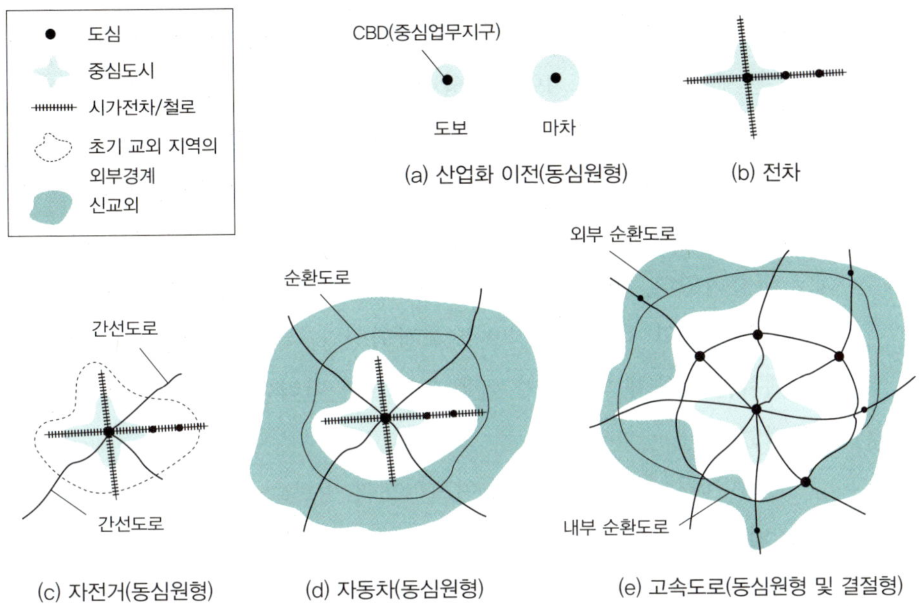

출처: Taaffe, Gauthier and O'Kelly(1996).

융통성있는 결정을 할 수 있게 되었다. 그 결과, 도시 내부는 비슷한 기능에 따라 분화되며, 도시 전체로 보았을 때는 단핵구조에서 다핵구조로 변모하게 되었다.

그러나 이러한 확장 과정이 모든 도시에 적용되는 것은 아니다. 앞서 설명한 과정은 미국 대도시의 성장을 설명하는 데에는 적절하지만, 다른 국가나 중소도시에는 부합하지 않는 측면이 있다. 실제로 미국 내에서도 전차 도입 단계를 거치지 않고, 바로 자동차 시대로 진입한 중소도시들이 있는데, 이러한 도시들에는 해당 모형의 적용이 어렵다.

그렇다면 우리나라의 경우는 어떠했을까? 우리나라의 도시는 대체로 규모가 작았으며, 19세기 말까지 도시민의 주요 이동수단은 도보였다. 서양에서는 19세기 말부터 20세기 초에 전차가 주요 교통수단으로 자리 잡았으나, 우리나라에서는 서울, 부산, 평양 세 도시에서만 전차가 운행되었다. 전차 궤도가 이들 세 도시에만 설치되었기 때문에, 도시의 확장이나 공간 구조 측면에서 이들 도시는 다른 도시들과 구별되는 특징을 보였다.

자동차의 보급 역시 서구에 비해 상당히 늦게 이루어졌다. 1903년 왕실에서 처음으로 자동차가 사용되었으나, 일제강점기를 거치면서 자동차 이용에는 많은 제약이 따랐다. 1945년 당시 한반도 전역의 자동차 수는 7,300여 대에 불과했던 것으로 알려져 있다(허우긍, 2018). 1960년대 이후, 국내 자동차 산업의 성장과 함께 자동차 이용이 본격화되기 시작하였다. 국토교통부 통계에 따르면, 1966년 전국 등록 차량 수는 약 5만대였으나, 1997년에는 1,041만대로 급증하였다. 이처럼 자동차 이용이 폭발적으로 증가함에 따라 우리나라 도시들은 버스와 자가용 중심으로 확장되었다. 특히, 지하철이 운행되지 않는 도시에서는 자동차 의존도가 더욱 높았으며 이러한 특성은 도시 공간 구조에 반영되었다.

우리나라는 20세기 후반에 이르러서야 비로소 궤도차의 시대가 열렸다고 볼 수 있다. 과거의 궤도마차나 전차와는 형태가 다르지만 광역철도와 도시철도(지하철)가 등장하면서 일정한 궤도를 따라 도시 곳곳을 연결하는 교통망이 형성되었기 때문이다.

1974년 경부(서울~수원), 경인(구로~인천), 경원선(지하청량리~광운대) 등

【그림 3-4】 우리나라 자동차 등록 현황(1966~2024)

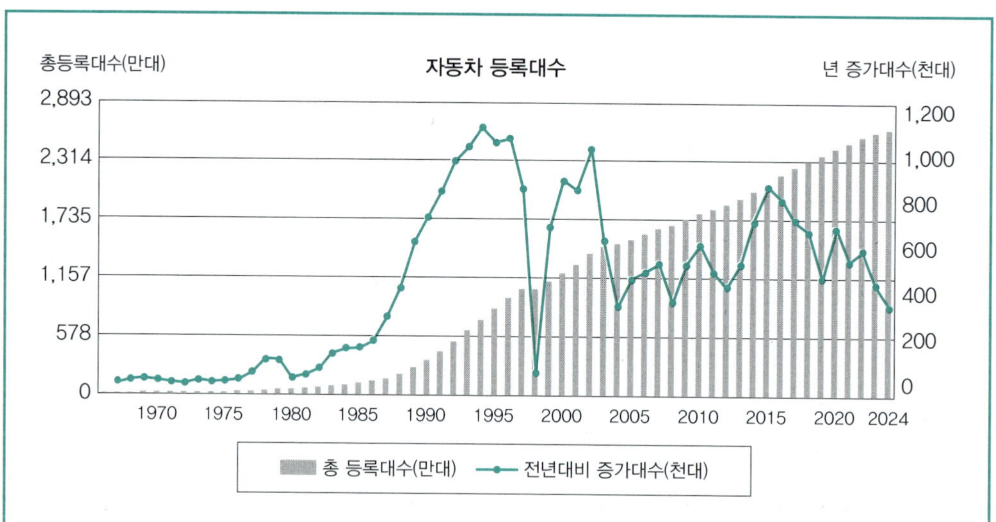

출처: 통계청 지표누리 e-나라지표(국토교통부).

【그림 3-5】 서울의 궤도망(좌: 1960년대, 우: 2023)

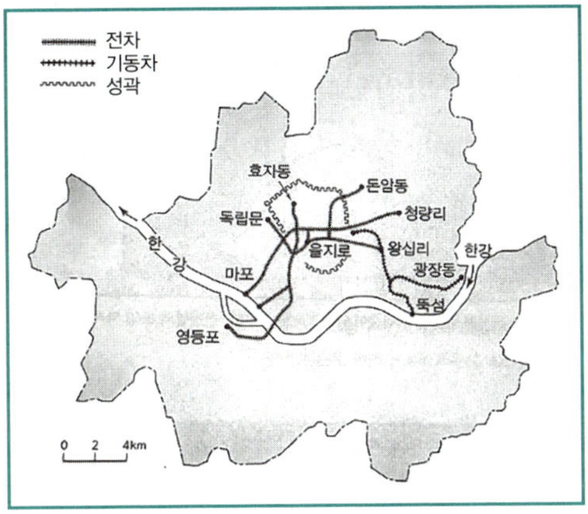

출처: 이혜은(1988); 허우긍(2018)에서 재인용.

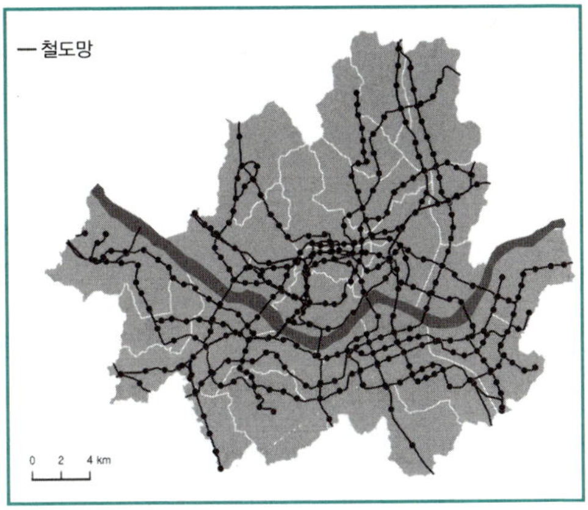

출처: KTDB데이터를 활용하여 필자 작성.

3개 노선(총 29개역[3])을 시작으로 최초의 도시철도인 수도권 전철 운행을 시작하였다. 이후, 수도권에서는 노선의 수가 확대됨과 동시에 길이도 계속해서 연장되었으며, 차량 대수와 운행 횟수 또한 급격히 증가하였다. 실제로, 2023년 기준 수도권 광역철도의 연간 수송 인원은 1974년 대비 37.8배 증가한 10억 9,700만 명에 달했다(한국철도 보도자료, 2024). 도시철도의 확장은 수도권에만 국한되지 않았다. 부산에서는 1985년 7월 19일 1호선(노포~범내골)이 개통되었으며, 2023년 말 기준 4호선까지 개통되었다. 대구에서는 1997년 11월에 1호선(진천~중앙로)이 개통되었으며, 이듬해 5월에는 대구역에서 안심역까지 노선이 연장되었다. 2005년에는 2호선이, 2015년에는 모노레일 형태의 3호선이 개통되었다. 그 밖에도 광주, 대전 등 여러 도시에서 도시철도가 개통되었다(한국철도공사, 2024). 정리하자면, 우리나라 도시 공간 구조는 대부분 도보 중심의 전통적 도시에서 출발하여, 전차가 도입된 일부 대도시를 제외하면 자동차의 영향을 받아 확장되었다. 그리고 1970년대 이후, 도시철도가 도입된 도시에서는 궤도 교통망이 도시 공간 구조 재편에 결정적인 역할을 하였다.

---

3 경부선(16개): 서울, 남영, 용산, 노량진, 대방, 영등포, 구로, 가산디지털단지(가리봉), 금천구청(시흥), 관악, 안양, 명학, 군포, 의왕(부곡), 화서, 수원.
경인선(11개): 개봉, 오류동, 역곡, 부천, 송내, 부평, 동암, 주안, 제물포, 동인천, 인천, 경원선(2개): 외대앞(휘경), 광운대(성북).

이처럼 교통 기술의 발달은 도시 공간 구조의 변화를 주도해 왔다. 도보에서 전차, 자동차, 그리고 도시철도에 이르기까지 교통수단의 변화는 도시의 확장 방향과 공간 조직을 결정짓는 핵심 요인이었다. 오늘날에는 4차 산업혁명과 맞물려 도심항공교통(Urban Air Mobility, UAM), 자율주행자동차 등 모빌리티 기술이 빠르게 진화하고 있으며, 그에 따라 도시 공간 구조 역시 또 한 번의 큰 변화를 맞이할 것으로 보인다.

읽기 자료 3-1. 교통로 발달의 양면성: 도시 공간의 단절

교통의 발달은 접근성 향상 및 도시 확장의 주요한 요인으로 간주되지만, 사실 미시적 차원에서는 교통로가 도심의 생활권을 단절하고, 도시 발전을 저해하는 역할을 하기도 한다. 가령, 철도나 고가도로, 도시고속도로는 두 지역의 교류를 막는 경계가 되기도 하고, 시가지의 확장을 어렵게 만드는 장애 요인으로 작용하기도 한다.

예를 들어, 1989년 개통된 경인철도는 인천의 성장을 이끈 주역이다. 하지만, 경인철도가 도시 중심부를 동서로 가로지르면서 인천시의 남북 간 지역의 상호작용은 어려워졌다. 또한, 철도로 인해 도로망이 철도와 평행하게 조성되거나 기형적인 형태의 교차로가 설치되어 심각한 교통 문제를 유발하기도 하였다. 보행자들도 철도 횡단을 위해서는 육교나 지하보도를 이용해야 해서 불편함을 겪었다. 그에 따라 인천시는 이러한 문제를 해결하기 위해 기존 철도를 지하화 혹은 고가화하는 방안을 지속적으로 검토해왔다(조상운, 2005). 그러한 맥락에서 정부에서도 철도를 지하화하여 주변지역을 개발하고, 도시경쟁력을 확보하기 위해 특별법 제정에 돌입하였다. 2024년 1월 30일 「철도지하화 및 철도부지 통합 개발에 관한 특별법」을 제정하였고, 2024년 12월 30일 국토교통부는 「철도지하화특별법」 시행('25.1.31.)을 앞두고 '철도지하화 통합개발 사업 시행방안'을 발표하였다(국토교통부, 2024).

이러한 시도는 우리나라뿐만 아니라 해외에서도 활발히 이루어지고 있다. 스페인을 비롯한 유럽의 여러 도시에서는 철도 인프라를 재편하여 보행과 녹지를 위한 공간을 확대하고 있으며, 국내에서도 서울 경의선 숲길과 광주 푸른길 공원과 같이 철도를 지하화 혹은 이설한 뒤 폐철도 부지를 공원으로 조성하는 사례가 나타나고 있다. 특히 푸른길공원은 근대화와 도시 발전의 상징이었던 광주광역시 도심철도가 시민을 위한 녹지공간으로 탈바꿈한 대표적 사례이다([그림 3-6]). 일제강점기에 건설된 도심철도는 도시의 주요 교통축으로 기능하였으나, 시간이 흐르면서 소음·진동·안전사고, 주변 지역의 슬럼화 등으로 인해 시민들과 끊임없는 갈등을 빚게 되었다. 이에 주민들은 1998년 청원을 시작으로 철도 이설과 폐선 부지의 활용을 요구하였고, 그 결과 2000년 8월 마침내 도심 철도가 이설되었다. 이어 2001년부터는 폐선 부지를 녹지공간으로 구상하고 조성하는 과정에 시민들이 직접 참여하였다(전경숙, 2009). 그 결과, 좁고 길게 이어진 철길 부지는 시민을 위한 공원으로 재탄생하였고, 철길로 단절되었던 도시 공간은 다시금 연결될 수 있었다.

【그림 3-6】 광주 푸른길공원 조성 사례

(a) 조성 전: 철로 이설 후 남겨진 폐선 부지

(b) 조성 후: 푸른길공원의 경관

출처: (a) 전경숙(2009), (b) 광주역사문화자원스토리텔링 홈페이지.

3. 도시 공간 구조의 변화

도시 공간 구조는 고정된 형태가 아니라 사회·경제적 변화와 산업구조의 변화 등 다양한 요인에 따라 끊임없이 변모한다. 특히 도시화와 도시 성장, 산업구조의 변화는 도시 공간 구조에 직접적이고 장기적인 영향을 미치는 핵심 요인으로 꼽힌다. 도시화는 도시 내 다양한 요소들이 상호작용하며 변화하는 복합적인 현상으로, 일반적으로 전체 인구 중 도시 인구 비율의 증가 정도를 기준으로 판단한다. 그러나 도시화는 단순한 인구 증가에 그치지 않고 일련의 과정을 거쳐 도시 공간 구조의 변화를 가져온다. 산업구조 변화 또한 도시 내부 기능 재편과 공간적 위계 변화를 야기하며, 궁극적으로 도시 공간 구조 전반의 변화를 이끌어낸다. 이에 본 절에서는 도시 발전 단계와 산업구조 변화라는 두 가지 측면에서 도시 공간 구조의 변화 양상을 살펴보고자 한다.

(1) 도시 공간 구조 변화의 과정과 단계

도시 공간 구조는 도시화와 도시 성장의 과정을 거치면서 변모하게 된다. 사실, 소규모 도시일 때 도시는 일정한 패턴이나 규칙성을 가지지 않는 경우가 많다. 하지만 점차 도시에 사람들이 모여들기 시작하면, 도시의 중심에는 업무지구와 상권이 형성되고, 이를 둘러싸고 주거 공간이 배치되기 시작한다. 이 과정에서 도시 내부는 기능에 따라 분화되며, 도시의 공간적 범위 또한 외곽으로 확장되기 시작한다. 도시가 대도시로 성장하면서 기존 도심은 포화 상태에 이르게 되고, 도심의 기능은 부도심 혹은 그에 준하는 새로운 중심지가 분담하게 된다. 이에 따라 단순하던 도시 구조는 점차 복잡한 다중심 구조로 변모한다. 정리하자면, 도시 공간 구조는 도시 성장과 도시화의 과정을 거치면서 크게 두 가지 변화를 겪는다. 첫 번째는 도시의 외연적 확장이며, 두 번째는 도시 내부 기능의 분화(재조직화)이다. 따라서 도시 공간 구조는 이 두 가지 변화 양상을 모두 내포한다고 볼 수 있다. 첫 번째, 도시의 외연적 확장은 말 그대로 도시의 공간적 범위가 확대되는 것을 의미한다. 일반적으로 도시의 확장은 환상 패턴을 따른다고 알려져 있으나(박경환 외 역, 2012), 모든 도시에서 반드시 그러한 형태를 보이는 것은 아니다. 두 번째는 도시 내부의 재조직화이다. 도시는 도시 성장과 도시화를 거치면서 단순히 규모만 커지는 것이 아니라 도시 내에 존재하는 다양한 기능이 분화되거나 재편되는 과정을 거친다.

이러한 변화 과정을 설명하기 위해 도시지리학계에서는 도시화 단계를 체계적으로 구분하고, 이론화하려는 다양한 시도가 이어져왔는데, 그중 대표적인 것이 반덴 베르그(van den Berg) 등이 1982년에 제안한 도시발전단계론(Stage of Urban Development Model)이다(Van den Berg *et al.*, 1982). 이 모형은 도시발전단계에 따른 도시 공간 구조의 변화를 살펴보기에 유용한 틀을 제공한다. 베르그는 중심도시(core)와 주변지역(ring),[4] 그리고 이를 모두 포함한 도시권(agglomeration or FUR: Functional Urban Region)의 인구 변화에 따라 도시발전단계를 '도시화', '교외화', '역도시화', '재도시화'의 4단계로 구분하였다. 도시 발전의 네 단계 중 '도시화'와 '교외화'는 도시권 차원에서는 인구가 집중·성장하는 과정이고, 역도시화와 재도시화는 인구의 분산이 두드러진다. 단계별로 중심도시, 주변지역, 그리고 도시권 전체의 인구 규모 및 인구 증감 양상은 [그림 3-7]을 통해 확인할 수 있다. 도시화 단계에서는 중심도시의 인구가 급격히 증가하는 반면, 주변지역의 인구는 오히려 감소한다. 그러나 시간이 흐르면서 중심도시로의 인구 집중은 더욱 가속화되고, 확산효과로 인해 주변지역의 인구도 증가세를 보인다. 그 결과, 도시권 전체의 인구가 증가하게 된다. 교외화 단계에 이르면 도심의 인구와 기능이 주변지역(교외)로 이전하게 된다. 이에 따라 중심도시의 인구 증가는 둔화되거나 오히려 감소하고, 대신 주변지역의 인구가 빠르게 증가한다. 이 시기에는 도시 스프롤(urban sprawl) 현상이 나타나거나 엣지시티(edge city)와 같은 자족적 교외도시가 형성되는 등 도시는 외연적으로 확장되면서 다핵화 되는 경향이 나타난다. 역도시화 단계에서는 도시권 전체의 인구가 감소하는데, 그중에서도 중심도시의 인구가 급격하게 감소한다. 이로 인해 도심부의 쇠퇴, 슬럼화 등 각종 도시문

4 교외지역이라고 번역되기도 한다(임재현, 1999).

【그림 3-7】 도시발전단계에 따른 중심도시, 주변지역, 전체 도시권역의 인구 변화

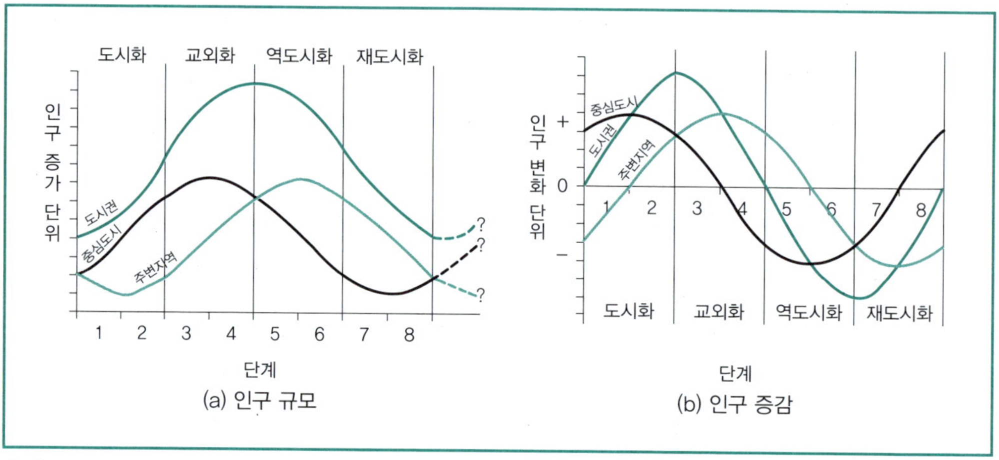

출처: van den Berg *et al.*(1982, 37, 38).

【표 3-1】 도시발전단계에 따른 인구 변화 특성

단계	유형	인구 변화			특성
		중심(core)	주변(ring)	도시권(전체)	
도시화(urbanization)	1. 절대적 집중	++	-	+	전체 성장
	2. 상대적 집중	++	+	+++	
교외화(suburbanisation)	3. 상대적 분산	+	++	+++	
	4. 절대적 분산	-	++	+	
역도시화(disurbanisation)	5. 절대적 분산	--	+	-	전체 쇠퇴
	6. 상대적 분산	--	-	---	
재도시화(reurbanisation)	7. 상대적 집중	-	--	---	
	8. 절대적 집중	+	--	-	

출처: van den Berg *et al.*(1982, 36).

제가 발생한다. 마지막으로 재도시화 단계에서는 도시권 전체에서의 인구 감소 추세는 여전하지만, 중심도시에서는 인구 감소세가 둔화되거나 다시 인구가 증가하는 경향을 보인다. 이러한 중심도시의 인구증가에 핵심적인 역할을 하는 것이 바로 도시재생 혹은 젠트리피케이션이다.

도시재생은 쇠퇴한 구도심을 다양한 측면에서 회복시키려는 노력으로, 「도시재생활성화 및 지원에 관한 특별법」 제2조에서는 "인구 감소, 산업구조 변화, 무분별한 도시 확장, 주거환경 노후화 등으로 쇠퇴하는 도시를 지역 역량 강화, 새로운 기능의 도입·창출, 지역 자원 활용 등을 통해 경제적·사회적·물리적·환경적으로 활성화하는 과정"이라 정의한다. 도시재생은 종종 철거재개발과 같은 물리적 사업으로 한정하여 이해되기도 하지만, 본래 도시재생은 물리적 환경 개선을 넘어 사회적·문화적 부흥까지 포괄하는 개념이다. 국내 사례로는 청계천 복원, 부산 감천문화마을, 강릉 명주동 등을 들 수 있으며, 특히 명주동은 오랜 역사를 지닌 거리를 문화예술의 중심지로 탈바꿈시킨 문화적 도시재생의 대표적인 사례로 꼽힌다([읽기 자료 3-2] 참조).

젠트리피케이션(gentrification)은 도시재생과 긴밀히 연관된 개념으로, 영국의 사회학자 루스 글라스(R. Glass)의 저서 『런던: 변화의 양상(London: Aspect of Change)』(1964)에서 처음 사용되었다. 그는 과거 도심의 노동자 계층 주거지에 이른바 '젠트리(gentry)'라고 불리는 중산층 이상의 가구가 이주하면서 낙후된 도심이 고급 주거지역으로 전환되는 현상을 젠트리피케이션이라 지칭하였다. 즉, 고전적 의미의 젠트리피케이션은 저소득층 주거지가 상류층에 의해 점유되는 도시 변화 과정을 뜻하였으나, 최근에는 젠트리피케이션이 전 세계적으로 다양한 양상으로 나타남에 따라 개념 역시 발생 지역, 원인, 주체, 관점 등에 따라 확장되고 있다(신정엽·김감영, 2014; 심경미 외, 2018). 특히, 우리나라에서는 상업지역에서 발생하는 '상업적 젠트리피케이션(commercial gentrification)' 현상이 대두되고 있는데, 서울 이태원 경리단길과 경주 황리단길이 대표적인 사례이다. 이처럼 젠트리피케이션은 시대와 맥락에 따라 다양하게 나타나지만, 주요 발생 요인[5]은 크게 세 가지로 구분할 수 있다(한국도시지리학회, 2020).

첫째, 경제적 요인으로, 공급 측면에서 설명될 수 있다. 닐 스미스(N. Smith)의 지대격차이론(rent gap theory)에 따르면 실제 지대와 재개발 이후 형성될 수 있는 잠재적 지대 간의 차이가 클수록 개발과 투자가 이루어져 젠트

5 자세한 내용은 『도시지리학개론』 제6장 "도시 주거와 도시재생", 6절 젠트리피케이션 참조.

리피케이션이 촉발된다는 것이다. 둘째, 문화적 요인으로, 수요의 측면에서 설명할 수 있다. 이와 관련하여 데이비드 레이(D. Ley)는 젠트리피케이션을 주도하는 집단인 젠트리파이어(gentrifier)의 역할을 강조하였다. 이들은 대체로 경제적 여유가 있는 전문직으로, 직장과 가까우면서도 도시의 다양한 어메니티를 누릴 수 있는 도심 인근에 거주하는 것을 선호하며, 여피족(Yuppies: Young urban professionals)이나 딩크족(DINK: Double Income No Kids)에 해당하는 경우가 많다. 셋째, 정치적 요인으로, 도시 정부의 재정적 이해와 관련이 있다. 젠트리피케이션의 발생은 도시 정부의 조세 재원 확대로 이어지므로, 기업가적 도시 정부 입장에서는 개발업자에게 인센티브를 제공하는 등 이를 전략적으로 유도하기도 한다.

이러한 젠트리피케이션은 긍정적 측면과 부정적 측면을 동시에 지닌다. 긍정적 효과로는 중산층의 도심 회귀에 따른 주거 환경 개선, 범죄율과 주택 공실률의 감소, 세수 증가와 사회계층 혼합(social mix)을 들 수 있다. 반면, 부정적인 영향으로는 임대료와 주택 가격 상승, 그리고 이로 인해 원주민이 내몰리는 둥지 내몰림 현상이 대표적이다. 더 나아가 최근에는 특정 지역이 관광지화되면서 기존 주민들이 집에서 '쉴 권리'를 침해받는 등 각종 불편을 겪는 투어리스티피케이션(touristification) 현상이 나타나기도 한다.

읽기 자료 3-2. 문화적 도시재생의 사례: 강릉시 명주동

문화적 도시재생이란 "지역의 장소성에 바탕을 두고 주민의 관심과 참여를 촉발하며, 문화를 통해 삶의 질 개선과 적극적 주민참여를 최우선시하는 자생적 도시재생 전략"을 말한다(이나영·안재섭, 2014). 강릉시 명주동은 이러한 문화적 도시재생의 대표적 사례이다.

명주동은 강릉시 중앙동에 속하는 법정동으로, 강릉의 옛 지명인 '명주(溟州)'에서 이름이 유래하였다. 고려 말 1389년(공양왕 원년) 강릉이 대도호부로 승격될 당시 관아가 이곳 일대에 자리하였고, 이후 강릉시청 또한 명주동에 위치하였다. 이처럼 명주동은 오랫동안 강릉의 중심지로서, 상업·행정·

문화의 핵심 기능을 담당해왔다. 그러나 2001년 강릉시청 이전과 주변의 택지개발사업으로 인해 명주동을 포함한 구도심은 급격한 쇠퇴와 인구 감소를 겪게 되었다. 실제로 중앙동(명주동 포함)의 인구는 1980년 17,772명에서 2015년에는 5,550명으로 감소하였다(인구총조사 기준).

이러한 상황에서 명주동 일대에 남아 있는 강릉 읍성 성벽 터, 근대 상가 건물 등 다양한 역사·문화 자원은 도시재생을 위한 중요한 자산이 되었다. 2010년대 들어 이러한 자산을 활용해 지역의 활력을 되찾고자 하는 노력이 본격화되었는데, 2010년 초 추진된 '살기 좋은 마을 만들기' 사업과 2016년의 '명주동 문화마을 만들기' 사업이 대표적이다(강원특별자치도, 2018). 아울러 주민들은 골목길 곳곳에 화분을 배치하거나 텃밭을 가꾸었으며, 직접 '골목투어 해설사'로 활동하며 지역의 이야기를 전하기 시작했다. 이러한 주민 주도의 활동과 더불어 명주동의 경관은 개성 있는 공간으로 재탄생하였다. 과거 방앗간이었던 건물([그림 3-8])과 100년이 넘은 적산가옥은 카페로 탈바꿈하였으며, 옛 명주초등학교 건물은 복합문화공간인 '명주예술마당'으로 단장되어 공연과 전시의 거점이 되었다. 2012년에 개관한 명주사랑채는 시민들을 위한 커피 교육, 추출 체험, 축제 홍보 등 프로그램을 운영하며 커피 도시 강릉의 정체성을 널리 알리고 있다(강원특별자치도, 2018; 강릉시청 홈페이지).

【그림 3-8】 강릉시 명주동 경관

(a) 봉봉방앗간

(b) 명주사랑채

출처: (a) 한국관광공사, (b) 필자촬영.

(2) 산업구조의 변화에 따른 도시 공간 구조의 변화

도시의 공간 구조는 도시의 시대적 배경, 사회·경제적 변화에 따라 계속해서 변화해왔다. 본 장에서는 산업구조의 변화에 따라 도시 공간 구조가 어떻게 변화해 왔는지 간략하게 살펴보도록 하겠다.

1) 전산업도시의 공간 구조

전산업도시는 18세기 자본주의 경제의 출현과 19세기 산업혁명 도래 이전의 도시로, 주로 상업 경제를 기반으로 형성되었다. 이 시기의 도시는 산업도시나 현대 도시와 비교할 때 상대적으로 규모가 작아 보행자 중심 도시의 특징을 보였다.

산업화 이전 시기 도시에 대한 대표적인 모델로는 쇼버그(G. Sjoberg)의 전산업도시(pre-industrial city) 모델이 있다(Sjoberg, 1960; Radford, 1979). 이 모델에 따르면, 도시 중심부에는 엘리트 계층이 거주하고, 중심부에서 멀어질수록 주거 환경이 열악하고, 사회적 지위가 낮은 사람들이 거주하는 패턴을 보인다([그림 3-9]). 도시 중심부에 거주하는 엘리트 계층은 행정·정치·종교·사회적 권력을 가진 지배 계층으로, 이들은 도심부에 위치한 행정·정치·종교

【그림 3-9】 전산업도시의 계급 피라미드 및 도시 구조

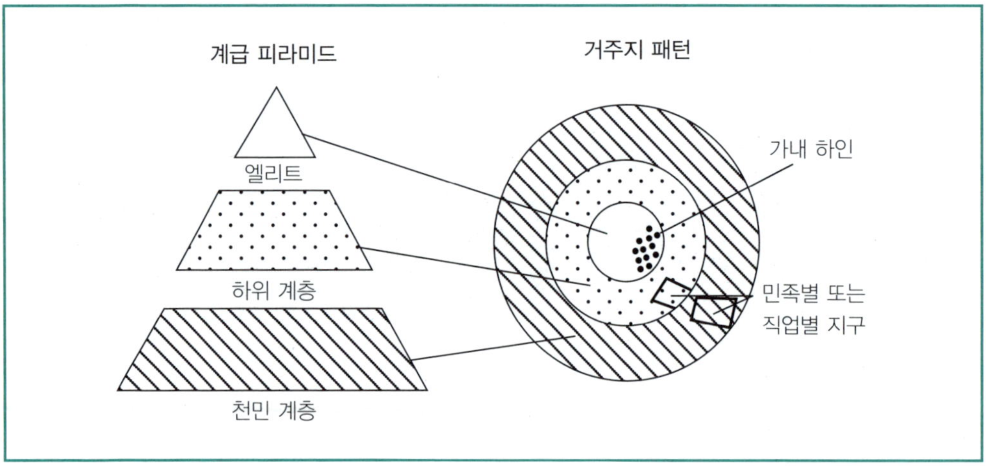

출처: Radford(1979, 394).

시설의 근처에 거주하는 것을 선호하였다. 또한, 이들은 서로 간의 혼인 관계를 통해 결속을 유지하였고, 그 결과, 도시 중심부는 엘리트 계층만의 배타적 주거지로 고착화되는 경향을 보였다.

2) 산업도시의 공간 구조

산업도시는 앞서 살펴본 전산업도시와는 전혀 다른 구조를 가진다. 대부분의 산업도시는 새로운 경제 논리 속에서 형성된 도시로, 산업혁명과 자본주의의 등장이라는 배경을 바탕으로 탄생한 결과물이라 할 수 있다.

이러한 변화로 인해 도시 내 권력과 신분은 더 이상 전통적 가치에 의해 결정되는 것이 아니라 오직 '부'에 의해 결정되었고, 도시 공간 구조 역시 그에 따라 변화하였다. 토지 이용의 측면에서는 공장, 창고, 상점, 사무실 등 각기 다른 기능들이 최적의 입지를 확보하기 위해 경쟁하게 되었고, 이 과정에서 지대지불능력은 도시 공간 구조를 결정짓는 핵심 요소로 부상하였다.

산업혁명 이후, 도시 중심부 인근에는 공장과 창고가 들어서고, 인근에는 이들 시설에서 일하는 저소득층 노동자를 위한 주거지가 형성되었다. 반면, 부유층은 보다 쾌적한 주거 환경을 찾아 도시 외곽으로 이주하였다. 이처럼 산업도시에서는 전산업도시와는 달리, 빈곤층이 도심부 인근에, 부유층이 도심에서 멀리 떨어진 외곽에 거주하는 공간 구조가 나타났다. 이러한 변화는 교통 인프라의 개선, 자가용 이용의 확산, 교외 주거지 개발에 힘입어 촉진되었다.

20세기 초반, 미국 시카고는 이러한 산업도시의 대표적인 사례로, 당시 도시지리학자들이 도시 공간 구조를 이해하는 데 있어 일종의 배양지(seedbed)와 같은 의미를 지녔다. 이 시기 시카고는 산업화와 함께 급격히 유입된 이민자들, 교통 시스템의 발달 등으로 인해 급속한 도시 성장과 공간 재편 과정을 겪었으며, 이러한 도시의 변화는 도시지리학에서의 생태학적 접근의 토대를 제공하였다(박경환 등 역, 2012).

도시생태학이란, 도시를 하나의 사회적 유기체로 간주하며, 인간 공동체의 질서 역시 식물 및 동물 군집과 마찬가지로 자연적 과정의 결과로 나타난다고 보는 입장이다(박경환 외 역, 2012). 이는 진화론적 사고의 영향을 받았으며, 식물종이 햇빛과 수분 등의 자원을 확보하기 위해 경쟁하는 것처럼, 도시에서도 사회 집단 간 자원을 둘러싼 경쟁이 발생한다고 보는 것이다. 따라서 도시생태학에서는 '침입', '경쟁', '천이', '지배'와 같은 생태학적 개념을 차용한다. 예컨대, A라는 식물 군락지에 어떤 이유에서건 B식물의 씨앗이 유입된다면 이는 '침입'에 해당한다. 이후 두 집단은 햇빛, 수분, 영양분 등을 두고 '경쟁'하게 될 것이고, 결국 A식물의 군락지는 B식물의 군락지로 바뀌어 나가게 된다. 이러한 과정이 바로 '천이'에 해당하며, B식물이 해당 지역의 지배종으로 자리 잡게 되는 것이 바로 '지배'이다. 마찬가지로, 도시에서도 경쟁에서 우위를 점한 집단이 특정 구역을 지배적으로 점유하게 되고, 그 과정에서 집단 간 사회적·공간적 분리가 발생하게 되는 것이다. 우리가 잘 알고 있는 '차이나타운' 혹은 '코리아타운'의 형성과정 역시 이러한 메커니즘으로 설명될 수 있다. 이러한 생태학적 접근이 적용된 대표적인 모형이 바로 버제스의 '동심원 모형(concentric zone model)'이다. 버제스는 시카고를 배경으로, 지속적인 인구 유입에 따라 도시가 도시 중심부로부터 외곽으로 확장되는 과정을 설명하였다. 그는 도시 내부가 다섯 개의 구역(zone)으로 구분되며, 중심부에는 중심업무지구(CBD)가 위치하고, 그 바깥에는 점이지대, 이어서 노동자 주거지, 중산층 주거지, 마지막으로 통근자 지대가 위치한다고 보았다.

3) 후기산업도시의 공간 구조

탈산업사회(post-industrial society)로의 진입은 도시경관뿐만 아니라 도시 공간 구조의 재편에도 많은 영향을 미쳤다. 1980년대 무렵 선진국의 대도시를 중심으로 탈공업화가 본격화되면서 기존의 공업 생산 기능은 대도시로부터 주변 지역 혹은 해외(인건비가 저렴한 개발도상국)로 이전하기 시작하였다. 기존 공업 생산의 기능을 담당하던 자리에는 금융기관과 각종 생산자 서비스업(회계·법률·광고 등), 첨단산업, 초국적 기업의 본사 등이 자리 잡기 시작하였다. 즉, 공업 및 생산 기능을 담당했던 오래된 산업도시의 중심부는 글로벌 중심지 혹은 신산업공간(new industrial spaces)으로 부상하게 된 것이다. 신산업공간에는 주로 거래비용의 절감, 암묵적 지식의 활발한 교환 등을 위해 대면 접촉을 필요로 하는 업종이 입지한다. 즉, 정보통신기술의 발달로 공간적 분

【그림 3-10】 도시 공간 구조의 변화

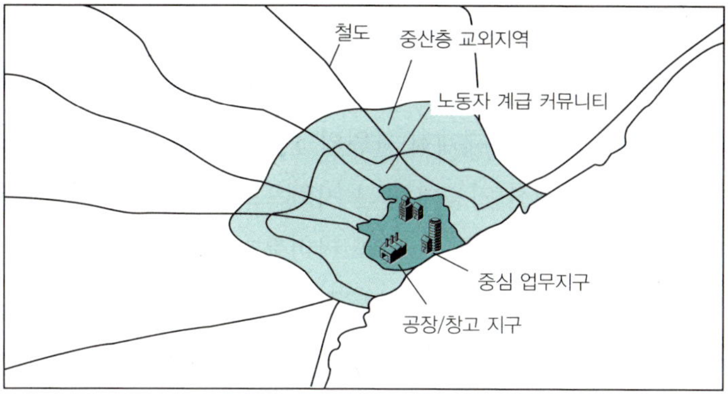

(a) 전통 산업도시(1850~1945)

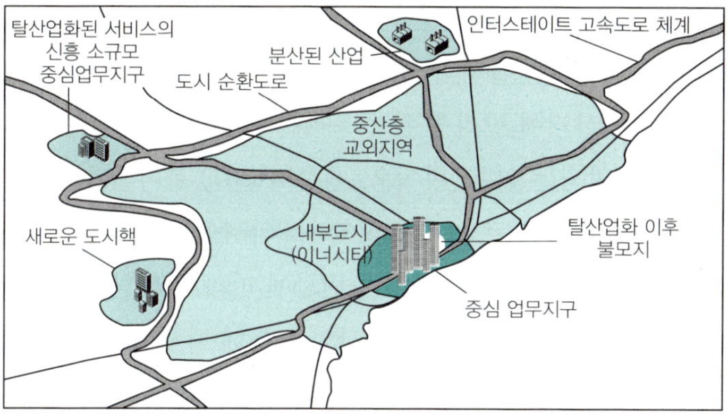

(b) 포드주의 도시(1945~1975)

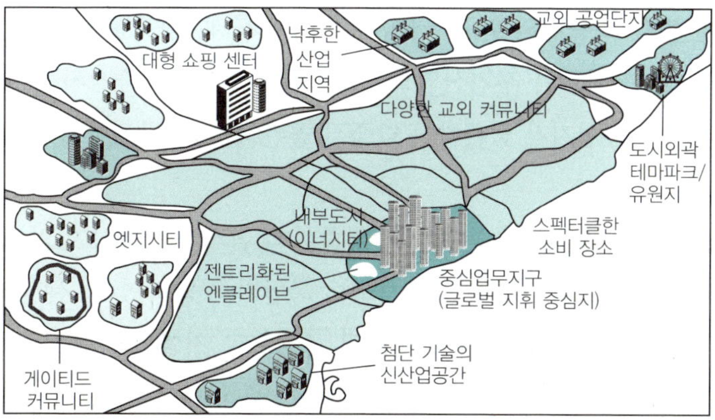

(c) 네오포드주의 대도시(1975~)

출처: Knox and Pinch(2009, 31).

산의 가능성이 높아졌음에도, 여전히 업무상 대면접촉이 필요한 업종들은 집적하여 신산업공간을 이루는 것이다. 이 과정에서 런던, 뉴욕, 도쿄와 같은 대도시는 더욱 강력한 중심으로 자리매김하며 글로벌 도시로 성장하였다. 즉, 산업사회에서 후기산업사회로의 전환 이후에도 일부 대도시의 도심은 여전히 대도시권 전체, 나아가 세계적 차원의 중심지로 부상한 것이다.

그러나 공업 생산 기능이 다른 지역으로 이동하면서 쇠락의 길을 걷게 된 도시들도 있다. 대표적으로 영국의 리버풀과 스웨덴의 항구도시 말뫼를 들 수 있다. 리버풀은 산업 쇠퇴로 인해 '쇠락한 공업도시'라는 이미지를 얻었으나, 이후 다양한 문화유산과 스토리를 기반으로 문화도시로 재탄생하여 많은 관광객이 찾는 유럽문화수도로 지정되었다(남해신문, 2021). 스웨덴 말뫼 역시 1990년대 조선업이 쇠락하면서 세계적인 조선업체인 코쿰스가 문을 닫게 되며 위기가 찾아온다. 말뫼의 상징과도 같던 골리앗 크레인이 우리나라 현대중공업에 단돈 1달러에 팔리게 된 스토리는 이른바 '말뫼의 눈물'로도 유명하다. 그러나 이후 말뫼는 의학, 바이오, 정보기술(IT) 분야의 첨단 기업들을 유치하고, 랜드마크 '터닝 토르소(Turning Torso)'와 수변공간 조성을 통해 관광도시로 재탄생하였다. 이처럼 산업구조의 변화에 따라 쇠퇴한 도시들은 문화·관광·첨단산업을 기반으로 한 도시재생사업을 통해 다시 활력을 되찾았다.

한편, 대도시권의 외곽에는 주거뿐 아니라 업무와 소비 기능까지 갖춘 자족적인 도시인 '엣지시티(edge city)'가 등장하였다. 그 배경에는 중심부의 집적 불경제, 교통망의 확충, 마이카 시대의 도래, 정보통신기술 발달 등이 자리잡고 있다. 이로써 후기산업도시는 전통적인 단일 중심지 구조에서 벗어나, 여러 개의 중심지가 공존하는 다중심 공간 구조로 발전하게 되었다([그림 3-10] 참조).

또한, 로스앤젤레스와 같이 명확한 중심지가 존재하지 않고, 분산되고 파편화된 경관으로 이루어진 도시도 주목받기 시작하였다. 선진국의 경제 구조가 제조업 중심에서 고급 서비스업 중심으로 전환됨과 동시에, 문화 역시 모더니즘에서 포스트모더니즘으로 변화하면서 도시 공간 질서가 급격히 달라진 것이다. 이러한 변화를 계기로 도시지리학자들은 로스앤젤레스를 중심으로 '포스트모던 도시성(postmodern urbanism)' 논의를 본격화하였다. 이른바

【그림 3-11】 키노 자본주의 모델

출처: Dear and Flusty(1998, 66).

'LA 학파'라 불리는 연구자들은 1980년대 초부터 이러한 도시의 특수성에 주목하며 포스트모던 도시화 모델을 제시했는데, 디어와 플러스티(M. Dear and S. Flusty)의 '놀이판 모형(game-board model)'이 대표적이다(Dear and Flusty, 1998). 포스트모던 도시는 생산보다는 소비 중심의 파편화된 경관이 나타나며, 사회·경제적 양극화로 인해 공간적 분절화가 심화되는데, 이 모형은 그러한 양상을 잘 보여준다. [그림 3-11]에서 볼 수 있듯이, 도시 구조는 마치 키노(keno) 게임에서 숫자를 무작위로 선택하듯, 일관된 규칙 없이 전문화·파편화·분절화된 양상을 띠고 있다. 이는 더 이상 버제스의 동심원 모형과 같은 고전이론만으로는 도시의 공간 구조를 설명할 수 없다는 것을 방증하는 것이다. 비록, 과장된 은유적 표현이라는 평가도 있지만, 놀이판 모형은 포스트모던 도시 공간 구조를 설명하는 새로운 틀을 제시했다는 점에서 중요한 의의를 지닌다.

4. 도시 공간 구조와 도시 정책 및 계획

앞서 살펴본 바와 같이 도시 공간 구조의 변화에는 교통·통신기술의 발달 등 다양한 요인이 영향을 미쳐왔으나, 오늘날 큰 영향을 미치는 요인으로는 도시 정책과 계획을 들 수 있다. 거주 공간에 대한 계획은 인류의 초기 정착 시기부터 자연스럽게 형성되어 왔으나, 19세기 말 산업혁명으로 인한 도시의 급격한 팽창과 각종 문제의 발생은 체계적이고 전문적인 도시계획의 필요성을 부각시켰다(김학훈 등 역, 2016). 이러한 배경 속에서 새로운 도시 정책 패러다임이 등장하였으며, '지속가능한 개발'에 대한 문제의식 역시 그중 하나라고 할 수 있다. 이와 관련해서 대표적으로 '뉴어바니즘', '압축도시', 'n분 도시' 등의 개념이 제시되었고, 이를 구현하기 위한 다양한 제도와 규제도 마련되었다. 본 절에서는 이러한 새로운 도시 정책 패러다임과 그에 따른 공간 구조 변화 양상을 논의하고자 한다.

(1) 압축도시

압축도시(compact city)는 조지 댄치그와 토마스 사티(G. Dantzig and T. Saaty)가 1973년 제안한 개념이 시초로(Dantzig and Saaty, 1973), 최근에는 도시의 다양한 문제에 대한 대응전략으로 국내외적으로 주목받고 있다. 그러한 배경은 크게 두 갈래로 나뉘어지는데, 하나는 이른바 도시 스프롤(urban sprawl)에 대한 대응책으로 새로운 도시성장관리의 패러다임으로 등장한 것이며, 또 다른 하나는 일본과 우리나라처럼 인구 감소 현상이 심각한 지역에 해당되는 것으로 축소도시에 대한 공간전략으로 대두되고 있다. 이러한 압축도시에 대한 정의 및 형태는 다양하지만, 공통적으로 크게 세 가지 특성을 지닌다(OECD, 2012).

첫째, 집약적으로 활용되는 밀도 높은 개발 패턴이다. 그로 인해 자연스럽게 고층건물이 들어서게 되고, 주변부와의 경계 역시 뚜렷해지는 것이 특징이다. 둘째, 대중교통 중심의 도시 인프라를 구축하므로 이동 편의성이 높다는 점이다. 셋째, 혼합 용도의 토지이용이 이루어져 주민들은 식료품점, 식당, 병원 등 일상서비스와 일자리에 쉽게 접근할 수 있다는 점이다.

이러한 특성에 근거할 때, 압축도시는 여러 이점을 가지는 것으로 기대된다(Ewing, 1997; 권규상 외, 2018; OECD, 2012). 첫 번째는 환경적 이점으로, 압축적인 도시 공간 구조로 인해 이동 거리가 줄어들면 이산화탄소 등 온실가스 배출이 감소하여 대기질 개선 및 지구 온난화 방지에 기여할 수 있다. 또한, 교외로의 무분별한 개발 억제는 자연환경 및 생물다양성 보존에도 도움이 된다. 실제로 국내 '저탄소 녹색도시 조성을 위한 도시·군계획 수립' 지침에서도 지속가능한 '녹색도시'를 "압축형 도시공간구조, 복합토지이용, 대중교통 중심의 교통체계 등"을 갖춘 도시로 규정하고 있다. 두 번째는 사회적 이점으로, 효율적인 대중교통 시스템을 갖춤으로써 평소 자가용을 이용할 수 없었던 사람들의 이동성이 향상되고, 교통비 역시 절감되는 효과가 있다. 그리고 장거리 이동이 감소함에 따라 사고 발생 확률 역시 줄어들며, 가까운 거리를 도보 등으로 이동하므로 건강 증진 및 삶의 질 향상에도 도움이 될 수 있다. 세 번째는 경제적 이점으로, 고밀도 집적으로 인해 집적경제효과가 강화되며, 이동 시간이 단축됨에 따라 근로자의 생산성 역시 향상될 수 있다.

그러나 이러한 압축도시의 이점에 대한 반론도 만만치 않다(OECD, 2012). 우선, 무엇보다도 도시의 밀도 상승은 도로 혼잡, 소음 등을 유발하여 오히려 삶의 질이 저하될 수도 있다는 점, 교외 저밀 주거의 쾌적성 등을 간과하였다는 지적이 있다(임은선 외, 2006). 둘째, 압축도시는 에너지 절약 효과와 같은 환경적 이점을 강조하는데, 실제 연구에서는 효과가 제한적이거나 오히려 상충하는 결과를 보여주기도 한다(Bouwman, 2000; Neuman, 2005). 셋째, 압축도시가 오히려 사회적 형평성을 저해할 수도 있다는 점이다(Burton, 2000; Neuman, 2005). 가령, 고밀도 개발 혹은 구도심의 도시재생은 도심부 주택가격의 상승을 초래하고, 이는 원주민 이탈 및 사회적 격차 심화로 이어질 수 있다는 것이다. 마지막으로, 형태와 프로세스는 상호작용하는 것인데, 압축도시는 형태가 프로세스에 미치는 영향을 과도하게 강조한다는 점이다(Neuman, 2005). 즉, 도시의 물리적 구조와 형태의 변화로 인해 지속가능성이 달성된다는 것은 일종의 논리적 비약이자, 과도한 환경결정론적 인식이라는 것이다.

한편, 앞서 밝힌 것과 같이 일본과 국내에서도 압축도시 개념이 활발히 논의되고 있지만, 그 맥락은 스프롤을 억제하기 위한 미국의 모델과는 다소 차이가 있다. 우리나라의 지방 중소도시들은 지속적인 인구 감소와 유휴 시설의 증가로 인해 이른바 '축소도시'로 전환되고 있는 실정이다. 이처럼 기존 시가화 면적은 유지한 채로, 도시의 인구가 지속적으로 감소하게 되면 남은 거주민에게 교통이나 상하수도와 같은 기반시설 유지에 대한 부담이 가중된다. 이런 상황에서 외곽에 택지개발이나 혁신도시가 조성되면, 도심의 인구는 외곽으로 빠져나가면서 이른바 공동화 현상이 심화될 수 있다. 마지막으로 서비스 산업의 경우, 인구가 지나치게 감소하게 되면 최소요구치가 충족되지 않아 도심의 서비스 산업 쇠퇴는 막기 어려운 상황에 처할 것이다(권규상 외, 2018).

그러한 맥락에서 지방중소도시의 지속가능한 발전을 위한 공간 구조로, '콤팩트-네트워크 도시' 개념이 주목받고 있다(국토교통부, 2018). 이는 일본 국토교통성(2014)의 「국토 그랜드 디자인 2050」에서 제시된 개념으로, 인구 감소와 고령화에 대응하여 의료·복지 등 공공서비스를 효율적으로 제공하기 위해서는 집약적인 도시 구조를 구축하고, 그로 인해 축소된 상권은 네트워크를 통해 보완한다는 구상이다([그림 3-12] 참조). 국내에서도 이러한 개념을 받아들여 일자리·서비스·주거 등 도시 기능을 한 곳에 압축시켜 거점기능을 강화

【그림 3-12】 콤팩트 + 네트워크 도시 모식도

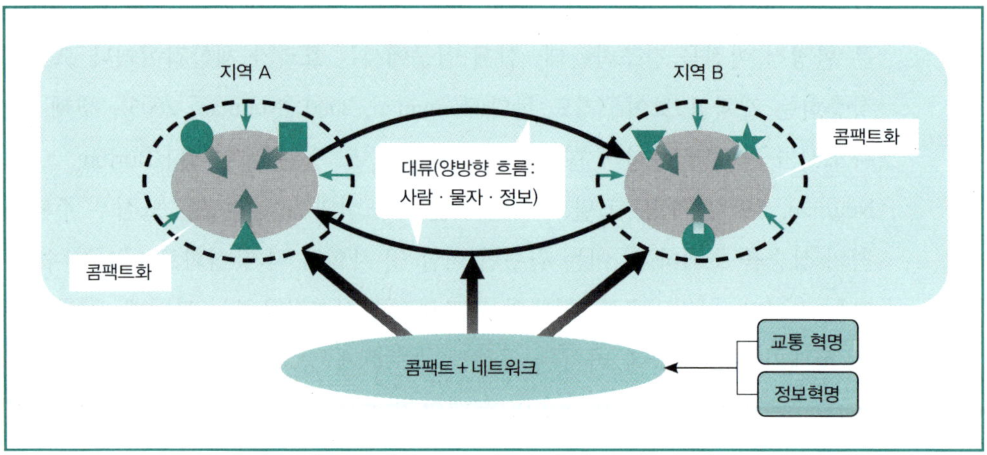

출처: 国土交通省, 2014.

하고, 동시에 주변 중소도시와 네트워크를 강화함으로써, 도시 간 협력을 이루는 것이 '지역균형발전'으로 나아가는 길이라는 목소리가 높아지고 있다(국토교통부, 2022; 김종성·김다영, 2025).

(2) 15분 도시

15분 도시는 카를로스 모레노(C. Moreno)가 2016년에 제시한 개념으로, 생활에 필요한 서비스에 도보나 자전거를 이용하여 15분 이내에 접근할 수 있도록 도시 공간 구조를 재편하여 이동 시간을 단축하고 삶의 질을 개선하자는 일종의 운동이자 실천 전략이다(양연란 역, 2023; 이용균, 2024).

15분 도시는 코로나19 팬데믹을 거치며 주목받기 시작하였다. 팬데믹 당시 전염의 확산을 막기 위해 과밀한 대중교통 이용은 자제하고, 전 세계적으로 사회적·물리적 거리두기가 시행되었다. 이에 따라 사람들은 혼잡한 대중교통 대신 자전거와 같은 대안적 이동 수단을 이용하며, 주로 '근거리'에서 소비활동을 행하였다. 이 과정에서 근접성의 중요성이 다시금 부각되었고, 자전거 도로 등 무동력 이동 수단을 지원하는 기반시설도 확충되었다. 이러한 일련의 변화 과정은 카를로스 모레노의 저서「코로나 19시대의 도시생활과 근접성(Urban life and proximity at the time of COVID-19」(2020)에서 확인할 수 있다. 그러한 흐름 속에서 2020년 7월, 서울을 비롯한 전 세계 40개 주요 도시가 참여하는 'C40 도시기후리더십그룹(C40 Cities Climate leadership group)'은 코로나 및 포스트 코로나 시대의 도시 위기를 해결하는 방안으로 '15분 도시'를 공동 의제로 채택하였다. 이로 인해 15분 도시는 세계적인 화두로 떠오르게 되었다(Moreno *et al.*, 2021; 김형준, 2023).

이러한 변화를 통해 사람들은 보행 중심으로 운영되면서도 일상적 요구를 충족시키는 도시 환경을 이상적으로 여기게 되었다. 그러한 흐름에 따라 파리 15분 도시를 비롯하여, 부산의 15분 도시, 서울의 30분 생활보행권, 멜버른의 20분 동네, 포틀랜드의 20분 동네, 오타와의 15분 동네 등 이른바 'n분 생활권' 개념이 전 세계 도시계획에 적용되기 시작하였다. 이러한 개념은 사실 최근 새롭게 등장한 개념처럼 보이지만, 이들 개념에 내재되어 있는 핵심 사상은 우리가 잘 알고 있는 '하워드의 전원도시'[6] 혹은 '뉴어바니즘'[7]에서도 엿볼 수 있다(박정윤 역, 2022).

'15분 도시' 개념은 크로노-어바니즘(chrono-urbanism), 크로노토피아(chronotopia), 토포필리아(topophilia), 이 세 가지 핵심 철학에 기반한다(Moreno *et al.*, 2021; 박정윤 역, 2022; 이용균, 2024). 첫째, '크로노-어바니즘'은 '시간-도시주의'를 의미하며, 도시 공간 정책에 '시간'이라는 개념을 도입한 것이 특징이다. 이는 "삶의 질은 자동차 이용 시간에 반비례한다"는 전제에 바탕을 두고 있다(Moreno *et al.*, 2021). 즉, 불필요한 이동 시간을 줄이고, 그 시간을 창의적 활동이나 자기계발 등 보다 의미 있는 활동에 활용하자는 취지이다. 둘째, '크로노토피아'는 '자유로운 시공간'을 뜻하며, 하나의 장소를 시간대, 요일, 절기에 따라 다른 용도로 사용하는 것을 의미한다. 예를 들어, 마을 광장은 장터나 축제 장소가 될 수 있고, 학교 운동장은 평일에는 학생들을 위한 학습 공간이지만, 주말에는 주민들을 위한 여가 공간이 될 수 있는 것이다. 셋째, '토포필리아'는 장소에 대한 애착을 의미한다. 15분 도시 정책에서는 주민들이 자신이 살아가는 장소에 애착을 가질 수 있도록 도시 정비 사업을 추진할 것을 강조한다. 가령, 주거지 인근에 녹지를 조성하면, 삶의 질이 향상될 뿐만 아니라, 지역에 대한 애착도 높일 수 있다는 것이다.

이러한 15분 도시의 계획을 실현하기 위해서는 '① 밀도, ② 근접성, ③ 다양성, ④ 디지털화' 4가지 요소가 수반되어야 한다(Moreno *et al.*, 2021; 박정윤 역, 2022; 이용균, 2024). 첫 번째 요소인 '밀도(density)'는 근거리 도시를 형성하는 데 필수적인 조건이다. 모레노의 15분 도시에서 말하는 '밀도'는 건축

---

6 19세기에 애버니저 하워드(E. Howard)를 중심으로 전개된 전원도시(garden city) 운동은 유럽의 도시계획에 지대한 영향을 미쳤다. 이 운동은 산업화로 인해 발생한 주택 부족, 빈곤, 열악한 위생, 환경오염 등 도시 내부의 문제와 도농 간 불균형 문제를 해결하고자 하는 시도에서 비롯되었다. 그들은 도시와 농촌의 장점을 결합한 자족적 신도시를 전원도시로 규정하고, 약 32,000명의 소규모 도시를 이상적 모델로 제시하였다.

7 뉴어바니즘은 1980년대 후반 미국에서 교외화에 대한 문제의식으로부터 출발한 도시 설계 원칙이자 사회운동이다. 이는 고밀도, 보행 중심, 복합용도의 토지 이용, 대중교통지향적 개발, 공공공간의 조성이라는 원칙에 기반하여 도시를 설계함으로써, 가족 가치 회복과 주민 간 사회적 혼합(social mix) 증진을 목표로 하였다(한국도시지리학회, 2020).

물의 밀도보다는 단위 면적(1㎢)당 거주 인구를 나타내는 '인구 밀도'를 뜻한다. 인구 밀도는 도시 내 서비스 제공 및 자원 소비의 측면에서 해당 지역이 감당할 수 있는 적정 인구 수를 고려하는 것과 밀접한 관련이 있다. 두 번째 요소인 '근접성(proximity)'은 앞서 언급한 밀도와 상호보완적으로 작용한다. 일정한 공간 범위 내에 인구가 집중되어 있을 경우, 도시 인프라와 생활(주거)·업무·서비스(상업)·의료·교육·엔터테인먼트 등 여섯 가지 핵심 서비스에 15분 이내로 신속하게 접근할 수 있게 된다. 이는 단순히 이동 시간의 단축을 넘어 다양한 측면에서 긍정적인 효과를 가져온다. 이동에 드는 시간과 비용을 줄여 경제적 효율성을 높이며, 자동차 이용의 감소로 대기질 개선 등 환경적 이점을 수반한다. 아울러 절약된 시간은 자아실현, 취미 활동, 가족과의 시간 등으로 활용될 수 있어 개인의 삶의 만족도뿐만 아니라 사회 전체의 삶의 질 향상에도 기여할 수 있다. 세 번째 요소는 '다양성'으로, 이는 기능적 다양성과 문화적 다양성 두 측면에서 논의될 수 있다. '기능적 다양성'은 도시 내에 다양한 도시 기능이 혼합하는 것으로 '복합용도 근린(mixed-use neighborhoods)'과 관련이 깊고, '문화적 다양성'은 서로 다른 사회 집단과 문화가 어우러지는 것을 의미한다(Moreno *et al*., 2021; 이용균, 2024). 카를로스 모레노(C. Moreno)

【그림 3-13】 파리의 '15분 도시' 개념도

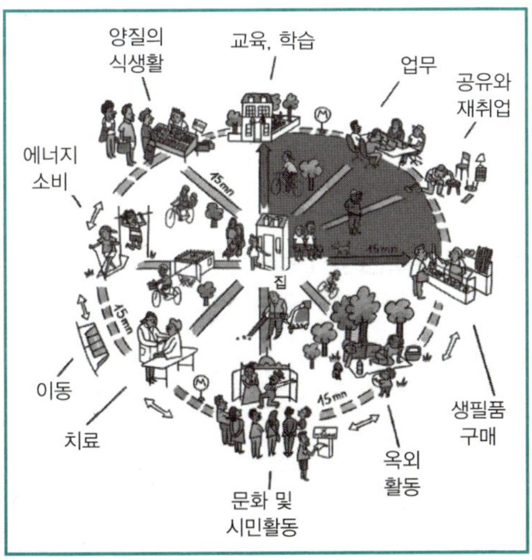

출처: 박정윤 역(2022).

【그림 3-14】 15분 도시 실현을 위한 프레임 워크

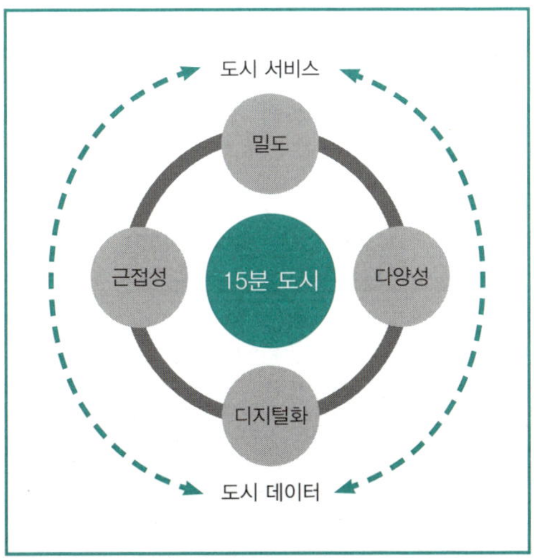

출처: Moreno *et al*.(2021, 102).

는 도시에서 특정 기능이 과도하게 특화될 경우, 도시의 활력이 약화될 수 있음을 지적하였다. 이러한 관점은 '사회적 혼합(social mix)'의 중요성을 강조한 제인 제이콥스(J. Jacobs)의 주장과도 맥을 같이한다. 시간대에 따라 공간을 다르게 사용하는 크로노토피아의 실천, 복합용도지구제의 조성 등을 통해 이를 실현할 수 있다. 마지막으로 '디지털 기술' 역시 15분 도시의 구현을 가능하게 하는 핵심 요소이다. 디지털 기술의 도입을 통해 도시 데이터를 수집·분석하여 서비스 제공의 효율성과 정확성을 높일 수 있다. 뿐만 아니라 플랫폼을 이용하여 주민들의 도시 서비스 접근성 역시 높일 수 있다. 이는 수요자 맞춤형 도시 서비스 제공뿐만 아니라 지역사회 구성원 간 연결성 강화에도 기여할 수 있을 것이다.

이러한 '15분 도시' 개념의 실현은 도시 공간 구조의 변화를 불러올 것이다. 생활권을 도보나 자전거로 15분 이내에 접근할 수 있도록 구축하면서, 도시는 단일 중심 형태에서 벗어나 다수의 생활권으로 이루어진 '다중심 도시(poly-centered city)'로 전환될 가능성이 크다. 20세기 중반 이후 교외화 등의 영향으로 도시는 자동차 중심의 분산형 구조로 변화해왔지만, 앞으로는 다시 보행 중심의 압축도시 형태로 변모할 것으로 전망된다.

그러나 15분 도시에 대한 비판도 존재한다. 무엇보다 이 개념은 도보와 자전거 중심의 접근성을 전제로 하고 있는데, 이는 개인별 이동성(mobility)의 차이를 충분히 반영하지 못하였다는 점에서 한계가 있다. 연령, 성별, 계층, 신체 능력 등에 따라 이동 능력은 크게 달라질 수 있음에도, 이러한 차이를 고려하지 못한 점은 15분 도시의 중요한 한계로 지적된다.

읽기 자료 3-3. 보행자 중심 도시계획의 또 다른 사례

사람들이 보행 중심의 도시 환경을 이상적으로 여기게 되면서 파리의 15분 도시 외에도 세계 각국에서 이른바 'n분 생활권' 개념이 적용되기 시작하였다.

■ 부산시의 15분 도시

부산시에서는「2040년 부산도시기본계획」및「15분 도시 부산 생활보행권 계획 가이드라인」을 통해 15분 도시 실현 방안을 구체화하였다. 이를 위해 부산시는 규모 및 특징에 따라 생활권을 대생활권, 중생활권, 소생활권, 생활보행권으로 세분화하였다.

소생활권은 대생활권과 중생활권의 하위개념으로 인구·주거·토지이용 특성이나 생활환경 등에서 동질성을 가지는 공간적 범위로, 주로 행정구역 경계(행정동·리)와 일치한다. 초·중학교의 학군, 인구 규모(5~10만명 기준), 도로, 철도 등 물리적 요인과 지역적 특성을 종합적으로 고려하여 설정된다.

생활보행권은 이러한 소생활권 내에서 도보로 15분 이내에 일상적인 생활 편의시설 등에 접근 가능한 범위로, 15분 도시 개념에 부합한다. 통상적으로 하나의 소생활권 내에는 복수의 생활보행권이 포함된다.

【그림 3-15】 15분 도시 부산 실현을 위한 생활권 설정

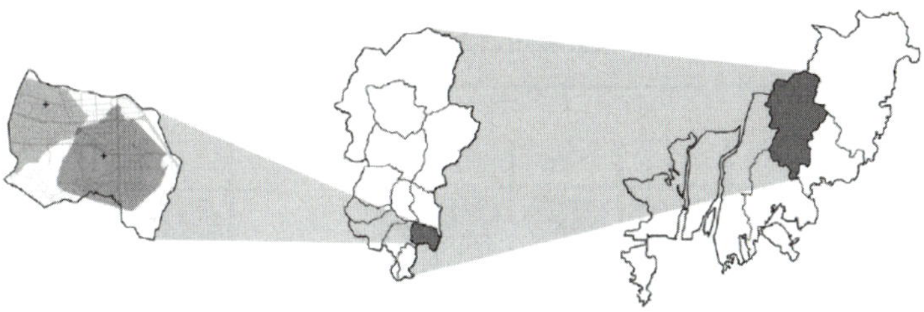

생활보행권 →	소생활권 →	중생활권 →
형성단위 이웃과의 동네 생활을 공유하는 공동체	**공간범위** 주민들의 일상적 생활 활동 공간	**공간범위** 고차의 업무상업 기능과 경제활동공간
지역범위 도보 15분 내 이동이 가능한 생활서비스 시설과 주변 지역	**지역범위** 주요 역세권과 배후 주거지 포함	**지역범위** 중심지, 연계거점 등 고차 중심지와 배후지
15분 도시 부산 기본구상	**2040 부산시 생활권 계획**	

출처: 부산광역시, 2022; 부산광역시, 2023.

■ 바르셀로나의 '슈퍼블록'

스페인의 바르셀로나는 교통 혼잡, 대기오염, 소음 등의 도시 문제를 완화하기 위해 '슈퍼블록(Superblocks 또는 Superilla)' 제도를 도입하였다. 슈퍼블록은 약 400m×400m 규모의 단위 구역으로(Cities Forum), 일반 블록보다는 크고 도시 전체보다는 작은 범위에 해당한다. 19세기 바르셀로나는 도시 개발 계획에 따라 한 변의 길이가 약 113m인 정사각형 블록을 기반으로 확장되기에(Eggimann, 2022), 슈퍼블록 제도를 적용하는 데에 큰 어려움은 없었다. 하나의 슈퍼블록은 [그림 3-16]과 같이 최소 9개의 일반 블록으로 구성된다. 바르셀로나는 2013년부터 2018년까지 총 120개의 교차지역을 슈퍼블록으로 전환하여 도시 공간 구조를 재편하였다.

슈퍼블록 내부에서는 일반 차량의 통행이 제한되며, 대중교통이나 자전거, 주거용·장애인·긴급 차량만 통행이 허용된다. 이러한 이유로 사업 추진 과정에서는 상인들의 반발 등 여러 어려움이 있었다. 그러나 슈퍼블록 도입 이후 자동차 통행량 감소에 따라 대기질이 개선되었고, 기존에 자동차가 차

【그림 3-16】 슈퍼블록 개념도

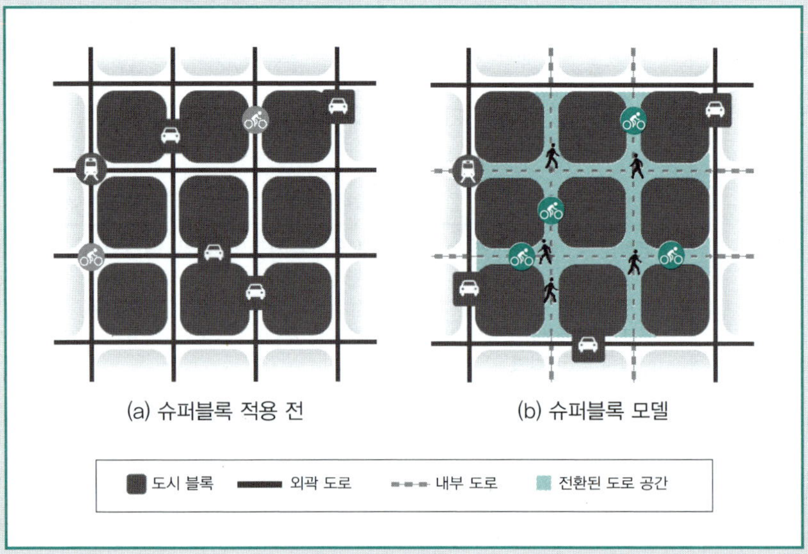

출처: Eggimann(2022).

지하던 공간을 놀이터나 광장 등 공공공간으로 활용하면서 주민 간 상호작용이 활발해져 오히려 삶의 질은 향상된 것으로 나타났다(WHO, 2021; Pérez *et al.*, 2025). 이러한 점에서 바르셀로나 슈퍼블록은 자동차 중심의 도시 구조를 보행자 중심으로 전환함으로써, 지속가능한 도시로 변모한 대표적인 성공 사례로 평가된다.

생각해 볼거리

1) 도시의 공간 구조는 앞으로 어떻게 변모할 것인가?
   - 도시의 공간 구조는 다양한 요인이 얽히며 형성되는 복잡한 결과물이다. 기술의 발전은 사람과 상품의 이동 방식, 그리고 상호작용의 형태를 끊임없이 변화시켜 왔다. 디지털 전환과 도심항공교통(UAM) 같은 새로운 교통수단의 등장은 앞으로 도시의 형태와 구조를 어떻게 변화시킬 것인가? 또 도시계획자와 정책 입안자는 이러한 변화에 어떻게 대응해야 할 것인가?
2) 변화한 도시 구조는 거주자의 삶에 어떤 영향을 미칠 것인가?
   - 도시 구조의 변화는 물리적 재편을 넘어 주민의 삶 전반에 복합적인 영향을 미칠 것이다. 이러한 변화가 가져올 긍정적인 영향은 무엇이며, 부정적인 영향은 무엇일지 생각해 보자. 그리고 그 영향은 모든 사람에게 동일하게 적용될 것일지, 혹은 사회·경제적 지위나 지역에 따라 차별적으로 적용될 것인지에 대해서도 생각해 보자. 도시 공간 구조의 재편이 도시의 지속가능성과 사회적 형평성을 담보해줄 수 있을까?

읽을거리

신정엽, 2012, "개념과 프로세스를 중심으로 한 도시 내부 구조모델의 이론적 재고찰", 한국지리학회지, 1(2), 177–191.

신정엽·이건학·김감영·전용완·이상일·조대헌·최은영·김현미·홍일영 역, 2011, 도시의 탐색: 도시공간이론과 GIS를 활용한 공간분석, 시그마프레스(GREENE, R. P., and PICK, J. B., 2006, *Exploring the Urban Community: A GIS Approach*, Pearson).

유강은 역, 2010, 미국 대도시의 죽음과 삶, 그린비 (Jacobs. J., 1993, *Death and Life of Great American Cities*, Random House).

이현재·박경환·이재열·신승원 역, 2019, 포스트메트로폴리스 2, 서울시립대학교 도시인문학 번역총서 9 (Soja, E. W., 2000, *Postmetropolis*, Wiley–Blackwell).

참 | 고 | 문 | 헌

구동회, 2018, "도시발전단계에 관한 이론적 검토", 국토지리학회지, 52(4), 481-497.

국토교통부, 2018, 내 삶을 바꾸는 도시재생 뉴딜 로드맵, 국토교통부.

국토교통부, 2022, 국토도시제도 개편 추진 연구, 국토교통부.

국토교통부, 2024년 12월 30일, "철도지하화 통합개발 사업 시행방안 발표."

권규상·다무라 후미노리·김영롱, 2018, 컴팩트-네트워크 도시의 실천방안과 추진과제, 국토연구원.

곽노완, 2013, "도시 및 공간정의론의 재구성을 위한 시론: 에드워드 소자의 '공간정의'론에 대한 비판적 재구성을 위하여", 철학사상, 49, 289-310.

김감영·이윤미, 2013, "지가함수를 이용한 우리나라 도시공간구조 탐색", 한국도시지리학회지, 16(1), 99-112.

김도형·양원탁, 2023, 로컬브랜딩을 활용한 골목상권 육성방안, 한국지방행정연구원. (연구보고서 2023-08).

김종성·김다영, 2025, "중소도시형 컴팩트-네트워크시티 전략", 경남연구원 G-BRIEF 제240호.

김형준, 2023, "15분 도시의 개념과 적용에 관한 연구", 한국산학기술학회논문지, 24(6), 134-139.

김학훈·이상율·김감영·정희선 역, 2016, 도시지리학, 제3판, 시그마프레스 (Kaplan, D.H., Holloway, S.R., and Wheeler, J.O., 2014, *Urban Geography,* 3rd edition, John Wiley & Sons).

남영우, 2015, 도시공간 구조론, 제2판, 법문사.

남해신문, 2021년 6월 4일, "쇠락하는 구산업도시를 되살리는 도시재생 영국 리버풀".

박경환·류연택·정현주 역, 2012, 도시사회지리학의 이해, 시그마프레스(Knox, P. and Pinch, S., 2009, *Urban Social Geography: An Introduction* (6th), Routledge).

박정윤 역, 2022, 15분 도시 백서[제2편. 개념부터 실현까지], 국토연구원 창조적 도시재생 시리즈 110 (Chaire ETI – IAE Paris, Université Panthéon-Sorbonne, 2020, La ville du 1/4 d'heure. Du concept à la mise en œuvre. Livre blanc n° 2).

부산광역시, 2022, 15분 도시 부산 생활보행권계획 가이드라인, 부산광역시.

부산광역시, 2023, 2040년 부산도시기본계획, 부산광역시.

서사범, 1999, "레일을 중심으로 한 철도의 기원 및 발전 과정(Ⅰ)", 한국철도학회지, 2(3), 8-18.

신정엽·김감영, 2014, "도시 공간 구조에서 젠트리피케이션의 비판적 재고찰과 향후 연구 방향 모색", 한국지리학회지, 3(1), 67-87.

심경미·이상민·차주영, 2018, "상업적 젠트리피케이션 진단체계 연구: 근린재생형 도시재생사업을 중심으로", 건축도시공간연구소 기본연구보고서, 2018-13.
양영란 역, 2023, 도시에 살 권리, 정예씨(Moreno, C., 2020, Droit de Cité: De la 《ville-monde》 à la 《ville du quart d'heure》, Editions de l'Observatoire/Humensis).
이나영·안재섭, 2014, "문화적 도시재생전략의 사례 연구-서울 서촌을 중심으로-", 경관과 지리, 24(4), 109-122.
이용균, 2024, "'15분 도시'의 핵심 개념과 실천에 대한 비판적 고찰", 한국도시지리학회지, 27(3), 31-44.
이혜은, 1988, "대중교통수단이 서울시 발달에 미친 영향, 1899~1968", 지리학(현 대한지리학회지), 37, 17-32.
임은선·이종열·이희연, 2006, "도시성장관리를 위한 공간구조의 확산-압축패턴 측정", 국토연구, 51, 223-247.
임재현, 1999, "우리 나라의 도시별 도시화단계", 주택연구, 14(14), 139-164.
전경숙, 2009, "지속가능한 도시 재생 관점에서 본 광주광역시 폐선부지 푸른길공원의 의의", 한국도시지리학회지, 12(3), 1-13.
조상운, 2005, 경인철도변 지역단절 개선방안 연구, 인천발전연구원.
조재성, 2004, 미국의 도시계획, 한울아카데미.
한국도시지리학회, 2020, 도시지리학개론, 법문사.
한국지역지리학회, 2020, 인문지리학 개론, 한울아카데미.
한국철도공사, 2024, 2023 철도통계연보.
한국철도 보도자료, 2024년 8월 14일, "수도권전철 개통 50년, 340억 명 싣고 달렸다."
허우긍, 2018, 교통의 지리, 푸른길.

Alonso, W. 1964. Location and Land Use, Cambridge (MA): Harvard University Press
Anas, A., Arnott, R., and Small, K. A., 1998, Urban spatial structure, *Journal of economic literature*, 36(3), 1426-1464.
Bathelt, H., Malmberg, A., and Maskell, P., 2004, Clusters and knowledge: local buzz, global pipelines and the process of knowledge creation, *Progress in human geography*, 28(1), 31-56.
Bourne, L., 1982. Urban Spatial Structure: An Introductory Essay on Concepts and Criteria in L. S. Bourne(ed.). *Internal Structure of the City*. New York : Oxford University Press.
Bouwman, M. E. 2000. Changing mobility patterns in a compact city: Environmental impacts, in De Roo and Miller, D. (eds.), *Compact Cities and Sustainable Urban Development: A Critical Assessment of Policies and Plans From an International Perspective*, Aldershot, UK: Ashgate.
Burton, E., 2000, The compact city: Just or just compact? A preliminary analysis.

Urban Studies, 37(11), 1969-2001.

Bunge, W. 1962. *Theoretical Geography*. C. W. K. Gleerup,

Coombes, M., and Office for National Statistics, 2015, *Travel to Work Areas* (RR2015/05). Office for National Statistics.

Dantzig, G. B., and Saaty, T. L., 1973, *Compact city: A plan for a liveable urban environment*, CA: W. H. Freeman.

Dear, M. and Flusty, S., 1998, Postmodern urbanism, *Annals of the Association of American Geographers*, 88(1), 50-72.

Dicken, P. and Hepple, P. E., 1990. *Location in Space*. Harper collins publishers.

Dijkstra, L. and Poelman, H, 2012, Cities in Europe: the new OECD-EC definition, *Regional focus*, 1(2012), 1-13.

Dijkstra, L., Poelman, H. and Veneri, P., 2019, The EU-OECD definition of a functional urban area, OECD Reginal Development Working Papers 2019/11.

Eggimann, S., 2022, The potential of implementing superblocks for multifunctional street use in cities. *Nature Sustainability*, 5, 406–414.

Ewing, R, 1997, Is Los Angeles-style sprawl desirable?, *Journal of the American planning association*, 63(1), 107-126.

Giuliano, G. 1993. Is the journey to work explained by urban structure? *Urban Studies*, 30, 1485-1500.

Knox, P., and Pinch, S., 2009, *Urban social geography: An introduction*, 6th ed, Routledge.

Lefebvre, H., 1996, Writings on Cities, Blackwell.

Moreno, C., Allam, Z., Chabaud, D., Gall, C., and Pratlong, F., 2021, Introducing the "15-Minute City": Sustainability, Resilience and Place Identity in Future Post-Pandemic Cities, *Smart Cities*, 4(1), 93-111.

Neuman, M., 2005, The compact city fallacy, *Journal of Planning Education and Research*, 25(1), 11-26.

OECD, 2012a, *Compact City Policies: A Comparative Assessment, OECD Green Growth Studies*, OECD Publishing.

OECD, 2012b, *Redefining "Urban": A New Way to Measure Metropolitan Areas*, OECD Publishing.

Pérez, K., Palència, L., López, M. J., León-Gómez, B. B., Puig-Ribera, A., Gómez-Gutiérrez, A., Nieuwenhuijsen, M., Carrasco-Turigas, G., and Borrell, C., 2025, Environmental and health effects of the Barcelona superblocks, *BMC Public Health*, 25(1), 634.

Radford, J.P., 1979, Testing the Model of the Pre-Industrial City: The Case of

Ante-Bellum Charleston, South Carolina, *Transactions of the Institute of British Geographers*, 4, 392.

Shearmur, R., 2011, *What is an urban structure? The challenge of foreseeing 21st century spatial patterns of the urban economy.*

Shearmur, R. and Alvergne, C., 2003. Regional Planning Policy and the Location of Employment in the Ile-de-France: Does Policy Matter?, *Urban Affairs Review*, 39(1), 3-31.

Soja, E. W., 1989, *Postmodern Geographies: The Reassertion of Space in Critical Social Theory*. Verso.

Sjoberg, G., 1960, *The Pre-industrial City*, Chicago: Free Press,

Taaffe, E. J., Gauthier, H. L., and O'Kelly, M. E., 1996, *Geography of transportation* 2nd ed, Upper Saddle River, NJ: Prentice Hall.

Van den Berg, L., Drewett, R., Klaassen, L. H., Rossi, A. and VIjVERBERG, C. H., 1982, *A Study of Growth and Decline (Vol. 1)*, Pergamon Press.

WANG, F. and Y. ZHOU. 1999. Modelling Urban Population Densities in Beijing, 1982-90: Suburbanization and its Causes, *Urban Studies*, 36.2, 271-87.

国土交通省, 2014,「国土のグランドデザイン2050」概要②. 東京: 国土交通省.

강릉시청 홈페이지, https://www.gn.go.kr

강원특별자치도, 2018, 명주 골목에 번지는 명주애歌 "같이 걸으실래요?", 동트는 강원 107, https://www.dongtuni.com/contentView?contentNo=760&no=107

국립국어원 표준국어대사전, https://stdict.korean.go.kr/main/main.do

광주역사문화자원스토리텔링, http://gjstory.or.kr/sub.html?pid=11&formtype=view&code=50

통계청 지표누리 e-나라지표(국토교통부), https://www.index.go.kr/unity/potal/main/EachDtlPageDetail.do?idx_cd=1257#

Cities Forum, https://www.citiesforum.org/news/superblock-superilla-barcelona-a-city-redefined/

U.S. Census Bureau, https://www.census.gov/programs-surveys/metro-micro/about.html

World Health Organization, https://www.who.int/news-room/feature-stories/detail/barcelona-using-urban-design-to-improve-urban-health (26 October 2021)

제 4 장

도시 경제의 재구조화

| 이재열 |

1. 시장의 장소로서 도시
2. 현대적 도시 소매시장
3. 서비스 경제의 허브로서 도시
4. 공간분업과 글로벌도시
5. 지식기반산업의 생산지로서 도시

제 4 장

도시 경제의 재구조화

1. 시장의 장소로서 도시

(1) 시장과 도시

시장은 상거래가 이루어지는 장소로서, 영문에서는 장소를 뜻하는 place와 함께 묶여서 'marketplace'로 불리는 경우가 많다. 그러나 주류 경제학에서 시장은 위치나 장소성과 무관한 추상적 개념으로 이해되는 경향이 있다. 예를 들어, 주류 경제학의 주요 제도적 장치인 공정거래위원회 홈페이지에서는 시장을 "재화나 용역이 거래되는 장소를 추상화한 개념으로" 정의하며, 이러한 정의가 "가락시장, 노량진시장 등 … 구체적인 점포가 모여있는 장소나 거래지점을 말하는 시장과는 다른" 점을 강조한다. 이에 반해, 지리학자들은 저잣거리를 의미하는 '시(市)'와 마당을 뜻하는 '장(場)' 모두에는 구체화된 장소적 함의가 내포한다는 점에 주목한다.

도시는 그러한 시장의 장소로서 기능한다. 일정한 공간적 범위에 상대적으로 많은 인구가 거주하며 다양한 재화와 서비스의 상거래가 이루어질 수 있게 하는 최소요구치를 충족하기 때문이다. 동시에 도시의 시장은 행정적, 기능적 경계를 넘어서는 재화와 서비스의 도달범위를 확보할 수 있는 장소이기도 하다([읽기 자료 4-1] 참조). 한 도시의 소비층은 해당 도시의 정주 인구뿐만 아니라, 배후 지역이나 타 도시에서 유입되는 방문객으로도 구성된다는 뜻이다. 후자에 해당하는 사람들처럼 정주하지는 않지만 지속적인 방문을 통해 도시와 관계를 유지하는 인구는 관계 인구 개념으로 이해되고 있다. 관계 인구가 도시에 집중하는 가장 중요한 원인 중 하나는 도로, 철도, 항공 등 다양한 교통의 인프라가 모여있는 결절(노드)로서 기능하는 데에 있다. 물론 가족, 친척, 친구, 동료, 지인 등을 포함한 사회적 네트워크의 결집도 도시가 관계 인구의 허브로서 기능하는 이유이다. 최근 들어 그러한 도시 네트워크의 초국적화가 강화되었고, 이는 뒤에서 살필 것처럼 글로벌도시 형성과 발전의 원동력으로 작용하고 있다.

시장의 도시 입지는 고전 입지론의 시대부터 경제활동의 공간적 특성을 이론화하는 데에서 핵심 요소로 여겨졌다. 튀넨(J. H. Von Thünen)은 고립국 이론에서 중심 시장으로부터 거리가 멀어짐에 따라 운송비가 증가하고 지대가 감소하여 농업적 토지 이용의 집약도가 낮아진다고 설명했다. 그리고 시장의 배후 지역에서 여러 작물 간 경쟁의 결과로 나타나는 입찰지대 곡선에 착안해, 도시를 둘러싸고 동심원 형태로 구분되는 농업 지역도 이론화하였다. 이는 도시구조, 즉 도시 내부의 토지 이용 분화 원리와 형태를 이론화하는 데에 영향을 미쳤다(3장 참조). 베버(A. Weber)의 입지 삼각형 모델에서도 시장의 위치는 원료 산지와 함께 최소 비용 지점, 즉 공장의 최적 입지에 영향을 미치는 핵심 요인으로 가정된다. 이 이론은 특히 전통 공업 도시의 발생을 설명하는 데에 유용하게 쓰이고 있다. 튀넨과 베버의 입지 모델과 달리, 크리스탈러(W. Christaller)의 중심지 이론은 점이 아닌 면의 문제로 시장을 다룬다. 시장의 위치보다 시장 지역의 경계와 범위에 더 많은 관심을 기울인다는 이야기다. 여기에서 시장 지역은 여러 중심지 간 경쟁을 최소화하는 원리에 따라서 육각형 모양으로 형성되고, 시장 지역의 크기와 영향력에서 차이를 보이는 고차 중심지와 저차 중심지 간에 계층성이 존재하는 점도 강조된다. 중심지 이론은 도시체계, 즉 도시 간 연결성과 위계(계층) 관계를 이론화하는 데에 큰 영향을 미쳤다(2장 참조).

읽기 자료 4-1. 최소요구치와 도달범위: 시장의 형성 원리

최소요구치와 도달범위의 개념은 경제지리학적 관점에서 공급자와 수요자의 관계를 설명하며 서비스업의 공간성을 이론화하는 데에 널리 활용된다(박삼옥, 2000; 이희연, 2018; 한주성, 2015). 최소요구치는 공급자의 경제적 생존을 가능하게 하는 최소한의 시장 규모, 도달범위는 잠재적 수요자가 분포하는 공간적 범위로 정의된다. [그림 4-1]의 (가)처럼 도달범위의 영역이 최소요구치보다 클 때, 공급자는 일정한 장소에 매장을 마련해 상거래를 지속할 수 있다. 이런 매장들이 모여 시장을 형성하게 되는 것이다. 반대로 도달범위가 최소요구치보다 작으면, 공급자의 경제적 생존이 불가능하게 된다.

그러나 도달범위가 최소요구치보다 작으면 공급자는 부족한 수요를 만회하기 위해서 여러 장소를 이동하는 선택을 할 수 있다. 이러한 가능성에 주목해 경제지리학에서는 상인이 이동하며 정기시장이 형성되는 원리를 설명한다. 실제로 우리나라의 오일장과 같이 주기적으로 열리는 정기시장은 최소 도달범위와 최대 도달범위 간의 관계를 통해서 이론화되었다(한주성, 2015). 최대 도달범위는 수요자가 존재하는 최대 거리의 공간적 범위이며, 최소 도달범위는 상인의 경제적 생존이 가능한 만큼 수요가 발생하는 지리적 영역이다. [그림 4-1]의 (나)처럼 최대 도달범위가 최소 도달범위보다 크면 상인은 상설점포를 운영할 수 있다. 수요 발생 지역이 경제적 생존 보장의 한계 범위보다 넓기 때문이다. 이런 상인들이 모여 시장이 항상 열리는 상설시장을 이루게 된다. 역으로 [그림 4-1]의 (다)처럼 최대 도달범위가 최소 도달범위보다 작으면, 상인은 더 많은 수요자와 더 넓은 시장 범위를 확보하기 위해 여러 장소를 이동할 수 있다. 최소요구치를 초과하는 고객과 시장을 확보하기 위해 일정한 장소에 정착하지 못한다는 뜻이다. 그 대신 A, B, C를 주기적으로 옮겨 다니며 부족한 수요자의 수를 채우려 노력할 것이다. 이러한 정기시장의 형성 원리는 오늘날의 음식 배달서비스를 설명하는 데에도 유용하다(홍동표·이재열, 2022). 배달은 부족한 수요를 확보하기 위한 이동 전략이기 때문이다.

【그림 4-1】 상설시장과 정기시장의 형성 원리

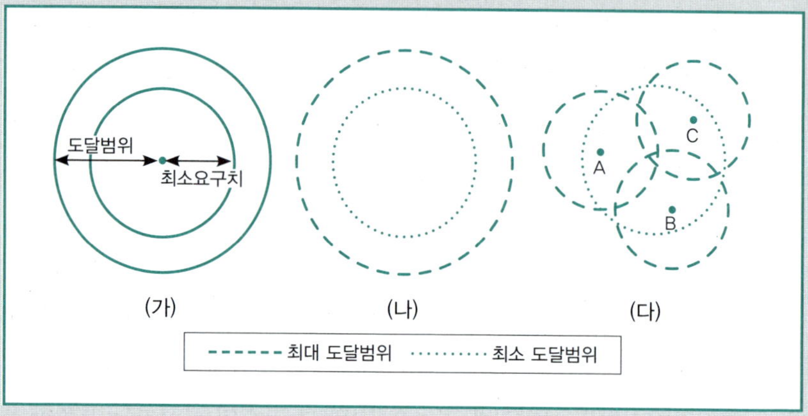

출처: 홍동표 · 이재열(2022, 644).

(2) 도시 시장의 역사

시장을 중심으로 형성된 경제적 역할은 오래전부터 도시를 정의하는 중요한 요소로 인식되었다. 도시라는 용어 자체에 시장의 장소란 의미가 내포되어 있을 정도이다. 도(都)는 궁이나 도성을 기반으로 형성된 정주 공간의 정치·행정·군사적 역할을 함의하고, 시(市)는 경제적 중심지로 기능하는 시장을 뜻한다. 어떤 역할이 도시의 발생적 측면에서 더 중요했는지, 그리고 무엇이 선행하는지는 학문적 논쟁의 주제이다(신정엽·김감영, 2020; 한국도시지리학회, 2020). 그렇다 하더라도 도시의 형성 및 발전 과정에서 시장의 역할은 부인하기 어렵다. 시장은 특히 봉건제도 때문에 암흑기를 경험했던 서구 중세 도시가 재도약하는 밑거름으로 작용했다. 자급자족의 로컬 사회가 외부 세계와 연결되어, 다양한 재화의 교류를 촉진하고 도시의 부를 축적할 수 있게 하였기 때문이다. 시장과 상인 주도로 시작된 당시 도시 사회 변화 모습은 아래의 인용문과 같았다.

> 중세 사회 모퉁이에서 상인 계급이 출현했다. ... [그리고] 상인들은 도시를 만들었다. 그들은 성벽과 성벽 건설 노동자, 창고와 경비원, 거

> 래 상품을 제조하는 장인 수공업자, 술통 제작자, 수레 제조업자, 대장장이, 조선공과 선원, 군인과 노새 몰이꾼 등의 수요자였다. 도시의 성벽 밖에서는 식량을 공급하는 농부와 목축업자가 필요했고, 도성 안의 제과업자, 정육점업자, 양조업자도 그런 역할을 맡고 있었다. (Pacione, 2009, 46)

이러한 도시의 전형적 사례로 발트해 서쪽 연안에 위치한 독일의 중세 도시 뤼베크(Lübeck)를 생각해 보자. 뤼베크는 1159년 작센 공국이 인근 지역에서 상인을 끌어들이기 위해 설립한 도시로, (함부르크, 뤼네부르크, 쾰른, 그단스

【그림 4-2】 중세 도시 뤼베크의 도시구조와 시장

범례(우)
1: 무기제조업자, 2: 정육점, 3: 제빵소, 4: 피혁업소, 5: 환전소, 6: 신발제조업체,
7: 향신료 상점, 8: 바늘제조업체, 9: 벌목업체, 10: 청어상인, 11: 잡화점, 12: 화폐 주조소,
13: 금세공업소, 14: 식당, 15: 마구제조업체, 16: 제단소, 17: 제혁소

출처: Pacione(2009, 47).

크(단치히), 리가 등이 포함된) 당시의 발트해 무역 시스템, 즉 한자동맹의 핵심 도시로 발전하였다(Pacione, 2009). 이 도시에서 무역과 상거래의 중요성은 도시 형태에 반영되어 표출되기도 하였다. 종교와 권력이 일치되었던 당시의 여느 중세 도시와 마찬가지로 성당과 수도원이 뤼베크 도성 내부에 자리 잡고 있었다. 그러나 [그림 4-2]에서 확인할 수 있는 것처럼, 시장을 중심으로 형성된 도시구조 형태도 나타났다. 뤼베크의 중심 시장은 상인이나 수공업자의 상점으로 구성되어 있었고, 이들은 상점의 위층에 거처를 마련해 주거 공간을 꾸몄다. 중심 시장 인근에서는 당시 출현하기 시작했던 화폐 경제의 원동력이었던 화폐 주조시설이 위치했던 사실도 확인할 수 있다.

우리나라에서도 도시는 시장의 형성과 발전에서 중요한 역할을 하였다. 시장의 존재를 암시하는 문헌 기록은 삼국시대를 넘어서 단군신화에까지 거슬러 올라가지만, 시장이 본격적으로 작동하기 시작했던 모습은 조선 시대 서울에 관한 기록에 남아있다(박은숙, 2008). 당시 한양의 시장은 관에서 건설·운영·관리하는 관설시장과 민간 영역에서 자생적으로 형성된 사설시장으로 양분화되어 있었다. 우선 관설시장인 시전(市廛)이 조선 초기부터 종로와 남대문로 일대에 건설되어, 왕실이나 관청에 물자와 외교적 공물을 조달하고 민간 수요품이 거래되는 곳으로 발전하였다. 조선 후기로 갈수록 인구가 증가하고 도시와 소비시장이 성장하면서 서울에서는 사설시장의 역할이 더욱 중요해졌다. 특히, 남대문과 서소문 밖에 형성된 칠패(七牌) 시장과 동대문 근처의 이현(梨峴) 시장은 시전과 함께 한양의 3대 시장으로 알려지게 되었다. 당시 이들 시장의 모습은 박제가의 「한양성시전도가(漢陽城市全圖歌)」에 다음과 같이 남아있다(노경희, 2018, 12-13 재인용).

梨峴鐘樓及七牌 배오개[이현], 종루와 칠패
是爲都城三大市 바로 도성의 3대 저자라
百工居業人磨肩 수많은 장인 생업하고 사람들 어깨 부딪치고
萬貨趨利車連軌 온갖 물건 이익을 쫓고 수레들 이어졌네
鳳城羢帽燕京絲 봉성의 융모와 연경의 비단실
北關麻布韓山枲 북관의 마포와 한산의 모시라
…

위의 시구는 도시 시장이 다양한 지리적 스케일에서 지역 간 얽힘의 과정을 촉진하는 관계적 장소의 역할을 하는 모습을 재현한다. 조선 시대 한양은 종로, 칠패, 이현 시장으로 유입되는 상품을 통해서 국내 주요 물산의 장소를 넘어서 중국 베이징[연경(燕京)]이나 펑청[봉산(鳳城)]에까지 이르는 국제적 연결망을 형성하고 있던 것이다. 이러한 관계적 얽힘은 시장을 통해서 자연의 행위성이 작동하는 신호로 해석되기도 한다. 시장은 도시-농촌 간 공생적 교류의 장으로서, 사람들의 장·단기적 왕래를 촉진하는 동시에 농부, 목축업자, 어부가 자연에서 생산한 식량 자원의 이동 통로 역할을 하기 때문이다. 이에 역사지리학자 윌리엄 크로넌(W. Cronon)은 시카고가 철도교통망 발달과 함께 미국 중서부 지역에서 농산물과 축산물 유통의 집산지로 발전하고 그와 관련된 선물(futures) 금융의 중심지로 거듭난 모습을 강조하며, 이 도시를 '자연의 메트로폴리스(Nature's Metropolis)'로 칭하기도 하였다(Cronon, 1991).

(3) 도시와 전통시장

농촌과의 공생적 얽힘은 오늘날의 전통시장에서도 발견할 수 있다. 전통시장은 재래시장이라 불리기도 하는데, 우리나라에서는 「전통시장 및 상점가 육성을 위한 특별법(전통시장법)」을 통해 공식적으로 제도화되어 있다. 이 법에서 전통시장은 "자연발생적으로 또는 사회적·경제적 필요에 의하여 조성되고, 상품이나 용역의 거래가 상호신뢰에 기초하여 주로 전통적인 방식으로 이루어지는 장소"로 정의된다. 2022년을 기준으로 전국에는 1,388개의 전통시장이 있고, 전통시장 입점 점포는 20여만 개에 달하며, 여기에서 창출된 일자리 수는 32만 개에 이른다. 점포의 업종은 농산물, 축산물, 수산물, 가공식품, 신발 및 의류, 가정용품 등을 취급하는 도·소매업(78.7%)과 음식점업(13.5%)을 중심으로 형성되어 있으나, 교육, 보건, 미용, 세탁업을 포함하는 근린 서비스업(7.8%)도 일부 존재한다. 전통시장의 42.7%는 대도시, 39.5%는 중소도시에 위치하며, 이와 같은 도시 지역 시장이 17.8%에 불과한 농어촌 지역 시장을 수적인 측면에서 압도한다(소상공인시장진흥공단, 2023).

그렇지만 도시 전통시장 곳곳에서도 농어촌과 얽혀 있는 자연의 메트로

【그림 4-3】 충북 충주시 무학시장

(a) 상설시장과 정기시장 (b) 종묘사 거리 (c) 베트남 식당

출처: 저자 촬영(2024년 10월 5일).

폴리스 풍경을 어렵지 않게 목격할 수 있다. 이런 모습은 특히 정기시장, 또는 상설시장과 정기시장이 병행해서 운영되는 지방 중소도시 전통시장에서 두드러진다.[1] 우리나라에서 정기시장은 1일과 6일, 2일과 7일처럼 5일 주기로 열리는 오일장이 주를 이룬다. 예를 들어, [그림 4-3]의 충주 무학시장에는 180여 개의 상설 점포가 있지만, 0과 5로 끝나는 날짜에 오일장이 들어선다. 이러한 정기시장은 한 곳에서 최소요구치를 충족하지 못하는 상인이나 농어민이 수요를 늘리기 위한 장소로 활용된다([읽기 자료 4-1]). 그래서 오일장이 서는 날이면 전통시장은 상설매장과 일시적 이동 상인이나 배후 지역 농어민의 가판이 어우러지며 활력이 가득 찬 장소로 변하게 된다([그림 4-3 (a)]).

전통시장은 경제 및 커뮤니티 중심지로서 기능하며 여러 가지 사회·경제적 상호작용의 장소로도 이용된다(이영주·임은선, 2011). 예를 들어, 종자, 묘목, 비료, 농약 등 생명공학 기술과 자원이 거래되는 종묘사 거리나 방문객의 사회적 상호작용의 무대로 기능하는 다방의 클러스터나 콜라텍이 전통시장 인근에 형성되어 있는 경우가 많다([그림 4-3 (b)]). 물론 전통시장에서는 물질적 경관에 새겨지지 않는 사회·경제적 상호작용의 의미와 가치도 매우 중

1 전통시장은 개설 주기에 따라 상설시장, 정기시장, 상설+정기시장으로 구분된다(소상공인시장진흥공단, 2022, 8). 상설시장은 "상시적으로 영업하는 시장", 정기시장은 오일장처럼 "일정 주기로 개설되거나 영업하는 시장 또는 … 대부분의 점포가 일정 주기로 영업을 하는 곳"으로 정의된다. 상설+정기시장은 "상설시장과 정기시장의 성격을 동시에 갖는 시장"이다.

요하다. 거래 상당 부분이 대면접촉을 통해서 이루어지기 때문에, 구매의 결정과 실행이 일시적 만남과 대화 속에서 오가는 정보, 지식, 감정의 흐름에 좌우되는 경향이 있다. 이미 제시된 가격이 있기는 하지만, 현금거래 할인, 제안과 설득, 에누리 등의 비공식적 활동을 통해서 가격은 협상의 대상이 되기도 한다. 따라서 전통시장은 제인 제이콥스가 말하는 도시적 삶의 자발성(spontaneity)이 가장 한국적인 모습으로 드러나는 장소일 수 있다. 이러한 즉흥적인 자발성의 경험은 편의점, 슈퍼마켓, 대형마트, 온라인 쇼핑 업체 등 현대적 소비 공간에서 거의 불가능한 것이나 마찬가지다.

최근 들어 전통시장은 여러 가지 측면에서 글로벌 장소감을 자아내는 공간으로 변모해 가고 있다. 지난 20여 년간 우리나라 전통시장의 대표 경관으로 자리 잡게 된 아케이드를 그런 변화의 대표적 예시로 언급할 수 있다. 아케이드는 연속된 아치형 지붕의 건축물을 뜻하며, 날씨에 구애받지 않는 도보 및 활동 공간을 마련하는 기능을 한다([그림 4-3 (a)]). 아케이드 지붕은 보통 투명한 자재로 제작되어 채광의 기능도 한다. 이러한 전통시장 아케이드 설치는 2002년부터 중소벤처기업부의 정책적 지원으로 시작되었고, 2005년 「전통시장법」이 제정되면서 전통시장 시설현대화 사업의 일환으로 빠르게 확산되었다(김영기 등, 2012). 현재는 전체의 2/3가 넘는 67.1%의 전통시장에 아케이드가 설치되어 있다(소상공인시장진흥공단, 2023). 건축에서 아케이드의 역사는 고대 그리스 시대까지 거슬러 올라가지만, 개방형 시장과 바자(bazaar)를 대체할 목적으로 건축된 현대적 의미의 쇼핑 아케이드는 18세기 후반 프랑스 파리에서 시작되었고 이후 유럽 전역과 북미 지역으로 널리 확산되었다(Horton and Kraftl, 2014). 이러한 문화경관 확산의 맥락에서, 전통시장 아케이드는 한국화된 서구적 건축 문화경관으로 이해될 수 있다. 이외에도 전통시장 곳곳에서 목격할 수 있는 해외 이주민 운영 음식점이나 식료품 가게([그림 4-3 (c)]), 그리고 이주 노동자 고용의 증가도 오늘날 전통시장이 자아내는 글로벌 장소감의 단면에 해당한다. 글로벌화와 초국적 이주의 영향으로 전통시장에서 '전통'의 의미가 재구성되어 가고 있는 듯하다.

이러한 변화 모습과 활성화의 노력에도 불구하고, 전통시장이 쇠퇴기에 있다는 사실은 부인하기 어렵다. 실제로 지난 10년 동안 전통시장의 수는 꾸

【표 4-1】 전통시장과 비전통적 시장 형태의 매출액 변화

(단위: 조 원)

		2018년	2019년	2020년	2021년	2022년
전통시장		23.9 (11.0%)	25.8 (10.8%)	25.1 (9.5%)	25.3 (8.1%)	25.3 (7.6%)
비전통적인 시장 형태	대형마트	33.5 (15.4%)	32.4 (13.6%)	33.8 (12.8%)	34.6 (11.0%)	34.8 (10.4%)
	슈퍼마켓 및 잡화점	46.5 (21.4%)	44.2 (18.5%)	46.5 (17.6%)	64.0 (20.4%)	64.7 (19.3%)
	온라인 쇼핑 업체	113.3 (52.2%)	136.6 (57.2%)	159.4 (60.2%)	190.2 (20.4%)	209.9 (62.7%)
계		217.2 (100%)	239.0 (100%)	264.8 (100%)	314.1 (100%)	334.7 (100%)

출처: 소상공인시장진흥공단(2022, 3; 2023, 64).

준하게 감소했다. 2013년에는 전국적으로 1,502개의 전통시장이 있었는데, 지금은 이보다 7.6% 감소한 1,388곳에만 남아있다. 전통시장 내에서는 빈 점포가 늘어가고 있다. 2022년을 기준으로 전통시장 점포의 9.8%가 비어있는 상태이며, 꾸준히 증가하는 추세에 있다. 빈 점포 비율은 지역적으로도 차이를 보이는데, 서울(9.9%), 부산(12.8%), 대구(19.8%), 경남(12.8%)에서 전국 평균을 웃도는 것으로 조사되었다(소상공인시장진흥공단, 2023). 따라서 전통시장의 쇠퇴는 대도시를 중심으로 나타나는 모습이라 할 수 있다. 쇠퇴의 모습은 대형마트, 슈퍼마켓 및 잡화점, 온라인 쇼핑 업체 등 경쟁 관계에 있는 비전통적 시장과 비교한 소상공인시장진흥공단(2022; 2023)의 최근 조사에서도 확인된다([표 4-1]). 지난 몇 년간 전통시장의 매출액은 25조 원 수준을 유지해 왔지만, 여타 비전통적인 시장 형태와 매출액 차이가 최소 9.5조 이상으로 매우 크다. 전체 매출액에서 전통시장이 차지하는 비율은 2022년 7.6%까지 감소했는데, 이것도 비전통적인 시장 형태에 크게 뒤처진 수준이다.

2. 현대적 도시 소매시장

앞의 [표 4-1]과 같이 소상공인시장진흥공단(2022; 2023)에서는 대형마트, 슈퍼마켓 및 잡화점, 온라인 쇼핑 업체를 전통시장과 경쟁 관계에 있는 소매 업태로 파악하여 정기적으로 모니터링하고 있지만, 이 외에도 전통시장의 기능을 대체하고 있는 비전통적 소매시장에는 여러 가지 형태가 있다. 편의점, 준대규모점포(SSM: Super Supermarket), 백화점, 쇼핑몰, TV 홈쇼핑, 방문 및 배달 소매점 등도 그러한 현대적 소매시장의 형태로 언급할 수 있다.

지리적 측면에서 전통시장과 대비되는 현대적 소매시장의 가장 중요한 특징은 도시 입지의 필요성이 훨씬 크다는 것이다. 이는 (이마트, 홈플러스, 롯데마트 등) 대형마트와 (이마트에브리데이, 롯데슈퍼, 지에스더프레시, 홈플러스 익스프레스 등) 준대규모점포의 공간적 분포를 전통시장과 비교한 [그림 4-4]에서 확인할 수 있다. 실제로 대형마트는 1990년 중반부터, 준대규모점포는 2000년대 중반부터 서울, 경기, 대도시 지역에서 시작해 지방 중소도시로 영

【그림 4-4】 대형마트, 준대규모점포, 전통시장의 공간적 분포(2010년)

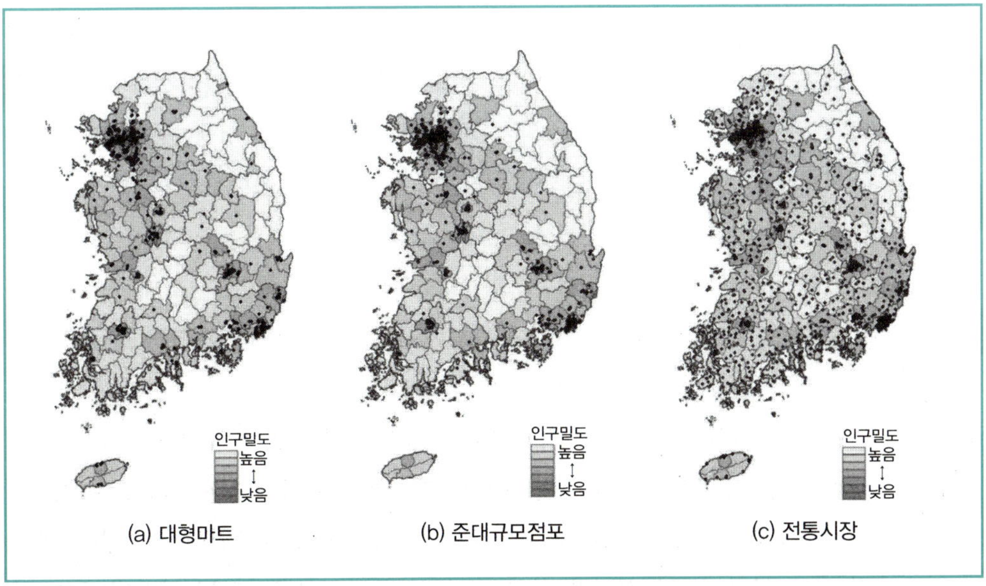

출처: 이영주 · 임은선(2011, vi).

업망을 확장해 갔다(이영주·임은선, 2011). 이는 전체의 약 1/5 정도가 농어촌 지역에 위치하는 전통시장의 입지적 특색과 뚜렷하게 구별되는 모습이다. 이러한 차이점은 앞에서 소개한 최소요구치와 도달거리 개념으로 설명된다. 기업형으로 운영되는 대형마트와 준대규모점포는 대규모 고객 유치의 필요성, 즉 보다 더 광범위한 최소요구치와 도달거리의 요건 때문에 도시 입지가 필수적이라는 이야기다.

도시 입지 지향성은 대형마트나 준대규모점포보다 고차위의 재화를 취급하는 백화점에서 훨씬 더 강하게 나타난다. 롯데, 신세계, 현대를 포함한 3대 백화점 브랜드 기업의 영업점은 대부분 수도권과 비수도권 광역시 지역에 편중되어 있다. 지방의 비광역시 지역에 3대 백화점이 입점한 경우는 김해, 전주, 창원(마산), 천안, 청주, 포항에 불과하다. 그래서 2023년 기준으로 38.3조 원에 달하는 백화점의 연간 판매액은 서울(49%)과 경기(20%)에 집중하며 일부만이 부산(11%), 대구(7%), 대전(5%), 광주(3%), 울산(2%)을 비롯한 비수도권 광역시에 나타나는 공간적 패턴을 보였다. 이러한 주요 대도시 내에서도 백화점은 광범위한 도달거리를 확보할 수 있는 도심과 부도심 지역에 입지하는 경향이 강하다. 예를 들어, 롯데백화점과 신세계백화점의 본점은 서울시 중구에, 현대백화점 본점은 강남구 압구정동에 위치한다. 이밖에도 서울의 영등포와 청량리, 부산의 서면과 해운대, 대구의 동구처럼 업무기능이 집중하거나 교통의 결절로서 유동인구가 많은 지역에 백화점이 입점하는 경향이 있다. 백화점의 도심 및 부도심 지향성은, (서울역 롯데몰, 동대문 현대아울렛 등) 일부의 예외적 사례를 제외하고 교외 지향성이 탁월한 쇼핑몰이나 아웃렛의 입지와 뚜렷한 대조를 이룬다([표 4-2]).

백화점, 대형마트, 준대규모점포를 포함한 현대적 도시 소매시장은 최근 10년 동안 3.2%의 연평균 성장률을 기록하며 2023년에는 판매액 규모가 510조 원에 이르게 되었다(대한상공회의소, 2023). 그러나 성장의 크기와 속도는 업태별로 상이하게 나타나며, 정체기나 쇠퇴기를 겪고 있는 업태도 존재한다. 업태별 동향은 [그림 4-5]와 [그림 4-6]에 제시된 자료를 통해서 확인할 수 있다.

성장세가 가장 두드러지는 업태는 무점포 소매 분야인데, 여기에는 물리적 점포 없이 정보통신망을 통한 전자 상거래가 이루어지는 인터넷 쇼핑, 홈

【표 4-2】 3대 백화점 브랜드와 쇼핑몰의 영업점 위치

<table>
<tr><th colspan="2" rowspan="2">업체/유형</th><th colspan="2">수도권</th><th colspan="2">비수도권</th></tr>
<tr><th>서울</th><th>인천 · 경기</th><th>광역시</th><th>비광역시</th></tr>
<tr><td rowspan="2">롯데</td><td>백화점</td><td>본점, 잠실, 강남, 건대, 관악, 김포공항, 노원, 미아, 영등포, 청량리</td><td>인천, 동탄, 구리, 분당, 수원, 안산, 일산, 중동, 평촌</td><td>부산본점, 광복, 동래, 센텀시티, 광주, 대구, 상인, 대전, 울산</td><td>전주, 창원, 포항</td></tr>
<tr><td>쇼핑몰*</td><td>서울역, 팩토리가산, 은평</td><td>의왕, 기흥, 이천, 파주, 고양, 고양터미널, 구리, 타임빌라스(수원), 광교, 광명, 수지, 산본</td><td>동부산, 광주수완, 광주월드컵, 대구율하, 대구 이시아폴리스</td><td>김해, 남악(무안), 부여, 청주, 군산, 여수, 진주</td></tr>
<tr><td rowspan="2">신세계</td><td>백화점</td><td>본점, 타임스퀘어, 강남</td><td>경기(죽전), 의정부, 하남</td><td>센텀시티, 대구, 광주, 대전</td><td>마산, 김해, 천안아산</td></tr>
<tr><td>쇼핑몰*</td><td></td><td>여주, 파주, 시흥</td><td>부산</td><td>제주</td></tr>
<tr><td rowspan="2">현대</td><td>백화점</td><td>서울(더현대), 압구정본점, 무역센터, 천호, 신촌, 미아, 목동, 디큐브시티</td><td>중동, 킨텍스, 광교</td><td>대구(더현대), 부산(커넥트현대), 울산, 울산동구</td><td>충청</td></tr>
<tr><td>쇼핑몰*</td><td>동대문, 가산, 가든파이브</td><td>김포, 송도, 남양주</td><td>대전, 대구</td><td></td></tr>
</table>

* 아웃렛 포함
출처: 각 기업의 홈페이지.

쇼핑, 방문 및 배달 소매점이 포함되어 있다. 현금보다 신용카드, 온라인 결제 등 화폐 대체 수단으로 자금의 흐름이 중개되고, 우체국이나 택배업체의 배송 서비스를 통해서 구매 제품이 소비자에게 전달되는 점도 온라인 전자 상거래의 중요한 특징 중 하나이다. 전자 상거래에서는 전통 상거래의 가치사슬에 존재하지 않았던 새로운 중개업자가 참여하고 있다는 이야기다. 결과적으로, 전자 상거래의 가치사슬은 상품과 정보의 흐름 측면에서 전통 상거래보다 훨씬 더 복잡한 모습을 보이게 되었다([그림 4-7]). 이와 같은 전자 상거래에 기반한 무점포 소매업이 우리나라 소비시장에서 차지하는 비율은 2011년까지

【그림 4-5】 소매업태별 판매액지수 변화(2020년=100)

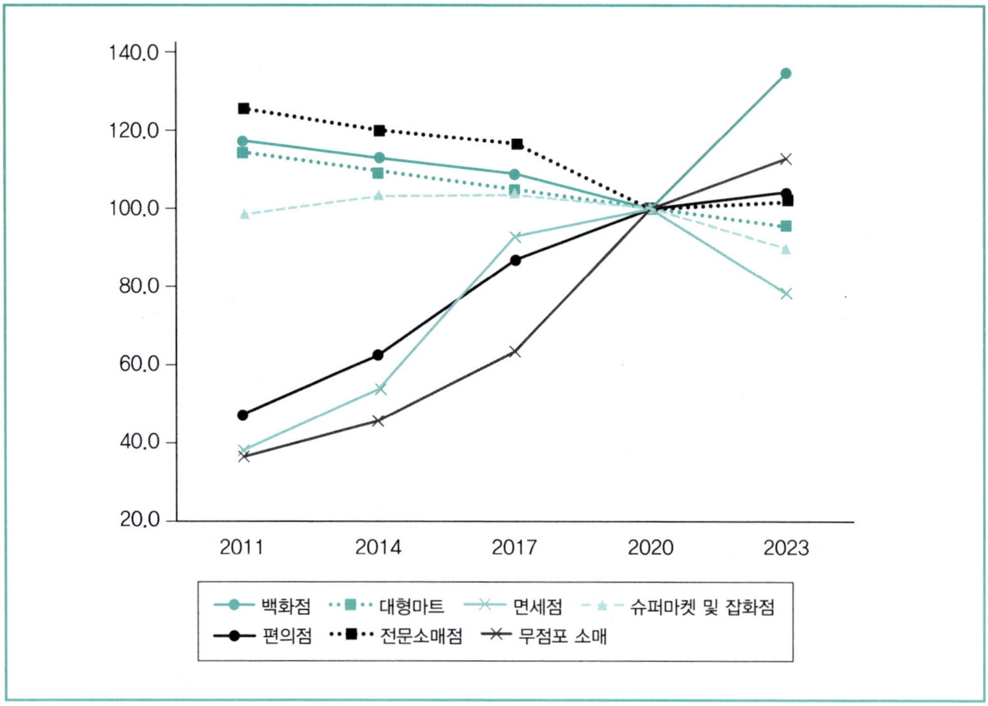

출처: 통계청 서비스업동향조사(각 년도).

【그림 4-6】 소매업태별 판매액 점유율 변화 (단위: %)

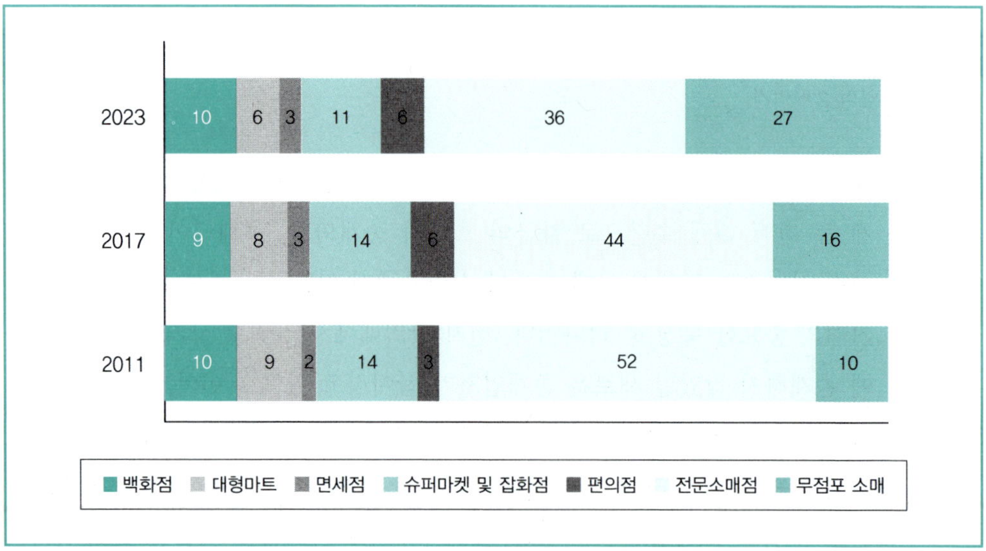

출처: 통계청 서비스업동향조사(각 년도).

【그림 4-7】 전통 상거래와 전자 상거래의 가치사슬

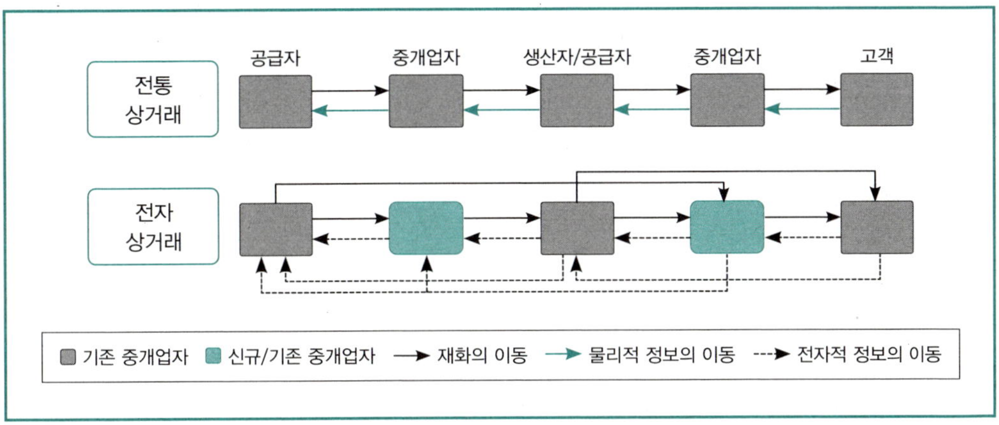

출처: 이희연(2019, 617); Dicken(2015, 548) 수정.

10%에 불과했으나, 지속적인 성장의 결과로 2023년에는 27%까지 증가해 전문소매점 다음으로 높은 점유율을 가지게 되었다.

소매업의 온라인화는 거대 소매업체 사이에서 두드러지게 나타난다. 이런 모습은 주요 대기업 소매업체에 한정해 매출액을 집계하는 산업통상자원부(2024)의 「주요 유통업체 매출 동향 조사」를 통해서 확인할 수 있다.[2] 조사에 따르면, 대기업이 점유하는 소매시장의 규모는 2014년 94.8조 원에서 2023년 177.4조 원으로 9.7%의 연평균 증가율을 기록하며 빠르게 성장하였는데, 이는 온라인 부문 매출액 성장에 따른 결과이다([그림 4-8]). 이 기간에 오프라인 매출액은 67.3조 원에서 87.8조 원으로 20.5조 원 증가한 데 반해, 온라인 매출액은 26.7조 원에서 89.6조 원으로 3배 이상 증가하여 2023년에는 사상 최초로 온라인 매출액이 오프라인을 넘어섰다. 주요 대기업 소매업체 사이에서 온라인이 오프라인보다 더 중요한 소득원이 되었다는 이야기다. 이러한 변화의 물결 속에서 현재의 대기업 소매업체 매출액 구조는 온라인(50.5%)을 선두로 하여, 백화점(17.4%), 편의점(16.7%), 대형마트(12.7%), 준대규모점포(2.7%)

2 이 조사의 오프라인 업체는 3대 백화점(롯데백화점, 현대백화점, 신세계백화점), 3대 대형마트(이마트, 홈플러스, 롯데마트), 3대 편의점(GS25, CU, 세븐일레븐), 4대 준대규모점포(이마트에브리데이, 롯데슈퍼, GS슈퍼, 홈플러스익스프레스)에 한정된다. 온라인 업체 중에는 G마켓, 11번가, 인터파크, 쿠팡, SSG, AK몰, 홈플러스, 갤러리아몰, 롯데마트, 롯데온의 실적이 조사된다.

【그림 4-8】 대기업 소매업체 매출액 변화 (단위: 조 원)

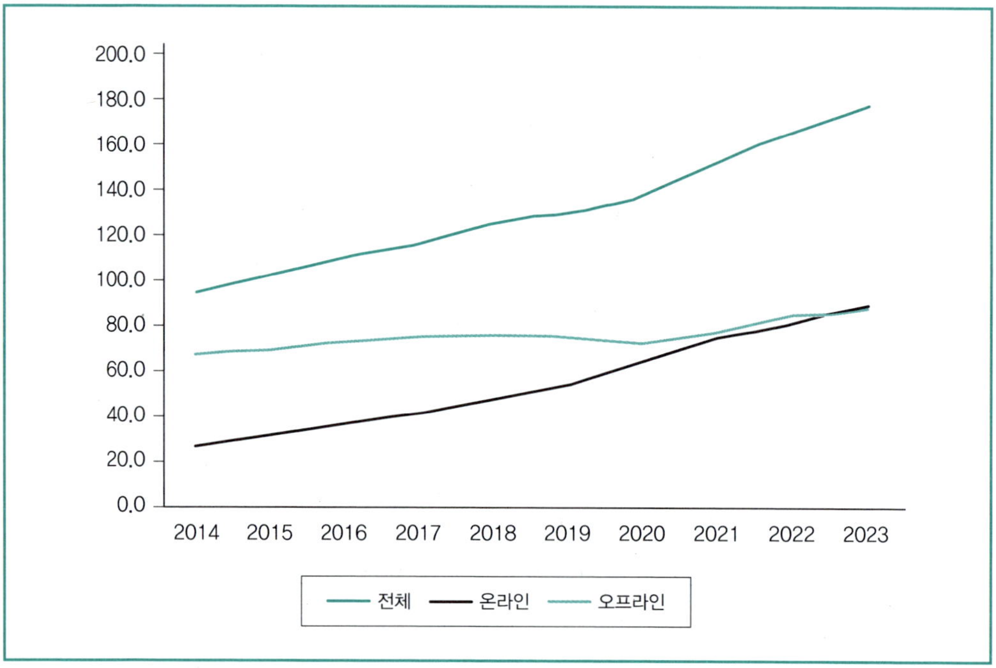

출처: 산업통상자원부 주요 유통업체 매출 동향 조사(각 년도).

【그림 4-9】 대기업 소매업체 매출액 구조(2023년) (단위: %)

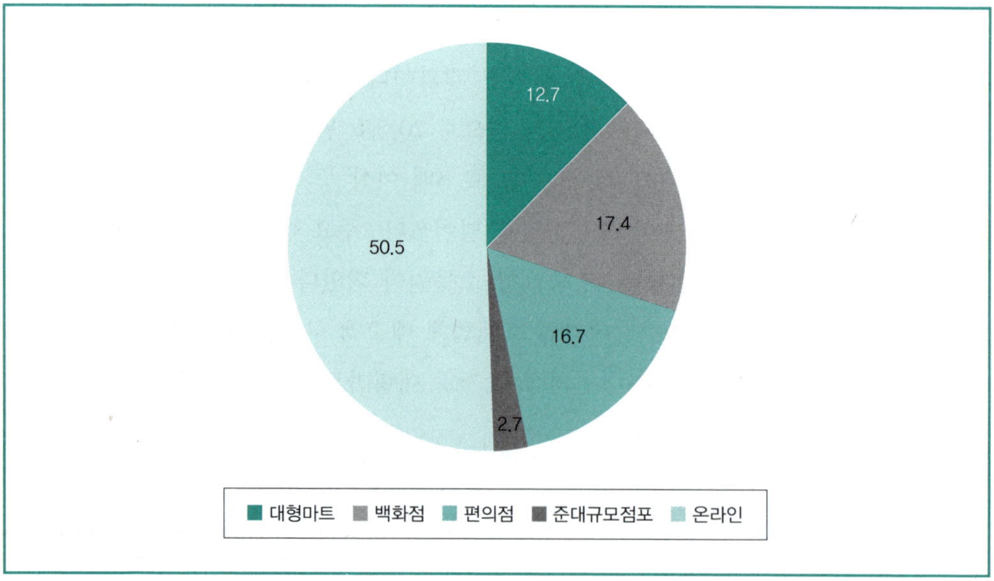

출처: 산업통상자원부, 주요 유통업체 매출 동향 조사(2023).

순으로 형성되어 있다([그림 4-9]).

온라인 쇼핑은 특정 상품 거래에 집중되는 경향이 있다. 특히, 가구, 가전제품, 서적·문구, 신발·가방 판매의 온라인 쇼핑 점유율이 높다. 대한상공회의소(2023)의 최근 조사에 따르면, 가구의 34%, 가전제품의 33%, 서적·문구의 32%, 신발·가방의 31%가 온라인에서 거래된다. 이들에 미치지 못하는 수준이지만, 음·식료품의 온라인 거래가 빠르게 성장하는 점도 눈에 띄는 변화다. 2017년과 2023년 사이 음·식료품의 온라인 거래액이 거의 3배가량 성장하여, 전체 음·식료품 거래에서 온라인이 차지하는 비율은 2017년 7%에서 2023년 19%로 크게 높아졌다(대한상공회의소, 2023). 이는 코로나 19가 남겨 놓은 일상적 음·식료품 소비 생활의 변화로 보인다.

이처럼 꾸준한 성장세를 보이는 온라인 쇼핑과 달리, 편의점을 제외한 나머지 오프라인 소매업태는 대체로 정체기 또는 쇠퇴기에 직면해 있다. 이러한 하향세의 시작점, 속도, 정도는 업태별로 차이를 보인다. 우선, 백화점의 판매액은 2020년과 2023년 사이에 35% 증가했지만, 2010년대 초반부터 그 이전까지는 감소하는 추세에 있었다([그림 4-5]). 이런 업계의 상황에서 백화점의 판매액 점유율은 지난 10여 년간 9~10%대로 정체된 상태에 있었다([그림 4-6]). 전문소매점과 슈퍼마켓 및 잡화점은 백화점보다 더 심각한 쇠퇴기의 상황에 직면해 있다. 둘 중에서는 가전·컴퓨터·통신기기 소매점, 의복·신발·가방 소매점, 음식·가정·문화상품 소매점, 의약품·화장품·기타상품 소매점처럼 특정 상품이나 브랜드를 전문적으로 취급하는 전문소매점의 하락세가 훨씬 더 두드러진다. 전문소매점의 판매액 감소는 2010년대 초반부터 시작되었고, 2010년대 후반을 기점으로 감소의 속도가 더욱 빨라졌다. 실제로 전문소매점의 점유율은 2011년 52%에서 2023년 36%로 크게 감소하였다. 슈퍼마켓 및 잡화점의 판매액 감소는 2010년 중반부터 시작되었으며, 감소의 속도는 전문소매점보다 완만한 추세에 있다. 슈퍼마켓 및 잡화점의 소매업계 점유율은 2011년 14%에서 2023년 11%로 하락하였다.

반면, 편의점은 오프라인 업계에서는 유일하게 소매시장의 성장을 주도하고 있는 부문이다. 실제로 편의점의 판매액은 2011년과 2023년 사이에 2배 이상 증가했고, 전체 소매업태 판매액에서 편의점이 차지하는 비율도 3%에서

6%로 상승했다([그림 4-6]). 최근 편의점 업계의 성장은 판매액 점유율이 6%까지 하락한 대형마트와 대조되는 모습으로 그려지기도 한다(매일경제, 2024). 편의점의 점유율 상승과 대형마트 점유율의 하락은 오늘날 도시 소비문화의 변화와 연동된 현상이기 때문이다. 무엇보다 1~2인 가구가 증가하며 이들이 도시 경제에서 주요 소비층 중 하나로 등장하게 된 변화가 중요하다(대한상공회의소, 2023). 가구의 규모가 작아질수록 자동차나 대중교통을 이용한 원거리 대량 구매보다 도보로 가능한 근거리에서 소량 구매를 선호하는 경향이 있다. 온라인 쇼핑과 배달 문화의 활성화도 원거리 구매의 필요성과 빈도가 낮아지는 이유로 지목된다. 이러한 소비문화 변화의 맥락에서, 편의점이 대형마트를 앞서는 대기업 소매업체 매출액 구조는 2021년부터 시작되어 지금까지 이어지고 있다([그림 4-9]). 계속되는 편의점의 성장세 때문에, 대기업의 오프라인 소매업 매출액 구조는 편의점, 백화점, 대형마트 순으로 또다시 재편될 것이라는 전망이 우세하다. 이러한 변화의 상징적인 사건으로 홈플러스의 위기와 이를 둘러싼 논란이 있다. 홈플러스는 2016년 이후 5천억 원에 못 미치는 영업 이익을 거두며 부채에 대한 이자만 약 3조 원을 물었다고 한다(ESG경제, 2025년 3월 16일). 경영 악화 문제로 결국 2025년 3월 기업회생절차를 신청했고, 이에 따라 폐점 소문이 여러 곳에서 돌고 있으며 직원들은 고용 불안에 떨고 있다. 홈플러스의 폐점이 현실화된 지역에서는 공동화 현상의 위기감마저 돌고 있다([그림 4-10]).

지금까지 살펴본 현대적 도시 소매시장에는 두 가지 중요한 흐름이 있고, 모두는 도시의 소비 생활 경관에 큰 영향을 미치고 있다. 첫째는 도시 소매시장의 대기업화이다. 이는 롯데, 신세계, 현대가 장악하고 있는 백화점 및 쇼핑몰 시장에서만 나타나는 현상이 아니다([표 4-2]). 보다 저차위 재화에 초점을 맞추는 편의점, 준대형점포, 대형마트 시장에서도 대기업의 지배력이 상당하다. 편의점 시장에서는 GS25, CU, 세븐일레븐이, 대형마트와 준대형점포 시장에서는 이마트, 롯데마트, 홈플러스가 지배적인 대기업 브랜드로 성장하였다(산업통상자원부, 2024). 이러한 도시 소매시장의 대기업화는 개인, 법인처럼 사적 소유형태보다 (지자체가 운영하는) 공설시장이나 (10인 이상의 상인이 공동 소유하는) 공동시장처럼 집단적 소유형태가 탁월한 전통시장과 대비를 이룬

【그림 4-10】 홈플러스 폐점 및 고별 세일 안내문

출처: 저자 촬영(2025년 9월 24일; 10월 28일).

다. 대기업화는 상품사슬의 (소비자 방향을 향하는) 다운스트림과 (소비자와 반대 방향인) 업스트림 모두에서 중요한 변화를 낳았다. 우선 다운스트림의 시장에서 이른바 브랜드스케이프(brandscape)가 도시의 일상적 소비 경관으로 자리매김하게 되었다. 골목이나 아파트 입구의 GS25 편의점, 주택가 대로변의 홈플러스익스프레스, 시외버스터미널의 롯데마트, 대도시 중심부나 고소득층 거주지의 현대백화점, 고속도로 인근이나 대도시 교외 지역의 신세계 프리미엄 아웃렛 등이 그러한 브랜드스케이프의 사례라 할 수 있다([그림 4-11]).

대기업 브랜드 소비자 서비스의 양적 증가와 시장 지배력 확대는 전통시장의 쇠퇴나 도심 공동화의 핵심 요인으로 지목된다. 빈집과 상가 및 빌딩의 공실 증가로 표면화되는 도심 공동화 현상은 특히 지방 중소도시에서 심각하게 나타나는 경향이 있다. 다른 한편으로, 대기업형 소매업체의 지배력은 업스트림의 공급업체와 관련해서도 중요한 함의를 가진다. 전통적으로 소매업은 생산에 종속된 경제활동이었지만, 대기업형 소매업체는 브랜드 인지도와 엄청난 구매력을 바탕으로 전통적 관계를 반전시키고 있다. 생산에 직접 참여하지는 않지만, 주문을 통해서 가격, 품질, 기술 요건, 디자인, 포장 등 생산과

【그림 4-11】 경기도 파주 신세계 아웃렛의 럭셔리빌과 스포츠빌

출처: 저자 촬영(2025년 9월 25일).

정 전반을 통제할 수 있게 되었기 때문이다. 이는 상업자본이 통제하는 구매자주도형 상품사슬 거버넌스로 개념화되었는데, 자동차, 선박건조, 항공 등의 부문에서 산업자본이 통제하는 생산자주도형 상품사슬 거버넌스와 구별된다(Gereffi, 1994).

이러한 대기업화와 일부 연계된 플랫폼화도 현대적 도시 소비시장의 중요한 흐름이다. 플랫폼은 무대, 연단, 승하차장, 전망대처럼 여러 사람이 모일 수 있는 평평한 공간을 뜻하는 용어로 쓰여왔지만, 최근에는 다양한 재화와 서비스가 거래되는 디지털 매개체란 의미도 가지게 되었다. 앞에서 살폈듯이 오늘날 소비시장에서 온라인 부문의 성장세가 뚜렷한데, 여기에서 디지털 플랫폼의 역할이 매우 중요해졌다. 대기업 소매업체들은 오프라인 매장을 SSG, 홈플 인터넷쇼핑몰, 롯데온 등과 같은 온라인 플랫폼과 연동해 운영하고 있다. 이러한 온라인 플랫폼이 대기업 소매업체 매출액의 절반 이상을 차지하고 있다([그림 4-9]). 이밖에도 지난 10여 년 동안 음식배달(배달의민족, 쿠팡이츠

등), 숙박(야놀자, 여기어때 등), 교통 모빌리티(카카오티, 티맵, 소카, 따릉이 등), 고용(일당백, 교차로, 숨고 등), 자원공유(당근마켓 등)를 포함한 다양한 부문에서도 디지털 플랫폼의 활용이 일반화되었다. 이러한 플랫폼화는 가치사슬 변화의 원인으로 작용한다. 예를 들어, 플랫폼화로 인해서 온라인에 기반한 형식화된 정보의 흐름이 크게 증가했고, 상품 배송, 음식배달, 운전과 같은 이동 부문의 외주화(아웃소싱)가 촉진되었다. 도시는 공급과 수요 측면 모두에서 플랫폼 경제의 중심 무대로서 역할을 하고 있으며, 이에 따라 도시 사람들의 소비 생활 방식과 노동시장도 크게 변하고 있다([읽기 자료 4-2]).

읽기 자료 4-2. 플랫폼과 음식배달 노동시장 변화

최근 플랫폼 배달노동자라 불리는 새로운 형태의 노동 집단이 형성되었다. … 2022년 … 플랫폼 배달노동자는 약 23만 명에 이를 것으로 추정되었다. … 약 80만 명에 이르는 전체 플랫폼 노동자의 약 28%에 해당한다. … 이러한 플랫폼 노동자들은 프레카리아트(precariat), 즉 불안계급의 형태로 불리기도 한다. … 불안계급은 … 불안정한(precarious)이라는 용어와 노동계급을 뜻하는 프롤레타리아트(proletariat)의 합성어다. … 불안계급은 고용 보장, 기술 재생산 보장, 노동시장 보장, 노동 안전 보장, 대표권 보장, 소득 보장, 직무 보장 등 중요한 노동 권리와 권한을 누리지 못하는 집단으로 여겨진다. …

음식배달 노동시장은 [표 4-3]처럼 전통적인 음식점 '전속형'에서부터 시작해 2010년대에는 과도기적인 '혼재형'으로, 2020년대에는 플랫폼의 중개가 일반화된 '네트워크형'으로 진화해왔다. … 플랫폼 이전 시기는 고객이 직접 음식점에 전화를 걸어 음식을 주문하는 가장 전통적인 음식배달 서비스가 성행했던 때이다. 당시에 일반적인 노동자 고용은 음식점에 전속된 형태로 나타났고, 배달서비스는 … 음식점에서 고객에게 직접 전달되었다. … 2010년대의 플랫폼 도입기 동안 모바일 앱을 통한 배달음식 주문이 새로운 주류로 자리를 잡아가면서 오랜 전통의 전화 주문 방식이 쇠퇴하기 시작했다. 고용의 측면에서는 기존의 음식점 전속 형태가 일부 유지되기는 했지만, 배달대행업체를 통한 계약 노동이 빠르게 성장하는 경향이 나타났다. … 이런 방식에서, 플랫폼 기업이 고객에게 음식값과 배달료를 청구하고 배달료를 배달대행업체에 전달하면, 대행업체는 수수료를 공제한 금액을 노동자의 몫으로 지급한다. … 2020년대 이후부터는 플랫폼 음식배달 서비스가 일반화되었다. 전통적인 전화 주문은 극히 일부만 남고, 모바일 앱 주문이 음식배달 서비스의 지배적 형태가 되었다.

【표 4-3】 플랫폼 경제와 우리나라 음식배달 노동시장의 변화

	플랫폼 이전	플랫폼 도입기	플랫폼 일반화
시기	• 2000년대 이전	• 2010년대	• 2020년대
주문 방식	• 전화	• 모바일앱 • 전화	• 모바일앱 • 전화(극소수)
고용 형태	• 음식점 전속	• 음식점 전속 • 배달대행 계약	• 플랫폼 전속 • 크라우드소싱 • 배달대행 계약
서비스 전달	• 직접 전달	• 간접 전달 확대	• 간접 전달 일반화
배달노동자 소득의 흐름	• 소비자 → 음식점 → 노동자	• 소비자 → 음식점 → 플랫폼 → 대행업체 → 노동자 • 소비자 → 음식점 → 노동자	• 소비자 → 음식점 → 플랫폼 → 대행업체 → 노동자 • 소비자 → 음식점 → 플랫폼 → 노동자
노동시장 유형	• 전속형	• 혼재형(전속과 외주)	• 네트워크형

출처: 홍동표 등(2023) 발췌 · 수정.

3. 서비스 경제의 허브로서 도시

(1) 도시 경제의 서비스화

도시가 시장의 장소로서 기능하기 때문에 도시 경제는 서비스 부문을 중심으로 형성된다. 지금까지 살펴본 전통시장과 현대적 소매시장의 상당 부분을 차지하는 도·소매업과 음식점업은 도시 서비스 경제의 일부분에 불과하다. 서비스 경제는 유·무형의 재화나 용역 거래와 관련된 매우 광범위한 분야이기 때문이다. 도·소매업과 음식점업처럼 개인을 주 고객으로 하는 소비자 서비스와 함께, 금융, 회계, 보험, 부동산, 광고 및 홍보, 컨설팅, 법률, 헤드헌팅 등 기업을 중심으로 주 고객층이 되는 생산자 서비스도 존재한다.

우리나라에서는 서비스업의 정의가 「서비스업 분류 고시」(통계청고시 제2018-390호)를 통해 공식적으로 제도화되어 있다. 구체적으로는 [표 4-4]에 나열된 한국표준산업분류(KSIC: Korea Standard Industrial Classification)의 대분류 코드를 기준으로 범위가 한정된다(통계청, 2024). 이 고시에 따르면, 서비스 산업은 E와 G~U에 해당하는 부문으로 구성된다. KSIC 대분류를 기준으로 소비자 서비스와 생산자 서비스를 구분하는 것은 논란의 여지가 없지는 않다. 그러나 일반적으로 도매 및 소매업(G)과 숙박 및 음식점업(I)은 소비자 서비스업의, 그리고 금융 및 보험업(K)과 부동산업(L)을 포함하는 FIRE(Finance, Insurance, and Real Estate) 산업은 생산자 서비스업의 대표적인 분야로 널리 용인되고 있다.

서비스업은 사회경제적 격차와 밀접하게 관련되어 있다. 일반적으로 생산 서비스 부문의 소득이 소비자 서비스 부문보다 높게 나타난다. 2023년 금융 및 보험업 부문의 월 임금은 681만 원으로 344만 원의 도매 및 소매업, 179만 원의 숙박 및 음식점업보다 훨씬 높게 형성되었다([표 4-4]). 그래서 도시 경제의 서비스화는 도시민 간 사회경제적 격차를 늘리는 과정으로 이해되고 있으며, 이처럼 양극화가 심해지는 도시는 이중 도시로 불린다. 여기에서 주목해야 할 중요한 사실은 일부 생산자 서비스 업종 종사자를 제외하고 서비스

【표 4-4】 한국표준산업분류 및 부문별 월임금 수준

대분류 코드*	대분류 명칭 (중분류 코드 범위)	월임금** (만원)
A	농업, 임업 및 어업(01~03)	310
B	광업(05~08)	440
C	제조업(10~34)	432
D	전기, 가스, 증기 및 공기조절 공급업(35)	648
E	수도, 하수 및 폐기물 처리, 원료 재생업(36~39)	403
F	건설업(41~42)	319
G	도매 및 소매업(45~47)	344
H	운수 및 창고업(49~52)	378
I	숙박 및 음식점업(55~56)	179
J	정보통신업(58~63)	480
K	금융 및 보험업(64~66)	681
L	부동산업(68)	288
M	전문, 과학 및 기술 서비스업(70~73)	497
N	사업시설 관리, 사업 지원 및 임대 서비스업(74~76)	323
O	공공 행정, 국방 및 사회보장 행정(84)	-
P	교육 서비스업(85)	320
Q	보건업 및 사회복지 서비스업(86~87)	279
R	예술, 스포츠 및 여가관련 서비스업(90~91)	258
S	협회 및 단체, 수리 및 기타 개인 서비스업(94~96)	265
T	가구 내 고용활동 및 달리 분류되지 않은 자가 소비 생산활동(97~98)	-
U	국제 및 외국기관(99)	-

* 제11차 개정 기준이며, 서비스 경제에 해당하는 대분류 코드는 색자로 표시됨.
** 출처: 고용노동부 고용형태별근로실태조사(2023).

노동자의 소득 수준은 제조업 노동자보다 낮다는 점이다. 그래서 도시 경제가 제조업에서 서비스업 중심으로 재편되어 탈산업화된 이중 도시의 양극화는 도시 중산층의 약화와도 관련된 현상이라 할 수 있다.

하나의 국가나 지역의 산업구조 측면에서, 서비스 경제 부문은 **3차 산업**

으로 통칭되기도 한다. 3차 산업은 자연에 노동력을 직접 투입하여 생산 활동에 참여하는 1차 산업이나 원자재를 가공하여 재화나 에너지를 생산하는 2차 산업과 구별된다. 클라크(Clark, 1940)의 분류 기준에 따르면, KSCI 대분류 코드 A는 1차 산업, B, C, D, F는 2차 산업에 해당한다.[3] 이를 근거로 우리나라 대도시의 산업별 고용구조 변화 양상을 정리하고 전국의 현황과 비교하면 [표 4-5]와 같다. 여기에서 대도시의 산업구조는 서비스 경제를 중심으로 형성되어 있고, 도시 경제에서 서비스 부문이 차지하는 비중이 증가하는 추세에 있음을 알 수 있다.

【표 4-5】 우리나라 대도시의 산업별 종사자수 비율 (단위: %)

	산업	1997년	2022년		산업	1997년	2022년
서울	1차	0.06	0.01	광주	1차	0.05	0.08
	2차	27.77	12.44		2차	25.30	24.48
	3차	72.17	87.54		3차	74.65	75.44
부산	1차	0.35	0.19	대전	1차	0.02	0.05
	2차	27.55	21.47		2차	20.54	18.87
	3차	72.10	78.34		3차	79.44	81.08
대구	1차	0.04	0.04	울산	1차	0.21	0.09
	2차	33.08	24.43		2차	50.45	40.35
	3차	66.89	75.53		3차	49.34	59.56
인천	1차	0.06	0.05	전국	1차	0.45	0.26
	2차	40.67	27.34		2차	32.37	25.32
	3차	59.27	72.61		3차	67.18	74.42

출처: 통계청 전국사업체조사(각 년도).

3 클라크의 산업 분류법이 보편적으로 통용되는 기준이 아니라는 점에는 유념해야 한다. 특히 자연 자원 채굴과 관련된 광업(대분류 B)이 어디에 속하는지는 오랜 논쟁의 대상이었고, 연구자들은 여전히 이에 대한 합의를 보지 못하고 있다. 대표적으로 호프만(Hoffman, 1958)과 채너리(Chenery, 1979)는 광업을 2차 산업이 아니라 1차 산업의 하위 분야로 간주하였는데(임응순 등, 2013), 이들의 분류 기준을 선호하는 연구자도 있다.

예를 들어, 서울에서 2차 산업의 비중은 1997년 27.8%에서 2022년 12.4%까지 절반 수준으로 줄어든 데 반해, 같은 기간 3차 산업 비율은 72.2%에서 87.5%로 높아졌다. 서울보다는 덜 하지만, 부산(78.3%), 대구(75.5%), 광주(75.4%), 대전(81.1%)도 전국(74.4%) 수준보다 높은 3차 산업 중심의 산업구조를 보인다. 전국 수준에 미치지 못하는 3차 산업 비율은 인천(72.6%)과 울산(59.6%)에서만 나타나지만, 이곳에서도 도시 경제의 서비스화가 진행 중이다. 1997년 인천의 3차 산업 비율(59.3%)은 전국(67.2%) 수준에 비해 7% 이상 낮았었지만, 2022년에는 전국과의 격차는 현재 2% 미만으로 줄어들었다. 울산의 경우 2차 산업이 전체 종사자수의 40%를 차지하며 여전히 높게 나타나고 있으나, 이것은 50%를 넘었던 1997년에 비하면 많이 낮아진 수준이다.

(2) 탈산업화의 효과

이러한 산업구조의 특성 때문에 도시는 비농업적인 활동이 공간 경제의 기초를 이루는 인구 밀집 지역으로 정의되어 왔다(Pacione, 2009). 1차 산업이 아니라 2차 및 3차 산업을 중심으로 도시 경제가 구성된다는 것이다. 도시 경제의 그러한 측면도 [표 4-5]에서 확인할 수 있다. 우리나라 대도시의 1차 산업 비율은 낮게는 서울의 0.01%부터 높게는 부산의 0.19%에 이르는데, 부산을 제외한 모든 대도시에서 0.1% 미만으로 나타나 전국의 0.26%에 비하면 매우 낮은 수준이다. 부산이나 울산(0.09%)처럼 1차 산업 비중이 상대적으로 높은 곳의 경우라도, 이것을 도시 본연의 산업구조라고 판단하기 어렵다. 1995년 농어촌 지역을 수용하여 도시 권역을 확장했던 행정구역 개편의 효과로 나타나게 된 현상이기 때문이다.

이처럼 비도시적 경제로 이해되는 1차 산업과 달리, 2차 산업과 3차 산업은 도시 경제의 핵심으로 여겨지고 있다. 그러나 전통적으로 두 부문의 중요성은 동등하게 평가되지 않았다. 2차 산업이, 특히 (기계, 설비, 공장 등) 자본재를 기반으로 재화를 생산하는 제조업이 (상점이나 온라인 플랫폼을 통해) 유형의 상품을 거래하거나 (지식, 브랜드, 노하우 등) 무형의 재화를 생산·유통하는 서비스업보다 중시되는 경향이 있었다. 이런 맥락에서 제조업 부문은 기반 경제, 서비스업 부문은 비기반 경제로 구분하여 개념화되기도 하였다(한국도시지리학회, 2020). 여기에는 이분법적 가정과 사고가 깔려 있다. 제조업은 도시에서 생산된 재화를 다른 지역이나 국가로 수출하여 외부 자본의 유입을 촉진하고 도시의 부가 성장하는 역할을 하는 데에 반해, 서비스업은 자본의 양을 늘리지 못하고 도시 내부에서 기존 자본의 흐름만 촉진한다는 것이다. 다시 말해, 기반/비기반 경제의 이분법적 개념화에서 서비스업의 발달은 제조업 부문의 성장에 따른 부수적 효과일 뿐이다.

그러나 오늘날의 도시는 기반 경제로서 제조업에 대한 의존성에서 탈피하고 있다. 이는 2022년 우리나라 대도시의 산업별 입지계수를 산출하여 정리한 [표 4-6]에서 확인할 수 있는 사실이다. 입지계수는 한 도시에서 특정 산업이 차지하는 비율을 해당 산업이 전국에서 차지하는 비율로 나누어 산출하는데, 주로 산업적 전문화(특화)의 정도나 기반산업(수출산업) 여부를 판단하는 지표로 널리 활용된다(Isserman, 1977). 보통 입지계수가 1을 초과하는 부문이 전문화된 도시 기반산업으로서 부의 증진 효과를 창출한다고 해석된다. 이러한 준거에 따르면, 우리나라 대도시 중 인천과 울산에서만 제조업이 기반산업으로 나타나고 있다. 산업 대분류를 기준으로 제조업의 입지계수가 가장 높은 대도시는 울산 한 곳밖에 없다. 인천의 경우, 제조업의 입지계수가 1을 초과하지만 가장 높은 입지계수는 국제적 항구 도시의 유사성을 공유하는 부산처럼 운수 및 창고업, 즉 유통서비스 부문에서 확인되고 있다. 이외의 다른 대도시들은 서비스업에 대한 의존성이 훨씬 더 높다. 서울에서는 제조업의 입지계수가 0.27에 불과한 데 반해, 정보통신업(2.58), 전문, 과학 및 기술 서비스업(1.83), 금융 및 보험업(1.77) 순으로 입지계수가 높게 나타나고 있다. 서비스업 중에서도 지식기반 분야가 서울의 핵심 경제 분야로 자리 잡은 모습이다. 이와 달리, 광주와 대구에서는 보건업 및 사회복지 서비스업이, 그리고 대전에서는 전문, 과학 및 기술 서비스업이 가장 높은 입지계수를 보이고 있다.

따라서 제조업을 우선시하는 기반/비기반 경제의 이분법적 이해와 설명방식은 오늘날 도시 경제를 이해하는 데에 제약 요인으로 여겨지고 있다. 무엇보다 탈산업화 과정을 통해서 도시 경제의 성장, 혁신, 발전에서 제조업의 중요성과 기여도가 현저하게 줄어들었기 때문이다. 탈산업화는 경제구조에

【표 4-6】 우리나라 대도시의 산업별 입지계수(2022년)

	서울	부산	대구	인천	광주	대전	울산
농업, 임업 및 어업	0.04	0.73	0.15	0.19	0.29	0.18	0.34
광업	0.05	0.05	0.03	0.60	0.08	0.06	0.84
제조업	0.27	0.80	0.99	1.20	0.78	0.59	1.91
전기, 가스, 증기 및 공기조절 공급업	0.19	0.45	0.52	0.56	0.69	0.45	0.83
수도, 하수 및 폐기물 처리, 원료 재생업	0.35	0.95	0.83	1.17	0.69	1.18	1.01
건설업	1.01	0.98	0.96	0.87	1.40	1.11	0.97
도매 및 소매업	1.17	1.10	1.08	0.97	0.97	1.00	0.72
운수 및 창고업	0.88	1.56	1.02	1.42	0.99	0.92	0.99
숙박 및 음식점업	0.87	1.12	1.04	1.00	0.96	1.00	0.96
정보통신업	2.58	0.40	0.48	0.38	0.55	0.88	0.26
금융 및 보험업	1.77	1.11	1.10	0.65	1.08	0.95	0.78
부동산업	1.23	1.11	1.07	0.95	1.37	0.95	0.75
전문, 과학 및 기술 서비스업	1.83	0.66	0.60	0.61	0.65	1.50	0.66
사업시설 관리, 사업 지원 및 임대 서비스업	1.63	0.97	0.88	1.03	0.89	1.25	0.72
공공행정, 국방 및 사회보장 행정	0.79	0.94	0.93	1.02	0.96	1.20	0.89
교육 서비스업	0.92	0.99	1.20	0.97	1.12	1.24	0.92
보건업 및 사회복지 서비스업	0.83	1.22	1.25	1.20	1.37	1.12	0.84
예술, 스포츠 및 여가 관련 서비스업	0.88	0.90	0.87	0.96	0.95	0.91	0.80
협회 및 단체, 수리 및 기타 개인 서비스업	0.89	1.06	1.12	1.00	1.17	1.09	0.92

주: 입지계수가 1을 초과하는 산업은 색으로 표시함.
출처: 통계청 전국사업체조사(2022).

서 제조업 기반이 약화, 상실, 심지어 붕괴되는 과정을 의미하는데, 경험적으로는 [지역내총생산(GRDP: gross regional domestic product)이나 총부가가치(GVA: gross value added)로 측정하는] 생산력이나 고용에서 제조업이 차지하는 비율의 현저한 감소로 확인된다([표 4-5]).

뉴욕, 런던 등 세계 경제의 중심부(핵심부)를 점하고 있는 글로벌 북부의 선진국 도시에서 탈산업화는 1970년대에 시작되었다. [그림 4-12]에 나타나듯이, 1970년대에 20% 정도였던 뉴욕과 런던의 제조업 종사자 비율은 꾸준하게

【그림 4-12】 서울, 뉴욕, 런던의 제조업 고용 비율 변화(1970~2010년) (단위: %)

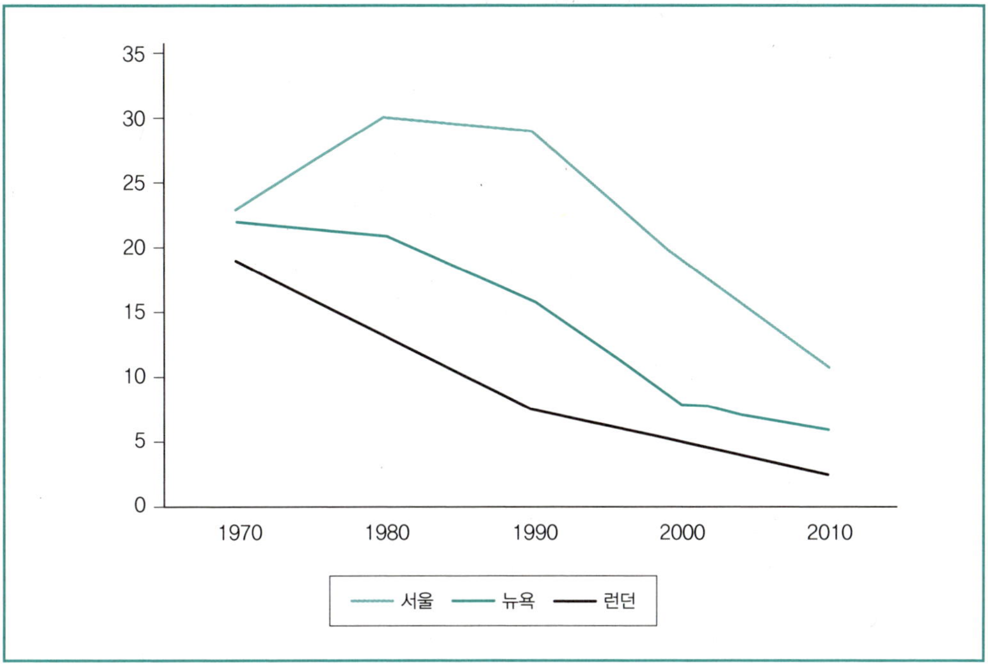

주: 런던은 1971년, 1981년 등 1로 끝나는 해의 데이터를 사용함.
출처: 서울연구원(2020); Pike(2022); Schulman(2021).

감소해 2010년대에는 5% 내외의 수준까지 하락하였다. 서울의 탈산업화는 이들보다 늦게 1990년대부터 나타나기 시작하였지만, 진행 속도는 훨씬 더 빨랐다. 서울에서 제조업 종사자 비율은 1980년부터 1990년까지 30%의 정점을 찍고, 그 이후로 빠르게 감소하여 불과 20년 만에 11%까지 줄어들었다.

4. 공간분업과 글로벌도시

(1) 공간분업의 글로벌화

도시 경제의 탈산업화는 공간분업의 지리적 확대와 긴밀하게 얽혀 있는 현상이다. 노동의 공간분업은 구상 기능과 실행 기능의 지리적 분리로 인해 지역의 기능적 전문화를 낳는 현상이다. 기능적 전문화는 보다 오랜 역사를 가지고 있는 지역의 산업적 전문화와 개념적으로 구분된다(Pike *et al.*, 2016). 산업적 전문화는 철강 도시, 자동차 도시, 선박 도시 등과 같이 특정 부문(제품)의 생산 네트워크 전체나 대부분이 한 곳에 집중하는 전문화의 방식이다. 수직적 통합의 위계형 거버넌스로 조직된 대기업이 입지하거나, 그러한 선도 기업과 전속형 또는 관계형 가치사슬로 연계된 공급 업체가 지리적으로 밀집하여 특정 산업의 클러스터를 형성한 곳에서 주로 나타난다. 예를 들어, 경상북도 포항은 선도적 제철 기업인 포스코의 본사, R&D, 생산 기능을 모두 보유하면서 산업적으로 전문화된 철강 도시의 면모를 보이고 있다.

이에 반해, 기능적 전문화는 분공장 경제, 수출가공지대(EPZ: export processing zone)처럼 지역 경제가 특정 단계나 공정에 특화된 전문화 방식을 일컫는다. 예를 들어, 분공장 경제는 대도시에서 본사나 R&D 기능과 함께 입지하던 생산 시설과 기능이 넓고 저렴한 토지와 저임금 노동을 찾아 교외, 중소도시, 농촌 지역에 재입지하면서 형성된다. 우리나라에서 분공장 경제는 본사와 지리적으로 분리된 제조업체가 많이 몰리는 지방 도시나 농촌 지역에서 두드러지게 나타나고 있다. 최근 들어 충청북도 진천과 음성 일대에서는 광범위한 신재생에너지 산업의 가치사슬 중에서도 태양광 셀과 모듈 제조업이 빠르게 성장하고 있는데, 여기에서는 HD현대에너지솔루션과 한화에너지솔루션 같은 대기업 분공장 입지가 중요한 역할을 하고 있다(이재열·장근용, 2020). 이러한 분공장 경제의 기능적 전문화는 거버넌스 측면에서 대도시에 집중된 본사 기능에 지휘·통제받는 위계적 관계망의 특성을 가진다.

기능적 전문화는 지역과 국가의 경계를 넘어서 형성되는 글로벌 생산 네트워크에 영향을 받아 나타날 수도 있다. 토지나 세제 혜택 등 국가나 지방 정부의 정책적 지원을 바탕으로 개발도상국에 조성된 EPZ가 그러한 기능적 전문화 장소의 대표적 사례에 해당한다. EPZ는 로컬화된 공급망이 미비한 상태에서 해외의 원자재, 부품, 반제품 등을 수입하고, 로컬에서 저임금 노동을 고용해 최종 상품을 조립, 생산한 다음 해외로 다시 수출하는 단순 제조업체가 집적된 곳이다. 이는 탈산업화된 글로벌 북부 도시의 생산, 제조, 조립 기능이 글로벌 남부 지역으로 이전해 재집적한 모습이라 할 수 있다. 우리나라에서는 서울 구로의 한국수출산업공단(서울디지털산업단지)과 마산수출자유지역(마산자유무역지역)이 전형적인 EPZ의 기능을 하며 성장, 발전했던 곳이다. 이처럼 글로벌 북부 도시 경제의 탈산업화는 글로벌 남부 도시의 산업화로 이어지는 경향이 있는데, 이러한 현상은 신국제분업으로 일컬어진다. 신국제분업과 EPZ의 조성은 글로벌 남부 도시와 국가의 산업화에서 경제 성장의 발판으로 작용했고, 이를 통해 한국, 대만, 싱가포르를 비롯한 일부 국가는 개발도상국의 지위를 탈피해 선진국으로 거듭났다. 그러나 성공 신화는 일반적 현상이라

【그림 4-13】 동남아시아 사이버 스캠 사기 단지의 위치

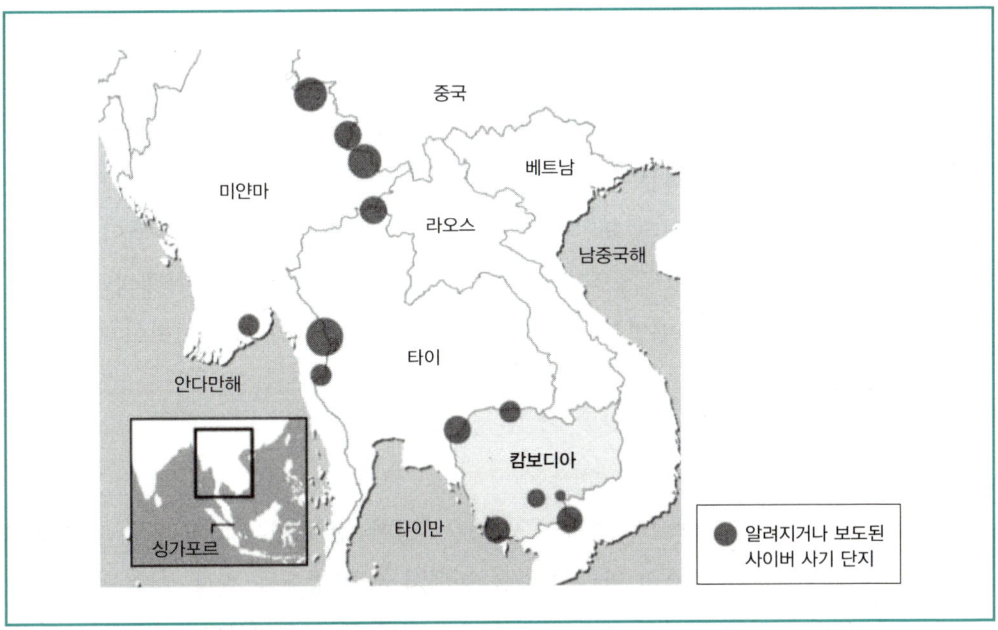

출처: The Strait Times(2025년 6월 18일).

기보다 예외에 가깝고, 대다수의 개발도상국 EPZ는 종속적 저개발 상태에 머물러 있으며 노동착취공장(sweatshop)의 난립과 성차별 문제에 노출된 상태에 있다. 최근에는 캄보디아를 비롯한 일부 동남아시아 국가의 EPZ가 스캠(scam) 사기, 납치, 인신매매, 강제노동, 폭력의 장소로 악용되어 논란의 중심에 있기도 하였다([그림 4-13]).

산업적 전문화에서 기능적 전문화로의 변화는 도입기, 성장기(시장확대), 성숙기(대량생산), 포화기, 쇠퇴기로 이어지는 제품수명주기의 영향으로 설명되기도 한다(이희연, 2018). 우선 대도시 지역은 기술력과 혁신성이 중요한 초기 개발의 도입기 단계에서 유리한 산업입지 환경이라는 점에 주목할 필요가 있다. 대도시 입지는 고숙련 인적자본과 인재 유치에 이로울 뿐 아니라, 행위자 간 물리적 근접성을 바탕으로 낮은 거래비용, 일상적 상호작용과 신뢰 관계 형성, 학습 및 지식 수용 기회 확대, 혁신성 향상 등 긍정적 외부경제 효과를 기대할 수 있는 환경을 제공하기 때문이다. 그러나 제품수명주기가 성장기 및 성숙기에 이르면, 높은 기술력보다 낮은 투입 비용이 훨씬 더 중요한 시장 경쟁력의 원천이 된다. 이에 따라 대도시 입지의 경쟁우위가 줄어들고, 컨베이어벨트 등 표준화된 기술을 바탕으로 표준화된 상품을 저비용으로 대량생산할 수 있는 장소가 더욱 중요한 입지 요건이 된다. 이에 따라 생산 시설은 저렴한 지가와 임대료, 저임금의 반/비숙련 노동을 이용할 수 있는 교외, 중소도시, 농촌지역으로 이전하는 경향이 생긴다. 이와 달리, 관리 업무와 지휘·통제 기능을 담당하는 본사는 여전히 대도시에 남아 구상과 실행이 지리적으로 분리된 공간분업의 요인이 된다. 여기에서 더 나아가 제품수명이 쇠퇴 및 노후화의 단계에 이르게 되면, 생산비 절감과 광범위한 시장 확대의 필요성이 더욱 증대하여 (반)주변부 개발도상국으로 생산 기능의 해외 이전이 촉진된다.

(2) 글로벌도시

국제분업은 새로운 생산의 장소로 부상한 (반)주변부의 도시 및 지역 경제가 초국적기업 본사의 관리 기능을 통해서 세계 경제를 조정, 지휘·통제하는 중심부 선진국 도시의 영향력 아래에 놓이게 됨을 의미한다. 이처럼 세계 경제를 좌지우지하는 도시는 세계도시 또는 글로벌도시로 개념화되었다(이재열·박경환, 2021). 초창기 세계도시 개념에서는 초국적기업의 거점으로서 조정자적 역할이 최우선시되어 있었다(Friedmann and Wolff, 1982; Friedmann, 1986). 그러나 보다 최근의 글로벌도시 연구는 금융, 보험, 회계, 법률, 컨설팅, 부동산, 광고 등 생산자 서비스의 역할에 훨씬 더 많은 무게를 두고 있다(Sassen, 2001; Derudder *et al.*, 2024; Taylor and Derudder 2022; 2장). 초국적기업은 도시 중심을 이탈하여 교외화하는 데에 반해, 글로벌 자본의 흐름에서 윤활유로서 기능하는 생산자 서비스 업체는 여전히 도시 내 입지를 선호하기 때문이다. 도시 중심은 고객 및 업무 파트너와 근거리에서 교류하는 환경을 제공하여, 생산자 서비스 업체에게 꾸준한 상호작용, 학습, 혁신에 유리한 입지 조건으로 작용한다. 예를 들어, 금융 분야에서는 오래전부터 전자적 장치를 통한 거래와 정보 교류가 일반화되었지만, 이러한 변화는 역설적으로 대면접촉의 필요성을 더욱 높이는 결과를 낳았다(Thrift, 1994). 거래와 정보의 흐름이 늘어날수록 그것의 의미를 파악하여 경제적 가치의 창출로 연결하는 해석적 업무의 중요성이 커졌고, 이런 업무를 효과적으로 수행하기 위해서는 다양한 전문가들과 대면접촉의 관계를 유지, 관리하는 것이 중요하기 때문이다.

이러한 집적경제의 이익은 지리적으로 고르게 분포하지 않는다. 글로벌도시 사이에서도 불균등발전의 패턴이 나타나고 있다는 이야기다. 그래서 개념화의 초창기부터 학자들은 글로벌도시 간의 위계 구조에 큰 관심을 보였다. 글로벌도시 이론화의 선구자라고 할 수 있는 존 프리드먼(J. Friedmann)은 냉전시대의 맥락에서 공산권 국가를 배제한 세계도시 이론을 제시했고, 자본주의 국가에서도 주변부 국가를 제외한 중심부 국가와 반주변부 국가에서만 나타나는 현상으로 세계도시를 설명했다(Friedmann and Wolff, 1982). 중심부와 반주변부 국가에서는 1차나 2차 세계도시의 위계가 나타나는 점도 강조했다. 예를 들어, 아시아-태평양 지역에서 도쿄는 중심부 1차 세계도시, 시드니는 중심부 2차 세계도시, 싱가포르는 반주변부 1차 세계도시, 서울은 반주변부의 2차 세계도시로 유형화하였다([그림 4-14]).

글로벌/세계도시 체계에 대한 이해와 설명의 유산은 연구 기관, 컨설팅 업체, 싱크탱크 등에서 경쟁적으로 발표하는 글로벌도시나 금융센터 순

【그림 4-14】 프리드먼의 세계도시 계층 및 연결망

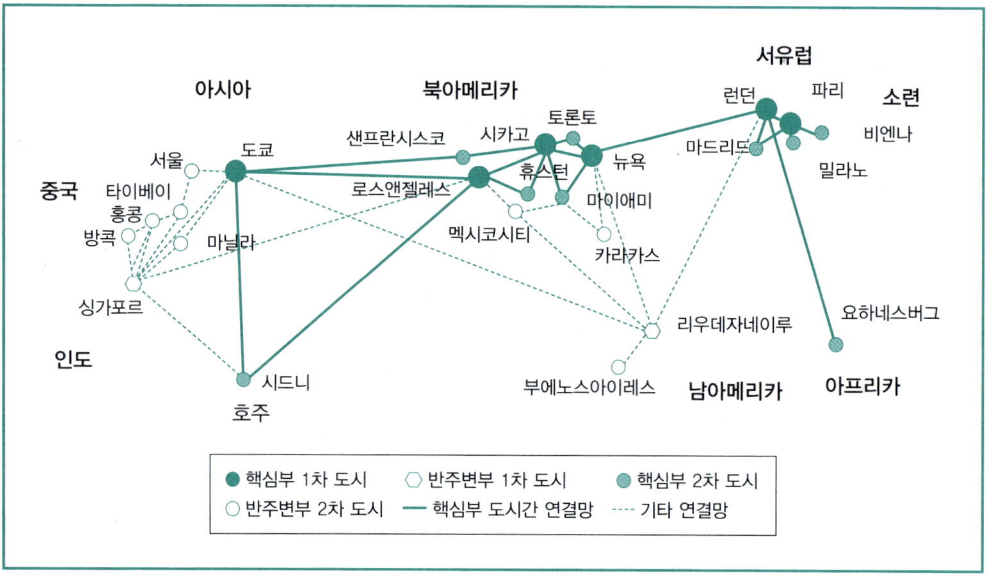

출처: Friedmann(1986, 74).

위로 이어지고 있다(Derudder *et al.*, 2024; Kearney, 2024; The Mori Memorial Foundation, 2024; Z/Yen, 2024). 이러한 도시 순위 평가에서 서울은 지난 20여 년 동안 괄목할만한 위상의 변화를 경험했고, 최근 들어서는 부산이 글로벌도시 목록에 등장하는 경우도 생겼다. 예를 들어, 지옌(Z/Yen, 2007; 2024)의 금융센터 순위에서 2007년 40위권에 머물던 서울은 10위권 글로벌도시로 도약하였고 목록에 존재하지 않던 부산은 현재 20위권 도시로 평가받고 있다([표 4-7]). 그런데 이러한 글로벌도시 순위 평가를 객관적 사실이나 보편타당한 진리로 받아들일 필요는 없다는 점에 유념해야 한다. 기관마다 평가의 기준이 다르며, 하나의 평가 기관 내에서도 기준이 일정하게 유지되지 않고 계속해서 변하기 때문이다. 글로벌도시 순위는 선택성과 배타성 측면에서도 비판받는다. 목록에 포함되지 않는 대다수 도시가 경제적으로 부적합하다는 인식을 재생산하며 도시 간의 경쟁을 조장하는 역기능을 가지고 있기 때문이다. 이에 제니퍼 로빈슨(R. Robinson)은 글로벌도시와 같은 배타적 범주를 넘어서 보다 포용적으로 모든 도시의 일상을 아우를 수 있는 보통도시(ordinary city) 연구 아젠다를 제시하였다(Robinson, 2002).

【표 4-7】 글로벌 금융센터 순위

	2007년 3월(제1회)		2024년 9월(제36회)	
순위	도시	금융센터 점수	도시	금융센터 점수
1	런던	765	뉴욕	763
2	뉴욕	760	런던	750
3	홍콩	648	홍콩	749
4	싱가포르	660	싱가포르	747
5	취리히	656	샌프란시스코	742
6	프랑크푸르트	647	시카고	740
7	시드니	639	로스앤젤레스	739
8	시카고	636	상하이	738
9	도쿄	632	선전	732
10	제네바	628	프랑크푸르트	730
11	파리	625	서울	729
12	토론토	611	워싱턴 D.C.	728
13	샌프란시스코	611	제네바	726
14	보스턴	609	더블린	725
15	에든버러	605	파리	724
16	케이맨 제도	604	두바이	723
17	해밀턴(버뮤다)	603	취리히	722
18	멜버른	603	베이징	721
19	채널제도	600	룩셈부르크	720
20	워싱턴 D.C.	594	도쿄	719
기타	서울(43위)	434	부산(25위)	714

출처: Z/Yen(2007, 13; 2024, 4).

5. 지식기반산업의 생산지로서 도시

(1) 도시 중심의 지식기반산업

글로벌도시 개념이 시사하는 바와 같이, 탈산업화된 오늘날의 주요 도시는 생산과 산출의 측면에서 과거의 산업도시와 큰 차이를 보인다. 과거의 산업도시가 유형의 공산품의 생산지 역할을 했다면, 오늘날의 탈산업 도시는 무형의 서비스와 지식기반 상품 생산지로서 기능한다. 따라서 탈산업화는 생산기능의 중단이라기보다 도시의 생산자적 역할이 재구성되는 재산업화와 결부된 현상으로 파악하는 것이 좋다. 사스키아 사센(S. Sassen)은 그러한 생산자적 역할의 재구성을 강조하면서 다음과 같이 글로벌도시 개념을 세계도시 개념과 구분하여 설명하였다(Sassen, 2001, 5).

> [세계도시에서 설명하는 바와 달리] 글로벌도시는 [세계화] 과정의 조정을 위한 결절의 역할만 하는 것은 아니며, 생산의 장소인 측면도 있다. 첫째, 글로벌도시는 전문 서비스의 생산지이다. 공간적으로 분산된 공장, 오피스, 서비스 매장의 네트워크를 운영하는 복잡한 조직에서 전문 서비스 수요가 창출된다. 둘째, 금융 혁신의 생산과 시장 형성의 장소인데, 두 가지 모두 금융 산업의 국제화 및 확대에서 중심적 역할을 한다. 글로벌도시를 제대로 이해하려면, 글로벌도시를 특정한 유형의 일들이 완수되는 장소로 인식할 필요가 있다. 제조업과 서비스 간의 이분법을 극복해야 한다는 이야기다. 고도로 전문화된 서비스와 금융 상품이 글로벌도시에서 생산하는 “것들”이다.

여기에서 하나의 중대한 의문이 생긴다. 정보와 지식은 비교적 자유롭게 이동할 수 있는데 지식기반 산업은 무슨 이유로 주요 도시에 집적하는 것일까? 실제로 우리나라의 금융 및 보험업, 전문, 과학 및 기술 서비스업, 정보통신업을 비롯한 전문 서비스의 생산은 서울에 집중되어 있다([표 4-6]). 서울 집중은 금융 및 보험업에서 특히 두드러지는데, 2022년 이 부문 전국 매출

【표 4-8】 도시 · 지역별 지식정보산업 사업체, 종사자, 매출액 비율(2022) (단위: %)

	수도권				비수도권			전국 합계
	서울	인천	경기	권역합계	6개 시*	8개 도**	권역합계	
사업체 수	29.1	3.7	23.3	56.1	17.0	26.9	43.9	100
종사자 수	55.0	2.3	20.5	77.8	10.4	11.7	22.1	99.9
매출액	51.7	1.0	32.0	84.7	6.2	9.0	15.2	99.9

* 부산, 대구, 광주, 대전, 울산, 세종을 포함함.
** 강원, 충북, 충남, 전북, 전남, 경북, 경남, 제주를 포함함.
출처: 문화체육관광부 · 한국콘텐츠진흥원 2022년 기준 콘텐츠산업조사(2024).

액의 71%가 서울에서 산출된 것으로 집계되었다. 최근 정부 조사에서는 컴퓨터, 소프트웨어, 데이터베이스, 인터넷 등을 포함한 지식정보산업도 서울 및 수도권 집중이 상당한 것으로 나타났다([표 4-8]). 2022년을 기준으로 전국에는 10,185개의 지식정보산업 사업체가 존재하고, 이것의 56.1%에 해당하는 5,718개 업체가 서울(29.1%), 인천(3.7%), 경기(23.3%)를 포함한 수도권에 위치한다. 수도권 집중의 수준은 종사자 수와 매출액 측면에서 훨씬 더 높게 나타난다. 90,652명의 전국 지식정보산업 종사자의 77.8%, 21.5조 원에 이르는 전국 매출액의 84.7%가 수도권에 몰려 있다. 이는 수도권의 지식정보산업 기업이 규모, 고용효과, 생산성 측면에서 비수도권 기업을 능가함을 시사한다.

(2) 마셜 외부효과: 생산도시

집적경제 이익은 알프레드 마셜(A. Marshall)의 산업지구 이론을 통해서 설명할 수 있다(Marshall, 1890). 산업지구는 같은 산업이나 연관 부문에 속하는 다수의 기업이 집중하는 장소나 지역으로 정의되며, 오늘날에는 클러스터라는 용어로 통칭되고 있다. 마셜은 외부효과 요인을 중심으로 19세기 말 산업지구에서 목격한 집적경제의 이익을 설명했다. 외부효과는 한 행위자의 투자로 인해서 타인이나 광범위한 공동체에서 얻게 되는 경제적 편익이나 비용(손해)을 뜻한다. 비용 감소와 같은 편익은 긍정적 외부효과로, 물가 상승, 혼잡, 환경오염 등의 비용은 부정적 외부효과로 불린다. 마셜은 로컬 인프라 공유, 전문화된 공급업체의 성장, 숙련된 지역 노동시장의 형성을 집적경제가 긍정적 외부효과를 유발하는 원천으로 지목했다. 세 가지 마셜 외부효과 요인을 간략하게 설명하면 다음과 같다.

첫째, 여러 기업은 같은 장소에 입지함으로써 인프라 자원을 공유할 수 있게 된다. 여기에는 교통, 통신, 상하수도, 전기 등의 물리적 인프라뿐만 아니라 직업 교육 및 훈련 프로그램과 같은 제도적 인프라까지 포함된다. 이러한 인프라의 이용 가능성 때문에 산업지구 기업들은 투자 비용을 줄일 수 있게 된다. 둘째, 전문화된 공급업체가 성장하면 연관 기업 간의 근거리 거래가 가능해진다. 이를 통해 운송비와 거래비용을 줄일 수 있고, 동시에 기업 간 활발한 교류가 가능하게 되어 신뢰 및 협력 관계가 형성되고 공동체적 상호학습의 분위기도 조성된다([읽기 자료 4-3]). 셋째, 산업지구는 로컬 산업에서 요구되는 숙련 노동시장의 형성을 촉진한다. 이는 기업 입장에서 구인 비용을, 노동자 입장에서는 구직 비용을 줄일 수 있는 환경이다. 지리경제학자 듀랜턴과 푸가는 공유, 학습, 매칭을 긍정적 외부효과 요인들이 집적경제로 현실화되는 매커니즘으로 설명하였다(Duranton and Puga, 2004). 예를 들어, 인프라 등 투입 요소의 공유, 로컬 기업 문화의 학습, 구직자와 일자리의 매칭 등의 과정을 통해 집적경제의 이익이 실현될 수 있다는 것이다.

마셜 외부효과는 오늘날의 지식기반산업이 주요 도시에 집적하는 이유를 설명하는 데에도 여전히 유용하다(박경환 등 역, 2021). 이 개념의 현대적 유용성은 세 가지 측면에서 생각해 볼 수 있다. 첫째, 인터넷을 비롯한 정보통신 인프라의 분포가 공간적으로 균등하게 분포하지 않는다는 사실에 주목해야 한다. 그러한 인프라는 공간적 측면에서 디지털 격차의 문제를 표출하며 도시에 집중하는 경향이 있다. 그래서 도시 지역은 정보통신 네트워크의 결절로서 지식기반산업의 성장과 발전에서 유리한 위치를 점하게 된다. 일례로 미국에서는 인터넷 공급이 원활한 대도시권을 중심으로 지식기반산업 클러스터가 발전하고 있다. 금융 부문에서는 정보통신 기술의 발달로 전 세계 주식 거래의 절반 이상이 자동화된 초단타매매로 거래되는데, 이 부문의 행위자들은 촌각을 다투는 신속한 차익거래의 실현을 위해서 서버 팜 인근에 몰리는 경향이 있다(이재열·박경환, 2021). 글로벌 스케일에서 활동하는 금융, 회계, 광고,

법률, 컨설팅 부문의 생산자 서비스 업체도 통신 및 교통 기반 시설이 우수한 주요 대도시에 본사, 지사, 영업점을 운영한다. 이에 따라 글로벌도시 사이에서는 서로 맞물리게 되는 인터로킹 네트워크의 연결성이 나타나는 것이다(Derudder *et al.*, 2024; 2장).

둘째, 지리적 근접성을 바탕으로 전문화된 연관 기업 간에 형성되는 활발한 거래, 교류, 협력, 공유, 학습의 관계도 지식기반산업 클러스터 형성의 중요한 요인이다. 글로벌화와 전자적 거래의 보급 때문에 금융 분야에서는 지리적 근접성의 중요성이 감소할 것이라는 전망이 있었지만, 현실은 그렇지 않았다. 일례로, 런던의 금융가는 글로벌화와 전자거래의 활성화 덕분에 금융기관의 단순한 집적지를 넘어서 자본가, 투자자, 브로커, 관료, 전문가 등 다양한 인간 행위자와 자본, 기술, 전자화된 정보, 지식, 소문, 금융 지수 등 비인간 행위자가 뒤섞인 행위자-네트워크의 결절에 놓이게 되었다(이재열·박경환, 2021; Thrift, 1994). 결과적으로 런던은 엄청난 양의 정보와 지식이 몰리는 도시가 되었고, 범람하는 정보를 포착하고 이해하여 경제적 가치를 창출하는 해석적 권력의 중심으로 거듭났다. 이러한 모습은 비즈니스 미디어, 컨설팅 업체, 신용 평가 기관 등의 집적으로 확인된다. 이들의 해석적 지식 권력에 대한 접근성을 높이기 위해서는 신뢰가 바탕이 되는 장소 기반의 사회·문화적 관계의 형성이 중요하다. 지식에는 문자화되어 비교적 자유롭게 먼 거리를 이동할 수 있는 형식지뿐만 아니라, 노하우(know-how)처럼 문자화되지 못하여 대면접촉 등 직접적인 교류를 통해서만 학습할 수 있는 암묵지도 존재하기 때문이다.

읽기 자료 4-3. 거래비용과 집적경제

집적경제는 지식기반산업에서 높은 거래비용의 문제를 해결하는 중요한 수단이다. 거래비용은 구매나 판매 활동이 초래한 모든 비용을 의미하며, 거래되는 상품이나 서비스의 가격 이외에도 정보 수집, 계획 수립 및 수정, 결정, 계약 (불)이행, 분쟁, 협상, 사후관리 등과 관련된 비용도 포함하는 개념이다.

전통적으로 경제학에서는 기업 조직을 이해하기 위해 거래비용에 주목했다. 한편으로는 거래비용이 높은 개인 간 시장 거래의 해결책으로 거래비용을 내부화하여 수익성을 높이는 기업이 조직된다고 설명했고(Coase, 1937), 다른 한편으로는 자산특수성과 관련된 거래비용을 줄이기 위해 특정 부문에 전문화되어 수직적으로 통합된 대기업이 출현한다는 논의도 있었다(Williamson, 1971). 여기에서 자산특수성은 일정 부문에 거래를 증가시키며 기업의 거래 관계의 범위를 한정하는 기능을 한다. 어떤 방식이든 기업 조직을 통한 거래비용 내부화의 결과로, 기업은 생산량을 늘려 평균 비용이 감소하는 규모의 경제를 실현할 수 있게 된다. 이러한 형태의 외부효과는 규모의 내부경제로 불린다. 그러나 제도주의 경제학자들은 기업 경계를 초월해 거래비용의 문제를 사고하였다. 구체적으로 '게임의 룰'로서 기능하며 경제 행위자의 인지, 태도, 가치, 행동에 영향을 미치는 제도가 거래비용의 결정 요인이 될 수 있음을 강조했다(North, 1990). 그러면서 거래비용을 낮춰 경제성장을 자극할 수 있는 국가 제도의 필요성을 역설하기도 하였다.

주로 기업 수준이나 국가 스케일에서 거래비용을 고려하는 경제학과 달리, 경제지리학에서 거래비용은 집적경제의 원동력이 되는 규모의 외부경제와 관련하여 주목받고 있다. 규모의 외부경제는 조직적 내부화를 통해서 거래비용을 줄이는 규모의 내부경제와 달리, 장소에 기반한 기업 간 관계의 시너지를 통해서 실현된다(Storper, 2013). 단일 기업이 자체적 역량만 가지고 거래비용을 낮춰서 생산성을 높이기 어려운 상황에서, 클러스터 기반의 공급망, 학습, 숙련 노동자 풀을 이용함으로써 거래비용을 낮출 수 있다는 것이다. 이러한 집적경제의 필요성은 특히 실리콘밸리, 월스트리트, 할리우드처럼 지식기반산업 클러스터에서 두드러진다. 거래되는 중간재가 다양하고 요구되는 전문화 수준이 높으며 거래 자체에도 상당한 복잡성과 불확실성이 내재하기 때문이다. 이러한 관계에서 장거리 거래는 높은 비용을 유발하고 실패의 위험성도 높아서 집적이 거래비용 감소의 수단이 되는 것이다. 마이클 스토퍼(Storper, 1997)는 이러한 관계적 이익이 원거리에서는 거래되기 어렵고 대체로 근거리의 대면접촉에 기반한다는 의미에서 비교역(비거래) 상호의존성이라 칭하였다.

장소를 기반으로 형성된 기업 간 협력의 문화는 미국 실리콘밸리의 초창기 성공 비결로 분석되기도 하였다(Saxenian, 1994). 거대기업을 중심으로 수직적 위계 구조의 산업시스템이 일반적인 미국의 대다수 지역과 달리, 초창기 실리콘밸리에서는 수평적 네트워크 기반의 산업시스템이 구축되어 있었다. 예를 들어, 자유롭고 유연한 팀 조직 구성 덕분에 기업 내부에서는 부서 간, 외부적으로는 고객사와 공급업체 사이에 수평적인 의사소통의 기업 문화가 형성되었다. 기업의 기능적 경계가 폐쇄적이지 있지 않고 높은 개방성을 유지하며 지역 사회에 착근된 산업시스템이 형성되었다는 이야기다. 다른 한편으로, 산업협회, 벤처캐피탈, 대학, 커뮤니티 조직 등 지역의 제도적 인프라도 개방적 산업시스템과 장소 기반 협력의 밑거름이 되었다. 이러한 사회·문화·제도적 맥락은 기술적으로 전문화된 생산업체의 유연적 적응과 상호 학습에 유리하게 작용하였고, 도전적 기업가정신의 원동력이 되었다. 물론 실리콘밸리 기업 사이에서도 경쟁은 치열하였다. 하지만 공식적, 비공식적 교류와 협력의 문화를 바탕으로 빠르게 변화하는 시장 상황과 기술을 공동으로 학습하는 분위기도 조성되었다. 이러한 산업화 유산을 바탕으로 실리콘밸리는 구글, 메타, 애플, 엔비디아 등의 주요 기술 기업을 배출하며 세계 최고 수준의 첨단산업 클러스터의 지위를 누리고 있다.[4]

셋째, 마셜 외부효과 개념은 지식기반산업 클러스터에서 인적자본의 중요성을 설명하는 데에도 유용하다. 앞서 살폈듯이 마셜은 이미 19세기부터 숙련 노동시장의 형성을 집적경제 외부효과의 핵심 요인 중 하나로 여겼다. 마찬가지로 오늘날의 지식기반산업 클러스터는 숙련 노동시장을 밑바탕으로 성장하는데, 특히 관련 분야에서 지식의 형성 및 전파 그리고 기술 발전에 공헌하며 경제적 가치를 창출하는 창의적이고 혁신적인 인적자본의 역할이 매우 중요하다. 이들은 신생 분야에서 모험적 기업가정신 발휘하여 도시 및 지역

---

4 2023년을 기준으로 300여만 명이 거주하는 실리콘밸리의 평균 소득은 미국 전체의 약 7만 달러보다 훨씬 더 높은 19만 달러에 이른다. 170만 명의 실리콘밸리 노동자 중 약 28%가 첨단산업 분야에서 일하고 있으며, 벤처캐피탈 투자도 활발하여 미국 유니콘 기업의 31%가 이곳에 입지한다(Joint Venture Silicon Valley, 2024). 이처럼 발전의 성과와 성장 잠재력은 분명하지만, 높은 주택가격, 임대료, 물가 등 집적경제의 부정적 외부효과는 실리콘밸리에서 해결해야 할 도전적 과제로 지적받고 있다.

경제의 창조적 파괴를 도모할 수 있는 잠재력과 역량을 보유한다고 평가되기도 한다.

이러한 인적자본은 경험적 측면에서 학력 수준, 특히 대학 이상의 교육을 받은 사람들로 정의되어 왔지만(Glaeser, 2011), 최근 들어서는 직업에 근거해 고숙련 인적자본을 인식하는 관점이 각광받고 있다. 여기에는 인적자본, 즉 인재의 혁신성과 창의성은 직업과 직장에서 완수하는 구체적 업무를 통해서만 경제적 가치로 전환된다는 가정이 깔려 있다. 이런 관점에서 리처드 플로리다(R. Florida)는 창조계급 개념을 제시하였는데, 창조계급은 "의미 있는 새로운 형태를 창조"하는 기능의 "일"에 관여한다는 점에서 기존의 인적자본과 구별되는 특징을 가진다(Florida, 2003, 8). 그리고 창조계급은 다음과 같이 "초창조적 핵심(super-creative core)"과 "창조적 전문가(creative professional)"로 구성된다.

> 새로운 [창조]계급의 초창조적 핵심은 과학자와 엔지니어, 대학 교수, 시인과 소설가, 예술가, 연예인, 배우, 디자이너, 건축가를 포함한다. 논픽션 작가, 에디터, 문화예술인, 싱크탱크 연구자, 분석가, 여론 형성자 등 현대 사회의 "사상 리더십"도 그에 속한다. 이러한 초창조적 핵심 구성원은 새로운 형태와 디자인을 생산한다. ... 또한 창조계급에는 "창조적 전문가"도 포함되는데, 이들은 첨단산업 부문, 금융 서비스, 법률 및 의료 직종, 비즈니스 경영 등 광범위한 지식기반 직종에서 일한다. (Florida, 2003, 8)

창조계급의 가장 중요한 특징 중 하나는 다른 분야 종사자들에 비해 상대적으로 자유로운 이동성을 보인다는 것이다. 그렇다고 해서 장소의 성격에 대한 선호가 없지는 않다. 개방적이고 다양성이 용인되는 관용(tolerance)의 수준이 높은 도시에 집중하는 경향이 있다. 플로리다는 인구 대비 동성연애자 비율로 산출하는 게이 지수와 작가, 음악가, 미술가 등 창조적 문화예술인의 비율로 측정하는 보헤미안 지수로 도시의 관용성을 평가했고, 이를 통해 대학 이상의 학력을 가진 인재(talent)를 포함한 창조계급이 높은 관용성의 도시에 몰리는 패턴을 발견하였다. 이런 도시는 다양한 전문성과 관점을 가진 창조계급 간 빈번한 만남과 일상적 교류의 장이 된다. 그러면 서로 간 학습을 통해 여러 가지 아이디어가 뒤섞여 새로운 아이디어가 되고, 여기에서 상업화의 가치가 찾아질 때 혁신이 창출되어 도시의 기술(technology) 수준이 높아지며, 궁극적으로 도시는 경제적 성장과 발전의 성과를 얻게 되는 것이다. 이와 같은 창조계급 기반의 도시 경제 성장 과정에 대한 설명은 (관용, 인재, 기술의 역할을 중시한다는 점에서) 3T 이론으로 불리고 있다.

(3) 제이콥스 외부효과: 소비도시

도시 경제에서 인적자본, 인재, 창조계급의 역할에 관한 최근의 논의는 집적경제에 대한 전통적 사고에 성찰의 필요성을 제기한다. 집적과 도시 경제 성장의 출발점은 마셜이 주목했던 장소 기반의 산업적 전문화가 아니라 인적자본 구성의 다양성일 수 있음을 시사하기 때문이다. 실제로 글레이저(E. Glaeser)와 플로리다는 오늘날 도시 경제 성장의 원동력을 다양성으로 보았고, 도시의 사회·문화·경제적 다양성을 집적경제 외부효과의 핵심 요인으로 지목했다(Glaeser, 2011; Florida, 2003). 이는 마셜 외부효과와 구별하여 제이콥스 외부효과로 불린다. 논의의 뿌리가 도시 활력과 재생의 원인을 다양성에서 찾았던 도시학자 제인 제이콥스(J. Jacobs)의 업적에 있기 때문이다(Jacobs, 1961). 실제로 제이콥스는 다양한 배경을 가진 사람들에게 개방적인 도시가 새로운 아이디어와 에너지를 혁신과 성장의 발판으로 활용함으로써 위대한 도시로 발전했던 점을 강조했다. 글레이저와 플로리다 모두는 자신들의 이론이 제이콥스에게 영향받았음을 분명하게 밝히고 있다(이재열·김종근, 2023a). 이처럼 인적자본의 다양성에 기반한 집적경제는 도시화 경제로 불리며, 산업적 전문성에 초점을 맞추는 국지화(로컬화) 경제와 개념적으로 대비된다.

오늘날 도시화 경제 이론의 부상은 도시 경제 거버넌스의 초점과 정책의 우선순위에도 큰 영향을 미쳤다. 1970년대 이후 신자유주의의 영향으로 기업가주의 도시 거버넌스가 확산함에 따라, 도시 정책의 초점은 교육, 의료, 복지 등 집합적 소비의 전달에 집중했던 관리주의를 벗어나 도시 경쟁력을 강화하여 경제 성장을 도모하는 방향으로 전환되었다. 처음에는 기업 유치나 산업 육성을 통해서 고용을 늘리고 지방 세수를 확대하는 정책이 중시되었다가, 2000년대 전후로 글레이저나 플로리다의 도시화 경제 논의가 유행처럼 확산하여 주류로 자리 잡으면서 도시 경쟁력 강화 정책의 초점은 인적자본 육성이나 창조계급 유치로 변해갔다. 그러면서 고학력, 고숙련 노동력의 소비 욕구에 부응하여 이들의 도시 유입을 자극할 수 있는 어메니티 개선 정책이 인기를 끌게 되었다. 글레이저는 치안, 거리 안전, 학교 교육 등 기본적 공공서비스나 주택 공급을 늘릴 수 있는 탈규제화에 초점을 맞출 것을 요구했고, 플로리다는 극장, 갤러리, 카페, 레스토랑, 밤거리, 패션 등 힙한 문화 소비 공간의 매력을 강조했다(이재열·김종근, 2023b). 한 마디로, 생산도시보다 소비도시를 지향하는 방향으로 정책적 사고의 방식이 전환되었다.

마지막으로, 이러한 전환의 적절성, 정당성, 타당성에 대하여 동의가 이루어지지 않았음에 유념해야 한다. 우선 어메니티 개선과 소비도시 정책은 저소득층보다 엘리트층에게 초점이 맞춰져 있어서 불평등과 부정의를 심화할 위험성이 있다고 지적되었다(Peck 2005). 소비보다 생산을 우선시하게 된 이론적 논리와 경험적 근거의 타당성이 의심받기도 한다. 대표적으로 경제지리학자 마이클 스토퍼는 미국 도시에 관한 통계 분석 결과와 역사적 증거를 제시하면서 도시 경제 성장의 원동력은 산업이고 인적자본은 산업 성장에 따른 효과라고 주장하면서, 인적자본 중심 도시 이론과 정책을 비판하였다(Storper, 2013). 따라서 마셜 외부효과 vs. 제이콥스 외부효과, 국지화 경제 vs. 도시화 경제, 생산도시 vs. 소비도시의 문제가 논쟁적인 주제인 점을 인지하고, 어떤 관점이 더 타당하고 적절한지는 구체적인 사례와 근거를 바탕으로 판단되어야 한다.

이 장에서 살펴본 것처럼, 도시 경제는 계속되는 재구조화의 물결 속에 있다. 이러한 재구조화는 앞으로도 계속될 전망이다. 특히 세 가지 경향이 중요해 보이는데 모두는 중대한 공간적 함의를 내포한다. 첫째, 정보통신 기술 혁신에 힘입어 온라인화와 플랫폼화가 가속화될 것으로 보인다. 이것은 전통시장, 대형마트 등 물리적 상업 공간의 재편으로 이어질 것이며, 과도기에는 공동화의 문제가 표면화될 수도 있다. 둘째, 탈산업화도 중요한 흐름으로 계속될 것 같다. 특히 울산이나 인천처럼 제조업 비율이 여전히 높은 대도시나 지방 중소도시에서 탈산업화가 도시 경제의 중대한 현안이 될 듯하다. 지금까지 탈산업화의 길을 걸어온 도시에서와 마찬가지로, 그러한 전환이 사회경제적 와해와 정치적 마찰의 환경을 조성할 가능성이 짙다. 이러한 상황에서 셋째, 도시 경제의 전망은 지식기반경제로의 전환을 달성하는지에 따라 갈릴 것으로 보인다. 새로운 생산 기반의 조성 여부에 따라 도시 노동시장에서 일자리의 양과 질은 확연하게 차별화될 것이기 때문이다.

생각해 볼거리

1) 본인의 직접적인 경험이나 관찰을 통해서, 전통시장과 현대적 소매시장을 비교해 보자. 두 공간은 인적 구성, 거래 방식, 거래 물품, 소유 관계, 노동 특성, 상권의 범위, 경관 배치, 사회적 상호작용, 장소감 등의 측면에서 어떤 차이를 보이는가? 둘은 경쟁적인 관계일까? 아니면 공생적인 관계일까? 전통시장과 현대적 소매시장의 미래 모습은 지금과 어떻게 다를까?
2) 여러 도시에 관한 정보를 수집하여 도시 경제에서 소비와 생산의 상대적 중요성에 대해 생각해 보자. 도시 경제의 원동력은 소비일까? 아니면 생산일까? 달리 말해, 도시 경제의 성장과 발전에서 소비와 생산 중 무엇이 닭이고 달걀일까? 최근 들어 생산보다 소비를 우선시하는 도시 경제 정책이 유행처럼 퍼지고 있는데, 이것이 올바른 변화라고 생각하는가?
3) 주요 도시의 경제 기반은 제조업에서 FIRE 등 생산자 서비스나 정보통신 등 지식기반산업을 중심으로 재구조화되고 있다. 이러한 재구조화의 원인은 무엇인가? 하나의 도시 사례를 선정해, 구체적인 로컬, 국가, 글로벌 요인을 찾아내 설명해 보자. 그러한 도시 경제 재구조화의 장·단점도 생각해 보자. 그리고 어느 지역과 누구에게 이익/손해인지 판단하며, 도시 경제의 재구조화로 발생하는 공간적 불평등과 정의의 문제도 파악해 보자.

읽을거리

강우원 등, 2018, 서울의 공간경제학, 나남.

구양미, 2024, 산업단지, 해남.

남기범·이원회·유환종 역, 2016, 사스키아 사센의 세계경제와 도시, 푸른길(Saskia, S., 2011, *Cities in a world economy*, Sage).

송철복 역, 2014, 직업의 지리학, 김영사(Moretti, E., 2013, *The New Geography of Jobs*, Harper Business).

양상훈, 2024, 울산 디스토피아, 제조업 강국의 불안한 미래, 부키.

이원호·이종호·서민철 역, 2008, 도시와 창조 계급, 푸른길(Richard, F., 2005, *Cities and the Creative Class*, Routledge).

이재열·박경환 역, 2021, 긱경제: 플랫폼 노동의 지리학, 전남대학교출판문화원(Jamie, W., & Mark, G., 2020, *The Gig Economy: A Critical Introduction*, Polity).

이진원 역, 2021, 도시의 승리, 해냄출판사(Glaeser, E., 2012, *Triumph of the City: How Our Greatest Invention Makes Us Richer, Smarter, Greener, Healthier, and Happier*, Penguin Books).

참 | 고 | 문 | 헌

김영기·강헌수·김승희, 2012, "전통시장 아케이드의 설치 및 관리 효율화 방안 연구", 10(3), 15-30.

노경희, 2018, "<성시전도시(城市全圖詩)>와 <한양가>에 나타난 조선후기 상업정책과 한양 시장의 풍경", 서울학연구, 70, 1-33.

대한상공회의소, 2023, 통계로 본 소매시장 변화 10년, 대한상공회의소.

문화체육관광부·한국콘텐츠진흥원, 2024, 2022년 기준 콘텐츠산업조사, 문화체육관광부·한국콘텐츠진흥원.

박경환·권상철·이재열 역, 2021, 경제지리학개론, 사회평론아카데미(MacKinnon, D. and Cumbers, A., 2019, *An Introduction to Economic Geography*, Routledge).

박삼옥, 2000, 현대경제지리학, 아르케.

박은숙, 2008, 시장의 역사, 역사비평사.

산업통상자원부, 2022, '21년 연간, '21년 12월 주요유통업체 매출동향, 산업통상자원부.

산업통상자원부, 2024, '23년 연간 주요 유통업체 매출 6.3% 증가, 산업통상자원부.

서울연구원, 2020, 지표로 본 서울 변천 3, 서울연구원.

소상공인시장진흥공단, 2022, 『전통시장·상점가및점포경영실태조사』 통계정보보고서, 소상공인시장진흥공단.

소상공인시장진흥공단, 2023, 2022년 전통시장·상점가 점포경영 실태조사 결과 보고서: 전통시장 부문, 소상공인시장진흥공단.

신정엽·김감영, 2020, "지리학 관점에서 도시기원 이론의 비판적 고찰, 한국지리학회지", 9(2), 341-357.

이영주·임은선, 2011, 서민경제 안정을 위한 지역상권 활성화 방안 연구, 국토연구원.

이재열·김종근, 2023a, "도시 승리주의 담론과 대중 어바놀로지에 관한 소고", 한국도시지리학회지, 26(3), 1-15.

이재열·김종근, 2023b, "글레이저노믹스 도시정책 담론의 해체와 비평", 한국지리학회지, 1(4), 591-609.

이재열·박경환, 2021, "금융지리학의 진화: 마르크스주의 지리정치경제학부터 '재정치화'하는 문화경제지리학까지", 한국경제지리학회지, 24(1), 102-121.

이재열·장근용, 2020, "지역산업 경로창출의 장소의존성: 태양광산업 선도기업의 충청북도 솔라밸리 입지 과정을 중심으로", 한국지리학회지, 9(1), 157-175.

이희연, 2018, 경제지리학, 법문사.

임응순·황진영·박상수, 2013, 1차 산업에 대한 지방소득세 과세 방안, 한국지방세연구원.

통계청, 2024, 한국표준산업분류, 통계청.

한주성, 2015, 경제지리학의 이해, 한울아카데미.

홍동표·이재열, 2022, "배달의민족과 모빌리티 서비스 브랜드의 오리지네이션", 한국경제지리학회지, 25(4), 641-656.

홍동표·이재열·류연택, 2023, "플랫폼 음식배달 서비스 가치사슬에서 불안계급의 행위성: 청주시 사창동 일대를 사례로", 한국도시지리학회지, 26(2), 55-71.

Chenery, H. B., 1979, *Structural Change and Development Policy*, Oxford University Press.

Clark, C., 1940, *The Conditions of Economic Progress*, Macmillan.

Coase, R., 1937, The nature of the firm, *Economica*, 4, 386-405.

Cronon, W., 1991, *Nature's Metropolis: Chicago and the Great West, 1848~1893*, W.W. Norton and Company.

Derudder, D., Govind, A. and Taylor, P., 2024, City connectivity in the office networks of the world's largest banking firms, *Finance and Space*, 1(1), 17-20.

Duranton, G. and Puga, D., 2004, Micro-foundations of urban agglomeration economies, in Henderson, V. and Thisse, J., *Handbook of Urban and Regional Economics*, Elsevier, 2063-2177.

Florida, R., 2003, Cities and the creative class, *City & Community*, 2(1), 3-19.

Friedmann, J. and Wolff, G., 1982, World city formation: An agenda for research and action, *International Journal of Urban and Regional Research*, 3, 309-344.

Friedmann, J., 1986, The world city hypothesis, *Development and Change*, 17, 69-83.

Gereffi, G., 1994, The organization of buyer-driven global commodity chains: How US retailers shape overseas production networks, in Gereffi, G. and Korzeniewicz, M., *Commodity Chains and Global Capitalism*, Praeger, 95-122.

Glaeser, E., 2011, *Triumph of the City: How Our Greatest Invention Make Us Richer, Smarter, Grener, Healthier, and Happier*, Penguin Books.

Hoffman, W. G., 1958, *The Growth of Industrial Economies*, Manchester University Press.

Horton, J. and Kraftl, 2014, *Cultural Geographies: An Introduction*, Routledge.

Isserman, A., 1977, The Location Quotient Approach to Estimating Regional Economic Impacts, Journal of the American Institute of Planners, 43(1), 33-41.

Joint Venture Silicon Valley, 2024, *2024 Silicon Valley Index*, Joint Venture Silicon Valley.

Kearney, 2024, *2024 Global Cities Report: Resurgent in a World at Risk*, Kearney.

Marshall, A., 1890, Some aspects of competition, *Journal of the Royal Statistical Society*, 53(4), 612-643.

North, D., 1990, *Institutions, Institutional Change and Economic Performance*, Cambridge University Press.

Pacione, M., 2009, *Urban Geography: A Global Perspective*, Routledge.

Peck, J., 2005, Struggling with the creative class, *International Journal of Urban and Regional Research*, 29(4), 740-770.

Pike, A., 2022, Coping with deindustrialization in the global North and South, *International Journal of Urban Sciences*, 26(1), 1-22.

Pike, A., Rodríguez-Pose, A., and Tomaney, J., 2016, *Local and Regional Development*, Routledge.

Robinson, J., 2002, Global and world cities: A view from off themap, *International Journal of Urban and Regional Research*, 26(3), 531-554.

Sassen, S., 2001, *The Global City*, 2nd ed., Princeton University Press.

Saxenian, A., 1994, *Regional Advantage: Culture and Competition in Silicon Valley and Route 128*, Harvard University Press.

Storper, M., 1997, *The Regional World: Territorial development in a Global Economy*, Guilford Press.

Storper, M., 2013, *Keys to the City: How Economics, Institutions, Social Interaction, and Politics Shape Development*, Princeton University Press.

Taylor, P. and Derudder, B., 2016, *World City Network: A Global Urban Analysis*, Routledge.

The Mori Memorial Foundation, 2024, *Global Power City Index 2024*, The Mori Memorial Foundation.

Thrift, N., 1994, On the social and cultural determinants of international financial centre: the case of the City of London, in Corbridge, S., Martin, R., and Thrift, N., *Money, Power and Space*, Blackwell, Oxford, 327-355.

Williamson, O., 1971, The vertical integration of production: Market failure considerations, *American Economics Review*, 61, 112-123.

Z/Yen, 2007, *The Global Financial Centres Index 1*, Financial Centre Futures.

Z/Yen, 2024, *The Global Financial Centres Index 36*, Financial Centre Futures.

ESG경제, 2025년 3월 16일, 홈플러스 사태 왜? ... MBK 전략실패, 이커머스 급성장, 정부 규제 합작품, https://www.esgeconomy.com/news/articleView.html?idxno=10364

Schulman, P., 2021, "Deindustrialization in New York City 1970 to 2010". https://rpubs.com/pansyds/deindustry

제 5 장

글로벌 경제와 도시의 불균등결합발전

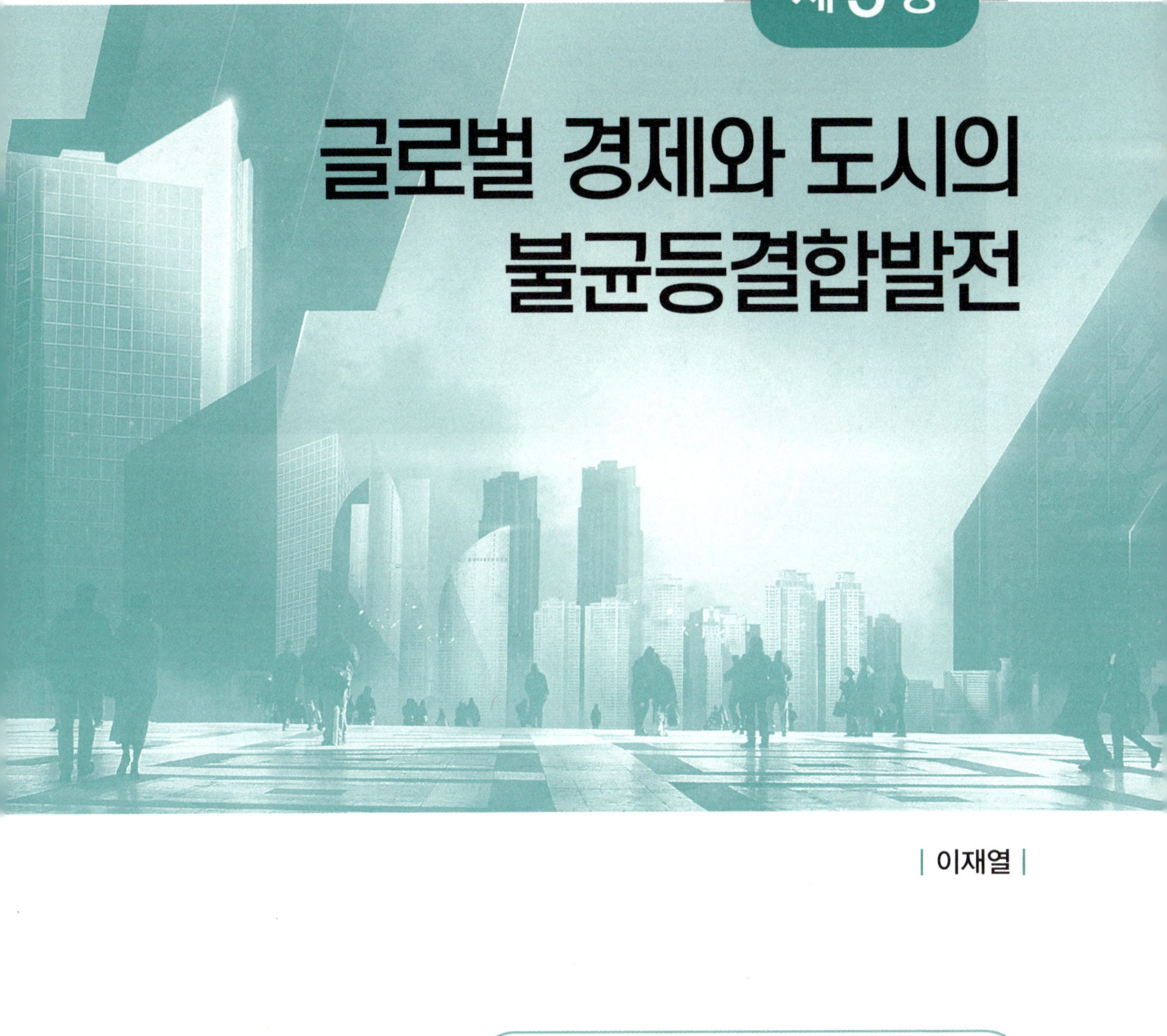

| 이재열 |

제 5 장

글로벌 경제와 도시의 불균등결합발전

1. 글로벌 경제의 네트워크화와 도시

오늘날 도시 경제에서 초국적기업을 중심으로 형성된 재화와 서비스의 글로벌 생산네트워크(GPN: Global Production Network)가 중요한 역할을 하고 있다. 이런 모습은 단 15년 만에 우리나라 최대 소매업체이자 필수적 도시 소비생활 어메니티로 거듭난 쿠팡을 통해서 생각해 볼 수 있다. 2010년 출범한 쿠팡은 국내 최대의 온라인 쇼핑 업체로, 이 시장의 약 1/4을 점유하고 있다. 2023년에는 이마트를 제치고 오프라인 쇼핑을 포함해 국내 최대의 소매업체가 되었다(서울신문, 2024년 2월 20일). 주요 대도시와 인근 지역에서 시작된 로켓배송, 새벽배송 등 창의적 서비스 혁신이 쿠팡의 성공에 밑바탕이었지만([그림 5-1]), 2025년 말에 발생한 개인정보 유출 사태에서 글로벌한 쿠팡의 서비스 생산네트워크가 논란의 중심에 서기도 했었다. 쿠팡 영업 이익의 대부분이 한국에서 발생하고 있지만, 문제에 대처하는 과정에서 미국인 대표이사를 내세워 국내법 위반에 대한 책임을 회피하는 태도를 보였고 이를 옹호하는 미국 연방정부 관료의 발언이 있었기 때문이다. 실제로, 쿠팡은 미국 캘리포니아주에 위치한 글로벌 본사가 지배하고 뉴욕증권거래소에 상장된 초국적기업으로, 주요 주주는 소프트뱅크, 모건스탠리, 베일리앤기포드, 닐 메타 등의 해외 투자자로 구성된다(서울신문, 2024년 2월 20일). 이런 상황에서 개인정보 유출 사태에 대한 불만스러운 대처가 한국 고객 사이에서 '탈팡' 운동으로 이어져, 2025년 12월 한 달 사이에 쿠팡의 일간 이용자 수는 1,700만 명에서 1,500만 명대로 급감했다(민들레, 2025년 12월 30일).

2025년 쿠팡 사태가 시사하듯이, 초국적기업의 GPN은 오늘날 도시에서

【그림 5-1】 쿠팡 새벽배송 서비스 가능 도시(2022년)

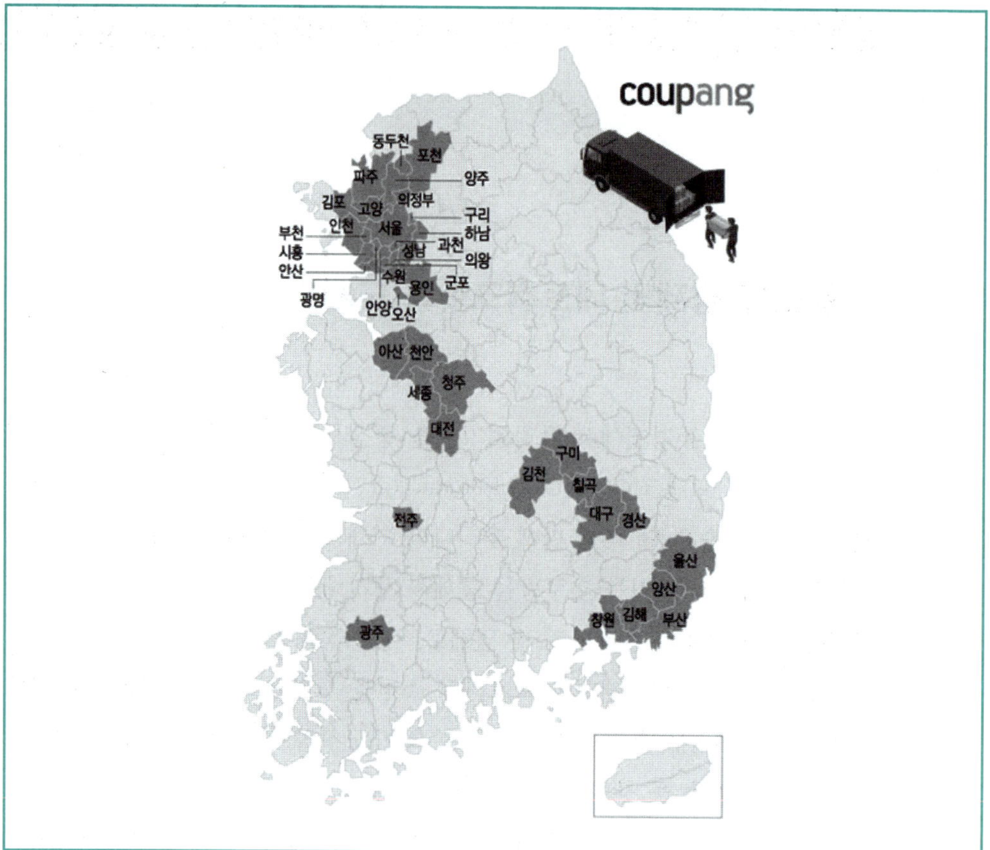

출처: 머니투데이(2022년 3월 19일).

경제생활과 긴밀하게 연계되어 있다. 따라서 공간적 경계를 초월하는 도시 경제의 구성적 요인과 성격을 파악하기 위해서는 GPN에 대한 이해가 필수적이다. 여기에서 GPN은 초국적화된 기업 네트워크, 도시 경제의 재형성, 지역발전 간의 관계에 주목하는 도시·경제지리학적 담론을 말한다. 처음에는 개념적, 분석적 도구로 등장했고, 최근에는 여러 가지 인과적 요인을 제시하며 GPN의 조직적 전략과 도시 경제나 지역발전 간 관계를 설명하는 이론으로 진화했다. 분석 도구로 활용하든, 이론으로 형식화하든, 도시·경제지리학자들은 GPN의 조직화가 지리적으로 차별화된 발전의 조건과 결과, 즉 불균등발전과 영향을 주고받는 쌍방향적 관계에 관심을 기울이고 있다(Coe and Yeung,

2015; Yeung and Coe, 2015; [읽기 자료 5-1]).

예를 들어, 세계체제 중심부에서 글로벌도시(global city)의 부상과 (반)주변부 도시에 집중된 수출가공지대(EPZ: export processing zone)의 흥망성쇠는 GPN으로 긴밀하게 연계되어 있다(2장; 4장). EPZ에서 이루어지는 생산 활동과 그와 관련된 도시·지역 스케일의 발전적 효과는 글로벌도시에서 이루어지는 초국적기업 본사의 지휘·통제 활동에 영향받기 때문이다. 마찬가지로 (월마트, 롯데마트 등) 대형마트나 (아마존, 쿠팡, 배달의민족 등) 온라인 플랫폼과 관련된 현대 도시의 소비문화와 노동시장도 여러 국가, 도시, 지역에 걸쳐 성형된 거대 브랜드 소매기업 GPN의 관계적 네트워크와 연동되어 있다([그림 5-2]). 따라서 GPN은 오늘날의 도시 경제, 더 나아가 지역발전에 대한 이해와 설명에서 핵심을 차지하게 되었다.

가장 기본적인 수준에서 GPN은 투입↔변환↔유통↔소비의 관계적

【그림 5-2】 미국 월마트 판매 청바지의 글로벌 생산네트워크

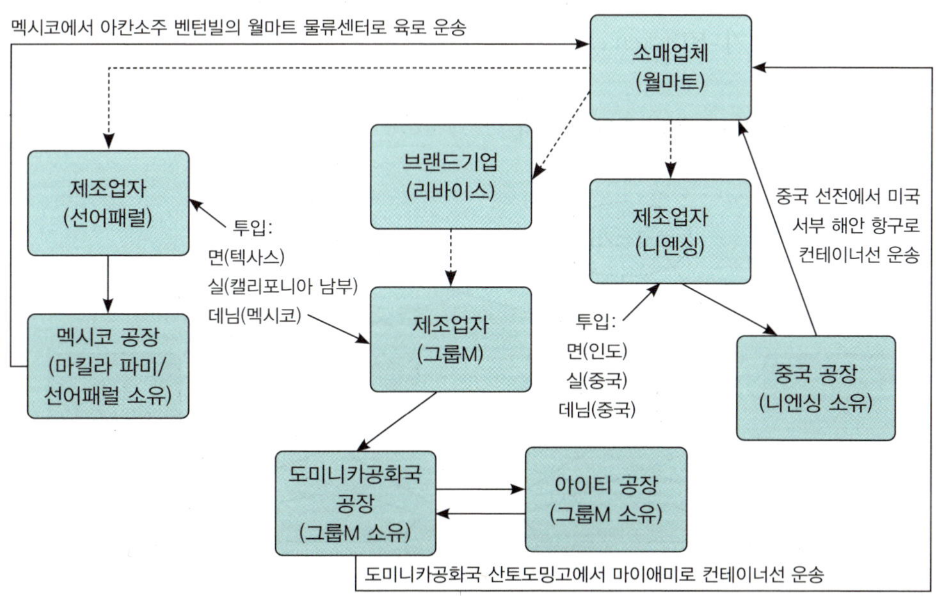

* 그룹M(Grupo M)은 도미니카공화국, 니엔싱(Nien Hsing)은 타이완, 마킬라 파미(Maquilas Pami)는 멕시코, 선어패럴(Sun Apparel)은 캘리포니아에 기반한 의류 OEM 기업임.

출처: Bair(2011, 7); 이재열 역(2023, 278) 재인용.

연결망 회로로 구성된다([그림 5-3]). 투입에서 소비를 향하는 다운스트림(downstream)으로 원료와 제품이 이동하고 역방향의 업스트림(upstream)으로는 정보의 흐름이 발생한다. 이러한 GPN의 글로벌 조직화에서 초국적기업(TNC: transnational corporation)이 선도적인 역할을 하지만, GPN은 국가, 시민사회, 노동자, 소비자 등 비기업 행위자의 역할도 중시하는 행위자 중심의 개념이다(Dicken, 2015). 이에 GPN은 상호 연결된 (비)경제적 행위자들로 구성되고, 글로벌 선도기업이 주도하며, 세계 시장을 겨냥해 다수의 지리적 위치에서 재화나 서비스를 생산하는 조직적 배치로 정의된다(Coe and Yeung, 2015). 이런 방식으로 GPN은 행위자 특수적 조정 및 협력 전략을 강조한다. 그런 전략을 통해서 네트워크가 구성, 경영(관리), 유지되며 지표에서는 도시 및 지역 간 (불균등)발전의 (역)효과가 나타나게 되는 것이다. 이러한 행위자 중심의 사고는 부분과 전체 간 역동적인 상호작용에 주목하며, 전체가 부분을 지배하고 결정한다고 전제하는 (마르크스주의 정치경제학 등) 구조주의 접근과 대비된다. 도시지리학, 경제지리학을 비롯한 인문지리학의 오랜 구조-행위성 논쟁(structure-agency debate)에서 행위자 역할의 상대적 중요성에 주목하는 관점이라는 이야기다(Dicken *et al.*, 2001).

【그림 5-3】 GPN의 기본 조직과 주요 행위자

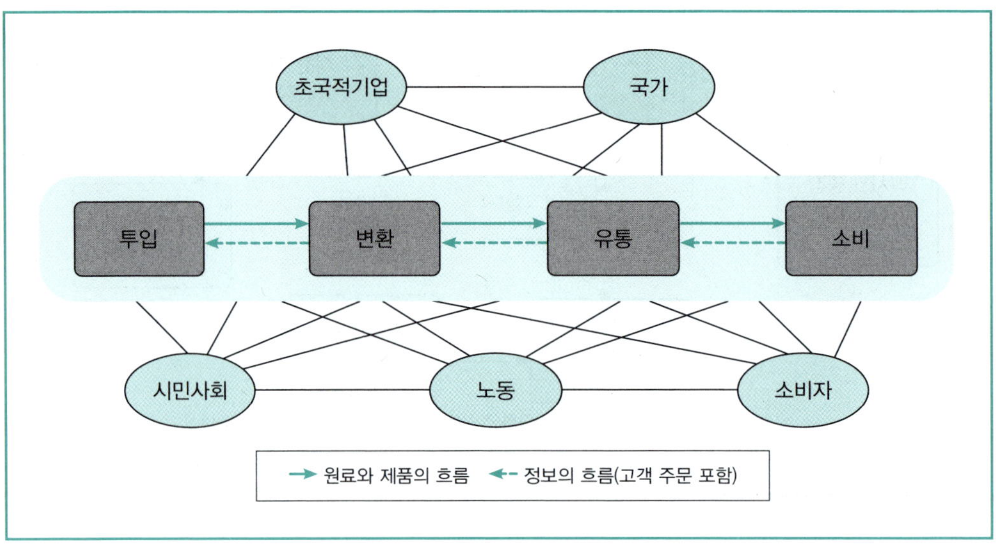

출처: Dicken(2015, 49).

2000년대 초반 GPN의 등장은 도시·경제지리학 역사 측면에서도 매우 중요한 장면이었다. 도시나 지역의 경제 발전에서 관계적 접근을 재정의하며 이 분야의 진화와 발전을 선도하는 연구 분야로 등장했기 때문이다. 관계적 접근은 사회적 관계, 공간적 네트워크, 장소 기반의 실천 등 구체적 경제 현실에 주목하며 1980~1990년대 동안 괄목할 만한 성장을 이루었다(Bathelt and Glückler, 2003; Yeung, 2005). 기존의 입지론, 실증주의적 분석, 마르크스주의 정치경제학의 연역적 이론화에서 경시했던 구체적 장소의 문제에 본격적으로 재참여하는 계기였다. 그러면서 (신)산업지구, 클러스터, 로컬리티, 도시 경제 등에 초점을 맞춘 신지역주의(new regionalism)가 등장하였지만, 이런 연구는 방법론적 로컬리즘이나 방법론적 지역주의란 비판에 취약할 수밖에 없었다(Lovering, 1999; MacKinnon *et al.*, 2002). 로컬의 문제를 로컬 원인으로만 설명했다는 이유로 비판받았다는 이야기다. GPN은 지역발전, 도시개발, 국가 제도와 정책, 초국적 생산네트워크 모두를 다중 스케일 관점에서 고려하면서 그러한 비판에서 벗어날 수 있도록 하였다. 이에 따라, 도시·경제지리학에서 관계적 접근의 사상적 중심은 마이클 스토퍼(M. Storper), 앨런 스콧(A. Scott), 리처드 워커(R. Walker)가 주도했던 지역자산, 비교역(비거래) 상호의존성, 로컬화(국지화) 경제 중심의 캘리포니아학파에서 피터 디큰(P. Dicken), 닐 코(N. Coe), 헨리 영(H. Yeung) 등을 중심으로 하는 GPN과 전략적 커플링의 맨체스터학파로 옮겨갔다. 도시지리학에서는 글로벌도시 위계 및 네트워크, 신흥(반)주변부 도시의 산업화, 도시적 소비문화 형성, 노동시장의 변화 등을 관계적 관점에서 설명하는 데에 유용하게 활용되고 있다(2장; 4장).

GPN과 미묘한 차이는 있지만 동의어처럼 쓰이는 개념들이 몇 가지 있다는 점에 유의하자. 글로벌 상품사슬(GCC: Global Commodity Chain)과 글로벌 가치사슬(GVC: Global Value Chain)이 그에 해당한다([표 5-1]). GPN, GCC, GVC 개념 모두는 재화와 서비스의 생산, 그리고 그와 관련된 조직화의 관계망을 글로벌화의 차원에서 분석하며, 가치 형성 과정 및 권력관계의 작용에 주목하는 공통점이 있다. 대중 언론이나 비즈니스계, 그리고 경영학에서는 공급사슬, 공급망이란 용어도 많이 쓰인다. 이러한 용어보다 네트워크 개념이 도시·경제지리학에서 선호되고 있는데, 가장 중요한 이유는 개념화가 지리

【표 5-1】 사슬/네트워크 접근 비교

	GCC	GVC	GPN 1.0	GPN 2.0
학문 분과	• 경제사회학	• 경제사회학 • 개발학 • 산업연구	• 경제지리학 • 국제정치경제학	• 경제지리학
탐구 대상	• 글로벌 산업의 기업 간 네트워크	• 글로벌 산업의 부문 논리	• 글로벌 네트워크 배열과 지역개발	• 글로벌 네트워크 배열과 지역개발(인과적)
지향 개념	• 산업 구조 • 거버넌스 유형 • 산업 업그레이딩	• 부가가치 사슬 • 거버넌스 모델 • 거래비용 • 산업 업그레이딩과 지대	• 가치(창출/증진/확보) • 권력(기업/집단/제도) • 착근성(사회/네트워크/영토) • 전략적 커플링	• 동태적 요인 • 조직 전략 • 가치 확보 궤적 • 전략적 커플링의 양식과 종류
지적 영향	• 세계체제이론 • 조직사회학	• 국제경영학 • 무역경제학 • GCC	• 관계경제지리학 • GCC/GVC • 행위자-네트워크 이론 • 자본주의 다양성	• GVC/GPN 1.0 • 자원 기반 기업이론 • 금융화 연구

출처: Coe(2018, 149) 일부 수정.

학에서 이루어졌다는 사실에 있다. 이론적 성찰과 재구성을 통한 GPN 1.0에서 GPN 2.0으로의 발전적 진화, 그리고 경험적 사례연구의 축적을 통해서 도시 경제학, 경제사회학, 경영학, 지역개발학 등 인접 학문에도 큰 영향을 미치고 있다. 최근에는 특히 국제경영학계에서 관심이 높다(Coe, 2018; Cook *et al.*, 2018). 그렇지만 GPN이 GCC의 영향과 그에 대한 반응으로 성립하였고 GVC와는 경쟁-협력적 공존 관계에 있다는 사실은 부인하기 어렵다. 그래서 다음 절에서는 GCC와 GVC 개념을 소개한다.

2. 사슬 관점

(1) GCC

GCC는 세계체제이론(world systems theory)에서 파생되어 1980년대에 등장한 개념이다. 그래서 시작부터 행위자 중심 접근법이었던 GPN과 달리([그림 5-3]), GCC는 구조주의적 성격이 매우 강했다(Dicken *et al.*, 2001). 상품사슬은 "완제품으로 귀결되는 노동 및 생산과정의 네트워크"로 정의되었지만(Hopkins and Wallerstein 1986: 159), 초기 GCC 연구는 국가 권력이 상품의 국제적 이동에 미치는 영향에 초점이 맞춰져 있었다. 특히, 관세, 무역장벽, 현지조달 규제 등과 관련된 국가 권력이 글로벌 수준에서 생산 시스템 (재)조직화에 주는 함의가 GCC 연구의 주요 관심사였다.

1990년대부터 GCC 연구의 중심이 국가에서 기업으로 이동했다. WTO 출범 등 자유무역의 진전으로 상품의 생산과 국제적 이동을 통제하고 규제하는 국가의 역량이 상대적으로 약화된 맥락에서 나타난 변화였다. 글로벌화 과정에서 기업의 역할이 상당히 증대했던 것도 그러한 초점 변화와 관련되어 있었다. 이때부터 GCC 연구는 단일 상품을 중심으로 형성된 기업 중심의 순차적 투입-산출 구조에 주목하였다([그림 5-1] 참조). 그러한 단선적 형태의 상품사슬이 어떻게 여러 국가 사이에서 형성되어 기업의 가치 부가 활동을 증진하고, 중심부-(반)주변부의 세계체제 구조를 재생산하는지를 규명할 목적이 있었다.

이런 맥락에서 사슬 거버넌스(governance)가 GCC 개념에서 핵심을 차지하게 되었다(Gibbon *et al.*, 2008). GCC 거버넌스는 선도기업이 투입-산출 사슬 전반의 조직화를 '주도(driving)'하는 방식을 뜻한다. 이런 논리에서, 관련 연구의 선구자인 개리 제레피(G. Gereffi, 1994)는 GCC 거버넌스를 선도기업의 산업적 전문화 유형과 역할에 따라 생산자주도형(producer-driven)과 구매자주도형(buyer-driven)의 두 가지 이념형으로 구분하였다.

생산자주도형은 항공기, 자동차, 컴퓨터 등 자본이나 기술 집약적 산업에서 전형적으로 나타나는 사슬 거버넌스 형태이다. 여기에서는 거대 제조업체가 사슬 거버넌스의 주도자 역할을 한다. 그런 기업들은 일반적으로 여러 부품 공급업체와 하향식의 수직적인 하청 관계를 형성하는 경향이 있다. 역사적으로 산업 도시는 생산자주도형 상품사슬로 형성된 클러스터를 중심으로 승수효과를 유발하고 발전하는 경향이 있었다. 보잉을 중심으로 항공산업 클러스터가 성장한 미국의 시애틀, 현대차를 중심으로 자동차 산업 클러스터가 형성된 울산을 그러한 산업 도시 사례로 언급할 수 있다. 이와 달리, 구매자주도형 사슬에서는 거대 소매업체나 브랜드 기업이 주도자의 역할을 담당한다. 브랜드 업체는 디자인, 판매, 마케팅, 금융 등 고부가가치 활동에 집중하고, 저부가가치의 제조 활동은 개발도상국의 공급업체에 아웃소싱하는 구조다([그림 5-6] 참조). 구매자주도형 사슬은 의류, 가구, 장난감 등 노동집약적 소비재 부문에서 주로 나타난다. 월마트, 테스코, 홈플러스, 이케아 같은 대형 소매업체나 나이키, 갭, 네슬레 등 브랜드 기업을 구매자주도형 사슬의 선도기업 사례로 언급할 수 있다. 이런 기업들은 대도시와 교외 지역의 브랜드 경관 형성이나 (반)주변부 도시의 노동착취공장(sweatshop) 클러스터 성장에 영향을 미친다. 예를 들어, 다카, 치타콩 등 방글라데시 주요 도시 곳곳에는 글로벌 브랜드 기업에 납품하는 의류 가공 클러스터가 형성되었고, 이런 곳에서는 자본, 노동, 국가 간의 관계와 관련하여 여러 가지 논란이 제기되고 있다.

(2) GVC

GCC 개념은 지금까지도 여전히 쓰이고 있지만, 2000년대 초 등장한 GVC 개념으로 대체되고 있다. 단일 상품의 투입-산출 사슬로 정의된 GCC와 달리, GVC는 "글로벌 생산을 지리적으로, 조직적으로 재구성[하는] … 기업과 행위자들 간의 … 부문 내 연계(intra-sectoral linkage)"를 의미한다(Gibbon *et al.*, 2008, 318). 부문 수준의 재개념화와 함께, GVC에서는 사슬 거버넌스에 대한 설명이 더욱 정교화되었다. 정교화가 필요했던 이유는 전통적인 생산자주도형과 구매자주도형 산업의 구분이 훨씬 모호해졌기 때문이다. 실제로 생산자주도형으로 구분되었던 산업에서 구매자주도형 사슬이 점점 더 두드러지게 나타나고 있다. 기술 집약적, 자본 집약적 재화를 생산하는 기업들은 디자인과 마케팅 분야의 혁신에 집중하고 핵심 생산 공정의 외주를 늘리면서 생긴 변화다. 애플이 아이폰 생산을 대만 기업 폭스콘에 외주하고 있는 사실이 가장 널리 알려진 사례 중 하나이다. 이러한 가치사슬은 글로벌 스케일에서 도시·지역 간 관계망을 형성하는 원동력으로 작용한다([읽기 자료 5-1]).

이러한 맥락에서, GVC의 사슬 거버넌스 연구는 "대량 주문을 함으로써 '구매력(buyer power)'을 행사할 수 있는 기업"에 집중하게 되었다(Ponte and Sturgeon, 2014, 200). 이런 변화에 대응해, 제레피 등(Gereffi *et al.*, 2005)은 선도기업과 공급업체 간 조정의 명시성과 권력 비대칭성을 기준으로 다섯 가지의 사슬 거버넌스 이념형을 제시하였다([그림 5-4]). 기존 GCC에서 '주도'의 측면이 아닌, '조정(coordination)'을 기준으로 사슬 거버넌스를 재정의했다는 이야기다(Gibbon *et al.*, 2008). 특히, 선도기업과 1차 공급업체 간 조정 관계가 이념형 구분의 핵심이다. 그리고 GVC 거버넌스 이념형은 거래의 복잡성과 형식화 정도, 그리고 공급업체 역량의 수준에서도 차이를 보인다.

읽기 자료 5-1. 애플의 글로벌 가치사슬과 도시·지역 관계망

[1990대 후반과 2000년대 초반 사이에] 애플은 생산 관리의 방식을 수직적 통합형 모델에서 국제적 도달거리와 스케일에 기초한 수직적 분화형 모델로 전환했다. 경쟁의 심화와 극심한 비용 압박으로 애플은 이미 동아시아의 저비용 계약생산업체에게 아웃소싱하는 [델과 같은] 경쟁 업체에게 밀리는 상황이었다. …

[결국] 애플 브랜드의 글로벌 가치사슬이 재편됐다. … 핵심 소프트웨어 개발자들은 [실리콘밸리의] 쿠퍼티노에 … 남았다. 이러한 입지는 애플이 세계적으로 기획한 제품과 서비스의 설계, 개발 및 혁신이 실리콘밸리와 지리적 결합을 이루[게 했다.] … 미국과 유럽에 입지했던 기존 생산시설들은 모두 폐쇄되었다. … 당시에 성공적이었던 델의 비즈니스 모델을 전격 수용해 제조와 유통 모두를 아웃소싱하는 … 시스템을 마련했다. 결과적으로 애플

제품의 모든 조립공정은 소수의 주요 계약생산업체에게 아웃소싱되었다. …

애플의 주요 계약생산업체에는 타이완의 폭스콘과 콴타컴퓨터가 포함되어 있다. 이 기업들은 아시아, 브라질, 동유럽, 멕시코에서 공장을 운영하고, 아마존, 델, 휴렛팩커드, 모토로라, 닌텐도, 노키아, 삼성, 소니와도 공급 계약을 맺고 있다. … 이들 최상위 계약생산업체는 애플 신제품의 기능과 브랜딩에 필수적인 전문 부품 공급업체들이 포함된 하층위의 공급사슬을 관리한다. … 첨단 반도체는 독일과 타이완, 메모리는 한국과 일본, 디스플레이 패널과 회로는 한국과 타이완, 칩셋은 유럽, 희귀금속은 아프리카와 아시아에서 공급되고 있다. 그리고 이 모든 것이 중국에 모여서 조립된다. …

주요 계약생산업체의 인력은 70만 명에 이를 것으로 추정되는데, … 그들 중 거의 아무도 미국에서 일하지 않는다. … 이와 같이 지리적으로 불균등한 발전에서 애플의 숙제는 착취적인 노동 조건, 노동자 자살, 노동 불안 등의 문제를 해결하는 것이다. 이 문제는 2010년 중국 남부에 위치한 폭스콘의 주요 조립공장에서 노동조합의 설립을 요구하는 노동자들의 시위가 퍼져 가면서 극에 달했다. … 당시 폭스콘은 애플의 최신 아이폰과 아이패드 제품에 대한 국제적 수요의 급증에 대응하기 위해 고군분투하고 있었다. 그래서 애플은 공급의 연속성을 확보하고 노동 임금의 상승을 억제하고자 했다. 이를 위해 폭스콘이 생산의 허브를 광둥성의 선전에서부터 [발전 수준과 임금이 낮은] 중북부의 안후이, 젠시, 후베이 등을 비롯한 저비용 지역으로 옮겨가도록 유도했다.

출처: 이재열 등 역(2022, 257-262) 발췌.

우선 조정의 명시성과 권력의 비대칭성 수준의 양단에는 가장 낮은 시장형(market)과 가장 높은 위계형(hierarchy)이 있다. 시장형은 선도기업과 공급업체 간 거래가 특별한 사회적 관계 형성 없이 이른바 팔길이(arms'-length) 거리에서 시장 가격을 통해서만 맺어지는 상황이다. 반면, 위계형에서는 수직적 통합의 형태로 모든 생산이 단일 선도기업 조직 내부에서 이루어진다. 이들 사이에 모듈형(modular), 관계형(relational), 전속형(captive)이 위치한다.

【그림 5-4】 GVC 거버넌스 이념형

조정 메커니즘	거래의 복잡성	거래의 형식화	공급업체 역량	명시적 조정 및 권력 비대칭성의 정도
위계형 기업 내 수직적 통합, 본사의 경영 통제를 통한 지사와 계열사 지배	높음	낮음	낮음	높음
전속형 대량 구매자에 대한 소규모 공급업체의 거래 의존성, 상당한 거래처 변경 비용에 직면한 공급업체	높음	높음	낮음	
관계형 구매자와 공급업체 간 복잡한 상호작용, 높은 수준의 상호의존성, 높은 수준의 자산 특수성	높음	낮음	높음	
모듈형 고객 맞춤형 생산	높음	높음	높음	
시장형 반복적 거래가 가능하지만, 양측의 거래처 변경 비용 낮음	낮음	높음	높음	낮음

출처: Dicken(2015, 114).

모듈형 거버넌스는 상대적으로 우수한 역량의 공급업체가 완결성과 독립성을 가진 풀패키지나 모듈을 (대체로 원거리의 도시나 지역에 위치한) 선도기업에 공급하는 연계 방식이다. 이는 컴퓨터, 핸드폰 등 전자제품 부문처럼 기술 및 상품의 표준화 정도가 높아서 거래의 형식화 수준이 높은 분야에서 나타난다([읽기 자료 5-1]). 관계형 가치사슬에도 역량이 우수한 공급업체가 선도기업과 거래 관계를 형성하지만, 이들은 완제품보다 부품, 반제품 등 중간재를 공급하는 경향이 있다. 항공, 조선처럼 선도기업이 여전히 생산 활동을 주도하는 고부가가치 제조업 분야에서 나타나는 거버넌스 형태이다. 이런 경우, 거래의 형식화 수준이 낮아서 선도기업과 공급업체 사이에 빈번한 의사소통이 필요하고 오랜 신뢰 관계에 기반한 거래의 패턴이 (대체로 도시 및 지역 수준의 근거리에서) 형성된다. 마지막으로, 전속형은 선도기업과 낮은 역량의 공급업체 사이에서 종속적 관계가 나타나는 거버넌스 형태이다. 여기에서는 선도기업이 공급업체를 완벽하게 조정, 통제하는 경향이 있다. 이러한 사슬 거버넌스 형태 중에서 모듈형의 성장세가 GVC 거버넌스 유형화에서 크게 주목받고 있는 사실 중 하나다. 예를 들어, 티모시 스터전(T. Sturgeon, 2002, 451)은 모듈형을 "글로벌화의 맥락에서 사회적으로, 공간적으로 착근된 네트워크 모델보다 더 나은 경제적 성과를 낳는" 지배적 공급 관계 모델로 평가했던 바 있다. 관계형 사슬에 기반한 마셜형의 산업지구(클러스터) 모델을 대체하는 신주류로 모듈형 거버넌스를 이해했다는 이야기다.

전자제품 계약생산 공급업체 폭스콘의 폭발적인 성장이 모듈형 생산 네트워크의 대표적 사례 중 하나이다. 1990년대 중반까지 폭스콘의 고용은 1만 명에 불과했으나, 모듈형 계약생산 부문의 성장에 힘입어 이 기업의 고용은 2010년대 초반 120만 명으로 성장했다. 이러한 모듈형 사슬의 성장은 산업 입지에서 도시나 지역, 즉 지리의 중요성이 급격히 줄어든 경향으로 해석되기도 한다(Sturgeon, 2002). 그러나 지리학에서는 새로운 산업지리의 출현과 불균등

【그림 5-5】 주요 폭스콘 시티의 위치

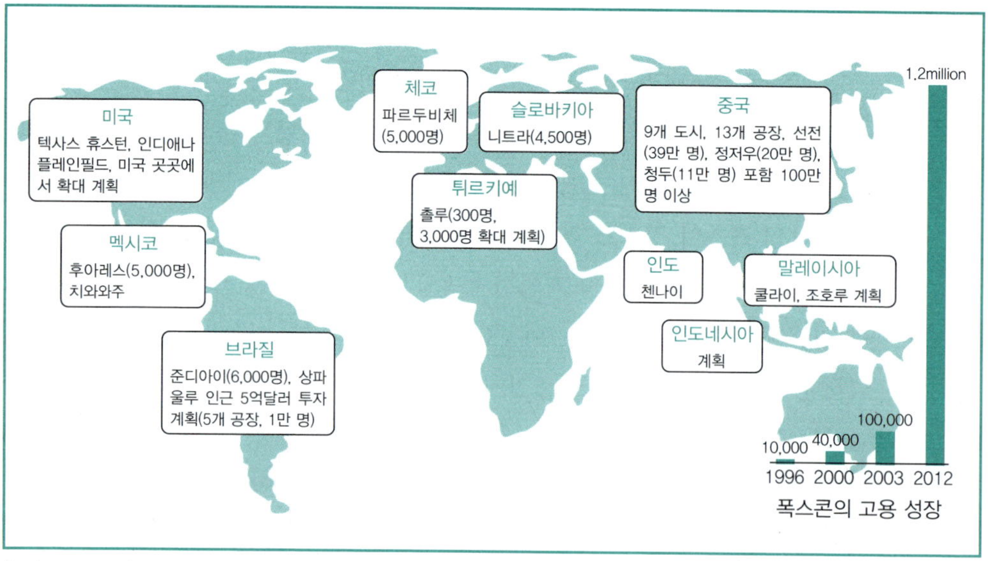

출처: Dicken(2015, 114).

발전의 재구성으로 이해하는 관점이 우세하다. [그림 5-5]의 이른바 '폭스콘 시티'의 글로벌 확대에서 확인할 수 있듯이, 모듈형 계약생산 산업의 입지가 기존 불균등발전의 패턴을 따라 나타나고 새로운 불균등발전의 지리를 형성하고 있기 때문이다. 이러한 폭스콘 시티의 상당수가 개발도상국 도시의 EPZ에 집중되어 있어, 마셜형은 아니더라도 집적경제와 무관하다고 할 수도 없다. 실제로 모듈형 생산체계는 특정 산업이나 제품이 아니라, 저임금, 미숙련의 단순 제조라는 특정한 기능적 전문화의 클러스터 형성과 밀접하게 관련되어 있다. 지역의 기능적 전문화는 (본사의 지휘·통제 업무 등) 구상과 (분공장의 단순 조립 등) 실행 기능의 분화에 따라 나타나는 지리적 집적으로, (자동차 도시, 철강 도시 등) 산업적 전문화에 따른 클러스터 형성과 대비되는 개념이다.

모듈형의 성장과 기능적 전문화의 도시·경제지리적 함의는 람 무담비(Mudambi, 2008)의 가치사슬 스마일 모델에서 잘 표현되어 있다([그림 5-6]). 무담비에 따르면, 가치사슬의 부가가치가 업스트림과 다운스트림 양 끝단에 집중되고 있다. 지식 기반의 창조적 활동에 대한 투자가 양단에 집중하고 있기 때문이다. 최상단 업스트림의 투입 부문 혁신 활동은 연구 및 설계(디자인)의 R&D 지식을 기초로 하며, 최하단 다운스트림의 마케팅, 브랜딩, 애프터서비스 등의 산출 부문은 마케팅 지식이 뒷받침한다. 이러한 가치 창출의 스마일

【그림 5-6】 가치사슬 스마일 모델

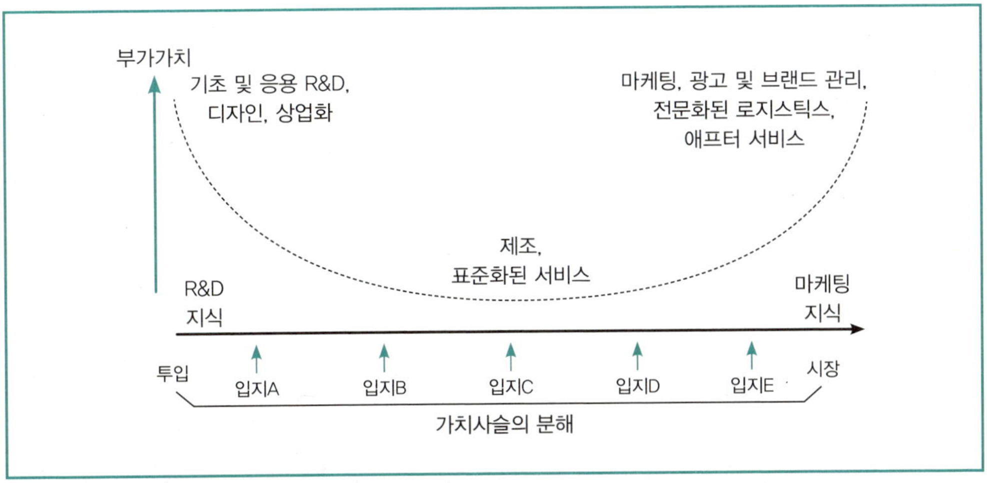

출처: Mudambi(2008, 707); 이재열 역(2022, 136) 재인용.

곡선으로 인해, 가치사슬 양단의 고부가가치 활동은 기존의 불균등발전 패턴에서 선진국 도시에 집중하는 반면, 중간 단계의 형식화, 표준화된 제조 활동은 개발도상국 지역으로 이동하고 있다. 애플의 경우, 고부가가치 활동은 실리콘밸리 쿠퍼티노에, 저부가가치 단순 조립은 중국의 선전, 안후이, 젠시, 후베이 등에 위치한 폭스콘 시티에 집중되어 있다([읽기 자료 5-1]). 물론 우리나라 세종시에 입지한 한국콜마 화장품 공장처럼, 표준화된 제조 활동이 보다 발전된 국가의 중소도시에 위치한 경우도 있다([읽기 자료 5-2]). 이런 사례에도, 디자인과 마케팅 기능은 서구 중심부 도시에 본사를 둔 로레알, 에스티로더, 아르마니, 키엘 등 글로벌 화장품 브랜드 기업에 집중되어 있다.

지금까지 살핀 GCC와 GVC는 도시·경제지리학에서 GPN 연구의 성립, 성장, 발전에 영향을 주었다. GPN이 GCC를 비판적으로 검토하며 성립하였고, 보다 최근의 GVC 담론과는 서로 영향을 주고받으며 협력적 경쟁 관계를 형성했다는 이야기다. 2000년대 초의 초창기 GPN 개념은 경제활동에 포함된 기업 내, 기업 간, 기업 외 네트워크와 이들의 조직적 형태뿐만 아니라, 그러한 기업 네트워크의 공간적 성격과 구조를 규명하는 데에도 관심을 기울였다(Dicken *et al.*, 2001). 특히, 도시와 지역을 중심으로 기업 네트워크가 어떠한 지리적 착근성과 장소성을 가지고 형성되는지, 그리고 기업 네트워크를 통해서 도시나 지역 간의 관계가 어떻게 변화하는지에 대한 분석에서 GPN이 널리 활용되고 있다.

읽기 자료 5-2. 세종시 한국콜마 공장: 화장품 GVC의 모듈형 생산 허브

한국콜마는 … 세종시 전의면에 … 축구장 6개 크기(약 4만㎡)의 … [화장품] 공장[을 운영하고 있다.] 이곳에선 연간 국내외 900여 고객사의 기초 화장품 4억 5,000만 개가 생산된다. 매출로는 7,000억 원 규모다. … [세종시] 공장은 제조실 33개 설비, 포장실 11개의 생산 라인이 쉼 없이 '풀가동'되고 있었다. 여기에서 만들어진 제품들은 로레알, 에스티로더, 아르마니, 키엘 등 세계적 화장품 브랜드 용기에 포장돼 전 세계로 수출된다. 프랑스 샤를드골 공항 면세점, 영국 런던 해러즈 백화점, 일본 도쿄 오모테산도 거리 등 세계 주요 '뷰티 성지'에 이 공장에서 만들어진 '메이드 인 코리아' 제품이 팔리는 것이다. 한국콜마가 '화장품 업계의 TSMC'라고 불리는 이유다. …

한국콜마는 반도체 업계의 TSMC처럼, 자체 브랜드는 없지만 기술력과 생산력을 바탕으로 주문자들의 주문을 받아 위탁생산을 맡는 일종의 파운드리 업체다. 다른 말로 … [제조자설계생산자(Original Design Manufacturer)를 줄여서] ODM업체라고 한다. 전 세계 화장품 ODM 3대 기업인 한국콜마, 코스맥스, 인터코스(이탈리아) 중 두 곳이 한국에 있다. 1990년대 설립된 두 회사는 여러 글로벌 ODM기업이 자체 브랜드를 만들어 종합 화장품 회사로 변모하는 동안에도 ODM만을 고집해왔다. "고객과 경쟁하지 않는다"는 TSMC의 경영 철학처럼 자체 브랜드를 만들면 장기적으로 고객사와 신뢰가 깨질 것을 우려했기 때문이다. ODM 업체들은 꾸준한 연구개발(R&D)로 독보적인 자체 기술력도 키워가고 있다. …

두 ODM 업체는 'K화장품' 수출에도 일등 공신 역할을 했다. 최근 국내에선 인지도가 없던 '조선미녀', '달바' 등 중소·신생 화장품 브랜드까지 좋은 수출 실적을 내고 있는데, 이 배경엔 기술력과 생산능력을 갖춘 콜마 같은 화장품 ODM 기업이 있다. 누구라도 아이디어와 마케팅 능력만 있으면, 한국콜마와 코스맥스가 그 아이디어를 '세계 최고' 화장품으로 탄생시켜주기 때문이다. 이처럼 두 ODM 기업이 한국 중소 화장품 브랜드의 든든한 '뒷배'가 돼 주니, 작은 화장품 브랜드들은 생산이나 기술력 걱정 없이 ODM사의 기술력이 들어간 좋은 제품을 홍보하고 판매하는 일에만 몰두할 수 있다.

출처: 조선일보(2024년 6월 29일) 발췌.

3. 글로벌 생산네트워크

GPN은 2절에서 살핀 사슬 개념들과는 세 가지 측면에서 근본적으로 차별화된다(Dicken *et al.*, 2001; Coe, 2018). 첫째, 초국가적 조직, 정부 기관, 노동조합, 고용주 협회, NGO, 소비자 등 비기업 제도와 행위자의 광범위한 구성적 역할에 주목한다([그림 5-2]). 이들은 기업 외 네트워크 영역에서 GPN 참여 기업의 활동에 영향을 미치기 때문이다. 이는 비기업 행위자의 역할을 과소평가하고 기업 간 네트워크와 거버넌스 분석에 전념하는 GCC/GVC 접근과 확연하게 구별된다. 둘째, GPN은 본질적으로 도시, 지역 등 장소와 공간에 주목하며 다중 스케일 분석을 추구한다. 로컬부터 글로벌까지 모든 공간 스케일 간 상호작용과 상호구성을 고려한다는 것이다. 이를 위해, GPN 연구자들은 창발적 권력 관계의 복잡한 네트워크에 주목하는 행위자-네트워크(actor-network theory) 이론(김숙진, 2010; 박경환, 2014), 그리고 국가와 기업 활동 간의 시스템적 관계의 제도적 경로의존성을 강조하는 자본주의 다양성(VoC: varieties of capitalism) 논의도 수용하였다(이재열 등, 2025). 이런 노력을 통해서, 지리학자들은 무담비의 스마일 곡선처럼 지리적 스케일에 대한 해석과 설명이 다소 투박한 GVC의 도시 경제 및 지역발전 관련 논의를 개선할 수 있었다. 셋째, 사슬 개념의 분석적 한계를 극복하려는 차원에서 관계적 네트워크를 중시한다. 이것은 결정론적, 단선적 해석에 주의하고, 위계적(수직적) 연계와 측방적(수평적) 연결 모두를 아우르며 다각적인 관계망을 파악할 수 있도록 한다.

이에 본 절에서는 그러한 차별화의 목적성을 가지고 탄생했던 GPN을 살펴볼 것이다. 우선은 초창기 GPN 1.0의 3대 핵심 개념인 가치, 권력, 착근성을 소개한 다음, 보다 최근의 GPN 2.0 논의에서 제시된 이론화 방안을 설명할 것이다. 이를 바탕으로, 4절에서는 전략적 커플링(strategic coupling)과 가치 확보 궤적(value capture trajectory) 개념을 중심으로 GPN이 도시 경제 및 지역개발에 대한 이해에 공헌하는 바를 논의할 것이다.

(1) 가치, 권력, 착근성

2000년대 초반부터 2010년대 중반까지 이르는 GPN 1.0 시절 맨체스터 학파 경제지리학자들은 가치(value), 권력(power), 착근성(embeddedness)을 중심에 두고 GPN의 구성과 조직을 탐구하였다(Coe *et al.*, 2004; Henderson *et al.*, 2002; [그림 5-7]). 그래서 GPN을 이해하려면 각 개념의 의미를 파악하는 것이 중요하다.

가치는 기업이나 자본가가 투자액을 초과해 얻는 경제적 수익 즉 이윤이라 할 수 있다. GPN에서 가치는 주류 경제학의 경제적 지대(economic rent)와 마르크스주의적 잉여가치(surplus value)의 의미 모두를 포함한다(Henderson *et al.*, 2002). 전자는 희소성이나 (시장 지배력, 기술력, 브랜드 명성 등에 의한) 독점적 지위를 통해서 얻는 이익이고, 후자는 생산수단을 소유했다는 이유로 자본이 노동보다 더 많은 몫을 (착)취하면서 얻는 이익이다. 어떤 방식이든, 기

【그림 5-7】 GPN 1.0 분석틀

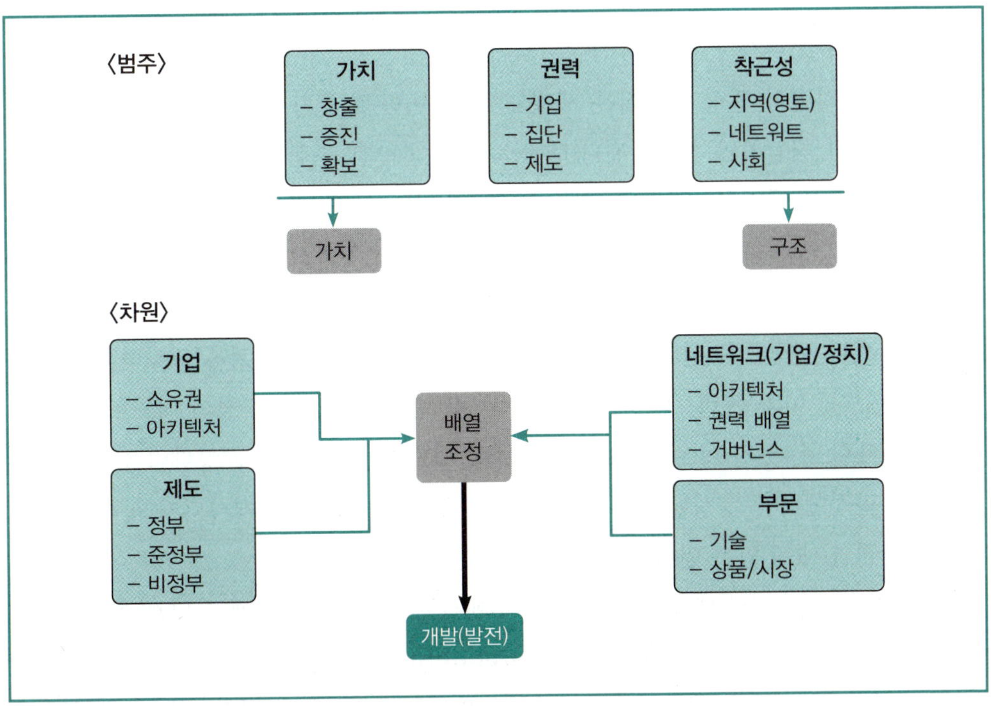

출처: Henderson(2002, 449) 일부 수정.

업이나 자본가의 생존은 가치 창출(creation) 여부에 달려 있다. 이를 위해 기업이나 자본가는 제품/기술 통제, 경영 역량 개발, 기업 간 관계 활용, 브랜드 관리 등 여러 가지 전략을 동원한다. 그러나 시장 경쟁의 상황에서 특정 재화나 서비스의 가치 창출 역량은, 즉 이윤율은 시간에 따라 감소하는 경향이 있다. 그래서 가치 창출의 지속 가능성을 보장하기 위한 노력도 추구해야 한다. 혁신, 기술 이전, 시장개발, 숙련도 향상 등의 전략을 마련해 가치를 증진(enhancement)할 필요성이 생긴다는 이야기다. 가치를 창출하고 증진하였더라도, 확보(capture)하지 못하면 전유의 자산으로 전환되지 못한다. 가치 확보에서는 소유권과 통제력이 특히 중요하게 작용한다. 소유권은 개인/주식회사, 민간/공영기업, 국내/해외기업 등 소유 형태와 관련되어 있고, 통제력은 정부 규제와 정책, 기업 거버넌스 성격과 밀접하게 연관되어 있다. 가치를 어느 도시와 지역에 있는 어떤 사람이 확보하느냐는 GPN의 생존, 유지, 변화의 결정적인 원인으로 작용하며, 4절에서 논의할 것처럼 도시나 지역의 발전과 관련해서도 중요한 함의를 가진다.

GPN 1.0의 두 번째 핵심 개념은 권력이다. 여기에서 권력은 권한이나 영향력을 행사하는 역량이라는 의미에서 실천적으로 정의된다(Allen, 2004). 실천 기반의 권력 개념화는 세계체제이론이나 초창기 GCC에 배태된 중심화된 권력 개념화와 차별화된다(Dicken *et al.*, 2001). 중심화된 개념화에서, 권력은 특정한 개인이나 기업, 정부 등 특정한 조직체에 새겨져 있는 내재적 역량으로 가정된다(홍동표 등, 2023). 이 관점은 구조주의적 사고에서 일반화된 것으로, 권력이 실제적 행사 여부와 무관하게 발휘할 수 있는 잠재적 힘과 영향력까지 권력으로 인식한다. 구체적 행위자의 실천적 행위성을 경시하는 문제도 있다. 이와 달리, 실천적 관점에서 권력은 사회·공간 구성의 어느 곳에나 존재할 수 있다고 인식되며, 개인이나 제도가 실천을 통해 영향력을 발휘하는 과정에서만 생성된다고 여겨진다. 따라서 실천적으로 행사되지 못하고 잠재적 상태에 있는 권력은 존재하지 않는 것으로 간주된다.

이런 관점에 근거해, GPN 1.0에서는 생산네트워크에 실천적으로 작용하는 권력을 세 가지 형태로 유형화하였다(Henderson *et al.*, 2002). 첫째는 기업(corporate) 권력으로, 선도기업이 GPN의 자원, 정보, 지식, 기술, 브랜드 등에 대하여 발휘할 수 있는 통제력과 관련된다. 두 번째는 제도(institutional) 권력이며, 이를 행사하는 주체에는 국가나 지역 정부, 세계은행, IMF, WTO 등 상위국가 기구, 신용평가기관, 표준 설정 기관 등이 포함된다. 세 번째는 집단(collective) 권력인데, 이것은 노동조합, 기업가협회, 비정부기구(NGO) 등 다양한 형태의 조직을 형성하는 행위자들의 구체적 실천으로 표출된다. 이러한 권력 유형 구분의 의의는 권력이 기업과 시장에 집중해 있다고 가정하지 않는 데에 있다. 권력의 실질적 작용과 관련해서는 다양한 권력 행사 주체들 간 다중 스케일 및 네트워크 관계를 이해하는 게 중요하다.

마지막으로, GPN 1.0의 세 번째 핵심 개념은 착근성이다. 착근성은 경제 활동의 비경제적, 비시장적 기반에 영향을 받아 형성되는 과정을 강조하는 개념이다. 특히, 사회적, 문화적, 제도적, 정치적 환경이 경제 행위자에게 미치는 영향에 주목하며, 시장 중심적 사고를 탈피하는 데에 유용하다. 지리학에서는 개인 간 상호작용과 네트워크를 강조하는 그라노베터(Granovetter, 1985)의 신경제사회학(미시사회학) 관념이 1990년대 신지역주의자 사이에서 광범위하게 수용되었다(Peck, 2005). 로컬 및 지역 스케일에서 기업 성장과 발전의 비경제적 기반을 이해하기 위해서였다. GPN 1.0에서도 장소의 뿌리를 가진 지역적(territorial) 착근성의 효과를 인정했다. 선도기업의 설립 근거지나 대도시 본사처럼 특정 장소에서 보유한 역사적 유대로 인해, GPN도 지역적(영토적) 착근성을 가질 수 있다는 것이다. 이러한 형태의 착근성은 도시나 지역 스케일에 근거한 정부 등 제도 기관의 지원책, 사회적 인프라의 공유, 신뢰 기반의 기업 간 거래 관계, 숙련 노동시장 형성 등의 모습으로 확인된다.

그러나 GPN 관점에서 지역적 착근성은 단지 하나의 착근성 형태에 불과하다. 지역적 스케일이나 특정 장소를 근거로 정의되지 않는 사회적(societal) 착근성과 네트워크(network) 착근성도 존재하기 때문이다(Hess, 2004). 사회적 착근성은 모든 경제와 시장이 제도화될 수밖에 없다는 칼 폴라니(K. Polanyi)의 거시사회학(사회경제학) 관점에서 근거한다. 그라노베터의 미시사회학적 관점과 달리, 폴라니는 모든 경제 형태가 (제도화된 시장, 국가적 재분배, 공동체적 호혜성 등) 특정한 형태의 통합 및 조직화 양식에 착근할 수밖에 없다고 설명했다(이재열, 2025; Peck, 2005). 폴라니의 사회적 착근성 개념은 기업 활동에서 국가의 제도·문화적 영향에 주목하는 사업체계론처럼 특히 국가 스케일에서 정의되는 착근성을 이해하는 데에 유익한 것으로 파악되었다. 마지막으로, 네트워크 착근성은 광범위하게 뻗어 있는 사회·경제적 관계에 특정 행위자나 기업의 활동이 근거하는 측면을 강조한다. 이는 광범위한 관계와 연결성에 주목하는 행위자-네트워크 이론에서 도출한 착근성 개념이다(Hess, 2004). 그래서 네트워크 착근성은 도시, 지역, 국가의 경계를 초월한 경제활동의 관계적 기반을 이해하기에 적합한 개념이다.

(2) GPN 2.0의 이론화

GPN 1.0은 글로벌화된 경제활동에 관여하는 기업 네트워크와 도시·지역, 즉 영토에 착근된 제도의 역할에 주목했다. 동시에 그러한 관계가 어떻게 조직적으로, 지리적으로 구조화되는지에 대한 이해도 추구했다. 이처럼 GPN 1.0은 글로벌 경제의 관계적 존재성을 강조하고 그것을 이해하고 재현하기 위한 인식론적 틀, 즉 하나의 방법론으로 제시되었던 것이다(Dicken *et al.*, 2001). GPN 1.0이 역동적인 GPN 배열(configuration)을 지리적으로 이해하는 발견적 프레임으로서는 성공적이었지만(Coe, 2018), GPN 배열과 지리적 불균등발전 간 인과적 설명력 개선에 대한 요구도 있었다(Hudson, 2008; Sunley, 2008). GPN 2.0은 그런 이론화에 대한 요구에 부응하는 변화였다(이용숙·이돈숙, 2015; 이재열, 2016; Coe and Yeung, 2015; [읽기 자료 5-3]).

첫 작업은 기업 중심 이론화의 필요성을 강조하며 분석의 방향을 재정립하는 것이었다. GVC와 같은 산업(부문) 수준 개념의 중대한 문제점을 지적하며, **GPN 2.0**에서 GPN은 선도기업 기반의 배열로 정의된다. 산업적 특성이 개별 GPN에서도 나타나지만, 동일 산업이나 같은 제품 범주 내에서도 소유 양식, 국적, 기업 문화, 전략적 성향에 따라 선도기업 간 차이가 상당하기 때문이다(Coe, 2018). GPN 2.0은 분석의 방향성도 재설정한다. 특히, GPN이 최종 사용자나 시장과 연결되는 측면에 대해 더 많은 관심을 요구한다. 선도기업을 식별한 후 후방연계나 업스트림으로 이동해 공급업체와의 기업 간 관계를 탐구했던 기존 연구의 맹점을 보완하기 위해서다([그림 5-2] 참조). 전방연계와 다운스트림에 주목함으로써 선도기업을 시장에 연결하는 유통업체, 재판매업체, 소매업체 등에 대한 이해를 높일 수 있다. 재화와 서비스의 폐기나 재활용 등 소비 이후 단계의 탐색도 가능해진다.

읽기 자료 5-3. 금융화와 홈플러스의 위기: GPN 1.0의 한계와 GPN 2.0의 유용성

최근 한국 도시 경제에서 가장 충격적인 뉴스 중 하나는 대형마트 2위 업체 홈플러스의 위기와 이를 둘러싼 논란일 것이다. 1999년 출범한 홈플러스는 이마트, 롯데마트와 함께 우리나라 도시 곳곳에 입지해 주요 상권을 형성하는 데에 일조한 대표적 대형마트 업체로 성장했지만, 2025년 3월 4일 기업회생절차를 신청하며 위기의 기업이 되었다. 이후 여러 곳에서 폐점 소문이 돌았고 직원들은 고용 불안에 떨고 있다. 투자자와 2,000여 곳의 납품업체는 손실을 넘어 파산의 위협까지 느끼고 있다. 폐점 인근에서는 도심 공동화의 우려가 표출되기도 한다.

홈플러스는 지난 10여 년간 5천억 원에 못 미치는 영업 이익을 거두며 부채에 대한 이자만 약 3조 원을 물었다(ESG경제, 2025년 3월 16일). 이자 부담액은 주로 부동산 자산, 즉 점포 건물과 토지를 매각해 충당했다고 한다. 2015년 142곳이었던 매장 수는 2025년 126곳으로 줄었다(헤럴드경제, 2025년 3월 17일). 전체 점포의 절반이 넘는 68곳은 건물을 임대해 운영되고 있다. 이자를 갚기 위해 건물을 부동산 회사에 매각해 현금화한 뒤 임대로 전환한, 일명 '세일 앤 리스백(Sale and Lease Back)' 점포가 늘었기 때문이다. 경영 위기 상황에서 홈플러스는 건물주에게 임대료 인하를 요구하고 있으며, 협상이 순조롭지 못한 26개 점포에 대해서는 폐점의 우려도 있다(머니투데이, 2025년 5월 15일). 이 모든 것이 2015년 사모펀드 금융기업 MBK가 영국계 소매업체 테스코로부터 홈플러스 지분 100%를 인수한 이후에 발생한 일이다. 인수 이후 MBK는 2.5조 원의 배당금을 챙겼다고 한다.

지난 10년간 홈플러스의 변화와 지금의 (2025년 7월 집필을 시작한 시점의) 위기 사태는 GPN과 관련해서도 매우 흥미롭다. 사실 홈플러스는 GPN 담론의 중요한 구성요소 중 하나이다. 고려대 이용숙 교수께서 꾸준히 연구해 오는 홈플러스 사례연구는 GPN에 근거하면서 그 담론에 정보를 제공하며 적절성을 부여하는 역할까지 하였기 때문이다(Coe and Lee, 2006; 2013). 처음에 홈플러스는 삼성물산과 테스코의 합작투자회사 형태로 운영되었다. 소매업 부문에서 가장 성공적인 글로벌-로컬의 전략적 커플링 사례 중 하나로 평가되기도 했었다. 로컬 브랜딩, 한국적 소비문화, 공급망과 초국적 유통업체의 경영 전략 사이에서 시너지 효과를 일으키고 있었다는 이야기다. 2015년 테스코가 노동 및 정책 규제, 기업 내 금융 상황 등 여러 가지 이유로 한국에서 철수하기 전까지는 그랬다(Coe *et al*., 2017).

그러나 초창기 GPN 1.0 담론은 2025년 홈플러스 위기 국면을 제대로 설명하지 못한다. 홈플러스를 현재의 위기로 이끈 금융화(financialization)의 공백 때문이다(Gibbon, 2002; Milberg and Winkler, 2013). GPN 1.0이 금융화에 크게 주목하지 않았다는 이야기다. 금융화는 생산이나 영업을 통한 (노동자, 납품업체, 소비자, 시민사회 단체 등) 여러 이해당사자(stakeholder)의 장기적 이익보다 주주(shareholder)의 투자에 대한 단기적 이익을 우선시하는 기업 운영 방향의 전환을 뜻하는 현상이다. 앞서 소개한 것처럼, MBK는 금융화의 화신인 듯이 투자금 회수의 목적을 위해 기업을 운영했다. 이를 위한 부동산 매각과 점포 폐업은 (시장 방향의) 다운스트림에서 영업 이익 감소, (공급업체 방향의) 업스트림에서는 기업 구매력 약화의 모순을 낳았다. 이러한 금융화의 영향을 과거의 GPN 1.0 개념은 간과했지만, 2015년 재구성된 GPN 2.0은 금융규율 개념을 통해서 그러한 현상의 공간적 함의에 주목한다.

선도기업 중심의 네트워크 구획을 통해서 GPN과 다양한 산업 간의 교차성과 초국적 도시 네트워크에 대한 이해도 개선할 수 있다. [그림 5-8]에 나타나듯이, 하나의 GPN은 금융, 기술, 에너지, 서비스, 물류 등 다양한 산업과 부문 간 네트워크를 형성하고 있기 때문이다. 현실에서도 그러한 교차적 연결은 가치 창출, 증진, 확보의 역학에서 핵심적인 부분을 차지한다. 예를 들어,

【그림 5-8】 GPN 회로 간 관계적 교차성

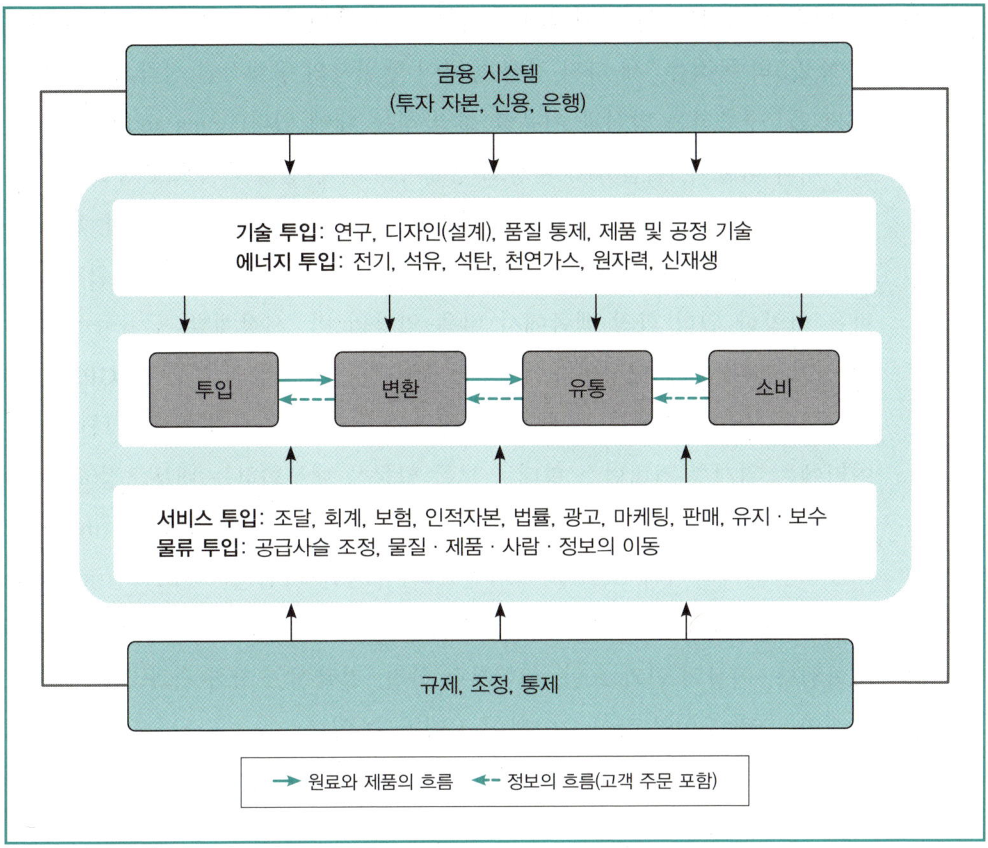

출처: Dicken(2015, 49).

금융, 법률, 회계, 경영 컨설팅, 광고 등 글로벌도시에 집중하며 기업의 초국적 활동과 입지를 지원하는 고차 생산자 서비스 기업은 부문 외 고객 기업과 산업 간 파트너십을 바탕으로 활동하는 "다중 산업 플레이어"인 경향이 있다(Yeung and Coe, 2015, 49).

이와 같이 GPN 분석의 정의와 방향성을 재정립하면서, 옝과 코(Yeung and Coe, 2015)는 GPN 2.0 이론화의 인과적 설명 요인을 구체화하여 제시한다. 이것이 GPN 2.0에서 추구하는 이론화의 핵심 사항이다. 어떤 이론화든 그 핵심에는 인과적 설명 요인에 대한 추상화가 자리를 잡고 있어야 하기 때문이다. GPN 2.0에서는 비용-역량의 비(cost-capacity ratio), 시장개발(market development), 금융규율(financial discipline)이 GPN의 형성과 재구성에 영향을 미치는 "근본적인 정치경제적 힘"으로 간주된다(Coe, 2018, 151). 따라서 GPN 2.0의 목적은 "세 가지 경쟁 동력이 행위자의 구체적인 전략으로 이어져 [GPN을] 구축하는 방식과 이유를 설명"하는 데에 있다(Yeung and Coe, 2015, 32). 이와 더불어, 위험(risk) 환경도 행위자의 전략 형성 맥락으로 중요시된다. 기업이 여러 도시, 지역, 국가의 경계를 관통해 활동하면, 노동, 규제, 환경 등 여러 가지 불확실성 문제에 노출되기 때문이다. 한 마디로, GPN 행위자의 전략은 다양한 위험 환경 맥락에서 비용-역량의 비, 시장개발, 금융규율 요인이 상호작용하면서 형성된다. 이러한 요인 간 상호작용의 결과로, GPN 행위자 전략은 뒤의 4절에서 상세하게 소개하는 네 가지 조직적 형태로 나타난다. 여기에는 위계형 거버넌스 형태로 모든 활동을 내부화하는 내부조정(intrafirm coordination), 전속형의 상하 관계 속에 형성되는 기업 간 통제(interfirm control), 관계형이나 모듈형 거버넌스와 유사한 기업 간 파트너십(interfirm partnership), 비기업 행위자와 상호작용하는 외부교섭(extra-firm bargaining)이 포함된다. 이상의 인과 요인, 위험부담 환경, 전략적 조직화 결과 간의 관계는 아래의 [그림 5-9]와 같이 요약하여 정리할 수 있다.

그러면 세 가지 기업 경쟁력 결정 요인을 살펴보자. 비용-역량의 비는

【그림 5-9】 경쟁력 요인과 GPN 조직 전략

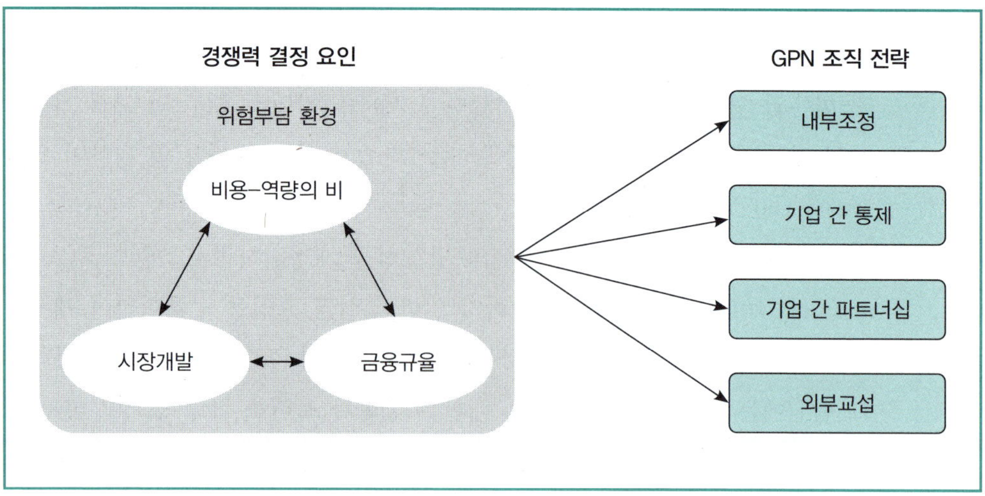

출처: 이재열(2016, 676) 일부 수정.

GPN 조직화에 대한 설명에서 비용과 역량 모두를 고려해야 한다는 것을 의미한다. 비용의 최소화만을 경제 글로벌화의 동력으로 오판하는 인습적 사고를 탈피하며, 역량의 발휘나 획득도 GPN의 핵심 동인으로 인식한다는 것이다. 기업에 대한 자원(역량) 기반 이론의 영향이 반영된 모습이다([표 5-1]). 그래서 GPN에 관여하는 기업은 "가용 자원의 축적과 배치를 … 적은 비용을 들여 최적화"하는 행위자로 정의된다. 이러한 관점에서, 부산의 한국거래소가 아닌 뉴욕증권거래소에 상장한 쿠팡의 GPN 전략은 최상위 글로벌도시로서 뉴욕이 제공하는 역량의 획득과 관련된 것으로 이해될 수 있다. 전 세계에서 막대한 투자금을 유치하는 뉴욕의 자본 시장은 현재의 영업 손실 기업도 미래 가치에 근거해 높게 평가하는 역량을 보유하고 있으며, 차등의결권이라는 제도를 통해서 창업주가 경영 지배력을 발휘할 수 있는 환경도 제공한다(경향신문, 2021년 2월 14일). 차등의결권의 제도적 환경에서 10.1%의 쿠팡 지분을 보유한 김범석 창업주는 76.5%의 의결권을 행사할 수 있게 되었다(서울신문, 2024년 2월 20일). 이러한 역량의 획득과 발휘에 주목하는 GPN 2.0에서 비용-역량의 비는 역량에 대한 비용의 상대적 중요성을 뜻한다. 비용-역량의 비가 높으면 역량보다 비용이 상대적으로 중요하다는 이야기다.

시장개발은 제품과 서비스의 지속적 판매를 위해 새로운 시장을 찾는 과정을 의미한다. 경쟁력 압박에 대응하는 시장개발은 기존의 시장지배 강화, 도달범위 확대, 새로운 시장 창출 등의 전략으로 나타날 수 있다. 일례로, 최근 수출주도형 기업으로 부상한 라면 생산업체 삼양식품은 중국 시장의 대규모 수요에 부응하고 낮은 영업 이익률을 만회하기 위한 시장개발 전략으로, 자싱시 식품산업단지에 신규 공장 설립 계획을 추진하고 있다(이재열·장근용, 2025; [읽기 자료 5-5]). GPN 2.0의 시장개발 개념에서는 소비 부문, 즉 다운스트림의 행위성에 주목하며, 시장개발이 기업과 소비 부문 간의 공동 작업임을 강조한다. 그래서 다소 수동적인 용어인 소비자보다 능동적인 고객(customer)이란 개념이 선호된다. 불공정 노동 관행과 개인 정보 유출로 촉발된 2025년 쿠팡 사태에서 '탈팡' 운동으로 표출된 것처럼, 고객의 집단적 반응과 대처도 시장개발에 중대한 영향력을 행사할 수 있기 때문이다.

마지막으로, 금융규율은 기업 운영에서 금융화의 진전을 반영하는 설명 개념이다. 여기에서 금융화는 생산이나 영업을 통한 (노동자, 납품업체, 소비자, 시민사회 단체 등) 여러 이해당사자의 장기적 이익보다 주주의 투자에 대한 단기적 이익을 우선시하는 기업 운영 방향의 전환을 뜻한다. GPN 조직화와 관련해 금융규율이 중요한 이유는, 자본 접근성이나 투자의 지속 가능성과 밀접하게 관련되어 있기 때문이다. 이런 맥락에서 기업은 투자자나 주주의 기대와 요구에 민감하게 반응하여, 투자 유치를 촉진하고 투자 철회 위협을 방지는 전략이 필요하다. 이와 관련해, 항공 분야의 산업적 유산을 보유한 시애틀을 떠나 글로벌 자본 시장 접근성에 유리한 시카고에 재정착한 보잉의 본사 이전 사례가 널리 알려져 있다. [읽기 자료 5-3]에서 소개한 바와 같이, 최근 우리나라 도시의 소비 경제에 커다란 반향을 일으키고 있는 홈플러스 위기도 금융화와 밀접하게 연관되어 있다.

이상의 세 가지 경쟁력 결정 요인들과 함께, GPN 2.0에서는 위험부담도

【표 5-2】 GPN 위험부담의 형태

형태	성격	행위자 측면의 인과 효과	사례
경제 위험	시장의 시스템적 변동(신기술과 혁신, 수요 변화, 금융 혼란, 환율 변동 등)	시장 경쟁력 상실, 수익성 감소, 지역의 소득 감소, 구조적 변동	스마트폰 등장에 따른 노키아, LG 등 기존 피처폰 기업의 경쟁력 상실
상품 위험	품질, 안전, 브랜딩, 효율성에 대한 고려	상품/서비스에 대한 부정적 인식, 기업의 사회적 책임에 대한 요구 증가	일본 상품 불매운동에 따른 유니클로, 혼다 등 일본 브랜드 위기(2019)
규제 위험	정치, 공공-민간 거버넌스, 표준과 규범 등의 변화	글로벌 생산, 기존 산업 관행의 조직적 와해 및 중단	한국의 제도, 규제, 여론 관련 위험을 회피하기 위해 글로벌 또는 미국 기업으로서의 정체성을 강조하는 쿠팡(2025)
노동 위험	노동 조건과 고용 관행에 대한 투쟁	노동자 저항 및 산업 분쟁, 글로벌 생산 및 고용 전망의 와해	홈플러스 위기와 고용 불안정에 대한 노동조합의 문제 제기
환경 위험	자연재해 또는 기후위기	상기 네 가지 위험 유형과 그 인과적 효과를 강조	코로나19 확산으로 인한 공장 가동 중단 및 공급사슬 와해

출처: Yeung and Coe(2015, 41)을 수정하여 작성함.

GPN 분석의 필수적 고려 사항으로 제시되어 있다([표 5-2]). 여러 도시, 지역, 국가에 걸쳐 복잡한 관계망을 구축하는 GPN은 기업이 예측 불가능성과 불확실성의 환경에 노출되는 조건이기 때문이다. 특히 다섯 가지의 위험부담 환경이 중요하다. 여기에는 경쟁력의 저하나 악화와 관련된 경제 위험, 판매하는 재화나 서비스의 품질 및 평판과 관련된 상품 위험, 제도, 정책 등 거버넌스 문제와 관련된 규제 위험, 노사 관계에서 표출될 수 있는 노동 위험, 자연재해와 관련된 환경 위험이 포함된다. 이러한 위험부담 요소들은 개별 행위자의 통제 범위를 넘어 발생하여 집단적인 영향을 주는 경향이 있다.

4. 전략적 커플링과 불균등결합발전

(1) 전략적 커플링: GPN-지역개발 인터페이스

GPN 연구자들은 앞서 언급한 다면적인 착근성의 관계적 성격에 착안해 "네트워크가 지역에 착근하고, [동시에] 지역도 네트워크에 착근"한다고 말한다(Dicken *et al.*, 2001, 97). 이러한 관계적 관점은 글로벌화의 맥락에서 도시 경제와 지역발전의 현안을 재고찰, 재정립하며, 그에 대한 이해의 지평을 확장하는 계기가 되었다. 아울러, 관계적 관점은 지리적으로 불균등한 도시 경제와 지역발전의 원동력을 공간적 연계와 네트워크의 맥락에서 파악하는 최근의 불균등결합발전(UCD: uneven and combined development) 논의와도 맞닿아 있다(이재열, 2025). GPN이 도시 경제와 지역개발의 시간적, 공간적, 구성적 관계들의 복잡한 얽힘을 풀어내는 데에 유용한 학문적 도구로 간주될 수 있다는 것이다. UCD는 성장, 발전, 쇠퇴의 지리적 차별화가 시·공간적 연계와 이질적 (비)경제 요소로 구성되는 점을 강조하는 개념이다. 일례로, 앞서 소개한 세계 도처의 폭스콘 시티는 다양한 (비)경제 행위자들이 관여하는 GPN을 통해 불균등하게 발전한 도시와 지역을 시·공간적으로 연결하는 UCD

의 지리적 현현이라 할 수 있다([그림 5-5]).

이러한 GPN 관점에서 발전을 도시와 지역의 문제로 설명했던 신지역주의의 한계가 문제시되었다. 장소 기반의 기술-조직-영토의 삼위일체(holy trinity)가 발전의 원동력인 것은 분명하지만(Storper, 1997), 그처럼 지역제도에 착근한 지역자산이 글로벌화된 개방 경제 맥락에서는 실현되지 못한 잠재력에 불과할 수 있다는 것이다. 지역의 제도와 자산 같은 내생적 성장 요소는 발전의 필요조건이지 충분조건은 아니라는 이야기다. 이런 논리에 따라, GPN 1.0에서는 "지역을 초월한 [GPN] 행위자들의 전략적 요구와 상호보완" 관계에서 도시나 지역의 경제적 잠재력이 실현될 가능성이 있다고 보았다(Coe *et al.*, 2004, 471).

따라서 GPN 1.0의 중요한 목표 중 하나는 도시나 지역의 발전 문제를 GPN과 연결하여 글로벌화하는 것이었다. 여기에서 지역은 "경계[가] … 네트워크 연결로 … 투과성을 가지게 된" 관계적 장소로 인식된다(Coe *et al.*, 2004, 469). 그래서 지역의 발전은 장소화/로컬화된 관계적 네트워크와 GPN 사이에 발생하는 복잡한 상호작용과 결합의 역동적 산물로 이해된다. GPN 1.0에서 그러한 도시와 지역의 발전 과정은 지역자산과 GPN 간의 **전략적 커플링**으로 개념화되었다. 전략적 커플링은 "도시나 지역의 행위자와 글로벌 경제의 행위자 사이의 전략적 이해관계를 조정, 중재, 거래하는 역동적 과정"으로 정의된다(Yeung, 2009, 213). 여기에서 지역제도의 역할은 [읽기 자료 5-4]의 인천경제자유구역청의 활동에서 확인할 수 있는 것처럼 선도기업에 적합한 지역자산을 형성하고 개선하는 것이다.

읽기 자료 5-4. 전략적 커플링의 글로벌도시를 지향하는 인천경제자유구역

인천경제자유구역(IFEZ: Incheon Free Economic Zone)은 2003년 8월 지정된 한국 최초의 경제자유구역이며, 이후 부산·진해, 광양만권, 경기, 대구·경북, 충북, 동해안권, 광주, 울산 경제자유구역 설립의 모델이 되었다([그림 5-10]). 우리나라에서 경제자유구역은 “외국인투자기업의 경영 환경과 생활 여건을 개선하고, 각종 규제완화를 통해 기업의 자유로운 경제활동과 투자를 최대한 보장하여 외국인 투자를 적극적으로 유치하기 위한 특별경제구역”을 뜻하는 법적, 제도적 공간 개념이다(인천경제자유구역청, 2023, 71). 달리 말해, 우리나라 도시·지역과 초국적 자본 간의 전략적 커플링을 촉진하는 제도라 할 수 있다. 이러한 제도적 맥락에서, 공유수면 매립을 통해 조성된 송도, 영종, 청라 지구를 포함하는 IFEZ는 한국의 새로운 경제성장 엔진 육성과 “동북아 비즈니스 거점 도시 육성”의 목표를 가지고 출범한 글로벌도시 프로젝트 공간으로 이해될 수 있다.

【그림 5-10】 9개 경제자유구역청의 위치

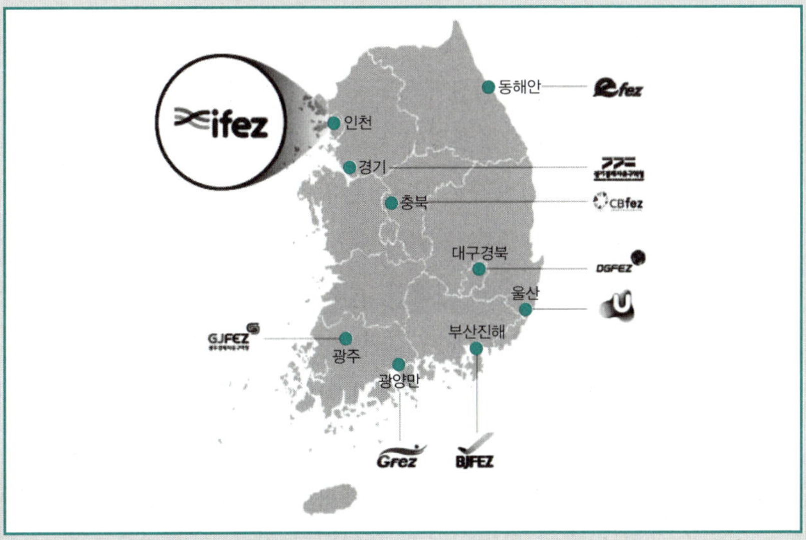

출처: 인천경제자유구역청(2023, 71).

IFEZ를 글로벌도시로 육성하기 위한 제도적 장치로서 인천경제자유구역청도 설립되었다. 지역개발기구(RDA: regional development agency)로서 이 기관은 국제적 투자를 유치하여 IFEZ에서 전략적 커플링을 촉진하기 위해 해외 초국적기업과 언론을 대상으로 활발한 홍보 활동을 펼쳐왔다. 영문 홍보물 제작, 세계적 언론지에 광고 게재, 국제투자 설명회 개최 및 사절

단 파견, 투자 박람회 참석 등이 그러한 활동에 해당한다. 행정 절차 간소화, (잠재적) 투자자 대상 일괄적 지원 서비스 제공, 수도권 규제 완화를 위한 노력도 인천경제자유구역청이 중시해 온 전략적 커플링 촉진 방안이었다. 이러한 제도적 노력의 결과로, 송도의 바이오 클러스터와 지식정보산업단지, 영종 하늘도시, 청라 국제업무지구에 다수의 외국계 초국적기업을 유치하는 성과를 이루어냈다. UN, 세계은행, 녹색기후기금 등 국제기구 유치와 뉴욕주립대, 조지메이슨대, 겐트대, 유타대 등 해외 대학의 분교 설립으로 조성된 글로벌대학캠퍼스도 글로벌도시로서의 면모를 갖춰가는 인천경제자유구역의 발전적 모습이라 할 수 있다.

따라서 전략적 커플링의 맥락에서 가치 창출, 증진, 확보는 선도기업뿐만 아니라 지역제도 입장에서도 중요한 정책 현안이다(Coe *et al.*, 2004). 가치 창출은 성장과 지역 경쟁력에 유리한 제도적 조건을 조성하는 것과 관련된다. 해외 기업 유치, 인적자본 투자, 창업지원 활동 등이 가치 창출에 유리한 정책에 해당한다. 가치 증진을 위해서는 기술 이전 촉진, 산업 업그레이딩, 인프라 선진화, 혁신 지원 등의 정책을 고려할 수 있다. 가치 확보는 전략적 커플링의 이익이 지역에 머물게 하는 것이다. 이를 위해서는 핵심 기업의 소유권과 통제력을 확보하거나 그러한 기업의 지역적 착근성을 높이는 것이 중요하다. 이러한 노력에서 도시를 중심으로 설립된 지역개발기구가 중요한 역할을 하고 있는데, 우리나라에서도 인천경제자유구역청, 서울경제진흥원과 같은 기업 투자 유치 기관이 광범위하게 운영되고 있다([읽기 자료 5-4]). 서울경제진흥원의 경우, 창업 및 보육지원, 기업 수출지원, 기업인재양성 및 채용, 기업경쟁력 강화, 창조산업 육성, 산업거점 활성화, 뷰티 패션산업 육성을 목표로 전략적 커플링 활성화에 적극적으로 관여하고 있다.

전략적 커플링 개념에는 세 가지 중요한 특징이 있다(Coe, 2018). 첫째, 문자 그대로 전략적이다. 지역제도와 GPN 행위자 양측의 의도적 개입이 있어야 나타날 수 있다는 이야기다. 구조적으로 결정되거나 일방적으로 맺어지는 관계 설정이 아니란 것이다. 둘째, 도시, 지역, 국가 등 영토의 경계를 초월한다. 다양한 공간적 스케일의 행위자들이 상호작용하기 때문이다. 이러한 다중 스케일 관계는 지역의 우위를 촉진하고 도시·지역-GPN 인터페이스를 증진하려는 제도적 행위자들의 활동에서 확인된다. 여기에는 (서울경제진흥원처럼) 지역 특수적 행위자뿐 아니라, (인천경제자유구역청과 같이) 국가나 상위국가 기관의 로컬 지부, 국세청이나 외국인출입국사무소처럼 지역에 상주하지 않지만 지역 내 활동에 영향을 미치는 지역 외부 기관 등도 포함된다. 셋째, 도시와 지역의 발전은 필연이 아니라 시·공간적 우연의 산물이다. 커플링이 로컬과 비로컬 행위자 간의 일시적 연합으로서, 변화할 수밖에 없다는 의미이다. 이러한 변화와 진화의 가능성 때문에 전략적 디커플링(decoupling)과 리커플링(recoupling)의 개념화에 대한 필요성도 제기되었다(MacKinnon, 2012). 디커플링은 투자 중단이나 회수, 해외기업의 철수, 지역-GPN 관계 축소 등의 형태로 나타난다. 2015년 영국 테스코의 홈플러스 지분 매각이 그러한 디커플링의 사례에 해당한다([읽기 자료 5-3]). 리커플링은 도시·지역-GPN 관계의 재설정을 의미하는데, 새로운 국면의 투자 라운드가 발생하는 상황에서 두드러진다. 2021년 쿠팡의 뉴욕증권거래소 상장 결정은 한국의 도시 소비시장이 글로벌 금융시장에 연결되게 했던 리커플링의 국면으로 이해될 수 있다.

(2) GPN 조직화 전략, 가치 확보 궤적, 전략적 커플링의 진화

앞서 3절에서 소개한 경쟁 동력과 위험부담 환경이 GPN의 조직화 전략에 영향을 주며([그림 5-9]), 그러한 전략은 기업의 가치 확보 궤적과 관계 속에서 도시 경제 및 지역발전의 변화에 중대한 함의도 가지고 있다(Yeung and Coe, 2015; 이재열, 2016, 680-682; [표 5-3]). 우선, **내부조정**은 단일 기업 조직 내부에 가치 창출, 증진, 확보 활동을 집중하고 통합하여 GPN을 조직하는 전략을 의미한다. 이는 선도기업, 전략적 협력사, 공급업체 등 다양한 형태의 기업에서 나타난다. 재고 관리, 비용 통제, 품질 개선, 시장 민감도 향상 등 그 목적도 다양하다. 어떤 이유에서든, 기업 자체의 자원과 역량을 내부에서 동원해 더 많은 가치를 확보하려는 전략이라 할 수 있다. 내부조정의 지리적 범위는 한 국가 내에 한정될 수 있고, [읽기 자료 5-5]에서 소개하는 삼양식품의 중국 자상시 공장 설립 계획처럼 복수 국가에 걸쳐 나타날 수도 있다(이재열·장근용, 2025). 내부조정의 결과로 GPN은 높은 수준의 수직적 통합을 이루게 되고, 본사는 지사와 계열사를 긴밀하게 통제한다.

【표 5-3】 GPN 기업 전략의 유형과 특성

전략	경쟁동력			위험 부담	경제 부문 예시	GNP 구조의 조직 특성
	비용-역량의 비*	시장개발	금융규율			
내부 조정	낮음	높음	낮음	높음	•소매업 •제약업	높은(위계형) 네트워크 통합 •국내 사업 확장 •해외직접투자 •인수합병
기업 간 통제	높음	낮음	높음	보통	•자동차 •정보통신서비스	종속적 하청관계 •부품 구매 •단순 서비스 외주
기업 간 파트너십	높음	높음	높음	높음	•전자산업 •물류	협력적 아웃소싱 •공동개발 •자산 공동 활용 •생산자서비스
외부 교섭	보통	높음	높음	높음	•자원 •식품	기업 외부 관계망 형성 •투자회사, 신용평가 기관 •정부기관 •표준 인증/관리 단체

* 비용보다 역량이 상대적으로 중요하면 비용-역량의 비는 낮고, 비용절감이 더 중요한 경우에는 비용-역량의 비가 높다.

출처: Yeung and Coe(2015, 46) 일부 수정; 박경환 등 역, 2021, 357 재인용.

내부조정 전략은 월마트, 테스코, 코스트코 같은 초국적 소매업체나 존슨앤존슨, 네슬레 등 브랜드 기업에서 주로 활용된다(Yeung and Coe, 2015). 이런 기업에서 비용을 낮게 유지하는 것이 중요하지만, 높은 브랜드 가치, 지적 재산권 등으로 구체화되는 우수한 역량도 보유한다. 그래서 낮은 비용-역량의 비 때문에, 내부의 자산이 충분하고 역량이 높아서 기업 간 네트워크의 필요성이 낮은 경향이 있다. 그리고 높은 시장 점유율을 확보하여 규모의 경제를 실현하기 위해, 즉 시장개발을 확장하기 위해 내부조정 전략을 취하는 경우도 있다. 이런 기업에서는 가용자본이 풍부하여 금융규율의 영향도 적게 받는다. 내부조정은 높은 위험부담에 따른 조직화 결과인 측면도 있다. 가령 안전성이나 품질 결함으로 인해 대규모 리콜 사태가 발생하면, 브랜드 기업이나 소매업체는 영업 손실, 소비자 저항, 브랜드 가치 하락 등 엄청난 피해를 보게 된다. 이런 상황에서 내부조정 전략은 위험부담을 줄이기 위한 효과적인 수단이다.

기업 간 통제 전략은 선도기업이 상당 부분의 가치 창출 활동을 독립적으로 운영되는 하청기업에 외주하는 상황에서 나타난다(Yeung and Coe, 2015). 이런 관계에서 선도기업은 하청업체에게 상당한 비용 절감을 요구하고, 생산공정과 생산품 및 서비스 품질에도 막대한 통제력을 발휘한다. 이러한 종속적 기업 관계는 GVC에서 전속형 거버넌스라고 불리는데, 자동차 산업과 정보 통신 서비스에서 많이 볼 수 있다. 이런 산업에서 시장은 대체로 성숙 단계나 포화된 상태에 이르러 새로운 시장 개척의 여지가 적다. 그래서 선도기업 간의 경쟁이 매우 치열한 경향이 있다. 그리고 선도기업 간 기술력 차이가 작고 기대되는 급진적 혁신의 수준도 그다지 높지 않아서, 기업 간 경쟁에서 비용이 역량보다 중요하다. 즉, 비용-역량의 비가 높다. 전속형의 종속적 하청 관계가 형성되는 것에는 투자자의 영향도 크다. 대규모 설비투자와 연구개발의 필요성 때문에 금융 시장을 활용하는 것이 중요하기 때문이다. 이런 경우 주주는 투자에 대한 신속한 성과를 요구하며 선도기업이 핵심 분야에만 집중하고 나머지는 저비용으로 외주하도록 압력을 행사한다. 이러한 기업 간 통제 전략은 위험부담의 수준이 그다지 높지 않은 상황에서 나타난다. 기술 변화나 시장 변동에 따른 위험 발생 가능성이 비교적 높지 않은 분야의 기업이 그러한 사례에 해당한다.

읽기 자료 5-5. 삼양식품(삼양)의 내부조정과 중국 자싱시 공장 설립 계획

삼양식품(삼양)은 2027년 1월 가동을 목표로 중국 상하이 인근 자싱시에 공장 설립을 추진하고 있다. 중국 공장은 수출 없이 현지 시장만을 겨냥한 계획이다. 1984년 미국 LA에 공장을 차렸다가 1998년 IMF 위기 때 철수한 이후 처음 추진하는 GPN 전략이다(BizWatch, 2024년 12월 20일). 이 전략은 내부조정 형태이다. 해외 공장이지만 조직적으로는 삼양에 수직적으로 통합된 내부화 방식이란 이야기다.

이 전략에는 최근 수출주도형 기업으로 진화한 삼양의 새로운 가치 확보 궤적도 반영되어 있다. 새로운 가치 확보 궤적은 유튜브 '불닭 챌린지'의 글로벌 확산과 결부된 불닭볶음면의 해외 시장 성공에 따른 것이다. 삼양의 수출액은 2024년 처음으로 1조 원을 넘어섰고, 이것은 전체 매출액의 약 80%를 차지했다. 이러한 수출 시장개발 과정에서, 삼양은 한국 라면 수출의 50% 이상을 담당하는 기업이 되었다(이재열·장근용, 2025). 이에 따라 원주와 밀양에 지리적으로 착근한 "모국 집중형" 생산 모델이 한계에 이르렀고, 중국에 한해 "현지 시장 지향형" 모델로 전환하는 새로운 가치 확보의 궤적을 마련한 것이다(Dicken, 2015). 그리고 이러한 궤적이 "자싱시 내의 식품산업단지"란 산업적으로 전문화된 클러스터라는 현지의 제도적 지역자산과의 전략적 커플링 동력으로 작용했다(BizWatch, 2024년 12월 20일).

GPN 2.0의 경쟁력 요인과 위험부담 개념은 삼양의 GPN 전략을 설명하는 데에 매우 유용하다. 우선 라면과 같은 기초 소비재의 시장 경쟁력에서 비용이 중요한 요인이지만, 삼양의 새로운 GPN 전략에서는 불닭 브랜드의 가치 유지 및 확대, 즉 자산특수적인 역량의 발휘가 훨씬 더 중요하게 작용했다. 그리고 현재 저부가가치의 중국 수출시장 상황도 자상시 신규 공장 설립이 필요한 이유이다. 2024년 3분기까지 삼양은 중국에서 3,066억 원의 매출액을 기록했지만 영업 이익은 33억 원밖에 되지 않았다. 두 해 전 1,287억 원의 매출액에서 54억 원의 영업 이익을 올렸던 때보다 낮은 수준이다. 역설적이게도, 1% 수준의 중국 시장 영업이익률은 삼양이 창사 이래 최고치인 20%

영업이익률을 기록했던 해의 기록이었다(BizWatch, 2024년 12월 20일). 그러나 중국은 삼양 해외 매출액의 26%를 점유하고 있는 곳이기 때문에 "중국 공장이 가동에 들어가면 물류비·운송비를 절감하여 … 수익성을 끌어올릴 것"이란 전망이 있다(Business Post, 2025년 2월 6일). 따라서 낮은 영업 이익과 대규모 수요와 결부된 높은 시장개발의 필요성도 삼양의 내부조정 전략과 호응한다. 금융규율과 관련해서, 삼양은 민감도가 낮은 기업이다. 삼양이 상장기업이기는 하지만, 오너 가족이 지배하는 삼양라운드스퀘어가 35%의 지분을 보유하며 삼양식품에 대한 통제력을 상당히 안정적으로 장악하고 있기 때문이다. 금융규율이 순환출자가 가능한 제도적 조건과 확고한 가족 경영 문화에 사회적으로 착근한 한국 재벌 기업에게는 그다지 강하게 적용되지 않는 모습이다. 마지막으로, 라면 산업에서는 식품 안전성 보장과 브랜드 관리가 중요하기 때문에, 그와 관련된 높은 위험부담을 사전에 방지하는 게 중요하다. 더욱이, 중국 시장처럼 그런 위험이 상당한 규제적 환경에서는 통제적 하청이나 협력적 파트너십보다 내부조정의 직접 운영 공장 설립이 더 적절한 대응일 수 있다.

기업 간 파트너십 전략은 선도기업과 전략적 협력사 간에 형성되고, 대체로 공생, 공진화, 상호발전을 목표로 한다(Yeung and Coe, 2015). 이런 관계는 또 다른 선도기업이 형성한 GPN과 경쟁 관계에 있을 수 있다. (금융, 법률, 회계, 컨설팅, 홍보 등) 생산자 서비스, 전자제품, 물류 산업에서 기업 간 파트너십이 많이 나타난다. 해운업의 경우, 주요 해운사는 초국적 해운동맹(shipping conference)을 결성하여 항만시설을 공유하고 정기선 항로 협상하며 공동으로 운임을 결정한다(이재열, 2016). 동맹사 간의 과잉 경쟁을 방지하고 경쟁 관계의 해운동맹을 견제하기 위해서다. 그리고 해운사는 보유한 선박이 부족한 경우 선주사와 일정 기간의 용선 계약을 체결해 파트너십 관계를 맺기도 한다. 이러한 관계는 선도기업의 높은 비용-역량의 비와 전략적 협력사의 낮은 비용-역량의 사이를 상호보완하며 설정된다. 최종 시장에서 가격 경쟁력이 중요하기 때문에 선도기업 입장에서는 비용을 낮게 유지하는 것이 필요하고, 협력사 입장에서 보유한 유휴자산, 지식, 노하우를 공급할 수 있기 때문이다. 해운업처럼 주요 항구 인근의 지역사회에서 긴밀한 관계적 자산이 협력업체의 핵심 역량인 경우는 GVC의 관계형 거버넌스와 유사하다. 그러나 한국콜마가 글로벌 화장품 브랜드 업체 맺는 ODM 기반의 계약생산([읽기 자료 5-2]), 그리고 애플이 아이폰 생산을 위해 폭스콘, 삼성, 퀄컴, TSMC 등 전략적 협력사와 맺는 파트너십처럼 모듈형 거버넌스에 가까운 경우도 있다(Yeung and Coe, 2015; [읽기 자료 5-1]). 후자 형태의 파트너십 관계는 신시장 개척의 여지가 높은 상황에서 발생하는데, 여기에는 선제적 투자가 많이 필요하다. 그래서 선도기업의 활동은 금융시장에서 주주나 채권자의 방침과 반응에 크게 영향을 받는다. 즉, 선도기업이 금융규율에 민감할 수밖에 없다. 그리고 파트너십 관계는 높은 위험을 분산하기 위한 전략이기도 하다. 예를 들어, 브랜드 스마트폰 생산업체가 반도체, 디스플레이, 카메라 등 모든 분야에 투자하는 것에는 상당한 위험이 따르기 때문에 기술력이 우수한 협력업체가 필요할 수밖에 없다.

마지막으로, 외부교섭은 가치를 창출하고 확보하기 위해 비기업 행위자들과 맺는 관계적 활동을 말한다(Yeung and Coe, 2015). 기업 활동에 영향을 주는 다양한 기관과 제도들이 외부교섭의 대상이 된다. 표준이나 규범과 관련된 것이 많은데, 규제 정책을 시행하는 정부 기관, 윤리적 소비와 공정 무역을 옹호하는 시민사회 단체, 금융 시장에서 기업 활동에 막대한 영향을 끼치는 신용평가기관, 기술과 품질의 표준을 설정하는 협회와 컨소시엄 등을 예로 언급할 수 있다. 이러한 비기업 기관과 제도의 역할이 다양한 방식으로 증대하여, 기업의 영역 밖에서 설정된 표준과 규범에 적응하고 표준 설정 행위자와 협상하는 것이 가치 확보에 아주 중요한 활동이 되었다. 시장, (지적)재산권, 사회·정치적 정당성 확보에 커다란 보탬이 되기 때문이다. 정부 또는 비정부 기관과 교섭에서 비용-역량의 비는 상황에 따라 다양하게 나타난다. 노동비 절감, 즉 높은 비용-역량의 비를 추구하며 개발도상국 정부와 협상하는 초국적기업이 있을 수 있다. 비용 절감보다 신기술 역량을 확보하기 위해 선진국의 연구기관과 전략적 제휴를 타진하는 상황도 가능하다. 그러나 비용-역량의 비와 무관하게, 높은 시장개발의 의지는 외부교섭의 원인이 된다. 스타벅스와 같은 초국적기업이 공정무역 커피 보급에 앞장서는 것도 그러한 이유이다. 역으로, 시장개발의 의지가 없다면 비기업 조직이 부과하는 규제나 표준에 기업은 관심 두지 않을 것이다. 외부교섭은 높은 위험부담에 대한 회피책으로 이해될 수도 있다. 국가의 제도, 국제 표준, 기업 윤리 등 기업의 영역 밖에서 형성되는 규칙을 준수하지 않으면, 상품과 서비스의 품질과 사회적 인식은 상당히 훼손될 수 있기 때문이다. 이러한 소비시장 반응이 금융 시장에서 기업 가치에 중대한 영향력을 행사하기 때문에, 외부교섭은 높은 금융규율 민감도와 관련된다.

지금까지 살펴본 경쟁 동력 및 위험부담과 관련된 조직화 전략에 대한 이론화는 전략적 커플링, 도시 경제, 지역발전에 대한 설명의 방식을 개선하는 밑바탕이 되었다. 이는 GPN 2.0에서 지리적 불균등발전이 조직화 전략과 연계된 "기업 수준의 가치 확보 궤적(value capture trajectory)"과 관련하여 진화론적으로 설명되고 있다(Coe, 2018, 154; [읽기 자료 5-5]). 그래서 GPN의 가치 확보 궤적, 즉 선도기업의 가치 획득 방식이 역동적으로 진화함에 따라서 전략적 커플링의 관계가 단절되는 디커플링이나 관계가 회복 또는 재설정되는 리커플링으로 전환될 가능성에도 주목한다. 이러한 진화적 관점의 수용은 다양화된 가치 확보 궤적과 상이한 형태의 커플링 간의 관계도 고찰할 수 있도록 한다(MacKinnon, 2012). 실제로도 가치 확보 궤적에 따라 상이한 형태의 전략적 커플링이 나타나고 있다. 실리콘밸리 쿠퍼티노에서 성장한 애플처럼 고유의 지역자산이 GPN으로 발전해 지역 착근성이 높은 자생형(organic) 커플링, (폭스콘 시티처럼) 지역과 GPN 간의 상호 이익에 따라 형성되는 기능형(functional) 커플링, (방글라데시 치타공의 의류 가공 클러스터처럼) 세계체제와 신국제분업의 중심부-(반)주변부 관계로 형성된 구조형(structural) 커플링이 그에 해당한다. 이들은 도시나 지역의 가치 확보와 자치성(자율성) 측면에서 차이를 보인다. 자생형은 상당한 자치성을 누리며 가치 확보의 수준도 높지만, 구조형은 자치성이 거의 없는 의존성의 장소이며 이러한 도시·지역이 확보하는 가치도 매우 제한된다. 기능형 커플링 지역의 자치성과 가치 확보 수준은 일반적으로 자생형과 구조형의 중간 사이에서 나타난다. 이는 글로벌화된 도시 경제와 지역발전의 동력이 전략적 커플링 자체에 있는 것이 아니라, 그러한 커플링이 특정한 시공간 맥락에서 어떠한 GPN 기업의 가치 확보 궤적과 연동되는지에 따라 발전 및 의존성 효과가 달라질 수 있음을 시사한다.

이상의 논의를 요약하면, GPN은 2000년대 초반 도시 경제와 지역발전의 문제를 관계적 관점에 탐구하고 이해하기 위한 분석 도구로 등장했다. 그래서 초국적기업을 중심으로 형성된 조직적, 지리적 생산네트워크가 불균등(결합)발전에 주는 함의에 대한 이해를 증진하는 데에 크게 공헌하였다. GPN은 경제사회학의 GCC와 GVC 담론에 영향을 받아 형성되었지만, 이들의 맹점을 해결하는 중대한 통찰력을 제공했다. 다소 세밀하지 못한 부문(산업)에 대한 초점을 기업 중심의 네트워크에 대한 입자적 분석으로 전환시켰기 때문이다. 이를 통해 글로벌 경제 구성 및 그와 연동된 도시·지역 간 관계에 대한 더욱 정밀한 지리학적 탐구와 이해가 가능해졌다. 기업 중심의 분석이라고 해서 기업을 독립적, 자립적 개체로 여긴 것이 아니다. 폴라니의 교훈을 따라 언제나 착근된, 즉 국가, 시민단체, 노동자, 소비자 등 비기업 행위자와 상호작용하는 제도화된 행위자로서 기업을 재인식할 수 있도록 하였다. 이 또한 다소 구조주의적 편향성을 가진 GCC-GVC 담론과 차별화된 부분이다. 더 나아가, 도시 경제와 지역개발에 대한 관계적 접근을 추구함으로써, GCC-GVC에서 간과하는 다층적이며 다중-결정적인 불균등(결합)발전에 대한 이해를 도모할 수도 있었다. 그리고 좀 더 최근에는, 인과성 결핍과 이론화 부재에 대한 비판을 수용해 기업 수준의 GPN 조직화 전략에 초점을 맞춘 GPN 2.0이 등장하게 된 것이다. 한 마디로, GPN 개념과 이론은 도시 경제와 지역개발을 글로벌 경제 변화의 맥락과 관계 속에서 파악할 수 있도록 하는 중요한 통로의 역할을 하고 있다.

더 나아가 GPN은 다양한 지리적 스케일에서 시·공간적으로 관계화된 도시 경제의 미래와 관련해서도 중요한 시사점을 제시한다. 무엇보다, 도시의 경제적 삶은 관계적으로 확대하고 재구성되는 UCD의 맥락과 과정에 계속해서 영향받을 것이다. 폭스콘 시티, 인천경제자유구역, 삼양식품의 중국 자싱시 공장 계획 등 여러 사례에서 확인한 것처럼, GPN은 기존의 불균등발전 토대 위에서 작동하고 새로운 공간적 관계의 맥락 속에서 그러한 불균등발전의 패턴을 재편한다. 여기에서는 기업, 자본가 같은 경제적 행위자뿐만 아니라,

정치, 정책, 제도, 문화 등 경제적 결과와 함의를 가진 비경제적 행위와 실천의 역할도 중요하게 작용한다. 마찬가지로, 도시 경제의 미래도 GPN과 긴밀하게 연계된 UCD의 시·공간적 배열, 그리고 다양한 (비)경제적 행위성과 불가분의 관계에 있게 될 것으로 보인다. 오늘날 글로컬한 불균등결합발전 패턴이 역사지리적 유산이 되어 미래 도시의 경제적 발전, 저발전, 미발전의 구성적 원인으로 작용하고, 이러한 시간적 관계가 앞으로 재창조될 새로운 공간적 관계의 네트워크와 함께 도시 경제 변화와 재형성의 원동력으로 작용하게 될 것이란 이야기다. 특히, 기술혁신과 기업 거버넌스의 금융화가 그러한 시·공간적 관계 형성에서 더욱 중요한 영향력을 행사할 것으로 보인다. 이들의 효과는 홈플러스의 위기, 쿠팡 관련 논란을 통해 살펴보았듯이 이미 오늘날 도시 경제의 현실이 되어있다. 앞으로는 인공지능과 알고리즘, 자동화와 로보틱스, 자율주행 자동차, 드론 등 새로운 기술혁신의 가속화와 기업 지배구조나 경영방식에 지대한 영향을 미치는 금융화의 확대가 GPN-도시 경제 관계망에서 더욱 중요해질 전망이다.

생각해 볼거리

1) 국내 또는 외국계 초국적기업 하나를 선정해 글로벌 스케일에서 어떤 방식으로 도시와 지역 간 네트워크를 구성하는지 조사해 보자. 그러한 GPN에서 도시나 지역 간 위계 관계는 어떻게 형성되는가? 어떤 도시나 지역이 이익을 보고, 어떤 곳이 손해를 보는가? 이러한 공간적 관계의 안정성을 위협하는 위험 요소에는 무엇이 있을까?
2) 도시를 기반으로 한 우리의 일상적 경제활동은 매우 빠르게 변화하고 있다. 대표적으로, 상품 구매나 음식 배달 서비스에서 (쿠팡, 배달의민족 등) 온라인 플랫폼의 사용이 일상화되었다. 그러면서 (홈플러스 등) 대형마트의 경쟁력이 약화되고 있다. 이러한 변화가 초국적기업의 GPN이나 가치 확보 궤적의 변화와 어떻게 관계적으로 연계되어 있는지 조사해 보자.

읽을거리

조철기, 2017, 일곱 가지 상품으로 읽는 종횡무진 세계지리, 서해문집.
최재희, 2022, 스타벅스 지리여행, 북트리거.

참 | 고 | 문 | 헌

김숙진, 2010, "행위자-연결망 이론을 통한 과학과 자연의 재해석", 대한지리학회지, 45(4), 461-477.

박경환, 2014, "글로벌 시대 인문지리학에 있어서 행위자-네트워크 이론(ANT)의 적용가능성", 한국도시지리학회지, 17(1), 57-78.

박경환 · 권상철 · 이재열 역, 2021, 경제지리학개론, 서울: 사회평론아카데미.

이용숙 · 이돈순, 2015, "세계생산네트워크 논쟁의 유용성과 한계," 공간과 사회, 25(2), 14-51.

이재열 역, 2023, 지역개발론, 푸른길.

이재열, 2016, "글로벌 생산네트워크 담론의 진화: 기업 및 산업 중심 거버넌스 분석을 넘어서", 대한지리학회지, 51(5), 667-690.

이재열, 2025, "불균등결합발전에 관한 소고", 한국도시지리학회지, 28(2), 99-112.

이재열 · 장근용, 2025, "K-푸드 브랜드의 오리지네이션: 삼양식품 불닭볶음면의 사례," 경관과 지리, 35(3), 31-50.

이재열 · 홍동표 · 류연택, 2025, "자본주의 다양성과 자본주의 다양화에 대한 소고", 한국지역지리학회지, 31(1), 48-66.

이재열 · 장근용 · 오준혁 · 박경환 역, 2022, 오리지네이션: 브랜드와 브랜딩의 지리학, 푸른길.

인천경제자유구역청, 2023, 갯벌 위의 꿈 글로벌 비즈니스 프런티어: 인천경제자유구역청 20년, 인천경제자유구역청.

홍동표 · 이재열 · 류연택, 2023, "플랫폼 음식배달 서비스 가치사슬에서 불안계급의 행위성: 청주시 사창동 일대를 사례로, 한국도시지리학회지", 26(2), 55-71.

Allen, J., 2004, Thewhereabout of power: Politics, government and space, *Geografiska Annaler: Sereis B, Human Geography*, 86(1), 19-32.

Bair, J., 2011, *Global Value Chains: Concepts, Measures, Consequences.*, Presentation at CRIMT International Conference Multinational Companies, Global Value Chains and Social Regulation.

Bathelt, H. and Glückler, J., 2003, Toward a relational economic geography, *Journal of Economic Geography*, 3, 117–44.

Coe, N. and Lee, Y., 2006, The strategic localization of transnational retailers: The case of Samsung-Tesco in South Korea, *Economic Geography*, 82, 61–88.

Coe, N. and Lee, Y., 2013, "We've learnt how to be local": The deepening territorial embeddedness of Samsung–Tesco in South Korea, *Journal of Economic*

Geography, 13, 327–356.

Coe, N. and Yeung, H., 2015, *Global Production Networks: Theorizing Economic Development in an Interconnected World*, Oxford, UK: Oxford University Press.

Coe, N. M., Hess, M., Yeung, H., Dicken, P., and Henderson, J., 2004, "Globalizing" regional development: A global production networks perspective, *Transactions of the Institute of British Geographers*, 29, 468–484.

Coe, N., 2018, Global production netowkrs, in Cook, G., Johns, J. McDonald, F. Beaverstock, J. Pandit, N. (eds), *The Routledge Companion to the Geography of International Business,* Milton Park: Taylor & Francis, 147-160.

Coe, N., Kelly, P., and Yeung, H., 2007, *Economic Geography: A Contemporary Introduction*, Oxford: Wiley Blackwell.

Coe, N., Lee, Y., and Wood, S., 2017, Conceptualising contemporary retail divestment: Tesco's departure from South Korea, *Environment and Planning A: Economy and Space*, 49(12), 2739-2761.

Cook, G., Johns, J. McDonald, F. Beaverstock, J. Pandit, N., 2018, *The Routledge Companion to the Geography of International Business*, Milton Park: Taylor & Francis.

Dicken, P., 2015, *Global Shift: Mapping the Contours of the Changing World Economy*, New York City: Guilford Press.

Dicken, P., Kelly, P., Olds, K., and Yeung, H., 2001, Chains and networks, territories and scales: Towards an analytical framework for the global economy, *Global Networks*, 1, 89–112.

Gereffi, G., 1994, The organization of buyer-driven global commodity chains: How U.S. retailers shape overseas production networks, in Gereffi, G. and Korzeniewicz (eds.), *Commodity Chains and Global Capitalism, Praeger, Westport*, 95-122.

Gereffi, G., Humphrey, J., and Sturgeon, T., 2005, The governance of global value chains, *Review of International Political Economy*, 12(1), 78-104.

Gibbon, P., 2002, At the cutting edge? Financialisation and UK clothing retailers' sourcing patterns and practices. *Competition and Change*, 6, 289–308.

Gibbon, P., Bair, J. and Ponte, S., 2008, Governing global value chains, *Economy and Society*, 37(3): 315-338.

Granovetter, M., 1985, Economic embeddedness, *Contemporary Sociological Theory*, 2(3), 162.

Henderson, J., Dicken, P., Hess, M., Coe, N., and Yeung, H., 2002, Global production networks and the analysis of economic development, *Review of*

International Political Economy, 9, 436–464.

Hess, M., 2004, 'Spatial'relationships? Towards a reconceptualization of embeddedness, *Progress in Human Geography*, 28(2), 165-186.

Hopkins, T. and Wallerstein, I., 1986, Commodity chains in the World-Economy prior to 1800, *Review (Fernand Braudel Center)*, 10(1), 157-170.

Hudson, R., 2008, Cultural political economy meets global production network: A productive meeting?, *Journal of Economic Geography*, 8, 421-440.

Humphrey, J. and Schmitz, H., 2002, How does insertion in global value chains affect upgrading in industrial clusters?, *Regional Studies*, 36, 1017–1027.

Lovering, J., 1999, Theory led by policy: the inadequacies of the 'new regionalism', *International Journal of Urban and Regional Research*, 23, 379–395.

MacKinnon, D., 2012, Beyond strategic coupling: reassessing the firm-region nexus in global production networks, *Journal of Economic Geography*, 12, 227-245.

MacKinnon, D., Cumbers, A., and Chapman, K., 2002, Learning, innovation and regional development, *Progress in Human Geography*, 26, 293–231.

Massey, D., 1994, Space, Place and Gender, University of Minnesota Press.

Massey, D., 1995, *Spatial Divisions of Labour: Social Structures and the Geography of Production*, London: Bloomsbury Publishing.

Milberg, W., and Winkler, D., 2013, *Outsourcing economics: Global Value Chains in Capitalist Development*, Cambridge: Cambridge University Press.

Mudambi, R., 2008, Location, Control and Innovation in Knowledge intensive Industries, *Journal of Economic Geography*, 8(5), 699-725.

Peck, J., 2005, Economic sociologies in space, *Economic Geography*, 81(2), 129-175.

Peck, J., 2024, Practicing conjunctural methodologies: Engaging Chinese capitalism, *Dialogues in Human Geography*, 14(3), 461-482.

Peck, J. and Theodore, N., 2012, Follow the policy: A distended case approach, *Environment and Planning A*, 44(1), 21-30.

Ponte, S. and Sturgeon, T., 2014, Explaining governance in global value chains: A modular theory-building effort, *Review of International Political Economy*, 21(1), 195-223.

Sturgeon, T., 2002, Modular production networks: a new American model of industrial organization, *Industrial and Corporate Change*, 11(3), 451-496.

Sunley, P., 2008, Relational economic geography: A partial understanding or a new paradigm?, *Economic Geography*, 85, 49-73.

Tokatli, N., 2013, Toward a better under standing of the apparel industry: a critique of the upgrading literature, *Journal of Economic Geography*, 13(6): 993-1011.

Watts, 2014, Commodities, in Cloke, P., Crang, P., and Goodwin, M., *Introducing Human Geographies*, Routledge, 390-412.

Yeung, H. and Coe, N., 2015, Towards a dynamic theory of global production networks, *Economic Geography*, 91, 29–58.

Yeung, H., 2005, Rethinking relational economic geography, Transactions of the Institute of British Geographers, 30(1), 37-51.

Yeung, H., 2009, Transnational corporations, global production networks and urban and regional development: a geographer's perspective on multinational enterprises and the global economy, *Growth and Change*, 40, 197-226.

경향신문, 2021년 2월 14일, 쿠팡은 왜... 미국 '뉴욕증시' 상장 택했나, https://www.khan.co.kr/article/202102141802001

머니투데이, 2022년 3월 19일, '쿠세권 지도' 그려봤더니... 국토의 84%에 새벽배송 없다, https://www.mt.co.kr/society/2022/03/19/2022031719361090714

머니투데이, 2025년 5월 15일, 홈플러스 26개점 동시 폐점설 확산... MBK "4000억 임대료 줄인다", https://news.mt.co.kr/mtview.php?no=2025051513383015814

헤럴드경제, 2025년 3월 17일, 홈플러스 "MBK 인수 후 폐점 매장 수, 이마트·롯데마트와 차이 안나", https://biz.heraldcorp.com/article/10443475

민들레, 줄 잇는 탈팡… 중독된 편리함을 던져버리다, https://www.mindlenews.com/news/articleView.html?idxno=17253

서울신문, 2024년 2월 20일, 계획된 적자... 연매출 30조 유통 1위 '로켓신화 쐈다, https://www.seoul.co.kr/news/plan/corporate-industry-narrative-2024/2024/02/20/20240220016003

BizWatch, 2024년 12월 20일, 삼양식품 40년 만의 해외 공장 '중국'에 짓는 까닭은, https://news.bizwatch.co.kr/article/consumer/2024/12/19/0049

Business Post, 2025년 2월 6일, 삼양식품 영업이익률 20% 놀라긴 이르다, 김정수 중국 공장으로 수익성 더 높이나, https://www.businesspost.co.kr/BP?command=article_view&num=382491

ESG경제, 2025년 3월 16일, 홈플러스 사태 왜?... MBK 전략실패, 이커머스 급성장, 정뷰 규제 합작품, https://www.esgeconomy.com/news/articleView.html?idxno=10364

제 6 장

도시의 거주공간과 부동산

| 이성호 |

1. 도시에서의 주택과 주거, 그리고 부동산
2. 획일화되는 도시의 주거 형태
3. 심화되는 주거공간의 양극화
4. 주거 문제에 대한 인식과 대응
5. 도시 주거문제 해결을 위한 다양한 시도

제 6 장

도시의 거주공간과 부동산

1. 도시에서의 주택과 주거, 그리고 부동산

(1) 도시에서의 주택과 주거

도시는 다양한 기준에 따라 정의될 수 있으며, 시대와 지역에 따라 그 특성 역시 다양하게 나타날 수 있다. 그럼에도 불구하고 도시를 촌락과 구분짓는 가장 기본적인 특징은 촌락에 비해 상대적으로 작은 면적에 상대적으로 많은 사람들이 밀집해 거주한다는, 즉 높은 인구밀도를 가진 공간이라는 점이다. 도시의 높은 인구밀도는 집적의 이익과 같은 혜택을 가져오기도 하지만, 동시에 필연적으로 도시 내에서 한정된 자원을 두고 그것을 확보하기 위한 거주민간의 경쟁을 야기하게 된다. 인간 생활에 필수적인 재화인 주택은 도시공간 내에서 공급이 한정될 수밖에 없는 토지를 배타적으로 점유해야 하는 속성을 가지기 때문에, 큰 인구규모와 높은 인구밀도라고 하는 도시의 기본적인 특성에서 그 문제가 시작된다. 입지와 물리적 특성이 상대적으로 양호한 주택을 둘러싼 거주민간의 경쟁은 주택을 구입하거나 임대하는 비용을 상승시키고, 높아진 주거비용은 도시민들에게 다른 기회를 위한 투자를 제약하거나 경쟁에서 밀려나 열악한 환경을 선택하도록 강요한다. 특히 높은 밀도라고 하는 도시의 기본적 특성이 더욱 강화된 현대의 대도시에서는 주택을 둘러싼 문제가 훨씬 더 복잡하고 다양하며 심각한 형태로 나타날 수밖에 없게 한다.

주택은 인간 생활의 기초수요(basic needs) 중 하나로 삶을 영위하는 데 있어 필수적인 영역에 해당한다. 기술의 발달과 경제 발전에 따라 먹고 입는 문제는 점차 개선되고 있지만, 주택과 관련한 문제는 여전히 다양한 차원에서 사회적 갈등을 야기하고 있으며 경우에 따라서는 더 심각한 양상으로 변하기도 한다. 현대 사회에서 집과 관련한 다양한 양태의 문제가 나타나고, 이를 해결하는 데 어려움을 겪는 것은 주택이 단순한 물리적 구조물(physical facility)에 그치지 않는 다차원적인 속성을 지니고 있기 때문이다(Bourne, 1981; 하성규, 2010).

주택(house)의 가장 기본적인 기능은 거주와 노동력 재생산이 이루어지는 안식처로서의 물리적 공간이다. 이 경우 주택은 통상적으로 사회적 관계의 기초형태를 구성하는 단위로서의 가정(home), 경제적 단위로서의 가구(household), 물리적 단위로서의 주택이 융합된 사회공간체계의 의미를 내포한다. 또한 생활양식 및 생활경험 공간의 의미 측면에서는 주거공간을 통한 사회적 관계의 재생산 양식, 사회제도의 기초공간으로서 주택을 강조하며, 자본주의 체제적 관점에서는 경제효율성과 성장을 촉진하려는 의도에서 광범위한 이데올로기적 장의 일부로서 주택-가정-가족 개념 사이의 융합을 적극적으로 고무하기도 한다. 또한 집은 친밀함, 가족, 친족, 젠더, 민족성, 계급, 연령, 섹슈얼리티에 대한 개념 및 실천을 분석할 컨텍스트를 제공하지만, 더 나아가 생산과 소비, 세계화와 국가주의, 시민권과 인권, 정부의 역할과 통치 사이의 관계를 시험하는 중요한 장소가 될 수도 있다. 이와 같이 주택이 단순한 물리적 거처로서의 의미를 넘어 그를 둘러싼 사회·경제적 요소들을 포함하는 일종의 사회적 구성물로 의미가 확장될 때 주택은 주거(housing)라는 개념으로 재정의 된다(Saunders and Williams, 1988; Blunt, 2005).

주택은 토지라고 하는 고정된 장소에 부착되어 있어 비이동성을 특징으로 하며, 입지를 바탕으로 각종 사회적 서비스의 제공 수준이 결정되는 서비스의 총체(package of services)라는 특성을 가진다. 물리적인 형태가 동일한 주택이라 할지라도 주택이 위치하고 있는 공간의 장소적 특성에 따라 주택의 특성은 상당히 달라지게 되며, 그 거주민은 보다 나은 서비스를 제공받기도 하고 그 반대의 경우에 놓이기도 한다. 즉 거주자가 주택을 통해 향유하게 되는 주거의 양상은 건축물로서 주택이 가진 물리적 특성 뿐만 아니라 그 주택이 입지하고 있는 장소의 사회·경제·문화·환경적 특성에 의해 결정된다. 문제는 주거의 입지가 한 개인이 제공받을 수 있는 사회적 서비스의 질(質) 상당수를 결정하고 있음에도 불구하고, 주거의 입지 선택은 여러 가지 제약조건으로 인해 개인별로 그 자율성이 상당 부분 제약된다는 점이다. 특히 경제적 능력이 부족한 사회적 취약계층의 경우 그 선택에 있어서 다른 계층에 비해 더 큰 제약을 받기 때문에 주거환경이 열악한 지역에 비자발적인 선택에 의해 포섭된다. 이렇게 비자발적으로 강요된 주거공간의 차이는 교육, 고용, 안전 등 사회서비스에 대한 불균등한 제공을 통해 소외계층의 역량 개발을 근원적으로 제한하게 되면서, 특정 지역의 사회·경제적 요인으로 인해 발생하는 빈곤을 의미하는 장소적 빈곤(place poverty)으로도 이어져 사회구조의 고착화와 불평등의 확대를 야기하기도 한다(Powell *et al.*, 2001).

(2) 도시에서의 주택과 부동산

현대 자본주의의 발전에 따라 주택은 그 성격이 더욱더 복합적으로 변하고 있다. 자본주의 사회에서 주택은 거주 공간으로서의 사용가치를 넘어 자산 및 투자대상으로서의 기능이 강조되는데, 동일한 물리적 실체를 대상으로 함에도 불구하고 이 경우 주택은 교환가치를 중심으로 한 자산(asset)으로서의 속성에 주목하는 부동산(不動産, real estate)의 의미를 더욱 강하게 가지게 된다. 부동산을 뜻하는 영어 단어 'real estate'는 토지와 그 토지에 영구히 부착되어 있는 건물 등의 정착물을 가리키는 'realty'에 대한 재산으로서의 권리를 의미한다. 즉 부동산은 그 뜻에서부터 경제적 가치를 야기하는 재산권적 특성을 직접적으로 드러낸다. 따라서 우리가 흔히 부동산이라고 지칭할 때는 토지와 주택 등을 먼저 떠올리지만 부동산이라는 용어는 땅과 건물이라고 하는 물리적 대상 그 자체보다 그것을 소유·이용·개발·수익·처분함으로써 발생하는 경제적 가치와 더 관련되어 있다.

부동산에서 가장 핵심적인 경제적 가치를 창출하는 것은 본질적으로 공급이 제한된 재화인 토지로, 토지의 가치는 인구 증가, 경제 성장, 도시화 등의 사회·경제적 환경의 변화에 따른 수요 변화에 따라 달라지게 된다. 때문에 상품으로서 부동산은 사용을 통해 소멸하거나 가치가 감소하는 것이 일반적인 보통의 공산품과 달리 시간이 경과함에 따라 오히려 그 가치가 상승할 수도 있다. 즉 부동산으로서의 주택은 생존에 꼭 필요한 필수재로서 실질적인 사용가치를 가지는 동시에 가계 자산을 획기적으로 증식시킬 수 있는 가장 중요한 투자상품이 되기도 한다. 특히 우리나라나 중국과 같이 급속한 경제성장을 경험한 국가에서는 주택 가격이 상당 기간 동안 다른 재화에 비해 빠르게 상승하면서 주택을 중심으로 한 부동산 소유는 불로소득(unearned income) 추구의 대상으로 주목받았으며, 동시에 부동산 투기(speculation)라는 이름으로 사회적 비판을 받기도 하였다. 부동산 투기는 ① 구입 목적이 단순히 자본차익에 대한 기대이며, ② 따라서 보유기간 동안 부가가치를 증가시키기 위한 행위를 하지 않으며, ③ 토지 이용도가 매우 낮고, ④ 조세 회피와 같은 좋지 않은 목적에서 비롯되어, ⑤ 투기적 정보를 미리 은밀하고 불법적인 방법으로 획득하였으며, ⑥ 이를 통해 다른 사람들에게 상대적 박탈감을 주는 불로소득을 노리는 투자행위로 정의할 수 있다(조주현, 2010). 하지만 이러한 정의에도 불구하고 이 조건들은 대부분 의도가 감춰지거나 정도의 차이 정도로 나타난다는 점에서, 실제 현실에서 부동산 투기와 정상적인 투자(investment), 혹은 필수 재화로서의 주택의 정상적인 소유를 구분하는 것은 사실상 불가능하며, 이는 도시에서 부동산의 가치를 평가하고 조정, 통제하는 것을 더욱 어렵게 만들고 있다.

또한 대규모의 자본 투자가 필요하고 상품의 수명이 길다는 주택의 특성은 주택의 개발과 거래, 소유를 원활하게 지원하기 위한 금융체제의 발달을 이끌었다. 특히 1980년대 이후 전 세계적으로 진행된 금융 자본주의화와 자본시장과 공간시장의 통합은 주택을 지구적 자본축적 과정의 유기적 구성요소에 포함시켰다. 이로 인해 주택은 주거서비스를 제공하는 공간으로서의 의미보다 주택소유에 따른 경제적 편익과 금융파생상품을 강조하는 자산시장의 의미가 더욱 강화되었다. 또한 부동산 상품의 높은 거래비용으로 인해 파생된 신용평가, 금융대출, 감정평가, 중개 서비스, 관리 등 제반산업의 발달은 주택을 중심으로 한 부동산 영역을 단순한 거처의 공급을 넘어 국가의 주요한 부의 원천이자 핵심적인 산업 부문으로 성장시키면서 더 많은 이해 관계자를 만들어 내고 있다.

주택이 가지고 있는 이러한 복합적인 속성으로 인해 도시의 주거문제는 더욱 복잡한 양상을 띠게 된다. 따라서 현대 도시에서 주거문제는 그 문제를 겪고 있는 개인이나 집단의 고유한 요인뿐만 아니라 주택을 둘러싼 이러한 사회의 경제시스템, 사회안전망 등 복지제도, 주택과 관련한 법적·제도적 체계 등을 포함한 사회적 요인이 복합적으로 결합되어 발생하는 것이라는 점을 이해할 때에야 비로소 그 양상에 대한 정확한 진단과 효과적인 대응도 가능해질 수 있다.

2. 획일화되는 도시의 주거 형태

(1) 아파트 공화국, 한국

높은 인구밀도로 주택에 대한 수요가 큰 도시 지역뿐만 아니라 읍·면 단위의 중심지에서도 어렵지 않게 중층 이상의 아파트를 찾을 수 있을 정도로, 아파트는 지역에 관계없이 우리나라의 가장 보편적 주택유형이 되었다. 2023년 기준 전국의 총 주택 중 아파트의 비중은 64.6%로 절반을 훨씬 넘는다. 약 50년 전인 1975년 전국의 아파트 비율은 1.9%에 불과하였지만, 짧은 기간 동안 아파트의 공급이 급격히 증가하면서 21세기에 들어서는 그 비중이 50%를 넘어섰고 지금은 전체 주택의 2/3에 달하고 있다. 지역별로 살펴보면 서울의 경우 1970~80년대에 아파트 비율이 가파르게 증가하다가 21세기에 들어서는 50%대 후반에서 정체된 반면, 서울 주변으로 대규모의 신도시 건설이 이루어진 경기도의 경우 1기 신도시 건설이 본격화된 1980년대 후반부터 아파트 비율이 급격하게 높아져 2023년에는 서울보다 높은 71.6%를 기록하고 있다. 서울은 부동산 관련 뉴스 등에서 아파트가 가득 들어선 모습들로 비춰지면서 아파트 밀집지역이라는 이미지가 강하지만, 서울시의 아파트 비율이 오히려 전국 평균보다 낮을 정도로 아파트는 이미 전국 어디에서나 보편적인 주거 형태로 자리 잡았으며, 읍·면 지역의 아파트 비율도 지속적으로 증가해 2023년에

【그림 6-1】 전체 주택 중 아파트 비율의 변화 (단위: %)

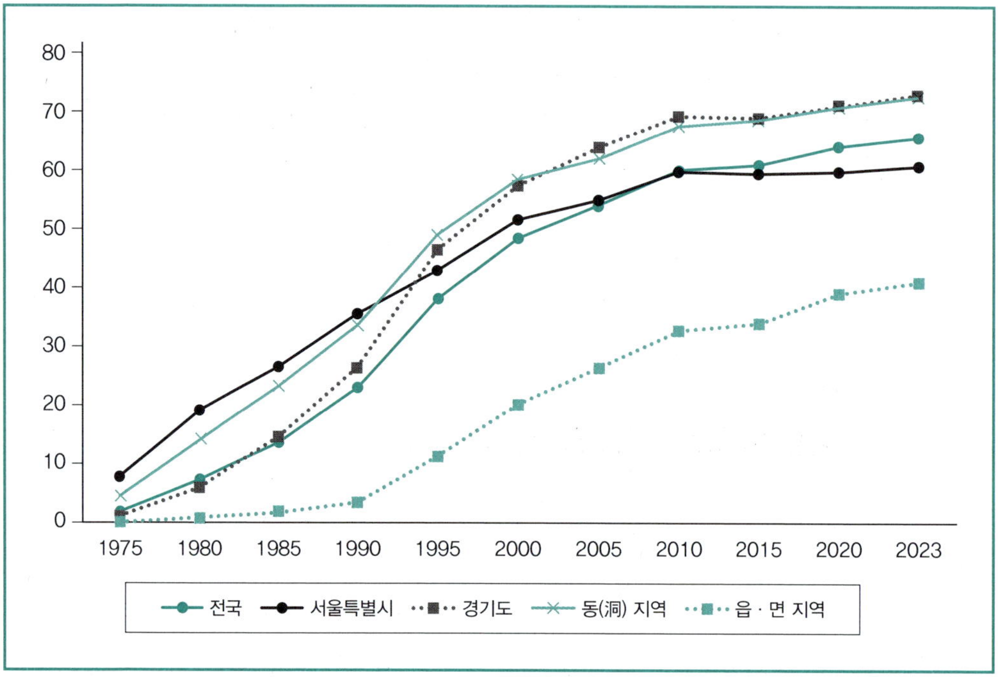

출처: 통계청 인구주택총조사(각 년도).

는 40.2%에 이르고 있다.

아파트는 「건축법」에 따라 주거용으로 사용되는 부분이 5층 이상인 공동주택을 의미한다. 공동주택이면서 주거용으로 사용되는 부분이 4층 이하인 경우에는 전체 연면적에 따라 660㎡를 초과하는 경우에는 연립주택으로, 660㎡ 이하인 경우에는 다세대주택으로 정의한다. 보통 우리나라 최초의 아파트로 언급되는 것은 서울 중구에 소재한 미쿠니(三國) 아파트 또는 서울 서대문구에 위치한 충정아파트이다. 최초의 아파트가 어느 것인지 명확하지 않은 것은 두 건물 모두 현재 기준에서 아파트로 보기에는 모호한 요소를 가지고 있기 때문이다. 1930년에 건축된 미쿠니 아파트는 3층 1개동 6세대 규모의 벽돌 건물로 명칭과는 달리 아파트의 규모를 갖추지 못했을 뿐만 아니라 건축 목적 자체가 일본인 기업 미쿠니 상사의 관사로 활용하기 위함이었기 때문에 엄밀한 의미의 아파트로 보기 어렵다. 1937년 건축된 충정아파트는 일본인 건축가 도요타 다네오(豊田種雄)가 설계해 도요타 아파트로 불리기도 하는데, 이 역시 현재는

5층 1개동 60세대 규모지만 최초 준공 시에는 4층 건물로 건축되었다가 이후 1개 층을 불법 증축한 형태라는 문제를 가지고 있다(전상인, 2009).

일제 강점기에 일본인에 의해 건축된 건물을 제외하고, 광복 후 우리나라 자본과 기술이 주도해 건설한 최초의 한국식 아파트는 서울 성북구에 있는 종암아파트이다. 1958년 건축된 종암아파트는 5층 3개동 152가구 규모로, 현재 한국토지주택공사(LH)로 통합된 대한주택공사의 전신인 대한주택영단이 국제개발협력처를 통한 미국의 재정 지원과 상업은행의 융자, 독일 회사의 설계를 바탕으로 직접 건설에 나섰다. 종암아파트는 공동주택에서 최초로 실내 수세식 화장실을 도입하고, 개별 연탄 난방시설을 갖추는 등 서구식 공동주택의 첫 번째 모델로 볼 수 있는데, 종암아파트의 건설은 당시 서울의 도시 과밀화와 주택 부족 문제를 신속히 해결하고 토지 이용의 효율성을 향상하려는 정부의 정책적 의도를 담은 것이다. 당시 이승만 대통령은 “국민이 싫어하더라도 아파트를 많이 지어야 한다.”라고 국무회의에서 언급할 정도로 아파트 보급을 적극 지원하였으며, 종암아파트의 준공식에 직접 참석하기도 하였다.

현재 보편적인 형태인 단지형 아파트는 1962년 서울 마포구에 건설된 마포아파트부터 본격화되었다. 안양으로 이전한 기존 교도소 부지를 활용하여 6층 10개동 642세대 규모로 건설된 마포아파트는 단지 내에 상가와 놀이터, 유치원 등의 주민공동시설과 관리사무소가 설치되는 등 주변 환경으로부터 독립된 자치적 주택지구로 고안되었다. 마포아파트의 건축계획 당시에는 새로운 주택형태로서 아파트의 위상을 제고하기 위해 당시로서는 초고층인 10층 규모에 엘리베이터와 기름보일러식 중앙난방 도입 등을 포함하였지만, 건축 단계에서 재원 부족과 비판적인 여론 등으로 인해 엘리베이터가 없는 6층 규모에 연탄 개별난방 방식의 보급형 서민주택으로 변경되었다. 마포아파트의 건설 이후 단지형 아파트의 건설이 활발하게 추진되면서 1969년에는 낙산시민아파트, 동숭시민아파트 등 개별 단지 규모가 1,000세대를 넘는 대규모 아파트 단지가 개발되기 시작하였다(발레리 줄레조, 2007; 전상인, 2009).

아파트 건설은 정부 차원에서 주택 부족 문제가 심각한 서울에서 주택을 대규모로 신속하게 공급할 수 있는 대안으로 적극 추진하였다. 특히 1966년 서울시장으로 취임한 김현옥 시장은 ‘불도저 시장’이라는 별명에 걸맞게 신속

【그림 6-2】 종암아파트(좌)와 마포아파트(우) 전경

출처: 서울역사박물관 서울역사아카이브.

하고 일방적인 주택 공급 계획을 수립하였다. 서울 내에 대규모로 산재한 무허가 불량주택단지의 정리와 빠른 주택 공급을 위해 1968년 대규모 시민아파트 추진계획을 발표하였는데, 이 계획은 불과 3년 뒤인 1971년까지 2,000동의 시민아파트를 건설하겠다는 것이었다. 이에 따라 이듬해인 1969년 한 해에만도 32개 지구에 406개동 15,840세대의 시민아파트가 실제 건설되었다. 신속한 공급을 위해 시민아파트의 건설은 주로 판자촌을 철거한 산비탈에 이루어졌으며, 무리한 공사기간 단축과 건축 비리 등이 결합되면서 대규모 부실공사를 낳았다. 이 시기 건설된 시민아파트 중 하나인 마포구 창전동 소재의 와우아파트가 1970년에 붕괴되는 사고가 발생하면서 시민아파트 추진계획은 제동이 걸렸다. 와우산 산비탈에 6층 16개동 규모로 건설된 와우아파트는 1969년 6월에 착공해 불과 6개월만인 그 해 12월에 준공되었으며, 준공 후 4개월만인 1970년 4월에 붕괴되면서 30명이 넘는 주민이 사망하고 40여 명이 부상을 입는 참사로 이어졌다. 사고 이후 밝혀진 붕괴원인은 전형적인 부실공사로, 특히 공사 과정에서 무자격업자가 부지 기반조성공사를 제대로 하지 않은 것이 주요한 원인으로 밝혀졌다. 와우아파트 붕괴사고 이후 실시된 시민아파트 전체에 대한 안전검사에서 다른 시민아파트 역시 대부분 부실하게 건설된 것으로 밝혀져 제대로 활용하지도 못한 채 다시 철거되었으며, 이 때문에 아파트에 대해 부정적인 여론이 확산되기도 하였다.

【그림 6-3】 붕괴된 와우아파트

출처: 행정안전부 국가기록원.

하지만 아파트에 대한 부정적 인식에도 불구하고 정부는 이후에도 주택 문제의 신속한 해결을 위해 아파트 공급을 지속적으로 추진하였다. 다만 부정적 이미지를 개선하기 위해 새로 건설하는 아파트는 기존의 서민주택 형태가 아니라 중산층 이상이 거주할 수 있는 고급주택 형태로 방향을 전환하였다. 1971년 한강변의 동부이촌동 일대에는 외국인 전용 아파트 이외에 중대형 면적을 가진 아파트를 선보였는데, 이 때 개발된 한강맨션 아파트는 88~180㎡의 넓은 면적에 기름보일러식 중앙난방 시스템을 갖추었으며 부유층 저택의 이미지를 심기 위해 이름에 '맨션'을 붙이기도 하였다. 이어서 한강을 사이에 두고 동부이촌동과 마주하고 있는 반포지구에 3,000세대가 넘는 반포주공아파트 1단지를 건설하였는데, 이 아파트 역시 72~204㎡ 규모의 대형 면적에 일부 가구는 복층형 구조를 도입하기도 하였다. 중대형 고급 아파트가 연속적으로 공급되면서 아파트에 대한 일반 시민들의 선호도가 점차 증가해 대중적 인기를 형성하게 되었으며, 아파트 구매에 대한 관심이 높아지면서 이후 아파트 분양에서는 분양 추첨제도가 도입되기도 하였다. 1975년에는 잠실지구에 약 2만 세대에 달하는 잠실주공아파트 1~5단지가 차례로 개발되었는데, 특히 5단지는 15층의 고층에 엘리베이터와 중앙난방이 적용된 고급주택으로 공급되었다. 1976년에는 압구정동에 민간 건설회사에 의해 40개동 6천 여 세대의 현대아파트가 건설·공급되었는데, 이 아파트 단지는 이후 상당 기간 동안 서울의 대표적인 부촌으로서 지위를 누리기도 하였다. 이와 같이 일련의 아파트 단지 개발이 성공적으로 이루어지면서 아파트는 기존의 부정적 이미지를 벗고 점차 중산층이 거주하기를 선호하는, 보편적이고 이상적인 주거 형태로서 역할을 수행하게 되었다. 최근에는 아파트들은 점차 고층·고밀화 되는 가운데 건설회사들에 의해 경쟁적으로 아파트 브랜드화를 통한 고급화·차별화 전략이 도입되고, 다양한 입주민 전용시설을 지속적으로 확대하면서 우리나라의 대표적 주거형태로서 지위를 더욱 공고히 하고 있다.

(2) 우리나라에서는 왜 아파트가 인기일까?

아파트는 고층, 고밀을 기본적인 특징으로 하는 집합주택이기 때문에 일반적으로 서민을 위한 주거공간으로 인식된다. 프랑스에서 아파트를 가리키는 씨테(cité)는 주로 1960~70년대 건설된 도시 주변 지역(banlieu)의 대단지 아파트를 지칭한다. 저소득층 주택문제 해결을 위해 공공부문에 의해 주로 임대주택의 형태로 공급된 이 주택은 관리 부실, 볼품없는 건축, 저급한 생활환경, 높은 실업률 등의 부정적 이미지를 가지고 있다. 때문에 대단지 아파트는 빈곤의 집중에 따른 도시문제 발생 지역으로 인식되며, 장소적 빈곤 문제를 겪고 있다(발레리 줄레조, 2007). 하지만 우리나라의 경우 아파트가 단순히 주택에서 차지하는 비중이 높다는 차원을 넘어 저소득층부터 고소득층까지 모두 거주하기를 원하는 이상적 주거형태로 인식된다. 그렇다면 우리나라에서는 왜 이렇게 아파트가 인기가 있을까? 여기에 대해서는 다양한 주장들이 있지만 몇 가지의 주장을 중심으로 정리하면 다음과 같다.

우선 아파트는 양호한 기반시설을 갖춘 '현대적' 주거공간으로서의 이미지를 가지고 있다는 점이다. 아파트 건설은 정부의 효율적 주택공급 정책의 핵심사업이 되면서 표준화된 규격과 구조를 통해 신속·저렴하게 대규모 주택을 공급할 수 있게 하였다. 정부는 대규모의 단지형 아파트를 통해 그간 공공이 제공하지 못하던 생활기반시설을 자체적으로 설치·공급하도록 하였고, 이는 아파트가 기존 주거형태에 비해 더욱 현대적이고 서구적인 주거공간이라는 대중의 인식을 유도하였다. 서구적 방식의 온수, 난방, 방범 서비스가 제공되었을 뿐만 아니라, 입주민 편의를 목적으로 놀이터, 운동시설, 주민시설, 그리고 슈퍼마켓, 잡화점, 세탁소, 은행 등이 입점한 단지 내 상가와 같은 별도의 공용시설과 생활편의시설이 단지 주변과 분리된 형태로 공급되었다. 여기에 더해 정부는 관련 법령을 통해 300세대 이상의 아파트에 관리사무소를 의무적으로 설치하도록 하는 등의 조치를 통해 자체적인 서비스 공급과 주민 자산의 유지·관리를 도모하도록 함으로써 공공의 부담은 최소화하면서도 필요한 기반시설이 안정적으로 공급될 수 있도록 하였다. 이를 통해 아파트는 도시적, 서구적 생활양식과 표준적인 중산층의 상징으로 부상하게 되었다. 표준화된 주거공간이라는 아파트의 물리적 특성은 곧 거주민의 사회계층과 생활양식의 표준화를 낳았고, 아파트를 주거공간의 근대화와 등치시키는 인식을 통해 아파트 거주가 주거계급의 신분 상승으로 받아들여지게 되었다. 따라서 아파트를 구매하고 거주하는 것은 단순한 주택 상품 구매를 넘어서 일종의 '기호의 소비'이자 신분을 드러내는 '과시적 소비'(conspicuous consumption)의 성격을 가지게 되었으며, 특히 강남의 아파트는 중산층 계급을 상징하는 아비투스(habitus)로서 자리매김하였다. 이러한 점을 과시적으로 더 잘 드러내기 위해서 소규모 단지보다 누구가 인지하기 쉬운 고급형 대단지 아파트를 더욱 선호하는 경향이 나타나기도 하였다(발레리 줄레조, 2007).

또 다른 관점은 부동산의 측면에서 자산가치의 증식이라고 하는 경제적 유인에서 아파트 선호 현상을 접근한다. 부동산은 우리나라 가계자산의 핵심 중의 핵심으로 가계자산 중 부동산이 차지하는 비율은 70%를 상회하는데, 이는 미국 36%, 캐나다 50%, 일본 61.7% 등 다른 국가에 비해 절대적으로 높은 비율이다(전상인, 2009; 통계청, 2024). 더욱이 아파트를 중심으로 한 부동산 자산은 별다른 대체투자수단이 발달하지 않았던 20세기 후반의 경제성장기에 높은 가격 상승률로 가계 자산 증식에 중요한 기여를 하였다. 실제 1980년~2020년 기간 동안 서울 강남에 위치한 주요 아파트의 매매가격은 약 84배가 상승해 같은 기간 18.5배 상승한 1인당 GDP 상승률보다 4배 이상 높은 증가를 기록하였다(하나은행 하나금융경영연구소, 2020). 이 과정을 통해 아파트는 부동산 투자의 핵심으로 대다수의 국민들에게 있어 가장 보편적이면서도 성공

【그림 6-4】 1980~2020년 주요 재화의 가격 상승 비교 (단위: 배)

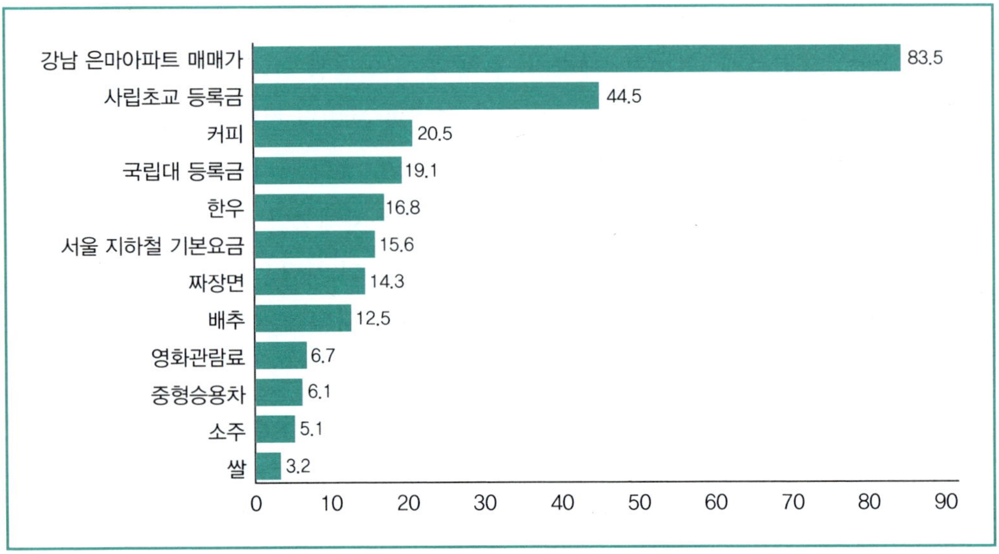

출처: 하나은행 하나금융연구소(2020, 25)을 바탕으로 정리.

적인 재테크 수단으로 자리매김하였으며, 21세기에 들어서도 주기적으로 발생한 아파트 가격의 급등이 자산불평등을 더욱 심화시키면서 아파트에 대한 선호를 더욱 공고히 하고 있다(오민준, 2020).

따라서 우리나라에서 주택은 주거공간으로서의 가치를 의미하는 거주에 따른 사용가치(use value)보다 부동산 자산으로서의 가치를 의미하는 매매에 따른 교환가치(exchange value)가 더 중요한 요소로 작용하고 있다. 이러한 측면에서 아파트는 주택 자체가 표준화되어 있기 때문에 거래정보와 시세의 파악이 용이하고 매매 및 임대 수요자를 확보하기 쉽다는 장점을 가지고 있어 다른 주택 유형에 비해 자산으로 유동화 하기에 유리하다. 더욱이 다른 국가들은 아파트를 주로 저소득층의 주거 안정을 위해 저렴한 임대주택의 형태로 보편화한 반면, 우리나라는 초기부터 분양(매매)을 기본 소유형태로 하여 지불능력을 갖춘 중상위 소득계층을 핵심적인 아파트 수요층으로 설정하면서 자산증식 수단으로서의 가치가 더욱 높아지게 되었다.

이러한 과정을 일부 학자들은 동아시아 국가들에서 특징적으로 나타나는 발전주의 국가의 자산기반 복지체제에서 그 원인을 찾기도 한다. 발전주의 국가(development state)란 시장의 힘에 의존하기보다 정부가 경제 과정에 적극적으로 개입해 발전 경로를 지시하는 국가 유형을 가리키는 것으로, 주로 우리나라를 비롯한 동아시아 국가의 경제발전을 설명하기 위해 등장한 개념이다(박배균, 2006). 발전주의 국가에서는 강력한 엘리트들이 경제개발을 위해 국가의 자원을 동원하는 한편, 경제발전이라는 우선 과제를 달성하기 위해 시민권을 제약하는 강한 사회통제시스템을 구축한다. 경제발전이라는 국가적 목표 아래 국가의 사회보장 책임은 축소하고 이를 대신하는 자산기반 복지체제를 지원하게 되는데, 노후 복지 소요에 있어 개인의 역할을 강조하면서 중·저소득층의 자산형성을 장려하기 위한 국가의 강력한 정책적 지원이 이루어진다. 특히 주택 부문을 중심으로 가부장제와 연계한 가족 중심의 재산소유(property) 기반 복지체제를 구축하는데, 이 과정에서 부동산은 정부의 제도적 지원 하에 가족의 자산형성 및 부의 축적 전략으로 확대되었다(Ronald and Chiu, 2010; 김수현, 2013). 실제 우리나라는 정부가 아파트 건설자금의 원활한 조달과 공급 활성화를 위해 아파트의 가격 및 공급 방식을 통제하면서 아파트를 통한 자산 증식 기회를 제도적으로 제공하였다. 1977년 20세대 이상 신축단지에 주택청약 제도를 도입하는 한편, 분양가 상한제 등을 통해 선정된 입주자에게 시세보다 낮은 가격에 취득할 수 있는 기회를 제공하면서 아파트 매매를 통한 차익 실현을 통해 중산층으로 진입할 수 있는 경제적 기반을 제공하였다. 이를 통해 자산을 축적한 중산층들은 아파트를 현 세대의 자산이라는 인식을 넘어 자녀 상속을 통한 부의 대물림 수단으로 간주하게 되었다. 이 때문에 주택연금과 같이 현 거주주택을 유동화해 현 세대의 은퇴 후 생활자금을 조달하는 제도가 우리나라에서는 활성화되지 못하고 있는 것도 아파트와 관련한 한국적 특성으로 볼 수 있다.

3. 심화되는 주거공간의 양극화

(1) 게이티드 커뮤니티의 확산

2002년 입주를 시작한 서울 강남구 도곡동의 타워팰리스는 우리나라의 아파트 주거 문화에 상당한 변화를 일으켰다. 타워팰리스는 1~3차에 걸쳐 만들어진 42~69층의 초고층 주상복합아파트로 2000년대 초반 우리나라의 최고층, 최고가 아파트로 자리매김하였다. 타워팰리스의 명성은 골프연습장, 수영장, 헬스장, 독서실, 코인 세탁실 등과 같은 주민 전용 커뮤니티 시설과 호텔식 로비 등과 같은 고급화된 시설에 더해 출입구에 전문 보안요원이 24시간 상주하고, 공동현관과 엘리베이터에 카드키 인식 시스템을 설치해 입주민과 신분이 확인된 인원만 출입이 가능하게 하는 보안 시스템에서 비롯되었다고 할 수 있다. 현재는 많은 아파트 단지에서 보편화된 이러한 시스템은 당시에는 획기적인 것이었다.

타워팰리스와 같이 담장 또는 울타리를 이용하여 외부인의 출입을 제한하고 내부 안전을 위한 방호시스템을 갖추어 배타적 거주권을 보장하는 사적 커뮤니티를 게이티드 커뮤니티(gated community) 또는 폐쇄적 공동체, 빗장 공동체 등으로 부른다(Blakely and Snyder, 1999). 게이티드 커뮤니티라는 용어 자체는 담장과 출입문과 같은 물리적 속성을 주로 강조하지만, 게이티드 커뮤니티를 실질적으로 정의하는 데에는 물리적 형태에 더해 접근성 및 점유와 관련한 사회적·법적 체계의 작동 여부와 같은 비물리적 특성까지 같이 고려된다. 게이티드 커뮤니는 외부인들의 접근이 제한되거나 통제가 이루어질 뿐만 아니라 도로, 상하수도와 같은 공공서비스의 공급과 유지·관리를 지방정부가 아닌 입주자협회나 주민위원회(residents' management committee)가 담당하며, 경비 등의 서비스와 수영장, 체육시설 등의 생활 어메니티(amenities)를 주민들이 직접 비용을 지불하고 유지·관리한다. 이와 함께 거주민들이 준수해야 하는 공동의 행위수칙과 단지 관리에 대한 공동책임을 규정하는 내부의 법적 체계 역시 강력하게 작동한다(Atkinson and Blandy, 2006). 즉, 단순히 담장과 출입문과 같은 물리적 시설을 갖추었다고 해서 게이티드 커뮤니티가 되는 것이 아니라, 담장과 출입문을 통해 외부와 내부를 구분짓고 이를 통해 외부에 대한 심리적, 문화적 차별화를 추구하며 이를 지속적으로 유지하기 위한 내부의 관리체계가 작동하고 있는지의 여부가 게이티드 커뮤니티를 다른 형태의 주거단지와 구분하는 핵심적 속성이 된다(이성호·이승욱, 2017).

대문, 담장 등의 방호시설과 외부와의 공간적 분할 등을 특성으로 하는 거주형태는 인류의 거주사에서 오랜 전통을 가지고 있다. 인류는 정착지를 만드는 과정에서 동물과 같은 외부의 위협으로부터 집단을 보호하기 위한 물리적 장치들을 초기부터 활용하였으며, 근대 도시의 출현 이전에도 성곽도시, 요새도시의 형태로 물리적인 방호시설을 갖춘 거주공간은 다양하게 존재하였다. 하지만 현대적 의미에서의 게이티드 커뮤니티는 19세기 중반 북미 지역에서 부유층이 가족영지를 보호하기 위한 목적으로 활용하기 시작해 1960년대 후반에는 은퇴공동체(retirement communities) 형태로 중산층에게까지 널리 확산되었으며, 이후 교외화 과정에서 더욱 보편화되었다. 20세기 후반부터는 주로 외국인 또는 초국적 엘리트를 대상으로 외부와 차단되고, 고급 레저활동 공간을 갖춘 안전한 거주공간의 형태로 북미와 일부 선진국을 넘어 전 세계로 확산되는 경향을 보이고 있다.

게이티트 커뮤니티가 확산된 요인을 하나로 단정지어 설명하기는 어렵지

【그림 6-5】 담장과 출입 통제시설을 갖춘 교외 게이티드 커뮤니티 단지(미국 캘리포니아)

【그림 6-6】 주변지역과 분리된 게이티드 커뮤니티 경관(남아프리카공화국 케이프타운)

만, 가장 핵심적인 기제로는 범죄와 폭력에 대한 공포를 들 수 있다. 게이티드 커뮤니티를 둘러싼 담장은 보안을 의미하는 동시에 공포를 반영하는 것으로, 거주민들이 원치 않고 두려움을 느끼는 존재를 내부에서 배제하기 위한 시도라고 볼 수 있다. 이것은 1970년대 이후의 자본주의 생산체계의 변화와 신자유주의의 확산, 노동력의 주변화, 복지국가의 해체 등 정치·경제적 변화에 따른 불평등의 심화와 사회안전망의 해체 등으로 사회의 불안정성이 확대되면서 그에 따른 대응으로 주거공간을 요새화한 것이다. 이러한 관점에서 선진국뿐만 아니라 사회·경제적 불평등과 양극화가 강하게 나타나는 일부 개발도상국과 저개발국가에서 게이티드 커뮤니티가 잘 발달하고 있는 점 역시 설명될 수 있다. 이와 함께 다양한 어메니티와 서비스에 대한 독점적 이용을 원하는 거주민들의 요구를 반영하는 것이라는 점에서 게이티드 커뮤니티를 중·상류층의 생활양식을 향유할 수 있는 일종의 상징적 지위를 획득하는 장치로 바라보기도 한다. 여기에 더해 게이티드 커뮤니티의 확산을 2차 세계대전 이후의 교외화 과정에서 개발업자의 경제적 이익 추구와, 공공서비스와 인프라 공급에 따른 부담을 줄이기 위한 지방정부의 지원이라는 공급의 측면에서 바라보기도 한다(Blakely and Snyder, 1999; Caldeira, 2000; Low, 2003).

게이티드 커뮤니티의 확산을 안전을 희구하는 개인의 선택과 관련한 자유의 문제로 접근하면서 이를 긍정적으로 바라보는 인식이 일부 존재하기는 하지만 기본적으로 게이티드 커뮤니티에 대해서는 그 부정적 영향을 중심으로 한 비판적 논의가 중심을 이룬다. 게이티드 커뮤니티의 등장은 사회집단 간의 사회적·공간적 분리(segregation)를 심화시켜 사회적 상호작용을 저해하기 때문에 계급 관계와 거주지 분리를 고착화하고 새로운 형태의 사회적 배제(social exclusion)를 만들어낸다. 또한 배타적 거주공간의 등장은 공공 공간을 사유화함으로써 개방성과 자유로운 순환이라는 근대 도시의 가치를 훼손한다. 게이티드 커뮤니티는 단순히 특정 공동체의 배타적 공간 구축을 넘어 안전, 복지, 환경 서비스와 같은 시민권의 핵심 가치에 대한 향유가 지불능력에 따라 배타적, 차별적으로 공급된다는 점에서 국가와 시민간의 사회적 계약을 약화시키고 공간의 물리적 분리를 넘어 공동체 의식을 훼손해 민주주의를 위협한다는 비판을 받는다. 게이티드 커뮤니티가 해당 거주민의 입장에서는 안전한 거주공간을 선택할 수 있는 '긍정적 자유(positive freedoms)'를 의미할지 몰라도, 사회 전체로는 인근 지역으로 범죄의 가능성을 이전시킨다는 점에서 다른 이들이 범죄로부터 자유로울 수 있는 '부정적 자유(negative freedoms)'를 침해하는 것이 된다. 더욱이 게이티드 커뮤니티를 정당화하는 핵심논리인 도시공포 담론 역시 이것은 심리적인 요인일 뿐 실제 게이티드 커뮤니티가 확대되는 국가나 지역에서 범죄율이 두드러지게 높다는 실질적인 통계도 존재하지 않는 점 역시 지적한다. 오히려 게이티드 커뮤니티가 실재하지 않는 공포에 대한 담론을 통해 타자에 대한 공포를 부추기고 계급적 배제와 인종적, 민족적, 문화적 편견을 부추겨 사회적·물리적 배제를 정당화하고 지배집단의 차별의식과 편견 등 도덕적 모순을 합리화하는 논리로 활용된다고 비판한다 (Caldeira, 2000; Low 2003).

이 때문에 연구자들은 게이티드 커뮤니티를 신자유주의적 도시공간의 불평등을 상징적으로 드러내는 공간으로 설명한다. 즉 게이티드 커뮤니티의 문제는 신자유주의 도시 거버넌스의 전면화를 둘러싼 정부와 시장, 효율성과 형평성, 배타적 사유 공간과 공유된 공공 공간 등을 둘러싼 사회적 논쟁과 깊이 연루되어 있다. 게이티드 커뮤니티는 내부의 안전은 도모할 수 있을지 모르지만 그에 따른 반대급부로 계급, 인종, 소수민족 등의 배제로 이어진다는 점에서 사회 전반의 불안정성은 더욱 커질 수밖에 없으며 도시의 지속가능성 또한 위협받을 수밖에 없다는 점에서 전 세계적인 게이티드 커뮤니티의 확산은 비판적으로 접근할 필요가 있다.

우리나라의 전통적인 주택 형태에도 담장과 출입문은 존재하였으며, 마포아파트와 같은 초기의 아파트 단지 역시 담장과 출입구, 경비실 등의 요소를 갖추었다는 점에서 물리적 특성의 측면에서는 게이티드 커뮤니티로 분류할 수 있다. 하지만 이 때의 담장은 입주민들이 소유권을 가지는 자산 범위를 표시하기 위한 속성을 가질 뿐 사회적 배제의 심리가 작동한 것은 아니라는 점에서 진정한 의미의 게이티드 커뮤니티로 볼 수는 없다. 하지만 타워팰리스 이후 만들어지고 있는 아파트 단지의 입주민 전용시설 확대, 전자출입문 등의 보안시설 확대 경향, 그리고 이러한 특성들이 최근 들어 고급화, 브랜드화라는 명분을 타고 전국적으로 확산되고 있는 현상은 점점 우리나라의 일반 주거

공간 역시 게이티드 커뮤니티로서의 속성이 강화되고 있음을 보여주는 것이며, 그에 따른 여러 가지 사회적 갈등과 부작용 역시 실제 나타나고 있다는 점에서 변화의 양상과 의미를 주목할 필요가 있다.

읽기 자료 6-1. 아파트 출입을 둘러싼 갈등

최근 새로 지어지는 아파트 단지들은 새로운 주민시설과 서비스를 앞다퉈 도입하는 것을 통해 기존의 아파트와 차별화를 시도하고 있다. 실제 부동산 시장에서도 다양한 입주민 전용 서비스에 대한 선호를 바탕으로 이 아파트들이 각광을 받으면서 이러한 경향은 점차 확대되고 있다. 새롭고 차별화된 서비스가 실질적인 자산가치로 이어진다는 점, 그리고 이러한 전용 서비스들이 아파트를 소유하고 거주하는 주민들의 자체적인 비용 부담을 통해 운영이 된다는 점에서 서비스의 운영과 관리를 둘러싼 갈등은 이웃에 대한 기존의 관점과 태도들을 점차 변화시키고 있다. 배타적으로 운영되는 고급 서비스는 과연 거주민의 자긍심이 될 수 있을까? 최근 우리 주변에서 실제 나타나고 있는 갈등의 양상을 몇 가지만 소개한다.

■ 사례 1

서울 마포구의 M주상복합아파트에서는 엘리베이터에 음식 냄새가 배이고 음식을 문앞에 내놓으면 지저분해진다는 이유를 들어, 음식 배달을 하는 배달 노동자들에게 주민들이 이용하는 일반 엘리베이터가 아닌 주로 이삿짐 등 화물을 운반할 때 사용하는 비상 엘리베이터만을 탑승하도록 하면서 논란이 되었다. 또한 입주민의 안전 및 범죄 예방을 이유로 아파트의 출입을 통제하는 지하 1층에서 배달 노동자들의 이름, 연락처, 주문 음식점 등의 개인정보를 적도록 하였으며, 출입문의 인터폰 역시 직접 누르지 못하고 신분 확인 후 보안요원이 대신 누르도록 하였다. 배달 노동자들은 음식을 주문한 입주민과의 연락을 통해 신분이 확인된 후에도, CCTV에 얼굴이 찍히지 않고 입주민을 위협하는 흉기로 사용할 수 있다는 이유로 착용했던 헬멧을 벗어 보안요원에게 맡긴 뒤에야 비로소 엘리베이터를 탑승할 수 있었다.

■ 사례 2

서울 마포구의 한 초등학교는 P아파트 단지와 T아파트 단지와 접해 있어 상당수의 재학생이 두 아파트에 거주하고 있다. 초등학교에서 P아파트 단지 방향으로는 중문이 설치되어 있어 바로 연결되기 때문에 P아파트 단지에 거주하는 학생들은 외부 도로를 거치지 않고 단지에서 바로 초등학교로 통학할 수 있다. 이 중문에서 인접한 T아파트 단지의 경계까지의 거리는 100걸음 남짓에 불과하다. 하지만 T아파트에는 현재 P아파트로 이어지는 계단과 통행로가 설치되어 있지만 P아파트 단지에는 T아파트 방향에 텃밭이 조성되어 있어 통행이 불가능하다. 이 때문에 T아파트에 거주하는 초등학생은 이 중문을 이용할 수 없어 단지 외부의 도로를 따라 먼 거리를 통학하고 있다. 학생들의 불편은 크지만 현재로서는 두 단지 간의 협의를 통해 P아파트 단지에서 출입문과 통행로 조성을 허용하는 경우 이외에는 별도의 조치를 할 수 있는 방법이 없다.

출처: 연합뉴스TV, 2018년 12월 20일, "'배달원은 별도 엘리베이터 이용' 갑질 논란"/동아일보, 2023년 7월 27일, "'왜 우리 단지에 외부인이 드나들죠?'… 펜스 치는 아파트들" 등을 바탕으로 작성.

(2) 비적정 주거의 확대

전 세계적으로 한국 영화의 위상을 높인 봉준호 감독의 영화 <기생충>은 동시에 반지하 주택과 같은 한국의 도시에서 존재하고 있는 열악한 주거환경을 전 세계에 적나라하게 드러내는 계기가 되었다. 나날이 늘어가는 게이티드 커뮤니티 형태의 고급 아파트의 반대편에서, 높아지는 주거비 부담에 따른 결과로 다양한 형태의 열악한 주거환경들이 끊임없이 재생산되고 있다. 최근에는 (반)지하, 옥탑방, 고시원을 의미하는 '지.옥.고'라는 용어가 청년층을 중심으로 한 대도시의 주거문제를 대표하는 말로 떠오르기도 하였다. 비적정 주거(inadequate housing)란 적절하고 안정적인 주거의 조건들을 충족시키지 못하는 거처를 의미한다. UN의 사회권규약위원회에서는 적정한 주거의 조건으로

① 점유형태와 관계없이 강제퇴거 등으로부터 법적인 보호를 받을 수 있는 '점유의 법적 안정성', ② 식수, 에너지, 하수시설 등에 대해 지속가능한 방법으로 접근할 수 있는 '생활서비스의 이용가능성', ③ 다른 기본적인 수요의 충족을 위협하지 않는 수준의 '주거비용의 적정성', ④ 충분한 공간을 제공하고 추위, 습기 등으로부터 거주자를 보호하는 '물리적 거주적합성', ⑤ 혜택받지 못한 집단도 적절한 주거에 안전하고 지속적으로 접근 가능하도록 하는 '사회적 접근성', ⑥ 직장, 의료서비스기관, 학교 및 기타 사회적 시설에 근접한 장소에 위치하는 '주거입지의 적합성', ⑦ 문화적 정체성과 다양성을 적절하게 표현할 수 있는 '주택건축의 문화적 적절성'을 제시하였으며, 이 중 어느 하나라도 충족하지 못하는 주택을 비적정 주거로 구분한다(국가인권위원회, 2006).

주거공간으로서 적절한 여건을 갖추지 못한 비적정 주거는 전 세계적으로 다양한 형태로 존재하며 각 국가의 주요한 주택 문제로 인식된다. 미국의 경우 창고 개조주택 및 지하주택(cellar, basement)이 대표적인 비적정 주거에 해당한다. 도시 공간의 부족과 높은 주거비로로 인해 심각한 주거문제를 경험하고 있는 홍콩의 경우 일반적인 주택 내부 공간을 다시 분할해 약 10㎡ 정

【그림 6-7】 홍콩의 주거문제를 보여주는 다양한 비적정 주거 형태

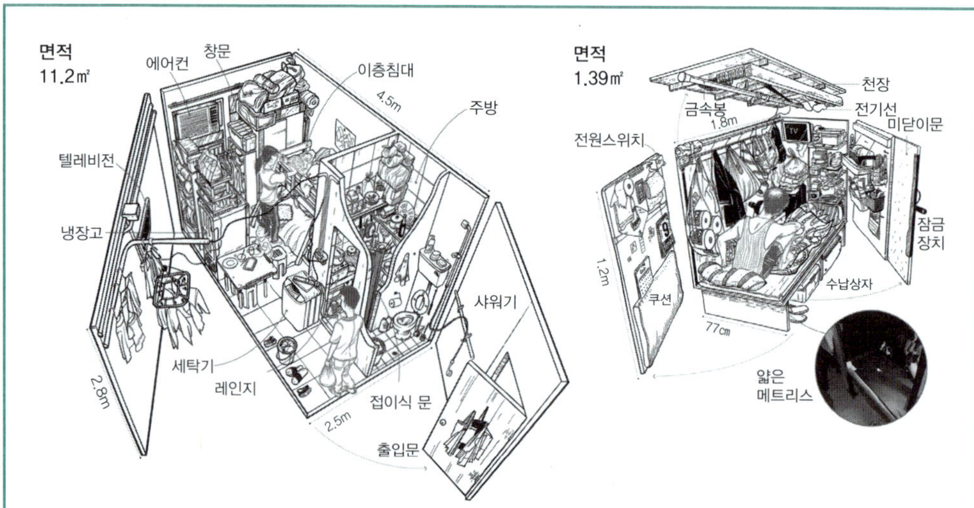

(a) 분할주택 (b) 코핀홈

출처: South China Morning Post(2022.6.7.).

도 면적의 분할주택(SDU, subdivided unit), 4㎡ 정도에 불과한 닭장 형태의 큐비클(cubicle), 3㎡ 정도 넓이의 관(棺) 형태의 방을 층층이 쌓은 형태의 코핀홈(coffin home) 등이 나타나 사회 문제가 되고 있다. 우리나라 역시 시기에 따라 그 형태와 양상을 달리해 가며 다양한 형태의 비적정 주거가 존재하고 있다. 1960년대 도시화의 과정에서는 서울을 중심으로 달동네로 표현되는 무허가 판잣집이 대규모로 형성되었으며, 도시재개발을 통해 달동네가 대부분 사라진 1980년대 이후로는 주로 도시 외곽의 비닐하우스촌과 도시 내의 여관·여인숙, (반)지하 등이 도시 빈곤층의 비공식적 주거수단으로 활용되었다. 그리고 1990~2000년대에 들어서는 기존에 존재하던 쪽방, 옥탑방 등과 함께 고시원 등이 대표적인 비적정 주거의 형태로 자리잡고 있다.

우리나라의 경우 「주거기본법」 상에 국민이 쾌적하고 살기 좋은 생활을 하기 위하여 필요한 최소한의 주거수준에 관한 지표로 최저주거기준을, 그리고 국민의 주거수준 향상을 유도하기 위한 지표로서 유도주거기준을 설정하도록 규정하고 있다(「주거기본법」 제17조 및 제19조). 최저주거기준은 주거면적과 용도별 방의 개수 뿐만 아니라 주택의 구조, 설비, 성능 및 환경요소 등에 대한 기준 역시 포함해 모든 국민이 최소한의 주거 수준을 갖춘 주택에서 거주할 수 있도록 하기 위한 목적을 가지며, 2004년 처음 도입되어 2011년 한 차례 개정을 거쳐 현재에 이르고 있다.

하지만 이러한 제도적 장치의 도입에도 불구하고 여전히 법의 사각지대에 있는 다양한 형태의 비적정 주거가 존재한다. 2023년 기준으로 전국 가구의 3.6%는 법적 최저주거기준에 미달하는 주택에 거주하고 있으며, 상대적으로 주거비가 비싼 수도권 지역의 경우 이보다 더 높은 4.2%의 가구가 최저주거기준에 미달하는 주택에 거주하고 있다(2023년 국토교통부 주거실태조사). 또한 일반적으로 주택이 부족하고 주거비가 비싼 대도시 지역에 주로 최저주거기준 미달가구가 있을 것이라는 인식과 달리 광역시 지역의 최저주거기준 미달가구 비율은 2.5%인 반면, 비도시 지역을 포함하고 있는 도(道) 지역의 최저주거기준 미달가구 비율은 3.3%로 광역시 지역보다 오히려 더 높게 나타난다. 이는 최저주거기준이 단순히 면적이나 방의 개수 뿐만 아니라 물리적 설비와 환경 기준 등 다양한 요소를 충족해야 한다는 점에서 주거비가 저렴한

【표 6-1】 우리나라의 최저주거기준

1. 가구구성별 최소 주거면적 및 용도별 방의 개수

가구원 수	표준 가구구성	실(방) 구성	총주거면적	침실분리기준
1인	1인 가구	방 1개실, 부엌	14㎡	1. 부부는 동일한 침실 사용 2. 만6세 이상 자녀는 부모와 분리 3. 만8세 이상의 이성 자녀는 상호 분리 4. 노부모는 별도 침실 사용
2인	부부	방 1개실, 식사실 겸 부엌	26㎡	
3인	부부+자녀1명 (6세 이상 1명)	방 2개실, 식사실 겸 부엌	36㎡	
4인	부부+자녀2명 (8세 이상 남1, 여1)	방 3개실, 식사실 겸 부엌	43㎡	
5인	부부+자녀3명 (8세 이상 남2 여1 또는 여2)	방 3개실, 식사실 겸 부엌	46㎡	
6인	노부모+부부+자녀2 (8세 이상 남1, 여1)	방 4개실, 식사실 겸 부엌	55㎡	

2. 필수적인 설비의 기준
- 상수도 또는 수질이 양호한 지하수 이용시설 및 하수도시설이 완비된 전용입식부엌, 전용 수세식화장실 및 목욕시설(전용수세식화장실에 목욕시설을 갖춘 경우도 포함)

3. 구조 · 성능 및 환경기준
- 영구건물로서 구조강도 확보, 주요 구조부의 재질은 내열 · 내화 · 방열 및 방습에 양호한 재질
- 적절한 방음 · 환기 · 채광 및 난방설비
- 소음 · 진동 · 악취 및 대기오염 등 환경요소가 법정기준에 적합
- 해일 · 홍수 · 산사태 및 절벽의 붕괴 등 자연재해로 인한 위험이 현저하지 않은 지역
- 안전한 전기시설과 화재 발생 시 안전하게 피난할 수 있는 구조와 설비

출처: 국토해양부공고 제2011-490호(2011. 5. 27 시행)를 바탕으로 정리.

소도시나 촌락 지역은 면적보다는 물리적 시설의 부재와 노후화 등에 따른 열악한 주거설비의 측면에서 주로 문제가 발생하고 있음을 알 수 있다.

우리나라의 최저주거기준 미달가구 비율은 2018년 조사의 전국 5.7%, 2020년 조사의 전국 4.6%에 비해 짧은 시간 상당한 개선이 이루어졌다. 하지만 관련 법률에서 규정하고 있는 최저주거기준 자체가 인간다운 생활을 하기 위해 지켜야 하는 최저기준을 법적으로 설정한 것임을 고려할 때 이 수치는

【그림 6-8】 지역별 최저주거기준 미달가구 비율 (단위: %)

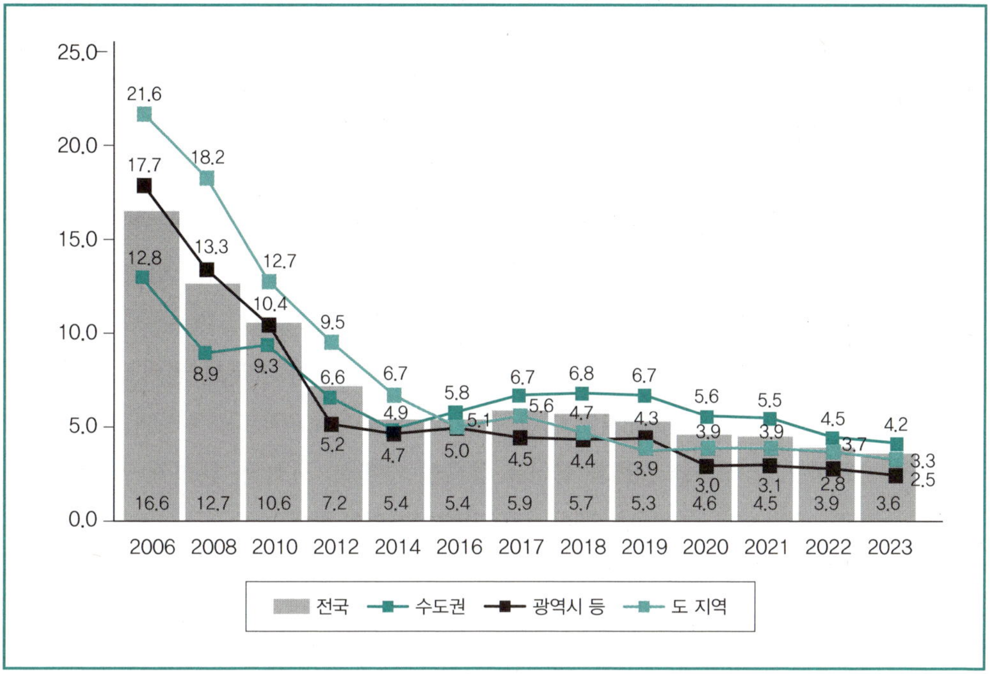

출처: 국토교통부(2024, 85).

당위적 차원에서 0%가 되어야 하며, 이를 위한 적극적인 정책적 노력이 수반될 필요가 있다. 또한 비적정 주거에 거주하는 거주자들이 자발적 선택을 통해 현재의 주택을 선택하였다기 보다는 여러 사회·경제적 요인들로 인해 불가피하게 비적정 주거에 거주하고 있다는 점을 고려할 때 물리적으로 열악한 주택을 철거나 재개발 등을 통해 주거 환경을 개선하는 정책 이외에도 비적정 주거 거주자의 사회·경제적 여건을 동시에 개선하여 주거안정성을 높일 수 있는 통합적인 정책적 고려가 필요하다. 여기에 더해 현재 법률적 근거만 갖춘 채 도입하지 않고 있는 유도주거기준의 제정을 통해 국민 전체의 전반적인 주거의 질을 높이는 데에 관심을 가질 필요 역시 제기된다.

4. 주거 문제에 대한 인식과 대응

(1) 보편적 권리로서의 주거권

현대사회에서 주거는 인간다운 삶을 영위하기 위한 기본 욕구 중 하나로, 적절한 주거의 확보는 인간의 자유와 존엄성, 평등 그리고 안전을 위해 필수적인 조건에 해당한다(UN Economic and Social Council, 1994). 주택이 인간 생활에 가지는 다양하고 기초적인 의미를 고려하여 기본적 권리로서의 주거에 대한 권리, 즉 주거권에 대한 관심 역시 높아지고 있다. 주거권(the right to housing)은 적절한 주택과 쉼터를 향유할 경제적, 사회적, 문화적 권리를 의미하는 개념으로, 1996년 열린 2차 유엔인간정주회의(UN-Habitat II)의 주요 의제 중 하나로 도입되면서 본격적으로 강조되기 시작하였다. 〈세계인권선언〉 제25조 1항은 "모든 사람은 의식주 및 필수적인 사회서비스를 포함하여 자신과 가족의 건강과 행복을 위해 적절한 생활수준을 향유할 권리를 갖는다"고 명시하고 있어 모든 사람들이 누려야 할 보편적 권리로서 주거에 대한 권리를 명확하게 제시하고 있으며, 이 조항은 주거권과 관련한 대부분의 국제규범에서 기본 준거로 활용되고 있다. 주거권이 모든 환경과 지역에서 동일한 수준으로 인정받고 있는 것은 아니지만 주거권이 가지는 핵심적인 가치와 의무에 대해서는 국제적인 인식이 확산되고 있으며, 주거 여건이 더욱 양극화되어 가고 있는 현대 사회의 도시에서는 그 의미가 더욱 커지고 있다(Bernsorff, 2008; Kenna, 2010).

마샬(T. H. Marshall)은 현대 사회에서의 시민권(citizenship)을 공민권(civil rights), 정치권(political rights), 사회권(social rights)의 세 유형의 권리로 다시 구분하였는데, 이를 바탕으로 주거권의 성격에 대해서 크게 두 가지의 관점이 존재한다. 하나는 주거권을 '주거에 대한 권리'(Right to Housing)로 인식하면서 인간이 당위적으로 누려야 하는 보편적 권리로서 공민권에 해당하는 자유권으로 바라보는 관점이며, 다른 하나는 주거권을 '주거권'(Housing rights)으로 인식하면서 개인이 법적으로 부여받은 법제적 권리이자 사회권의 일종으로 이해하는 관점이다. 주거권 개념이 도입된 초기에는 주로 후자의 관점에서 주거권을 사회보장, 교육과 동일한 차원의 사회권으로 인식하고, 주거의 권리 보장에 대한 적극적 의미와 사회적 책임을 부여하고자 하는 경우가 많았다. 하지만 주거권을 사회권으로 설정할 경우 주거권은 사회적으로 희소한 자원에 대한 사회경제적 청구권의 의미를 가지기 때문에, 공민권에 해당하는 재산권(property rights)과 충돌하거나 경제 위기와 같은 특수 상황에서는 주거권이 온전히 보장되지 못할 수도 있다는 한계를 가진다. 이 때문에 최근에는 이 개념에서 보다 확장된 차원에서 공민권에 해당하는 자유권, 인권으로서의 주거권을 강조하고 하고 있는 것이 국제적인 추세이다. 특히 르페브르(H. Lefebvre)는 신자유주의적 공간상품화로 인해 주거권이 위협받는 도시 문제에 대해 도시민의 자발적 참여에 기반한 대안적 도시권 개념의 '도시에 대한 권리'(Right to the city)를 제시함으로써 인권으로서의 주거권에 대한 논리적 기반을 제공하기도 하였다. 즉 주거권을 공민권에 상응하는 권리로 확대하여 인식해야만 주택을 경제적 재화로만 바라보는 시각을 탈피해, 신자유주의적 세계화와 경제체제의 전환 과정에서 나타나는 사회적 양극화에 따른 주거빈곤 문제에 대응하고 사회적 약자를 위한 최소한의 주거를 보장할 수 있는 도덕적·실천적 정당성을 확보할 수 있다(King, 2003; 김용창, 2012).

우리나라의 경우 20세기까지는 급격한 도시화에 따른 절대적인 주택 부족 문제를 해결하는 것이 가장 우선적인 과제였기 때문에 주택 문제에 대한 인식이 주택공급을 확대하는 것에 집중되어 있었다. 하지만 2008년을 기점으로 전국 기준 주택보급률이 100%를 넘어서면서(2008년 기준 100.7%), 절대적 주택 부족의 문제는 어느 정도는 해결되었다. 이에 따라 점차 국민이 적정한 주거환경에서 거주할 수 있도록 하는 주거의 질(質)에 대한 사회적 요구가 증대하면서 주거권에 대한 관심이 높아지고 있다. 1989년 저소득층의 주거문제 해결을 위한 첫 번째 공적 수단으로 영구임대주택 제도가 도입된 이후 1998년에는 그 지원대상을 보다 확대한 국민임대주택 제도를 도입하였다. 1999년에는 「국민기초생활법」에 생활보호대상자에 대한 주거급여 지급을 명문화하고, 2004년에는 관련 법령에 쾌적하고 살기 좋은 생활을 하기 위한 최소한의 주거수준인 최저주거기준을 명시하는 등 경제적 형편을 떠나 누구나 인간다운 환경에서 거주할 수 있도록 하는 제도적 기반을 확대하고 있다. 2005년에는 주거와 관련된 법령이 주택공급 관련 사항이 중심인 「주택법」에 근거하고 있다는 문제를 인식하고, 우리나라 주거정책의 최상위법에 해당하는 「주거기본법」을 처음 제정하면서 국민의 기본적 권리로서 주거권을 명확히 하고 그를 보장하기 위한 공공의 역할을 강조하고 있다.

(2) 주택시스템과 국가의 역할

전 세계적으로 주거권에 대한 인식은 높아지고 있지만, 각 국가가 처한 주거 여건은 매우 다양하게 나타나며 그에 대한 국가의 대응 역시 다양한 양상으로 이루어진다. 최근에는 주택이 인간 생활의 기본적인 요소일 뿐 아니라 삶의 질과 사회경제적 번영에 다양한 영향을 미친다는 점이 일반적으로 받아들여지면서, 주택정책은 선진국과 개발도상국 모두에서 정책의 중요한 영역으로 부상하였다. 주택정책(housing policy)이란 국가가 자국의 주택문제를 해결하기 위해 정책적으로 개입하는 과정으로, 정부가 사회적 목표를 달성하기 위해 주택시장을 조절하는 것을 의미한다. 국가의 주택정책은 주택의 생산과 소비의 측면 모두에서 영향을 미칠 수 있으며, 다양한 차원의 정책 개입행위를 아우른다. 예를 들어 주택 구매를 증가시키거나 줄이도록 하는 재정 정책, 주택 투자와 소비를 장려하거나 가로막는 세제 수단, 주택 점유형태, 보조금, 주택 건설을 지원하는 기반시설, 커뮤니티 정책, 물리적인 계획규제와 장려금, 사회주택의 공급·배정·관리정책, 사회적 배제를 줄이기 위한 주거관련 정책 등이 모두 주택정책의 영역에 포함된다(Lund, 2011). 최근에는 주택문제가 정부의 정책에 한정되는 것이 아니라 다양한 행위자와 제도들의 복잡한 사회적 관계들과 종합적인 구조 속에서 형성된다는 점을 인식하고, 주택정책에 더해 주택공급체계, 주택금융체제, 주택점유체제 등 주택을 둘러싼 보다 광의의 차원에서 접근하는 주택시스템(housing system)의 관점이 받아들여지고 있다(Drudy and Punch, 2002).

주택 문제는 국가 복지정책의 핵심 구성요소인 동시에 시장에 상당 부분을 의존한다는 점에서 온전히 국가의 영역으로 남아있는 다른 복지와 그 속성을 달리한다. 이 때문에 토르게르센(U. Torgersen)은 주택을 "(교육, 보건, 사회보장 제도와 함께) 복지국가를 구성하는 네 기둥 중 하나인 동시에 불안정한 기둥(wobbly pillar)"이라고 표현하기도 하였다(Torgersen, 1987). 주택 문제는 국민들의 기본적 권리와 관련되어 있을 뿐만 아니라 국가 경제시스템의 주요한 구성 요소가 되기 때문에 어느 국가도 주택문제를 완전히 시장에 맡기거나, 반대로 완전히 국가의 책임으로도 두지 않는다. 따라서 특정한 국가가 주택문제의 해결에 있어 시장적 요소와 비시장적 요소 중 어디에, 얼마만큼 더 상대적인 강조점을 두느냐에 따라 주택시스템을 구분할 수 있다. 일반적으로 많이 사용하는 주택시스템의 분류로는 사회복지학자인 에스핑-앤더슨(G. Esping-Andersen)의 국가 복지체계에 대한 유형 분류를 활용하여 주택시스템을 유형화하는 방식이다. 에스핑-앤더슨은 국가 복지체계를 사회민주주의, 조합주의, (신)자유주의 등으로 주요하게 분류하였는데, 이를 주택시스템의 특징과 연결시키면 사회민주주의(social democratic)는 국가가 적극적으로 전 계층이 다양한 형태의 임대주택을 장기간 이용할 수 있도록 장려하는 주택시스템으로 주로 나타나며, 조합주의(corporatist)는 공공과 민간부문 모두가 주도적인 주택 공급자가 될 수 있도록 장려하는 특징을 가진다. 이에 비해 (신)자유주의((neo-)liberal) 주택시스템은 민간부문을 통한 자가소유를 장려하고, 주택문제에 있어 국가의 역할은 시장에 참여하기 어려운 사회적 약자에게 공공주택을 제공하는 소극적 차원에 한정하고자 하는 특성을 보인다(Balchin and Rhoden, 2002).

본(L. Bourne)의 경우는 시장에 대한 국가의 개입 정도를 바탕으로 주택시스템을 자유방임주의, 자유개입주의, 사회민주주의, 국가통제 우세 사회주의와 완전 국가통제 사회주의의 5가지의 유형으로 분류하였다(Bourne, 1981). 자유방임주의와 완전 국가통제 방식의 사회주의는 주택시스템의 스펙트럼에서 양 끝단에 해당하며 자유개입주의와 사회민주주의, 국가통제 우세 방식의 사회주의가 그 사이에 위치하게 되는데, 자유방임주의에서 완전 국가통제 방식의 사회주의로 진행할수록 주택영역의 핵심 조정자 기능이 민간에서 공공으로 전환되며, 따라서 주택생산 역시 시장 중심의 공급에서 국가의 역할이 점차 강화된다.

결국 주택문제에 대한 국가의 직접적인 개입의 정도가 주택시스템의 특성을 가장 잘 드러내는 요소라는 점에서 전체 주택 재고(stock)에서 공공임대주택 등과 같이 공적인 방식으로 공급되는 주택이 차지하는 비율은 이를 직접적으로 보여주는 지표가 된다. 공공주택 또는 사회주택의 공급은 적절한 주거의 질을 보장하기 위해서 국가가 주거 문제 해결에 개입하는 가장 적극적인 형태이다. 공공주택(public housing)은 정부 또는 정부산하기관이 소유하고 주거취약계층의 주거 안정을 위해 공급되는 주택을 의미하는 용어로 주로 미국을 중심으로 사용하는 용어이며, 우리나라에서도 이 용어를 주로 사용한다. 주거취약계층의 주거수준 향상을 목적으로 주거비 부담을 낮게 유지하기 위해 대부분 임대주택의 형태로 공급되기 때문에 공공임대주택으로 불리기도 하는데, 미국의 경우 지방정부나 지방정부가 설립한 공공주택청(PHA, public housing authorities)이 주요 공급주체이며, 우리나라의 경우에도 공기업인 LH와 지방공기업에 의해 주로 공급되고 있다. 반면 유럽 국가, 특히 조합주의 주택시스템의 특성을 보이고 있는 국가에서는 주택의 공급에 있어서 공공 뿐만 아니라 민간이 주요한 공급 주체로 활동하고 있기 때문에 공공주택이라는 용어보다는 사회주택(social housing)이라는 용어의 사용이 일반적이다. 사회주택 공급에 참여하는 민간의 경우 영리를 목적으로 하지 않을 뿐만 아니라 저렴한 주거비 수준을 유지하기 위해 공공의 다양한 지원을 수반하는 경우가 대부분이기 때문에 완전한 민간 영역이라기 보다는 일정 수준의 공적 목적을 가진다고 볼 수 있으며, 주로 주택조합 등의 형태를 띠고 있다.

이러한 공공주택 혹은 사회주택의 공급은 기본적으로 주택 소요에 기반해 필요한 대상 계층에게 비시장적 주택 배분 방식으로 공급된다는 점에서 주택시장을 통해 거래되는 주택과 차이를 보인다. 주택 소요(housing needs)란 인간 생활에 있어 필수적 요소인 주거에 대한 기본적인 부족과 욕구를 해결하기 위한 주택의 절대적인 양을 의미하는 것으로, 주택을 원하는 가구, 개인의 소망, 능력, 욕구의 집합적 표현을 의미하는 주택 수요(housing demands)와 구분된다. 주택 수요는 주택 시장에서 주택을 구입하고자 하는 지불'의사'와 지불'능력'이 있는 구매자의 양으로 시장을 통한 주택 자원의 배분 목적에서 주로 사용되기 때문에 부동산시장 및 건설 정책과 주로 관련된다면, 주택 소요는 저소득층의 사회복지적 주거안정의 목적에 이용된다는 점에서 주로 주거복지 정책 및 사회정책과 관련하여 활용된다.

대체적으로 사회민주주의와 같이 국가의 적극적인 역할을 강조하는 주택시스템에서 전반적으로 공공주택 혹은 사회주택의 비중이 높게 나타나며, 신자유주의와 같이 시장의 기능을 강조하고 국가의 소극적 역할을 중시하는 주택시스템에서는 그 비중이 낮게 나타난다. 또한 공공주택은 주로 임대의 형태를 취하고 있다는 점에서 사회민주주의 주택시스템에서보다 신자유주의 주택시스템에 가까워질수록 주택시장을 통한 자가소유의 비율이 높게 나타나는 특징도 같이 나타나게 된다. 대체적으로 강한 복지시스템을 구축해 온 유럽 국가들에서 전반적으로 공공주택 또는 사회주택의 비율이 높게 나타나는 편이며, 미국, 캐나다, 오스트레일리아 등과 같이 시장을 통한 주택의 공급을 강

【그림 6-9】 국가별 사회주택(공공주택) 비율

(단위: %)

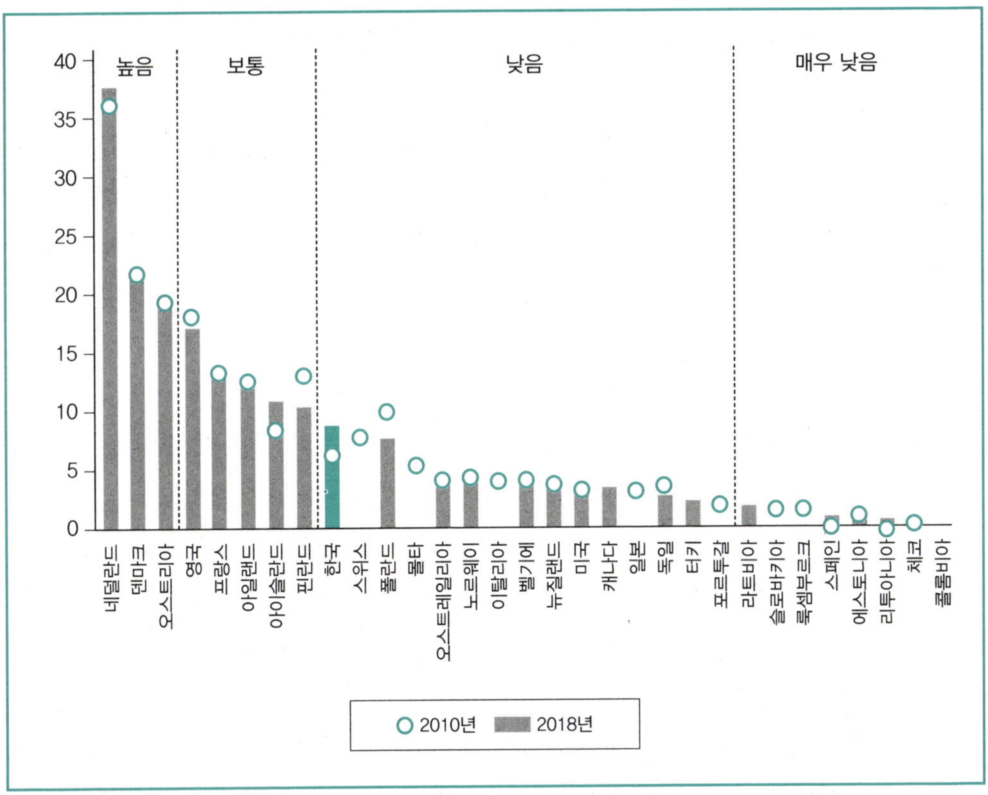

출처: OECD(2020, 7).

조하는 국가들에서 사회주택의 비중은 낮게 나타난다. 기존의 동유럽 국가들의 경우 정부가 주택을 직접적으로 공급하던 사회주의 주택시스템이 체제 전환기에 변화를 거치면서 현재는 가장 낮은 수준의 사회주택 비율을 보이고 있기도 하다.

5. 도시 주거문제 해결을 위한 다양한 시도

(1) 부담가능주택의 확대

지나친 주택 가격에 대한 부담은 저소득층과 새로 주택을 구입해야 하는 청년세대 등의 경제적 부담을 야기해 사회 전체적인 갈등을 높이게 된다. 동시에 유효 수요층의 감소로 신규 주택의 원활한 공급과 기존주택의 거래에도 악영향을 미치며 이로 인해 주택 관련 경제부문의 침체를 야기하는 등 사회 전반에서 복합적인 문제를 일으킬 수 있다. 따라서 각 국가들은 자신들의 사회적·경제적 환경 하에서 국민들이 경제적 부담을 과도하게 느끼지 않는 수준에서 적정한 수준의 주거를 향유할 수 있도록 하는 것에 주택정책의 초점을 맞추게 된다. 이 때 사람들이 느끼는 주거비에 대한 부담의 정도는 가구의 소득에서 주거비를 부담할 수 있는 정도를 의미하는 주거부담능력(affordability)으로 설명할 수 있으며, 가구의 소득을 고려할 때 주거비 부담이 적은 주택, 사람들이 주거비를 부담할 수 있는 적정한 가격의 주택을 부담가능주택(affordable housing) 또는 저렴주택, 적정주택 등으로 부른다.

주거비 부담을 느끼는 정도는 각 국가의 상황에 따라 다르게 나타나기 때문에 이를 평가하기 위한 지표가 필요한데, 가장 손쉽게 활용할 수 있는 기준으로 소득 대비 주택구매가격 비율(PIR, Price-Income Ratio)이 있다. PIR은 주택가격을 연소득으로 나눈 값으로 계산하는데, 일반적으로 각 국가 또는 지역의 주택을 가격 순에 따라 1부터 100까지 나열하였을 때 중간에 해당하는 주택의 가격인 주택가격 중위값을 연소득 중위값으로 나누어 산정한다. 즉 이는 그 국가의 평균에 해당하는 일반적인 가구가 평균 정도 가격의 일반적인 주택을 구입하는 데 필요한 부담의 정도를 의미하며, 보통 언론 기사 등에서 "한 푼도 쓰지 않고 ○○년을 모아야 집을 살 수 있다" 등으로 표현할 때 활용하는 개념이기도 하다. UN-Habitat와 World Bank 등에서는 PIR 3 이하를 적정한 수준의 부담가능한(Affordable) 주택 가격으로 이해하며, 5 이상인 경우는 매우 부담하기 힘든(Severly Unaffordable) 수준, 9 이상은 부담하기 불가능한(Impossibly Unaffordable) 수준으로 본다. 우리나라의 PIR은 2023년 기준 6.3(중위수 기준) 정도로 상대적으로 주거비 부담이 매우 높은 편이라고 볼 수 있다. 주거비 부담은 지역에 따라서도 차이를 보이는데, 주택 가격이 높아 주택 문제가 상대적으로 심각하게 나타나는 수도권 지역은 8.5 정도로 매우 높은 편이며 특히 최근 몇 년간 급격한 주택가격 상승으로 인해 부담가능성의 측면에서 더욱 상황이 악화된 모습을 보이기도 한다.

주거비 부담의 문제는 자가 보유 뿐만 아니라 주택을 임대하는 경우에도 나타난다. 일반적으로 임차 세대가 자가 보유 세대보다 사회·경제적으로 취약한 경우가 많다는 점에서 임차가구의 주거비 부담 문제가 주거 문제에서 더 중요하게 고려되기도 한다. 임차가구의 주거비 부담은 소득 대비 주거비 지출 비율(RIR, Rent-Income Ratio)로 주로 측정되는데, 주로 중위값을 활용하여 전체 월소득에서 주거비에 사용하는 비용의 비율로 산출한다. 미국 주택도시개발부(Department of Housing and Urban Development, HUD)는 RIR 30% 이하를 부담가능한 수준(affordable)으로, 30~50%를 주거비 부담(cost burden) 수준으로, 50% 이상을 주거비 과부담(severely cost burden)으로 분류하고 있다. 우리나라의 RIR은 2023년 기준 15.8%(중위수 기준) 정도인데, 수도권 지역이 상대적으로 임차가구의 주거비 부담이 높아 평균적인 RIR 수준은 20.3%로 나타나며 비수도권의 도 지역은 13.0% 정도이다. 또한 RIR 30% 이상의 주거비 부담 가구의 비율이 2018년 기준으로 전국 9.8%에 달하고 있어 상당 수의 가구들이 주거비로 어려움을 겪고 있다고 볼 수 있다. 특히 이 주거비 부담 가구의 비율은 상대적으로 주택 가격이 비싼 서울과 경기도가 각각 20.0%, 10.7%로 매우 높게 나타나고 있어, 지불가능성의 문제가 심각함을 알 수 있다(박미선

【그림 6-10】 우리나라의 PIR(위) 및 RIR(아래) 변화

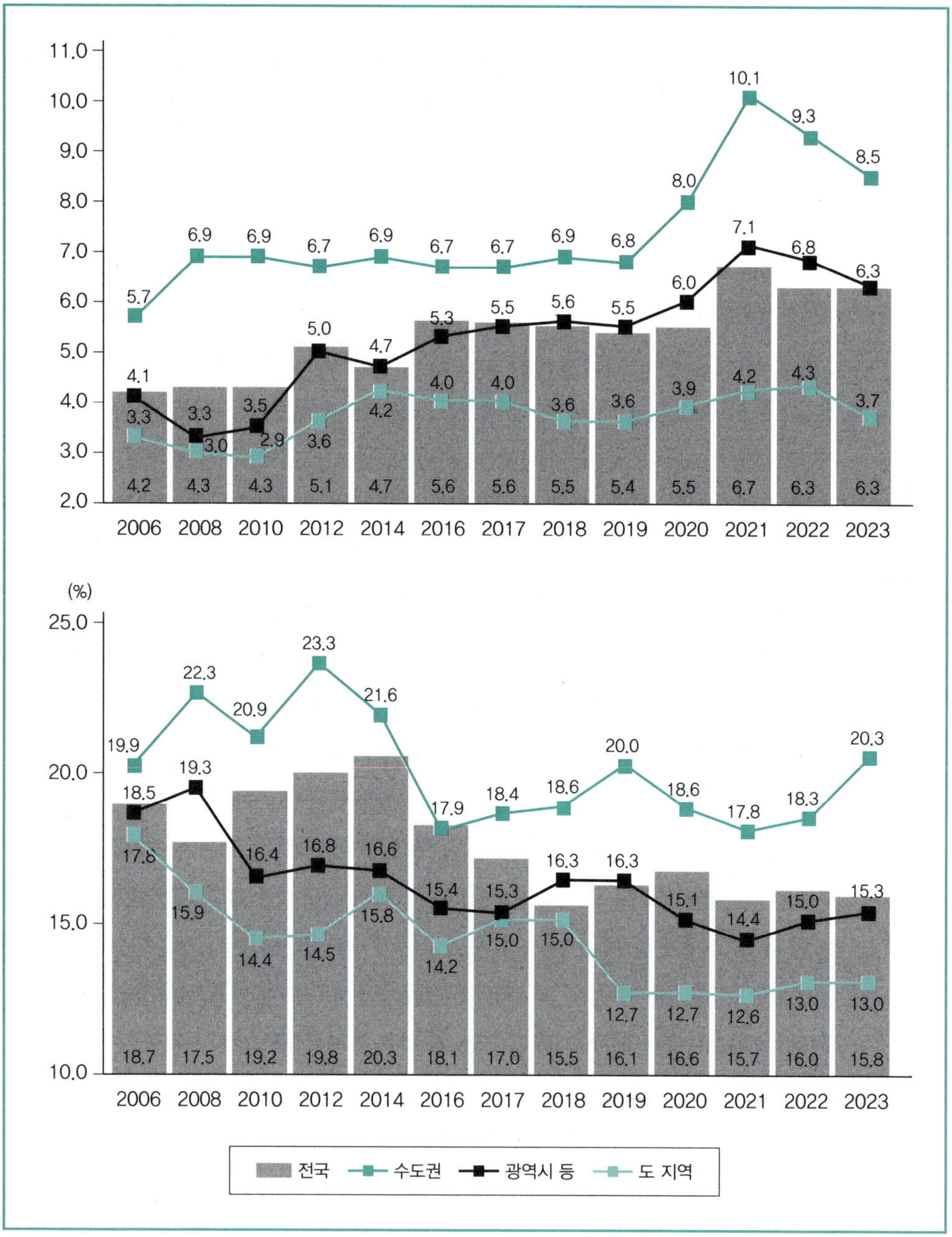

출처: 국토교통부(2024, 97).

등, 2019).

부담가능성을 높여 부담가능주택을 확대하는 것은 다양한 방식으로 가능하다. 최근에는 높아지는 주택 구매가격에 대한 부담을 완화하기 위해 자가 소유를 목적으로 시장을 통해 공급되는 분양주택에 있어서도 공공의 지원을 바탕으로 한 새로운 형태의 주택공급 방식이 시도되고 있는데, 다음과 같은 유형의 사례들을 살펴볼 수 있다.

토지임대부 주택은 주택을 구성하는 요소 중 토지와 건물을 분리해 건물은 구매자가 소유하고 토지는 공공주체로부터 장기임대해 토지임대에 따른 임대료를 주기적으로 납부하는 형태로 초기의 주택 구매비용을 낮추는 방식이다. 주택 가격에서 높은 비중을 차지하는 토지 가격에 대한 부담을 줄여주기 때문에 구매시 소비자의 부담이 적어진다는 장점을 가지지만, 주택가격 상승이 대부분 토지가치 상승에서 발생한다는 점에서 토지를 직접 소유하지 않는 토지임대부 주택의 경우 시세차익을 기대하기 어려워 주택 가격이 지속적으로 상승하는 국가에서는 활성화되기 어렵다는 문제가 있다.

환매조건부 주택은 국가 혹은 공공이 저렴한 가격에 주택을 공급하는 대신, 구매자가 주택을 다시 매각할 경우 의무적으로 공급한 공공에 매각하도록 조건(선매권)을 부여하는 방식이다. 이 때 환매 가격은 최초 계약시 사전 약정하거나 구매가격에 그 동안의 이자비용 정도를 가산하여, 구매자는 저렴한 가격에 안정적으로 주택에서 거주할 수 있지만, 주택 가격 상승에 대한 차익을 개인이 아닌 공공에 귀속할 수 있도록 하는 방식이다. 이러한 환매조건부 주택은 보통 단일한 공급방식이라기 보다 토지임대부 등 다른 공적 공급방식에 결합해 이용되는 것이 일반적이다.

지분공유형 주택 또는 지분적립형 주택은 구입 능력이 부족한 가구의 자가취득이 용이하도록 한 채의 주택에 대해 구입자와 자금 제공 기관(공공 혹은 공적 금융기관)이 투자액에 비례해 지분을 나눠가지는 방식이다. 지분공유형 주택의 사례인 영국의 홈바이(homebuy) 제도에서는 구매자가 최초 25~75% 지분 취득 후 지분을 추가 취득하거나 기관 지분에 대해 임대료를 납부하고 지속 거주할 수 있도록 한다. 지분공유형 주택 역시 구입시 경제적 부담이 줄어들지만, 주택가격 상승에 따른 시세차익을 주택 구매자가 온전히 가져가지 못하고 공공과 공유하게 된다(이성호, 2017).

우리나라는 그간 지속적인 주택 가격 상승으로 인해 이른바 부동산 불패 신화가 공공연하게 형성되었으며, 대출 및 전세제도를 통한 자금조달이 가능해 이러한 대안적 주택공급 방식들이 실효성의 문제로 적극적으로 도입되지 못하였다. 하지만 최근 급격한 주택가격 상승에 따른 부담가능성 문제가 더욱 심화되면서 수도권 지역을 중심으로 공공의 지원을 통해 다양한 방식으로 부담가능주택을 공급하고자 하는 시도가 확대되고 있어 대안적 주택 공급으로 주목받고 있다.

(2) 공공임대주택의 다양화와 사회주택 공급

국가 혹은 공공부문이 주거여건의 개선이 필요한 대상 계층에게 양질의 공공임대주택을 직접 건설해 공급하는 것은 주거 문제 해결에 있어 가장 즉시적인 효과를 가져올 수 있지만, 많은 재정적 부담을 수반한다는 점에서 그 대상과 규모에 대한 사회적·정책적 고려가 필요하다. 우리나라에서 본격적인 공공임대주택의 공급은 1989년 노태우 정부가 주택 200만 호 건설계획의 일환으로 도시영세민 등 최저소득계층을 위해 19만 호의 영구임대주택을 공급하기로 한 것이 그 시작이다. 이후 1998년에는 영구임대주택보다 지원대상의 범위를 대폭 확대해 저소득층까지를 지원대상으로 한 국민임대주택이 공급되기 시작해 현재까지도 공공임대주택의 근간을 이루고 있다(하성규, 2010).

최근에는 저출산 심화 등 인구구조의 변화와 저성장에 따른 청년 취업난 지속 등이 심화되면서 대학생, 청년, 신혼부부 등 청년세대가 처한 어려움에 대한 사회적 관심이 커지고 있다. 주택가격 급등에 따라 청년세대의 주택 구매가능성은 더욱 낮아지고 있으며, 임대료 부담으로 인해 주거안정성과 주거의 질적 수준은 지속적으로 하락하고 있는데, 이는 결혼과 출산의 기피, 자산 격차의 확대에 따른 상대적 박탈감의 심화, 그리고 부동산 정책을 매개로 한 기성세대와 청년세대의 계층 간 갈등으로까지 이어지고 있다. 따라서 최근에는 대학생·신혼부부 등 청년세대의 주거문제 해결을 위해 행복주택 등 청년세대를 대상으로 한 별도의 공공임대주택 유형을 도입해 공급하거나 기존 공공임대주택 입주자의 선정 등에 있어 청년세대에게 일정 비율을 우선적으로 공급하는 형태 등으로 공공임대주택의 유형이 확대되고 있는 추세이다. 또한 공공임대주택의 공급 방식에 있어서도 공공이 직접 주택을 건설해 공급하던 방식 일변도에서 벗어나 이미 건설되어 있는 주택을 매입해 임대하거나, 민간 임대시장을 통해 주택을 임차해 공급하는 등 그 방식 역시 다양해지고 있다.

【표 6-2】 우리나라의 주요 공공임대주택 유형(2024년 기준)

구분		내 용	임대료	거주가능 기간
건설임대주택	영구임대주택	• 최저소득 계층의 주거안정을 위해 50년 이상 또는 영구적인 임대를 목적으로 공급	시중 임대료의 30% 이하	영구
	국민임대주택	• 저소득 서민의 주거안정을 위하여 30년 이상 장기간 임대를 목적으로 공급	시중 임대료의 60~80%	최대 30년
	행복주택	• 대학생, 사회초년생, 신혼부부 등 젊은 층의 주거안정을 목적으로 공급	시중 임대료의 60~80%	6~10년
	장기전세주택	• 공공의 지원을 받아 전세계약의 방식으로 공급	시중 임대료의 80% 수준	최대 20년 (2년씩 10회)
	분양전환공공임대주택	• 일정 기간(5, 10년) 임대 후 분양전환할 목적으로 공급	시중 임대료의 90% 수준, 분양전환시 감정평가금액	5~10년간 임대 후 분양 전환
매입임대주택		• 기존주택 등을 매입하여 저소득 서민, 청년, 신혼부부 등에게 공급	시중 임대료의 30% 수준	최대 20년 (2년씩 10회)
전세임대주택		• 현 생활권의 기존주택을 임차하여 저소득층, 청년, 신혼부부, 다자녀가구 등에게 공급	한도 내에서 전세금 지원 (7천만~1.3억 원) (기존주택 기준)	최대 30년 (2년씩 15회)

출처: 국토교통부 마이홈포털(https://www.myhome.go.kr)을 바탕으로 정리.

최근 들어서는 공공임대주택에 있어서 유형과 대상 뿐만 아니라 공급하는 주체 역시 다양해지고 있다. 영구임대주택과 국민임대주택의 건설은 제도 도입 초기부터 거의 전적으로 중앙정부 소속의 공기업인 LH가 담당해 왔다. 중앙정부에 의한 임대주택 공급은 한정된 자원 하에서 단기간에 전체적인 주거 여건을 향상시키는 데에는 효율적이었지만 지역이 가지고 있는 다양한 주거 소요에 대응하기에는 한계를 가질 수밖에 없었다. 따라서 최근 들어서는 서울특별시와 경기도 등 주거문제가 심각하면서도 상대적으로 재정적 자원을 동원할 역량을 갖춘 일부 광역지자체를 중심으로 지방정부가 별도로 자체 사업을 통해 중앙정부와 동등한 정책 주체로서의 위상을 강화하려는 시도가 나타나고 있다. 여전히 우리나라 공공임대주택 공급의 70~80% 이상을 LH가 담당할 정도로 중앙정부의 주도 형태는 유지되고 있다. 하지만, 지방정부의 이러한 시도는 중앙정부의 일률적인 기준이 아니라 지역 내 주거 소요와 시장환경을 고려하여 지역 사정에 맞는 정책을 보다 유연하게 결정하고 집행할 수 있다는 점에서 중앙정부에 비해 지역 주민의 주거 소요에 체계적인 대응이 가능하다는 장점을 가진다. 최근에는 광역지자체를 넘어 기초지자체들 역시 소규모이긴 하지만, 지역의 특성을 반영한 특색 있는 공공임대주택 정책의 도입에 관심을 가지고 있으며 일부에서는 실제적인 공급으로까지 이어지고 있다 (이성호, 2023).

읽기 자료 6-2. 기초지자체의 공공임대주택(사회주택) 공급

전라북도 전주시는 2011년 전국 기초지자체 중 최초로 「전주시 주거복지 지원조례」를 제정하고, 시 조직 내에 사회주택 업무를 전담하는 사회주택팀을 신설해 사회주택 공급을 적극적으로 모색하였다. 그 결과 2017년 민간단체와의 협력을 통해 전주형 사회주택 1, 2호 15가구를 공급하였으며, 2020년까지 총 68가구의 사회주택을 공급하였다. 전주시의 사회주택은 계층혼합형, 청년셰어하우스형 등 다양한 형태이며, 주변 임대료 시세의 80% 이하로 최장 20년까지 거주할 수 있다. 여기에 더해 수도권에 비해 토지가격이 저렴한 지역적 특성을 이용하여 민간이 토지를 공급하고, 공공이 건축비를 지원하는 새로운 형태의 건물임대부 사회주택 모델을 도입하기도 하였다.

경기도 수원시는 2018년부터 자체 주거복지사업으로 '다자녀가구를 위한 수원휴먼주택'(이하, 수원휴먼주택) 사업을 시작하였다. 수원휴먼주택은 관

내 무주택 다자녀가구의 주거안정을 위해 수원시가 자체적으로 주택을 매입하여 주택을 무상으로 임대해 주는 사업으로, 대상은 수원시에 거주하는 미성년 자녀 4명 이상의 무주택 가구이다. 어린 자녀가 다수인 점을 고려해 주택 규모를 방 3개 이상, 전용면적 70㎡ 이상으로 하고 층간소음 갈등을 최소화하기 위해 아파트나 연립주택 1층을 우선 매입하는 방식으로 운영된다. 지원 대상자가 희망하는 지역의 주택을 수원시가 직접 매입해 지원하며, 임대보증금과 임대료는 무료로 입주가구는 자녀가 성인이 되기 전까지 관리비만 부담하면서 최장 20년간 거주할 수 있다. 총 200호 공급을 목표로 2018년 5가구가 처음 입주하였으며, 2019년 9가구, 2020년 4가구의 입주가 완료되었다. 2020년 하반기부터는 시 자체매입 방식에서 LH와의 업무협약을 통해 LH의 기존주택 매입임대주택을 활용하는 방식으로 변경하여 2021년 32가구, 2022년 31가구가 추가로 입주하였다.

【그림 6-11】 전주시 청년사회주택 '전주 달팽이집'

【그림 6-12】 수원시 다자녀 수원휴먼 주택 입주자

또한 공공 부문 이외에 비영리를 목적으로 하는 민간 부문에 의한 임대주택의 공급 역시 '사회주택'이라는 이름으로 점차 확대되고 있다. 우리나라에서 최근 사용되는 '사회주택'은 공공과 민간을 모두 공급자로 포함하는 다른 국가의 일반적 개념과 달리, 공공이 공급하는 공공임대주택과 구분해 비영리 민간조직이 저렴한 임대료로 주택 소요에 기반해 제공하는 주택을 가리킨다. 즉 정부가 공급하는 공공임대주택과 민간임대주택의 중간에 해당하면서 보다 공공임대주택에 가까운 특성을 가진다. 사회주택은 공공의 지원을 수반하는 경우가 많기는 하지만, 민간의 자원과 역량을 활용하기 때문에 공공의 재정적 부담을 낮추는 동시에 다양한 유형의 중·소규모 주택을 신속하게 공급할 수 있다는 장점을 가진다. 또한 사회주택은 공급자 편의의 공공주택 공급방식을 탈피해 지역 사정에 밝은 지역 내 민간주체들의 참여로 수요자 특성에 맞는 주택의 공급이 가능하며, 물리적 환경 개선과 함께 지역사회 기반 커뮤니티 서비스의 제공도 보다 쉽게 가능해지면서 궁극적으로는 지역 재활성화에 기여할 수도 있다. 사회주택의 도입이 가장 활발하게 이루어지고 있는 서울특별시의 경우 2011년 '소통이 있어 행복한 주택'을 시작으로, 2012년 WOOZOO 1호점, 2013년 통의동 집, 가좌330 등 지역사회와 특정 사회계층을 기반으로 주택 공급이 이루어지고 있으며, 2015년 1월에는 전국 최초로 사회주택을 지원하기 위한 조례를 제정하고 서울시 소속의 공기업인 SH공사를 통해 본격적인 지원사업을 시행하고 있다. 최근에는 서울시 뿐만 아니라 전국의 여러 지역에서 다양한 규모와 형태의 사회주택 공급이 추진되면서 대안적인 주택공급 모델로 관심을 받고 있다.

생각해 볼거리

1) 최근 들어 우리나라를 비롯한 여러 국가들이 인구 감소를 경험하고 있다. 앞으로 인구 감소 추세가 장기화된다면 도시의 주택 가격은 어떻게 변화할지에 대해 자신의 생각을 제시해 보자. 그리고 주택 가격의 변화는 주택 소유에 대한 인식에 어떤 영향을 미칠지에 대해 생각해 보자.
2) 서울시 등에서는 아파트 재건축시 공공임대주택을 일정 비율 이상 포함하도록 하는 사회적 혼합(소셜믹스, social mix) 정책을 도입하였다. 하지만 이 단지들에서 입주 후 공공임대주택 입주민에 대한 차별과 주민간 갈등이 끊이지 않고 있다. 인위적인 사회적 혼합 정책이 사회적 갈등을 완화시키는지, 아니면 오히려 확대시키는지에 대해 각자의 의견을 제시하고, 어떠한 방향이 바람직할지에 대해 생각해 보자.

읽을거리

박해천, 2013, 아파트 게임: 그들이 중산층이 될 수 있었던 이유, 휴머니스트.

김지은 역, 2023, 임대 세대, 국토연구원(Timperlry, C., 2020, *Generation Rent*, Canbury Press).

진미윤·김수현, 2017, 꿈의 주택정책을 찾아서: 글로벌 주택시장 트렌드와 한국의 미래, 오월의봄.

참 | 고 | 문 | 헌

국가인권위원회, 2006, 유엔인권조약감시기구의 일반논평 및 일반권고: 1. 경제적·사회적 및 문화적 권리위원회.

국토교통부, 2024, 2023년도 주거실태조사: (일반가구) 연구보고서.

김수현, 2013, "동아시아 주택정책 모델 논의와 시사점: 자산기반 복지 논의를 중심으로", 주택연구, 21(2), 93-116.

김용창, 2013, "국제인권법 및 인권규범의 주거권 규정에 대한 연구", 한국지역지리학회지, 19(3), 514-540.

박미선·이후빈·조정희·정우성·하동현·최민아, 2019, 주거권 실현을 위한 중앙과 지방의 역할 분담 방안, 국토연구원.

박배균, 2006, "동아시아 발전주의 국가에서 '신자유주의화'의 공간성에 대한 연구: 한국과 말레이시아의 '공간 선택적 자유화'를 중심으로", 공간과 사회, 25, 8-40.

발레리 줄레조, 2007, 아파트 공화국: 프랑스 지리학자가 본 한국의 아파트, 후마니타스.

오민준, 2020, 자산 불평등에서 주택의 역할, 국토연구원 워킹페이퍼 WP 20-08, 국토연구원.

이성호, 2017, "중국 저렴주택 모델의 지방적 분화: 상하이 공유산권보장주택과 베이징 자주형상품주택을 사례로", 공간과 사회, 27(3), 88-126.

이성호, 2023, "주거복지정책 지방화와 기초지방자치단체 주거복지사업의 방향 모색: 수원시 다자녀 수원휴먼주택 사업을 사례로", 국토지리학회지, 57(4), 491-504.

이성호·이승욱, 2017, "중국 특색의 게이티드 커뮤니티?: 개혁개방 이후 중국의 게이티드 커뮤니티에 대한 비판적 재해석", 대한지리학회지, 52(5), 537-560.

조주현, 2010, 부동산학원론, 제6판, 건국대학교출판부.

전상인, 2009, 아파트에 미치다: 현대한국의 주거사회학, 이숲.

통계청, 2024, 2024년 가계금융복지조사 결과.

하나은행 하나금융연구소, 2020, 국내 주요 재화 및 서비스의 가격 추세 분석: 1980~2020.

하성규, 2010, 주택정책론, 제4전정 증보판, 박영사.

Atkinson, R. and Blandy, S., 2006, *Gated Communities*, Routledge.

Balchin, P. and Rhoden, M., 2002, *Housing Policy: An Introduction*, 4th Edition, Routledge.

Blakely, E. and Snyder, M., 1999, *Fortress America: Gated Communities in the United States*, Brookings Institution Press.

Blunt, A., 2005, Cultural geography: cultural geographies of home, *Progress in Humran Geogragphy*, 29(4), 505-515.

Bourne, L. S., 1981, *The Geography of Houing*, Edward Arnold.

Caldeira, T., 2000, *City of Walls: Crime, Segregation, and Citizenship in Sao Paulo*, University of California Press.

Drudy, P. J. and Punch, M., 2002, Housing models and inequality: perspectives on recent Irish experience, *Housing Studies*, 17(4), 657-672.

Kenna, P., 2010, International instruments on housing rights, *Journal of Legal Affairs and Dispute Resolution in Engineering and Construction*, 2(1), 11-21.

King, P., 2003, Housing as a freedom right, *Housing Studies*, 18(5), 661-672.

Low, S., 2003, *Behind the Gates: Life, Security, and the Pursuit of Happiness in Fortress America*, Routledge.

Lund, B., 2011, *Understanding Housing Policy*, 2nd Edition, Policy Press.

OECD, 2020, *Social Housing: A Key Part of Past and Future Housing Policy*.

Powell M., Boyne G. and Ashworth R., 2001, Towards a geography of people poverty and place poverty, *Policy & Politics*, 29(3), 243-258.

Ronald, R. and Chiu, R., 2010, Changing Housing Policy Landscapes in Asia Pacific, *International Journal of Housing Policy*, 10(3), 223-231.

Saunders, P. and Williams, P., 1988, The Constitution of the Home: Towards a Research Agenda, *Housing Studies*, 3(2), 81-93.

Torgersen, U., 1987, Housing: the Wobbly Pillar under the welfare state, in Turner, J., Kemeny, J. and Lundqvist, L.(eds.), *Between State and Market: Housing in the Post-Industrial Era*, Almqvist and Wiksell International.

UN Economic and Social Council, 1994, *The Realization of Economic, Social and Cultural Rights: The Right to Adequate Housing*. United Nations.

제 7 장

도시의 다양성

| 김수정 |

1. 국제 이주와 도시 공간의 변화
2. 도시 내부의 다양성

제 7 장

도시의 다양성

1. 국제 이주와 도시 공간의 변화

(1) 국제 이주에 대한 다양한 논의들

1) 도입

1970년대 이래로 전 세계 국제 이주자 수는 지속적인 증가 추세를 보여왔다. 이에 따라 국제 이주로 인한 민족·인종적 다양성이 증가했고, 관련 이

【표 7-1】 국제 이주자 수와 비율(1970~2024)

연도	국제 이주자 수(명)	국제 이주자 비율(%)
1970	84,460,125	2.3
1975	90,368,010	2.2
1980	101,983,149	2.3
1985	113,206,691	2.3
1990	152,986,157	2.9
1995	161,289,976	2.8
2000	173,230,585	2.8
2005	191,446,828	2.9
2010	220,983,187	3.2
2015	247,958,644	3.4
2020	280,598,105	3.6
2024	304,021,813	3.7

출처: United Nations Department of Economic and Social Affairs(2024).

슈는 현대 사회에서 중요하고 또 민감한 주제로 여겨지고 있다. 실제로 UN 경제사회국에서 발표한 통계에 따르면 2024년 기준 전 세계적으로 약 3억 400만 명이 국제 이주를 단행해 출생국이 아닌 다른 지역에 살고 있다. 이러한 수치는 1970년과 비교해봤을 때 3배 이상 증가한 수치이며, 1990년 대비 약 1억 5천만 명이 증가한 수치이다([표 7-1]).

국제 이주자 수의 증가는 지역별로 고르게 나타난 것이 아니라 특정 지역에 집중되는 경향이 나타났다([그림 7-1]). 유럽은 전통적으로 국제 이주의 주요 정착지로서, 2024년 기준 약 9,400만 명의 국제 이주자가 유입된 것으로 나타났다. 북아메리카 지역은 6,100만 명으로 나타났으며, 북부 아프리카와 서아시아 지역은 약 5,400만 명으로 그 뒤를 이었다. 사하라 이남 아프리카

【그림 7-1】 기원지–정착지별 이주자 수(2024)

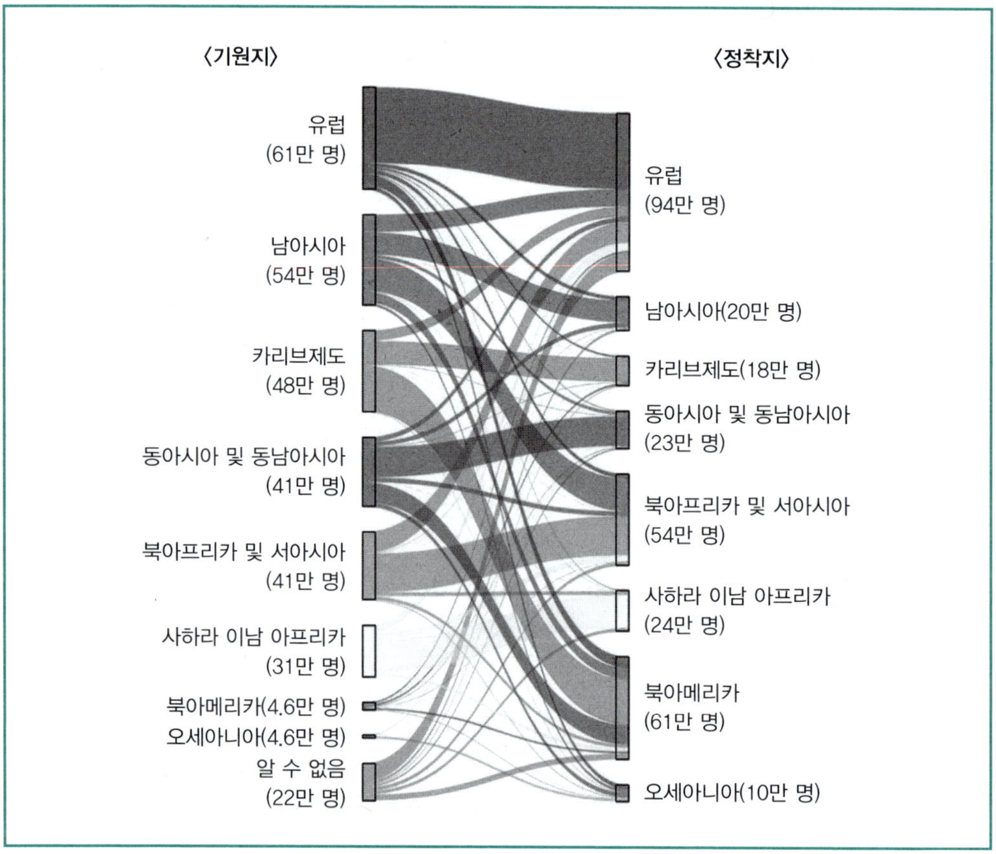

출처: United Nations Department of Economic and Social Affairs(2025).

(2,400만 명)와 오세아니아(1,000만 명)는 상대적으로 이주자의 수가 적은 것으로 나타났다.

지역별로 이주자 수와 규모에서 차이가 있기는 하지만, 전 세계적으로 국제 이주자가 엄청나게 증가한 것으로 나타났다. 그러나, 전체 인구 대비 이주자 비율로 보았을 때는, 국제 이주를 단행한 사람들의 비율이 전 세계 인구의 약 3% 수준에서 유지되고 있는 것으로 나타나고 있다. 즉 전 세계 인구의 절대 다수에 해당하는 97%의 사람들은 여전히 태어난 나라에서 살아가고 있다. 그렇다면 국제 이주는 우리의 삶에 그다지 큰 영향을 끼치지 않는 것인가?

그러나 국제 이주의 영향력은 단순한 수치보다 훨씬 크고 중요하다. 특히 이주자들이 집중되는 기원지와 정착지에서의 영향력은 심대하다고 할 수 있다. 이주자들이 고향에 송금하는 돈은 지역 사회와 가족 구성원들의 생활 수준을 향상시킨다. 또한 이주자 집단의 유입은 정착지 사회의 사회·문화·정치적 구조를 근본적으로 변화시킬 수 있다. 이러한 점에서 본다면 이주는 이주자 개인뿐만 아니라 이주자의 기원지와 정착지 모두에 통계적인 수치 이상의 영향을 끼친다고 볼 수 있다.

읽기 자료 7-1. 이민과 이주의 차이

이민과 이주는 혼용되는 경향이 있으나, 학술적으로는 구분되는 용어다. 국제이주기구(International Organization for Migration; IOM)에서는 이민과 이주를 다음과 같이 구분하고 있다.

- 이민(Immigration): 도착국의 관점에서, 국적국 또는 통상적인 거주지가 아닌 다른 나라로 이주하여 목적지가 사실상 새로운 통상적인 거주지가 되는 행위.
- 이주(Migration): 국제 국경을 넘거나 한 국가 내에서 일상적인 거주지에서 멀리 떨어진 곳으로 이동하는 행위.

출처: International Organization for Migration(2019).

즉 이민은 국가의 경계를 넘는 국제적인 인구 이동인 반면, 이주는 이민보다 포괄적인 의미로 국외뿐만 아니라 국내에서 거주지를 이동하는 행위를 일컫는다.

사전에서 찾아볼 수 있는 일반적인 이주와 이주민의 정의 외에도, 이주자와 이주의 기술적 정의, 개념, 범주는 지리적, 법적, 정치적, 방법론적, 기타 요인에 의해 영향을 받는다. 이주는 출생지, 국적, 거주지, 체류 기간 등과 관련하여 여러 가지 방식으로 정의될 수 있으며, 이주와 이주자의 상황을 정량화하고 분석하는 데 중요하게 활용될 수 있다. 실제로 법률, 행정, 연구 및 통계 분야를 포함하여 이주와 관련된 핵심 용어에 대한 다양한 구체적인 정의가 존재한다. 한 예로, UN 경제사회국(United Nations Department of Economic and Social Affairs; UN DESA)의 경우 1988년 국제 이주 통계 권고안에서 이주자를 '출생국 외의 국가에서 12개월 이상 거주하는 사람'이라고 정의하고 있다.

2) 다양한 형태의 이주

이주의 유형과 특성은 이주 기간, 방향성, 동기와 목적, 자발성에 따라 다양하게 구분할 수 있으나, 여기서는 이주의 동기와 목적, 자발성에 따른 이주 유형에 주목하고자 한다.

이주의 동기와 목적에 따라서도 다양한 형태의 이주가 존재하나, 일반적으로 노동이주, 가족이주, 교육이주, 비즈니스 이주(투자 이민) 등으로 구분할 수 있다. 먼저 노동이주는 경제적 이주라고도 하며, 이주의 가장 핵심적인 유형이라고 볼 수 있다(이영민 외 역, 2016: 134). 전통적으로 노동이주는 선진국의 저임금, 저숙련 직종에 공백이 생기고, 개발도상국이나 저개발국 출신 사람들이 이를 채우기 위해 이동하는 현상으로 이해되었다. 1970년대에는 유럽의 산업인력 수요와 중동의 건설 붐 등에 힘입어 노동이주가 활발해지기 시작했으며, 이후 1990년대~2000년대에는 글로벌화에 따라 선진국은 물론 신흥공업국에서도 노동력 이동이 증가한 것으로 나타났다. 시대에 따라 조금씩 차이는 있지만, 경제 성장과 인구구조 변화에 따른 노동력 수요로 인해 국제 노동이주는 지난 수십년간 꾸준히 증가해 왔다고 할 수 있다. 앞서 언급했듯이 노동이주는 저숙련 노동자부터 전문인력까지 그 범주가 다양하지만, 저숙련 노동자의 경우 글로벌 남부에서 남부로의 이주(south-south migration)가 두드러지게 나타났다.

가족이주(family migration)는 결혼, 가족재결합과 같이 가족 간의 연결을 기반으로 촉진된 이주를 의미하며(이영민 외 역, 2016: 100), 주로 기존의 이주자 가족이 정착국에 합류하는 방식이나 국제결혼을 통해 나타나는 이주의 형태다. 전반적으로 볼 때, 가족이주는 국제 이주의 안정적 기반을 형성하는 요소로서, 시기별로 큰 증감보다는 점진적으로 증가하는 추세를 보인다. 이러한 가족이주는 이주 비용을 줄이고 위험을 낮추는 사회적 네트워크를 통해 추가적인 연쇄 이주(chain migration)를 촉발하기도 한다. 가족 구성원 중 일부가 먼저 이주하고 정착한 뒤, 기원지의 가족 구성원이나 친구들에게 이주를 독려하면서 연쇄적인 이주가 나타나는 것이 대표적인 사례라 할 수 있다. 이처럼 가족이주는 사회통합 측면에서 이주자 커뮤니티 형성과 정착 지원에 긍정적인 영향을 끼치지만, 기원지 입장에서는 송금 감소(가족이 모두 이주하여 본국에 보낼 송금 상대 감소) 등과 같은 부정적인 효과가 나타나기도 한다.

교육이주는 자녀의 교육이나 개인의 역량을 개발할 목적으로 이주하는 형태로, 고숙련 이주, 두뇌 유출 또는 두뇌 순환이라는 개념과 연관된다. 두뇌 유출(Brain Drain)이라는 용어는 주로 고학력/고숙련자들이 개발도상국에서 선진국으로 유출되거나 이민가는 것을 설명하는 데 사용된 용어이다. 두뇌 유출은 보통 선진국에서 석·박사 학위를 받고자 하는 학생들이 본국에 귀국하기보다는 정착지에서 계속 전문가로 활동하면서 시작된다(이영민 외 역, 2016: 42-43). 그러나 최근에는 개발도상국에서 선진국으로 이주했던 고학력·고숙련 개인들이 급속한 성장을 경험한 개발도상국에서 일하기 위해, 둘 또는 그 이상의 국가들을 넘나드는 초국가적인 사업을 추진하기 위해 고향으로 되돌아오기도 한다. 학자들은 이러한 현상이 두뇌유출이라는 일방향적인 흐름으로는 설명하기 어렵다는 점에서 두뇌 순환이라고 부른다.

이주의 동기와 목적 외에도 이주의 자발성과 관련하여 자발적 이주와 강제 이주로 나눌 수 있다. 자발적 이주는 이주자 개인 혹은 집단이 자유롭게 선택한 이주를 의미하는 반면, 강제 이주는 행복이나 생존에 대한 위협 또는 강요의 결과로 인해 나타나는 이주의 형태를 뜻한다(이영민 외 역, 2016: 105). 강제 이주의 전형적인 사례로는 러시아-우크라이나 전쟁, 종교 박해 등과 같이 폭력, 학대, 고의적인 추방, 억압을 피해 고국을 떠나게 된 난민(refugees)의 이동을 들 수 있다. 그러나 강제 이주의 범위는 난민에만 국한되지 않는다. 왜냐하면 '강제'라는 개념은 학대와 폭력적인 갈등에만 국한되는 것이 아니라, 이주를 강요하는 환경 문제(지구온난화)나 개발 계획까지를 아우르는 넓은 개념이기 때문이다. 관련하여 최근에는 기후 변화와 환경 요인도 중요한 이주 동인으로 부상하고 있다. 전통적인 국제 이주 통계 상에는 '기후 이주자'라는 범주가 별도로 존재하지 않지만, 자연재해와 환경 악화로 인해 삶의 터전을 잃고 다른 지역으로 떠나는 사람들의 수가 증가하는 추세이다. 기후 변화로 인한 가뭄, 홍수, 해수면 상승 등은 주로 국내 이주를 촉발하지만, 국경을 넘어 국제 난민문제로 연결될 수 있다. 세계은행은 기후 변화가 가져올 인구 이동의 파급력을 경고하면서, 2050년까지 전 세계 2억 1,600만 명이 거주국 내에서 기후 요인으로 이주할 수 있다는 전망을 내놓았다. 국제이주기구에서도 이러한 예측에 조응하여 '기후 이주자는 보호가 필요한 대상'이라는 논의가 진행 중이다. 기후·환경 이주는 21세기 들어 새롭게 부각된 이주 유형으로, 향후 국제 이주 동향에 큰 영향을 미칠 가능성이 높다.

3) 이주 이론

① 배출-흡인 이론

이주의 작동과 관련해서 가장 흔하게 활용되는 것은 리(Lee)의 배출-흡인(Push-Pull) 이론이라 할 수 있다. 배출-흡인 이론은 이주란 경제적, 환경적, 인구통계학적 요인을 바탕으로 사람들을 기원지에서는 떠나고 싶게 만드는 힘인 배출 요인(push factor)과 정착지로 들어오게 유도하는 힘인 흡인 요인(pull factor)의 산물이라고 본다(김학훈 외 역, 2016: 292). 배출 요인에는 일반적으로 인구 증가나 높은 인구밀도, 경제적 기회의 부족, 정치적 억압 등이 포함되며, 흡인 요인에는 노동 수요, 경제적 기회, 정치적 자유 등이 포함된다.

배출-흡인 이론은 이주 결정에 영향을 끼치는 주요 요소들을 통합할 수

【그림 7-2】 배출–흡인 이론의 모식도

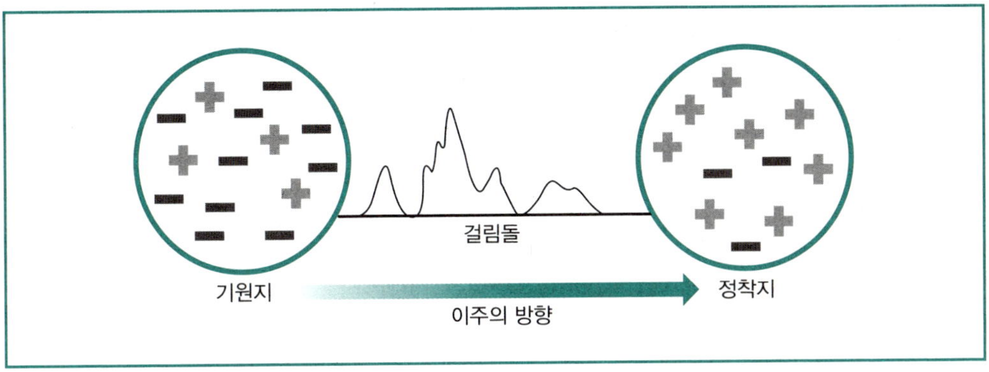

출처: Lee(1966, 50)을 바탕으로 저자 작성.

있다는 점에서 매력적으로 여겨진다. 그러나 경제적, 환경적, 인구통계학적 요인이 이주를 야기한다고 가정하고, 다른 요인은 고려하지 않는다는 점에서 결정론적이라 할 수 있다. 또한 이주에서 부분적인 역할만을 수행하는 것으로 추정되는 요소를 임의적인 방식으로 열거하는 설명적 모델이라는 점에서 그 한계가 명확하다. 사람들은 각기 다른 인식, 선호도, 열망을 가지고 있기 때문에 같은 상황에 처해있더라도 다르게 대응할 수 있기 때문이다(Skeldon, 1990: 125-126).

② 신고전주의

기능주의 패러다임의 일부라 할 수 있는 신고전주의 이주 이론은 로스토(W. Rostow, 1960)의 근대화 이론에 뿌리를 두고 있으며, 사회적 힘이 균형을 향해 나아간다고 가정한다. 신고전주의에서는 이주를 주로 노동력 수요와 공급의 지리적 차이에 의한 것으로 보며, 이주자들을 개별적이고 합리적인 행위자로 간주한다. 즉 지리적 차이로 인해 임금 차이가 발생하게 되고, 임금 차이는 노동자들이 저임금, 노동력 과잉 지역에서 고임금, 노동력 부족 지역으로의 이동을 발생시킨다는 것이다. 신고전주의 접근법에 따르면 이주가 발생하고 시간이 지남에 따라 정착지의 노동력은 덜 희소해지고, 기원지의 노동력은 점점 희소해지게 된다. 이들은 이러한 과정이 지속되면 궁극적으로는 임금의 수렴이 나타나게 되므로, 이주는 장기적으로 기원지와 정착지의 임금과 환경을 평등하게 만들어 이주 요인을 감소하는 데 도움이 될 것이라고 본다(Harris and Todaro, 1970; Lewis, 1954).

③ 이중 노동시장 이론

이중 노동시장 이론은 현대 자본주의 경제에서 숙련 이주 노동력에 대한 수요가 구조적으로 어떻게 내재되어 있는지 이해하는 데 도움이 되며, 동시에 왜 이주자들이 원주민들이 기피하는 일자리에 종사하려고 하는지를 이해하는 데에도 도움이 된다. 이주 연구에서 이중 노동시장 이론을 주장한 주요 학자 중 한 명인 피오레(M. Piore, 1979)는 국제 이주가 선진국에서 단순 조립이나 의류 생산, 케이터링·청소·돌봄 서비스와 같은 직종에서 저숙련 노동자를 고용하고자 한다는 구조적이면서도 만성적인 수요로 인해 발생한다고 주장한다. 경제 재구조화와 기술 발달로 2차 산업의 중요성이 감소하고, 글로벌 기업은 아웃소싱을 통해 생산 공정을 노동력이 싼 지역으로 이전하거나 기계, 컴퓨터, 로봇으로 대체할 수 있게 되었다. 그러나 서비스업, 건설업, 집약적인 농업 분야에서 모든 업무 프로세스를 기계화, 자동화 또는 아웃소싱할수 있는 것은 아니다. 이와 더불어 서비스 부문의 중요성이 커지게 되면서 선진국에서는 고숙련 노동자 수요뿐만 아니라 저숙련 노동자에 대한 수요도 촉발되었다. 그 결과 노동시장은 금융, 경영, 연구 분야로 대표되는 1차 노동시장과 불안정하고 비공식적인 일자리에 종사하기도 하는 저임금 노동자로 대표되는 2차 노동시장으로 구분된다(Piore, 1979; [표 7-2]).

1차 노동시장의 노동자들은 학위, 기술(skill)을 비롯해 정식 법적 지위 등을 기준으로 적극적으로 선택되며, 고학력 부유층을 선호하는 선별적 이민 정책에 의해 촉진되기도 한다. 이와 반대로 2차 노동시장의 노동자들은 학

【표 7-2】 1차 노동시장과 2차 노동시장의 특성

1차 노동시장	2차 노동시장
• 높은 임금과 부가 수당	• 낮은 임금(부가 수당은 없거나 적음)
• 고숙련 노동자	• 숙련 기술이 거의 필요하지 않음
• 높은 자주성	• 낮은 자주성
• 좋은 근로환경	• 나쁜 근로환경
• 높은 직업안정성	• 낮은 직업안정성
• 상향 이동과 승진 사다리	• 제한된 이동(승진 기회는 없거나 적음)

위 부족, 인종, 불확실한 법적 지위로 인해 불이익을 받고 있다. 이러한 점에서 본다면 이중 노동시장 이론은 이주자의 불안정한 지위가 고용주에게 어떻게 작용하는 지 이해하는 데 유용하다고 할 수 있다. 고용주는 이주자들의 불안정한 지위를 이용해 취약하고 유순한 노동력을 창출하면서 이익을 추구할 수 있으며, 노동시장에서 이주민 착취를 정당화하는 역할을 수행하기도 한다(O'Reilly, 2022: 3-12).

④ 신경제 및 가구 접근

노동이주의 신경제학(New Economy of Labor Migration; NELM)은 이주의 신고전주의 접근법에 대한 비판으로 등장했다. 경제학자인 스타크(O. Stark)는 이주 결정은 개개인에 의해 이루어진다기보다는 가족이나 가구에 의해 이루어지며, 소득 극대화 이외의 요인도 이주 결정에 영향을 끼친다고 주장했다. 스타크를 중심으로 한 NELM에서는 이주를 가족이나 가구의 위험 분산 행위이자 투자 행위로 간주한다(Stark, 1978; 1991). 사람들이 이주를 단행하는 이유는 더 높은 임금을 벌기 위해서가 아니라 소득원을 다양화함으로써 위험을 분산하고 최소화하기 위한 것이며(Stark and Levhari, 1982), 가족 농장이나 소규모 사업체와 같은 경제 활동에 투자할 자원을 획득하기 위한 것이다(Lucas and Stark, 1985; Taylor, 1999). 이 외에도 NELM에서는 이주를 단행하는 데 있어 절대적 빈곤보다 상대적 박탈(빈곤)을 중요한 요인으로 간주한다. 공동체의 다른 구성원보다 더 빈곤하거나 박탈되어있다는 느낌을 받을 경우, 보다 높은 사회경제적 지위를 얻기 위해 이주를 단행할 수 있다는 것이다.

경제학자들은 NELM을 통해 인류학자와 사회학자들이 제기한 가구 구성에 관한 의문에 답하기 시작했다. NELM은 가난한 사람들이 글로벌 자본주의 세계의 수동적인 희생자로만 간주되어서는 안되며, 어려운 상황 속에서도 생계 조건을 개선하기 위해 적극적으로 노력하는 주체성을 발휘하는 존재로 보아야 한다고 주장했다.

(2) 도시와 이주자 공간

1) 이주자를 대하는 주류 사회의 태도

캐슬스(Castles)와 밀러(Miller)는 이주자를 받아들이는 인식의 차이, 즉 이들을 배제하느냐 수용하느냐에 따라 주로 차별적 배제, 동화주의(assimilation), 다문화주의(multiculturalism)로 분류한다(김태원, 2012). 최근에는 차별적 배제와 동화, 다문화주의 외에도 유럽을 중심으로 한 상호문화주의(interculturalism)를 포함하기도 한다. 차별적 배제와 동화는 기본적으로 국가나 민족의 동질성을 전제하는 단일문화주의를 강조하며, 이주자의 문화나 가치를 주류문화에 통합시킬 수 있다고 가정한다는 점에서 사회를 일종의 멜팅팟(Melting Pot)[1]으로 바라본다.

동화주의에 관한 논의는 로버트 파크(R. Park)와 밀턴 고든(M. Gordon) 등에 의해 발전했다. 20세기 초 시카고학파를 형성했던 로버트 파크는 대규모 이주에 따라 이민자들이 미국 사회에 어떻게 적응하고 동화되는가에 관심을 가졌다. 파크는 미국에서 이주자 집단과 주류 사회의 관계는 일반적으로 경쟁(competition) → 갈등(conflict) → 적응(accommodation) → 동화(assimilation)라는 네 단계를 경험한다고 주장했다. 파크에 따르면 동화의 과정은 서서히 진행되는 것이며, 편견이나 차별, 갈등과 같은 요소가 있더라도 이주자 집단은 결국 미국의 문화를 받아들임으로써 주류 문화에 동화될 것이라고 보았다(신용하, 2022).

고든은 파크의 동화론을 더욱 정교화시켰다. 그는 미국의 주류 문화는 백인, 앵글로 색슨, 개신교(White, Anglo-Saxon, Protestant; WASP)를 중심으로 한 중산층이라고 보았다. 따라서 고든은 이주자 집단이 미국이라는 사회에 적응하고 살아가기 위해서는 이 WASP 문화에 동화되어야 한다고 주장했다. 고든은 다양한 이주자 집단의 동화는 일곱 단계를 거쳐 이루어진다고 보

1 미국에서 다양한 인종 및 문화를 흡수하는 사회적 개념으로 사용되어 온 용어이다. 사회를 하나의 큰 용광로로 보고 이민자들은 철광석에 비유해 이들이 사회에 정착하면서 주류 문화에 용해되어 새롭게 태어난다고 보는 관점으로, 강제적 동화주의의 관점을 담고 있다고 비판받기도 한다.

았으며, 각각의 단계는 다음과 같다(Gordon, 1964; 정수열, 2008). 첫 번째 단계는 미국의 언어나 문화적 관습을 터득하는 문화적 동화(cultural assimilation)이고, 두 번째 단계는 이주자가 정착국의 조직, 제도 등에서 일차적 관계를 수립하는 구조적 동화(structural assimilation), 세 번째 단계는 이주자와 선주민 간의 결혼이 거부감 없이 이루어지는 혼인 동화(marital assimilation), 네 번째 단계는 이주자 집단의 고유한 민족 정체성이 소멸되고 정착지의 정체성을 획득하게 되는 정체성 동화(identificational assimilation), 다섯 번째 단계는 이주자 집단에 대한 주류 사회의 편견이 사라지는 태도수용적 동화(attitude receptional assimilation), 여섯 번째 단계는 차별 행위가 사라지는 행위수용적 동화(behavior receptional assimilation), 일곱 번째 단계는 주류집단과 이주자 집단 간의 구별이 완전히 사라지는 시민적 동화(civic assimilation)이다(Gordon, 1964).

문화 단일주의를 기본으로 하는 동화론과는 달리 다문화주의 접근법은 문화적 다양성을 보존하거나 축복하기까지하는 통합(integration) 정책 모델이다(International Organization for Migration, 2019). 이는 이주자들이 문화적 정체성을 유지하면서 사회의 완전한 구성원이 되는 것을 장려하고, 다양한 배경, 전통, 세계에 대한 인식과 법치주의나 양성평등과 같은 보편적 가치의 결합을 통해 문화적 차이를 극복하고 모든 사람에게 동일한 권리를 보장하는 것을 목표로 한다. 즉 다문화사회가 추구할 이상은 언어나 인종과 같은 문화 다양성을 통해 삶의 다양성을 증대하고 다양한 문화의 병존을 통한 공존이라 할 수 있다(김태원, 2012).

다문화주의 접근법에서의 통합은 소수 민족 집단이 주류 집단과 상호 공존할 수 있도록 하는 모자이크의 이미지로 표현되곤 한다(International Organization for Migration, 2019). 개별 문화는 모자이크의 구성요소이며, 이 개별 요소들이 조화되면서 하나의 전체 문화가 된다. 즉 다문화사회에서 모자이크의 개별 조각은 이주자들의 고유한 문화를 대표하는 것이며, 이주자들은 정착국에 정착한 뒤에도 모국과 지속적으로 관계 맺을 수 있고 기존 문화를 계승하거나 발전시킬 수 있게 된다. 이주자 집단의 문화의 병존을 추구하는 다문화주의 접근법은 개별 문화의 존재를 인정하고 있다는 점에서 전통적인 동화론이나 멜팅팟 논의보다 발전한 것으로 여겨지나, 모자이크 역시 근본적으로는 정착국, 특히 서구문화를 근본으로 하고 있다는 점에서 비판을 받기도 한다.

앞서 언급한 것처럼 다문화주의가 다양한 문화들의 병렬적 수용만을 논하고 있으며 근본적으로는 정착국의 문화를 기본으로 하고 있다는 한계로 인해, 1990년대 후반 유럽을 중심으로 상호문화주의가 부상하기 시작했다. 김태원(2012)에 따르면 다문화주의의 '다(multi-)'는 상이한 문화에 대한 '차이의 인정'을 강조하지만, 상호문화주의의 '사이(inter-)'는 상이한 문화들의 '상호작용과 공공성'을 강조한다. 이와 관련해 상호문화주의에 대해 연구한 파레크(B. Parekh), 센(A. Sen) 등과 같은 학자들은 다문화주의가 갖는 한계를 극복하기 위해서는 공동체와 개인 간의 대화와 접촉이 필요하다고 보았다. 이러한 점에서 상호문화주의 논의는 다양한 문화 집단 간의 편견을 완화시키기 위한 대화와 소통에 초점이 맞추어져 있다. 그러나 여기서 대화와 소통은 무조건적으로 이루어지는 것이 아니라 서로 다른 개인들이 자발적으로 교류하는 것을 전제로 한다. 기존의 동화론이나 다문화주의 논의가 이주자 집단의 변화만을 강조했다면, 상호문화주의는 주류문화의 변화와 실천까지도 요구한다는 점에서 차이가 있다(장유정·이영민, 2018; [표 7-3]).

【표 7-3】 상호문화적 시민성 테스트

번호	범주		질문
1	다양성	지식	다음 중 개인의 정체성을 형성하는 원천이 될 수 있는 것은 무엇인가?
2			여러분의 도시, 지역 또는 국가 번영에 크게 기여한 이민자를 알고 있는가?
3		감정	옆집에 이사 온 새로운 가족 구성원들이 다음과 같을 경우 불안함을 느낄 것이다(예: 다른 언어를 사용하는 사람들, 다른 종교를 가진 사람들, 다른 축구팀을 응원하는 사람들, 난민들, 동성 커플).
4			나와 다른 배경을 가진 사람들을 만나는 것을 즐기는 편이다(이주 배경 외에도 다른 지역 출신이나 사회경제적 배경을 가진 사람들).
5		행동	새 이웃이 어디에서 왔든, 근린지역/도시에서 환영받는다는 느낌을 받을 수 있도록 노력한다.
6			다양한 민족/문화/종교적 배경을 가진 친구들이 있다.

7	참여	지식	도시에서 누구나 지방선거에 참여할 수 있는가?
8			시의회의 구성은 충분히 다양한가? 여러분의 시의회에서 민족성, 종교, 언어, 성별, 성적 지향성, 연령 등 다양한 배경을 대표하는 시의원들을 알고 있는가?
9		감정	다양한 배경을 가진 사람들이 지역의 의사결정에 참여하는 것이 유익하다고 생각한다.
10			정치 영역에서 나와 민족성/종교/언어, 성별, 성적 지향성이 다른 사람들은 나를 충분히 재현할 수 없다고 생각한다.
11		행동	프로젝트 그룹(직장, 학교, 지역 클럽)을 만들 때, 적극적으로 다양한 문화/민족/종교적 배경을 가진 사람들을 포함시키려고 노력한다.
12			새 이웃/동급생/동료가 나와 다른 언어를 사용한다. 나는 그들과 소통하기 위해 진지하게 노력한다.
13	평등	지식	도시 내에 불법 체류 중인 이민자도 공공 병원에서 치료를 받을 수 있는가?
14			도시 내에 불법 체류 중인 이민자의 자녀가 공립 학교에 다닐 수 있는가?
15		감정	다른 배경(성별, 문화, 민족성, 종교, 나이)을 가진 사람이 불공평하게 대우받고 있다고 느낄 때 이에 공감한다.
16			다른 문화가 로컬 정체성을 변화시킬 수 있다는 것이 두렵다.
17		행동	공공장소에서 피부색, 종교, 성 정체성, 성적 지향성, 외모가 다르다는 이유로 부당한 대우를 받고 있는 사람이 있다면 개입한다.
18			여러 사회적 행사(예: 의사결정과정 및 공개토론 등)에서 다양한 배경을 가진 사람들의 동등한 참여를 적극적으로 지지한다.

출처: Intercultural Cities Programme(https://www.coe.int/en/web/interculturalcities/intercultural-citizenship-test)에서 저자 재구성.

2) 도시 내 이주자 공간의 형성

도시 내 이주자가 증가함에 따라 주류사회가 이주자를 대하는 태도뿐만 아니라, 도시 내 소수집단의 격리(segregation) 문제 또한 도시지리학자들의 주요 관심사 중 하나였다. 도시 내 소수집단의 격리에 관한 연구는 전통적으로 집단의 격리가 자발적인 것인지, 강제적인지와 관련되었다. 이와 관련해 소수집단의 격리된 공간을 게토(ghetto), 엔클레이브(enclave)로 나누어 살펴볼 수 있다.[2]

2 도시사회학자인 피터 마르쿠제(P. Marcuse)는 그의 연구에서 게토나 엔클레이브가 이

【그림 7-3】 격리 · 응집의 발생과 게토 · 엔클레이브의 형성 과정

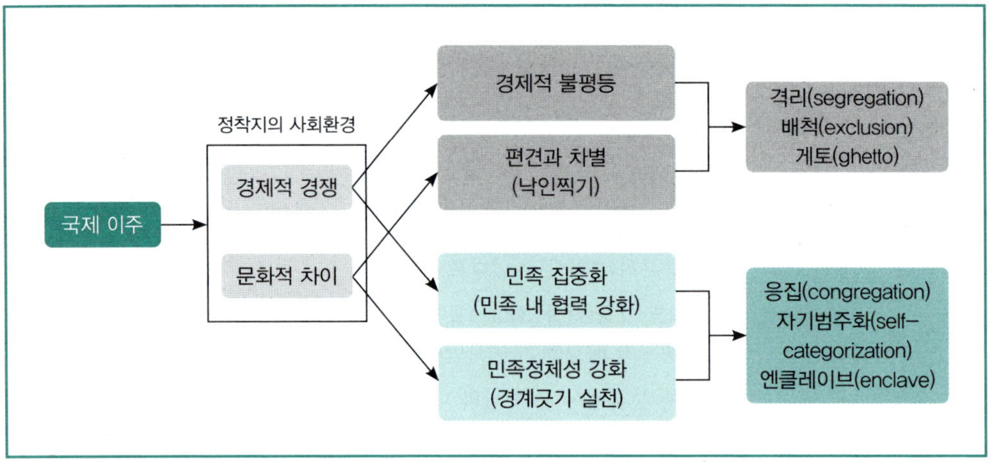

출처: 한국문화역사지리학회(2013, 206).

마르쿠제에 따르면 게토와 엔클레이브 모두 공간적으로 격리된 지역을 뜻하지만, 공간 형성에 관여하는 의지 혹은 제약의 정도가 다르게 나타난다. 먼저 게토는 "주류 사회 혹은 지배 집단에 의해 열등하다고 간주되는 특정한 인구 집단을 분리하고 제한하기 위해 사용되는 공간적으로 집중된 지역"이다. 게토화된 소수집단은 비자발적이고 열등한 존재로 간주되며, 공간적 범위 또한 제한되어 있다. 따라서 게토는 본질적으로 배타적이다(Massey, 1990).

게토와 달리 엔클레이브라는 용어는 긍정적인 의미를 가지고 있는 것으로 여겨지기도 한다. 엔클레이브는 "민족성이나 종교 정체성 등에 의해 자기범주화를 수행하는 집단 구성원들이 경제, 사회, 문화, 정치적 발전을 도모하기 위해 모이는 공간적으로 집중된 지역"을 의미한다. 즉 엔클레이브는 주류 집단인 백인들에게 낙인찍히지 않고 소수집단이 자발적으로 응집하는 거주지

주자나 인종적 집단의 공간적 격리, 분리 현상과 밀접하게 연관되어 있다고 보았으나, 이 개념들을 보다 확장해 도시 내 다양한 사회집단 간 권력관계를 드러내기 위해 게토, 엔클레이브, 시타델로 구분하였다. 특히 마르쿠제는 시타델을 "권력, 부 또는 지위와 관련해 다른 사람들보다 우월하다고 정의될 수 있는 특정한 인구 집단의 구성원들이 그 지위를 보호하고 강화하기 위해 모이는 공간적으로 집중된 지역"이라고 정의한다(Marcuse, 1997). 상류층이 지배적인 소수집단은 자신들의 우월한 지위를 보호하기 위해 방어적인 공간으로 후퇴한다.

로, 소수집단은 엔클레이브에서 사회적 결속력과 규범, 문화적 가치를 유지할 수 있게 된다(Gans, 2008: 354).

그러나 '게토'와 '엔클레이브'를 명확하게 구분하는 것은 사실상 쉽지 않다. 현실세계에서 소수집단의 집거지 형성 과정에는 자발적 격리와 강제적 격리의 차원이 미묘하게 얽혀 있기 때문이다. 이러한 이유로 일부 학자들은 엔클레이브와 게토를 뚜렷하게 구분되는 것으로 볼 것이 아니라 하나의 연속체로 생각하는 것이 보다 현실적이라 주장하면서 '엔클레이브-게토 연속체(Enclave/Ghetto continuum)'라는 개념을 제안하기도 했다(박경환 외 역, 2012: 201-202).

3) 상호문화도시 프로그램

다문화주의의 한계에 대한 인식을 바탕으로 유럽연합과 유럽평의회에서는 이주자 유입으로 도시의 다양성이 증가하는 현실 속에서 이들과 더불어 살아가기 위한 전략의 일환으로 상호문화도시 프로그램(Intercultural Cities Programme; ICC)을 실시하고 있다. 상호문화도시란 "다양한 국적, 출신, 언어, 종교, 신념, 배경을 가진 사람들이 모여있는 도시"로, 시민들은 다양성을 문제라기 보다는 자원으로 간주하고, 시 당국은 다양성에 대한 존중과 다원적 도시 정체성을 공개적으로 지지하며, 기업-시민사회-공공서비스 전문가들과의 협력을 통해 다양한 집단의 교류와 상호작용을 장려하는 정책과 조치를 개발한다(Council of Europe Intercultural Cities Programme 홈페이지).

우드와 랜드리(Wood and Landry, 2012)에 따르면, 상호문화도시 프로그램에서 강조하는 것은 상호문화주의, 개방성, 다양성의 이점이다. 이를 위해 상호문화도시는 선주민과 이주자가 가지는 다양성이 도시 혁신의 원천임을 인식하고 다양한 공동체의 출현을 자극하며, 도시 내 다양한 집단들 간 상호행동을 장려해 도시 발전에 기여하고자 한다(한국도시지리학회, 2019: 443).

상호문화도시 프로그램은 2008년 11개 시범도시를 중심으로 시작되었으며, 2025년 2월 기존 149개 도시가 참여하고 그 중 51개 도시는 국제 상호문화도시 프로그램 네트워크에 참여하고 있다([표 7-4]). 참여도시의 크기, 역사, 배경, 이주자 비율은 상이하지만, 상호문화적 관점에서 도시 공간이 처한 현실의 문제들을 해결하려는 목표를 가지고 있다(장유정·이영민, 2018). 참여도시 상당수는 서유럽에 속해있으나 동유럽, 남미, 중동, 아시아 등지로 확산되고 있으며, 우리나라의 도시들 또한 2020년부터 국제 상호문화도시 프로그램 네트워크에 참여하고 있다.

【표 7-4】 국제 상호문화도시 프로그램 네트워크 참여 도시

국가	도시	국가	도시	국가	도시
그리스	요아니나	스웨덴	봇쉬르카	이탈리아	모데나
	파트라스	스위스	뇌샤텔		레지오 에밀리아
노르웨이	베르겐		제네바	일본	하마마츠
	스타방에르	스페인	도노스티아(산세바스티안)	캐나다	몬트리올
	오슬로	아이슬란드	레이캬비크		셔브루크
대한민국	구로구(서울)	아일랜드	더블린	크로아티아	리예카
	안산		리머릭	키프로스	리마솔
독일	노이마르크트	영국	루이셤(런던)	튀르키예	오스만가지(부르사)
	노이쾰른(베를린)		리즈		셀추크(에페소)
	에를랑겐		맨체스터	포르투갈	리스본
라트비아	리가		캘더데일	폴란드	루블린
루마니아	부쿠레슈티		캠든		브로츠와프
룩셈부르크	듀들랑쥬	오스트레일리아	멜턴		크라쿠프
멕시코	과달루페		밸러랫	프랑스	리옹
	멕시코시티		솔즈베리		브장송
몰타	발레타	우크라이나	메리토폴		스트라스부르
미국	로체스터	이스라엘	하이파		파리

출처: International Intercultural Cities Network(https://www.coe.int/en/web/interculturalcities/international-network)에서 저자 재구성.

상호문화도시 프로그램의 가장 큰 특징은 도시 간의 비교와 상호 학습을 제도화했다는 점이다. 참여도시는 상호문화도시 지표(Intercultural City Index)를 활용해 교육, 공공서비스, 언론, 지역 경제 등 12개 영역에서 상호문화적

실천에 대한 부분을 점검한다. 이를 통해 각 도시가 국제적인 스케일에서 유사한 조건의 다른 도시와 성과를 공유하고 벤치마킹할 수 있게 된다. 이러한 과정은 상호문화도시 프로그램이 단순히 '이주민 통합 정책'으로 그치는 것이 아닌 일종의 도시혁신 전략으로 전환시키는 효과를 가져왔다.

또한 상호문화도시 프로그램에 참여하는 도시들은 이를 구체적인 정책으로 실현하기 위한 프로젝트들을 수립·실행하고 있다. 노르웨이의 오슬로는 교육 과정에 상호문화적 가치와 인권·다양성 교육을 포함시키고, 공공기관 채용에서 이주자 참여 기회를 확대했다. 일본의 하마마츠시의 경우 2001년 「하마마츠 다문화공생 도시 선언」을 바탕으로 이주자를 위한 다언어 행정 서비스와 상담 시스템을 구축하고, 지역 주민과 이주자가 함께 참여하는 커뮤니티 활동을 지원함으로써 상호문화도시로서의 정체성을 강화해왔다. 한국의 경우 경기도 안산시와 서울특별시 구로구가 상호문화도시 프로그램에 참여하면서 이주자와 선주민의 상호 교류 강화와 지역사회 발전을 모색하고 있다([읽기 자료 7-2]).

읽기 자료 7-2. 상호문화도시 지표: 경기도 안산시

상호문화도시 지표는 유럽 연합과 유럽 평의회에서 시행하는 상호문화도시 프로그램에서 개발한 것으로, 세 가지 유형의 데이터로 구성된 12개 지표(약속, 문화 간 렌즈, 중재 및 갈등 해결, 언어, 참여, 차별금지, 상호작용, 국제 전망 등) 86개 질문(이 중 73개 필수)이 포함된 설문지를 기반으로 한다. 각각의 지표는 상대적 중요도에 따라 가중치가 부여되며, 각각의 지표는 100점 만점으로 책정되고, 이를 다시 종합점수 100점 만점으로 산출한다. 이렇게 산출된 상호문화도시 지수를 바탕으로 다른 상호문화도시 프로그램 참여 도시와의 비교에 활용되며, 도시 간 비교를 통해 각 지표별 점수가 높은 곳의 사례를 벤치마킹하기 위한 도구로서 활용된다.

우리나라에서는 경기도 안산시와 서울특별시의 구로구가 상호문화도시 프로그램에 가입해 있어, 상호문화도시 지표 분석이 이루어졌다. 두 도시 중

【그림 7-4】 안산시의 상호문화도시 지표 특성

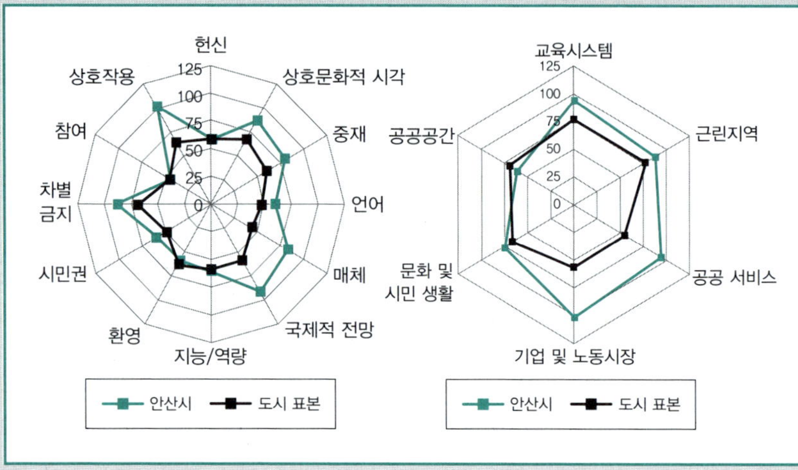

출처: Intercultural Cities Secretariat(2020).

경기도 안산시의 경우 상호문화도시지표 종합분석 결과, 100점 만점에 80점을 받은 것으로 나타났다. 안산시의 경우 상호문화적인 요소를 담은 '다문화도시 정책 전략'을 수립하고 있으며, 외국인 인권 증진 기본계획 수립을 위한 예산을 책정하고, 다문화 교육 강좌를 제공하며, 선주민과 이주민 간의 교류를 장려하기 위한 문화 행사를 개최하고 있다는 점 등으로 높은 평가를 받았다. 그러나 안산시의 특정 학교에만 외국인 태생 혹은 이주 배경 학생들이 집중되어 있어 사회적 혼합이 장려된다는 점, 이주자들의 출신 국가와의 교류 협력 이니셔티브가 다소 약하다는 점 등이 보완 사항으로 지적되었다([그림 7-4]).

안산시는 이러한 지표 분석 결과를 바탕으로 이주자 밀집 지역 생활환경 개선, 시민 참여형 축제 확대, 외국인 주민센터 간의 네트워크 활성화 등을 추진하고 있다. 안산시의 사례를 통해 상호문화도시 프로그램이 단순한 선언적 구호가 아니라 실제 지역사회의 변화를 추동할 수 있음을 파악할 수 있다.

그러나 상호문화도시 프로그램에 대한 비판적 시각도 존재한다. 첫째, 참여 도시별로 보유하고 있는 자원과 행정 역량의 차이가 커 위원회의 권고사항을 동일하게 실현하기 어렵다. 가령 서유럽 대도시는 풍부한 재정 및 인적 자원을 활용해 다방면에서 상호문화 지표 개선이 가능하지만, 여건이 취약한 동유럽이나 중소도시의 경우 프로그램 지침을 이행하는 데 있어 현실적인 한계에 직면할 수밖에 없다. 둘째, 상호문화주의가 지나치게 조화로운 공존과 같은 긍정적인 상호작용에만 집중할 경우, 실제 현장에서 경험하는 이주자에 대한 차별, 거주지 분리, 노동시장에서의 불평등과 같은 구조적 문제를 간과할 위험이 있다. 다시 말해 상호문화주의 정책이 갈등을 관리하기보다는 갈등을 은폐하는 수사로 변질될 수 있다는 것이다.

따라서 향후 상호문화도시 프로그램의 성과는 행사 개최 횟수, 참여 인원과 같은 정량적 지표에 의존하기보다는 이주자의 사회적 권리가 얼마나 보장되었는지, 제도적인 불평등은 완화되었는지, 그리고 도시 거버넌스 속에서 여러 집단의 목소리가 실질적으로 반영되었는지를 중점적으로 검토할 필요가 있다.

2. 도시 내부의 다양성

(1) 도시 안의 소수집단과 하위문화

1) 소수집단

소수집단 또는 사회적 소수자라는 용어는 영어의 'minorities'에 해당하는 개념으로, 그 정의는 시공간적 맥락, 그리고 학자에 따라 다양하게 나타난다. 그렇기 때문에 소수집단은 주류 집단과 다른 인종집단을 의미하기도 하고 주류 문화와 다른 문화를 향유하는 집단으로 개념화되기도 한다(안혁근 외, 2010). 이처럼 소수집단에 대한 정의는 무척이나 다양하지만, 소수집단에 대한 보다 보편적이고 객관적인 정의는 루이스 워스(L. Wirth)가 제시했다고 알려져 있다.

워스는 소수집단을 "신체적 또는 문화적 특성으로 인해 그들이 살고 있는 사회에서 차별적이고 불공정한 대우를 받고, 스스로도 차별의 대상으로 간주하는 사람들"이라고 정의했다. 워스는 한 사회에서 특정한 집단이 소수자로 규정되는 데에는 세 가지 기본 요건이 있다고 보았다. 첫 번째는 식별 가능성(indefiability)으로, 신체적·문화적 특성으로 인해 다른 집단과 구별되는 분명한 차이가 나타난다는 것을 의미한다. 두 번째는 차별적 대우로, 소수집단에 속해있다는 이유만으로 차별의 대상이 되는 상황을 의미한다. 세 번째는 집단 성원으로서의 집단의식(group awareness)으로, 자신이 차별받는 소수집단에 속한다는 것을 느끼고 연대의식을 갖게 되는 것을 의미한다. 워스는 가장 고전적이면서도 기본적인 소수집단의 정의를 제시하고 있으나, 소수집단에 속하는 사람들의 범위를 구체화할 수 있는 지표들을 명료하게 제시하지 않았다는 점에서 한계를 안고 있었다(안혁근 외 10인, 2010).

이에 웨글리와 해리스(C. Wagley and M. Harris), 반 덴 베르그(C.J. van den Berg), 드워킨과 드워킨(A. Dworkin and R. Dworkin) 등의 학자들이 워스의 소수집단 개념을 정교화하고 구체화하려는 시도가 이어졌다. 특히 드워킨과 드워킨은 워스, 웨글리와 해리스 등이 강조한 소수집단의 특성과 요건들에 더해 권력의 열세(differentiation of power)가 소수집단의 지위에서 필수적인 조건이라고 보았다. 여기서 권력의 열세란 한 집단이 다른 집단과 비교해 자원을 동원할 능력에서 차이가 나타나는 것을 의미한다. 즉 권력상의 주류 집단이 자원, 교육, 부, 건강과 같은 자원을 통제할 때 권력을 가지지 못한 사람들은 삶의 기회마저 통제당하며 소수집단이 된다는 것이다.

2) 하위문화

한편, 사회활동은 종종 사회질서에 대한 저항 행위 또는 억압과 불공정에 대한 창의적인 대응으로 개념화되며(한국문화사회학회 역, 2025: 274), 이와 관련하여 소수집단의 문화는 주류문화에 반하는 특성을 가지고 있기도 하다. 이처럼 "특정한 관심사와 실천, 즉 그들이 무엇을 하고, 어디에서 행동하는지와 관련해 어떤 식으로든 비규범적이거나 주변적인 것으로 재현되는 집단"은 하위문화라는 용어를 통해 개념화된다(김수정·박경환 역, 2025: 97).

하위문화이론이 정립되기 시작한 것은 20세기 초로 거슬러 올라간다. 시카고학파의 연구자들은 미국인으로 완전히 동화되지 않은 이주자 집단이 그들만의 문화체계를 형성한다는 점을 발견했고, 민족집단의 차이를 강조하고 한정된 사회 공간 안에 거주하고 있다는 의미에서 하위문화라는 개념을 사용했다(이한노·이도협, 2020). 이후 하위문화의 개념과 범위는 거리의 갱스터와 청소년까지 확장된다.

확장된 범주의 하위문화의 실천과 관련한 연구로는 버밍험대학교 현대문화연구센터(Centre for Contemporary Cultural Studies; CCCS)의 연구와 딕 헤브디지(D. Hebdige)의 펑크족에 관한 연구를 들 수 있다. 이들은 전후 모드족, 스킨헤드족, 펑크족과 같은 전후 영국 청소년들의 하위문화 집단이 어떻게 헤게모니에 저항하고 행동했는지를 연구했다(김수정·박경환 역, 2025: 97). 헤브디지는 옷차림, 약물남용, 브라콜라주와 같은 하위문화집단의 일상적 관습이 "의미를 잉태하고… 정상화 과정을 방해하며, 그 자체로 '침묵하는 다수'를 공격하고, 조화와 단결의 원칙에 도전하며, 합의라는 신화를 반박"한다고 보았다(한국문화사회학회 역, 2025: 274).

그러나 현대문화연구센터와 헤브디지의 연구는 하위문화집단을 일탈적이고 반사회적인 존재로 낙인찍는 데 연루되어 있으며, 소수의 상징적이고 저항적인 하위문화의 사례만을 미화한다는 비판을 받기도 했다. 또한 하위문화는 주류사회의 입장에서 비판이나 통제의 대상이 되어왔으나, 소수자의 문화로서 하위문화의 긍정적인 측면도 고려할 필요가 있다는 논의가 제기되기도 했다(이정현·정수열, 2016). 이러한 관점에서는 하위문화와 주류문화 간의 모호한 경계를 긍정적으로 활용하면서 대안적인 문화를 창출할 수 있다고 보기도 하고, 하위문화가 사회적인 소통을 강화하고 경제적인 성과를 창출할 수 있는 문화콘텐츠로 활용될 수 있다고 보기도 한다(이정현·정수열, 2016).

공간적 측면에서 하위문화는 언제나 영역성(territoriality)을 수반한다. 켄 겔더(K. Gelder)는 하위문화의 특징 중 하나로 영역(territory)과의 연관성에 대해 주장했는데, 이는 하위문화가 특정 거리나 동네, 클럽 등 물리적 공간과 긴밀하게 결합되는 경향을 말한다. 또한 이러한 공간은 단순한 배경이 아니라, 하위문화의 정체성과 공동체의 무대가 된다. 학자들은 이를 장소 만들기(place-making) 또는 장소 정체성(place identity)의 과정으로 설명하는데, 집단이 자신들의 문화와 역사를 공간에 각인시킴으로써 우리의 장소라는 정체성을 부여하는 것이다.

나아가 하위문화 공간에는 상징적 공간투쟁개념도 적용될 수 있다. 레이먼드 윌리엄스 등이 언급한 '승리의 공간(winning space)'이란 개념은, 노동계급 청년들이 주류의 가치에 완전 대항하진 못하더라도, 소외와 박탈에 대한 창의적 응답으로 자신들만의 도덕체계와 생활양식을 창조하여 공간을 확보하는 과정이다. 이와 유사하게 사회학자 폴 윌리스(P. Willis)나 문화연구자 스튜어트 홀(S. Hall)도 하위문화가 도시의 틈새 공간을 자신들만의 영역으로 전유(appropriation)한다고 주장하면서 이를 하위문화의 '공간 되찾기' 과정이라고 보았다.

도시 내 하위문화 공간은 사회 구조적 주변부에 놓인 집단(인종·민족적 소수집단이나 하위 계급 등)이 정체성을 찾고 공동체를 이루는 장으로 기능한다. 이들은 주류 사회의 규율이 비교적 느슨한 거리, 공원, 빈 공터등에서 모여들고 음악, 예술, 놀이 등을 통해 불만과 욕구를 표출한다. 이러한 비공식 공간은 집단 내부에는 안전지대이자 문화적 실험실이 되지만, 외부 시각에서는 때로 일탈 공간이나 문제 지역으로 낙인찍히기도 한다. 도시의 하위문화 공간은 정체성, 저항, 창의성이 교차하는 무대로서, 도시 권력지형의 변화를 감지할 수 있는 지표이자 도시를 이해하는 데 필수적인 요소다.

(2) 인간 너머의 지리와 도시

1) 인간 너머의 지리

인간 너머의 지리는 지리학, 특히 인문지리학의 인간중심주의를 비판하며 '인간이 아닌 존재의 주체성을 인정하고 인간-비인간의 물질적, 감정적 상호연관성을 인지하는 보다 포괄적인 지리학과 사회과학 접근법'을 뜻한다(Choi, 2016). 황진태(2018)는 전지구적 스케일에서 발생하는 재난, 기후변화에 직면하면서 기존 지리학과 정치생태학이 인간의 인식과 예측, 의도를 벗어난 비인간 존재와 이들의 실천이 인간, 사회, 공간에 끼치는 영향을 제대로 설명해주지 못한다는 인식에서 인간 너머의 지리가 시작되었다고 주장한다.

인간 너머의 지리학은 여러 이론과 사상적 흐름을 바탕으로 전개되었는데, 그 중에서도 행위자-네트워크 이론(Actor-Network Theory; ANT), 비재현 이론(Non-Representational Theory; NRT) 등에 이론적 기반을 두고 있으며, 비인간 행위자(non-human actor) 또는 행위소(actant), 하이브리드적 객체, 정동과 같은 개념을 바탕으로 인간과 자연의 관계에 대해 분석한다(Choi, 2016).

특히 행위자-네트워크 이론은 과학기술학자인 브뤼노 라투르(B. Latour) 등이 주창한 이론으로, 사회를 인간-비인간 요소를 포함한 이질적인 행위자들의 연결망으로 파악한다. 이 관점에서는 동물, 식물, 사물, 기술, 장치 등도 인간과 더불어 행위주체성(agency)을 지닌 행위자로 간주되며, 사회적인 사건과 공간 형성에 실질적인 영향을 끼치는 존재로 이해된다. 지리학자들은 행위자-네트워크 이론을 수용함으로써 인간의 특권적 지위를 불안정하게 만들고(Callon, 1986; Choi, 2016), 인간-비인간의 위계적 구분을 넘어 이들이 맺는 관계망 자체를 분석의 단위로 삼기 시작했다.

특히 행위자-네트워크 이론은 자연과 사회의 이분법을 거부하는 동시에 존재하는 물리적 세계가 행위자-네트워크로 구성되어 있으며, 비인간 행위자의 행위주체성과 능동성, 자율성을 강조한다는 점에서 인간 너머의 지리학의 이론적인 발전에 기여했다고 할 수 있다(박경환, 2014; Murdoch, 2005). 행위자-네트워크 이론에서 인간과 비인간은 모두 능동적인 행위자로서 행위주체성을 가지고 있으며, 이는 인간의 특권적 지위를 불안정하게 만들어준다(Callon, 1986; Choi, 2016). 여기서 강조하는 개념이 바로 '비인간 행위자(non-human actor)' 또는 행위소(actant)이다. 이는 인간 이외의 존재들도 자기 나름의 행동과 주체성을 발휘한다는 것으로, 인간 너머의 지리학과 동물지리학 연구 분야에서 광범위하게 활용되고 있다. 예컨대 야생늑대의 재도입을 다루는 연구라면, 늑대는 더 이상 인간의 관리 대상일 뿐만 아니라 스스로 공간을 점유하고 인간의 행동을 변화시키는 능동적 행위자로 간주된다. 마찬가지로 바이러스나 강수 같은 기후 요소도 인간 사회의 공간적 패턴에 영향을 미치는 행위자로 분석될 수 있다. 이러한 관점은 지리학 연구에 비인간 존재들의 영향력을 가시화하고, 인간 활동을 보다 큰 네트워크 맥락에서 재위치시켰다는 점에서 전통적인 인간-환경 이분법을 탈피하여 보다 통합적인 공간 이해를 가능하게 만들어 주었다(Callon, 1984; Law, 1992).

한편, 비재현 이론에서는 지식을 담론이나 기호로만 이해하지 않고 몸으로 체험하고 수행하는 실천에 주목한다. 이러한 관점은 인간-비인간 관계를 연구할 때도 적용되어, 인간과 동물이 함께 행위하고 경험을 만들어가는 과정 자체를 중시한다. 이를 통해 동물지리학자들은 동물과 인간의 상호작용을 단순히 언어로 서술하는 것을 넘어, 현장에서의 행위와 감각, 정동을 중시하는 분석을 수행했다.

인간 너머의 지리학은 행위자-네트워크 이론, 비재현이론 등을 바탕으로 자연과 사회는 순수하거나 이분법적으로 구성되어 있는 것이 아니라 인간, 동물, 무생물로 구성된 혼종적인 형태로 바라본다(윤창호·임은진, 2022). 이와 관련하여 사라 와트모어(S. Wahtmore)는 현대 세계의 공간들은 순수한 자연이나 순수한 문화로 나눌 수 없으며, 복합적 얽힘의 결과로 보아야 한다고 주장했다. 이러한 이론 틀 아래 학자들은 도시 동물원이나 도시에 서식하는 야생동물, 인간과 돌고래의 만남과 같은 연구를 통해 자연-사회의 이분법을 해체하고 비인간의 적극적인 행위성과 공간성을 밝히고 있다(Cloke and Perkins, 2005; Hinchliffe *et al.*, 2005; Philo and Wilbert, 2000).

요약하면, 인간 너머의 지리학의 이론적 기반에는 인간-비인간 관계의 평등한 네트워크(ANT), 혼종성과 관계성에 대한 인식, 비인간 행위자의 주체성 강조, 그리고 실천을 통한 이해 등이 자리하고 있다. 이러한 이론들은 연구자들에게 인간을 둘러싼 광범위한 행위자들의 영향력을 통합적으로 고려하는 틀을 제공함으로써, 인문지리학의 지평을 넓히는 데 기여했다.

2) 인간 너머의 지리와 도시 공간

도시는 오랫동안 인간 활동의 중심이 되는 공간으로 이해되어 왔다. 근대 도시계획과 도시이론에서는 도시를 '인간 사회의 조직된 삶터'로 규정했고, 도시 공간은 시민, 노동자, 소비자 등 인간 주체의 행위와 욕구에 따라 기획되어 왔다. 그러나 21세기 들어 고양이, 비둘기, 여우, 고라니, 곰과 같은 야생동물까지 점차 도시로 유입되고 있으며, 이에 따라 도시는 더 이상 인간만의 삶터가 아니다. 이는 생태위기, 생물다양성 붕괴, 서식지 파괴, 도시 경계의 모호화 등의 요인과 맞물려 있다. 이러한 이유로 지리학을 비롯한 사회과학 분야에서는 전통적 도시 개념에 대한 재고가 필요하다는 요구가 대두되고 있다.

시카고 학파를 중심으로 한 고전 사회학에서 출발한 도시 이론은 인간의 주체성을 강조해왔으며, 인간이 도시의 주요 행위자라는 사고방식은 현대 도시이론에서도 여전히 이어지고 있다(Hovorka, 2016). 그러나 1990년대 지리학과 사회과학의 물질적 전환의 흐름 속에서 인간/비인간, 야생/길들임 등 존재론적 이분법에 기초한 인간중심적 도시 개념은 부족하다는 주장이 제기되었다(Swyngedouw, 1996). 이에 따라 도시는 정치적 투쟁 과정을 통해 형성된 인간과 비인간 간의 상호 작용의 복잡한 결과물로 개념화되고 있다. 특히 울치(J. Wolch)는 도시가 인간만의 공간이 아니며, 도시 공간의 경제·사회·문화적 형태와 과정은 인간과 비인간의 상호작용을 통해 만들어진 이질적 결과물이라고 보았다(최명애 외, 2023). 즉 자연은 더 이상 멀리 떨어진 곳에 있는 것이 아니라, 일상생활의 부분적이고, 복수적이며, 때로는 중첩되는 시간과 공간 속에서 사람, 유기체, 요소, 기계가 구성하는 일상적인 상호 연결 속에서 등장한다(Choi, 2016; Hovorka, 2016; Hubbard and Brooks, 2021).

와트모어는 저서 『*Hybrid Geographies: Natures Cultures Spaces*』(2002)에서 인간과 비인간, 자연과 문화의 이분법을 해체하고, 도시 공간을 행위자 간의 혼종적 네트워크로 보자고 주장했다. 와트모어는 행위자-네트워크 이론의 영향을 받아 도시를 다양한 행위자의 얽힘이 공간적으로 표현된 집합체로 본다. 여기서 행위자는 인간, 동물, 식물, 곰팡이, 하수도, 도로, 빗물, 감정까지도 포함할 수 있다. 이와 유사하게 제이미 로리머(J. Lorimer)는 도시의 공기, 하수, 건물 표면, 지하수, 공원은 수많은 미시적 생명체와 비물질적 요소로 구성되어 있다고 말하면서, 이를 비인간 카리스마(nonhuman charisma)라는 개념으로 설명한다(Lorimer, 2007).

와트모어, 로리머를 비롯해 동물을 중심으로 한 비인간 행위자와 도시 공간에 대해 연구하는 지리학자들은 위와 같은 아이디어를 발전시켜 도시가 본질적으로 인간과 동물의 관계로 얽혀있는 공간이라는 점을 제안하면서, "비인간 존재의 행위성과 주체성을 강조하고, 인간과 동물의 다종적 상호작용을 통해 도시의 변화를 이해하고자 하는 종횡단 도시 이론(transspecies urban theory)"을 발전시켰다(최명애 외, 2023).

종횡단 도시 이론은 사람과 동물의 변증법적 관계를 강조하고, 이를 도시의 형태와 기능·역할을 이해하는 데 필수적인 것으로 간주한다. 그렇기 때문에 종횡단 도시 이론 설명에서의 핵심은 동물을 가시적 주체로 인식하는 것이다. 종횡단 도시 이론은 도시 영역에서 인간과 동물 간의 관계에 대한 실용주의적, 상징적, 그리고 궁극적으로 인간 중심의 개념화를 뛰어넘으려고 시도한다.

대전시 주민과 백로 간의 갈등에 대해 연구한 최명애 외(2023)의 연구는 종횡단 도시 이론의 관점에서 도시 야생동물의 존재를 통해 익숙한 도시-자연, 인간-동물의 이분법을 교란하며 도시를 새롭게 사유할 것을 요구한다. 즉 도시 공간상에서 인간의 계획이나 의지만큼 동물의 상태와 행동도 영향을 끼치고 있으며, 이들 간의 다종적 상호작용은 도시 공원과 대학 캠퍼스를 인간 너머의 공간으로 새롭게 만들어내고 있다고 보고 있다. 이처럼 인간-비인간 종의 상호작용으로 도시를 바라보는 지리학자들은 일상생활에서 더 넓은 범위의 사회적 행위자와 그 영향을 인정하고, '동물은 경험적 주체이고 영향력있는 행위자'라는 동물에 대한 두 가지의 뚜렷하지만 상호 관련된 개념화를 통해 동물의 역할을 탐구하고 있다(Hovorka, 2016).

이와 관련하여 런던은 비교적 선도적인 도시계획을 시도한 사례로 주목된다. 런던의 그린 그리드(All London Green Grid) 전략은 도시 전역에 걸쳐 녹지축을 연결하고, 인간과 비인간이 함께 사용할 수 있는 경로를 조성하는 프로젝트다(김하늘·곽동화, 2019). 이는 단순한 조경 프로젝트를 넘어 도시 생태계의 연결성과 회복성을 고려하여 공원, 습지, 강변, 철도 옆 녹지 등을 하나의 생태 인프라로 통합했다. 이를 통해 도시 내 야생동물의 이동 경로를 확보하고, 동시에 인간도 이를 이용할 수 있는 다종 공존 공간을 만들어냈다.

런던의 그린 그리드 사례는 도시 공간을 인간의 독점적 생활권이 아닌, 다종 공존의 삶터로 재설계하려는 시도로 평가할 수 있다. 또한 이는 도시계획을 기술적, 물리적 차원을 넘어서 윤리적·생태적 실천의 영역으로 확장시키는 중요한 전환점이라 할 수 있다.

읽기 자료 7-3. '전시'의 공간에서 '돌봄과 공존'의 공간으로 변화하는 도시 동물원

전 지구적으로 도시화가 상당히 진행된 상황에서 도시 공간은 대부분 인간에 의해 작동하고 있기 때문에 동물이 서식하는 공간은 더욱 축소될 가능성이 높다. 이러한 상황에서 도시 동물원의 생태적 책임에 대한 비판이 제기되었으며, 동물 복지와 관련된 법과 정책 또한 변화하고 있다. 이러한 사회적·정책적 변화에 따라 청주 동물원은 동물 복지와 다양성 보전의 가치를 지향하며, 동물들이 단순한 전시물이 아니라 생태적이고 고유한 존재로 존중받을 수 있는 방식들을 도입하고 있다. 김영희(2025)는 청주동물원의 사례를 통해 동물원이 인간-비인간 존재가 지속적으로 상호작용하며 공존할 수 있는 장소로 자리매김하는 방식을 보여주고 있다.

■ 물리적 공간의 재구성

청주동물원은 전시 동물원의 역할에서 벗어나 돌봄의 운영 방식과 공간 재구성을 시도하고 있다. 청주동물원은 동물들의 생태 습성과 주체성을 발현시키는 방향으로 공간을 재구성하고 있다. 예를 들어 곰 방사장의 경우, 기존 방사장이 곰의 습성을 고려하지 않고 좁은 면적과 콘크리트 바닥과 같은 문제점을 가지고 있다는 점을 인지하고 재설계하였다. 새로운 곰 방사장은 최대한 곰의 자연 서식지와 유사한 환경을 갖출 수 있도록 나무, 흙, 바위와 같은 자연물로 구성되었으며, 곰의 행동풍부화를 위해 다양한 설치물을 설치하였다. 또한 늑대사의 경우, 기존에 초식 동물들을 전시하던 5개의 실을 통합해 넓고 경사진 공간으로 재구성했는데, 이는 경사진 곳의 바위나 수풀에 숨으면서 자신만의 공간을 찾아 시간을 보내는 늑대의 습성을 고려한 것이다.

■ 생태적 정의와 책임의 탐색

청주동물원은 비인간 동물에 대한 도덕적 책임이라 할 수 있는 동물 복지의 가치를 관람객에게 전하고 중요성을 인식시키는 공간으로 변화하고 있다. 사육사 노트를 게시함으로써 방문객들이 동물의 생태적인 특성과 본래의 생활 방식을 이해하고, 동물이 지내고 있는 환경을 재인식할 수 있도록 돕는다. 또한 방사장 리모델링에 관한 정보를 구체적으로 게시함으로써 열악한 환경에서 동물을 구조하고 동물 복지를 구현하기 위한 동물원의 노력을 드러내고, 동물 보전을 어떻게 실천할 수 있는지 구체적으로 알린다.

생각해 볼거리

도시는 무엇을(누구를) 위한 공간이어야 할까?

1) [관찰하기] 자신이 자주 가는 공원, 거리, 캠퍼스 등에서 사람 외의 존재(예: 길고양이, 비둘기, 도시 속 동물, 나무, 기후 등)가 어떤 방식으로 공간을 '이용'하고 있는지 관찰하고 기록해보자.
2) [분석/해석하기] 이 존재들은 단순한 '배경'인가, 아니면 도시 공간의 '행위자'라고 볼 수 있나? 그렇게 판단한 이유는 무엇인가?
3) [제안하기] 인간과 비인간이 공존할 수 있는 도시 공간을 만들기 위해 어떤 도시 설계나 정책이 필요할까? 구체적인 사례를 바탕으로 제안해보자.

읽을거리

김희주 역, 2024, 이주, 국가를 선택하는 사람들, 세종서적(de Haas, H., 2023, *How Migration Really Works: A Factful Guide to the Most Divisive Issue in Politics*, Penguin Books Ltd).

박선령 역, 2023, 어반 정글: 도시와 야생이 공존하는 균형과 변화의 역사, 매일경제신문사(Wilson, B., 2023, *Urban Jungle: The History and Future of Nature in the City*, Diversified Publishing).

우춘희, 2022, 깻잎 투쟁기, 교양인.

이경민·홍성욱·우희종·전철·김태연·강금실·김진호·이상철, 2021, 인간 너머의 인간: 포스트휴먼 시대의 신, 인간, 자연, 사월의책.

임영호 역, 2024, 의례를 통한 저항, 컬처룩(Hall, S., and Jefferson. T., eds, 2006, *Resistance Through Rituals: Youth Subcultures in Post-War Britain*, Routledge).

참고문헌

김수정·박경환 역, 2025, 문화지리학개론, 사회평론아카데미(Horton, J., and Kraftl, P., 2013, *Cultural geographies: An introduction*, Routledge.).

김영희, 2025, "인간-비인간 공존 장소로서의 도시동물원: 청주동물원을 사례로", 전남대학교 석사학위논문.

김태원, 2012, "다문화사회의 통합을 위한 패러다임으로서의 유럽 상호문화주의에 대한 이론적 탐색", 유럽사회문화, 1, 179-214.

김하늘·곽동화, 2019, "런던의 그린 그리드 정책의 동향 분석을 통한 국내 공원녹지기본계획의 발전 방향", 한국공간디자인학회 논문집, 14(7), 207-220.

김학훈·이상율·김감영·정희선 역, 2016, 도시지리학, 제3판, 시그마프레스(Kaplan, D., Wheeler, J., and Holoway, S., 2014, *Urban Geography*, 3rd edition, John Wiley & Sons).

박경환, 2014, "글로벌 시대 인문지리학에 있어서 행위자-네트워크 이론(ANT)의 적용 가능성", 한국도시지리학회지, 17(1), 57-78.

박경환 외 3인 역, 2012, 도시사회지리학의 이해, 시그마프레스(Knox, P., and Pinch, S., 2010, *Urban Social Geography: and introduction*, 6th edition, Pearson Education Ltd).

신용하, 2022, "민족과 Ethnicity의 사회학적 개념과 이론의 분화", 학술원논문집, 61(1), 347-460.

안혁근·한국정책학회·한국조직학회·한국행정학회, 2010, 국격제고를 위한 사회적 소수자정책 조정체계 연구, 한국행정연구원.

윤창호·임은진, 2022, "인간 너머 지리교육을 위한 방향 모색: 동물지리를 중심으로", 사회과교육, 61(2), 79-96.

이영민 외 5인 역, 2014, 개념으로 읽는 국제 이주와 다문화사회, 푸른길(Bartram, D., Monforte, P., and Poros, M., 2014, *Key concepts in migration*, SAGE).

이한노·이도협, 2020, "한국 힙합의 하위문화 연구-딕 햅디지의 하위문화론을 중심으로", 문화와융합, 42(1), 11-41.

장유정·이영민, 2019, "도시 내 이주자 밀집공간의 특성과 상호문화도시 정책의 필요성에 관한 연구: 수원시 팔달구를 사례로", 한국도시지리학회지, 22(3), 1-18.

정수열, 2008, "인종·민족별 거주지 분화 이론에 대한 고찰과 평가-미국 시카고 아시아인을 사례로-", 대한지리학회지, 43(4), 511-525.

최명애, 2018, "한국 인문지리학의 '동물 전환'을 위하여: 영미 동물지리학의 발전과 주요 쟁점", 공간과 사회, 28(1), 16-54.

최명애 외 3인, 2023, "도시의 비인간 이웃: 대전시 주민-백로 갈등을 중심으로", 한국도시지리학회지, 26(1), 17-36.

한국도시지리학회, 2019, 도시지리학개론, 법문사.

한국문화사회학회 역, 2025, 문화 이론: 사회학적 접근, 이학사(Smith, P., and Riley, A., 2009, *Cultural Theory: An Introduction*, 2nd edition, John Wiley & Sons).

한국문화역사지리학회, 2013, 현대 문화지리의 이해, 푸른길.

한국이민학회 역, 2013, 이주의 시대, 일조각(Castles, S., and Miller, M. J., 2003, *The Age of Migration*, Guilford Press).

황진태, 2018, "자연-인문지리학의 이분법을 넘어선 융복합 연구를 위한 시론(I)", 대한지리학회지, 53(3), 283-303.

Callon, M., 1984, Some elements of a sociology of translation: domestication of the scallops and the fishermen of St Brieuc Bay, *The Sociological Review*, 32, 196-233.

Choi, M. A., 2016, More-than-human Geographies of Nature: Toward a Careful Political Ecology, 대한지리학회지, 51(5), 613-632.

Cloke, P., & Perkins, H. C., 2005, Cetacean performance and tourism in Kaikoura, New Zealand, *Environment and planning D: Society and space*, 23(6), 903-924.

de Haas, H., 2010, *Migration transitions: a theoretical and empirical inquiry into the developmental drivers of international migration*, International Migration Institute.

de Haas, H., 2010. Migration and development: A theoretical perspective. *International Migration Review*, 44(1), 227-264.

Edwards, F., Popartan, L. A., and Pettersen, I. N. (Eds.), 2023, *Urban Natures: Living the More-than-Human City*, Berghahn Books.

Galonnier, J., 2015, The Enclave, the citadel and the ghetto: The threefold segregation of upper-class Muslims in India, *International Journal of Urban and Regional Research*, 39(1), 92-111.

Gordon, M. M., 1961, Assimilation in America: Theory and reality, *Daedalus*, 90(2), 263-285.

Hinchliffe, S., Kearnes, M. B., Degen, M., and Whatmore, S., 2005. Urban wild things: a cosmopolitical experiment, *Environment and planning D: Society and Space*, 23(5), 643-658.

Hovorka, A. J., 2016, Transspecies urban theory: Chickens in an African City, in Darling, J., and Wilson, H. F. (Eds.), 2016, *Encountering the city: Urban encounters from Accra to New York*, Routledge.

Hubbard, P., & Brooks, A., 2021, Animals and urban gentrification: Displacement and injustice in the trans-species city, *Progress in Human Geography*, 45(6), 1490-1511.

Intercultural Cities Secretariat, 2020, *ANSAN CITY INDEX ANALYSIS*, Council of Europe: France.

Intercultural Cities Secretariat, 2020, *GURO, SEOUL INDEX ANALYSIS*, Council of Europe: France.

International Organization for Migration, 2019, *Glossary on Migration*, International Organization for Migration (IOM): Geneva.

Kaplan, D. and Holloway, S., 2024, *Urban Geography*, John Wiley & Sons: Hoboken, New Jersey.

Law, J., 1992, Notes on the theory of the actor-network: Ordering, strategy, and heterogeneity, *Systems Practice*, 5, 379-393.

Lorimer, J., 2007, Nonhuman charisma, *Environment and Planning D: Society and Space*, 25(5), 911-932.

McAuliffe, M. and L.A. Oucho (eds.), 2024. *World Migration Report 2024*, International Organization for Migration (IOM): Geneva.

O'reilly, K., 2022, Migration theories: A critical overview, *Routledge Handbook of Immigration and Refugee Studies*, 3-12.

Pacione, M., 2009, *Urban Geography: A Global Perspective*, Routledge.

Philo, C. and Wilbert, C., 2004, *Animal Spaces, Beastly Places*, Routledge.

Souza Júnior, C. R. B. D., 2021, More-than-human cultural geographies towards co-dwelling on earth, *Mercator (Fortaleza)*, 20, e20005.

Swyngedouw, E., 1996, The city as a hybrid: On nature, society and cyborg urbanization, *Capitalism Nature Socialism*, 7(2), 65-80.

United Nations Department of Economic and Social Affairs, 2025, *International Migrant Stock 2024 Key facts and figures*, United Nations.

Van Patter, L. E., 2022, Individual animal geographies for the more-than-human city: Storying synanthropy and cynanthropy with urban coyotes, *Environment and Planning E: Nature and Space*, 5(4), 2216-2239.

Whatmore, S., 2002, *Hybrid Geographies: Natures Cultures Spaces*, SAGE.

Intercultural Cities Programme, https://www.coe.int/en/web/interculturalcitie

제 8 장

도시 건축과 이미지

| 한지은 |

1. 지리학이 건축을 이해하는 법
2. 현대 도시와 건축-모더니즘에서 포스트모더니즘으로
3. 도시 경관과 스펙터클
4. 도시마케팅과 도시브랜딩
5. 공공건축의 의미를 통해 보는 도시의 미래

제8장

도시 건축과 이미지

1. 지리학이 건축을 이해하는 법

지리학자들은 건물(buildings)과 건축(architecture)에 대해 탐구해 왔다. 국립국어원의 표준국어대사전에 따르면 '건축(建築)'은 "집이나 성, 다리 따위의 구조물을 그 목적에 따라 설계하여 흙이나 나무, 돌, 벽돌, 쇠 따위를 써서 세우거나 쌓아 만드는 일"로 정의된다. "사람이 들어 살거나, 일을 하거나, 물건을 넣어 두기 위하여 지은 집을 통틀어 이르는 말"로 정의되는 '건물(建物)'과 비교해 건축은 건물이라는 물질과 그것을 설계하고 짓는 일을 포괄하는 개념이다. 따라서 도시의 건축을 이해하기 위해서는 개별 건물만이 아니라, 흙이나 나무, 벽돌, 철근과 콘크리트에 이르는 다양한 물질적 재료를 이용하여 만들어진 공원, 도로, 다리와 같은 도시의 다양한 경관을 검토해야 한다. 나아가 넓은 의미에서 건조환경(built environment)으로서 도시는 그 자체로 건축을 의미한다고도 할 수 있다.

이러한 건축의 개념적 특성은 다음의 질문과 연결된다. 지리학자는 건축을 어떻게 이해하는가? 전통적 지리학자들은 주로 건물을 짓는데 사용되는 흙과 나무, 돌과 같은 재료들의 '물질성(materiality)'에서 출발했다. 촌락 지역에서 쉽게 구할 수 있는 재료로 지역의 환경에 적응하는 방식으로 지어진 민가(folk house)나 헛간, 담장 등과 같은 물질적 경관의 형태와 기원을 추적한 1930~1960년대 '버클리 학파(Berkeley School)'의 문화경관(cultural landscape) 연구는 건축을 주요한 연구 대상으로 삼은 첫 사례이다. 그러나 건축을 구성하는 재료는 촌락에서만 중요한 것은 아니다. 촌락에서 근대적 도시로의 변화는 인구 밀도와 산업구조, 생활양식을 달라지게 하지만, 그 자체로 우리가 살고, 일하는 공간의 물질성이 변화하는 과정이기도 하다. 단적으로, 오늘날 현대 도시를 채우고 있는 수많은 고층 건물과 공항이나 교각 같은 거대구조물은 철근과 콘크리트라고 하는 물질이 없다면 탄생할 수 없었을 것이다.

그러나 오늘날 한 도시의 랜드마크가 된 건축들은 '경제적 발전', '창의적이고 기술적인 성취', '안전과 환경에 대한 위험'과 같은 특정한 의미와 관련지어 이해되는 일종의 상징이다. 이처럼 건축이 특정 재료로 만들어진 중립적이고 객관적인 물질일 뿐 아니라, 사회의 권력관계가 반영되고 특별한 의도나 이데올로기를 재현(representation)한다고 볼 때 우리는 건축을 독해가능한 '텍스트(text)'로서 이해할 수 있게 된다. 1980년대 등장한 '신문화지리학(New Cultural Geography)'의 도시 경관 연구는 지리학이 건축의 '상징성(symbolism)'에 주목하는 계기가 되었다. 도시의 경관을 텍스트로서 독해한다는 것은 경관을 건축가나 도시계획가처럼 경관을 생산해 낸 사람의 의도와 다르게 다양한 해석이 가능한 대상으로 보는 것이다. 즉, 경관으로서 건축은 다양한 주체들의 일상적 실천을 통해 상징과 의미를 부여받으며, 동시에 이러한 의미는 다양한 독해 과정을 통해 재구성될 수 있다(Duncan, 1990).

한편 최근 지리학에서는 건축을 이해하는 새로운 관점이 주목받고 있다. 이는 경관으로서 건축물의 의미와 상징을 해석하는데 집중한 기존 신문화지리학의 재현적 관점을 넘어서, 신체가 건축과 관계 맺는 과정에서 발생하는 '정동(affect)'이나 '촉각적(tactile)'이고 '감각적(sensual)' 효과에 집중한다는 점에서 '비재현적(non-representational)' 관점을 취한다(Kraftl and Adey, 2008). 특히 2000년대 등장한 '비판건축지리학(Critical Architectural Geography)'은 건축을 일상적 실천과 경험으로 생성되는 과정으로 이해하며 건축을 '행위성(practising)'을 중심으로 탐구한다(Jacobs and Merriman, 2011).

이상의 건축을 이해하는 지리학의 세 가지 관점을 서울 잠실의 롯데월드타워를 사례로 적용해 보자. 2025년 현재 대한민국에서 최고층이며 세계에서 6번째로 높은 건물인 롯데월드타워는 지상 123층에 높이는 555m에 이른다. 초고층건축물을 짓는다는 것은 다양한 물리적이고 기술적 방식들을 요구한다. 4,200만 톤의 철근과 8만 톤의 고강도 콘크리트를 사용하여 기초를 건설하고, 진도 9의 강진과 초속 80m의 태풍을 이겨내도록 대나무의 마디처럼

40층마다 건물이 흔들리지 않도록 하는 아웃리거(outrigger)와 벨트트러스(belt truss)를 설치하였으며, 최고층은 그물망 형태로 만들어졌다. 건물의 외벽은 4만 개가 넘는 유리로 덮여 있는데, 이는 외벽에 커튼과 같은 벽을 만드는 커튼월(curtain wall) 방식으로 건물이 높아질수록 커지는 하중을 줄이기 위한 선택이었다고 한다(롯데월드타워몰 홈페이지). 그러나 다양한 기술적 고려에도 불구하고, 호수 변에 입지한 초고층건축이라는 물질성은 롯데월드타워에 대한 우리의 이미지에 영향을 준다. 건설 과정이나 완공 이후에도 교통 및 비행 안전성 문제, 싱크홀 등 지반 침하 등에 대한 우려가 수차례 언론에 보도된 것은 이러한 이유 때문이다.

롯데월드타워가 만들어 내는 스카이라인은 30층이 넘는 주변 건물들을 꼬마로 보이게 만들 만큼 압도적인 힘을 가진다. 두드러지는 시각적 이미지가 방송과 SNS를 통해 빠르게 확산하면서 롯데월드타워는 서울을 대표하는 랜드마크이자 아이코닉(iconic) 스타일을 가진 '트로피 건축(trophy building)'(Kaika, 2010)으로 자리매김했다. 그러나 이 거대한 건축물에 대해 사람들이 갖는 상징이나 이미지는 모두 같지 않다. 일례로 건설이 시작된 2010년부터 건물의 외관이 완성된 2016년도까지 인터넷 블로그에서 롯데월드타워에 대한 이미지를 텍스트마이닝 분석한 연구에 따르면 '새롭다', '낯설다', '특이하다'와 같은 긍정적 표현과 '무섭다', '위험하다' 같은 부정적 표현이 공존한다. 또한 거주지역이나 연령 등 집단의 차이에 따라 롯데월드타워라는 건축물을 바라보는 이미지가 서로 다를 뿐 아니라, 이러한 이미지는 고정된 것이 아니라 시간이 지남에 따라 끊임없이 변화하였음을 확인할 수 있다(우경숙·서주환, 2017).

한편 2023년을 기준으로 한 해 동안 롯데월드타워를 방문한 사람은 5,500만 명에 달한다. 롯데월드타워를 오가는 사람들로는 우선 그룹 본사나 오피스의 직원, 호텔과 레지던스의 입주민, 아니면 영화관과 면세점을 포함한 복합쇼핑몰, 초고층 전망대의 이용객을 떠올릴 것이다. 그러나 쉽게 눈에 띄진 않지만 축구장 111개 크기에 연면적 80만m²에 달하는 이 거대한 건물을 유지하기 위해서는 많은 사람들이 필요하다. 타워의 보안이나 시설 관리자뿐 아니라 건물 외벽의 청소 담당자는 4만 2천 장의 유리로 뒤덮인 이 초고층 건물에 꼭 필요한 사람들이다. 즉, 롯데월드타워라는 건축을 둘러싸고 벌어지는

【그림 8-1】 롯데월드타워

출처: 저자 촬영.

사람들의 행위는 매우 다양하며, 이러한 수행성은 건물의 물질성뿐 아니라 상징성과 교차하며 발생한다. 예를 들면, 123층을 오르는 수직마라톤 '스카이런'에 참여하거나, 118층의 유리 바닥 전망대에서 아래를 내려다보는 아찔한 경험은 초고층건물의 물질성으로 인해 가능한 것이다. 사람들의 수행은 밖에서 건물을 바라보며 특정한 이미지를 재현하는 방식으로도 진행된다. 타워 외벽을 배경으로 펼쳐지는 미디어 파사드(media facade) 이벤트, 타워 옆 석촌호수에 띄워진 '러버덕 프로젝트' 같은 공공 미술, 불꽃놀이나 벚꽃 시즌 때 '인생 사진'을 건지기 위한 최고의 포인트는 모두 롯데월드타워를 배경으로 할 때 완성될 수 있다.

읽기 자료 8-1. '명사'로서의 건축 / '동사'로서의 건축

영어 사전에서 'architecture'는 물리적 건물만이 아니라, "건물을 설계하고 만드는 기술이나 과학(the art or science of building)", "건축 방법이나 양식(a method or style of building)"을 의미한다(Merriam Webster). 이러한 관점에 따르면 건축은 예술적 재능과 기술적 역량, 상업적 예민함을 갖춘 특별한 사람(건축가, 계획가, 디자이너 등)이 만드는 것이며, 건축은 인간만이 할 수 있는 특정한 성취이자 결과물, 나아가 일종의 '작품(object)'으로 이해된다.

그러나 제이콥스와 메리만(J. M. Jacobs and P. Merriman)은 이러한 관점은 건축을 단순히 물질 그 자체이자, 물리적으로 고정된 것, 즉 '명사(名詞)'

로 파악하는 것이라고 주장한다. 반면에 건축을 필연적으로 우연적인 '과정(process)'이자, 인간과 비인간을 포함한 다양한 행위자에 의해 발생하는 효과로 이해하는 관점에서는 건축을 '동사(動詞)'로 이해하려고 한다. 이때 건축을 둘러싸고 이뤄지는 수행과 행위는 스타 건축가나 도시계획가뿐 아니라, 건물의 소유주와 임차인, 청소부와 택배기사에 의해서도 발생하며, 심지어 반려동물, 식물, 해충과 같은 비인간에 의한 것일 수 있다. 건축적 환경에서 '거주 또는 서식(inhabitant)'한다는 것은 그 안에서 살거나, 일하는 것일 수도 있지만, 동시에 잠시 들르거나, 일시적으로 머물거나, 심지어 불법적으로 점거하는 것일 수도 있다(Jacobs and Merriman, 2011).

이처럼 건축을 건축가나 디자이너에 의해 만들어진 수동적인 재료가 아니라 '생동하는 물질(Vibrant Matter)'(문성재 역, 2020)로 바라보는 관점은 '생기론(vitalism)'이나(장용순, 2013) '신유물론(new materialism)'과 같은 새로운 철학적 패러다임을 기반으로 한다. 신유물론은 객체(물질)는 주체에 종속되지 않으며, 인간의 주체성은 세계와의 관계를 통해서만 이해 가능하다는 '관계적 물질성(relational materiality)'을 주장하는데, 이는 최근 인문지리학에서 감정, 정동, 몸의 물질적 상호작용 등을 유용한 인식적 도구로 보는 비재현적 연구로 나타나고 있다. 비재현적 관점은 실천, 수행 등 행위들(doings)에 초점을 맞추며, '인간 대 비인간', '이성 대 감정', '몸 대 마음'과 같은 이원론을 벗어나 '일원론적 존재론(monistic ontology)'을 추구하며, 인간 너머(more-than-human)의 존재들의 행위성에도 주목한다.

2. 현대 도시와 건축 – 모더니즘에서 포스트모더니즘으로

오늘날 세계 인구의 대부분이 거주하는 현대 도시의 경관은 직각육면체의 고층 건물과 대규모 아파트 단지로 가득한 모습으로 그려진다. 그러나 도시가 이러한 외관을 갖게 된 것은 백여 년 정도로 20세기 초반 등장하여 이차 대전 이후 전성기를 맞은 모더니즘(modernism) 건축의 영향이 컸다.

도시에서의 모더니즘은 주로 양차 대전 사이에 활동한 건축가들과 도시 계획가들의 운동으로 등장했다. 프랑스 건축가 르 코르뷔지에(Le Corbusier), 독일 건축가 발터 그로피우스(W. Gropius)와 미스 반 데어 로에(L. Mies van der Rohe)는 간소하고 기능적인 바우하우스(Bauhaus)의 디자인 이념을 계승하여 국제주의 양식(International Style)을 창시했다. 국제주의 건축은 지역의 문화적 특색이나 불필요한 장식적 요소를 제거하는 대신, 기하학적 형태들, 특히 육면체의 건축물을 고안하고 최신 기술의 난방, 조명, 건축 재료들을 사용하는 것이 특징적이다(남영호·채윤하 역, 2013).

모더니즘 건축이 현대 도시에 남겨 놓은 가장 강력한 흔적 중 하나는 이전과 비교해서 압도적으로 크고 높고 넓은 거대구조물(megastructure)이다. 모더니즘 도시에서는 거대한 기념비적 건축이 도시를 대표하는 경우가 많은데, 건물의 폭은 넓지만 거리에서 바로 들어갈 수 있는 출입구는 몇 개뿐인 거대 건축물로 인해 도시의 보행자는 줄어들고 가로는 생명력을 잃기 쉽다. 더욱이 모더니즘 건축에 사용되는 유리와 콘크리트와 같은 견고한 건축 재료, 장식을 배제한 건축 양식은 유지 관리가 쉽다는 장점이 있지만 동시에 도시 경관의 질감과 다양성을 약화시킨다(김동국 역, 2016). 특히 에드워드 렐프(E. Relph)는 보행자들의 연속적 시각이 해체된 자동차 중심의 모더니즘 도시를 다음과 같이 묘사했다.

> 도시 안으로 차를 몰고 들어가는 경우를 생각해 보자. 고속도로의 급격한 커브에서 나타나는 마천루의 스카이라인은 기업의 위신을 드러내고 있다. 입체교차로를 지나서 협곡 같은 가로에 들어서면 운전자는

> 전혀 새로운 광경을 접하게 된다. 무수한 차량들과 보행자들이 북적거리고, 건물의 꼭대기는 전혀 보이지 않으며, 그나마 보이는 건물의 저층부도 연속적이지 않고 서로 끊어져 있다. (중략) 이러한 불연속성의 유일한 예외는 멀리 떨어져서 봤을 때 한눈에 들어오는 랜드마크 역할을 하는 마천루의 꼭대기 부분이다. 하지만 가까이 다가갔을 때는 목을 부자연스럽게 뒤로 젖히지 않고서는 제대로 바라보기가 아주 힘들다. (김동국 역, 1999, 293-294)

현대식 아파트의 창시자로 불리는 르 코르뷔지에의 '집은 살기 위한 기계'는 모더니즘 건축 철학을 대표하는 말로 유명하다. '아파트 공화국'이라 불리는 한국에서 이 말은 성냥갑 아파트로 뒤덮여 버린 현대 도시의 비인간적인 기능주의를 대변하는 것처럼 보이지만, 20세기 초 프랑스의 맥락에서는 과거 신을 위한 것이었던 건축을 인간을 위한 건축으로 변화시킨다는 혁명에 가까운 주장이었다. 대성당과 궁전으로 대표되는 과거의 건축이 '권위와 지배를 위한 기계'였다면, 오랜 전쟁으로 주택 수요가 급증한 프랑스에서 대량생산이 가능한 철근콘크리트로 빠르게 짓는 아파트는 '대중을 위한 건축'으로의 전환을 선언한 것이었다. 르 코르뷔지에는 1952년 마르세유에 자신의 '빛나는 도시(Ville Radieuse)' 구상을 실현한 최초의 현대식 아파트 유니테 다비타시옹(Unité d'Habitation)'을 설계했다. 이 건물은 경비실, 세탁소, 수영장, 유치원, 상점, 도서실, 약국, 호텔 등이 한 동에 포함되어 마치 작은 도시처럼 개인의 독립성과 가족 단위의 편의성을 충족시켰으며, 건축 부자재를 규격화하고 대량생산함으로써 건설 시간과 비용을 절감했다(이관석, 2018).

유니테 다비타시옹 사례에서 보듯이 모더니즘 건축가들은 개별 건물만이 아니라 도시 전체를 기술적 합리성을 갖춘 효율적 공간으로 만들고자 했고, 이는 도시계획의 원리로 이어졌다. 모더니즘 도시계획가들은 도시를 생산·주거·여가 등 단일 기능으로 분리된 지구(zone)의 형태로 구성하고, 각 지구 사이는 자동차 중심의 교통 회랑(corridor)으로 연결하고자 했다. 그러나 이러한 모더니즘적 도시계획은 도시의 기능적 다양성을 약화시키고 교외화를 확산하며, 결과적으로 비인간적이며 반생태적인 도시를 만들었다는 비판을 받게 된다.

대표적으로 제인 제이콥스(J. Jacobs)는 『미국 대도시의 죽음과 삶(*The Death and Life of Great American Cities*)』(1961)에서 모더니즘 도시계획의 기능주의가 도시의 생명력을 파괴하는 상황을 통렬히 비판했다. 반면, 언뜻 무질서해 보이는 오래된 도시에서는 다양한 보행이 발생하고, 바라보는 사람들의 눈에 의해 도시의 안전과 자유를 유지하는 보이지 않는 질서가 존재하며, 이러한 도시는 마치 즉흥적 발레(ballet) 공연이 펼쳐지듯 유기적으로 기능한다고 주장했다(유강은 역, 2010).

> 오래된 도시가 제대로 기능을 하는 곳이라면 어디나 외견상의 무질서 아래에는 거리의 안전과 도시의 자유를 유지하기 위한 불가사의한 질서가 존재한다. 그것은 복잡한 질서이다. 이 질서의 본질은 끊임없는 얽히고설킨 보도 이용과 그 결과물인 끊임없는 보는 눈의 연속이다. 이 질서는 이동과 변화로 이루어지며, 비록 그것은 예술이 아니라 생활이지만 우리는 그것에 도시의 예술 형식이라는 공상적인 이름을 붙이고 춤에 비유할 수 있다. 모두 동시에 발을 내뻗으면서 일제히 회전하고 한꺼번에 인사를 하는 단순한 라인 댄스가 아니라, 각각의 무용수와 무용단 전체가 불가사의하게 서로에게 기운을 불어넣으면서 질서정연한 전체를 이루는 서로 구별되는 역할을 갖는 복합적인 발레 말이다. 훌륭한 도시 보도의 발레는 결코 이곳저곳에서 되풀이되지 않으며, 어느 장소든 간에 항상 새로운 즉흥 공연으로 가득 차 있다. (유강은 역, 2010, 81)

한편 1972년 완공 후 20년도 지나지 않은 미국 세인트루이스의 프루이트 아이고(Pruitt-Igoe) 공공주택이 철거 폭파되는 상황이 텔레비전으로 생중계되었다. 모더니즘 도시계획의 이상을 실현한 것으로 여겨진 이 건물의 철거는 곧 모더니즘 도시의 종언과 포스트모더니즘 도래의 상징으로 이해되곤 한다(심승희, 2020). '후기모더니즘', '탈현대' 등으로 번역되는 포스트모더니즘(post-modernism)은 "모더니즘이 확립하여 놓은 도그마, 원리, 형식 따위에 대한 거부 및 반작용으로 일어난 예술 경향"을 총칭하는데, 포스트모더니즘을 모더니즘의 연속이라 볼 것인지 단절로 볼 것인지는 철학, 문학, 회화의 영역에서 다양한 스펙트럼을 지닌다. 데이비드 하비(D. Harvey)는 모더니즘과 포스트모더니즘 사이에는 차이보다 연속성이 확인됨을 주장했지만, 건축과 도시 분야에서 포스트모더니즘은 모더니즘과의 단절 혹은 대비를 통해 이해되어 왔다(Harvey, 1989).

우선, 모더니즘 건축가들이 건축과 도시 공간을 '기능'이라는 동일한 사회적 목표에 따라 만들고자 했던 것과는 달리, 포스트모던 건축가들은 '심미적(asesthetic)' 목적과 원리에 따라 도시 공간이 형성된다고 보았다. 따라서 어느 도시에서나 볼 수 있는 표준적이고 획일적인 근대 건축과 비교해 포스트모던 건축은 지붕을 다층형으로 구성하거나 건물 외관을 화려하게 장식하고, 심지어 기존 육면체의 형상을 해체하기도 한다. 일례로 포스트모던 건축의 전형으로 불리는 마이클 그레이브스(M. Graves)가 설계한 포틀랜드공공빌딩(Portland Public Service Building)은 1982년 완공되었을 때 화려한 색채와 화환 모양의 장식을 한 외관으로 인해 "리본을 단 크리스마스 선물 상자"라는 평가를 받기도 했다(Jencks, 1977). 렐프 또한 모더니즘 도시 경관과 대비되는 포스트모더니즘 도시 경관의 가장 중요한 특징을 '진기함(quaintness)'이라고 평하기도 했다(김동국 역, 1999).

포스트모던 도시 경관의 또 다른 특징은 '디즈니화(disneyfication)' 혹은 '주제적 환경(themed environment)'의 확산이다. 경제와 문화가 분리된 영역으로 여겨지던 모더니즘 사회와 달리 포스트모더니즘 사회는 문화와 소비를 결합하는데, 디즈니랜드는 건축을 대중의 여가를 소비하는 공간으로 재창조한 대표적 사례이다(Zukin, 1991). 오늘날 테마파크, 축제장과 같은 대형 쇼핑몰, 역사를 주제로 재개발된 항구와 창고 등의 건축물뿐 아니라, 라스베이거스나 로스앤젤레스, 마이애미 등 도시의 경관은 꿈같은 경관, 매혹적인 파사드(facade)에 대한 시각적 소비를 토대로 생산된다는 점에서 그 자체로 포스트모던하다.

도시적 관점에서 포스트모더니즘은 모더니즘에서 강조한 사회적 기능들의 공간적 분리, 교외에서 보행로의 소멸, 중심지의 격자형 도로를 비판하는 뉴어바니즘(New Urbanism)으로 나타났다. 뉴어바니즘은 무엇보다 보행자나 대중교통에 친화적인 근린을 건설하고자 하는데, 이러한 공간 구성이 주민들

【그림 8-2】 프루이트 아이고(1956년)

출처: 가디언.

【그림 8-3】 라스베이거스

출처: 저자 촬영.

의 접촉을 강화해 사람들을 사교적으로 만들고 궁극적으로 지역 사회를 강화하게 될 것이라고 믿었기 때문이다(남영호·채윤하 역, 2013). 일례로 보행자 중심의 포스트모던 도시계획에서는 간판이나 장식과 같은 세부적인 사항들에 대한 고려가 많은 것이 특징이다(김동국 역, 1999). 그러나 이러한 뉴어바니즘 도시계획 또한 '좋은 설계가 좋은 행태'를 낳을 것이라는 시각, 즉 사람들의 행태나 사회적 관계에 미치는 물리적 환경의 영향을 과도하게 중시한다는 한계가 지적된다. 보행자나 공동체 친화적인 물리적 환경이 만들어진다고 해서 공동체적 삶의 실현이 담보되는 것은 아니기 때문이다(심승희, 2020).

3. 도시 경관과 스펙터클

(1) 도시의 이미지와 랜드마크

케빈 린치(K. Lynch)의 『도시의 이미지(*The Image of the City*)』(1960)에서는 미국의 보스턴, 저지시티(Jersey City), 로스앤젤레스를 대상으로 사람들이 자신이 거주하는 도시를 그린 심상 지도(mental map)에서 공통적으로 나타나는

【그림 8-4】 린치의 도시 이미지의 요소

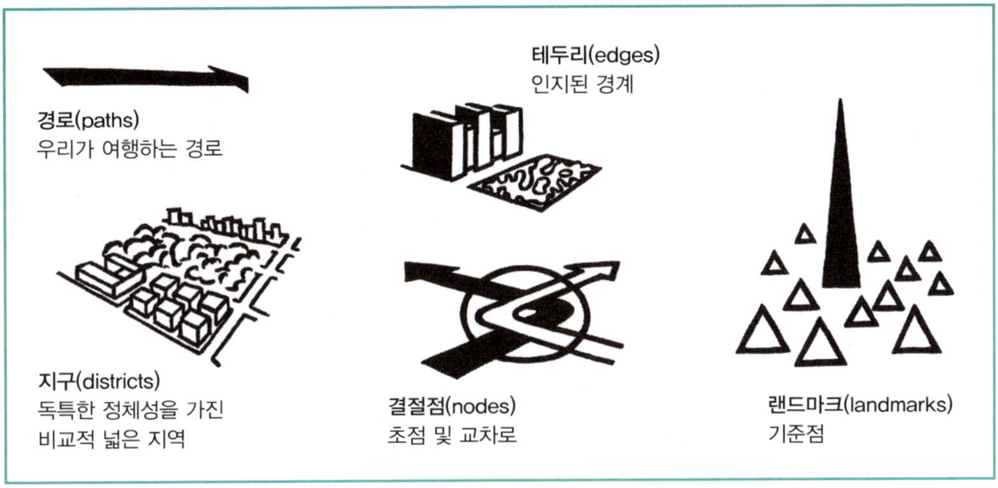

출처: Cowan(2021, 12).

도시 이미지의 형태를 다음의 다섯 가지의 요소로 정리했다.

먼저, 사람들이 이동하는 도로나 철도, 운하 등의 경로(paths). 경로는 보통 도시의 혈관처럼 여겨지며 도시를 주행(navigation)하거나 공간을 인지하는 데 중요한 역할을 한다. 둘째, 서로 다른 지역의 경계가 되는 테두리(edges). 테두리에는 관통이 어려운 강이나 담장, 고속도로와 같은 물리적 장벽뿐 아니라, 공간의 변화로 인해 만들어진 인지적 장벽이 포함된다. 셋째, 특정한 속성이나 기능, 정체성을 공유하는 도시 내 부분인 지구(districts). 도시의 근린이나 도심, 교외 지역은 지구로 인식되며 지구는 고유한 건축, 문화와 같은 특징을 공유한다고 여겨진다. 넷째, 특정 활동이나 기능이 집중되거나 교차하는 결절점(nodes). 결절점에는 교통 중심지나 사회적 활동이 활발한 광장, 기차역, 시장 등이 포함된다. 끝으로, 쉽게 식별 가능한 이정표인 랜드마크(landmarks)가 있다.

도시의 이미지에서 랜드마크는 결정적 요소가 된다. 랜드마크의 가장 중요한 물리적 특징이 눈에 잘 띄어 기억하기 쉬운 것이기 때문이다. 따라서 도시에서 랜드마크를 만드는 물리적 시도는 무엇보다 가시적인 요소에 집중되는데, 배경과의 대비를 만들기 위해 주변보다 높은 건물을 짓거나, 건물의 위로 갈수록 좁아지게 만드는 건축후퇴(setback) 등은 대표적 사례이다. 린치는 랜드마크의 형태적 특징에 대해 배경이 되는 주변과 뚜렷이 대비되고, 분명한 형태를 가지며, 탁월한 공간적 입지를 갖는 경우를 들었다. 한편 랜드마크는 물리적으로 다양한 스케일을 가지며 기능과 상징적 의미도 다양한 특징이 있다. 즉, 랜드마크는 물질성과 상징성을 동시에 갖는다. 예를 들면 피렌체 두오모(Firenze Duomo)처럼 압도적인 규모와 두드러진 외관으로 도시의 어느 곳에서든 밤낮을 가리지 않고 눈에 띄는 랜드마크는 기능적으로 도시 내에서 방향을 찾거나 거리를 가늠하는 역할을 하지만, 동시에 두오모라는 건축은 피렌체라는 도시의 역사적 전통이나 종교적 중심과 같은 상징적 의미를 갖는다(Lynch, 1960).

[그림 8-5]는 2023년 서울시민이 인식한 서울의 랜드마크를 조사한 것으로, 한강, 광화문광장, 고궁, N서울타워, 청계천, 남대문, 시청앞광장, 동대문(DDP) 등의 순으로 나타났다. 이를 2010년의 조사 결과와 비교해보면 문화유산이나 초대형건물, 광장과 같은 인문경관을 제치고 한강이 가장 높은 순위를 차지하고 있다. 이는 도시를 흐르는 강이나 산과 호수 등의 자연경관은 도시에 대한 우리의 인식과 이미지에 영향을 준다는 점에서 중요한 랜드마크로 기능함을 보여준다. 또한 조선왕조의 수도로서 서울에 남아있는 역사 건축들과

【그림 8-5】 서울의 랜드마크에 대한 인식

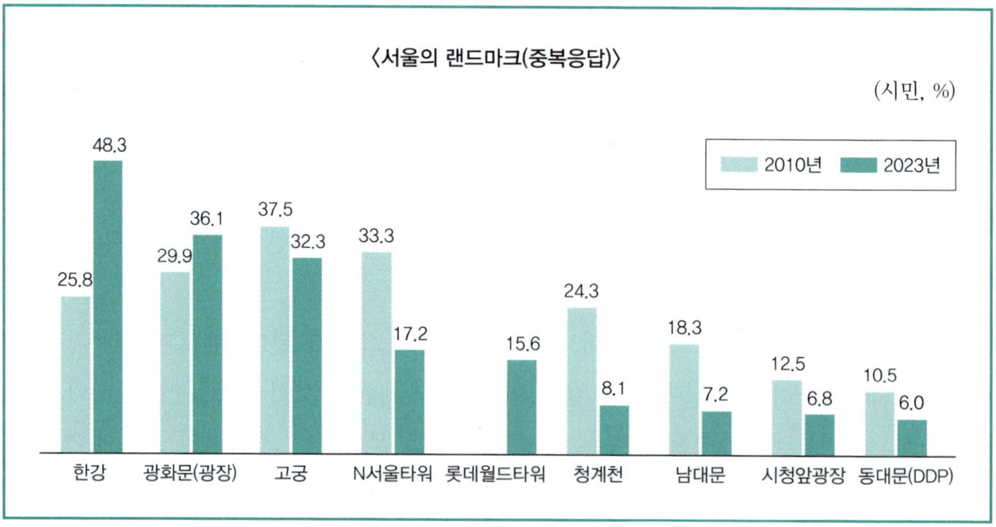

출처: 서울시 서울서베이(2023).

도시의 경제적 발전과 함께 등장한 새로운 거대건축들, 그리고 도시의 특별한 기억의 장소가 된 광장들은 물리적 측면에서뿐 아니라 서울이라는 대도시의 역사적 변천, 시민들이 공유하는 집단 기억이 반영된 의미와 상징적 측면의 랜드마크이다.

린치는 랜드마크를 포함한 도시 이미지의 요소들은 도시의 경관을 읽어내는 능력인 가독성(legibility)에 차이를 만들고, 나아가 관찰자에게 뚜렷한 이미지를 유발하는 정도인 심상성(imagebility)에 영향을 미친다고 보았다. 중요한 점은 이렇게 만들어지는 도시의 이미지는 개인이 아니라 개인의 이미지가 중첩된 집단의 이미지이자, 도시민의 대다수가 공통적으로 갖는 공공이미지(public image)라는 사실이다. 특히 도시의 이미지는 물리적 요소뿐 아니라, 도시의 역사나 기능, 또는 도시의 이름과 같은 상징적 요소에도 영향을 받는다는 점을 고려해야 한다(Lynch, 1960).

(2) 도시의 스펙터클

막스 베버(M. Weber)가 근대의 특성으로 묘사했던 경제와 문화의 분화는 오늘날 극적으로 변화했다. 재개발된 쇼핑몰, 하버플레이스, 과학센터, 수족관, 컨벤션센터, 호텔, 해상 위락 시설 등 포스트모던 도시의 경관은 소비와 문화를 결합한 공간적 형태로 특징지워진다(Harvey, 1991). 모더니티와 대비되는 포스트모더니티의 특성 중 하나는 다양성과 차별성을 기반으로 하는 소비자 지향성이다. 지구적으로 소비문화가 동질화되는 상황은 오히려 소비자들에게 차별성과 정체성에 대한 욕구를 조장하며, 이는 주로 심미적 상품을 통한 '구별짓기'로 나타나기 때문이다(Knox, 1993).

차별적이고 심미적인 상품에는 물건뿐 아니라, 소비를 통해 얻을 수 있다고 여겨지는 라이프스타일, 나아가 이러한 이미지를 판매하는 공간도 포함된다. 따라서 오늘날 대형 쇼핑몰과 백화점 등 도시의 소비 공간은 무엇을 파는지가 아니라, 볼거리로서의 스펙터클(spectacle)을 강조하며, 노동의 반대 영역으로서 축제의 즐거움을 내세운다.

래리 포드(L. Ford)는 이러한 도시의 공간을 '페스티벌 센터(festival center)'

【그림 8-6】 실내식물원이 있는 백화점(중국 충칭)

출처: 저자 촬영.

라 칭하며 그 특징을 다음과 같이 설명한다. 첫째, 페스티벌 센터는 도심에 입지하며, 매우 시각적이고 상징적 환경을 가진다. 대표적으로 도심의 밀집된 마천루가 만드는 현대적 스카이라인은 페스티벌 센터와 도시의 과거·현재·미래 이미지를 연결한다. 둘째, 페스티벌 센터는 컨벤션센터, 호텔, 오피스타워, 도시재생지역 같은 다른 도시 내 중심지들과 상징적으로 연결된다. 셋째, 페스티벌 센터는 도시 생활의 충만한 다양성을 강조한다. 예를 들면 쇼핑과 식음료를 위한 공간, 극장이나 공연장뿐 아니라 산책하고, 휴식하고, 구경할 수 있는 거리 공연 같은 비공식적 오락 장소를 가지고 있어야 한다. 넷째, 페스티벌 센터는 외부 세계에 개방적인 동시에 연결되어 있어야 한다. 다섯째, 페스티벌 센터는 특정한 시간과 장소에 있다는 느낌을 제공함으로써 도시의 역사와 과거 건축과의 심리적 연결성을 제공한다(Ford, 1994).

페스티벌 센터나 대형 쇼핑몰 등 도시의 현대적 쇼핑공간은 19세기 프랑스의 쇼핑 아케이드(shopping arcade)에서 기원한 것으로 여겨진다(Goss, 1999). 오늘날에는 보통 아치형의 출입구를 가진 건물의 지하층을 일컫는 말처럼 변했지만, 원래 프랑스어로 '파사주(passage)', 영어로 '아케이드'라 불리는 공간은 콜로세움처럼 열주(列柱)에 의해 지탱되는 아치(arch)와 개방된 통로공간을 말한다. 19세기 아케이드는 주철(cast-iron) 건축 기술의 발전으로 건물을 높게 올리고 유리를 통해 동시에 많은 양의 상품을 전시할 수 있게 된 덕분에 탄생했다. 날씨에 상관없이 한 번에 여러 상점을 돌아볼 수 있는 쇼핑 아케이드의 건설은 영업시간이 끝난 후에도 전시 상품을 볼 수 있게 만든 유리창과 가스등과 같은 건축 기술의 혁신으로 더욱 유행하게 된다.

중요한 점은 아케이드라는 도시 경관의 물리적 변화가 소비나 산책 등 사람들의 행위 방식, 나아가 자본주의에 대한 심리적 태도를 바꾸었다는 사실이다. 19세기 파리 시민들은 유리 아치로 연결된 아케이드를 산책하듯 걸으며 전시된 상품의 시각적 환등상(phantasmagoria)에 끌려 들어갔는데, 샤를 보들레르(C. Baudelaire)는 도시의 스펙터클을 관조하는 이들을 '산보객(flaneur)'이라고 칭했고, 발터 벤야민(W. Benjamin)은 이것이야말로 오늘날 자본주의 도시 생활의 원형이라고 통찰한 바 있다.

> 파사주(아케이드)는 사치품 판매의 중심지였다. 이러한 파사주를 꾸미기 위해 예술은 상인들에게 봉사하게 되었다. 동시대인들은 지치지 않고 파사주에 대한 찬사를 퍼부어 댔다. 이후 아주 오랫동안 그것들은 여행객을 매혹시키게 된다. 그림으로 보는 파리 안내서는 이렇게 말하고 있다. 산업의 사치를 위해 최근에 발명된 이 파사주들의 지붕들은 유리로 씌워지고, 대리석 벽으로 된 통로들이 건물의 모든 구역까지 이어져 있는데, 이 파사주의 소유주들이 이처럼 엄청난 대모험을 위해 힘을 합쳐 이 시설을 만든 것이다. 천장에서 빛을 받는 파사주의 양측에는 극히 호화스러운 가게들이 들어서 있기 때문에, 이 파사주는 하나의 도시, 축소된 세계가 된다. 최초로 가스로 조명을 하려고 했던 것도 이 파사주 안에서였다(노명우, 2010, 36-37, 재인용).

아케이드와 산보객이 탄생한 물질적 조건이 된 것은 바로 건축과 도시 공간과 그것이 만들어내는 스펙터클이며 이는 자본주의가 심화할수록 더 큰 힘을 발휘한다. 그러나 이와 동시에 자본주의 도시의 스펙터클의 위력에 대항하는 저항과 전복의 전술도 제시되는데, 대표적으로 상황주의인터네셔널(Situationist International)과 기 드보르(G. Debord)의 '표류(dérive)', 그리고 드 세르토(M. de Certeau)의 '걷기'를 들 수 있다.

먼저, 지리적 환경이 개인의 감정과 행동에 미치는 영향과 방식에 주목하며 심리지리학(psychogeography)을 주장한 드보르는 특정한 목적의식 없이 도

【그림 8-7】 기 드보르의 심리지리학적 가이드(1957)

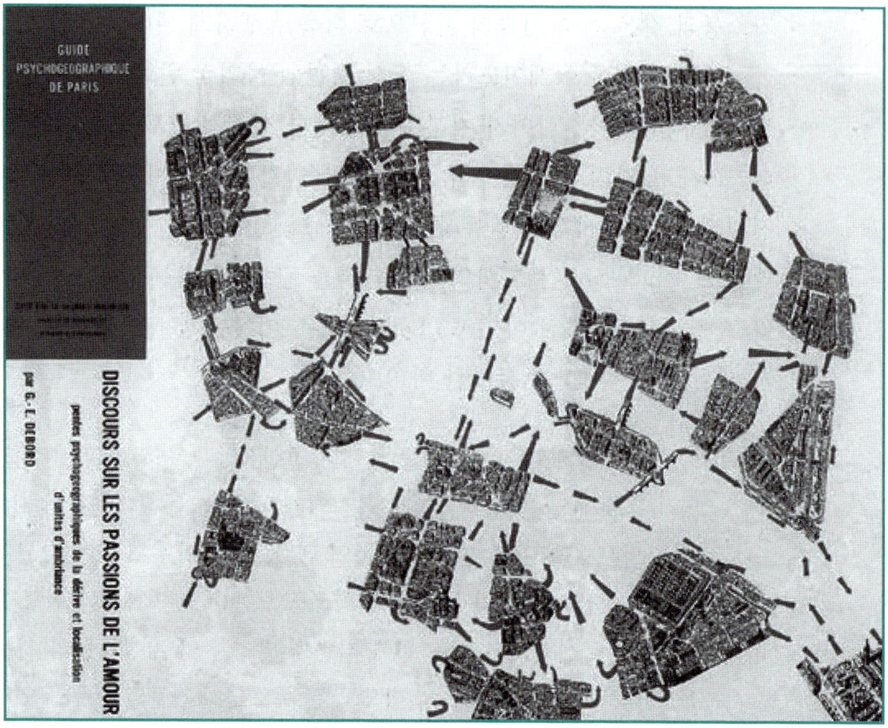

시를 돌아다니는 행위인 표류를 자본주의의 물신주의를 극복하기 위한 전술로 제시했다. 도시계획자들에 의해 이데올로기적으로 재단된 도시는 중심과 주변 사이를 멀어지게 만들고 도시 자체의 극심한 파편화를 촉진했다. 드보르가 파리의 표준지도를 의도적으로 잘라 콜라쥬(collage)로 재배열한 <벌거벗은 도시(The Naked City)>(1957)는 이렇게 만들어진 도시에 반하는 의미로서 불복종을, 확실성보다는 우연을 표현하는 심리지리학적 지도였다(남청수 외 역, 2005; 김민성, 2022).

한편, 드 세르토는 『일상의 발명(*L'invention du quotidien*)』(1984)에서 걷기는 도시 경험의 기초적인 형태이며, 걷는 사람(Wandersmänner, 영어의 wanderer)은 도시의 일상적 실천가들이라고 보았다. 도시계획이나 지도가 만든 공간적 질서는 가능성이나 금지사항을 고정하지만, 걷는 사람은 지름길, 표류, 즉흥적 걷기를 통해 공간적 가능성을 만든다. 따라서 일상적 실천으로서 거리에서 걷는 사람의 시선은 세계무역센터의 꼭대기에서 내려다보는 시선과 대비된다. 도시를 위에서 내려다보는 것은 도시를 텍스트로, 보는 사람을 구경꾼으로 만드는 반면, 아래로부터 도시를 걷는 신체는 글쓰기와 같이 새로운 텍스트를 만드는 것이다(신지은 역, 2023).

> 세계무역센터의 꼭대기에 올라가 있는 것은, 도시의 지배력에서 풀려나는 것이다. 익명의 법칙에 따라 거리들은 신체를 계속해서 포위하지만, 신체는 더 이상 이 거리들에 얽매이지 않는다. (중략) 이카로스의 비상은 그를 구경꾼으로 만든다. 비상함으로써 그는 거리를 둘 수 있게 된다. 비상은, 우리를 매혹하는 세계, 우리가 '사로잡혀' 있던 이 세계를 우리의 눈 밑에 있는 텍스트로 만든다. (중략) 반면 '아래로부터', 즉 가시성이 멈추는 문턱에서부터, 도시의 일상적 실천가들이 삶을 영위한다. 도시의 일상적 실천가들은 걷는 사람들로, 걷기는 도시 경험의 기초적 형태가 된다. 걷는 사람들의 신체는, 그들이 읽을 수는 없지만 그들이 쓴 도시 '텍스트'의 충만하고 섬세한 부분에 복종한다. 이 실천가들은 보이지 않는 공간을 이용한다. (신지은 역, 2023, 191-193).

4. 도시마케팅과 도시브랜딩

(1) 도시의 이미지를 판매하는 법

오늘날 상당수 도시 정책들에서 '장소판촉(place promotion)', '장소마케팅(place marketing)', '도시마케팅(city marketing)', '도시브랜딩(city branding)'과 같은 단어를 쉽게 발견할 수 있다. 이들 용어는 그 범주와 내용에 있어 차이가 있지만, 장소나 도시의 이미지를 제고하고 이를 통해 지역의 발전을 추진하는 방법을 의미한다는 점에서는 유사하다. 또한 두 가지 측면에서 공통점이 발견되는데, 우선, '판촉', '마케팅', '브랜딩' 등의 단어에서 확인할 수 있듯이 기본적으로 마케팅 전략이나 브랜딩 기술과 같은 기업의 경영 전략을 도시나 지역에 적용한 것이다. 더 본질적으로 이 개념들은 도시의 이미지나 장소성을 일종의 상품으로 이해하며, 이것들이 특정한 의도나 전략에 의해 기획되거나 심지어 창조될 수 있다는 관점을 공유한다.

세계화의 확산으로 지역 간 경쟁이 세계적 범위에서의 도시 간 경쟁으로 심화되면서 과거 유행하던 도시판촉, 장소판매, 장소마케팅 등의 용어는 최근 도시브랜딩이라는 개념으로 집약되고 있다. 일반적으로 도시브랜딩이란 도시를 하나의 상품으로 보고 지역특성화, 관광산업의 활성화, 기업 및 인재유치 등의 목표를 추진하는 전략을 말하는데, 도시의 브랜딩 전략에는 지역의 역사, 문화, 자연자원, 미래비전 등의 차별적 이미지를 브랜드화 하는 방법이 포함된다(반정화, 2015).

따라서 오늘날 도시를 판매한다는 말은 차별적이고 매력적인 이미지를 구축하여 대내외적으로 알리는 과정과 동의어가 되었다. 물론 매력적인 도시의 이미지는 마천루의 숲이 만드는 스카이라인이나, 전례가 없는 방식의 플래그십개발(flagship development)처럼 도시가 가진 물리적 요소를 통해 만들어지기도 하지만, 해당 도시의 특징들을 취사선택하거나, 심지어 도시와 아무 상관이 없는 이미지를 가져와 의도적으로 만들어 낸 것일 수도 있다. 오늘날 세계에서 가장 성공적인 도시 브랜딩으로 여겨지는 뉴욕시의 "I♡NY"은 그 대표적 사례이다.

도시의 성장이 특정 엘리트 집단에 의해 주도된다는 성장 기계(growth machine) 이론에서는 도시의 이미지를 보다 긍정적인 것으로 재현하려는 지배적인 힘이 존재한다고 주장한다. 지역의 엘리트들이 도시의 집단적 의식과 감정을 재구성하고 도시의 이미지를 바꾸는 방법에는 해당 도시의 언론과 지역 연고 스포츠팀을 이용하거나, 올림픽이나 박람회 등 메가이벤트(mega event)의 유치, 도시 슬로건(slogan)이나 캐릭터를 이용한 홍보 등이 널리 사용된다.

물론 성장을 목표로 한 메가이벤트가 오히려 도시의 재정을 약화시키거나 심지어 지역 주민을 몰아내는 젠트리피케이션의 원인이 되기도 하고, 도시마다 유사한 슬로건과 캐릭터가 남발되는 등의 문제가 발생하기도 하지만, 지방자치의 실시 이후 국내 지자체들 또한 슬로건, 관광 캐릭터, 메가이벤트나 지역 축제 등을 활용하여 매력적인 도시 이미지를 알리는 데 적극적인 상황이다. 일례로 진양호와 남강에 서식하는 천연기념물 수달을 형상화한 진주시 관광캐릭터 하모는 2023년에 우리동네캐릭터 대상을 수상하며 인기가 높다. 진주시에는 진주목걸이를 한 하모 캐릭터를 활용한 조형물이 곳곳에 설치되었고, 인형이나 과자, 이모티콘 등 다양한 캐릭터 상품 판매가 활발하다.

이처럼 오늘날 도시 이미지를 긍정적으로 바꾸는 장소마케팅이나 도시브랜딩이 중요해진 배경은 지역 간 경쟁의 심화로 도시 및 지방 정부가 기업가주의적(entreprenuriship)으로 변모하였기 때문이다. 기업가주의적 도시는 경쟁에서 살아남기 위해 '공공-민간 파트너십(public-private partnership)'을 구축하여 장소에 대한 '투기적' 투자를 강화하는데, 소비·오락·사무 공간이 결합된 도시 개발은 문화적 혁신을 드러냄으로써 지역 이미지를 제고하고 수익을 창출하는 핵심적 방법이 된다(Harvey, 1989).

물론 도시브랜딩의 목적은 기업 및 인재 유치, 관광 활성화와 같은 경제적인 측면에만 국한되지 않는다. 도시의 물리적 시설을 개선하는 것, 창의적인 랜드마크를 건설하고 문화적이고 친환경적 공간을 확충하는 것, 축제와 다양한 이벤트로 사람들을 모으는 것은 모두 도시의 상주인구를 늘리고 도시 정체성을 강화하는 데 기여한다는 점에서 사회적이고 문화적 목적 또한 포함한다.

【표 8-1】 지방자치단체의 영문 슬로건

지방자치단체	슬로건
서울특별시	SEOUL, MY SOUL
경기도	GO GREAT GYEONGGI
부산광역시	Busan is good
인천광역시	All ways INCHEON
대구광역시	Powerful Daegu
대전광역시	Daejeon is U
광주광역시	Your Partner Gwangju
울산광역시	THE RISING CITY ULSAN

출처: 각 지방자치단체 홈페이지(2025).

【그림 8-8】 진주시의 관광캐릭터 '하모'

출처: 진주시청.

(2) 도시의 역사를 판매하는 법

도시의 이미지를 매력적으로 바꾸는 방법에는 예술이나 패션 등을 통한 '심미화(aestheticisation)'가 포함되는데, 심미적 시선은 추함을 경배의 자원으로 전환하고, 평범하거나 오래되어 무시된 대상들을 욕망의 아이콘으로 바꾸기 때문이다(Ley, 1996; 2003). 특히 도시 공간의 심미화는 도시가 기능적이고 경제적인 공간만이 아니라, 미학적인 공간으로 변모하는 포스트모던 도시의 특성을 보여주는 것으로 그 배경 중에는 이른바 '헤리티지 산업(heritage industry)'의 성장이 있다.

'과거 세대로부터 물려받는 것'을 의미하는 헤리티지(heritage)는 보통 역사학이나 고고학, 예술 등의 영역이라 생각하기 쉽지만 헤리티지는 본질적으로 지리적이다. 첫째, 헤리티지는 입지, 분포, 스케일을 갖는 공간적 현상이다. 둘째, 헤리티지는 특정한 의미를 재현함으로써 정체성의 문제와 관련된다. 셋째, 오늘날 헤리티지는 문화적인 동시에 경제적 상품으로 판매되고, 이는 다양한 이해관계자들 사이에 잠재적 갈등의 원인이 된다(Graham and Tunbridge, 2000). 따라서 국가나 도시의 정체성을 상징하는 헤리티지의 속성은 시장 지향적인 상품 및 경험의 대상으로서 헤리지티의 속성과 종종 '불협화음(dissonant)'을 만든다(Tunbridge and Ashworth, 1996).

이러한 헤리티지의 특성은 유네스코 세계문화유산 지정이나 기념물의 보전 과정뿐만 아니라 도시에 남아있는 역사적 경관을 활용하여 과거의 분위기를 만들어 내는 도시 재생에서도 확인된다. 1970년대 말부터 미국의 볼티모어 이너하버(Inner Harbor)나 보스턴의 퀸시마켓(Quincy Market) 등에서는 쇠락한 산업지역을 재생한 대규모 플래그십 프로젝트와 수변 재개발(waterfront redevelopment) 사업이 큰 성공을 거두었다. 이들 사례에서 주목할 점은 이는 단순히 과거의 건축물을 물리적으로 재이용하는 것뿐만 아니라, 의미의 측면에서도 재이용하는 것이라는 사실이다. 일례로, 과거 대영제국의 중요한 항구였던 런던 도크랜드(Docklands) 지역의 부두, 창고 등의 산업 경관이 오늘날 포스트모던한 오피스 경관으로 변화되는 과정은 이곳을 과거 도시 노동자 계급의 장소에서 신중산계급(new middle class)의 장소로 바꾸는 과정이었으며,

이는 생산에서 놀이와 소비로 장소의 의미가 변화한 것이었다(Short, 1996).

> 보스턴과 볼티모어의 라우스화(Rousification)는 무대로서의 도시(city-as-stage)를 계획적으로 창조하는 작업을 뜻하며, 이 과정은 20여 개의 오래된 미국 공업도시에서 오늘날에도 되풀이되고 있다. 극장처럼 이는 실제 생활을 흉내내지만, 이는 실제 있었던 도시생활은 아니다. 그 모델은 캘리포니아 디즈니랜드에서 입장객을 맞이하는, 당신을 보호하기 위해 위생처리되고(말뜻대로라면) 건전하며 위험하지 않고, 실제 크기의 8분의 7로 만들어진 메인스트리트아메리카(Main Street America) 전시공간이다. 그 주위에 미국주택·도시개발국이 대량의 기금을 투입하여 매력적으로 재건한 여피화된 거리들이 그와 정확히 같은 품질로서 놓여 있다. 이 거리는 상상 속의 미국 도시를 찍는 디즈니 영화촬영장처럼 보이고자 했으나 어색하게 실현되었을 뿐이다. (임창호 역, 2000, 410)

특히 뉴욕의 소호(South of Houston)가 경공업 지역에서 문화 지역으로 변화되는 과정을 추적한 샤론 주킨(S. Zukin)은 낮은 가격의 제조업 토지시장을 좀 더 시장적인 것으로 개방하기 위해 자본이 문화를 통합하는 기제를 '로프트 리빙(Loft Living)'으로 개념화했다. 노출된 벽돌벽이나 철조로 된 외관을 가진 다층의 산업 건축이나 창고를 칭하는 로프트는 상대적으로 저렴한 임대료뿐 아니라 높은 층고와 큰 창을 가지고 있어 가난한 예술가들의 거주형 스튜디오로 활용되었다. 1970년대 소호 지역에 자리한 예술가들의 로프트가 대중적 관심을 얻게 되면서 부유한 중산층의 주거지로 변모하게 되는데, 이는 로프트가 과거 생산의 장소라는 이미지를 지워버리고 문화 소비의 품목으로 변화했음을 의미한다. 즉, 오래된 공장 건물에 거주하는 것이 예술적 라이프스타일이나 과거를 중시하는 고상함을 상징하게 되는 '심미적 결합(aesthetic conjuncture)'이 발생한 것이다. 노동자가 사라지고 낡고 쓸모없어진 공장의 무용성은 심미적 결합을 통해 오히려 새로운 매혹으로 탈바꿈한다(Zukin, 1989).

이처럼 쓸모없거나 심지어 혐오의 대상으로 여겨지던 건축을 역사적이고 미학적인 대상으로 바꾸는 데에는 건물의 정면이나 외벽, 즉 파사드는 남겨두고 내부를 개조하거나 신축 건물을 덧붙이는 파사디즘(façadism, 또는 façadomy)과 오래되거나 사용되지 않는 건물을 개조하여 사용하는 적응적 재이용(adaptive reuse) 등의 건축적 방식이 활용된다. 주로 기둥이나 지붕, 바닥이나 외벽과 창문, 출입문 등 외관의 일부를 보존하는 반면 내부를 완전히 바꾸는 방법으로 리노베이션 한 후에는 보통 문화 공간이나 소비 공간처럼 원래와는 전혀 다른 용도로 바뀌게 된다. 따라서 일부 사람들은 이러한 변화가 결국은 젠트리피케이션(gentrification)에 불과하다고 주장하기도 하지만(Slater *et al.*, 2004), 다른 한편에서는 버려진 건물에 생명을 불어넣어 침체한 지역을 되살리는 도시 재생의 방법으로 적극적으로 추진되고 있다.

심미적이고 역사적인 이미지를 만들기 위해 활용되는 도시 경관에는 공장이나 창고, 부두, 철도와 같은 유휴산업시설뿐 아니라, 도시의 영광스러운 과거를 떠올리게 하는 주택지구나 상업건축 등이 포함된다. 주목할 사실은 최근 싱가포르, 인도네시아, 홍콩, 상하이 등의 도시들에서 고통스럽거나 부끄

【그림 8-9】 동양척식회사 대전지점을 개조한 문화공간

출처: 저자 촬영.

【그림 8-10】 조치원 정수장을 개조한 카페

출처: 저자 촬영.

【그림 8-11】 과거 조계(租界)의 도살장을 개조한 문화공간 1933老場坊(중국 상하이)

출처: 저자 촬영.

러운 과거로 여겨졌던 식민 지배와 관련된 역사적 경관들을 활용하는 사례가 증가하고 있다는 점이다(Kusno, 1998; Yeoh, 2001; 한지은, 2012; 2018).

포스트식민 도시(postcolonial cities)의 맥락에서 식민주의 과거로부터 남겨진 도시 경관의 특정 요소들이 헤리티지가 되거나 도시 개발의 중요한 테마가 되는 현상의 근본 원인은 식민주의로 인해 발생한 초국적 흐름 때문이다. 식민지 사회에서는 사상·형태·물질의 이동으로 인한 인구학적·정치적·문화적 변화가 발생하는데 이는 '건축 형식(built form)'을 통해 가시적으로 확인된다(King, 1993). 따라서 식민 지배로 인해 토착적 양식과는 다른 건축이나 경관이 남겨진 포스트식민 도시의 맥락에서 식민지 시기의 건축 형식은 적극적으로 제거되기도 하지만, 선택적으로 복구되거나 전유되기도 한다. 특히 오늘날 문화적이고 글로벌한 도시를 만든다는 목표 아래, 식민 지배와 관련된 부정적 기억의 장소들을 독특한 분위기를 갖는 복합문화공간이나 고급 소비공간으로 바꾼 사례는 여러 도시에서 쉽게 발견할 수 있다.

5. 공공건축의 의미를 통해 보는 도시의 미래

> 사적인 필요가 사적인 건축을 낳는다면, 공적인 필요는 다수를 위한 '공공건축'을 탄생케 한다. (중략) 사적 건축은 자본주의 체제 안에서 시장경쟁 시스템에 의해 생성하고, 그 기본 출발점은 '자본의 요구'에 의한 것이다. 그러나 공공건축은 정부나 지방단체가 주도하면서 자본이 생산해낼 수 없는 공간을 생산하는 것을 말한다. 공공학교나 사회복지시설, 공원, 공공기관들은 공적영역에 속하기 때문이다. 자본은 소비자를 위한 공간을 생산하지만, 공공건축은 주민 또는 국민을 위해 만들어진다. (정기용, 2011, 303).

공공건축(public architecture)이라고 하면 보통 시청이나 구청, 법원이나 경찰서 등의 관공서를 떠올리지만, 사실 도시의 일상생활은 어린이집과 학교, 우체국, 복합커뮤니티센터, 보건소, 도서관, 미술관에 이르기까지 다양한 공공건축에서 이뤄진다(오성훈 외, 2018). 또한 국내에서 공공건축의 법률적 정의는 <건축서비스산업진흥법>의 '공공기관이 건축하거나 조성하는 건축물 또는 공간환경'으로 한정하는 경우가 많지만, 해외에서는 공공성을 갖는 민간의 건축물까지도 공공건축으로 보는 경우가 많다(이규철, 2020). 최근 서울특별시나 부산광역시의 경우 도시 차원에서 공공건축가 제도를 마련하였는데, 이는 도시에서 공공건축의 역할에 관심이 높아진 상황을 반영한다. 과거에는 행정 등 공적 업무의 수행을 위한 공간으로만 여겨지던 공공건축이 오늘날에는 복지향상의 지표, 사회 활동의 토대, 지역 소통의 매개체, 국가 및 지역자산, 지역 이미지 개선과 같은 다양한 기능을 수행하는 것으로 여겨지기 때문이다(황순재 외, 2018).

공공건축의 이러한 다양한 기능과 목적은 도시에서의 공공건축과 관련하여 중요한 질문을 던진다. 첫 번째 사례로 동대문디자인플라자(DDP)는 연간 천만 명, 일 평균 3만 명 이상이 방문하며, 뉴욕타임스 선정 "꼭 가봐야 할 세계 명소"이자, LA타임스가 선정한 "서울의 대표 관광지"(동대문디자인플라자 홈페이지)인 공공건축이다. 그러나 연면적 86,574㎡의 이 거대한 건물은 건설과

【그림 8-12】 DDP의 외벽을 활용한 미디어아트(작품명: 장 줄리앙, 〈당신의 관계에 Cheers!〉)

출처: <서울라이트 DDP 2024 겨울> 홈페이지.

정에서 전시 행정과 예산 낭비, 시민 의견의 배제, 동대문운동장과 풍물시장 철거 문제 등과 관련하여 여러 논란에 휩싸였다(박은선, 2014). 무엇보다 여성 최초로 건축계의 노벨상이라 불리는 프리츠커상(Pritzker Architecture Prize)을 수상한 슈퍼스타 건축가 자하 하디드(Z. Hadid)가 우주선처럼 생긴 세계 최대 규모의 비정형 건축물을 설계하면서 논쟁은 재점화되었다. 논점은 DDP 건축이 서울성곽이나 동대문운동장 등 해당 장소가 가지고 있는 도시의 역사적인 맥락을 반영하였는지, 또한 막대한 예산이 투여된 공공건축으로서 DDP에는 시민을 위한 공공성이 어떻게 구현되고 있느냐에 있다.

먼저, 건축가로서 자하 하디드는 도시의 맥락이나 인간의 정서를 반영하기보다는 직선이 아닌 유선의 형태로 구축한 강한 조형성을 통해 낯섦을 만들어내는 것으로 유명하다(박은선, 2014). 오늘날 슈퍼스타 건축가들은 자신만의 '시그니처(signature)'를 세계 각지에서 반복하며 지역적 맥락이나 장소감을 덜 환기시키는 건축물을 만드는 경향이 있는데 이는 위험부담이 적다는 점에서 투자가의 입장에서도 선호된다(Zukin, 1991). 따라서 DDP 건축의 무장소성은 세계적 건축가의 명성을 통해 구겐하임미술관을 가진 스페인의 빌바오와 같은 도시가 되려 한 서울시의 이데올로기가 반영된 것이었다(조대근·김남국, 2023). 둘째, 오늘날 DDP는 전시회, 패션쇼, 컨퍼런스 등의 행사를 개최하는 복합문화공간으로 활용된다. 독특하고 창의적인 문화공간으로서 DDP는 공공건축의 역할을 담당하고 있지만, 돈을 내지 않고서는 전시 관람을 하거나 쉴 수 있는 공간은 거의 없다는 점에서 공공성의 한계가 존재하는 것이 사실이다(박은선, 2014).

반면, DDP와는 다른 방향으로 공공건축의 역할을 찾은 사례도 있다. '기적의 도서관' 프로젝트로 유명한 정기용 건축가는 1996년부터 2006년까지 전라북도 무주에서 공공건축 프로젝트를 진행했다. 10년간 설계 또는 리노베이션 된 공공건축에는 무주군청과 적상면·부남면·무풍편의 주민자치센터, 무주시장, 청소년수련관, 곤충박물관, 무주공설운동장 등이 있다.

그중 국내의 아름다운 경기장으로 손꼽히는 무주공설운동장은 '등나무운동장'으로도 불리는데, 500여 그루의 등나무가 관중석에 그늘을 만들어주기 때문이다. 정기용에 따르면 등나무운동장이 가능했던 것은 '감응(correspondence)' 덕분으로, 주민들에게 얻은 감응과 건축가 스스로 등나무에서 얻은 감응이 겹쳐진 결과라 했다. 즉, 정기용이 말하는 감응이란 건축을 통해 무엇을 느끼고 그것에 응하는지와 관련된 쌍방적인 것이다. 나아가 그는

【그림 8-13】 정기용 건축가의 무주 공공건축 프로젝트

(a) 무주공설운동장(일명, 등나무운동장) (b) 적상면 마을버스 정류장

출처: 저자 촬영.

무주의 경험을 통해 “건축가는 추상적 의미의 사회적 요청에 대답하는 게 아니라, 여기 이곳에 존재하는 사람들의 구체적이고 실제적인 요구를 공간으로 번역하는 사람이라는 것”을 배웠다고 고백하기도 했다(정기용, 2011).

마지막으로 도시 공공건축의 역할과 의미를 다시 생각하게 하는 사례로 무주 적상면의 마을버스 정류장이 있다. 작은 버스정류장을 만들면서 정기용은 다음의 세 가지 원칙을 제시했다. 첫째, 힘 있게 존재하게 하는 것. 두꺼운 콘크리트 벽을 세우고 일부는 창으로 뚫어 정류장 뒤편의 풍경을 끌어들인다. 둘째, 풍경의 힘을 프레임으로 포착하게 하는 것. 프레임을 통해 풍경을 바라보면 어느 순간 풍경이 사람에게 다가서는 것처럼 보이며 존재는 주변과의 관계를 맺고 전체 풍경의 일원이 된다. 셋째, 근접성을 높이는 것. 좁은 버스정류장에 앉아 있으면 타인의 시선이 거북해 피하게 되는데, ‘ㄱ’ 자로 꺾인 의자에서는 서로의 시선이 은근히 교차되고 “어디까지 가십니까?”라고 묻지 않을 수 없는 ‘관계’를 만든다(정기용, 2011).

이 버스정류장은 공공건축이 목표로 하는 공공성이란 건축가가 계획한 형태와 규모를 통해 단순히 전달되는 것이 아니라, 실제 건축을 이용하는 사람들의 구체적인 필요와 감정에 의해, 또한 물질로서의 건축물이 그것이 세워진 환경과의 관계를 통해 끊임없이 생성되는 것이라는 점을 보여준다. 나아가 이 사례는 공공건축뿐 아니라 도시의 건축과 미래에 대해 시사하는 바가 크다. 즉, 오늘날 도시에는 계획에 따라 수많은 건물과 도로, 대규모 시설들이 끊임없이 건설되고 있지만 건축에 대해 사람들이 느끼는 감정이 계획가의 의도에 꼭 맞는 경우는 드물다.

결론적으로 도시에서 살고, 일하고, 노는 인간은 건축으로 대표되는 도시의 물질에 상당한 영향을 받지만, 동시에 그것을 어떻게 이용할지, 어떤 이미지로 보거나 느끼는지, 심지어 무엇을 짓고 부술 것인지 등의 문제에는 도시 공동체의 필요나 감정이 반영되어야 한다. 끝으로 도시의 미래를 생각하면서 또 하나 주목해야 할 지점은 이러한 도시 공동체의 구성원은 인간만을 포함하지 않으며, 도시는 도시와 분리될 수 없는 자연, 그리고 수많은 비인간 주체와의 관계를 통해 끊임없이 변화하고 생성되고 있다는 사실일 것이다.

읽기 자료 8-2. 조경가 정영선과 도시의 공원

2024년 개봉한 정다운 감독의 <땅에 쓰는 시>는 조경가인 정영선의 주요 작업을 다룬 다큐멘터리 영화이다. 조경은 보통 나무를 심는 농업이나 원예 등과 관련된 분야로 여겨지지만, 학문적 의미에서 조경(landscape architecture)은 도시설계, 건축, 토목공학, 생태학, 그리고 지리학이 결합된 융복합적 학문이다. 영화에서는 한국의 1세대 조경가라 불리는 정영선이 설계한 예술의전당, 광화문광장, 서울식물원, 서울아산병원 등 도시 속 정원들을 사계절의 변화와 함께 아름답게 보여준다.

특히 정영선 조경가는 선유도공원, 여의도 샛강생태공원, 경춘선 숲길 등 대도시 서울의 주요 도시공원의 조경에 참여했는데, 폐정수장을 재활용한 선유도공원은 대표작 중 하나이다. 한강의 하중도인 선유도는 1978년부터 2000년까지 서울 서남부 지역의 상수도공급을 위한 정수장이 있던 곳으로, 이곳이 서울을 대표하는 도시공원으로 탈바꿈한 것은 당시 환경생태 철학을 시정가치로 내세운 민선시장의 정치적 목표가 반영된 것이다(이예린, 2023). 특히 선유도공원에서 주목할 점은 정영선과 같은 조경가 집단과 건축 전문가들에 의해 서울과 같은 대도시에서 도시공원의 필요성이 처음으로 공론화되었다는 사실이다. 즉, 도시는 철근콘크리트의 건축으로만 구성되는 것이 아니라 아무리 작고, 하물며 인공적인 것이라도 자연이 포함되어 있다는 인식의 전환이 시작된 것이다.

선유도공원의 사례는 2000년대 이후 주목받고 있는 랜드스케이프 어바니즘(landscape urbanism)과도 연결된다. 랜드스케이프 어바니즘은 경제구조의 변화에 따라 도시의 공간들이 버려지고 재생되는 과정에서 조경의 역할을 강조하는 것으로 뉴욕 맨해튼의 버려진 산업철도를 공원화한 하이라인(The Highline)은 대표적 사례이다. 국내에서도 선유도공원 이외에 석유저장시설을 공원과 문화시설로 바꾼 서울 마포의 문화비축기지, 고가도로를 공원화하여 기존의 단절된 도시공간을 연결한 서울로7017과 같은 사례에서 이를 확인할 수 있다(김아연 외, 2020).

생각해 볼거리

1) 자신이 살고 있거나, 방문한 도시의 랜드마크는 무엇인가? 그것을 랜드마크라고 생각하는 이유는 무엇인가?
2) 하나의 건축물을 사례로 하여 건축과 관계된 인간과 비인간을 포함한 존재들을 찾아보자. 각 존재들이 건축과 관계 맺는 다양한 방식을 생각해보자.

읽을거리

김동국 역, 1999, 근대도시경관, 태림문화사(Relph, E., 1987, *The Modern Urban Landscape*, Croom Helm).

유강은 역, 2010, 미국 대도시의 죽음과 삶, 그린비(Jacobs, J., 1961, *The Death and Life of Great American Cities*, Random House).

Zukin, S., 1991, *Landscapes of Power: From Detroit to Disney World*, University of California Press.

참 | 고 | 문 | 헌

구동회·박영민 역, 1993, 포스트모더니티의 조건, 한울(Harvey, D., 1989, *The Condition of Postmodernity*, Blackwell).

김동국 역, 1999, 근대도시경관, 태림문화사(Relph, E., 1987, *The Modern Urban Landscape*, Croom Helm).

김민성, 2022, "걷기를 통한 도시 공간의 심리지리학적 탐색과 시각화", 한국지리학회지, 11(1), 1-14.

김아연·김영민·김용근·김한배·박찬·소현수·이상석·이재호·한봉호, 2020, 처음 만나는 조경학, 일조각.

남영호·채윤하 역, 2013, 도시연구의 주요개념, 라움(Gottdiener, M. and Budd, L., 2005, *Key Concepts in Urban Studies*, Sage Publication).

남청수·김성희·최남도 역, 2005, 매혹의 도시, 맑스주의를 만나다, 시울(*Merrifield, A., 2002, Metromarxism: A Marxist Tale of the City*, Routledge).

노명우, 2010, "벤야민의 파사주 프로젝트와 모더니티의 원역사", 홍준기 편, 발터 벤야민: 모더니티와 도시, 라움, 19-55.

문성재 역, 2020, 생동하는 물질: 사물에 대한 정치생태학, 현실문화(Bennett, J., 2010, *Vibrant Matters: A Political Ecology of Things*, Duke University Press).

박은선, 2014, "DDP, 도시 비정체성과 비공공성의 표상", 문화과학, 79, 233-252.

반정화, 2015, 서울시 도시브랜드 가치제고 전략방안, 서울연구원.

신지은 역, 2023, 일상의 발명: 실행의 기예, 문학동네(Certaeu, M., 1990, *L'Invention du Coutidein, I: arts de faire*, Garllimard).

심승희, 2019, "도시 경관과 건축", 한국도시지리학회 편, 도시지리학 개론, 법문사, 515-574.

오성훈·임유경·이성일, 2018, 공공건축의 원칙과 요건, 건축도시공간연구소.

우경숙·서주환, 2017, "텍스트 마이닝과 인자분석에 의한 도시경관이미지연구--롯데월드타워를 대상으로-", 한국조경학회지, 45(4), 104-117.

유강은 역, 2010, 미국 대도시의 죽음과 삶, 그린비(Jacobs, J., 1961, *The Death and Life of Great American Cities*, Random House).

이관석, 2018, 르코르뷔지에의 건축 수업, 문운당.

이규철, 2020, "[용어와 건축] 공공건축", 건축, 64(2), 67.

이무용, 2005, "장소마케팅전략의 문화적 개념과 방법론에 관한 고찰", 대한지리학회지, 41(1), 39-57.

이예린, 2023, "통치성 장치로서 경관의 재현과 실천-서울시 선유도공원, 마포문화비축기지를 사례로-", 한국경관학회지, 15(2), 64-87.

이진희·임미영, 2023, "2022 개정 고등학교 「도시의 미래 탐구」 교육과정의 개발 방향과 특징", 한국지리환경교육학회지, 31(2), 27-38.

임창호 역, 2000, 내일의 도시: 20세기 도시계획지성사, 한울출판사(Hall, P., 1996, *Cities of Tomorrow: An Intellectual History of Urban Planning and Design in the Twentieth Century*, Blackwell Publishers).

장용순, 2013, 현대 건축의 철학적 모험 4: 생기론, 미메시스.

정기용, 2011, 감응의 건축: 정기용의 무주 프로젝트, 현실문화연구.

조대근·김남국, 2023, "랜드마크의 문화정치: '동대문 디자인 플라자'와 '서울로 7017'", 문화와 정치, 10(4), 135-164.

조형준 역, 2006, 아케이드 프로젝트, 새물결(Benjamin, W., 1964, *Das Passagen-Werk, Suhrkamp*).

한지은, 2012, "창조도시의 중국적 맥락: 상하이 창의산업구를 사례로", 한국도시지리학회지, 15(2), 137-151.

한지은, 2018, "우리의 도시를 기억할 권리: 홍콩의 도시 문화유산 보전을 사례로", 한국도시지리학회지, 21(2), 45-61.

황순재·이은영·이돈일, 2018, "공공건축의 공간 공유가치를 통한 주민복지 향상에 관한 연구", 한국공간디자인학회 논문집, 13(3), 251-261.

Cowan, R., 2021, *Essential Urban Design*, RIBA Publishing.

Duncan, J., 1990, *The City as Text: The Politics of Landscape Interpretation in Kandyan Kingdom*, Cambridge University Press.

Ford, L. R., 1994, *Places to Shop, Cities and Buildings; Skyscrappers, Skid Rows, and Suburbs*, The Johns Hopkins University Press.

Gottdiener, M., 2001, *The Theming of America*, 2nd Edition, Westview Press.

Goss, J., 1999, Once-upon-a-Time in the commodity world: an unofficial guide to Mall of America, *Annals of the Association of American Geographers*, 89(1), 45-75.

Graham, B., Ashworth, G. J., and Tunbridge, J. E., 2000, *A Geography of Heritage: Power, Culture and Economy*, Arnold.

Harvey, D., 1989, From managerialism to entrepreneurialsim: the transformation in urban governance in late capitalism, *Geografiska Annaler, Series B, Human Geography*, 71B(1), 3-17.

Horton, J. and Kraftl, P., 2014, *Cultural Geographies: An Introduction*, Routledge.

Jacobs, J. M. and Merriman, P., 2011, Editorial: practising architectures, *Social & Cultural Geography*, 12(3), 211-222.

Jencks, 1977, *The Language of Post-Modern Architecture*, Academy Edition.

Kaika, M., 2010, Architecture and crisis: re-inventing the icon, re-imag(in) ing London and re-branding the City, *Transaction of the Institute of British Geographers*, 35(4), 453-472.

Knox, P., 1993, Capital, material culture and socio-spatial differentiation, in Knox, P. (ed.), *The Restless Urban Landscape*, Prentice Hall, 1-34.

Kraftl, P. and Adey, P., 2008, Architecture/affect/inhabitation: geographies of being-in buildings, *Annals of the Association of American Geographers*, 98(1), 213-231.

Lee, Jae-Youl, 2015, Symbolic urban architecture, controversy, and ordinary practices: a critical architectural geographic narrative of Nodeulseom in Seoul, 한국도시지리학회지, 18(3), 171-182.

Ley, D., 1996, *The New Middle Class and the Remaking of the Central City*, Oxford University Press.

Ley, D., 2003, Artists, aestheticisation and the field of gentrification, *Urban Studies*, 40(12), 2527–2544.

Lynch, K., 1960, *The Image of the City*, Harvard-Mit Joint Center for Urban Studies.

Short, J. R., 1999, Urban imagineers: boosterism and the representation of cities, in Jonas, A. and Wilson, D. (eds.), *The Urban Growth Machine: Cultural Perspectives, Two Decades Later*, State University of New York Press, 37-54.

Slater, T., Curran, W. and Lees, L., 2004, Guest editorial, *Environment and Planning A*, 37, 1141-1150.

Tunbridge, J. E. and Ashworth, G. J., 1996, *Dissonant Heritage: The Management of the Past as a Resource in Conflict*, Belhaven Press.

Yeoh, B. S. A., 2001, Postcolonial cities, *Progress in Human Geography*, 25(3), 456-468.

Zukin, S., 1989, *Loft Living: Culture and Capital in Urban Change*, Rutgers University Press.

Zukin, S., 1991, *Landscapes of Power: From Detroit to Disney World*, University of California Press.

국립국어원 표준국어대사전, https://stdict.korean.go.kr

더가디언, https://www.theguardian.com/cities/2015/apr/22/pruitt-igoe-high-rise-urban-america-history-cities

동대문디자인플라자, https://ddp.or.kr

롯데타워몰, https://www.lwt.co.kr/ko/about/tower-story.do

서울라이트 DDP 2024 겨울 홈페이지, https://ddp.or.kr/index.html?menuno=241&siteno=2&bbsno=657&boardno=16&bbstopno=657&act=view&subno=0

서울특별시, 2023서울서베이 결과보고서, https://data.seoul.go.kr/together/statbook/

statbookList.do?tr_code=short
Merriam Webster, https://www.merriam-webster.com/dictionary

제 9 장

도시 모빌리티의 전환

| 김종근 |

제9장

도시 모빌리티의 전환

1. 모빌리티와 도시 변화

도시는 사람·물류·정보가 오가며 형성·성장해 온 공간이다. 오늘날 정보통신기술(ICT)의 발달과 교통체계의 복합화로 도시는 고정된 '장소'라기보다 다양한 흐름이 교차하는 '과정'으로 이해될 필요가 있다. 이 전환을 설명하는 핵심 개념이 모빌리티(mobility)이다. 모빌리티의 변화는 단순한 교통기술의 진보를 넘어, 도시의 공간적 범위, 생활 방식, 경제 구조를 재편하는 힘으로 작동해 왔으며, 이러한 경향은 디지털 기술의 확산과 함께 더욱 강화되고 있다. 따라서 도시를 이해하는 데 있어 모빌리티는 주변적 요소가 아니라 도시를 성립시키고 변화시키는 핵심 원리 중 하나로 간주되어야 한다.

(1) 모빌리티의 개념

모빌리티는 분야마다 다르게 정의되지만, 인문지리학적 관점, 기술 및 공학적 관점, 정책 및 계획적 관점, 데이터 기반의 관점으로 나누어 살펴본다. 인문지리학적 논의의 출발점으로는 쉘러(M. Sheller)와 어리(J. Urry)가 제시한 '뉴 모빌리티 패러다임(New Mobilities Paradigm)'을 들 수 있다(Sheller and Urry, 2006). 이들은 현대 사회를 사람, 물자, 자본, 정보, 이미지가 끊임없이 이동하며 구성되는 흐름의 집합체로 이해해야 한다고 주장하며, 모빌리티를 기술적 인프라, 사회적 관계, 감정 경험, 물질적 조건이 얽힌 복합적 사회 과정으로 파악했다. 이러한 이론적 전환을 토대로 크레스웰(T. Cresswell)은 모빌리티를 이해하기 위한 개념틀을 정립하고, 이를 바탕으로 모빌리티가 어떻게 성립하고 경험되는지를 설명하였다(Cresswell, 2006; 2010). 그는 모빌리티를 물리적 이동(movement), 이동에 사회적으로 부여되는 의미(meaning), 그리고 체화된 경험으로서의 이동 실천(practice)이 상호 얽혀 형성되는 과정으로 설명하며, 이동이 결코 중립적이지 않다는 점을 강조하였다. 동일한 이동 행위라 하더라도 성별, 연령, 사회경제적 지위, 인종 등에 따라 그 의미와 체감 경험은 다르게 나타나며, 이동의 가능성과 자유 역시 사회적 규범과 권력 관계에 의해 차별적으로 규정된다. 이러한 맥락에서 크레스웰은 모빌리티를 도시의 사회문화적 경험과 불평등 구조가 응축되어 드러나는 장으로 이해하고, 이를 '모빌리티의 정치(politics of mobility)'라는 개념으로 설명하였다.

도시계획 및 교통공학의 기술적 전통에서 모빌리티는 "사람과 물자가 교통 시스템을 통해 얼마나 효율적으로 이동할 수 있는가"라는 시스템 성능 중심의 기능적 개념으로 정의된다(Transport Research Board, 2000; Litman, 2003, 2014). 이 관점에서 모빌리티는 이동 그 자체의 사회적 의미보다는, 통행속도, 통행시간, 도로 용량, 혼잡도와 같이 정량화 가능한 지표를 통해 측정된다. 기술·공학적 관점의 핵심 목적은 교통 시스템의 효율성, 신뢰성, 안전성을 향상시키는 데 있으며, 이를 위해 교통 수요 관리, 지능형 교통 시스템(ITS: Intelligent Transportation Systems), 교통 인프라 확충 및 운영 최적화와 같은 기술적 해법이 강조된다. 이러한 접근은 교통 정책 수립과 인프라 투자 판단의 기초를 제공해 왔으며, 특히 지속가능한 모빌리티 전략에서 '개선(improve)' 전략의 핵심 논리를 구성한다. 다만 이 관점은 이동의 사회적 맥락이나 공간적 형평성보다는 시스템 효율의 극대화에 초점을 두는 경향이 있어, 모빌리티가 도시 내 불평등이나 접근성 격차에 미치는 영향은 상대적으로 부차적인 문제로 다루어 왔다.

정책·계획 분야에서 모빌리티는 접근성(accessibility)과의 관계 속에서 이해되어 왔다. 한센(W. G. Hansen)은 접근성을 "활동 기회에 도달할 수 있는 잠재력"으로 정의하며 도시계획의 핵심 개념으로 제시했다(Hansen, 1959). 이후 교통지리학과 교통계획 연구서는 모빌리티와 접근성을 구분하는 개념적 틀이 발전했다. 모빌리티는 개인이나 교통수단의 이동 능력 그 자체를 의미하는 반면, 접근성은 특정 활동이나 목적지에 실제로 도달할 수 있는 용이성을 의미하며, 토지이용 패턴, 시설의 공간적 배치, 시간적 제약 등 장소 중심의 요소를 포괄한다. 회르스(K. T. Geurs)와 판 베이(B. van Wee)는 이러한 접근성을 토지이용 요소, 교통 요소, 시간적 요소, 개인적 요소의 네 차원으로 체계화하였으며, 이 중 모빌리티는 교통 시스템의 성능을 통해 접근성을 구성하는 하나의 핵심 요소로 위치한다(Geurs and van Wee, 2004). 이와 같은 구분은 정책적으로 중요한 함의를 갖는다. 예를 들어 고속도로 건설은 모빌리티(이동 속도)를 향상시키지만 접근성(목적지까지의 실질적 도달 용이성)을 반드시 개선하는 것은 아니며, 오히려 복합용도 개발이나 대중교통 지향 개발(TOD: Transit Oriented Development)은 이동 거리 자체를 줄이고 활동 기회를 공간적으로 재배치함으로써 접근성을 보다 효과적으로 향상시킬 수 있다. 이에 따라 현대 도시계획에서는 이동성 증대보다 접근성 향상과 형평성(equity), 사회적 포용을 중시하는 정책 전환이 강조되고 있다(Banister, 2008; Martens, 2016).

최근 정보통신기술의 발달과 함께 모빌리티는 점차 데이터를 통해 관측·분석·관리되는 대상으로 재정의되고 있다. 스마트폰 위치 정보, 교통카드 기록, 차량 센서, 플랫폼 기반 이동 서비스에서 생성되는 대규모 이동 데이터는 개인과 집단의 이동 패턴을 실시간에 가깝게 파악할 수 있게 하였으며, 이를 통해 도시의 모빌리티는 정적인 교통 흐름이 아니라 동적으로 생성·축적되는 데이터 과정으로 이해되기 시작했다(Batty *et al.*, 2012). 데이터 기반 관점에서 모빌리티는 단순한 이동 행위가 아니라, 수집–처리–예측–최적화의 대상이 된다. 교통 혼잡 예측, 수요응답형 교통(DRT), 플랫폼 기반 호출 서비스, 모빌리티 서비스 통합(MaaS: Mobility as a Service) 등은 모두 이동 데이터를 분석하여 수요를 사전에 파악하고 교통 공급을 조정하려는 시도에 기반한다(Hietanen, 2014; Sochor *et al.*, 2018). 이러한 접근은 교통 시스템의 효율성과 신뢰성을 향상시킬 수 있는 잠재력을 지니며, 스마트시티와 스마트 모빌리티 담론의 핵심을 이룬다(Townsend, 2013). 그러나 데이터 기반 모빌리티는 새로운 문제를 내포한다. 이동 데이터는 기술 접근성이 높은 집단과 지역을 중심으로 수집되기 때문에, 데이터에 포착되지 않는 집단의 이동은 정책 설계 과정에서 배제될 위험이 있다(Sheller, 2018). 또한 알고리즘과 플랫폼 규칙에 의해 조직되는 이동은 데이터 소유와 활용을 둘러싼 권력 관계, 개인정보 보호,

감시 문제를 도시의 새로운 이슈로 부상시키고 있다(Kitchin, 2014a; Zuboff, 2019). 결국 데이터 기반 관점에서의 모빌리티는 기술·공학적 관점이 강조해 온 효율성 논리와 정책·계획적 관점이 중시하는 접근성 목표를 연결하는 동시에, 인문지리학적 관점에서 제기된 모빌리티의 정치성과 불평등 문제를 다시 환기시키는 분석 틀로 기능한다.

(2) 도시와 모빌리티의 역사적·기능적 연계

도시는 역사적으로 이동과 교류의 결절점에서 형성되어 왔다. 전근대 도시들은 교역로와 항구, 시장을 중심으로 발달했으며, 이러한 공간은 단순한 교통 시설을 넘어 물자·정보·문화가 교환되는 도시 권력의 핵심 거점이었다. 멈포드(L. Mumford)는 도시를 사회적 상호작용을 극대화하는 장치로 정의하며, 사람과 물자를 끌어들이고 조직하는 모빌리티의 조직 능력이 도시의 위상을 좌우한다고 보았다(Mumford, 1961).

19세기 철도와 전차는 교외화를 촉진했고, 20세기 자동차와 고속도로는 도시 구조를 다핵적 대도시권으로 재편했다(Warner, 1962). 이는 이동 수단이 주거 선택과 계층 분화 등 도시 공간을 근본적으로 재구성해 왔음을 보여준다. 21세기 들어 이러한 물리적 인프라 중심의 변화는 디지털 기술과 결합하여 '시공간적 리듬(spatiotemporal rhythms)'을 변화시키고 있다. 르페브르(H. Lefebvre)가 말한 시공간적 리듬은 통근·물류·여가 등의 흐름이 시간적 주기와 결합해 형성하는 도시의 반복적 '맥박'을 뜻한다(Lefebvre, 2004). 과거의 리듬이 고정된 기반 시설과 선형적인 일정(예: 정시 출퇴근)에 구속된 경직된 형태였다면, 오늘날 ICT 기반의 모빌리티는 물리적 공간의 제약을 우회하거나 재배치하며 리듬을 더욱 유연하고 파편화된 흐름으로 변화시키고 있다(Graham *et al.*, 2022). 다만 이러한 산업화·모빌리티 서사는 주로 서구 도시의 경험을 중심으로 구성되어 왔다는 한계를 지닌다. 글로벌 사우스의 많은 도시는 식민지 시기의 불균등한 교통 인프라를 계승한 가운데, 비공식 교통수단(미니버스, 오토릭샤 등)이 도시 이동의 핵심 역할을 수행해 왔다(Cervero, 2013a). 이는 모빌리티와 도시 발전의 관계가 단선적인 발전 경로가 아니라, 역사적·

지리적 맥락에 따라 다층적으로 전개되어 왔음을 시사한다(Roy, 2009).

20세기 후반 정보통신기술(ICT)의 발달과 세계화는 도시를 고정된 영토가 아닌 '흐름의 공간(space of flows)'으로 재개념화하는 이론적 전환을 가져왔다. 카스텔(M. Castells)은 네트워크 사회에서 도시의 위상이 물리적 중심성보다 글로벌·지역 네트워크와의 연결성에 의해 결정된다고 주장하였다(Castells, 1996). 한편, 매시(D. Massey)는 도시를 사람, 자본, 정보, 이미지가 끊임없이 흐르는 '관계적 공간'으로 개념화했으며(Massey, 2005), 쉘러와 어리는 이러한 이동들이 상호 연결되는 과정에서 사회적 관계와 공간이 지속적으로 구성된다고 보았다(Sheller and Urry, 2006). 예를 들어 자동차 이동을 전제로 형성된 교외 주거지, 관광객의 이동 흐름에 의해 조직되는 공항과 리조트, 반복적인 통근 리듬에 따라 작동하는 도심 업무지구 등은 모두 이동이 공간의 형태와 기능에 앞서 이를 규정한 사례로 이해할 수 있다. 나아가 크레스웰(2006, 2010)은 이동의 비중립성을 강조하며, 사회적 규범과 권력 관계에 의해 차별적으로 규정되는 모빌리티를 정치적 분석의 핵심 개념으로 정립하였다. 팬데믹 이후의 원격근무, MaaS, 탄소중립 전환은 도시를 고정된 실체가 아닌 이동과 관계가 재구성되는 '과정적 공간'으로 이해해야 할 필요성을 보여준다(Amin and Thrift, 2002; McFarlane, 2011). 이에 따라 현대 도시 이론은 도시를 다양한 물리적·디지털 흐름이 중첩된 '모빌리티의 조립체'로 파악한다(Cresswell, 2010).

(3) 도시 모빌리티의 대상: 다층적 흐름

현대 도시 모빌리티는 사람, 물류, 정보, 자본이라는 네 가지 흐름의 중첩으로 이해된다(Sheller and Urry, 2006; Urry, 2007).

첫째, 사람의 이동은 출퇴근·통학, 여가·관광, 일상적 이동 등으로 나타나는 가장 가시적인 모빌리티로서, 도시의 시간적 리듬과 공간적 이용 방식을 형성한다. 이러한 이동은 개인의 삶의 질뿐 아니라 노동시장 접근성, 소비 활동, 도시 활력과 직결되며, 최근에는 원격근무와 공유 모빌리티의 확산으로 그 패턴이 재편되고 있다. 둘째, 물류의 흐름은 택배·배송, 원자재 공급, 폐기물 수거 등 도시 기능을 유지하는 물질적 순환 체계로, 전자상거래의 확대와 함께 도시 교통과 공간 이용에 중요한 영향을 미치고 있다. 셋째, 정보의 이동은 디지털 네트워크를 통해 데이터, 이미지, 지식이 순환하는 흐름을 의미하며, 물리적 이동과 결합하여 도시의 시공간적 조직을 재구성한다(Graham and Marvin, 2001). 위치기반 서비스와 실시간 정보는 이동의 경로와 선택을 조정하며, 도시 공간을 점차 데이터로 매개된 공간으로 변화시키고 있다(Kitchin, 2014b). 넷째, 자본의 이동은 이러한 흐름들을 가능하게 하거나 제약하는 조건으로서, 투자와 금융의 방향은 도시 간 위계와 내부 공간 구조의 변화를 촉진한다(Castells, 1996). 자본은 특정한 이동을 강화하는 동시에 다른 이동을 주변화함으로써 도시 모빌리티를 선택적으로 조직한다.

이 네 흐름은 독립적이지 않고 상호작용하며 도시 모빌리티의 전체적 성격을 형성한다. 따라서 현대 도시를 이해하려면 개별 흐름을 분리하기보다 그 결합 방식에 주목해야 한다. 이러한 다층적 흐름의 관점은 향후 지속가능성, 기술혁신, 형평성을 분석하는 핵심 틀이다.

2. 자동차 중심 도시의 한계

(1) 자동차 중심 도시의 형성과 전제

20세기 중반 이후 자동차의 급속한 보급은 도시 모빌리티 구조를 근본적으로 변화시켰다. 자동차는 개인의 이동 자유와 근대적 효율성을 상징하며 도시 계획의 중심 전제가 되었고, 도로 확충과 주차 공간 확보는 인프라 정책의 핵심 과제로 자리 잡았다.

자동차화(automobilization)는 자동차가 도시 이동의 표준이 되면서 인프라, 토지 이용, 정책, 문화 등이 자동차를 전제로 조직되는 구조적 과정이다. 뉴먼(P. Newman)과 켄워디(J. Kenworthy)는 자동차 의존도가 높은 도시일수록 저밀도 개발과 장거리 이동이 일반화된다고 지적하며, 자동차 중심성

자체가 도시 공간 구조를 규정하는 핵심 요인임을 강조하였다(Newman and Kenworthy, 1989). 이러한 선택은 도시의 이동 방식과 생활 양식을 특정 수단에 종속시키는 경로의존성(path dependence)을 형성하여 다른 모빌리티 선택지를 축소시키는 결과를 낳았다.

(2) 환경적·공간적·사회적 한계

자동차 중심 도시의 근본적 한계는 환경적 지속가능성이다. 개인 자동차 이용이 지배적인 도시일수록 탄소 배출량과 에너지 소비량이 기하급수적으로 증가한다. 뉴먼과 켄워디(1989)의 실증 연구에 따르면, 도시의 인구 밀도와 1인당 교통 에너지 소비 사이에는 뚜렷한 음(-)의 상관관계가 존재한다. 로데(P. Rode) 등의 분석은 이러한 관계를 더욱 명확히 보여준다(Rode *et al.*, 2017).

【그림 9-1】 도시 밀도와 교통 에너지 소비의 상관관계

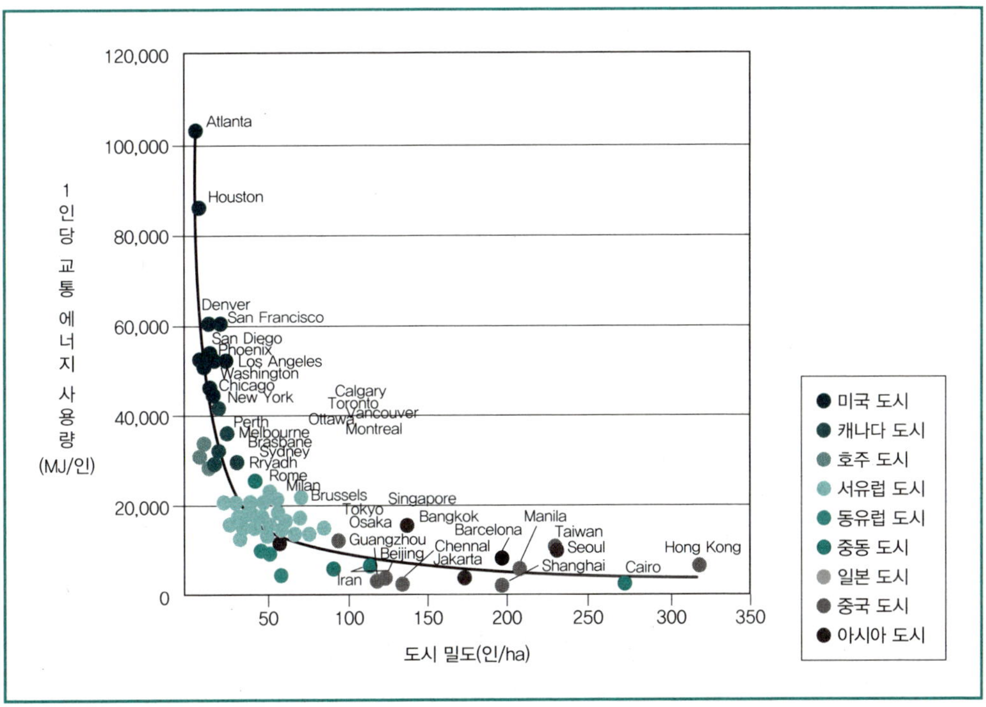

출처: Rode *et al.*(2017, 8).

저밀도 확산형 도시인 애틀랜타는 유사한 경제 규모의 고밀도 도시 바르셀로나에 비해 교통 부문 탄소 배출량이 약 6배에 달한다([그림 9-1]). 이는 기술적 차이보다 도시 공간 구조가 환경적 부담의 크기에 결정적 영향을 미침을 시사한다.

기술적 연비 개선은 주행거리 증가로 상쇄되는 '반동 효과(rebound effect)'를, 도로 확장은 유도 수요(induced demand)를 낳아 자동차 의존을 심화시킨다. 광범위한 도로와 주차장은 열섬 현상과 생태계 단절을 야기한다.

이러한 환경적 부담은 도시 공간 구조와 결합되며 더욱 심화된다. 자동차 중심 계획은 저밀도 도시 확산을 야기하여 대중교통 효율을 저하시키고, 자동차 없이는 일상생활이 불가능한 구조를 형성했다. 도로와 주차장이 도시 토지를 점유하며 주거 및 공공 공간을 대체했다. 이로 인해 도시 공간은 인간의 체류와 상호작용보다는 이동과 통과를 우선하는 방식으로 조직되었으며, 거리의 공공성과 장소성은 약화되었다. 가로(J. Garreau)가 제시한 '엣지 시티(edge city)'는 이러한 자동차 접근성 기반의 교외 중심지의 사례인데(Garreau, 1991), 직주 분리와 장거리 통근이 일상화되며 개인과 사회의 시간 비용이 누적되는 한계가 나타난다.

자동차 중심 도시는 사회적 불평등을 심화시킨다. 자동차 구매와 유지 비용은 저소득층, 고령자, 청소년, 장애인에게 구조적 이동 제약으로 작용하며, 이들은 교육, 고용, 의료 시설 접근에 더 많은 시간과 비용을 투입해야 한다. 또한 차량 우선 환경은 보행자와 자전거 이용자에게 높은 사고 위험을 부과하며, 특히 아동, 고령자, 장애인 등 교통약자에게 집중된다. 이는 비자동차 이동을 위축시키고 자동차 의존을 강화한다. 이러한 구조는 이동 부담을 완화하기보다 특정 이동 방식에 대한 의존을 강화하는 방향으로 작동한다.

(3) 지역적 차이와 글로벌 사우스의 딜레마

자동차 중심 도시의 구조적 한계는 지역에 따라 서로 다른 방식으로 나타난다. 글로벌 노스(global north)의 도시들이 수십 년에 걸쳐 점진적으로 경험한 자동차화와 달리, 글로벌 사우스(global south)의 많은 대도시들은 짧은 기간 동안 급격한 자동차 증가를 겪으며 복합적인 위기에 직면하고 있다. 글로벌 사우스 도시들의 자동차화는 흔히 '압축적 자동차화(compressed automobilization)'라는 특징으로 설명된다. 이들 도시에서는 극심한 교통 혼잡, 대기오염, 이동 시간 증가가 일상화되었으며, 자동차 중심 개발의 부작용이 단기간에 집중적으로 나타나고 있다. 다양한 비공식 교통 수단이 공식 대중교통망의 공백을 보완하며 유연한 이동을 가능하게 하지만, 안전성 저하와 환경 부담, 노동 조건의 취약성의 문제를 야기한다(Roy, 2009). 한편, 높은 인구 밀도와 제한된 토지를 가진 도시에서 자동차 중심 개발은 공간적 갈등을 심화시키지만, 여전히 자동차가 근대성의 상징으로 인식되어 자동차 이용을 억제하는 정책은 정치적·사회적 저항에 직면하기 쉽다. 이로 인해 글로벌 사우스 도시들은 자동차화의 압력과 지속가능성 요구 사이에서 더욱 첨예한 딜레마를 겪고 있다. 이러한 지역적 차이는 자동차 중심 도시 모델이 보편적 해법이 될 수 없음을 보여주며, 도시 모빌리티가 지역적·지리적 맥락에 따라 다르게 조직되어야 함을 시사한다.

자동차 중심 도시는 환경적·공간적·사회적 차원에서 구조적 한계에 도달해 있고, 그 양상은 지역에 따라 다르게 나타난다. 이러한 문제들은 개별 정책이나 특정 도시의 실패 사례로 환원될 수 있는 것이 아니라, 자동차 중심성을 도시 모빌리티의 기본 원리로 삼아온 선택이 누적된 결과로 이해되어야 한다. 따라서 자동차 중심 도시는 더 이상 지속 가능한 도시 모빌리티의 기반으로 기능하기 어렵다.

3. 기술혁신과 스마트 모빌리티의 부상

디지털 기술의 확산은 모빌리티를 더 이상 물리적 이동이나 교통 시스템의 성능으로만 설명하기 어렵게 만들었고, 그 대신 데이터, 서비스 조정, 정책 선택이 결합된 복합적 과정으로 재구성하고 있다. 기술 발전은 이동의 효율성을 향상시키는 동시에, 기존 불평등을 재편하거나 새로운 쟁점을 만들 수 있다. 따라서 기술 혁신은 그 자체로 평가되기 보다, 어떤 공간적·사회적 결과를 낳는지에 대한 분석을 통해 이해되어야 한다.

(1) 스마트시티와 디지털 도시 담론

21세기 정보통신기술(ICT)의 급속한 발전은 도시를 데이터와 네트워크로 관측·관리되는 대상으로 재개념화하는 디지털 도시(digital city) 담론을 등장시켰다(Kitchin, 2014b). 이 관점에서 도시는 '장소(place)'라기 보다, 센서·위치정보·행정 데이터·플랫폼 로그 등 다양한 디지털 흔적이 축적되는 데이터와 흐름의 집합으로 이해된다. 디지털 도시는 특정한 정책 모델이나 완성된 도시 형태를 의미하지 않으며, 도시를 바라보는 분석의 틀이자 통치의 논리로 기능해 왔다.

스마트시티(smart city)는 이러한 디지털 도시 담론이 정책과 산업, 도시 운영 전략으로 제도화된 결과물이라 할 수 있다. 스마트시티는 ICT, 빅데이터, 인공지능(AI)을 활용하여 도시 운영의 효율성과 대응 능력을 향상시키려는 도시 발전 전략이다. 타운젠드(A. Townsend)는 이를 센서와 네트워크로 도시 활동을 실시간 관측·관리하려는 거버넌스 변화로 정의했다(Townsend, 2013). 2010년대 이후 도시 문제 해결을 위해 교통, 에너지, 행정 분야의 기술기반 해법이 전세계로 확산되며 스마트시티는 국가 경쟁력과 신산업 전략으로 결합되었다.

스마트시티 담론의 확산은 도시 복잡성 증대와 기존 관리 방식의 한계에서 비롯되었다. 동시에 스마트폰, 교통카드, CCTV, IoT 센서 등을 통해 도시 활동이 데이터로 기록되기 시작하면서, 도시는 점점 더 '측정 가능한 대상'으로 인식되었다(Kitchin, 2014b). 이러한 조건 속에서 데이터 기반 의사결정과 예측적 도시 운영은 스마트시티의 핵심 논리가 되었다.

스마트시티 접근은 두 가지로 구분된다(Hollands, 2008). 기업·기술 중심 접근은 도시를 최적화할 시스템으로 보며 IT 기업 주도로 기술결정론적 성격을 띤다. 시민·거버넌스 중심 접근은 데이터를 공공 자산으로 간주하고 기술을 형평성과 사회적 포용의 도구로 본다(Caragliu *et al.*, 2011). 스마트시티가 적절한 제도적 장치 없이 추진될 경우, 기존의 불평등을 완화하기 보다는 오히려 심화시킬 수 있다는 비판도 이 흐름에서 제기된다.

도시 모빌리티는 스마트시티 전략의 핵심 영역이다. 실시간 교통 정보, 수요 예측, 신호 최적화, 교통수단 통합은 이동 시간을 단축하는 등 잠재력을 지니지만, 동시에 대규모 데이터 수집을 통한 통제와 감시를 가능하게 한다. 키친(R. Kitchin)은 투명성과 책임성 없는 데이터 중심 운영이 도시를 '관리되는 공간'으로 전환시킬 위험을 지적했다(Kitchin, 2014a). 스마트시티와 스마트 모빌리티에 대한 비판적 논의는 감시, 데이터 권력, 기술결정론 문제를 제기한다. 주보프(S. Zuboff)는 디지털 플랫폼과 데이터 축적이 행동을 예측·유도하는 새로운 권력을 만들며 이동 데이터도 예외가 아니라고 주장했다(Zuboff, 2019). 또한 스마트시티의 최적화 논리는 계획되지 않은 만남과 비공식적 실천으로 작동하는 도시의 자생성을 위축시킬 수 있다(Greenfield, 2013).

다만 스마트 모빌리티가 교통약자의 접근성을 실질적으로 개선한 사례도 존재한다. 부산시는 배리어프리(BF) 내비게이션, 자동 높낮이 조절 키오스크, 통합 승차 공유 플랫폼(두리발·자비콜 등) 등을 도입하여 교통약자의 평균 통근 시간을 51분에서 29분으로 단축시켰다. 이는 기술 설계 과정에서 장애인, 고령자, 임산부 등 실제 이용자 약 50명이 참여하는 리빙랩(Living Lab) 방식을 활용한 결과로, 스마트시티 정책이 형평성을 고려할 때 긍정적 효과를 낼 수 있음을 보여준다.

한국에서도 스마트시티는 주요 정책 의제로 추진되어 왔다(국토교통부, 2025). 인천 송도, 세종, 부산 등이 각기 다른 맥락에서 스마트 교통과 데이터 기반 서비스를 실험하고 있다.

스마트시티와 디지털 도시 담론은 기술 도입의 문제가 아니라, 도시를 어떤 가치와 기준에 따라 운영할 것인가라는 근본적인 질문을 제기한다. 스마트 모빌리티 역시 이동의 효율성을 높이는 기술적 해법인 동시에, 데이터와 플랫폼을 매개로 새로운 권력 관계를 형성하는 사회적 과정이다.

(2) 플랫폼 모빌리티와 MaaS

디지털 기술은 도시 모빌리티를 소유에서 서비스(MaaS)로 전환시키고 있으며, 그 중심에는 이동을 분절·조정·중개하는 플랫폼 모빌리티(platform mobility)가 있다. 스마트시티의 데이터 기반 인프라는 이러한 전환의 기술적 토대가 되었으며, 도시의 이동 방식을 근본적으로 재구성하고 있다. 플랫폼 모빌리티는 앱과 알고리즘으로 이동 수요와 공급을 실시간 연결하는 체제로, 호출, 배차, 요금 산정이 알고리즘에 의해 자동화된다(Sheller, 2018). 과거 택시나 버스가 정해진 노선이나 배회 영업에 의존했던 것과 다르게, 플랫폼은 이용자의 위치 데이터와 차량의 상태를 분석하여 최적의 경로와 차량을 배정함으로써 이동의 효율성을 극대화한다. 한편, 알고리즘은 이동의 가격(탄력 요금제)과 운전자의 노동 방식을 규정하는 새로운 형태의 도시 거버넌스로 작동한다. 스르니첵(N. Srnicek)이 지적한 '플랫폼 자본주의'의 논리에 따라 데이터 권력이 특정 기업에 집중되면서, 이동의 조직 권한이 공공 영역이 아닌 플랫폼 기업에 이전된다(Srnicek, 2017).

플랫폼 모빌리티의 궁극 형태는 MaaS이다. 히에타넨(S. Hietanen)은 MaaS를 개별 교통수단의 소유가 아닌, 이동 서비스에 대한 접근을 통합적으로 제공하는 체계로 정의했다(Hietanen, 2014). MaaS는 다양한 교통수단을 하나의 플랫폼에서 통합하여 연속적 이동 경험을 제공하는 시스템이다. MaaS의 통합을 정보 통합, 결제 통합, 서비스 통합의 세 단계로 구분하기도 한다(Jittrapirom *et al.*, 2017; Sochor *et al.*, 2018). 정보 통합은 여러 교통수단의 시간표·경로 정보를 한 플랫폼에서 제공하는 수준이고, 결제 통합은 단일 결제 시스템으로 연계하는 수준이며, 서비스 통합은 이용 목적과 상황에 맞춰 경로와 수단 조합을 자동으로 제안·조정해 MaaS가 이동 전반을 관리하는 운영 체계로 기능하는 단계다.

세계 최초의 MaaS 성공 사례로 꼽히는 핀란드 헬싱키의 윔(Whim)은 월정액으로 다양한 교통수단을 통합 제공하는 MaaS 선도 사례이며, 오스트리아 빈의 빈모빌(WienMobil)은 공공 주도 MaaS 모델로 대중교통 중심 통합을 실현했다. 우리나라의 모빌리티 서비스는 MaaS 통합 모델보다는 개별 플랫폼의 확산을 중심으로 발전해 왔다. 카카오 T, 타다 등 민간 플랫폼이 호출 택시를 출발점으로 퀵서비스·대리운전·주차 정보 등으로 영역을 넓히며 시장을 빠르게 키웠고, 택시 호출·배달·대리운전 같은 서비스가 일상화되었다. 그러나 서비스 간 통합과 공공교통 연계는 제한적이어서 이동 경험이 플랫폼별로 분절되는 경향이 강하다. 최근 똑타(경기도), 타바라(부산) 등 DRT 연계 MaaS 실험이 확대되고 있지만, 전반적으로는 '통합된 이동 체계'로의 전환은 아직 초기 단계다.

플랫폼 모빌리티는 도시 공간을 물리적 거리에서 '연결성(Connectivity)' 중심으로 재편한다. 과거 접근성은 중심지와의 거리 같은 물리적 조건에 크게 좌우되었지만, 플랫폼 기반 서비스에서는 데이터 커버리지와 배차 속도 같은 운영 조건이 체감 접근성을 크게 좌우한다. 이는 대중교통 소외 지역의 접근성을 보완하는 긍정적 측면이 있는 반면, 데이터 기반의 이동이 수익성이 높은 지역에만 집중되면서 발생하는 '공간적 선별(Spatial Filtering)'의 위험도 내포하고 있다. 이 과정에서 도시의 이동 서비스망은 어디나 비슷하게 제공되는 통합 체계가 아니라, 수익성과 관리 가능성에 따라 선택적으로 강화되는 네트워크로 작동할 수 있는데, 그레이엄(S. Graham)과 마빈(S. Marvin)은 이를 '분절된 도시(splintering city)'로 개념화했다(Graham and Marvin, 2001). 동시에 플랫폼은 알고리즘과 데이터 규칙을 통해 '어디를 우선 연결할지'를 지속적으로 판단하며 공간을 분류하는데, 그레이엄은 이러한 과정을 '소프트웨어에 의해 분류되는 지리(software-sorted geographies)'로 설명했다(Graham, 2005). 결국 도시 공간은 물리적으로는 연속되어 있어도, 연결의 질과 안정성은 보이지 않는 규칙에 의해 차등화될 수 있다. 이러한 플랫폼 모빌리티의 공간적 작동은 통계 지표만으로 충분히 포착되기 어렵다. 다음 읽기 자료는 알고리즘 기반 배차가 실제 도시에서 어떻게 작동하며 이동 노동자의 일상을 어떻게 조직하는지를 보여준다.

읽기 자료 9-1. 배달 라이더의 하루: 알고리즘이 그리는 도시 지도

새벽 6시, 김민수(가명, 32세) 씨는 배달대행 앱을 켠다. "해당 지역에 배달 기사가 부족합니다"라는 알림에 따라 오토바이를 타고 그 지역으로 이동한다. 그러나 이 이동은 그의 자율적 선택이라기보다, 플랫폼 알고리즘이 유도한 결과에 가깝다. 배달 라이더의 하루는 이렇게 알고리즘이 제시하는 시간표와 공간 지시에 따라 시작된다.

배달 플랫폼에서 라이더의 이동 경로와 근무 시간은 실시간 수요, 평점, 이전 수행 기록에 의해 결정된다. '피크 타임'에는 짧은 시간 안에 주문을 수락하도록 압박받으며, 거절이나 지연은 다음 배정에서 불이익으로 이어질 수 있다. 시간은 곧 비용이며, 라이더에게 '빠른 이동'은 선택이 아니라 생존 조건이 된다.

알고리즘은 도시 공간을 균등하게 다루지 않는다. 고소득 지역이나 상업 밀집 지역은 주문 단가와 빈도가 높아 라이더들이 집중되는 반면, 외곽 주거 지역은 장거리 이동과 낮은 수익성으로 인해 기피된다. 그 결과, 주문이 집중되는 '핫스팟'과 거의 배정되지 않는 '데드존'이 형성된다. 물리적 거리보다 중요한 것은 알고리즘이 평가한 수익성이며, 이는 보이지 않는 '도시 지도'를 만들어낸다.

물리적 인프라 역시 이동 경험을 크게 좌우한다. 엘리베이터 없는 저층 주거지, 복잡한 아파트 단지 동선, 좁은 골목과 불법 주정차가 접근을 어렵게 하지만, 플랫폼은 이러한 조건을 충분히 고려하지 않는다.

라이더는 법적으로 자영업자나 특수고용노동자로 분류되어 최저임금이나 고용 안정 보호를 받지 못하며, 알고리즘에 의해 이동 경로와 노동 강도가 통제된다. 평점 시스템은 이러한 통제를 강화하는 장치로 작동한다. 배달 라이더의 하루는 모빌리티 불평등이 교통수단 부족이 아니라 이동이 조직되는 방식과 그 부담이 누구에게 전가되는가의 문제임을 보여준다. 지속가능하고 공정한 도시 모빌리티를 위해서는 이동의 효율성뿐 아니라 이동 노동의 조건도 함께 질문되어야 한다.

[생각해볼 질문] 배달 앱이 제시하는 이동 경로와 시간은 누구에게 유리한가? 알고리즘은 중립적인가, 아니면 특정 공간과 집단에게 불리하게 편향되어 있는가?

(3) 공유 모빌리티와 마이크로 모빌리티

공유모빌리티와 마이크로모빌리티의 확산은 도시 모빌리티 체계가 자동차 중심 구조에서 벗어나 재편되고 있음을 보여주는 대표적인 현상이다. 공유모빌리티는 차량, 자전거, 전동킥보드 등 이동 수단을 개인이 소유하지 않고 필요에 따라 공동으로 이용하는 방식으로 정의된다. 카셰어링, 바이크셰어링, 전동킥보드 공유 서비스 등이 이러한 흐름을 대표한다. 마이크로모빌리티는 주로 짧은 거리 이동에 적합한 소형·저속 이동 수단을 의미하며, 보행과 대중교통을 보완하는 이동 방식으로 주목받고 있다. 특히 이들은 '퍼스트·라스트 마일(first–last mile)' 문제를 해결하는 대안으로 강조된다. 대중교통은 중·장거리 이동에서는 효율적이지만, 출발지와 정류장, 정류장과 목적지 사이의 짧은 이동 구간에서는 불편함이 발생하기 쉽다. 전동킥보드나 공유 자전거는 이러한 구간을 보완함으로써 대중교통의 접근성을 실질적으로 확장한다. 따라서 공유·마이크로모빌리티는 대중교통의 대체재라기보다는 보완재로 이해하는 것이 타당하다.

그러나 공유·마이크로모빌리티의 확산은 구조적 문제를 동반한다. 첫째, 이러한 이동 수단은 수요가 충분하고 운영 효율이 높은 지역을 중심으로 선별적으로 배치되는 경향이 강하다. 도심이나 상업 지역에서는 다양한 서비스가 밀집되는 반면, 외곽 주거지나 저밀 지역에서는 서비스 제공이 제한되거나 수익성을 이유로 쉽게 철수된다. 이는 앞에서 논의한 플랫폼 모빌리티의 공간적 선별 논리가 공유·마이크로모빌리티에서도 반복됨을 보여준다. 둘째, 물리적 도시 공간에서의 갈등이 발생한다. 전동킥보드와 자전거의 급증은 보행 공간 점유 문제를 야기하며, 특히 보도가 협소한 지역이나 고령자·장애인 이용이 많은 공간에서는 안전 갈등이 두드러진다. 이에 대응하여 각 도시는 전용 주차 구역 지정, 주행 구역 설정, 서비스 운영 구역 제한 등 다양한 관리 방식을 도입하고 있다. 대여와 반납을 정해진 거치대에서만 할 수 있는 스테이션 기반 시스템과 이에 비해 앱을 통해 어디서나 가능한 도크리스 시스템의 차이는 단순한 운영 방식의 문제가 아니라, 도시 공간을 어떻게 통제하고 배분할 것인가라는 계획적 선택과 직결된다([읽기 자료 9-2] 참조). 공공 주도 스테이션 기반 시스템은 주차 질서 유지에 유리하나 이용 유연성이 낮고, 민간 주도 도크리스 시스템은 편의성이 높으나 무분별한 주차로 인한 보행 방해와 공간 혼잡을 초래한다. 셋째, 형평성 문제도 제기된다. 공유·마이크로모빌리티 서비스는 스마트폰과 신용카드, 앱 사용 능력을 전제로 하며, 이러한 조건은 디지털 접근성이 낮은 집단에게 새로운 장벽으로 작용할 수 있다. 또한 서비스가 집중된 지역과 그렇지 않은 지역 사이의 격차는 이동 선택지의 차이로 이어지며, 결과적으로 접근성의 공간적 불균등을 재생산할 위험을 내포한다. 따라서 공유·마이크로모빌리티는 이동 선택지를 확장하는 수단인 동시에, 플랫폼과 결합될 경우 도시를 접근성이 분절된 공간으로 재편할 가능성을 함께 지닌다.

읽기 자료 9-2. 공유모빌리티 운영 방식의 차이: 스테이션 기반과 도크리스 시스템

공유 자전거와 전동킥보드로 대표되는 공유모빌리티는 운영 방식에 따라 크게 스테이션 기반(station-based) 시스템과 도크리스(dockless, free-floating) 시스템으로 구분된다. 이 두 방식은 이용 편의성뿐 아니라 도시 공간 관리와 형평성 측면에서 서로 다른 특징과 쟁점을 지닌다.

스테이션 기반 시스템은 정해진 거치대에서만 대여와 반납이 가능하도록 설계된 방식이다. 프랑스 파리의 벨리브(Vélib'), 영국 런던의 산탄데르 사이클, 스페인 바르셀로나의 바이싱(Bicing) 등이 대표적인 사례로, 대체로 공공 부문이 주도하거나 공공-민간 협력 방식으로 운영된다. 이 방식의 장점은 주차 질서 유지와 도시 경관 관리에 유리하다는 점이며, 대중교통 정류장과 연계되어 도시 전반의 접근성을 균형 있게 확장하려는 정책 목표와 결합되는 경우가 많다. 반면, 거치대 설치 비용이 크고 이용 지점이 제한된다는 점에서 이용의 유연성은 상대적으로 낮다.

이에 비해 도크리스 시스템은 스마트폰 애플리케이션을 통해 도시 어디에서나 대여와 반납이 가능한 방식으로, 2010년대 후반 중국과 미국을 중심으로 급속히 확산되었다. 민간 기업이 주도하는 경우가 대부분이며, 이용자에게 높은 편의성과 접근성을 제공한다는 장점이 있다. 그러나 무분별한 주차로 인한 보행 방해, 장애인·고령자의 이동권 침해, 공공 공간의 혼잡 등 다양한 공간적 갈등을 유발해 왔다. 또한 수익성을 기준으로 서비스가 배치되기 때문에, 도심과 상업 지역에 집중되고 교외나 저소득 지역은 소외되는 경향이 뚜렷하다.

이처럼 스테이션 기반과 도크리스 시스템의 차이는 단순한 운영 방식의 문제가 아니라, 도시 공간을 어떻게 관리하고, 이동 서비스의 공공성과 형평성을 어떻게 보장할 것인가라는 근본적인 도시 정책의 문제와 연결된다. 많은 도시들은 두 방식의 장단점을 절충하거나, 주차 구역 지정·이용 제한 등 규제 장치를 도입하며 새로운 관리 모델을 모색하고 있다.

(4) 전기차(EV)와 자율주행차(AV)의 공간적 전망

전기차(Electric Vehicles, EV)와 자율주행차(Autonomous Vehicles, AV)는 미래 모빌리티를 상징하는 핵심 기술로, 교통 부문의 탄소 배출 감축과 안전성 향상, 이동 효율성 제고라는 측면에서 큰 기대를 받고 있다. 이들 기술은 스마트시티 전략과도 긴밀하게 결합되어 있을 뿐만 아니라 도시 공간 구조와 이동 패턴을 어떤 방향으로 재편할 것인가에 관심을 갖게 한다. 이들 기술은 단순히 기존 자동차를 대체하는 것이 아니라 도시의 집약과 확산, 접근성과 형평성에 상반된 영향을 동시에 미칠 수 있는 잠재력을 지닌다. 두 기술은 현재 각각 독립적으로 발전하고 있지만, 향후 전기 자율주행차 형태로 결합될 가능성이 크며, 이 경우 공간적 효과는 더욱 복합적으로 나타날 것이다.

전기차의 확산은 교통 부문의 에너지 전환이라는 점에서 중요한 의미가 있다. 전기차는 주행 과정에서 직접적인 탄소 배출이 없으며, 재생에너지 기반 전력망과 결합할 때 내연기관차 대비 전 생애주기(life-cycle) 탄소 배출을 크게 줄일 수 있다(Hawkins *et al.*, 2013). 이는 도시의 대기질 개선과 기후위기 대응에 기여할 수 있는 중요한 전환이다. 그러나 전기차 전환이 곧바로 자동차 중심 도시 구조의 문제를 해소하는 것은 아니다. 오히려 충전 인프라의 입지와 접근성을 둘러싼 새로운 형태의 공간적 불균형이 나타날 가능성이 크다. 실증 연구에 따르면 급속 충전소는 상업지, 고속도로 인접 지역, 신규 개발 지역에 먼저 설치되는 경향이 있으며(Hardman *et al.*, 2018), 공동주택이나 노후 주거지 거주자는 개인 충전 설비 설치가 어렵기 때문에 공공 충전 인프라에 대한 의존도가 높아진다. 이들 지역에서 충전 접근성이 낮을 때 전기차 전환 자체가 제약된다. 그 결과 전기차는 환경친화적 기술임에도 불구하고, 접근 가능한 집단에게만 혜택이 집중되는 선택적 모빌리티로 작동할 위험을 내포한다(Newman and Kenworthy, 2015).

자율주행차는 교통사고의 주요 원인인 인적 오류를 줄이고 교통 흐름을 안정화할 수 있다는 점에서 안전성과 효율성 향상에 대한 기대를 받아왔다(NHTSA, 2015). 특히 자율주행차가 개인 소유가 아닌 공유 서비스 형태로 확산될 경우, 도시 공간에 긍정적인 변화가 나타날 가능성이 있다. 공유 자율주행차(Shared Autonomous Vehicles, SAVs)는 기존 개인 차량을 대체함으로써 전체 차량 대수와 주차 공간 수요를 크게 줄일 수 있으며(Fagnant and Kockelman, 2018), 이는 보행 공간과 공공 공간의 확대, 도시 집약 구조 강화로 이어질 수 있다. 그러나 이러한 효과는 자율주행차의 확산 방식에 크게 의존한다. 개인 소유 차량 중심으로 자율주행 기술이 도입될 경우, 이동의 편의성 증가는 통행 거리와 통행 빈도를 오히려 확대하는 반동 효과를 초래할 수 있다(Litman, 2023). 이동 중 시간을 활용할 수 있으면 장거리 통근에 대한 부담이 감소하고, 이는 교외 거주를 더욱 쉽게 만들어 도시 외연 확산을 가속할 수 있다. 이 경우 자율주행차는 자동차 의존적 도시 구조를 완화하기보다 오히려 강화하는 방향으로 작동할 위험이 있다.

결국 전기차와 자율주행차의 공간적 미래는 기술의 발전 속도가 아니라 정책적 선택과 계획적 개입에 달려 있다. 충전 인프라에 대한 공공 투자 전략, 자율주행 서비스의 소유 및 이용 방식에 대한 규제, 그리고 토지 이용 계획과의 연계는 미래 도시 구조를 좌우하는 핵심 요소이다. 대중교통 지향 개발(TOD)과 같은 집약적 토지 이용 전략과 결합할 때, 미래 모빌리티 기술은 지속 가능한 도시 구조를 강화하는 방향으로 작동할 수 있다.

4. 모빌리티 형평성

(1) 효율성에서 접근성으로: 모빌리티 관점의 전환

도시 모빌리티는 오랫동안 이동의 효율성과 처리 용량을 중심으로 설계되어 왔다. 통행 시간 단축, 혼잡 완화와 같은 지표는 이동을 얼마나 빠르고 많이 처리할 수 있는가에 초점을 맞췄으나, 누가 그 혜택을 누리는지는 충분히 답하지 못했다. 도시의 규모와 복잡성이 증대되며 이동의 격차가 분명해졌다. 이동의 문제는 단순한 교통 서비스가 아니라 접근 가능성과 기회 분배의 문제로 인식되기 시작했다. 자동차 중심 도시 구조는 자동차를 소유한 집단에게 이동 자유를 제공했지만 그렇지 않은 집단에게는 제약을 일상화했으며, 이는 개인의 문제가 아닌 구조적 문제로 인식되었다.

이러한 한계를 인식하면서 모빌리티 논의는 중요한 개념적 전환을 경험하게 된다. 이동을 단순한 물리적 이동성(mobility)이 아니라, 도시 활동에 대한 접근성(accessibility)의 문제로 재정의하는 것이다. 접근성 개념은 이미 한센에 의해 “특정 위치에서 다양한 기회에 도달할 수 있는 잠재력”으로 정의된 바 있다. 이는 교통 시스템의 성과를 이동 그 자체가 아니라 도달 가능한 기회의 범위로 평가해야 함을 의미한다. 예를 들어, A지점에서 B지점까지 10분이 걸린다는 사실보다, A지점에서 30분 내에 얼마나 많은 일자리, 병원, 교육 시설에 접근할 수 있는지가 더 중요한 지표가 된다. 이는 교통 정책의 관심을 이동수단의 성능에서 이동이 가능하게 하는 기회로 전환시키는 것을 의미한다. 이후 연구들은 접근성이 사회적 조건에 따라 다르게 경험된다는 점을 강조했다. 콴(M.-P. Kwan)은 시공간 접근성(space-time accessibility) 개념을 통해 같은 도시 공간에서도 개인이 경험하는 접근성이 크게 달라짐을 보여주었다(Kwan, 1998). 예를 들어, 오전 9시에 직장에 출근하는 남성과 자녀를 어린이집에 맡기고 출근하는 여성은 같은 거리를 이동하더라도 시간 제약과 경로 복잡성이 전혀 다르다. 이는 이동 시간이 같더라도 접근 가능한 기회의 질과 범위는 개인의 사회경제적 조건에 따라 현저히 달라질 수 있음을 의미한다.

(2) 모빌리티 형평성과 최소 접근권

접근성 기반 관점의 발전은 모빌리티 형평성(mobility equity) 또는 모빌리티 정의(mobility justice)라는 개념의 등장으로 이어졌다. 이 관점은 이동을 도시 생활을 영위하기 위한 기본 조건으로 이해한다. 마르텐스(K. Martens)는 모빌리티 형평성을 "모든 개인이 사회적으로 필수적인 활동에 접근할 수 있는 최소한의 접근 수준을 보장받는 상태"로 정의한다(Martens, 2016). 이는 교통 정책의 목표를 평균적 효율성 극대화가 아니라 최소 접근권(minimum accessibility)의 보장으로 전환하는 것을 의미한다. 이러한 관점은 전통적인 '평균 개선의 논리'의 한계를 드러낸다. 평균 통행 시간 단축은 일부 이용자를 개선하지만 접근성이 가장 낮은 집단의 조건을 반드시 개선하지 않는다. 평균값 개선이 특정 지역에 집중될 경우 접근성 격차는 오히려 심화될 수 있다. 이러한 현상은 교통 정책에서 '평균 개선의 함정(average improvement fallacy)'으로 이해할 수 있다. 최소 접근 수준에 대한 고려가 없는 정책은 구조적 배제를 재생산할 위험을 내포한다. 최소 접근권 개념은 롤스(J. Rawls)의 정의론에서 제시된 최소 수혜자 우선 원칙(difference principle)과 유사한 논리로, 일부 집단의 이동 효율 극대화가 아니라 가장 배제된 집단의 접근성을 우선 개선하는 접근이다. 이는 이동 불평등을 개인이 아닌 구조의 문제로 재해석하게 만든다. 도시 외곽 거주자, 야간 노동자, 돌봄 노동 수행 여성, 장애인과 고령자는 동일한 도시 안에서도 구조적으로 불리한 접근성 조건에 놓인다(Lucas, 2012). 이들의 이동 제약은 도시 공간 배치와 교통 서비스 설계가 특정 이동 방식(자가용 이용, 표준 근무시간, 단순 통근 경로)을 표준으로 상정해 온 결과이다.

전통적인 접근성 불평등은 최근 스마트 모빌리티와 플랫폼 기반 서비스의 확산으로 더욱 복합적인 양상을 띠고 있다. 디지털 플랫폼은 일부에게 접근성을 향상시켰지만 스마트폰, 신용카드, 디지털 문해력을 전제함으로써 이를 갖추지 못한 집단을 배제한다. 예를 들어, 공유 킥보드나 플랫폼 택시는 앱을 통해서만 이용 가능하며, 현금 결제나 전화 예약이 불가능한 경우가 많다. 이는 고령자나 디지털 소외 계층에게는 기술 발전이 오히려 접근성 감소로 이어질 수 있음을 의미한다. 쉘러는 이러한 현상을 모빌리티 정의 관점에서 분석하며, 데이터와 플랫폼에 접근 가능 여부에 따른 격차가 이동 영역에서 구조화되고 있다고 지적한다(Sheller, 2018). 접근성은 물리적 거리와 시간뿐 아니라 디지털 접근성, 경제적 능력, 제도적 조건이 중첩된 다차원적 문제로 확장되고 있다.

이러한 관점에서 모빌리티 형평성은 사후에 보완해야 할 정책 영역이 아니라, 도시 모빌리티 시스템 설계의 출발점이 되어야 한다. 접근성 기반 모빌리티 관점이 제기하는 핵심 질문은 다음과 같다. 첫째, 누가 도시의 핵심 기능—일자리, 의료, 교육—에 구조적으로 접근하지 못하고 있는가? 둘째, 특정 집단의 접근성 제약은 어떤 공간 구조와 제도적 설계에서 비롯되는가? 셋째, 새로운 모빌리티 기술은 이러한 접근성 격차를 완화하고 있는가? 아니면 오히려 심화시키고 있는가. 이 질문들은 이동 수요를 얼마나 빠르고 효율적으로 처리할 것인가라는 기존의 교통계획 논리와 분명히 구별된다. 전기차 충전 인프라의 공간적 편중, 자율주행 서비스의 선택적 제공, 플랫폼 모빌리티의 수익성 중심 배치는 기술적 효율성의 문제가 아니라 형평성의 문제로 재해석되어야 한다. 결국 교통 정책과 도시 계획은 특정 교통수단 간의 효율성 경쟁을 넘어, 도시 생활의 기회를 어떤 기준으로, 누구에게 분배할 것인가라는 근본적인 질문과 직결된다.

(3) 교차적 모빌리티 불평등

모빌리티 불평등은 단일한 사회적 범주로 설명되지 않는다. 젠더, 장애, 연령, 이주 지위, 계층과 같은 사회적 조건들은 독립적으로 작동하지 않으며, 서로 얽히고 중첩되면서 특정 집단의 이동 경험을 더욱 취약하게 만든다. 크렌쇼(K. Crenshaw)가 제시한 교차성(intersectionality) 관점은 여러 불리함의 단순 누적이 아니라 각 범주가 상호작용하며 질적으로 다른 배제의 경험을 생산한다는 점을 강조한다(Crenshaw, 1989). 같은 인프라가 있어도 누가 '이동할 수 있는가'는 사회적 조건에 따라 달라진다.

젠더는 도시 공간에서 이동의 비대칭성을 만드는 핵심 축이다. 전통적인 교통 계획은 자가용을 이용해 직장과 가정을 단순 왕복하는 '남성 전일제 노동자'를 표준 이용자로 상정해 왔다. 그러나 여성의 이동은 돌봄, 가사, 교육, 의료 접근이 결합된 다중 목적 이동으로 구성되는 경우가 많으며, 여러 목적지를 짧게 경유하는 '연쇄적 이동(trip chaining)' 패턴을 보일 가능성이 높다(Kwan, 1998). 이러한 복합적 경로는 간선·출퇴근 중심 체계에서 대기·환승 부담을 키운다. 여기에 심야 안전 문제(조명, 노선 부재 등)가 결합되면 이동 자체를 포기하게 만드는 구조적 요인이 된다.

연령과 장애의 불평등은 도시가 '건장한 비장애 성인'의 신체를 설계 기준으로 삼아 온 결과다. 저상버스·엘리베이터와 같은 시설이 늘어도 정류장까지의 접근 경로, 환승 난이도, 정보 제공 방식의 문제로 배제는 지속된다. 특히 장애인의 경우, 법적 기준 충족 여부보다 '신뢰 가능한 도달 가능성' 즉 반복하여 안정적으로 이동 가능한지 여부가 핵심이다. 엘리베이터 고장, 보행로의 미세한 단차, 복잡한 환승 동선은 이동을 예측 불가능하게 만들고, 이는 이동 선택지 축소로 이어진다.

이주민과 비정규직 노동자는 주거지와 일자리가 지리적으로 분리된 '공간적 불일치(spatial mismatch)' 상태에서 모빌리티가 취약해진다(Lucas, 2012). 대중교통이 열악한 외곽 거주, 심야·이른 새벽 이동이 결합되면 이동의 제약은 곧 고용 기회 박탈과 경제적 악순환으로 연결된다. 플랫폼 기반 모빌리티 서비스는 이동 선택지를 확장하는 것처럼 보이지만, 신용카드, 스마트폰, 앱 사용 능력 등 전제를 요구해 디지털 격차라는 새로운 배제의 필터를 덧씌운다(Sheller, 2018).

여기서 살펴본 교차적 관점은 모빌리티 불평등을 개별 정책의 사각지대 문제가 아닌, 도시 시스템 전체의 설계 논리 자체가 만들어내는 구조적 문제로 인식하게 한다. 따라서 모빌리티 형평성 논의는 '누가 얼마나 이동하는가'에서 '누가 어떤 조건에서 이동할 수 있는가'로 전환될 필요가 있다.

(4) 한국 도시 맥락에서 모빌리티 형평성

한국 도시의 모빌리티 불평등은 개인의 선택이나 능력 차이가 아니라, 공간 구조와 제도가 만들어낸 구조적 결과이다. 이러한 불평등은 크게 세 가지 차원—공간, 시간, 사회적 조건—에서 중첩적으로 나타난다.

첫째, 공간적 차원에서 접근성 격차가 존재한다. 수도권 내부에서도 광역철도가 집중된 도심과 외곽 신도시 사이에는 이동 선택지의 질적 차이가 크다. 수도권 신도시 개발은 주거지와 일자리 사이의 '공간적 불일치'를 심화시키며 대규모 장거리 통근 인구를 형성해 왔다(Kain, 1968; 이민주·박인권, 2016). 김포 골드라인의 혼잡은 외곽 거주자들이 도심의 기회에 접근하기 위해 감내해야 하는 신체적·시간적 비용이 한계에 이르렀음을 보여준다. 한편, 비수도권에서는 인구 감소로 대중교통 노선이 축소되면서 자동차 이용이 사실상 필수 조건이 되었고, 이는 자가용 접근성이 낮은 고령자와 청년에게 이동의 배제로 작용한다.

둘째, 시간적 차원에서 격차가 나타난다. 대중교통 체계는 오전·오후 출퇴근 시간대를 중심으로 설계되어, 심야나 새벽에 이동해야 하는 비정규직·서비스직 노동자는 구조적으로 불리한 위치에 놓인다. 서울시의 심야 전용 버스인 '올빼미 버스'는 이러한 통근 시간대 중심의 교통 서비스에서 배제되었던 심야 노동자들의 이동권을 보완한 사례로, 모빌리티 정책이 형평성의 관점에서 재구성될 수 있음을 시사한다(이신 등, 2017).

셋째, 사회적 조건에 따른 격차가 앞의 두 차원과 결합하며 심화된다. 이주 노동자는 산업단지 인근이나 도시 외곽의 열악한 주거지에 거주하는 경우가 많으며, 이른 새벽이나 심야 시간대 이동이 필수적이다. 하지만 해당 시간대 대중교통이 부재하고 플랫폼 서비스도 언어·결제·디지털 문해력 장벽으로 접근이 제한된다.

2001년 오이도역 장애인 리프트 추락 사고 이후, 장애인의 이동은 복지의 문제가 아닌 기본권의 문제로 인식되기 시작했다. 2005년 제정된 「교통약자의 이동편의 증진법」은 저상버스 도입과 엘리베이터 설치를 제도화하는 법적 토대가 되었다(국가인권위원회, 2019). 그러나 시외·고속버스 저상화 미비, 정류장 단차 등 '인프라의 단절' 문제는 법적 기준과 실제 접근성 사이의 괴리를 드러낸다.

플랫폼 기반 모빌리티 서비스의 확산 역시 디지털 접근성이 낮은 고령층에게 새로운 형태의 배제를 낳고 있으며, 일부 지자체의 바우처 택시나 전화 호출 병행 서비스는 이러한 문제를 보완하려는 시도로 이해할 수 있다(조아해 등, 2023). 이는 디지털 전환 과정에서 발생한 배제를 완화하려는 시도로 이해할 수 있으나, 교통 체계 전반의 접근성 설계로까지 확장되지는 못하고 있다(국가인권위원회, 2019; 전숙연·정석, 2023).

5. 지속가능한 도시 모빌리티

(1) 지속가능한 모빌리티의 조건으로서 접근성

지속가능한 도시 모빌리티란 무엇인가? 전기차와 같은 친환경 교통수단이나 스마트 교통 기술 도입을 떠올릴 수 있지만, 이를 넘어 '도시 이동 체계가 장기적으로 유지 가능한 구조를 갖추고 있는가'를 묻는 본질적인 질문이다. 기존의 이동성 중심 패러다임은 증가하는 이동 수요를 더 많은 도로와 에너지 투입으로 처리해 왔으나, 이는 에너지 과소비, 교통 혼잡, 재정 부담이라는 한계에 직면해 왔다. 따라서 지속가능성은 이동을 효율적으로 처리하는 문제가 아니라, 이동이 반복적으로 요구되는 도시 구조 자체를 조정하는 문제로 재정의 되어야 한다.

이때 핵심 개념이 접근성이다. 접근성은 특정 위치에서 일상적 활동 기회(일자리, 교육, 의료 등)에 도달할 수 있는 잠재력을 의미한다. 중요한 점은 접근성이 지속가능한 모빌리티의 결과가 아니라, 그것이 성립하기 위해 미리 마련되어야 할 공간적 '전제 조건'이라는 것이다. 주거, 고용, 교육, 돌봄 기능이 공간적으로 분산될수록 이동 수요가 확대되고, 환경 부담이 증가한다. 반대로 일상생활 기능이 근거리 내에 배치될수록 이동의 총량은 자연스럽게 관리된다. 즉 접근성은 모빌리티 체계가 감당해야 할 이동 수요의 크기를 결정하는 구조 변수이다. 이러한 관점은 지속가능한 모빌리티 전략의 우선순위를 바꾼다. 이동 수요를 줄이는(Avoid) 전략, 이동 수단을 전환하는(Shift) 전략, 기술적 효율을 개선하는(Improve) 전략으로 구성된 **A-S-I 체계**에서, Avoid 전략이 가장 근본적이다. 접근성이 확보된 공간 구조 위에서 Avoid 전략이 작동해야 Shift와 Improve 전략도 실질적 효과를 발휘한다. 접근성이 낮은 상태에서 수단 전환이나 기술 개선만 추진하면, 효과가 제한되거나 특정 집단에만 혜택이 귀속될 위험이 있다.

나아가 접근성이 얼마나 공정하게 배분되는가는 모빌리티 체계의 사회적 지속가능성을 좌우한다. 이동에 과도하게 의존해야만 생존이 가능한 도시 구조는 특정 지역 거주자와 특정 계층에게 불균등한 부담을 전가하며, 사회적 갈등을 초래한다. 결국 형평성은 지속가능성의 부가적 가치가 아니라, 모빌리티 시스템이 장기적으로 유지되기 위한 필수 조건이다. 요컨대 지속가능한 모빌리티는 더 많은 이동을 신속하게 처리하는 것이 아니라, 이동에 덜 의존하고도 도시 기능이 작동하는 정의로운 구조를 구축하는 과정이다.

(2) 접근성 향상을 위한 도시 공간 전략

지속가능한 모빌리티는 교통수단의 전환만으로 달성되지 않는다. 이동 수요 자체를 줄이거나 관리할 수 있는 도시 공간 구조가 함께 구축되어야 한다. 접근성 중심의 공간 전략은 "어떻게 이동할 것인가"보다 "이동해야 할 필요 자체"를 줄이는 데 초점을 둔다. 이러한 공간 전략은 접근성을 구현하는 방식에 따라 네 가지 유형으로 구분할 수 있다.

첫째, 기능의 근접 배치를 통해 이동 거리 자체를 줄이는 전략이다. 대표적으로 콤팩트 시티(compact city)는 도시 기능을 고밀·혼합적으로 배치함으로써 이동 거리를 단축하고, 보행과 대중교통 중심의 생활을 가능하게 하는 공간 전략이다. 뉴먼과 켄워디는 도시 밀도가 높을수록 1인당 교통 에너지 소비가 낮아진다는 점을 경험적으로 제시하며, 분산적 도시 구조가 자동차 의존과 에너지 과소비를 구조적으로 강화한다고 지적했다(Newman and Kenworthy, 1989; 2015). 이 전략의 핵심은 단순한 고밀 개발이 아니라, 주거·고용·상업·공공서비스가 일상적 생활권 내에서 결합되는 근접성(proximity)의 회복에 있다.

둘째, 대중교통 결절점을 중심으로 접근성을 집중시키는 전략이다. 대중교통 지향 개발(Transit-Oriented Development, TOD)은 철도역이나 주요 대중교통 거점을 중심으로 고밀·혼합 개발을 유도함으로써 승용차 의존을 줄이고 통근·통학·일상 이동의 접근성을 높이는 것을 목표로 한다. TOD는 이동 수단의 선택을 바꾸는 정책이라기보다, 대중교통을 전제로 한 도시 구조를 형성하는 공간 전략이다.

셋째, 일상생활권 단위에서 접근성을 재편하는 전략이다. 15분 도시(15-minute city)는 일상생활에 필요한 기능을 도보나 자전거로 15분 이내에 접근할 수 있도록 배치하는 것을 목표로 한다(Moreno *et al.*, 2021). 15분 도시는 모든 이동을 지역 내부로 제한하려는 전략이 아니라, 필수적 이동과 선택적 이동을 구분하고 불필요한 장거리 이동을 줄이는 데 초점을 둔다.

넷째, 도로 공간의 기능과 우선순위를 재조정하는 전략이다. 이는 자동차 통행을 중심으로 배분되어 온 도로 공간을 보행자와 자전거, 대중교통 이용자에게 재분배하는 접근이다. 이 전략의 대표 사례로 스페인 바르셀로나의 슈퍼블록(superblock) 실험을 들 수 있다. 슈퍼블록은 여러 개의 가로 블록을 하나의 단위로 묶어 내부의 자동차 통과 교통을 제한하고 보행·생활 활동을 우선하는 공간으로 전환한다. 이동 속도는 낮아질 수 있으나, 목적지에 안전하게 도달할 가능성은 높아지며, 아동·고령자·장애인 등 이동 취약 집단의 접근성이 개선된다.

다만 이러한 전략들은 형평성 문제와 함께 검토되어야 한다. 콤팩트 시티나 TOD는 주거비 상승과 기존 거주자의 배제를 동반할 수 있으며, 보행 환경 개선이나 도로 공간 재분배 역시 상업·관광 중심지에 우선 적용되면 생활 기반이 취약한 지역은 정책 효과에서 소외될 위험이 있다. 따라서 도시 공간 전략은 접근성을 높이는 수단인 동시에, 누구의 접근성을 우선으로 개선하느냐는 형평성의 질문과 함께 설계되어야 한다.

(3) 지속가능한 모빌리티 전략의 도시 사례

지속가능한 모빌리티 전략은 세계 여러 도시에서 각기 다른 방식으로 실천되고 있다. 그러나 동일한 정책 수단이라 하더라도 어떤 도시에서는 성공하고 다른 도시에서는 강한 저항과 갈등을 낳는다. 이는 지속가능한 모빌리티가 환경적 효율성의 문제이면서 동시에 사회적 수용성과 정치적 정당성의 문제이기 때문이다. 따라서 도시 사례를 검토할 때에는 정책의 '내용'뿐 아니라 그것이 작동한 '조건'을 함께 살펴볼 필요가 있다.

프랑스의 노란 조끼(Gilets Jaunes) 운동은 이러한 점을 단적으로 보여준다(Douenne and Fabre, 2022). 연료세 인상은 탄소 감축이라는 환경적 목표에서는 합리적이었으나, 대중교통 접근성이 낮고 자동차 의존도가 높은 지역과 계층에게는 이동의 대안 없이 비용 부담만을 증가시키는 정책으로 인식되었다. 환경적 목표의 타당성만으로는 정책의 정당성이 확보되지 않음을 보여준다. 맥캔(E. McCann)과 워드(K. Ward)가 제시한 '정책의 이동성(policy mobility)' 개념은 정책이 특정 도시의 제도, 권력 관계, 사회적 조건 속에서 형성된다는 점을 강조한다(McCann and Ward, 2011). 따라서 지속가능한 모빌리티 전략은 복제의 대상이 아니라, 맥락 속에서 재해석되어야 한다.

[표 9-1]은 주요 도시들의 지속가능한 모빌리티 전략을 정리한 것이다. 이를 지역별로 살펴보면 다음과 같다. 아시아 대도시들은 높은 인구 밀도와 제한된 토지 조건 속에서 자동차 중심 도시로의 이행이 현실적으로 어려웠으며, 비교적 이른 시기부터 대중교통 중심의 모빌리티 체계를 발전시켰다. 싱가포르는 차량 총량 규제(Certificate of Entitlement), 혼잡 통행료(Electronic Road

【표 9-1】 대표적 도시의 지속가능한 모빌리티 전략

지역	도시	접근성 중심 공간 전략	시사점
싱가포르	싱가포르	자동차 수요 관리(COE · ERP) + TOD + 공공주택(HDB)	Avoid-Shift전략이 제도적으로 결합된 사례
홍콩 (SAR)	홍콩	초고밀 TOD + R+P(철도-부동산 통합)	접근성 강화가 재정 구조와 연결된 사례
일본	도쿄	민간 철도 주도 다핵 TOD	'철도 일상화' 모델
덴마크	코펜하겐	자전거 중심 도로 재배분	일관적이고 장기적인 접근성 강화 정책
스위스	취리히	트램 중심 + 주차 총량 제한	공간 규제를 통한 자동차 의존 억제
오스트리아	빈	저렴한 대중교통 요금 + 고밀 주거	노란 조끼와 대비되는 형평성 보완 사례
프랑스	파리	15분 도시 + 도로 공간 재분배	접근성 대안을 동반한 자동차 억제
브라질	쿠리치바	BRT + 토지이용 통합	저비용 Shift전략의 대표 사례
콜롬비아	보고타	BRT + 시클로비아	이동 인프라를 공공 공간으로 전환
칠레	산티아고	BRT · 요금 개편	형평성 없는 개혁의 정치적 위험
한국	서울	광역 버스 체계 개편 + 보행 공간 재편	효율성 성과 대비 접근성 분배는 과제

출처: Pucher and Buehler(2008); Newman and Kenworthy(2015); Yuen and Chor(1998); Cervero and Murakami(2009); City of Copenhagen(2019); Kaufmann(2017); Moreno *et al.*(2021); Suzuki *et al.*(2013); Hidalgo and Graftieaux(2008); Pucher *et al.*(2005)을 토대로 수정, 정리.

Pricing), 높은 주차 비용을 통해 자동차 이용을 강하게 억제하는 한편, 지하철(MRT)을 중심으로 한 고밀도 개발과 공공주택(HDB)을 결합함으로써 이동 수요 자체를 구조적으로 관리해 왔다(Barter, 2004; Willoughby, 2001). 홍콩은 철도 운영 수익과 역세권 개발을 결합한 R+P(Rail plus Property) 모델을 통해 대중교통 시스템의 재정적 자립성을 확보해 왔다(Cervero and Murakami, 2009). 도쿄는 민간 철도회사가 주도하는 다핵적 TOD 구조가 특징적이다. 철도 노선과 상업·주거·업무 기능이 결합된 역세권은 통근 이동을 철도 중심으로 조직하며, 자동차 의존도를 낮추는 데 기여해 왔다(Sorensen, 2000; Suzuki *et al.*, 2013).

유럽의 주요 도시들은 환경 부담 완화와 역사적 도시 구조 보존이라는 목표 속에서 자동차 이용 억제와 대중교통·보행 중심 전환을 장기간 추진해 왔

다. 런던과 스톡홀름은 도심 혼잡 통행료를 도입하여 교통량과 배출가스를 감축하고, 그 수입을 대중교통 개선에 재투자했다(Santos, 2005; Eliasson, 2009). 코펜하겐과 취리히는 수십 년에 걸친 일관된 정책으로 보행·자전거·대중교통 친화 도시를 단계적으로 구축했다(Newman and Kenworthy, 2015). 빈과 파리는 저렴한 대중교통 요금제(빈의 연 €365 정기권 등)와 15분 도시 전략으로 형평성을 강화하고 있다(Kaufmann, 2017; Moreno *et al.*, 2021).

글로벌 사우스의 도시들은 급속한 도시화와 제한된 재정 여건 속에서 기본적 접근성 확보라는 현실적 과제에 직면했다. 브라질의 쿠리치바와 콜롬비아의 보고타는 지하철보다 저렴한 BRT(Bus Rapid Transit)로 대중교통 접근성을 대규모로 개선했다(Cervero, 2013b). 보고타의 시클로비아(Ciclovía)는 매주 주요 도로를 자동차 통행 없이 개방함으로써, 저소득층을 포함한 모든 시민에게 보행과 자전거를 통한 도시 공간 이용 기회를 제공한다. 그러나 칠레 산티아고의 트란산티아고는 요금 인상과 서비스 혼란으로 강한 반발을 경험하며, 형평성 없는 개혁의 정치적 위험을 보여주었다.

한국의 경우, 서울시 2004년 버스체계 개편은 간선·지선 노선 체계와 통합 환승 요금제로 대중교통 네트워크 효율성을 크게 향상시킨 사례로 평가된다(Kim and Dickey, 2006). 청계천 복원은 도심 도로를 보행 공간으로 전환한 상징적 사례이다. 그러나 이러한 성과가 접근성의 공간적·사회적 균등 분배로 이어졌는지는 별도의 검토가 필요하다.

(4) 한국 도시의 모빌리티 전환 과제

앞서 살펴본 해외 사례들은 지속가능한 모빌리티가 기술이나 정책 도입만으로 달성되지 않으며, 공간 구조·제도·사회적 수용성이 함께 고려되어야 함을 보여준다. 그렇다면 한국 도시는 어디에 서 있는가? 한국의 대도시는 고밀 개발과 대중교통 투자를 통해 높은 이동 효율성을 달성해 왔다. 그러나 이러한 성과가 곧바로 지속가능한 모빌리티로 이어지는 것은 아니다. 모빌리티 전환은 교통체계 개선만으로 해결되지 않고, 도시 확산·장거리 통근 구조·자동차 의존적 토지이용과 결합되어 있기 때문이다. 한국 도시의 모빌리티 전환

과제는 크게 세 가지 차원에서 검토할 수 있다.

첫째, 접근성 격차의 구조화 문제이다. 4절에서 살펴본 바와 같이 수도권 신도시의 직주 분리와 비수도권의 대중교통 축소는 접근성 격차를 고착시켜 왔다. 특히 수도권에서는 거주지와 직장이 서로 다른 지자체에 걸쳐 있는 경우가 많아, 개별 지자체의 교통 개선만으로는 접근성 문제를 해결하기 어렵다. 그러나 평균 통행 시간 같은 효율성 지표가 이러한 격차를 포착하지 못한다(Song and Knaap, 2004).

둘째, 플랫폼 모빌리티의 선택적 연결 문제이다. 플랫폼 서비스의 확산은 구조화된 접근성 격차를 완화하기도 하지만 새로운 분절을 만들기도 한다. 호출 택시, 배달, 대리운전과 같은 서비스가 수익성 높은 지역에 집중되는 경향을 보이면서, 외곽 지역이나 심야 시간대의 배차 거부, 서비스 지연 등 분절된 도시의 특성이 국내 도시 맥락에도 나타나고 있다. 또한 앱 기반 서비스는 디지털 접근성이 낮은 고령층이나 장애인에게 새로운 이용 장벽이 되기도 한다(Graham and Marvin, 2001).

셋째, 도시 물리적 환경의 제약이다. 특히 한국의 전형적인 아파트 단지는 단지 내 편의성은 확보하나 외부 가로와의 연결이 약한 경우가 많다. 이처럼 생활권이 단지 단위로 닫히면 보행·자전거·대중교통 연계가 취약해질 수밖에 없다. 이러한 구조는 장애인, 고령자 등 이동에 제약이 있는 집단에게 더 큰 장벽으로 작용한다(강현미·박소현, 2009; 국토연구원, 2024).

이러한 맥락에서 한국 도시 모빌리티 전환은 다음과 같은 정책적 전환을 요구한다. 우선, 교통 부문의 운영 개선을 넘어 도시계획 차원에서 토지이용·주거·생활권 구조를 함께 조정하는 통합적 접근이 필요하다. 또한 정책 성과를 평가할 때 통행 속도나 혼잡도 같은 효율 지표만이 아니라, 누가 어디에 접근할 수 있는가를 측정하는 형평성·접근성 지표를 병행해야 한다(Martens, 2016). 아울러 해외 정책 사례를 참고하더라도 제도·공간·이해관계가 다른 한국의 맥락에 맞게 재설계하는 과정이 필요하다(McCann and Ward, 2012). 결국 한국 도시의 모빌리티 전환은 "얼마나 빠르게 이동할 수 있는가"가 아니라 "누가 도시의 일상적 기회에 안정적으로 접근할 수 있는가"라는 질문을 중심에 둘 때 실질적 진전을 이룰 수 있다.

생각해 볼거리

1) [토론하기] 스마트도시 모빌리티는 접근성을 어떻게 바꾸는가?
   - 스마트 교통 기술이나 플랫폼 모빌리티가 도입된 국내 사례를 하나 선택해 보자. 해당 기술로 접근성이 실제로 개선된 집단과 소외된 집단은 각각 누구인가? 모빌리티 정책 성과는 이동 속도·이용량과 같은 효율성 지표로 평가하는 것이 적절할까, 아니면 접근성의 분배 방식까지 포함해야 할까?
2) [상상하기] 아파트 단지 구조가 모빌리티 형평성에 미치는 영향은?
   - 내가 사는 지역이나 익숙한 도시의 아파트 단지를 하나 선택하여 대중교통 접근성, 보행 이동의 편의성, 외부 가로와의 연결성을 살펴보자. 단지 내부와 외부의 이동 환경은 어떻게 다른가? 보다 형평적인 이동 환경을 위해 어떤 공간적 변화가 필요할까?

읽을거리

강현수·이희상 역, 2014, 모빌리티, 아카넷(Urry, J., 2007, Mobilities, Polity Press).

박혜인 역, 2015, 걸어다닐 수 있는 도시, 마티(Speck, J., 2014, Walkable City, North Point Press).

참 | 고 | 문 | 헌

강현미·박소현, 2009, “구릉지 아파트단지의 보행환경 특성에 관한 연구: 보행약자의 이동을 중심으로”, 대한건축학회논문집 계획계, 25(6), 187-196.

국가인권위원회, 2019, 장애인 이동권 강화를 위한 개별적 이동수단에 대한 실태조사, 국가인권위원회.

국토교통부, 2025, 지속가능한 미래로, K-스마트도시, 국토교통부.

국토연구원, 2024, 활력있는 초고령사회를 위한 대중교통 정책 연구, 국토연구원.

이민주·박인권, 2016, “지역 특성에 따른 소득별 직주불일치에 관한 연구”, 지역연구, 32(1), 67-82.

이신·허유경·김혜미, 2017, “빅데이터를 이용한 교통계획: 심야버스와 사고줄이기”, 서울정책아카이브 정책사례 자료(Seoul Solution), 서울특별시.

전숙연·정석, 2023, “고령 디지털 약자의 대중교통 복지서비스 연구: 대전광역시와 포즈난을 중심으로”, 도시연구, 24, 43-94.

조아해·서지훈·조정우·김성훈·김영호, 2023, “교통부문 디지털 격차 현황 분석”, 한국ITS학회 논문지, 22(4), 145-166.

Amin, A. and Thrift, N., 2002, *Cities: Reimagining the Urban*, Polity Press.

Banister, D., 2008, The sustainable mobility paradigm, *Transport Policy*, 15(2), 73–80.

Barter, P. A., 2004, Transport, urban structure and “lock-in” in the Kuala Lumpur Metropolitan Area, *International Development Planning Review*, 26(1), 1–24.

Batty, M., Axhausen, K. W., Giannotti, F., Pozdnoukhov, A., Bazzani, A., Wachowicz, M., Ouzounis, G., and Portugali, Y., 2012, Smart cities of the future, *European Physical Journal Special Topics*, 214(1), 481–518.

Caragliu, A., Del Bo, C., and Nijkamp, P., 2013, Smart Cities in Europe, in *Creating Smart-er Cities*, Routledge, 65–82.

Castells, M., 1996, *The Rise of the Network Society*, Blackwell.

Cervero, R. and Murakami, J., 2009, Rail and property development in Hong Kong: Experiences and extensions, *Urban Studies*, 46(10), 2019–2043.

Cervero, R., 2013a, Linking urban transport and land use in developing countries, *Journal of Transport and Land Use*, 6(1), 7–24.

Cervero, R., 2013b, Bus Rapid Transit (BRT): *An Efficient and Competitive Mode of Public Transport*, ACEA(European Automobile Manufacturers Association).

City of Copenhagen, 2019, *Copenhagen City of Cyclists: The Bicycle Strategy 2011-*

2025, City of Copenhagen.

Crenshaw, K., 1989, Demarginalizing the intersection of race and sex: A Black feminist critique of antidiscrimination doctrine, feminist theory and antiracist politics, *University of Chicago Legal Forum*, 1989(1), 139–167.

Cresswell, T., 2006, *On the Move: Mobility in the Modern Western World*, Routledge.

Cresswell, T., 2010, Towards a politics of mobility, *Environment and Planning D: Society and Space*, 28(1), 17–31.

Douenne, T., and Fabre, A., 2022, Yellow Vests, pessimistic beliefs, and carbon tax aversion, *American Economic Journal: Economic Policy*, 14(1), 81–110.

Eliasson, J., 2009, A cost-benefit analysis of the Stockholm congestion charging system, *Transportation Research Part A: Policy and Practice*, 43(4), 468–480.

Fagnant, D. J. and Kockelman, K. M., 2018, Dynamic ride-sharing and fleet sizing for a system of shared autonomous vehicles in Austin, Texas, *Transportation*, 45, 143–158.

Garreau, J., 1991, *Edge City: Life on the New Frontier*, Doubleday.

Geurs, K. T. and van Wee, B., 2004, Accessibility evaluation of land-use and transport strategies: Review and research directions, *Journal of Transport Geography*, 12(2), 127–140.

Graham, M., Zook, M., and Boulton, A., 2022, Augmented reality in urban places: Contested content and the duplicity of code, in *Machine Learning and the City: Applications in Architecture and Urban Design*, John Wiley & Sons, 341–366.

Graham, S. and Marvin, S., 2001, *Splintering Urbanism: Networked Infrastructures, Technological Mobilities and the Urban Condition*, Routledge.

Graham, S., 2005, Software-sorted geographies, *Progress in Human Geography*, 29(5), 562–580.

Greenfield, A., 2013, *Against the Smart City: A Pamphlet*, Do Projects, New York.

Hansen, W. G., 1959, How accessibility shapes land use, *Journal of the American Institute of Planners*, 25(2), 73–76.

Hardman, S., Jenn, A., Tal, G., Axsen, J., Beard, G., Daina, N., and Witkamp, B., 2018, A review of consumer preferences of and interactions with electric vehicle charging infrastructure, *Transportation Research Part D: Transport and Environment*, 62, 508–523.

Hawkins, T. R., Singh, B., Majeau-Bettez, G., and Strømman, A. H., 2013, Comparative Environmental Life Cycle Assessment of Conventional and Electric Vehicles, *Journal of Industrial Ecology*, 17(1), 53–64.

Hidalgo, D., and Graftieaux, P., 2008, Bus rapid transit systems in Latin America and Asia: Results and difficulties in 11 cities, *Transportation Research Record*, 2072(1), 77–88.

Hietanen, S., 2014, Mobility as a Service: The new transport model, *Eurotransport*, 12(2), 2–4.

Hollands, R. G., 2008, Will the real smart city please stand up? Intelligent, progressive or entrepreneurial?, *City*, 12(3), 303–320.

Jittrapirom, P., Caiati, V., Feneri, A. M., Ebrahimigharehbaghi, S., Alonso-González, M. J., and Narayan, J., 2017, Mobility as a Service: A critical review of definitions, assessments of schemes, and key challenges, *Urban Planning*, 2(2), 13–25.

Kain, J. F., 1968, Housing segregation, negro employment, and metropolitan decentralization, *The Quarterly Journal of Economics*, 82(2), 175–197.

Kaufmann, V., 2017, *Re-thinking Mobility: Contemporary Sociology*, Routledge.

Kitchin, R., 2014a, *The Data Revolution: Big Data, Open Data, Data Infrastructures and Their Consequences*, SAGE.

Kitchin, R., 2014b, The real-time city? Big data and smart urbanism, *GeoJournal*, 79(1), 1–14.

Kwan, M. P., 1998, Space-time and integral measures of individual accessibility: A comparative analysis using a point-based framework, *Geographical Analysis*, 30(3), 191–216.

Lefebvre, H., 2004, *Rhythmanalysis: Space, Time and Everyday Life*, Continuum.

Litman, T., 2003, The Online TDM Encyclopedia: Mobility management information gateway, *Transport Policy*, 10(3), 245–249.

Litman, T., 2014, A New Transit Safety Narrative, *Journal of Public Transportation*, 17(4), 114-135.

Litman, T., 2023, *Autonomous Vehicle Implementation Predictions: Implications for Transport Planning*, Victoria Transport Policy Institute.

Lucas, K., 2012, Transport and social exclusion: Where are we now?, *Transport Policy*, 20, 105–113.

Martens, K., 2016, *Transport Justice: Designing Fair Transportation Systems*, Routledge.

Massey, D., 2005, *For Space*, SAGE.

McCann, E. and Ward, K., 2011, *Mobile Urbanism: Cities and Policymaking in the Global Age*, University of Minnesota Press.

McCann, E., and Ward, K., 2012, Assembling urbanism: Following policies and 'studying through' the sites and situations of policy making, *Environment and*

Planning A, 44(1), 42–51.

McFarlane, C., 2011, The city as assemblage: Dwelling and urban space, *Environment and Planning D: Society and Space*, 29(4), 649–671.

Moreno, C., Allam, Z., Chabaud, D., Gall, C., and Pratlong, F., 2021, Introducing the "15-minute city": Sustainability, resilience and place identity in future post-pandemic cities, *Smart Cities*, 4(1), 93–111.

Mumford, L., 1961, *The City in History: Its Origins, Its Transformations, and Its Prospects*, Harcourt, Brace & World.

Newman, P. and Kenworthy, J., 1989, *Cities and Automobile Dependence: An International Sourcebook*, Gower.

Newman, P. and Kenworthy, J., 2015, *The End of Automobile Dependence: How Cities are Moving Beyond Car-based Planning*, Island Press.

NHTSA, 2015, *Critical Reasons for Crashes Investigated in the National Motor Vehicle Crash Causation Survey*, U.S. Department of Transportation.

Pucher, J. and Buehler, R., 2008, Making cycling irresistible: Lessons from The Netherlands, Denmark and Germany, *Transport Reviews*, 28(4), 495–528.

Pucher, J., Park, H., Kim, M. H., and Song, J., 2005, Public transport reforms in Seoul: Innovations motivated by funding crisis, *Journal of Public Transportation*, 8(5), 41–62.

Rawls, J., 1971, *A Theory of Justice*, Harvard University Press.

Rode, P., Floater, G., Thomopoulos, N., Docherty, J., Schwinger, P., Mahendra, A., & Fang, W., 2017, *Accessibility in Cities: Transport and Urban Form*, in Disrupting Mobility: Impacts of Sharing Economy and Innovative Transportation on Cities, Meyer, G., and Shaheen, S. (eds.), Springer, Cham, 239–273.

Roy, A., 2009, Why India cannot plan its cities: Informality, insurgence and the idiom of urbanization, *Planning Theory*, 8(1), 76–87.

Santos, G., 2005, Urban Congestion Charging: A Comparison of London and Stockholm, *Oxford Review of Economic Policy*, 21(1), 114–134.

Sheller, M. and Urry, J., 2006, The new mobilities paradigm, *Environment and Planning A*, 38(2), 207–226.

Sheller, M., 2018, *Mobility Justice: The Politics of Movement in an Age of Extremes*, Verso.

Sochor, J., Arby, H., Karlsson, I. M., and Sarasini, S., 2018, A topological approach to Mobility as a Service: A proposed tool for understanding requirements and effects, and for aiding the integration of societal goals, *Research in Transportation Business & Management*, 27, 3–14.

Song, Y. and Knaap, G. J., 2004, Measuring urban form: Is Portland winning the war on sprawl?, *Journal of the American Planning Association*, 70(2), 210–225.

Sorensen, A., 2000, Land Readjustment and Metropolitan Growth: An Examination of Suburban Land Development and Urban Sprawl in the Tokyo Metropolitan Area, *Progress in Planning*, 53(4), 217–330.

Srnicek, N., 2017, *Platform Capitalism*, Polity Press.

Suzuki, H., Cervero, R., and Iuchi, K., 2013, *Transforming cities with transit: Transit and land-use integration for sustainable urban development*, World Bank Publications, Washington, DC.

Townsend, A. M., 2013, *Smart Cities: Big Data, Civic Hackers, and the Quest for a New Utopia*, W.W. Norton & Company.

Transportation Research Board, 2000, *Highway Capacity Manual*, National Academy Press, Washington, DC.

Urry, J., 2007, *Mobilities*, Polity Press.

Warner, S. B., 1962, *Streetcar Suburbs: The Process of Growth in Boston(1870~1900)*, Harvard University Press.

Willoughby, C., 2001, Singapore's motorization policies 1960~2000, *Transport Policy*, 8(2), 125–139.

Yuen, B. and Chor, C. H., 1998, Pedestrian streets in Singapore, *Transportation*, 25(3), 225–242.

Zuboff, S., 2019, *The Age of Surveillance Capitalism: The Fight for a Human Future at the New Frontier of Power*, PublicAffairs.

제10장

도시의 공공성과 도시정치

| 이영아 |

제10장

도시의 공공성과 도시정치

1. 도시의 공공성

(1) 공공성의 정의

누구나 이용하는 공공시설에서 타인을 배려하는 행동에는 공공성의 가치가 담겨있다. 사회적으로 합의된 규범의 기반으로 이해되는 이 용어는 종종 국가나 공공기관이 수행하는 공익적인 사업의 특성으로 이해되기도 한다. 표준국어대사전에서는 공공성(公共性, publicness)을 '한 개인이나 단체가 아닌 일반 사회 구성원 전체에 두루 관련되는 성질'이라고 좀 더 포괄적으로 정의하고 있다. 그러나 공공성은 국가의 역할이나 사회적 규범만을 의미하지는 않는다.

공공성(公共性)을 보다 명확하게 이해하기 위해, 공공을 공(公)과 공(共)으로 분해하여 살펴보고자 한다. 공(公)은 영어로 'public'으로, '민간의(private)'와 반대되는 개념이며, 공(共)은 영어로 'common'으로, '개별적인(individual)'의 반대 개념이다. 하승우(2014)는 공유(共有)를 '함께 함'으로, 공유(公有)를 '함께 누림'으로 표현하고 있다. 이렇듯 공공성이라는 하나의 단어에는 두 개의 의미가 결합되어 있다. 즉 다양한 구성원이 함께 참여한다는 의미와 구성원 모두가 누리는 어떤 것이라는 의미가 동시에 포함되어 있는 용어이다.

조한상(2009)은 함께 하는 주체로서 '인민'과 함께 누림으로서 '공공복리'에, '공개성'이라는 요소를 추가하여 공공성을 '자유롭고 평등한 인민이 공개적인 의사소통 절차를 통하여 공공복리를 추구'하는 속성이라고 정의한다. 그는 공(公)은 공공복리로, 공(共)은 자유로운 인민의 공개적 의사소통이라고 이해한다.

공공성의 요소 중 하나인 공공복리는 라틴어로 salus publica로, salus는 구원, 건강, 안전을 의미한다. 라틴어 어원으로부터 파생된 공공복리란 '국민 혹은 시민 등 공동체의 안전과 안녕을 지키는 것을 최우선으로 하는 것'을 의미한다. 공동체의 복리를 추구한다는 점에서 공공성은 국가나 공공기관이 추구해야 할 가치로 인식되었다. 그러나 현대 사회에서 공공성은 더 이상 국가에 의해서만 실현되는 가치가 아니며, 주권을 가진 주체로서 시민이나 국민에 의해서도 실현되는 것으로 이해된다.

공공성 요소 중 하나로 언급된 주권을 가진 주체로서 인민(people)은 라틴어 populus에서 유래한 말로, 이는 public의 어원이기도 하다. 인민은 쉽게 말하면 일반적인 사람을 뜻하는 표현으로, 주권의 주체가 되는 개인의 집합이라는 점에서 상황에 따라 지역주민, 시민, 국민으로 표현할 수 있다. 이처럼 누구나 지역주민, 시민, 혹은 국민의 범주에 포함되기 때문에 모든 사람을 동일한 주체로 이해할 수 있으나, 현실에서는 공공성을 실현시키는 과정에서 모든 사람을 일반적인 사람이라는 범주 하나로 묶는 것은 불가능하다. 다양한 공동체가 존재하고 있고, 개인이 속해있는 공동체의 이해관계에 따라 공공성이 다르게 이해되기 때문이다.

이렇듯 상충되는 이해관계를 가진 집단들 간에 공공성 실현을 위해 필요한 요소가 '공개성'이라고 조한상(2009)은 설명한다. 공개성(publicity)은 직접적 이해관계를 가진 집단뿐 아니라 보다 다양한 집단들이 함께 공공성을 확보할 수 있도록, 가능한 한 모든 정보를 공개하고 숙의를 거쳐 합의하는 과정을 의미한다. 공개성을 통해 적절하고 올바른 공공성 기준을 확인하는 것이 가능하다고 강조한다. 갈등하는 특정한 사안에 대한 판단 과정에서, 접근 가능한 정보와 논의 과정이 공개적이지 않으면 구성원 전체에 이익이 되는 방향(공공성)으로 합의하는 것이 어려워지기 때문이다. 결국 유사한 이해관계를 가진 집단과 함께 하는 것이 공유(共有)라면, 공개성은 다른 집단과 교류를 통해 공유(公有)에 이르기 위해 필요한 요소이다.

(2) 도시에서의 공공성

도시의 공공성도 공공성 개념의 두 가지 의미를 담지하고 있다. 사람에 따라 도시라는 물리적 공간에 다중의 보편적 이해 실현을 강조한 정의(justice)를 강조하기도 하고, 시민의 참여와 정보의 공개성에 주목하는 개념을 강조하기도 한다. 그러나 도시의 공공성을 실현하기 위해서는 내용적으로는 공공복리를, 방법론적으로는 시민의 참여와 합의를 동시에 고려해야 한다. 즉, 도시의 공공성은 도시 공간의 자원과 제도에 대한 모든 구성원의 평등한 접근과 참여를 통해 도시 공동체 전체 구성원의 삶의 질과 지속가능성을 높이는 데 기여하는 이익과 가치를 실현하는 것을 의미한다.

공공성은 많은 사람들이 모여 사는 정주지로서 도시의 본질적 특성 중 하나다. 개인이 혼자 떨어져 살아갈 때 얻지 못하는 이익을 얻고, 다양한 위험에 노출되기 쉬운 생존의 문제를 해결하기 위하여 모여 살기 시작했던 촌락이 도시의 시초이기 때문이다. 도시에서의 안전은 외부의 침입을 막기 위해 성벽을 쌓거나 자연재해나 위협으로부터 생명을 보호하고 유지하기 위한 시설을 설치함으로써 보장되었다. 또한 시민의 안녕은 도시에 모여 거래를 하면서 경제적 자유를 누리고, 그 자유를 지키기 위한 복지 체계를 갖춤으로써 가능할 수 있다. 이런 점에서 도시는 본질적으로 공공적이며 공공복리를 실현하는 공간체계라 할 수 있다.

도시의 공공성은 구성원 전체의 삶의 질을 높이는 데 있다는 점에는 쉽게 동의할 수 있지만, 현실에서는 그 '모두에게 이익이 되는 도시의 공공성'에 대한 합의를 이루기 어렵다. 도시에 거주하는 다양한 집단 간 이해가 상충할 때, 모두에게 이익이 되는 가치를 찾아낸다는 것이 어렵기 때문이다.

예를 들어보자. 재개발을 추진하면서 일부 단지는 거주민이 아니어도 누구나 이용할 수 있는 공공보행통로를 단지 내에 개설하는 조건으로 용적률 완화를 받기도 한다. 용적률 완화는 아파트를 건설할 때 개인이 부담해야 하는 비용을 줄일 수 있다는 점에서 사업성과 직결되는 혜택이기 때문에 대부분의 재개발 조합에서는 용적률 완화를 통해 아파트를 더 공급하고자 한다. 아파트가 완공되고 난 뒤에 아파트 단지 내 건설된 공공보행통로가 국가에 기부채납되지 않은 경우, 그 공공보행로는 국공유지가 아니라 사유지이다. 따라서 누구나 지나다니는 공공보행통로의 관리 비용을 아파트 주민이 감당해야 한다. 이에 관리가 어렵다는 이유로 그 길을 외부인에게 개방하지 않는 경우가 있다. 아파트 거주민의 재산권과 인근 지역주민들의 길을 이용할 권리를 둘러싼 갈등이 발생한 경우, 아파트 거주민은 해당 도로의 공공성에 합의하기 어렵고 아파트 주민에게 공공성의 책임을 지라고 하기도 어렵다.

이 사례에서 도시의 공공성을 실현하기 위해서는 두 가지 문제를 고려해야 한다. 첫째는 아파트 단지 내 공공보행통로가 도시에서 공공복리 실현에 필수적인 것인가이다. 도시의 공공성을 논하기 위해서는 우선적으로 도시에 거주하고 그 공간을 이용하는 모든 사람들에게 보편적으로 적용되는 공공복리가 무엇이며, 어느 수준까지를 지켜야 하는가를 고려해야 한다.

두 번째는 공공보행통로를 공급하고 관리하는 책임을 누가 가지고 있는가이다. 과거에는 개인이 자신의 안전을 지키기 위해 자신의 결정 권한을 국가에 이양했기 때문에, 국가 혹은 정부가 공공복리의 내용과 수준을 결정하고, 개인은 이를 받아들였다. 국가는 공정하게 공공복리를 위한 결정을 한다고 전제한 것이다. 그러나 위의 사례처럼 국가가 공공복리를 제공하는 책임을 충분히 다 하지 못하는 상황이 발생되기도 하고, 집단 간 이해가 상충되었을 때 국가가 특정 집단의 이해를 고려하지 않거나 배제시키기도 한다. 이렇듯 국가가 늘 공정하며 규범적인가에 대한 질문은 서양 정치사에 오랜 쟁점이었으며, 그러한 논의 속에서 다양한 주체의 참여와 합의라는 공동의 참여를 통해 공공복리 수준을 결정하는 과정의 필요성이 강조되었다. 즉, 공공복리를 실현하기 위해 주체로 참여한 집단이 누구이며 참여하지 못한 집단은 누구인가, 참여하지 못하는 집단의 이해는 어떻게 보장되어야 하는가는 도시 공공성 논의의 주요 주제가 되었다.

(3) 도시 공공성의 역사

도시 공간에서의 공공성은 산업혁명 이후 인구가 급격하게 성장했던 근대 도시에서 주요 주제가 되었지만, 그 이전 시대 도시에서도 공공성은 고려되었다. 고대 도시 아테네의 아고라는 도시 중심부에 개방된 공간으로 시민들이 모여 정치를 논하고 학문을 토론하는 대표적인 공공공간이다. 시민이라면 누구나 아고라에서 토론과 정치적 의사결정 과정에 참여할 수 있었다는 점에서 공공성이 실현되었다. 세넷(R. Sennett)은 『살과 돌(2000)』에서 고대 아테네 사람들은 아고라와 같은 공공공간에서 자신의 몸을 드러내기를 즐겼는데, 아테네 민주주의에서 신체 과시는 자기 생각을 드러내는 것만큼이나 중요한 일이었다고 설명한다(임동근 역, 2021). 공공공간에서 신체 드러내기는 시민으로서 위엄을 확인하는 일이자, 다른 사람들과 더욱 긴밀한 관계를 맺는 방식이었다. 이는 숲에서 털옷을 입고 살아가는 야만인과 대비되는 행동으로 사람들 간의 결속, 즉 도시민의 공동체성을 의미했다. 그러나 잘 알려져 있는 것처럼 그러한 결속의 대상은 남성에 국한되었으며, 여성과 노예는 자신의 신체를 공공공간에서 드러내지 않았는데, 이는 민주주의 참여에서 제외되었음을 의미한다.

기독교적 세계관이 지배했던 중세시대에는 후반에 이르러 영주나 종교지도자로부터 부여받은 자치권한(charter)을 가지고 도시의 중심부에서 활동하는 상인 계급이 생겼다. 이들이 도시 중심으로 모이면서 서구 도시는 상업의 중심지로서 특성을 가지게 되었고, 도시의 중앙에 있는 광장 주변은 교회 중심에서 점차 거래가 일어나는 시장 기능이 커지게 되었다. 이전보다 다양한 사람들이 공공공간을 이용할 수 있는 권리가 있었으나, 이 시기에도 농노, 여성, 이방인 등은 도시를 동등하게 이용하기 어려웠다. 이러한 피지배 집단의 경우에는 도심부로부터 멀리 떨어진 외곽에 거주하였으며, 이동에 필요한 기반시설이 충분하지 않은 상태에서 이들의 도심부에 대한 접근성은 상대적으로 떨어질 수밖에 없었다. 이들은 전근대 도시의 중심 공간으로부터 제도적으로 배제되지는 않았으나, 현실적으로 물리적 접근에 제약이 존재했다는 점에서 도시의 공공성은 실현되지 못했음을 알 수 있다.

산업화로 대표되는 근대 자본주의와 함께 등장한 서구 복지국가는 공공성을 추구하는 강력한 주체로 작동했다. 국가가 공공성을 책임지는 주체로 등장하게 된 배경에는, 산업화와 함께 급격히 증가한 도시로의 인구 유입이 있었다. 갑자기 늘어난 인구를 도시에서 수용하기 어려워 주거환경은 열악해졌으며, 그 결과 도시민의 삶도 매우 피폐해졌다. 홀(P. Hall)은 당시 상황에 대해 19세기 말 유럽의 곤궁하고 열악한 노동자 계층의 주거환경을 '처절한 통곡'의 장소로 적나라하게 표현하고 있다(임창호·안건혁 역, 2000). 열악한 주거환경은 사회 전반의 위기로 인식되었고, 국가는 자유방임주의를 포기하고, 산업화를 통한 자본주의 발전을 위해 도시민의 안전을 포함하는 공공복리를 제공해야 했다. 서구 복지국가에서 정부는 도시 곳곳에 임대주택을 공급하고, 상하수도 시설을 설치하여 질병을 줄였으며, 의료 및 교육, 지하철과 같은 교통수단 등 집합적으로 소비하는 공공 서비스를 제공하는 역할을 담당하였다.

1980년대 서구에서는 경제위기에 대한 대응으로 경제 세계화와 신자유주의가 등장하면서 기존 복지국가 형식의 정부개입은 효율성에 한계가 있으며, 시장의 자율적 작동을 통해 자원의 효율적 배분이 가능하다고 여겼다. 따라서 정부는 배분에 필요한 자원의 극대화를 지원하는 데 집중하였으며, 공공부문의 민영화와 시장에 대한 규제 완화 등의 정책에 초점을 맞추었다. 공공성에 대한 정부의 직접적 역할이 축소되고 공공복리 차원에서 제공되던 수도, 전력, 교통수단, 교육, 의료 등 공공 서비스도 민간에 의해 공급되기도 하였다. 과거 공공성이 정부에 의해 보장되었다면, 신자유주의 시대의 공공성은 시장 메커니즘에 의해 관리되는 방식으로 변화되었다. 즉, 과거에는 누구에게나 공공복리 차원의 공공 서비스가 제공되었다면, 현재는 개인의 지불 능력에 따라 제공받는 공공 서비스 품질이 달라졌다. 이는 공공복리를 증진하기 위해 제공되는 공공 서비스를 위한 비용을 지불하지 못하는 집단이 발생함을 의미한다. 공공 서비스 공급자로서 국가의 역할이 축소된 상태에서, 지불 능력 차이로 인해 배제되는 집단이 늘어남에 따라, 이러한 사각지대의 발생을 지적하고 국가와 개인의 사이에서 보편적 이해를 추구하는 주체로서 시민사회의 역할이 부각되었다.

우리나라의 경우는 근대화 과정 경험이 달라서 서구에서와 같이 국가가 모든 국민을 위한 공공 서비스를 제공하지 못했다. 우리나라의 근대화는 일제에 의한 식민통치 하에서 진행되었기 때문에, 일본 정부는 통치에 필요한 최소한의 부분에 대해서만 선별적으로 공공 서비스를 제공하였다. 식민지 수탈에 필요한 도로나 철도, 상하수도 등의 공공 서비스는 공급하였으나, 개인에게 필요한 교육, 의료, 주거 등 공공 서비스는 적절히 제공되지 않았다. 유교적 전통을 가진 우리나라에서는 필요한 서비스를 가족과 이웃 공동체에서 자조(self-help) 형태로 해결했다. 김백영은 『지배와 공간(2009)』에서 식민지 시기

경성에 공급된 상하수도 시설 사례를 통해 당시 상황을 설명하고 있다. 콜레라 등 수인성 전염병 경험으로 인해 일본인은 수돗물을 일상생활의 필수재로 인식하였으나, 조선인은 우물, 샘물, 하천수 등 자연수를 음용하였다. 1923년에 상수도가 공급되었으나 미터제를 사용하면서 빈곤한 사람들은 수돗물에 접근할 수 없었다. 또한 홍수로 인한 한강의 반복적 범람으로, 방수, 배수 문제를 해결하고자 일본인이 주로 거주하던 용산을 중심으로 하수도가 공급되었으며, 조선인이 거주하던 북촌과 청계천 등은 하수공사 우선순위에서 배제되었다. 김백영은 도시의 공공성 실현을 위한 공공복리의 제공에 민족적 차별이 있었다고 주장하며, 당시 공공성은 담론 수준에서만 이루어졌다고 비판한다.

해방 후 강력한 중앙정부 주도로 경제발전에 몰입하면서 한국식 자본주의 체계가 갖추어졌다. 그 과정에서 국민을 위한 공공복리보다는 대기업 지원을 통한 경제발전에 방점이 찍혔다. 국민에게 필요한 공공복리는 생산성을 높이기 위해 국가로부터 다양한 지원을 받은 기업에 의해 간접적으로 이루어졌는데, 고용된 직원에 대한 정년보장, 퇴직금, 의료보험 등을 제공하는 방식으로 진행되었다. 기업에 고용되지 않은 사람들과 그 가족들은 개인과 공동체를 통해 부족한 공공 서비스를 제공받았다. 이렇듯 기업복지 체계에 기반한 공공복리는 모든 시민이 아닌 일부 시민만 누릴 수 있었다.

1990년대에 이르러 우리나라도 세계화, 신자유주의의 확산과 함께 경제위기를 맞았다. 경제위기를 극복하는 과정에서 대량 해고와 기업 구조조정이 불가피했으며, 정년보장에 기반한 기업복지 체계는 더 이상 유지되지 못했다. 서구에서는 경제위기를 극복하기 위해 국가가 제공하던 복지 서비스를 축소한 반면, 당시 우리나라에서는 오히려 전 국민을 대상으로 국가가 공공 서비스를 확대했다는 점이 눈에 띈다. 그 시기에 4대 보험 체계를 갖추어 구조조정으로 인해 경제 활동을 못하게 된 사람들을 위한 사회적 안전망을 구축하였다. 이러한 의사결정이 가능했던 것은 1980년대 민주화 과정을 거치면서 역량이 강화된 시민사회가 정부에 강력한 영향을 끼칠 수 있었기 때문이다. 이 시기 민주화 과정을 거치면서 등장한 시민사회가 경제위기 극복을 위해 국가가 수행하는 각종 공공 서비스 관련 사업을 지원하고 협력하였다. 우리나라는 경제성장기에 기업 중심-국가 지원 방식으로 추진되던 공공 서비스가 경제위기를 겪으면서 국가-시민사회 협력 방식으로 전환되었다(Lee, 2009). 현재까지도 국가의 예산 지원과 시민단체의 운영이 결합된 공공 서비스 공급 방식은 자주 볼 수 있다. 자활지원센터, 사회복지관, 도시재생지원센터 등이 대표적이다.

다음 절부터는 도시 공간에서의 공공성을 도시 구성원 모두가 함께 누리는 공공복리와 시민사회의 등장과 함께 모두가 참여하는 도시정치로 구분하여 설명하고자 한다.

2. 도시에서 함께 누림: 공공복리

(1) 이론적 배경

현실적으로 자본주의 도시에서 개인이나 특정 집단의 사익과 일치하지 않는 공동체 전체의 이익을 더 중요하게 고려하는 것은 어렵다. 앞서 재개발 사례에서 모든 사람이 공공보행통로를 이용할 권리는 헌법에 보장된 국민의 기본권 중 하나이다. 그러나 동시에 아파트 입주민의 재산권 역시 헌법에서 보장하는 기본권 중 하나이기 때문에 이러한 갈등 상황에서 무엇이 전체의 이익에 부합하는 것인지 명확하게 판단하기 쉽지 않다. 이렇듯 다양한 집단의 이해가 상충되는 경우 어떻게 공공복리 기준이 합의될 수 있을까?

자유주의 국가에서 공공복리의 기준을 고려함에 있어서, 루소(J. Rousseau)는 일반의지 개념을 통해 개인의 욕구를 충족하면서도 공동체 전체의 이익인 공동선(common good)을 추구하는 것이 가능하다고 설명한다. 루소는 『사회계약론(2013)』에서 인간의 의지를 특수의지(particular will), 전체의지(the will of all), 일반의지(the general will)로 구분하고, 인간의 욕구와 공동선의 관계를 설명한다. 특수의지는 자기보존을 위한 이기적 욕구를 가지는 개인이 가지는 의지를 의미한다. 전체의지는 개인의 이익의 합, 즉 특수의지의 합을 의미하며, 일반의지는 공동의 이익을 추구하는 이타적 인간으로서의 의지이다. 루소는 특수의지의 단순 합이 전체의지라면, 이와 구분되는 일반의지는 이익이 충돌할 때에도 전체에 유익한 방향을 선택하는 공적 의지로, 공동선을 지향할 때만 정당하다고 설명한다. 루소는 공동선을 실현하기 위해 개인보다는 국가의 역할에 주목한다. 국가는 모든 개별 주권자로부터 권한을 위임받았기 때문에, 항상 법과 제도를 집행하는 과정에서 모든 사람의 이해, 즉 공동선에 부합하는가를 고려해야 한다. 만약 국가가 일반의지에 근거한 공동선을 고려하지 않고 특정 집단의 특수의지에 복무하면 국가는 정당성을 잃게 된다고 보았다.

루소와 칸트의 영향을 받은 롤스(J. Rawls)는 『정의론(2003)』에서, 일반의지가 작동하는 과정에서 '공정함(fairness)'에 주목한다. 개인은 재능이나 재산 등과 같은 능력을 최대한 발휘할 자유를 가지지만 그 능력은 사회에서 가장 어려운 사람에게 최대의 이익이 되도록 기능하는 한에서 자유롭게 발휘해야 한다고 했으며, 이를 공정함으로 이해했다. 개인의 재능이나 재산 등은 태어날 때 속해 있던 사회 속에서 얻어진 우연한 권리와 자격이기 때문이다.

롤스의 공정함에 기반한 정의 개념을 공간에 적용해 보면, 사회 공간적 정의(justice)란 개인이 토지를 소유하고 이용하는 기본적인 권리를 보장하되, 다른 사람들도 소유하고 이용할 수 있는 토지가 남아있다는 전제하에서 용인되어야 한다는 것이다. 다시 말해서 자유주의적 정의론에 기반한 도시에서의 권리란 토지를 소유하고 이익을 최대화할 수 있는 권리를 포함하나, 이는 어디에 거주하든 모든 거주민이 적절한 삶을 영위할 수 있도록 실질적으로 거주 공간을 소유·전유하는 권리와 조화를 이룰 때에만 가능하다는 것이다.

도시 공간은 다양한 사람들이 함께 살아가면서 필요한 여러 기능이 수평으로 펼쳐지고 수직으로 중첩되어 있는 물리적 공간이자, 함께 살아가면서 구축한 사회적 공간이다. 따라서 도시 내 어느 공간도 주위와 분리된 그 자체로는 가치가 부여되지 않는 일종의 무인도와 같다. 모든 도시 공간의 가치는 주변 토지와의 관계 속에서 결정되며, 주거, 상업과 공업 용도 등 주변 용도와의 구분을 통해 희소성을 획득하게 되고, 그에 기반하여 그 토지의 가치가 결정된다. 다시 말해서 자신이 이용하는 토지의 가치는 다른 사람들이 이용하는 토지의 가치와 연결되어 결정됨을 뜻한다. 이렇듯 주변과의 관계를 통해 가치가 부여되는 도시 공간에 롤스의 공정함을 적용해 보면, 입지가 좋은 토지에 대해 그에 부합하는 지대를 내고 정해진 제도 내에서 자유롭게 이용하는 것은 개인의 권리이나, 그 이용이 가장 어려운 거주민이 살아갈 권리와 조화를 이루는 한에서 용인되어야 한다.

한편, 가장 어려운 거주민의 권리를 어느 수준까지 보장해야 하는가에 대해, 롤스(2003)가 말한 '무지함의 베일(veil of ignorance)'이라는 조건으로 설명할 수 있다. 무지함의 베일이란 '개인이 자신이 가진 원초적 재능이나 가치관 등과 같은 정보가 차단된 가상의 상태'를 의미한다. 롤스는 사람들이 공정한 선택을 하기 위해서는 무지함의 베일을 가정해야 한다고 설명한다. 이 조건 하에서는 누구나 자신이 최소수혜자가 되더라도 권리를 향유할 수 있는 수준의 필요를 선택할 것이므로, 공정한 배분에 대한 합의가 공동체 내에서 이루어질 수 있다고 믿는다. 여기서 누구나 누려야 할 공공복리는 절대적 기준이 아니라, 사회에서 다양한 담론이 형성되고 지속될수록 그 수준이 높아지는 상대적 기준이라고 롤스는 설명한다.

(2) 함께 누리는 도시 공간

모든 거주자가 적절한 삶을 영위하기 위해 도시에서 가장 필요한 시설은 아마도 주택일 것이다. 주택은 누구나 생존을 위해 반드시 필요한 사적 공간으로, 비용을 지불하고 배타적으로 소유 혹은 점유하는 곳이다. 그곳에서는 인간의 생존에 필요한 기본적인 욕구를 충족시킬 뿐 아니라, 누구의 눈치도 보지 않고 자유로운 생활을 할 권리가 보장된다. 대문을 경계로 안쪽 공간은 사적 공간으로 동거인을 제외한 타인과의 관계를 신경 쓰지 않고 오롯이 개인이 통제할 수 있는 권한을 가진 곳이다. 주택은 비록 사적 공간이지만, 생존을 위해 모두에게 필요한 공간으로, 모든 사람이 안정적으로 생활할 수 있도록 최저주거기준 이상의 거처를 공급하는 것이 도시의 공공성 실현을 위한 가장 기본적인 조건이라 할 수 있다. 우리나라는 시장을 통해 대부분의 주택이 공급되고 있으나, 주택 시장에 진입하기 어려운 사람들의 주거권을 보장하기 위해 정부에서는 수요에 맞는 직접적인 공공임대주택의 공급, 금융권 대출을 통한 민간주택 시장으로의 진입을 돕는 등 다양한 주택 정책을 펼치고 있다.

한편, 도시에서 이러한 사적 공간이 아닌 대부분의 공간은 공공공간(public space)이다. 공공공간은 사적 공간의 경계 밖을 의미하며 낯선 사람들과 마주치는 공간으로, 소유권에 기반하여 타자를 배제할 수 없는 공간이다. 이러한 공공공간은 필연적으로 공공성을 가진다. 공공공간은 누구나 그 도시에 거주하는 사람들은 자유롭게 그 공간을 이용할 권리를 가진다는 점에서 '비배제성'의 특성을 가지고 있기 때문이다.

그러나 낯선 사람을 만나 다양한 활동이 일어나는 공공공간이 모두 비배제성을 가진 공간은 아니다. 예를 들어 헬스장, 클럽 등과 같이 그 공간 이용을 위해 비용을 지불하고 자격을 취득한 회원만 입장할 수 있는 공간은 낯선 타인을 만난다는 점에서는 공공공간이나, 광장이나 공원, 길거리 등과 달리 해당 공간을 이용할 자격이 없는 사람들은 그 공간에서 배제되기 때문에 특정 공동체의 경계가 그어진 공공공간이라 할 수 있다. 여러 사람이 이용하는 공간이지만 민간이 소유하고 민간이 운영·관리하고 있는 공간은 사적인 공공공간이며, 국가가 공급하고 관리하는 공공공간은 공공시설로 구분할 수 있다. 국가에 의해 공급, 관리되는 후자에 해당하는 공공시설을 일반적으로 도시에서 공공복리를 실현하기 위한 시설로 이해한다.

고대부터 지금까지 많은 도시는 도시계획을 통해 공간구조가 만들어지고, 토지이용이 결정되며, 공공시설이 공급된다. 고대 인더스 문명 발상지에서 최초의 계획도시 중 하나로 알려진 현재 파키스탄 중남부의 모헨조다로(Mohenjo-Daro)에서는 주거용 건축물 외에 도로, 수로, 곡물창고, 대중목욕탕 등 공공시설 유적이 발견되었다. 이는 청동기 시대 도시에서도 많은 사람이 함께 살아갈 수 있도록 일정한 공간적 규칙이 존재했음을 보여준다.

이러한 공간 조성 및 이용 체계로서 계획은 모든 거주자가 적절한 삶을 영위하는 것을 지원한다는 점에서 공공성을 특성으로 한다. 도시계획은 공공성 원칙을 도시공간에 구현하기 위해 정부 차원에서 수립하는 비전과 전략이다. 도시계획 중 특히 용도지역·지구·구역, 지구단위계획, 기반시설 배치 등을 다루는 도시관리계획은 토지이용과 건축물에 대해 구속력을 가지고 있어서 정부가 도시 공간의 공공성을 실현시키기 위한 직접적 수단이 된다.

도시계획을 통해 공급되는 비배제성을 가진 공공시설을 기반시설(infrastructure) 혹은 사회간접자본(SOC)이라고 부른다. 대표적으로 도로, 철도, 정류장, 공원, 광장, 상하수도 시설, 저류시설, 문화시설, 체육시설, 재활용센터 등이 있다. 「국토의 계획 및 이용에 관한 법률」 제2조 제6호에서 규정한 기반시설은 [표 10-1]과 같다. 그밖에도 기존 시가지의 도시재생을 통해 공급되는 시설도 있다. 「도시재생 활성화 및 지원에 관한 특별법」 시행령에 명시된 공동이용시설[1]은 동네 단위의 도시재생 기반시설이다. 이러한 기반시설은 사회 구성원이라면 누구나 이용하는 시설로, 대부분 운영상 적자가 나더라도 사회 구성원 전체를 위해 공급되고 운영되어야 하기 때문에 공공시설의 범주에 들어간다. 공공시설은 경제성이나 사업성보다 운영의 지속성, 안전성, 공공성이 더 중요하게 고려된다. 운영상 적자가 나는 공공시설은 별도의 지원이 없다면 민간기업은 운영하려고 하지 않는다. 따라서 사업성이 떨어지는 공공시설은 공공복리 차원에서 국가가 공급해 왔다.

그러나 1990년대 이후 민간에 의한 공공시설 공급과 운영이 점차 늘고 있다. 국가에서 예산을 적게 들이고 필요한 공공시설 및 기반시설을 설치하기 위해 민간자본을 이용하는 투자방식이 일반화되고 있다. 민간 자금과 기술력을 이용하여 효율적으로 공공시설을 공급하겠다는 전략이다. 서울역과 같은 민자역사와 서울 지하철 9호선 등이 대표적인 민간 투자로 공급된 시설이며, 공원, 주차장, 고속도로, 도시 외곽순환도로, 터널 등 다양한 공공시설도 민간과 협력하여 건설된다. 참여한 기업은 공급한 시설의 운영권을 일정 기간 획득함으로써, 민간기업이 투자한 자금을 보전받을 수 있다. 민간자본을 투자해 공급된 시설을 이용하는 경우에는 일정한 비용을 지불해야 한다. 고속도로나 터널 통행료 등이 대표적이다. 시설 공급을 위한 민간 투자 방식 외에 국가가

1 공동이용시설의 종류는, 1. 놀이터, 마을회관, 마을 도서관 등 주민의 복지 증진을 위한 시설, 2. 공동으로 사용하는 구판장·세탁장 등 공동작업장, 화장실 및 수도, 3. 어린이집·경로당 등 아이돌봄서비스시설 및 노인복지시설, 4. 마을방송국·마을신문사 등 지역주민 간 정보교류 및 의사소통을 위한 시설, 5. 마을기업·마을카페 등 주민 공동체 활성화를 위한 시설, 6. 기타 지자체 조례로 정하는 시설 등이 있다(도시재생 활성화 및 지원에 관한 특별법 시행령 제3조).

【표 10-1】 기반시설 구분

대분류	주요 내용	세부 시설 예
교통시설	사람 · 물자의 이동, 교통 편의 제공	도로(일반 · 전용 · 보행 · 자전거도로, 고가 · 지하도로), 철도, 궤도, 자동차정류장(여객터미널 · 물류터미널 · 환승센터), 주차장, 항만, 공항
공간시설	시민 휴식 · 경관 · 공공공간	광장(교통 · 경관 · 지하광장 등), 공원, 녹지, 유원지, 공공공지
유통 · 공급시설	물자 · 에너지 · 정보 공급 · 유통	유통업무설비, 수도 · 전기 · 가스 · 열공급설비, 방송 · 통신시설, 공동구(지하공동관로), 시장, 유류저장 · 송유설비
공공 · 문화체육시설	행정 · 문화 · 체육 · 복지 기능	학교, 공공청사, 문화시설(도서관 · 박물관 · 전시관), 공공체육시설, 연구시설, 사회복지시설, 공공직업훈련시설, 청소년수련시설
방재시설	재난 · 재해 예방 및 대응	하천, 유수지, 저수지, 방화 · 방풍 · 방수 · 사방 · 방조설비
보건위생시설	공중위생 · 보건 · 장례	장사시설(묘지 · 화장장 · 봉안당), 도축장, 종합의료시설
환경기초시설	환경오염 방지 · 자원순환	하수도, 폐기물처리 · 재활용시설, 빗물저장 · 이용시설, 수질오염방지시설, 폐차장

출처: 국가법령정보센터.

운영을 전담하던 공공시설을 민영화하는 경우도 있다. 대표적인 사례가 1990년대 초에 단행된 영국의 철도 민영화로, 철도 노선별, 지역별로 여러 민간사업자에게 분할하여 운영하도록 구조를 개편한 것이다. 우리나라에서도 한국전력이나 철도 민영화, 영리 병원 설립 등에 대한 사회적 논의가 필요하다는 주장도 등장하고 있다.

공공성의 확보가 필요한 공공시설에 대한 국가의 역할이 줄어들고 민간기업의 역할이 강화되면 몇 가지 문제점이 발생할 수 있다. 예를 들어 영국의 철도 민영화는 요금 인상, 정비와 관리 부실로 인한 안전사고의 발생, 시장 논리에 따른 노선 조정으로 교통 소외지역이 발생하는 문제를 야기했다. 공공시설의 민영화는 공공시설 이용자가 소비자로 전환되는 것을 의미하며, 결과적으로 구매력에 따라 접근성의 차이가 발생한다. 이렇듯 철도나 도로 등 기반시설과 공원, 광장 등 공공시설을 누가 공급할 것인가는 누가 이용할 권리를 가지는가와 밀접한 관련이 있다. 원칙적으로 이러한 도시에서의 공공공간은 누구나 이용할 수 있는 시설이나, 실제로는 특정 집단이 전유하거나 특정 집단이 배제되는 경우가 많아 사회적 갈등의 요인이 된다. 민간기업으로 공공공간을 공급하고 운영하는 권한이 넘어가게 되면, 효율성이 중요한 기준이 되며, 이는 '모두의 삶의 질을 공평하게' 향상시키기 위한 엄격한 의미의 공공복리가 훼손됨을 의미한다. 그러나 어떤 공공시설을 특정 집단이 주로 사용하는 경우에는 모든 사람이 내는 세금으로 비용을 충당하기보다, 시설을 쓰는 사람이 지불하는 요금제로 운영하고, 비용 부담이 어려운 사람들은 정부가 따로 지원하는 것이 더 효과적일 수도 있다. 결국 사회적으로 공공복리의 기준을 다르게 규정하면, 민간에 의해 공급된 공공시설도 공공복리의 가치가 훼손됐다고 단언할 수는 없다.

이렇듯 도시에서의 공공복리가 무엇이고 어떻게 결정되는가라는 질문에 대해 언제나 적용되는 정답이 있는 것이 아니며 시대 상황의 변화에 따라 달라져 왔다. 따라서 도시의 공공성 논의에는 공공복리의 기준 자체뿐 아니라 그 기준을 정함에 있어 누구의 목소리가 담기고 누구의 이해가 포함되는가를 둘러싼 논의, 즉 도시 주체 간 도시정치가 반드시 포함되어야 한다.

3. 도시에서 함께 함: 도시정치

(1) 도시정치의 정의와 이론적 배경

현대 도시의 공공성에서 공공복리의 실현은 정부-민간-시민을 둘러싼 의사결정 과정과 밀접하게 연결되어 있다. 이는 도시 공간에서 공공성의 책임 주체가 누구이며, 어떻게 활동하는가를 다룬다는 점에서 도시정치 영역이다. 『도시지리학개론(2020)』에서는 도시정치란 '도시의 공공성을 둘러싸고 직·간접적으로 영향을 미치는 모든 인간 및 제도적 행위자 간의 협력과 경쟁, 갈등과 타협 등의 정치적 관계를 총칭'하는 용어라고 정의하고 있다. 즉, 도시정치는 희소한 자원 배분을 둘러싼 행위자 간 권력 관계에 보다 집중하는 관점이라고 할 수 있다.

앞 절에서는 도시에서 공공복리 실현은 국가의 역할로 전제하였으나, 한계로 지적한 것처럼 국가가 언제나 모두의 공공복리를 실현하는 방향으로 의사결정을 하지 않을 수도 있다. 따라서 모두의 공공복리를 실현하기 위해서는 다양한 이해관계자들이 참여를 통해 타협과 합의를 하는 과정이 필수적이다. 공공성을 지향하는 규범적 주체로 등장한 다양한 이해관계자들은 사회적 가치를 추구하는 시민사회 영역에 속한다. 시민사회 영역은 사적 영역과는 다르다. 시민사회 영역은 앞서 루소의 설명처럼 다양한 개인과 이해집단이 자신들의 이해인 특수의지와 전체의지를 추구하면서도 일반의지를 가지고 공동체 모두의 이해를 동시에 고려할 수 있는, 즉 공공성이 실현되는 장이다.

근대 이후 자본주의 국가에서 공공성 실현을 위해 시민사회 영역에 주목한 대표적인 학자는 하버마스(J. Habermas)이다. 하버마스는 시민사회가 작동하는 장으로 공론장 개념을 사용하고 있다. 그는 1962년에 쓴『공론장의 구조변동(2001)』에서 17세기 이후 유럽 사회에서 부르주아 공론장이 조성되었다고 설명한다. 부르주아 공론장은 신문, 살롱, 토론회 같은 장을 통해 시민들이 자유롭게 의견을 교환하고, 국가 권력을 감시하며, 합리적 논의를 통해 여론을 형성하는 장이다. 하버마스는 공론장(Öffentlichkeit)을 국가, 공권력의 영역을 특정하는 공공영역(Öffentliche Sphäre)과 구분하고 있다. 공론장은 그 자체는

【표 10-2】 하버마스의 공론장

사적 부문		공공영역(공권력 영역)
사적 영역	공론장	
부르주아 사회 (상품교환과 사회적 노동 영역) 핵가족의 내부공간 (부르주아 지식인)	정치적 공론장 문화적 공론장(클럽, 신문) 도시(문화적 재화 시장)	국가(내무행정 영역) 궁정(귀족 사교계)

출처: 한승완 역(2001, 98).

사적 부문에 속한 것이지만, 공공영역으로서 국가와 사적 영역으로서 사회 사이에서 양자를 매개하는 것으로 정의한다(한승완 역, 2001: 13-14). 즉, 하버마스의 공론장은 시민사회에 의해 작동하는 공공성의 영역으로 국가와 같은 공권력 영역과는 별개로, 사적인 개인이 공적 사안에 대해 비판적으로 토론하고 의견을 형성하는 영역이다.

하버마스는 근대 서구에서 산업화와 함께 복지국가로 이행하면서 자본주의의 발전, 국가의 간섭 확대, 미디어의 상업화로 인해 공론장은 점차 왜곡되고 기능적으로 약화되었다고 진단했다. 그는 공론장이 참여의 장이자 민주주의의 기반으로 기능하기 위해서는 '의사소통적 합리성(communicative rationnality)'이 구현되어야 한다고 강조한다. 하버마스는 목적(도구적) 합리성[2]을 넘어 인간이 강제하지 않고 상호 주관성을 보장한 상태에서 합리적 대안을 찾아가는 것이 의사소통적 합리성이라고 설명한다(장춘익 역, 2006). 즉, 사람들은 이해와 합의를 지향하는 대화를 통해 공동 규범과 제도를 형성할 수 있다는 것이다.

그러나 다양성과 차이가 강조되는 포스트모더니즘이 확산된 현대 사회에서는 시민사회가 보편적 규범을 지향하며 단일한 공론장을 형성한다고 보기 어렵다. 이에 대해 프레이저(N. Fraser)는 여성, 소수자, 사회적 약자 등은 주류 공론장에서 배제되기 쉽기 때문에, 이에 대한 대안으로, 다양한 집단이 각자 목소리를 내고 조직화할 수 있는 장이 여러 개가 있어야 한다는 다중 공공성(subaltern counterpublics) 개념을 제시했다(Fraser, 1990). 하버마스가 제시한 공론장 개념은 시민사회를 민주주의의 핵심 무대로 부각시켰지만, 현대 사회는 단일한 시민사회의 목소리로 설명되기 어려울 만큼 복잡한 힘의 관계 속에 놓여 있다. 이에 프레이저가 강조한 다중 공공성은 실제 도시정치에서 다양한 집단이 서로 다른 권리와 의제를 주장하고, 그 과정에서 기존 권력 구조와 갈등하거나 협상하는 현실을 담아낸다. 오늘날의 공론장은 시민사회의 자율적 장에만 머무르지 않고, 국가와 민간 영역과도 긴밀히 얽혀 있다. 이런 점에서 도시정치의 공공성은 시민사회의 목소리를 기반으로 하되, 정부-민간-시민사

2 대안을 찾아가는 과정을 중시하는 의사소통적 합리성에 반해, 목적 합리성은 성과지향적 행위에 집중하며, 효율성과 기능성을 지향하는 영역이다.

회의 관계 속에서 제도적으로 조율되고 제도화되는 과정, 곧 거버넌스의 문제로 연결되기도 한다.

이후에는 도시정치의 두 가지 관점을 소개하고자 한다. 하나는 도시자원을 둘러싸고 정부-기업-시민 주체 간 자원 배분과 갈등에 초점을 두는 관점, 즉 다양한 주체 간 관계에 집중하는 관점이며, 다른 하나는 도시의 공공공간을 이용할 권리를 정하는 과정에서 특정한 시민들이 소외되는 일이 발생하는 데 주목하며, 공공공간에서의 시민의 권리에 더욱 주목하고자 하는 시민주도적 관점이다.

(2) 배분과 갈등 관점에서의 도시정치

국가 중심의 공공복리에 기반하여 필요한 공공시설 공급에 초점을 맞추고 있는 복지적 관점과는 달리, 토지, 주택과 같이 도시에서 희소자원을 둘러싸고 다양한 집단 간 배분과 갈등의 문제에 초점을 맞춘 관점이 있다. 이를 도시관리주의적 접근이라고 하는데, 도시를 '합리적 의지를 바탕으로 하는 사회의 조직화가 구현되는 장'으로 이해한 베버(M. Weber)의 영향을 받았다(조명래, 2002). 대표적인 학자인 렉스(J. Rex)와 무어(R. Moore)는 영국 버밍험 도심에서 발생한 주택문제와 인종문제를 연구하면서, 사회적 희소가치의 배분을 둘러싸고 전개되는 사회공간체계가 도시공간구조 분화를 발생시킨다고 설명한다. 이들이 주목하는 것은 이러한 배분을 주도하는 역할을 하는 주체로서, 도시를 관리하는 집단이었다. 렉스와 무어의 도시관리주의(urban managerialism) 관점을 이어받은 팔(R. Pahl)은 『*Patterns of Urban Life*(1970)』에서, 도시의 분배체계에서 발생하는 불평등은 희소자원과 시설을 통제, 조정, 할당하는 관리자들에 의해 좌우되기 때문에, 이들의 활동, 목표, 가치, 유형 연구의 필요성을 강조한다. 그는 도시관리자로서 주택공급관리자, 부동산업자, 지방정부 관료, 자산신탁업자, 주택금융조합과 보험회사의 이사 외에도 청소년취업담당자, 사회복지요원, 치안판사, 시의회의원 등을 예로 들었다(조명래, 2002).

도시공간이 가진 자원의 희소성에 따른 접근성의 차이와 자원의 불평등 배분을 둘러싸고 도시관리자는 수익성과 공공복리 사이에서 의사결정에 압력을 받는 주체로 등장하게 되며, 도시관리자에게 압력을 넣은 시민과 정부, 기업의 갈등과 합의 과정에서 핵심 역할을 한다. 결국 도시 공간을 둘러싼 자원의 배분 과정에서 발생할 수 있는 집단 간 갈등을 확인하고 중재한다는 점에서 도시관리자가 도시정치의 핵심이라고 설명한다.

그러나 팔이 나열한 다양한 도시관리자에 대해서는 논란의 여지가 많다. 특히 도시관리자를 어떻게 규정할 것인가와 도시관리자가 과연 자율성이 있는가의 문제이다. 어디까지 도시관리자로 포함해야 하는가의 판단 외에도, 대표적인 도시관리자인 지방정부 관료라 하더라도 정책결정권자인 최고위 정부관료를 의미하는지, 주민의 요구와 직접 접촉하는 하위공무원을 의미하는지 등은 여전히 모호하다. 나아가 자율성과 관련하여 도시관리자는 사회체계와는 독립된 자율성을 가진 독립변수라고 설명하고 있으나, 현실에서 도시관리자의 의사결정은 그들이 가진 이데올로기와 속해 있는 조직에 따라 영향을 받기 때문에 자율적 의사결정 주체라고 하기 어렵다는 비판을 받았다.

이후 팔은 이러한 한계를 반영하여, 도시관리자를 '민간부문의 수익성'과 '사회적 필요성' 사이의 압력을 조정하고, '중앙정부'와 '지역주민' 사이에 상충하는 입장을 조정하는 역할을 수행하는 매개변수로서의 주체로 설명한다. 이는 결국 도시관리자는 주도적 의사결정 주체가 아니라 힘 사이를 조정하는 매개적 혹은 도구적 의사결정 주체이기 때문에, 도시관리자가 공공복리(公)를 위한 결정을 할 수 있도록 도시관리자에 영향을 끼치는 집단(共)이 중요하며, 결국 이 과정에서 민간기업-시민 간 힘의 관계에 주목할 수밖에 없음을 의미한다.

1980년대 이후 신자유주의 논의가 팽배해진 시기에는 희소한 공공재 배분에 있어서 도시관리자는 시민참여보다 민간자본의 역할에 주목했다. 경제위기에 따라 공공재적 성격을 띠는 시설과 서비스를 제공하는 데 재정적 어려움을 겪은 도시정부에서는 민간기업과 협력하여 지역 내 경제성장을 추진함으로써, 도시에 거주하는 시민들에게 배분하기 위해 필요한 희소자원의 규모를 키우는 데 주목한 것이다. 이렇듯 국가에 의한 공공복리 공급 및 관리에 한계가 있다는 판단하에, 민간기업의 조직 운영 기술과 자본을 이용하여 도시에서 필요한 공공시설을 공급, 관리하는 데 대해 하비(D. Harvey)는 도시정치의 기업가주의적 접근(urban entrepreneurialism)이라고 명명하고 비판하며, 소외된 시민들의 역량강화와 주도적 참여가 필요하다고 강조한다.

(3) 시민 주도적 관점에서의 도시정치

시민 주도적 관점이란 현대 도시에서 주체적 권한을 가지고 있음에도 불구하고, 국가나 민간기업에 비해 상대적으로 권한을 발휘할 기회가 적었던 시민을 도시정치의 핵심 주체로 보는 입장이다. 공동체 구성원으로서 시민이 전문가와 국가에 의해 조성된 공간에 거주하는 수동적 존재가 아니라 자신들이 살고 있는 공간을 만드는 과정에 적극적으로 개입하고 주도할 권리를 가지고 있다고 인식한다.

도시에 대한 시민의 권리를 강조하는 입장은 르페브르(H. Lefebvre)의 논의에 근거한다. 르페브르는『도시에 대한 권리(2024)』에서 자본주의 도시 과정을 분석하고, 그에 대항하는 실천 전략으로서 시민이 가진 도시에 대한 권리를 분석하였다. 르페브르가 설명하는 도시에 대한 권리에는 작품(the oeuvre)으로서의 도시를 만드는 권리, 전유(appropriation)의 권리, 참여의 권리가 포함된다. 작품으로서의 도시를 만드는 데 참여하는 권리란 도시 거주자들이 공동으로 도시 공간을 만드는 권리로, 여기서 도시는 교환가치를 가진 상품으로서의 공간이 아닌 사용가치가 드러나는 아름다운 작품으로서의 공간을 의미한다. 사용가치를 부각시킬 수 있는 생활공간으로서 도시 공간 구축이 필요하다는 것이다. 전유의 권리는 사적 소유에 기반한 권리와는 달리, 특정 공간을 향유할 권리를 의미하며 도시공간의 교환가치가 아닌 사용가치를 최대화하기 위한 공간을 생산할 권리라고 할 수 있다. 다시 말해서 자신이 소유하지 않은 공간이라 하더라도 완벽하게 사용할 수 있어야 함을 강조하는 개념이다. 르페브르는 자유권, 재산권, 주거권보다 도시공간을 전유할 수 있는 도시권이 상위 형태의 권리라고 설명한다. 참여에 대한 권리는 도시 거주자가 도시 공간 생산에 필요한 의사결정 과정에서 중심적인 역할을 할 수 있는 권리이다. 이는 도시에서 생활할 권리에서 나아가 도시를 계획하고 관리하는 과정에 적극적으로 참여하는 것을 뜻한다. 이러한 참여의 권리를 통해 도시 생활과 사회,

나아가 도시 공간도 변화될 수 있다고 설명한다. 르페브르의 도시에 대한 권리는 정부나 민간기업 등에 의해 개인에게 부여되는 제한적이고 수동적인 권리가 아니라 도시 거주자들이 능동적으로 도시정치에 관여하면서 얻어내는 권리이다. 이에 더하여 르페브르가 주장한 도시에 대한 권리 중 하나는 '도시 중심부에 대한 권리'이다. 재개발 등으로 인해 빈곤층이 도시 외곽으로 쫓겨나는 현상을 도시 중심부로부터의 배제, 계층별 도시 공간이 단절되는 현상으로 보았다. 따라서 그는 다양한 주체들이 실제로 만나고 모이는 장소로서 도시 중심부의 회복이 필요함을 강조한다(강현수, 2009). 르페브르의 도시에 대한 권리는 많은 시민단체와 주민조직에 영감을 주었으며, 적절한 생활공간으로서 도시 공간을 만들기 위한 도시정치 과정에 다양한 방식으로 시민들이 참여하는 데 기여해 왔다.

4. 도시의 공공성 회복과 시민의 역할

도시에서 희소자원을 소유하고 있지도 못하고 적극적으로 배분에 영향을 끼칠 여력이 없는 집단은 도시정치에서 배제되기 쉬웠다. 이들 집단은 적극적인 참여(共)가 없으면 당연한 권리인 공공복리(公)를 누릴 기회를 더 이상 얻지 못한다. 이러한 문제의식 하에, 이 절에서는 도시의 공공성을 지키기 위해 도시정치에서 배제되었던 시민의 역할에 주목하며, 도시정치에서 이루어진 다양한 시민참여 방식을 다루고자 한다. 시민참여가 가장 낮은 수준으로 이루어지기는 했으나, 그럼에도 불구하고 정부로 하여금 공공복리 실현을 위해 적절한 역할을 수행할 수 있도록 압력을 넣고 기준을 제시하고 있는 '포용도시' 논의, 행정적인 의사결정 과정에 참여하는 민간 협력을 기반으로 자원을 배분하고 갈등을 해소하려는 '거버넌스' 논의, 주민이 보다 주도적으로 권리를 찾는 데 초점을 맞춘 '도시 공동체 운동', 끝으로 보다 급진적으로 자본주의 도시공간에 대응하는 시민 주도적 사회운동으로서 '도시 커먼즈'에 대해 소개하고자 한다.

(1) 사회정의와 포용도시

포용도시(inclusive city)에 관한 논의는 공공복리를 실현하고자 하는 도시정치의 주체로서 국가의 규범적 역할에 대한 믿음이 바탕에 깔려있다. 2008년 이후 경제성장 중심의 신자유주의적 발전 전략이 위기를 맞자, 국제사회는 불균등 문제를 해소하면서 성장할 수 있는 '포용적 성장(inclusive growth)'에 관심을 가지기 시작했으며, 포용도시는 포용적 성장에 관한 규범적 정책과 계획을 도시 공간에 수용한 용어이다(문정호, 2017).

세계은행(World Bank), OECD 등 국제기구에서는 자유 시장적 경제체제의 문제를 인식하고 포용적 성장의 가치가 담긴 정책 의제를 발굴했으며, 2016년 유엔 해비타트(UN-Habitat)에서는 포용적 성장을 도시 공간에서의 개념으로 발전시켰다. 세계은행(2015)에서 제시하는 포용도시 정책 의제는 생활인프라 및 공공 서비스에 대한 균등한 접근성 향상이다. OECD는 포용적 성장을 위한 주제로 빈곤 감소와 불평등 해소, 참여 확대, 지속가능성 추구를 제시하고 있다. 유엔 해비타트에서 다룬 정책의제는 도시계획 수립과 실행 시 참여 확대와 사회적 혁신, 모두가 공평하게 양질의 공공 서비스에 접근할 수 있는 권리 증진, 포용성을 제고하는 도시계획 등이다. 국제기구에서 제안하는 포용도시는 도시의 성장과 지속가능성, 회복력과 함께 '공정함'을 강조하고 있다.

국제사회 의제로 등장한 포용도시 개념은 우리나라에서도 중요하게 받아들여졌는데, 신자유주의적 경제성장 위주의 전략으로 인해 경제적 양극화와 함께 저소득층, 고령층, 이주민 등 사회적 취약계층의 삶의 질이 현격히 떨어졌다는 현실 인식에서 출발한다. 상위 20% 이내 계층의 소득이 1%p 올라가면 이후 5년간 경제 성장률은 연평균 0.08%p 떨어지고, 하위 20%의 소득이 1%p 올라가면 같은 기간 전체 성장률이 0.38%p 올라간다는 IMF(2015)의 연구 결과는 낙수효과가 나타나지 않음을 의미한다. 이는 일자리, 소득, 자산 등 경제적 측면에서의 양극화가 심각한 우리나라에서도 특히 경제적, 사회적으로 취약한 계층의 문제에 집중해야 할 근거를 제공한다.

이렇듯 경제성장의 혜택을 동일하게 누리지 못하는 사회적 취약계층의 문제를 해결하기 위한 전략 중 하나가 포용도시 전략이다. 포용도시는 서민 주거의 불안정, 중소도시와 농어촌의 쇠퇴, 생활 인프라 부족, 무분별한 개발로 인한 환경 파괴 등의 문제에 대응하여 균형발전과 보편적 복지를 공간적으로 추구한다는 점에서, 공간복지 혹은 공간 정의의 개념과 연결된다. 공간복지의 필요성은 롤스의 정의론에 입각한 사회정의(social justice) 논의에 기반하고 있는데, 취약계층에 대한 우선 지원은 특정 계층에 대한 시혜가 아니라, 결과적으로 공동체 전체의 안정과 연대감에 기여하는 것으로 이해된다.

이러한 포용도시 논의에 대해서는 크게 두 가지 비판이 대두된다. 첫째는 국가가 주도하는 전략은 포용성 기준이 상황에 따라 바뀔 수 있다는 점이다. 국가가 독점적으로 의사결정을 할 경우 규범적 역할을 지속할 수 있을 것인가에 대한 지적이다. 과거 경제 위기를 맞은 유럽에서 재정 부담과 행정력 소모가 크다는 문제 제기와 함께 손쉬운 선택으로 복지 정책을 축소했던 것처럼, 중앙정부와 지방정부가 주도하는 복지적 측면에서의 포용도시 정책 역시 상황이 바뀌면 언제든 축소될 수 있다는 것이다. 포용도시 논의와 정책이 지속적이지 못하고 자주 변하게 되면, 포용도시 논의는 정책적 성과로 연결되지 않는 미사여구에 그치게 될 수 있다.

두 번째 비판은 도시 공간에서 동등한 권리를 보장받지 못하고 배제된 집단을 복지 수혜자로 대상화한다는 점이다. 도시에서 주거, 생활인프라, 환경 등에 대해 접근하여 이용할 수 있는 권리는 누구에게나 동등하게 주어진 권리임에도 불구하고 특정한 취약지역에 대해 국가가 관련 서비스를 제공하는 방식이 일방향으로 이루어질 경우 필요와 공급의 불일치뿐 아니라 특정 지역이 낙인찍힐 수도 있다.

포용도시 정책 추진의 주체로서 국가가 상황에 따라 기능과 역할이 바뀔 수 있다는 우려와 특정 집단의 권리에 낙인을 찍는 문제에 대해, 포용도시 논의에서도 규범적 국가 역할에만 의존하지 않고 시민들의 '참여권'을 강조하는 방향으로 전환되고 있다. 예컨대 공공임대주택이나 교통 인프라를 확충해 취약계층의 주거 안정성을 높이는 것에서 나아가, 관련 정책을 위한 예산 편성 과정이나 도시계획 과정에 시민들이 직접 참여할 권리를 부여함으로써 이들이 복지 수혜자가 아닌 도시의 주체로 인정받는 구조를 만들어내는 것 등을 들 수 있다.

(2) 민관 협력과 도시 거버넌스

도시 거버넌스 논의에서는 도시정치의 주체를 국가에서 시민사회와 민간으로 확장하며, 이들 간 '협력'을 통해 이루어내는 '의사결정 과정' 자체에 의미를 부여한다. 도시의 공공성을 보장함에 있어서 '공식적인 함께 함(共)'의 역할이 강조된 것으로, 협치(協治)라고 해석한다.

한국에서 도시 거버넌스 담론이 본격적으로 주목받게 된 배경은 1980년대 민주화 운동 이후 성장한 시민사회가 국가와 협력하는 새로운 주체로 등장한 데 있다. 시민사회는 공익을 추구하는 국가도, 사익을 추구하는 민간기업도 아닌 비정부·비영리 부문을 의미했는데, 초기 시민사회는 개별 집단의 이해관계보다 사회 전반의 공공복리와 공동선에 대한 인식이 더 큰 규범적 주체로 이해되었다. 따라서 시민사회가 도시계획 및 개발, 자원 배분과 관련된 의사결정 과정에 참여하여 합의할 필요가 있다는 인식이 커졌다. 또 다른 배경은 1990년대 세계화에 대한 대응으로 지방화의 필요성이 커지며, 도시계획 및 개발과 관련한 중앙정부의 권한이 상당 부분 지방정부로 이양되었다는 것이다. 과거 중앙정부 주도적인 방식으로 시행된 도시계획 및 개발 과정에서는 시민들의 다양한 권리가 정교하게 반영되기 어려웠다는 문제의식 하에 지방정부가 중요한 주체로 등장했다.

새롭게 부상한 지역 단위 시민사회와 지방정부 외에 민간기업, 전문가 집단 등이 함께 참여하는 도시 거버넌스 체계를 통해 도시 자원의 배분을 둘러싼 다양한 분야에서 정책 의제가 발굴되었고, 나아가 다양한 이해관계를 조정하고 합의하는 역할도 거버넌스 체계 속에서 이루어졌다. 수많은 거버넌스 활동이 있었기 때문에 한두 개 사례를 들기가 쉽지는 않으나, 정책 의제 발굴을 위한 대표적인 도시 거버넌스로는 지방의제21을 들 수 있다. 1992년 브라질 리우회의에서 지속가능한 개발을 위해 국제사회가 채택한 행동지침인 의

제21에 따라, 우리나라 지방자치단체들이 지방의제21이라는 추진기구를 설립하여, 지역 환경문제나 지속가능한 발전을 주제로 주민, 지자체, 전문가가 협의체를 구축하고 의제를 발굴한 사례이다. 다양한 이해관계 조정을 위한 대표적인 거버넌스로는 쓰레기 소각장, 원자력발전소 등과 같은 혐오시설의 입지 결정 과정과 지역주민에 대한 보상 범위 결정 과정에 주민이 참여하여 조율해 나간 사례 등을 들 수 있다.

도시 거버넌스 사례 중 성공적으로 평가받는 경우는, 주민이나 시민단체가 실질적 의사결정권을 일부 위임받고 공공부문과 대등한 협상력을 갖출 수 있었다는 공통점이 있다. 예를 들어 도시재생사업을 통해 공급된 지역거점시설에 대해 주민조직이 직접 운영 주체로 활동하면서 지방정부가 행·재정 등을 지원하는 방식의 '협력적 파트너십'이 형성되면, 갈등을 줄이고 실효성 높은 정책을 실현하기가 한층 수월하다. 반면, 위원회나 주민협의체가 구성은 되지만 시민단체나 주민대표가 형식적으로만 참여하거나, 자원 배분의 주도권이 여전히 관에 있는 경우에 도시 거버넌스는 말 그대로 협력을 했다는 과정상 구색을 맞춘 '형식적인 협치'에 불과하게 되고, 갈등 조정 없이 행정 논리로 결론을 도출해 사실상 관 주도 사업과 큰 차이가 없어지기도 한다.

결국 도시 거버넌스는 공공부문, 민간, 시민사회가 함께 협력해 정책을 기획, 집행, 평가한다는 점에서 시민참여를 확대하고 도시문제를 다각적으로 풀어가는 중요한 통치 양식임에 틀림없다. 그러나 거버넌스가 추진되었음에도 불구하고 형식적인 협치가 이루어지는 경우가 많은 만큼, 도시 거버넌스가 실질적인 협치가 되기 위해서는, 다양한 주체의 참여라는 형식에 만족하기보다는 각 주체가 대등한 권리와 역량을 행사할 수 있도록 제도적, 재정적 설계를 정교화해야 한다. 그보다 더 중요한 것은 의사결정에 필요한 정보력과 재정력을 가진 행정, 기업과 달리, 상대적으로 권력이 부족한 시민들이 대등한 권리를 가질 수 있도록 참여역량을 강화하는 것이 필요하다.

(3) 도시에 관한 권리와 주민 참여: 도시 공동체 운동

주민들의 참여역량 강화에 집중하고 있는 활동 중 하나가 도시 공동체 운동이다. 도시 공동체 운동은 도시에서 살아가는 주민들이 직접 자신들의 생활환경을 개선하고 권리를 지키기 위해 자발적으로 결성하고 활동하는 것을 의미한다. 도시 공동체 운동은 주민참여, 주민운동, 살고 싶은 마을만들기 등 다양하게 표현되기도 하는데, 지역 단위에서 주민들이 스스로를 조직화하여 주도적으로 추진하는 다양한 사업이 대부분 도시 공동체 운동에 포함된다.

초기 도시 공동체 운동과 시민참여의 대표적 사례는 미국의 사회운동가이자 언론인이었던 제이콥스(J. Jacobs)가 추진한 활동으로, 그녀는 뉴욕에 위치한 공원을 관통하는 대규모 고속도로 계획에 맞서, 지역 주민으로서 고속도로 건설에 반대하는 운동을 펼쳤다. 이러한 경험을 바탕으로 제이콥스는 『미국 대도시의 죽음과 삶(2010)』 저서에서 획일적인 도시계획보다 "주민들의 일상과 눈높이에 맞춘 자생적이고 유기적인 도시 발전"을 강조하며, 밀도 높은 거리와 골목, 다양한 도시 기능이 뒤섞인 공간, 활발한 보행자 활동 등을 제안했다. 이 같은 관점은 한국의 도시운동가나 주민조직에도 영향을 미쳤고, 대규모 개발로 인한 공동체 파괴 대신, 기존 생활권을 보존하고 재생하며 이웃 간 교류를 장려하는 노력이 중요하다는 공감대를 형성하는 데 기여했다. 도시공간을 다채로운 삶의 공간으로 만들기 위해서는, 획일적인 도시공간 조성에 익숙한 도시계획가와 같은 전문가 집단보다 지역주민 공동체의 활동이 중요하다는 점이 부각되었다.

1990년대 시민사회의 등장과 함께 소규모 지역 단위(마을)에서 진행된 도시 공동체 운동은 초기에는 대체로 지역에서 발생하는 문제를 해결하기 위한 저항형 참여 방식으로 이루어졌다. 예를 들어 쇠퇴한 도시지역에서 이루어지는 재개발 사업이나 대규모 공공사업으로 인해 원래 거주하던 지역주민의 주거권과 생활환경이 훼손될 우려가 있을 때, 주민들이 연대하여 시위, 청원 등을 벌이면서 적극적으로 의견을 표출한 것이다. 주민운동 초기에는 이처럼 저항 방식으로 참여했으나, 저항의 경험이 쌓이면서 점차 적극적인 참여 형태로 진화되었으며, 이후 도시 변화를 위해 건설적인 제안을 하거나, 지역 단위에서 필요한 공공 서비스를 직접 공급하는 등 현실적인 대안 마련을 위한 주도적인 참여로 발전되었다.

현재 도시 공동체 운동은 전국 대부분의 지역에서 다양한 분야에 걸쳐 진행되고 있다. 지역 생활환경 개선을 통한 주민의 삶의 질 향상, 민주주의 지킴이, 환경문제 해결을 위한 대안적 삶을 지향하는 활동 등 다양한 영역으로 도시 공동체 운동이 확대되고 있다.

오랜 역사를 가진 주민운동 사례 중 하나는 1990년대 중후반 도시개발에 반대하며, 보존과 공존의 가치를 지키고자 한 데서 출발한 서울의 '성미산 마을 운동'을 들 수 있다. 개발로 인해 마을 환경이 급격히 변화하는 것을 막고, 지역 공동체를 회복하자는 공감대가 확산되자, 주민들은 직접 성미산을 지키고 마을 운영에 참여하는 다양한 활동을 전개했다. 어린이집과 대안학교 운영, 공동육아 모임, 문화 예술 행사를 통해 일상에서 만나고 소통할 수 있는 플랫폼을 마련했고, 이러한 활동은 마을 내 공동체 네트워크를 더욱 촘촘하게 만들었다. 또한 2000년대 초반 발달 장애인 통합 교육을 시작하면서, 점차 마을 전체를 장애인-비장애인이 함께 살아가는 터전으로 진화시키고 있는 대구 동구 '안심마을' 사례도 있다([읽기 자료 10-1] 참조).

읽기 자료 10-1. 함께 모여 생활 정치를 실현하는 대구광역시 동구 안심마을

"누군가는 뭔가를 하고 있다고 설명할 수 있어요." 2025년 현재 안심마을 공동체에서 가장 주력해서 추진 중인 사업이 무엇인지 한 동네 활동가에게 질문했을 때 돌아온 답변이다. 특별히 내세울 사업도, 특별히 중심이 되는 사람도 딱히 없다는 이 대답은 2003년 이후 동네에 필요한 일을 하나씩 해결해 나가면서 켜켜이 쌓인 안심마을 공동체의 기반을 가장 정확하게 표현하는 것이다.

안심마을은 대구광역시 동구 안심1동~4동을 넓게 아우르는 동네로, 2003년 장애통합어린이집인 '한사랑 어린이집'이 들어오며 활동이 시작되었고, 2008년 주민들이 사서로 활동하는 어린이 도서관 '아띠'가 문을 열면서 본격적인 마을 공동체 활동이 이루어졌다. 이후 안심협동조합을 비롯한 사회적 경제 조직, 방과 후 마을학교와 같은 교육 단체, 대구 동구 FM 공동체 라디오와 같은 문화 단체, 장애인 자립생활 주택, 통합돌봄 등 복지를 주제로 하는 조직들이 활동 중이다. 안심에는 100명이 넘는 활동가와 직원들이 활동하고 있고 연인원 2,000여 명의 주민들이 참여하고 있다(대구마을공동체만들기 지원센터, 2022). 이런 다양한 활동이 이루어지는 안심마을을 어떤 사람은 점묘도 같다고 표현한다.

안심마을 점들은 점으로 그치는 게 아니라 필요할 때 여러 모습으로 합체하고 변신한다. 한 신문기자는 사람과 조직 사이가 마치 '실뜨기'처럼 엮이며 필요한 모양을 만들어낸다고 안심마을을 소개하고 있다(한겨레신문, 2024). 마을에서 진행된 다양한 사업들, 예를 들어 장애인과 비장애인이 함께 크고, 함께 일하고, 함께 늙어가기를 실현하기 위한 다양한 사업들, 건강하고 안전한 먹거리 제공하기, 청년들이 함께 하는 문화 누리기 등은 별개의 사업 같지만, 이는 여러 조직이 지난 20여 년간 마을에서 함께 살기 위해 필요한 것을 연결하며 만들어낸 모습이라는 점에서, 안심마을의 제각각인 듯한 활동은 되레 질서정연하다. 안심마을을 더 다양한 사람이 더 살기 좋은 곳으로 만들기 위해, 주민 스스로 지역문제를 해결해 나가는 공동체 활동을 이들은

【그림 10-1】 안심마을 지도

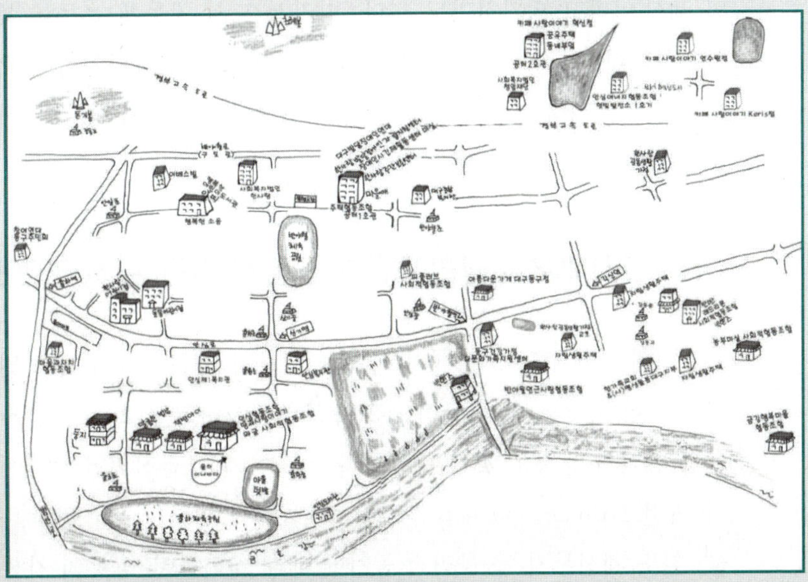

출처: 대구마을공동체만들기 지원센터(2022).

스스로 '생활 정치'를 하고 있다고 표현한다. 이들의 자세한 활동과 역사는 대구마을공동체만들기 지원센터 보고서(2022)와 한겨레신문의 2024년 연재 기사(https://www.hani.co.kr/arti/SERIES/3141)에서 확인할 수 있다.

이와 같은 도시 공동체 운동은 도시 공간의 공공성을 되찾는 데 중요한 역할을 해 왔다. 기존의 관 주도 방식에서 소외되기 쉬운 주민들의 목소리를 직접 반영하고, 대규모 개발이나 재개발 대신 주민 생활환경의 질을 높이는 상향식 접근을 시도하면서, 도시가 사람을 위한 공간이 되어야 한다는 논리를 확산시키는 데 기여했다.

그러나 도시 공동체 운동이 지역 전체 시민의 욕구를 고르게 대표하지는 못한다는 비판도 있다. 적극적으로 목소리를 내는 특정 주민 집단의 도시에 대한 권리는 실현되는 것이 좀 더 용이한 반면, 상대적으로 의사결정 과정에 참여가 어려운 고령자, 이주민, 임차인 등 '보이지 않는 사람들'의 의견은 배제되는 결과를 낳을 수 있기 때문이다. 이에 혹자는 도시 공동체 운동을 '그들만의 세상'이라고 평가하기도 한다. 따라서 도시 공동체 운동을 통해 공공성을 실현하려면, 특정 지역, 특정 주제라 하더라도 보다 다양하고 폭넓은 주민층의 관심을 끌어내고, 다양한 이해관계자들이 참여할 수 있는 구체적인 방법을 끝없이 발굴하는 것이 필요하다.

(4) 도시에서의 권리에 대한 급진적 접근: 도시 커먼즈

현대 자본주의 도시에서 국가나 시장이 자원을 배분하고 관리하던 방식에서 벗어나, 시민이 적극적으로 자원을 공유하고 스스로 운영에 참여하는 대안적 방식의 등장을 종종 목격한다. 이 중 가장 급진적인 형태 중 하나가 '도시 커먼즈(Urban Commons)'이다. 도시 커먼즈는 도로나 광장, 공원, 공공건물, 철도 폐선부지 등 물리적 공간에 대해 시민들이 '공동의 자산'으로 여기고 자발적으로 관리하고 활용하는 체계를 말한다. 이러한 흐름은 신자유주의적 도시정책이 부추긴 불평등과 공간의 사유화에 대한 비판 속에서, '공동의 것(commons)'을 회복하자는 의식이 확산되면서 본격화되었다. 앞에서 설명한 도시 공동체 운동이 도시 공간의 공평한 이용을 위한 활동이었다면, 도시 커먼즈는 자본주의 사회에서 핵심 가치 중 하나인 사유재산에 대한 권리에 대응하여 도시 공간에서 공동의 소유를 지향한다는 점에서 보다 급진적인 개념이라 할 수 있다.

하비는 역사적으로 자본주의는 공동체가 함께 사용하던 공유지에 울타리를 치며 이를 사유화, 시장화해 왔다고 설명한다(한상연 역, 2014). 특히 자본주의 도시에서는 공공장소, 주거지 등과 같은 토지에 더해 문화, 지식, 공공재 등 공공 서비스 역시 사유화되면서 자본축적의 재생산을 가속화했다. 공원, 광장, 도로 등 시민 모두가 이용하던 공간이 사유화되어 입장료를 받거나, 상업시설 고급화 전략으로 젠트리피케이션이 일어나 특정 계층만이 누릴 수 있는 시설로 바뀌는 현상을 하비는 도시에서의 '엔클로저'로 규정했다. 이에 대한 대응으로 하비는 도시의 공적 공간을 공유지로 규정하고, 도시에서의 공유지를 지키고, 복원·확대하기 위한 시민운동인 '커머닝(commoning)'이 필요하다고 주장한다.

도시 커먼즈 논의는 하딘(G. Hardin)이 주장한 '공유지의 비극(the tragedy of the commons)'에 대한 비판이 그 출발점이다(Hardin, 1968). 하딘은 누구의 소유도 아닌 공유 자원은 결국 남용되어 파괴될 운명에 놓인다고 예견했는데, 이는 한정된 자원을 개인들이 무한하게 사용하려 하면 결국 누구도 책임지지 않게 된다는 경고였다. 그러나 오스트롬(E. Ostrom)은『공유의 비극을 넘어(2010)』에서 이를 비판하며, 실제로는 많은 공동체가 자율적 규칙과 제도를 마련해 공유 자원을 성공적으로 관리해 온 사례가 적지 않음을 주장한다(윤홍근·안도경 역, 2010). 오스트롬은 공동체가 스스로 만든 규범과 모니터링, 갈등 조정 방식을 통해 자원을 지속가능하게 운용할 수 있음을 보여주었고, 이는 도시 커먼즈 담론의 핵심 토대가 되었다.

우리나라에서 도시 커먼즈가 시도된 대표적인 사례는 '경의선 공유지 운동'이다. 서울 도심을 통과하던 경의선 철도 중 일부가 지하화하며 폐선된 지상 철도 부지에 대해, 상업적 개발에 맞서 주민과 시민단체, 예술인 등이 모여 '모두가 함께 누릴 수 있는 공공공간'으로 만드는 커머닝이 시도되었다. 경의선 공유지는 이후 도시민이 함께 가꾸고 쉬는 지역 커뮤니티 광장으로 자리잡았고, 지역축제나 전시, 주민회의 등 다양한 활동이 열리는 공간으로 이용되었다. 현재는 '경의선 숲길' 공원으로 조성되어 관광명소가 되는 등 시민이 이용하는 공간을 만드는 데는 성공했으나, 상업화와 지자체 주도 행정관리로 인해 초기의 자발적 도시 커먼즈 운동이 가진 실험정신은 다소 희석되었다는 평가가 있다.

도시 커먼즈 운동은 자본주의 도시공간 조성에 대응하는 급진적인 시도라는 점에서 현실적으로 실현되고 지속되기 어렵다는 한계가 있다. 도시 커먼즈를 지속시킬 수 있는 법적, 제도적 틀이 미흡하며, 행정적, 사법적 쟁점이 존재하는 경우 장기적으로 공유지를 유지하기 어렵기 때문이다. 또 다른 문제는 모든 시민이 동일한 조건으로 참여하기 어려운 현실, 참여 과정에서 생기는 이해집단 간 갈등, 특정 계층의 이해만 과도하게 반영될 수 있다는 점 때문에 발생한다. 특정 지역에서 함께 하는 공동체는 동일한 목표를 지향한다고 전제하고 있으나, 실제로는 동일한 집단 내에서도 다양한 이해가 결합되어 있으며, 또한 도시 공동체 운동에서의 한계에서 지적된 것과 마찬가지로, 참여하지 못하는 주민들의 목소리는 반영되지 못하는 한계가 있다. 그럼에도 불구하고 도시 커먼즈는 공동체가 신뢰와 자발성에 기반해 명확한 규범과 갈등 조정 메커니즘을 갖출 수만 있다면, 도시 문제를 해결할 혁신적 대안이 될 수도 있다. 다만, 도시 커먼즈가 자본주의 도시공간을 대체할 수 있는 대안이라기보다, 자본주의 도시공간이 구축되는 구조에 균열을 낼 수 있는 틈새를 만들어낸다는 점에 의미를 부여한다면, 특정 사업이 지속되지 못하거나 실패하더라도 그 경험이 또 다른 새로운 도전의 토대가 될 수 있을 것이라고 기대할 수 있다.

생각해 볼거리

1) 전국장애인차별철폐연대(전장연)는 2001년 지하철역에 설치된 휠체어 리프트에서 장애인이 추락해 사망한 사고가 계기가 되어, 지하철 등 대중교통시설에 편의시설이 적절히 공급되지 않는 문제점을 지적하며, 여러 해 동안 장애인의 이동권을 보장받기 위한 출퇴근 시간 시위를 벌였다. 그러나 일련의 시위로 인해 출퇴근 길에 시민들이 큰 불편을 겪자, 서울시에서는 시민들의 불편을 최소화하고자 전장연에서 시위하는 역에 대해 지하철 무정차 통과를 지시했고, 시위를 주도한 장애인 단체를 대상으로 고소, 고발을 진행하였다. 이 사례에서 도시 공공성을 기준으로 했을 때, 무엇이 가장 큰 문제인지 생각해보자.
2) 현대사회에서는 페이스북, 유튜브와 같은 소셜 미디어를 통해 원하는 콘텐츠를 소비하고, AI로 원하는 정보를 편리하게 얻을 수 있다. 그러나 이러한 알고리즘에 의한 맞춤형 정보 제공방식은 고객의 선호와 일치하는 콘텐츠만 보여주어 반대 의견은 거르게 하는 에코챔버(echo chamber) 효과를 강화시킨다. 에코챔버 현상은 반대 의견을 가진 집단과의 간극을 심화시키고 갈등을 야기하며, 참여와 합의가 필수적인 도시정치를 어렵게 하는 원인이 된다. 알고리즘의 한계를 극복하고 참여와 합의를 통한 도시정치를 이루기 위해서는 사회적으로 어떤 노력이 필요한지 제안해보자.

읽을거리

김동완·김현철·한윤애·김동일·지주형·김경만·황진태, 2017, 공공공간을 위하여: 어떻게 우리의 공적 공간을 회복·지속·확장할 것인가, 동녘.

신혜란, 2025, 권력과 공간: 나부터 세계까지 정치적 공간과 공간적 정치, 이매진.

이영아·서종균 역, 2021, 전술적 어버니즘: 장기적 변화를 위한 단기적 행동, 국토연구원(Lydon, M. and Garcia, M., 2015, *Tactical Urbanism: Short-term Action for Long-term Change*, Island Press).

참 | 고 | 문 | 헌

강현수, 2009, “도시에 대한 권리 개념 및 관련 실천 운동의 흐름”, 공간과 사회, 32, 42-90.

곽나연 역, 2024, 도시에 대한 권리, 이숲(Refebvre, H., 1968, *Le droit à la ville*, Anthropos).

김백영, 2009, 지배와 공간, 문학과 지성사.

대구마을공동체만들기 지원센터, 2022, 통합돌봄에서 마을돌봄의 역할: 대구광역시 아동·장애·노인의 마을공동체 통합돌봄 사례를 중심으로.

문정호, 2017, “포용도시 등장배경과 의미”, 도시문제, 52(582), 22-25.

박배균·이승원·김성철·정기황 편, 2021, 커먼즈의 도전, 빨간소금.

박인권 역, 2024, 공동공간: 커먼즈로서의 도시, 빨간소금(Stavrides, S., 2016, *Common Space: The City as Commons*, Bloomsbury Publishing).

유강은 역, 2010, 미국 대도시의 죽음과 삶, 그린비(Jacobs, J., 1992, *Death and Life of Great American Cities*, Vintage).

윤홍근·안도경 역, 2010, 공유의 비극을 넘어: 공유자원 관리를 위한 제도의 진화, 랜덤하우스코리아(Ostrom, E., 1991, *Govening the Commons: The Evolution of Institutions for Collective Action*, Cambridge University Press).

이재형 역, 2013, 사회계약론, 문예출판사(Rousseau, J. 1762, *Du Contrat social*).

임동근 역, 2021, 살과 돌: 서양 문명에서의 육체와 도시, 문학동네(Sennett, R., 1996, *Flesh and Stone: The Body and the CIty in Western Civilization*, W. W. Norton & Company).

임창호·안건혁 역, 2000, 내일의 도시: 20세기 도시계획지성사, 한울(Hall, P., 2014, *Cities of Tomorrow: An Intellectual History of Urban Planning and Design since 1880*, John Wiley & Sons).

장춘익 역, 2006, 의사소통행위이론1, 나남출판(Habermas, J., 1981, *Theorie des kommunikativen handelns*, Suhrkamp).

조명래, 2002, 현대사회의 도시론, 한울아카데미.

조한상, 2009, 공공성이란 무엇인가, 책세상.

하승우, 2014, 공공성, 책세상.

한국도시지리학회 편, 2020, 도시지리학개론, 법문사.

한상연 역, 2014, 반란의 도시: 도시에 대한 권리에서 점령운동까지, 에이도스(Harvey, D., 2012, *Rebel Cities: From the Right to the Urban Revolution*, Verso).

한승완 역, 2001, 공론장의 구조변동: 부르주아 사회의 한 범주에 관한 연구, 나남출판(Habermas, J., 1962, *Strukturwandel der Öffentlichkeit: Untersuchungen zu einer*

Kategorie der bürgerlichen Gesellschaft, Suhrkamp Verlag Frankfurt am Main).
황경식 역, 2003, 정의론, 이학사(Rawls, J., 1971, *A Theory of Justice*, Harvard University Press).

Fraser, N., 1990, Rethinking the Public Sphere, *Social Text*, 25/26, 56-80.
Hardin, G., 1968, The Tragedy of the Commons, *Science*, New Series, 162(3859), 1243-1248.
IMF, 2015, *Causes and Consequences of Income Inequality: A Global Perspective*.
Lee, Y.A., 2009, *The Changing Role of Local Civil Society in Korea*, Ph.D. dissertation, University of Bristol.
Pahl, R., 1970, *Patterns of Urban Life*, Prentice Hall Press.
World Bank, 2015, *World Inclusive Cities Approach Paper*.

국가법령정보센터, https://www.law.go.kr/main.html
한겨레신문, https://www.hani.co.kr/arti/SERIES/3141

제11장

도시의 지속가능성과 회복력

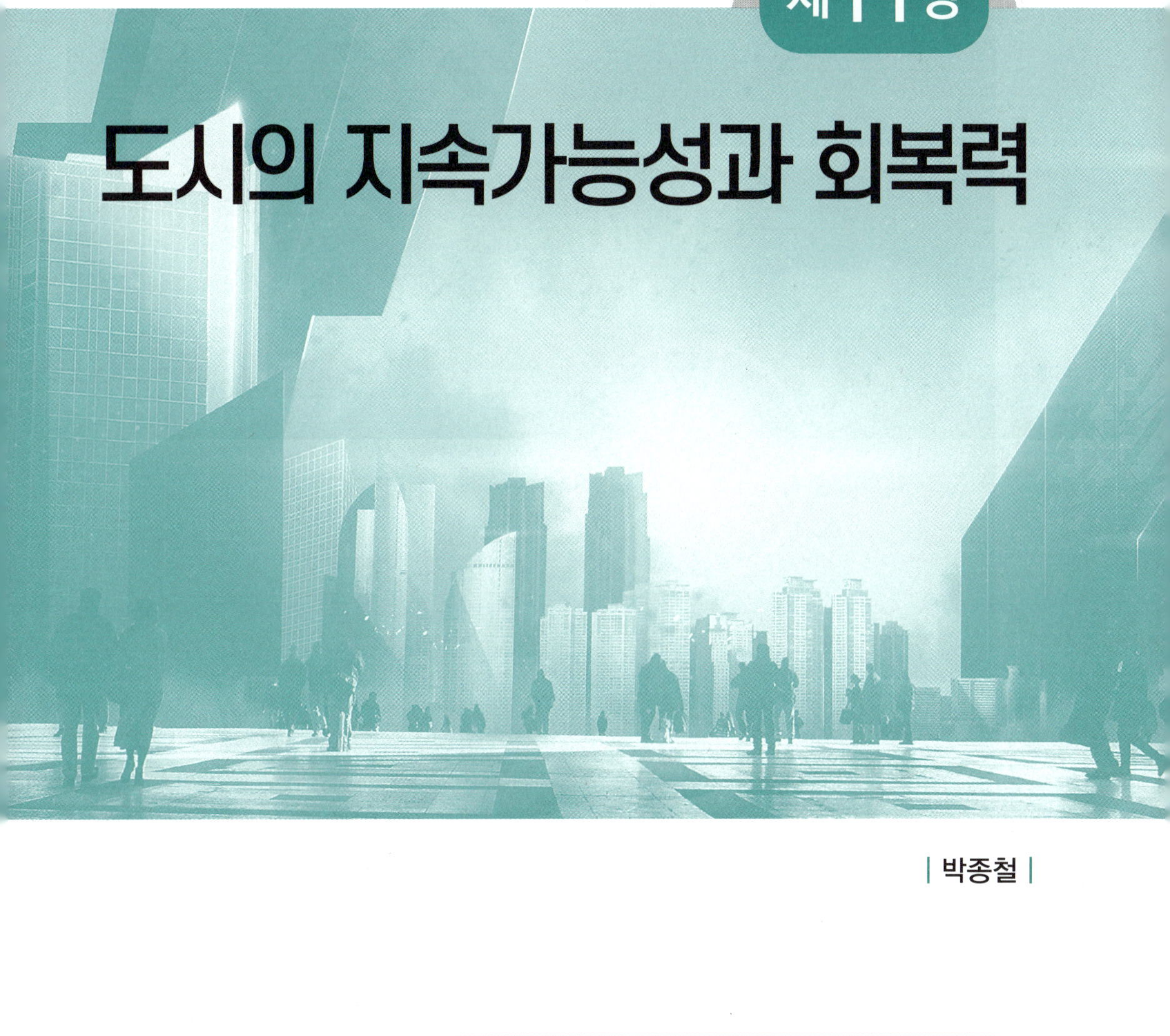

| 박종철 |

1. 지속가능한 도시의 대두
2. 도시화와 환경 문제
3. 사례를 통해 보는 지속가능한 도시 모델
4. 지속가능한 도시화의 가치

제 11 장

도시의 지속가능성과 회복력

1. 지속가능한 도시의 대두

(1) 산업혁명 이후의 도시화

산업혁명 이후 도시는 빠르게 성장하고 있다. 전 세계에서 인구 1,000만명 이상의 메가시티 수는 1990년 10개에서 2014년 28개로 증가하였고, 인구 50만명 이상의 도시 수는 604개에서 1,393개로 증가하였다(UN, 2014). 2020년 기준 세계 인구의 56.2%가 도시에 거주하고 있으며, 특히 개발도상국(동아시아, 남아시아, 아프리카)에서 도시가 빠르게 성장하고 있다(UN-Habitat, 2020). 2021년 기준 우리나라 수도권의 도시화율(도시에 거주하는 인구비율)은 97.1%에 이른다(통계청, 2024). 도시에 인구와 산업이 과도하게 집중되면서 다양한 도시 문제를 야기하였는데, 주택의 과밀화, 슬럼 증가, 교통난 등 사회적 문제가 발생하기 시작하였고, 고농도 대기오염 물질과 다량의 폐기물 배출 등 환경문제를 동반하였으며, 공중보건과 건강 문제를 야기하였다.

도시에서 발생하는 대기 오염은 건강을 위협하는 주요 현상 중 하나이고 연간 7백만 명의 조기 사망과 연관이 있다(UN & WMO, 2023). 주요 선진국의 대도시에서는 산업화 이후 1900년대에 대기질이 크게 악화되었다가 최근에는 개선되는 경향을 보이고 있다. 반면, 파키스탄과 인도네시아 등 개발도상국가에서는 최근 대기질이 빠르게 악화되는 경향을 보이고 있다(Priestley Centre for Climate Futures, 2024).

도시는 세계 자원 소비의 70%를 차지하고 있다(UNEP, 2024). 세계 인구가 80억명에 가까지워지고 자원 사용이 심화되면서 2025년까지 세계 도시는 매

【그림 11-1】 세계 여러 도시의 대기질 변화

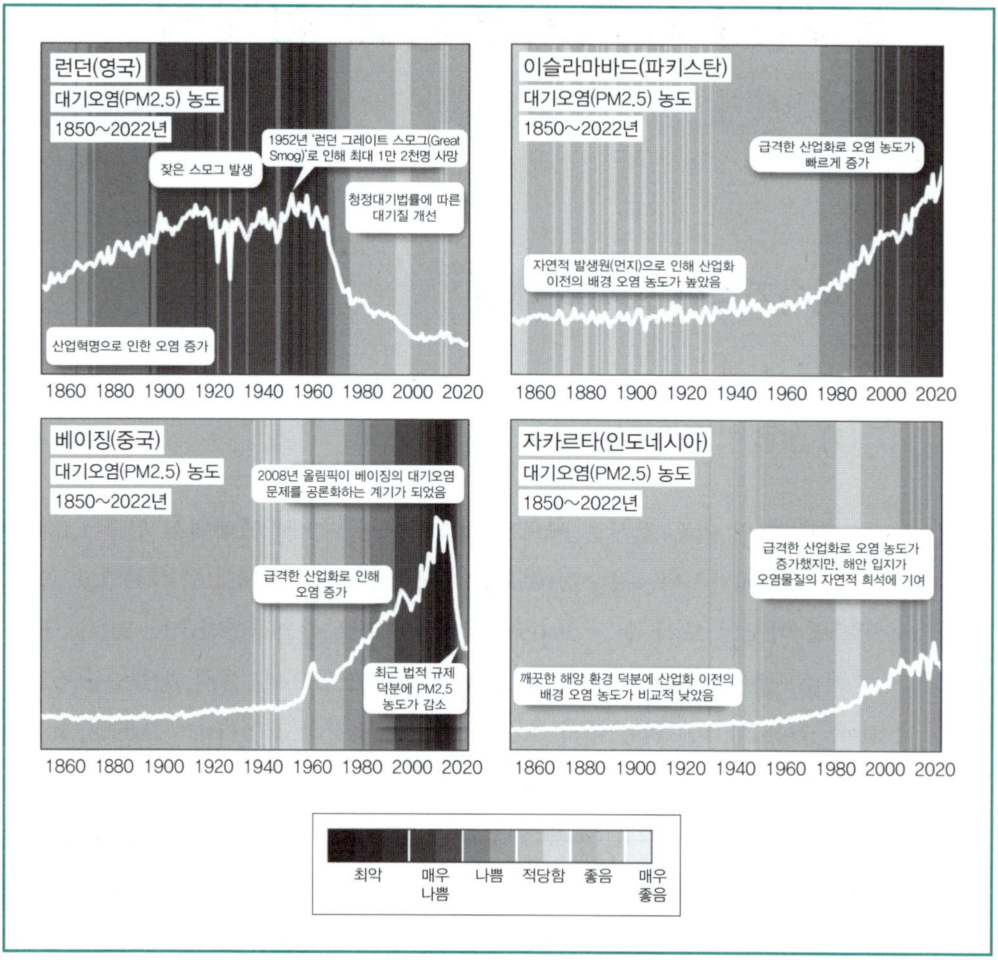

출처: Priestley Centre for Climate Futures(2024).

년 22억 톤의 폐기물을 생산할 것으로 예상되었으며, 이는 2009년 폐기물의 3배가 넘는다(World Bank, 2012; UNEP, 2025). 미세먼지가 개발도상국가를 중심으로 빠르게 악화되는 반면 생활 폐기물은 주로 고소득 국가에서 배출되고 있다. 고소득 국가는 전 세계 인구의 16%를 차지하지만, 전체 폐기물의 34%를 배출하고 있다. 다만, 고소득 국가에서 폐기물의 수거율은 높은 수준(유럽, 북미, 중앙아시아 등은 90% 이상)이지만, 저소득 국가의 도시에서는 약 48%, 농촌에서는 26%만 수거되고 있다.

기후위기로 인해 폭염, 가뭄, 폭우 등 극한 기후 현상이 빈번해지고 있으며, 인구가 밀집된 도시의 취약성도 증가하고 있다. 지구의 표면 온도는 산업화 이전(1850~1900년) 대비 1.15℃ 상승하였고, 온실가스 배출량은 계속 증가하고 있어 현재의 감축 정책으로는 21세기 말까지 2.8℃까지 상승할 가능성이 있다. 기후변화로 인해 폭염, 가뭄, 폭우 등 극한 기후 현상이 빈번해지고 있으며, 1970~2021년(52년) 동안 자연재해로 인해 전 세계에서 200만 명 이상이 사망하고, 경제적 손실은 4.3조 달러, 우리 돈으로 환산하면(1,436 KRW/USD 환율 가정) 약 6,174조 8,000억 원이다(UN & WMO, 2023).

극한 기후로 인한 피해는 도시 내 주거 환경이 취약한 지역과 취약집단에 집중되는 경향이 있다. 1995년 시카고에서는 수 일간 발생한 폭염으로 인해 700명 이상의 사망자가 발생하였는데, 사망자는 슬럼 지역과 사회·경제적 취약집단에 집중하여 발생하였다(에릭 클레이넌버그(Eric Klinenberg), 2018; UN-Habitat, 2020; Kim *et al.*, 2021; Kang *et al.*, 2024a; 2024b).

(2) 지속가능한 도시화 개념의 도입 과정

도시화의 가속화와 함께 자원 소비 증가, 환경 오염, 기후변화로 인한 재난 위험이 심화되면서 경제성장 중심의 무차별적인 도시화를 지양하고, 사회, 경제, 환경적으로 지속가능한 도시(Sustainable City)에 대한 필요성이 대두되었다(하성규 외, 2007). 도시가 인구, 경제, 자원 소비의 중심이 되면서 그 영향력이 전 지구적 차원으로 확장되고 있기 때문이다.

지속가능한 발전(Sustainable Development)의 개념은 1987년 브룬트란트 보고서에서 다음과 같이 처음 정의된 이후, 환경보전과 적용 분야에 따라 다양하게 정의되어 왔다. 그리고 최근 "지속가능발전목표(Sustainable Development Goals, SDGs)"와 관련하여 우리나라에서는 다음과 같이 정의하고 있다.

> "미래 세대가 그들의 필요를 충족시킬 능력을 저해하지 않으면서 현재 세대의 필요를 충족시키는 발전" (세계환경개발위원회(WCED), 1987;

환경부, 2021)

> "지속가능성은 현재 세대의 필요를 충족시키기 위하여 미래 세대가 사용할 경제·사회·환경 등의 자원을 낭비하거나 여건을 저하시키지 아니하고 이들이 서로 조화와 균형을 이루는 것을 뜻하며, 지속가능발전이란 지속가능한 경제 성장과 포용적 사회, 깨끗하고 안정적인 환경이 지속가능성에 기초하여 조화와 균형을 이루는 발전을 뜻한다. 포용적 사회란 모든 구성원이 존엄과 평등, 그리고 건강한 환경 속에서 자신의 잠재력을 실현할 수 있도록 경제·사회·문화적으로 공정하며 취약계층에 대한 사회안전망이 보장된 사회를 말한다." (지속가능발전 기본법, 2022)

1992년 리우 지구정상회의(Rio Earth Summit)는 국제사회가 이 개념을 본격적으로 논의한 계기가 되었다. 하지만 리우 선언 이후에도 12억명의 인구가 하루 1달러 이하로 생활하는 빈곤과 오염배출, 과소비 패턴이 지속되었으며 산림, 습지, 산호초의 훼손으로 생물의 멸종 추세가 가속되면서, 지속가능한 발전이 실질적인 성과를 내지 못하고 있다는 비판이 제기되었다(외교부, 2002).

이에 따라 2000년 UN은 밀레니엄 개발 목표(MDGs, Millennium Development Goals)를 도입하며, 빈곤 감소, 질병 퇴치, 교육 확대 등 8개의 목표를 설정하였다. MDGs는 개발도상국의 사회·경제적 발전을 촉진하는 데 중요한 역할을 하였지만, 환경 지속가능성에 대한 구체적인 대응이 부족하다는 한계를 드러냈다. 또한, MDGs는 선진국과 개발도상국 간의 역할 구분이 명확했으나, 기후변화와 자원 고갈 등 환경 문제는 모든 국가가 공동으로 해결해야 할 과제로 떠오르면서 더 포괄적인 글로벌 목표가 필요하다는 논의가 이어졌다(이원영, 2023).

이러한 문제의식 속에서 열린 2002년 요하네스버그 세계정상회의(World Summit on Sustainable Development)에서는 리우 선언 이후 10년간의 성과를 점검하고, 빈곤 퇴치와 환경 보호를 지속가능한 발전의 핵심 과제로 설정하였다. 그러나 여전히 지속가능한 생산과 소비, 천연자원의 관리, 재생에너지 확대 등에 대한 이행 수단 확보나 구체적인 추진 계획에 대한 합의는 도출이 어

【그림 11-2】 지속가능한 발전을 위한 17개 목표

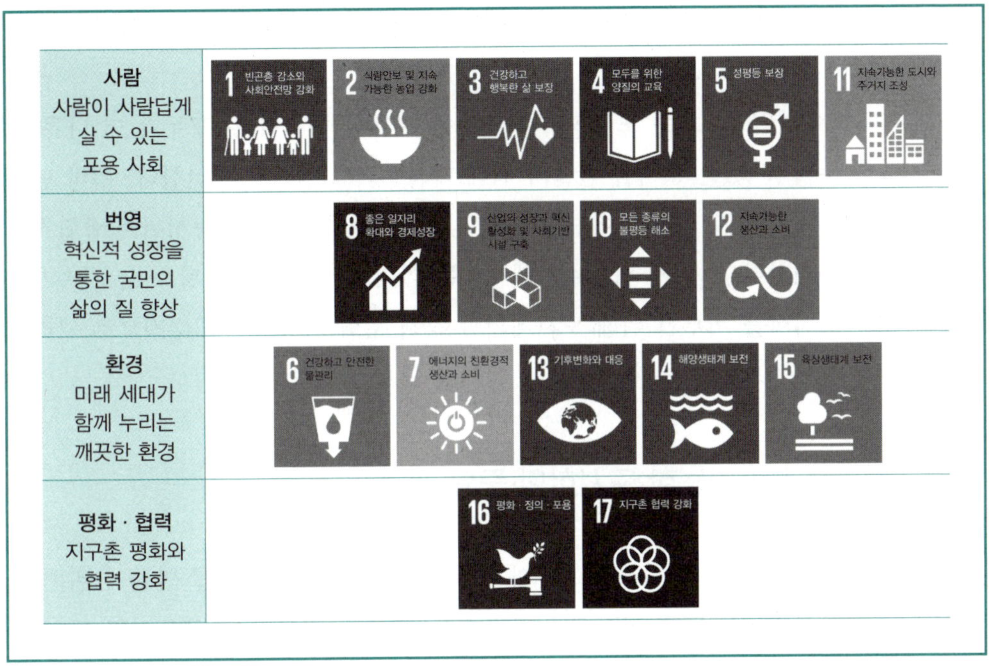

출처: 지속가능발전포털(https://ncsd.go.kr).

려웠다(외교부, 2002).

MDGs는 일정한 성과에도 불구하고, 그 목표가 개발도상국에만 초점이 맞춰졌다는 아쉬움을 남기고 2015년 종료되었다. 같은 해, UN은 MDGs의 한계를 보완하여 전 세계 모든 국가의 지속가능한 발전을 포괄적으로 다루는 지속가능발전목표(Sustainable Development Goals, SDGs)를 발표하였다.

SDGs는 MDGs에서 8개 목표로 구성되었던 것을 17개 목표(Goals)와 169개 세부 목표(Targets)로 확대하여 경제 성장, 사회 발전, 환경 보호를 포괄하는 균형 잡힌 발전을 추구하였다. 아울러 개발도상국 뿐 아니라 선진국을 포함한 모든 국가에 적용할 수 있는 보편적 체계를 제안하였다. SDGs는 MDGs의 이행과정에서 데이터의 한계로 인해 성과를 측정하는 데 어려움을 겪었던 경험을 반영하여, SDGs의 목표를 모니터링하기 위한 데이터의 중요성을 특히 강조하고 있다(KoFID, 2016; 홍은경, 2016; UN, 2024).

SDGs의 목표는 사람(빈곤·교육·보건), 지구(환경·기후), 번영(경제·일자리), 평화(정의·제도), 파트너십(국제협력) 등 5개의 핵심 영역으로 구성되며, 번영(Prosperity)의 영역에 속한 6번 목표부터 12번 목표가 지속가능한 도시화(Sustainable Urbanization)와 관련되어 있다.

이처럼 SDGs는 도시화가 가져오는 문제를 해결하고, 모두가 더 나은 삶을 누릴 수 있는 도시를 만들기 위해 다차원적인 접근을 제안한다. 특히 단순히 도시의 경제 성장이 아닌 도시의 사회적, 환경적 지속가능성까지 종합적으로 고려한다. 따라서 SDGs가 제시하는 이러한 방향성을 바탕으로, 지속가능한 도시화를 이루기 위해 도시계획과 정책 수립 과정에서 필수적으로 고려해야 할 중요 요소들을 구체적으로 살펴볼 필요가 있다.

(3) 지속가능한 도시화의 중요 개념

국제기구들의 여러 보고서에 따르면, 지속가능한 도시를 만들기 위해 도시화 과정에서 탄소중립, 자연기반해법, 다층적 거버넌스, 포용적인 도시 성장 등을 핵심 정책 및 실행 방안으로 고려해야 하며, 이를 통해 지속가능한 인프라 구축, 경제적 지속가능성 확보, 도시 회복력 달성이 중요하다고 지적하고 있다(UN-Habitat, 2020; UN & WMO, 2023; OECD, 2024; UNEP, 2024).

1) 탄소중립

탄소중립(Net-Zero) 도시는 도시 내에서 발생하는 온실가스 배출량을 최대한 줄이고, 불가피하게 발생하는 배출은 흡수·제거하여 실질적 배출량을 '0'으로 만드는 도시를 의미한다. 탄소중립 도시를 구축하기 위해서는 재생에너지 전환, 저탄소 인프라 조성, 친환경 대중교통 확충이 필수적이다. 특히, 냉·난방 에너지요구량 최소화, 에너지소비량 최소화, 신재생에너지 생산을 통한 제로에너지건축물(Zero Energy Building, ZEB) 건축, 대중교통 이용 확대, 전기차 및 수소차와 같은 친환경 교통수단의 보급이 중요한 전략이 될 수 있다.

한국은 2050년까지 탄소중립을 달성하는 것을 목표로 하며 다양한 정책을 펴고 있다. 탄소중립 선도도시 4개소(충남 당진, 충남 보령, 제주, 서울 노원구)

를 조성하여 도시별 탄소 배출 특성을 고려한 맞춤형 감축 전략을 적용하며, 공공 건물을 시작으로 민간 공동주택으로 제로에너지건축 의무화를 단계적으로 확대하고 있다. 또한 태양광 등 재생에너지를 통한 수익, 탄소 배출권 거래를 통한 수익 등을 주민들에게 배분하여 주민참여를 유도하고, 탄소중립 정책이 특정 계층이나 지역에 부담을 전가하지 않는 방식, 즉 '정의로운 전환'을 지향하고 있다(탄소중립녹색성장위원회, 2025).

2) 스마트 시티

스마트 시티(Smart City)는 지속가능한 도시 인프라를 구축하는 핵심 개념으로, 자원 소비를 줄이고 탄소 배출을 저감하는 데 중점을 둔다. 이는 장기적 관점에서 환경 보호와 경제적 지속가능성(sustainable economic growth)이 균형을 이루는 도시 발전을 지향한다. 경제적 지속가능성은 녹색 산업 육성과 친환경 관광 산업 확대와 같은 수단을 통해 구현될 수 있다. 예를 들어 태양광, 풍력 등 신재생에너지 산업을 육성하면 도시의 에너지 자립도를 높이고 온실가스 배출을 줄이는 동시에 새로운 일자리를 창출하고 지역 경제를 활성화할 수 있다. 또한 지역의 자연환경과 문화유산을 활용한 생태 관광, 농촌 관광은 환경 보전과 경제적 가치 창출을 동시에 달성할 수 있는 지속가능한 모델을 제시한다.

한편, 경제적 지속가능성이 성장을 이끌더라도 그 성과가 특정 집단에만 집중된다면 사회적 불평등이 심화될 수 있다. 따라서 스마트 시티가 지향하는 발전은 포용적 성장(inclusive growth)으로 나아가야 한다. 포용적 성장은 도시의 경제적 성과가 모든 시민에게 공정하게 분배되고, 취약계층을 포함한 다양한 사회 집단이 혜택을 공유할 수 있도록 하는 발전 방식이다. 이를 위해서는 주거권 보장, 교육과 의료 등 기본 서비스의 보편적 접근성 강화, 일자리와 경제적 기회의 확대, 사회적 형평성과 통합을 위한 제도적 장치가 필수적이다.

3) 생태도시

생태도시(Ecocity)는 지속가능한 도시의 한 형태로, 자연 생태계와 조화를 이루며 환경에 미치는 부정적 영향을 최소화하는 도시를 지향한다. 이는 단순한 경제 성장 중심의 도시 개발에서 벗어나, 환경적, 경제적, 사회적 지속가능성을 동시에 추구하는 새로운 도시 모델이다.

이러한 생태도시를 구현하기 위해 신재생에너지 도입과 에너지 효율 개선을 위한 친환경 건축물 설계가 필수적이다. 또한, 개인 차량 의존도를 낮추기 위해 대중교통, 자전거, 보행자 중심의 도시 설계가 중요시 된다. 도시의 자연 환경을 회복하고 유지하기 위한 노력도 병행된다. 공원, 옥상 녹화 등 도시 녹지를 확충하고, 빗물이 땅으로 스며들도록 투수성 포장을 확대하여 도시의 물 순환 기능을 개선한다. 이러한 다양한 정책적 노력은 독일 프라이부르크, 이탈리아 볼로냐, 영국 글래스고, 핀란드 헬싱키, 스페인 바르셀로나, 미국 오스틴, 싱가포르, 일본 요코하마 등 전 세계 여러 도시에서 추진되고 있다(이두현·류주현, 2024).

한국에서는 송도국제도시가 '스마트 생태도시'를 목표로 조성되었다. 2010년 기준, 녹지 면적은 전체 면적의 29.9%를 차지해 15~24% 수준을 보이는 국내 다른 신도시들 보다 높은 수준을 보였다. 또한 센트럴파크 내 인공 수로(해수로)는 서해 바닷물을 정화 처리한 후 도입하여 공원 내 수체계를 유지하고, 다시 바다로 순환시키는 구조를 통해 자원 순환과 자연친화적 공간 구성을 실현하고 있다.

4) 자연기반해법

자연기반해법(Nature-based Solutions, NbS)은 지속가능한 도시화를 위한 핵심적인 접근 방식이며, 생태도시를 달성하기 위한 핵심적인 도구이기도 하다. NbS는 생태계의 기능을 보존, 복원, 또는 지속가능하게 관리함으로써 기후변화 대응, 자연재해 위험 감소, 생물다양성 보전 등 다양한 사회적 과제를 해결하는 것을 목표로 한다.

베트남의 맹그로브 숲 복원 사례는 NbS의 효과를 잘 보여준다. 전쟁과 새우 양식장 개발로 파괴되었던 숲을 복원함으로써, 인공 시설보다 저렴한 비용으로 해안 침식과 연안 해일로 인한 피해를 완화할 수 있었다. 아울러 맹그로브 숲은 탄소 흡수원과 다양한 생물 서식지를 제공하는 등 공편익(Co-benefit)을 창출하였다.

도시 환경에서는 녹지 확대, 빗물 재활용 시스템 구축 등이 NbS의 예시이다. 예를 들어, 도시 숲, 공원, 옥상 녹화는 도시열섬 현상을 완화하고 미세먼지를 저감하는 동시에, 시민들의 휴식 공간을 제공하여 삶의 질을 향상시킨다. 또한 투수성 포장, 빗물 정원(Rain Garden), 인공 습지 등은 도시의 물 순환을 회복시켜 홍수 피해를 줄이고, 수질을 개선하며, 지하수 고갈을 방지하는 효과가 있다.

5) 다층적 거버넌스

다층적 거버넌스(Multi-level Goveneance)는 지속가능한 도시를 구현하기 위해 중앙정부, 지방정부, 시민사회, 민간 부분이 협력하는 것을 의미하며, 정책이 효과적으로 실행될 수 있는 토대가 된다. 마지막으로 지속가능한 도시가 되기 위해서는 다양한 계층이 혜택을 공평하게 누릴 수 있는 포용적인 도시성장(Inclusive Urban Growth)이 중요하다. 이를 위해 주거, 공공서비스, 대중교통 등의 정책을 수립할 때 취약계층을 위한 고려가 반드시 필요하다. 예를 들어, 저속득층을 위한 공공주택 확대, 공원과 녹지 공간 확보, 여성 및 장애인, 노인 등 다양한 계층이 이용할 수 있는 도시 공간 조성이 필요하다.

6) 도시 회복력

도시는 다양한 위험에 노출되어 있다. 폭염, 홍수, 가뭄 같은 기후 재해 뿐 아니라 감염병, 에너지 위기, 경제 충격 같은 문제도 도시 생활을 위협할 수 있다. 이러한 기후와 재난 위험 속에서 도시가 장기적으로 지속가능성을 유지할 수 있는 능력을 도시 회복력(Urban Resilience)이라고 한다.

도시 회복력에서는 재해를 버티는 힘과 함께 피해가 발생하더라도 빠르게 복구하고, 사회가 제 기능을 할 수 있도록 유지하는 힘을 중요하게 생각한다. 이를 위해서는 안전한 건물과 도로 같은 물리적 기반 뿐 아니라, 지역 사회의 협력, 정보를 나누는 체계, 그리고 위기 상황에서도 취약한 사람들을 보호하는 정책이 함께 요구된다.

앞서 살펴본 탄소중립, 스마트 시티, 생태도시, 자연기반해법, 다층적 거버넌스는 서로 다른 방향에서 도시 회복력을 높이기 위한 방법이다. 탄소중립은 기후위기의 원인을 줄여 재난 발생을 근본적으로 예방하기 위한 것이며, 스마트 시티는 기술로 재난 대응력을 강화하고, 피해를 최소화하고자 하는 방법이다. 생태도시는 자연환경 기반의 안전한 도시를 조성하고자 하는데, 이때 자연기반해법은 숲, 하천, 습지 등 생태계를 활용하여 재해에 대응하는 개념을 담고 있다. 다층적 거버넌스는 다양한 주체가 협력해 지속가능한 회복력을 실현할 수 있도록 한다.

【표 11-1】 지속가능한 도시화를 위한 중요 개념과 도시 회복력의 관계

개념	도시 회복력과의 관계
탄소중립	• 기후위기 원인을 줄여 재난의 근본 예방
스마트 시티	• 기술로 재난 대응력 강화 및 피해 최소화
생태도시	• 자연환경 기반의 안전한 도시 조성
자연기반해법	• 숲, 하천, 습지 등 생태계로 재해 대응
다층적 거버넌스	• 다양한 주체가 협력해 지속가능한 회복력 실현

2. 도시화와 환경 문제

급속한 도시화 과정에서 도시는 다양한 환경 문제에 직면하였다. 자동차와 산업시설에서 배출된 오염물질은 대기질을 악화시켰고, 이는 건강에 부정적인 영향을 미쳤다. 자동차와 건물의 냉·난방 시설에서 발생하는 인공열은 도시의 온도를 상승시키고, 밀집된 건물과 불투수층 증가, 녹지 감소는 태양 복사열을 흡수·방출하여 도시열섬 현상을 일으켰다. 기후변화로 인해 극한기상·기후 현상(폭염, 홍수, 태풍 등)의 발생 빈도와 강도가 증가하면서 도시의 구조적 재난 취약성이 드러났다. 특히, 불투수층의 확대는 도시 홍수의 위험을 높였으며 인구 밀집과 주거환경의 공간적 불평등은 폭염과 홍수 피해를 더욱 심화시키는 요인으로 작용하였다. 다음은 이러한 문제들에 대한 구체적인 사

레이다.

(1) 대기질 악화

세계보건기구(WHO, 2021)는 전 세계 도시의 공중 보건 증진을 위해 주요 대기오염 물질에 대한 대기질 가이드라인(Air Quality Guidelines)을 제시하고 있다. 도시화가 진행될수록 인구와 산업이 밀집하고 교통량이 급증하면서 여러 오염물질의 농도가 높아지고 장기·단기 노출에 의한 건강 영향이 확인되자, WHO는 이러한 문제를 해결하기 위해 가이드라인을 제시하며 준수를 권고하고 있다. 초미세먼지($PM_{2.5}$), 오존(O_3), 이산화탄소(NO_2), 이산화황(SO_2), 일산화탄소(CO) 등이 이러한 물질에 해당한다.

도시화가 가속화될수록 자동차, 산업 시설, 그리고 난방 연료 연소에서 직접적으로 배출되는 초미세먼지가 급증하고 있다. 이 미세한 입자는 폐 깊숙이 침투하여 호흡기 및 심혈관계 질환을 유발하며, 이는 도시 인구의 건강에 직접적인 위협이 된다. 도시의 높은 인구 밀도는 초미세먼지가 확산되지 않고 축적되는 환경을 조성하여, WHO의 기준을 충족하기 어렵게 만든다.

오존은 주로 도시에서 발생하는 2차 오염물질이다. 도시화로 인해 차량 통행량이 늘면서 배출되는 질소산화물과 휘발성유기화합물이 오존의 주요 원료가 된다. 특히, 도시의 높은 건물과 아스팔트가 태양열을 흡수하여 기온이 상승하는 도시열섬 현상은 오존 생성을 촉진한다. 이처럼 오존은 도시의 복잡한 환경적 요인과 결합하여 형성되므로, 단순히 오염원만 줄인다고 해결되지 않는 복합적인 도시 환경 문제이다.

최근 우리나라의 초미세먼지 농도는 전반적으로 감소하는 경향을 보이지만, 오존 농도는 오히려 증가하는 경향을 보이고 있다(박종철·한지현, 2022). 초미세먼지 농도 감소는 노후 경유차 운행 제한, 화력발전소 가동 축소, 그리고 계절관리제와 같은 강력한 감축 정책 등 여러 정책적 노력의 결과이다. 이러한 노력으로 자동차와 산업시설에서 직접 배출되는 1차 오염물질의 양이 줄어들면서, 초미세먼지 농도가 점진적으로 개선되는 긍정적인 효과가 나타났다. 반면, 오존은 질소산화물과 휘발성유기화합물이 강한 햇빛과 만나 광화학 반응을 일으켜 생성되는 2차 오염물질이기 때문에 미세먼지의 2차 생성을 촉진한다. 최근 미세먼지 감축 정책으로 인해 질소산화물 배출이 줄어들면서, 질소산화물에 의한 오존 파괴 반응이 약화되고 기온 상승까지 겹쳐 오존 농도가 증가하는 경향을 보이고 있다. 이는 한 가지 오염물질을 줄이기 위한 노력이 다른 오염물질 문제를 야기하는 역설적인 상황인 것이다. 따라서 최근에는 여러 오염물질을 종합적으로 관리할 필요성이 제기되고 있다.

위와 같은 항목들에 대한 기준치 관리에도 불구하고, 도시에서는 오염물질들이 복합적으로 작용하여 심각한 대기오염 현상이 발생한다. 그 대표적인 사례가 바로 스모그(Smog)이다. 스모그는 연기(smoke)와 안개(fog)의 합성어로, 도시의 산업화와 함께 발생한 대기오염의 상징적인 형태이다. 이는 여러 대기오염 성분이 기상 조건과 복합적으로 작용하여 발생하는 현상으로, 주로 연소 과정에서 배출된 오염물질이 대기 중에서 화학적·물리적 변화를 겪으면서 형성된다. 특히 황산화물, 질소산화물, 휘발성유기화합물, 오존과 같은 성분이 주요한 역할을 하며, 온도, 습도, 일사량 등 기상 요인이 이들의 반응을 촉진한다.

스모그는 발생 배경과 원인 물질에 따라 런던형 스모그와 로스앤젤레스형 스모그로 구분된다. 런던형 스모그는 석탄연료 사용과 겨울철 대기 정체가 주요 원인이며, 로스앤젤레스형 스모그는 자동차 배기가스와 여름철 강한 햇빛이 결합된 결과라는 점에서 차이를 보인다([표 11-2]).

런던형 스모그는 1952년 대규모 사건으로 잘 알려져 있으며, 석탄 연소 과정에서 발생한 아황산가스와 탄소, 그리고 입자상 물질이 주된 오염원이다. 이러한 오염물질이 겨울철 기온 역전층과 정체된 대기 조건 속에서 농도가 높아지면서, 일명 황사형 스모그가 발생하였다.

반면, 로스앤젤레스형 스모그는 1940년대 이후 본격적으로 문제가 되었으며, 자동차 배기가스에서 배출된 질소산화물과 휘발성유기화합물이 강한 햇빛과 반응해 오존 등 2차 오염물질을 형성하면서 나타난다. 주로 여름철 맑고 햇볕이 강한 날, 대기가 정체된 조건에서 발생하기 때문에 광화학 스모그라고 불린다.

스모그는 대기오염 현상 전체를 의미하고, 초미세먼지는 그 현상을 구성하는 오염물질 중 하나이다. 초미세먼지는 대기 중에 오래 전부터 존재하였다. 그러나 미세먼지(PM10)에 비해 인체에 더욱 치명적이라는 사실을 밝혀내고, 이를 대기질 관리의 핵심 오염물질로 인식하여 국제 가이드라인에 반영한 것은 1990년대 중후반 이후이다.

【표 11-2】 런던형 스모그와 로스엔젤레스형 스모그의 비교

구분	런던형 스모그	로스엔젤레스형 스모그
연도	1952년	1940년대
유형	황사형 스모그	광화학 스모그
발생 시기	겨울철	여름철
오염 물질	아황산가스, 탄소, 입자상 물질	질소산화물, 휘발성유기화학물, 오존
오염원	석탄연료	자동차 배기가스
기상조건	기온 역전층, 정체된 대기	맑고 햇빛이 강한 날, 정체된 대기

읽기 자료 11-1. 다양한 유형의 도시 스모그

■ 런던 그레이트 스모그

그레이트 스모그(Great Smog)는 1952년 12월 5~9일까지 5일간 영국 런던에서 지속된 스모그 현상과 이로 인해 발생한 재난이다([그림 11-3-(a)]). 당시 런던은 평년에 비해 추운 시기를 겪고 있어 난방용 석탄 사용량이 급증하였는데 품질이 낮은 석탄을 사용하면서 오염물질 배출량이 증가하였다. 여기에 더해 그 즈음에 시내 교통 체계에서 전기 트램 시스템을 대신하여 증기기관차와 디젤 연료 버스를 운영하였는데 차량 배기가스로 인한 오염과 연기가 발생하였다. 이 외에 여러 산업에서도 대기오염 물질이 배출되어 대기질에 영향을 미쳤다. 영국 기상청에 의하면, 매일 1,000톤의 연기 입자, 140톤의 염산, 14톤의 불소 화합물, 370톤의 이산화황이 배출되었을 것으로 추정되었다. 특히, 이 기간에는 바람도 불지 않아 오염물질이 확산되지 못하고 도심에 축적되면서 시민들의 건강에 치명적인 영향을 미쳤다(위키백과-그레이트 스모그). 이로 인해 최대 약 12,000여 명의 사망자가 발생하였다. 초기

연구에서는 800만의 도시 런던에서 4,000명 이상의 초과사망자가 발생한 것으로 추정하였지만, 추가 연구를 통해 스모그가 끝난 후에도 상당기간 높은 사망률이 지속되어 이듬해 2월 중순까지 추가로 8,000명이 사망한 것으로 밝혀졌다. 특히, 노인의 경우는 호흡기 질병에 의한 사망률이 평상시의 수배나 높았다(조윤승, 1991). 그레이트 스모그 사건은 영국 정부의 환경 정책에 중대한 전환점을 마련하였다. 이 사건을 계기로 '청정 대기법(Clean Air Act)'이 제정되어 석탄 사용 규제, 대기 오염 감시 시스템 구축 등 대기 질 개선을 위한 다각적인 노력이 본격화되었다. 이는 1960년대로 들어서면서 런던의 대기질을 개선하는데 기여하였다. 현대 도시에서는 난방용 석탄 사용이 크게 줄었기 때문에 전형적인 런던형 스모그의 발생은 사실상 거의 관찰되지 않는다.

■ 로스엔젤레스 스모그

1943년 여름 로스앤젤레스에서 처음 보고된 심각한 스모그는 이후 수십 년간 도시를 괴롭혔다. 특히 1943년 7월 26일 첫 대규모 사건 이후, 약 87일 동안 스모그가 연속적으로 발생하면서 시야가 세 블록 이하로 급격히 줄었고, 시민들은 눈과 호흡기에 심각한 자극을 경험했으며 농작물 피해도 보고되었다. 자동차 배기가스에서 배출된 질소산화물과 휘발성유기화합물이 강한 햇빛 아래서 반응해 오존 등 광화학 산화물을 생성한 것이 주요 원인이었기에, 이 현상은 '광화학 스모그'라 불렸다. 초기에는 원인을 군수 공장에서 배출된 화학물질로 오인했으나, 후속 연구를 통해 자동차 배기가스가 핵심 원인임이 밝혀졌다. 이러한 경험은 캘리포니아주와 미국 전역에서 대기오염 규제와 자동차 배기가스 저감 기술 개발을 촉진시켰고, 결국 1970년 제정된 연방 대기청정법의 기반이 되었다.

로스앤젤레스는 지난 수십 년 동안 대기질 개선에 성과를 거두었으나, 최근에는 교통·물류 산업의 화석연료 의존, 기후변화로 인한 폭염 증가, 그리고 대형 산불의 빈발이라는 복합적 요인으로 다시 대기오염이 심화되고 있다. 항만과 물류망에서 발생하는 배출가스는 질소산화물과 미세먼지의 증가를 이끌고 있으며, 폭염은 오존 생성을 가속화하고, 산불은 대기 중 유해 연기와 온실가스를 대규모로 배출한다. 이처럼 산업 구조적 요인과 기후 환경적 요인이 중첩되면서 최근 로스앤젤레스의 대기질은 다시 악화되는 양상을 보이고 있다([그림 11-3-(b)]).

【그림 11-3】 런던 그레이트 스모그와 로스앤젤레스 스모그

(a) 1952년 영국 런던 그레이트 스모그

출처: BBC(2023).

(b) 2022년 로스앤젤레스 스모그

출처: https://earth.org.

■ 2013년 베이징 스모그

중국의 스모그는 석탄연소, 자동차 배출, 농작물 연소 등으로 인해 발생한다. 특히 겨울철에 스모그가 수일간 연속으로 발생하는데 심한 경우에는 가시거리가 수 미터밖에 되지 않는다(한국대기환경학회, 2011). 일례로, 2013년 중국 베이징에서는 런던형 스모그(매연 → 황사입자 안개), 로스엔젤레스형 스모그(광화학 반응 → 오존과 자극성 물질)가 복합적으로 발생하였다. 2013년 9월 베이징 시 환경보호국의 발표에 따르면, 자동차의 배기가스와 석탄을 위주로 한 에너지 소비 구조가 스모그와 공기오염을 유발하는 주 요인이었다(자오유, 2014). 스모그 발생 기간에는 응급실 방문환자와 외래 환자, 입원환자 비율이 모두 증가하는 경향을 보였다(Chen *et al.*, 2013). 스모그는 심혈관계 질환에 특히 많은 영향을 주고 있었다(Zhou *et al.*, 2015).

(2) 도시열섬

도시열섬 현상(Urban Heat Island, UHI)은 도시의 온도가 주변 교외 지역이나 농촌 지역보다 현저히 높게 나타나는 현상이다. 이는 도시의 물리적 구조와 인간 활동이 복합적으로 작용하여 발생한다. 도시의 도로, 건물, 지붕 등은 대부분 아스팔트, 콘크리트, 금속과 같은 인공 재료로 덮여 있는데, 이러한 불투수성 표면은 태양열을 강하게 흡수하고 쉽게 방출하지 않아 낮 동안 축적된 열이 밤에도 방출되면서 도시의 기온을 높게 유지시킨다. 또한 고층 건물들이 밀집된 도시 환경은 공기 순환을 감소시키고 열 보존을 촉진하여 열섬 현상을 심화시킨다.

교통, 산업 활동, 냉난방 시스템 등에서 발생하는 인위적 열 역시 도시 내부의 온도를 상승시키는 주요 요인이다. 특히 여름철 에어컨 사용 급증은 실내 열을 외부로 방출하여 문제를 악화시킨다. 반면 숲, 가로수, 초목, 하천과 같은 녹지와 수체는 그늘 제공과 증발산 작용을 통해 열을 흡수하고 주변 기온을 낮추는 자연적 냉각 효과를 제공한다. 하지만, 도시는 이러한 요소가 부족하여 냉각 기능이 충분히 발휘되지 못한다([그림 11-4]).

전 세계 419개 대도시를 대상으로 위성 데이터를 활용하여 UHI 현상의 강도를 분석한 결과에 의하면, 도시 지역의 기온은 교외 지역에 비해 평균적으로 1.5℃ 높았고, 야간 평균 기온은 1.1℃ 높았다. 주간과 야간의 열섬 현상은 서로 다른 요인에 형성되는데, 주간에는 도시 내 불투수층(아스팔트, 콘크리트 등)이 많고, 녹지가 적을수록 열섬 강도가 강해지는 경향이 있었다. 반면 야간에는 반사율이 낮고 야간 조명으로 인한 인공열 배출이 많은 도시에서 열섬 강도가 높은 경향이 있었다(Peng *et al.*, 2012).

전 세계 30,000개 이상의 도시를 분석한 결과, 도시열섬 강도는 도시 인구 규모에 따라 증가하지만, 강수량 조건에 따라 그 정도가 달라지는 것으로 나타났다. 습한 지역 보다는 건조한 지역에서 인구 규모의 영향이 크게 나타났다. 따라서 녹지 공간 및 알베도 증가는 건조 지역에서 도시열섬을 줄이는 데 더욱 효과적이었다(Manoli *et al.*, 2019).

도시열섬의 강도는 도시 면적 뿐만 아니라 건물 밀도와 형태, 인구 규모,

【그림 11-4】 도시 열 생성 다이어그램

출처: Jaworska(2024).

그리고 강수량에 의해 영향을 받는다. 인구 규모에 도시열섬의 강도가 증가하는데, 이와 같은 경향은 건조한 기후 지역에서 더욱 강하게 나타났다(Manoli *et al.*, 2019). 동일한 면적의 도시라 하더라도 건물 밀도가 높을수록 도시열섬의 강도는 증가하며, 밀도가 낮은 도시는 상대적으로 열섬 효과가 약해지는 경향이 있다. 도시열섬은 폭염과 상호작용하여 도시의 극한 고온을 더욱 심화시킬 가능성이 있어 지속적인 도시화와 기후변화의 결합은 도시 지역의 열 스트레스를 더욱 증가시킬 것으로 우려되고 있다(Li *et al.*, 2020).

읽기 자료 11-2. 도시 열 환경과 인명 피해

전 세계에서 13,000개 이상의 도시에 대한 분석 결과에 따르면, 도시에서 치명적인 열 환경(극한 기온과 습도)에 노출된 인구는 1980년대 이후 2016년까지 3배 증가하였고, 전 세계 인구의 약 4분의 1이 이 영향을 받고 있다

(Krajick, 2021). 이러한 추세는 도시의 기온 상승과 인구 급증으로 인해 발생하였으며, 도시열섬이 도시에 거주하는 사람들의 건강에 악영향을 미치고 있을 가능성을 시사한다(Krajick, 2021).

1995년 7월 시카고에서는 '시카고 폭염(Chicago Heatwave)'이라 불리는 5일간의 기록적인 폭염으로 인해 700명 이상의 사망자가 발생하였다. 당시 낮 시간에 기온이 최고 41℃까지 상승하였는데, 야간에도 높은 기온과 습도가 유지되면서 낮의 더위를 덜어주지 못했으며 도시열섬이 폭염의 원인 중 하나로 지목되었다(Kunkel *et al.*, 1996).

폭염의 피해는 노인, 빈곤층, 사회적 고립 계층과 같은 취약 계층에 집중되었다. 가난한 노인들은 에어컨이 없거나 전기 요금을 감당할 경제적 여유가 없었고, 범죄에 대한 우려로 창문과 문을 열어 환기하는 것도 꺼렸다. 이에 더하여, 폭염 경보 시스템이 제대로 작동하지 않았고, 수천 명의 응급환자들이 병원으로 집중되면서 지역 의료 시스템도 과부하에 빠져 인명 피해가 더욱 증가하였다(에릭 클레이넌버그, 2018).

【그림 11-5】 1995년 시카고 폭염 당시 냉장 트럭에서 시신을 운반하는 작업자들

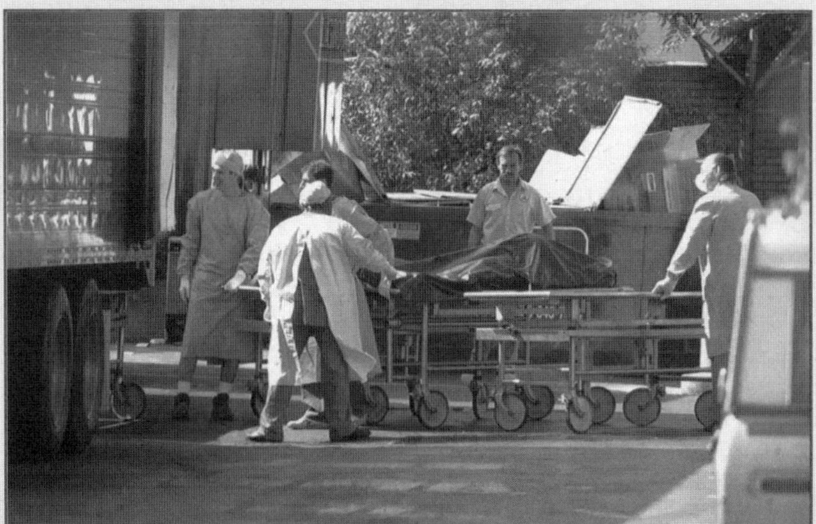

출처: Chicago Sun Times(2021).

(3) 도시형 홍수

도시형 홍수(Urban Flooding)는 도시화로 인해 발생하는 특수한 홍수 현상을 의미한다. 이는 도시의 물리적·공간적 특성이 빗물의 유출을 가속화하고 침수를 유발함으로써 발생하는 것이다. 이는 자연 유역의 수문 순환 과정에서 발생하는 자연형 홍수(Fluvial Flood)와는 다른 메커니즘을 가진다. 자연형 홍수는 일정 규모 이상의 강우로 하천의 유량이 초과되어 범람하거나, 지하수면이 지표 가까이 상승하여 침수되는 형태로 발생한다. 반면 도시형 홍수는 불투수층(Impervious Surface)의 확대, 배수 시스템의 용량 한계, 저지대 지형과 같은 도시 특성이 복합적으로 작용하여 유발된다.

도시화 과정에서 아스팔트, 콘크리트 등으로 포장된 불투수층이 크게 확대되면서 빗물이 지면에 스며들지 못하고 대부분 지표면으로 흘러 배수 시스템에 과부하를 일으키게 되었다. 도시의 하수관과 우수관 등 배수 인프라는 일반적으로 특정 강우량을 기준으로 설계된다. 그러나 최근 기후변화로 인해 국지성 집중호우가 빈번해지고 태풍의 규모와 빈도가 증가하면서, 기존 배수 시스템의 용량을 초과하는 강우가 유입되어 역류 및 범람 현상이 발생하고 있다. 또한 많은 도시는 하천이나 해안에 인접하여 발달하였기 때문에 상대적으로 저지대 지형을 가지는 경우가 많다. 이러한 입지는 빗물 유입이 용이하고 배수가 지연되기 쉬워 홍수 피해에 더욱 취약하다. 이와 같은 다양한 요인이 중첩적으로 작용하면 도시에서는 고유한 형태의 홍수가 발생하게 된다.

자연 지역에서는 물순환이 비교적 균형을 이루어, 약 40%가 증발산으로 대기 중에 환원되고, 25%는 얕은 침투, 또 다른 25%는 심부 침투로 지하수 자원으로 축적되며, 지표 유출은 약 10%에 불과하다([그림 11-6]). 이러한 수문 순환 구조는 강우가 집중되더라도 상당량의 물이 지하로 스며들어 홍수 발생 위험을 완화한다. 도시 지역의 경우, 불투수층이 75~100%에 이르러 빗물이 지하로 스며드는 비율은 얕은 침투 10%, 심부 침투 5%로 급감한다. 증발산은 약 30%로 줄어드는 반면, 지표 유출은 55%로 크게 증가한다(EPA, 2003). 이로 인해 짧은 시간에 대량의 빗물이 하수관로와 배수 시스템에 집중되면서 역류, 범람, 침수를 유발하게 된다.

【그림 11-6】 자연 지역과 도시의 물순환 비교

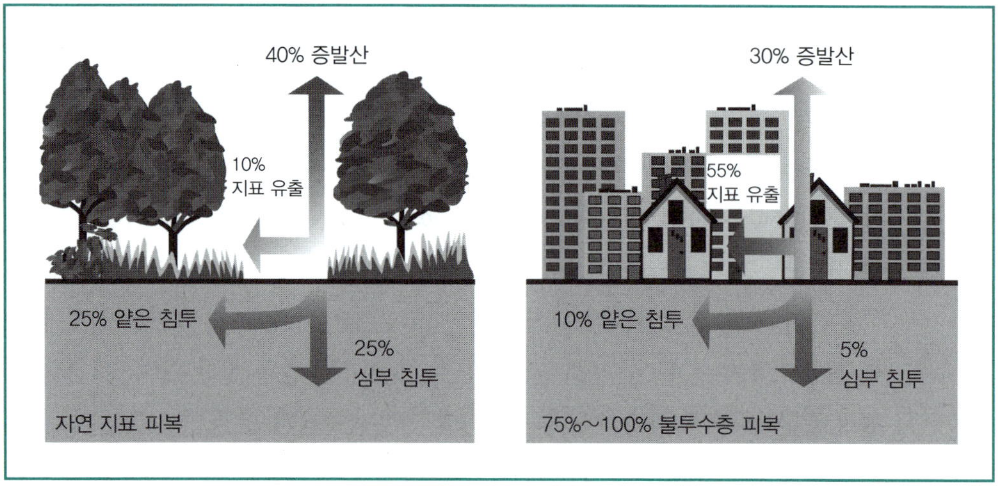

출처: EPA(2003).

도시형 홍수가 발생하면 도로 침수와 교통 마비 등 일상 생활에 직접적인 피해가 나타나며, 특히 지하철과 지하상가와 같은 지하 공간의 침수는 대규모 인명 피해와 재산 피해로 이어질 수 있다. 이처럼 도시형 홍수는 도시 인프라와 인구 밀집 구조의 특성 때문에 피해 규모와 사회적 파급력이 크게 확대되는 경향을 보인다.

읽기 자료 11-3. 2005년 카트리나가 남긴 교훈: 자연형 홍수와 도시형 홍수의 복합 재난

카트리나의 사례는 자연적 홍수 요인과 도시적 취약성이 결합하여 발생한 복합 재난의 형태를 보여주며, 기후변화 시대에 도시화가 어떠한 방식으로 재난을 증폭시킬 수 있는지를 보여주는 중요한 사례이다.

2005년 8월 29일, 카테고리-3 강도(풍속 50~58㎧)의 허리케인 카트리나(Hurricane Katrina)가 미국 걸프 연안을 강타하여 루이지애나와 미시시피의 여러 지역에 전례 없는 피해를 입혔다. 특히 미시시피강 하구와 멕시코만에 인접한 저지대 도시 뉴올리언스(New Orleans)가 가장 큰 피해를 입었으며,

전체 면적의 약 80%가 침수되었다(Brunkard *et al.*, 2008).

카트리나로 인한 뉴올리언스의 피해는 자연형 홍수와 도시형 홍수가 결합된 복합 재난의 대표적 사례라 할 수 있다. 뉴올리언스는 해수면보다 낮은 해안 저지대에 위치해 자연적으로 홍수 취약성이 높은 지역이었다. 그러나 도시 확장으로 인해 습지와 자연 배수 기능이 감소하면서 홍수 완화 능력이 크게 약화되었고, 맹그로브 숲의 파괴로 해안 방어 기능 또한 크게 저하되었다(Seminara *et al.*, 2011; Barbier *et al.*, 2013; 류중형·리우 캄비우, 2020). 여기에 해수면 상승과 지반 침하, 인공구조물로 인한 해안선 침식(Kim *et al.*, 2025)이 복합적으로 작용하여 자연적 완충 능력이 급격히 줄어든 상태였다. 이 때문에 뉴올리언스는 제방과 배수 시스템 같은 인공 인프라에 의존할 수밖에 없었지만, 기후변화로 강도가 커진 허리케인을 견디지 못하고 제방이 붕괴되면서 도시 전역이 침수되는 참사가 발생했다([그림 11-7]).

이 재난은 도시적 요인이 피해를 더욱 심화시킨 사례이기도 하다. 도시화 과정에서 저소득층과 사회적 소외계층은 상대적으로 방재 인프라와 대피 계

【그림 11-7】 허리케인 카트리나 당시의 뉴올리언스의 피해

출처: CNN(2020).

획이 취약한 지역에 집중적으로 거주하게 되었고, 허리케인 위험이 높은 지역임에도 저렴한 주거지로 개발된 곳이 많았다. 그 결과 피해가 특정 사회계층에 집중되었다. 보수적으로 산정했을 때 루이지애나에서만 986명이 사망했으며, 이 중 95%가 뉴올리언스 거주자였다. 희생자의 절반 가까이는 75세 이상 고령자였고, 인종별로는 흑인의 사망률이 백인의 사망률보다 1.7~4배 높았다(Brunkard *et al.*, 2008).

3. 사례를 통해 보는 지속가능한 도시 모델

앞서 살펴 본 것과 같이 급속한 도시화 과정에서 다양한 문제가 발생하였다. 세계 여러 도시들은 지속가능한 도시 모델을 구축하여 이러한 문제에 대응하고자, 탄소중립, 자연기반해법, 스마트 시티 등 다양한 정책과 전략을 도입하고 있다. 특히, 독일의 프라이부르크(Freiburg)와 캐나다의 밴쿠버(Vancouver)는 지속가능한 도시화의 대표적인 사례로 평가받고 있다. 프라이부르크는 재생에너지 확대와 친환경 교통 시스템을 기반으로 탄소중립을 실현하는 도시로, 밴쿠버는 녹지 공간과 그린웨이를 활용한 생태 친화적 도시로 주목 받고 있다. 이 장에서는 두 도시의 사례를 통해 지속가능한 도시화가 나아가야 할 방향을 탐색하고자 한다.

(1) 독일 프라이부르크-지속가능한 도시

1) 프라이부르크의 개요

프라이부르크는 독일 바덴뷔르템베르크(Baden-Württemberg) 주(州)에 속한 독립시(Kreisfreie Stadt)이다. 면적은 153.04㎢이고, 2023년 12월 기준 인구는 237,244명이다(위키백과-프라이부르크). 이는 우리나라의 군산시(150.3㎢, 약

26만 명)와 비슷한 규모이다. 프라이부르크는 재생에너지를 중심으로 에너지를 전환하였으며, 지속가능한 거주 환경과 교통 체계를 구축하여 유럽에서 탄소중립과 지속가능한 도시의 대표적인 사례로 평가받고 있다.

2) 프라이부르크의 에너지 전환과 패시브하우스

프라이부르크는 재생에너지(Renewable Energy)를 선구적으로 도입하고, 에너지 효율적인 건축 방식을 적용하여 탄소중립을 실현하는 대표적인 도시이다. 특히, 태양광, 풍력, 바이오가스 등 다양한 재생에너지를 활용하여 전력과 난방을 공급하고 있다([그림 11-8]). 이러한 배경에는 프라이부르크의 자연환경적 조건도 중요한 역할을 하였다. 프라이부르크는 독일 내에서 일조량(연평균 1,800시간)이 많은 도시 중 하나로 태양광 발전에 최적화된 자연 조건을 갖추고 있다. 아울러 도시에 인접한 슈바르발트(Black Forest, 검은 숲)로부터 불어오는 바람은 풍력 발전에 유리한 환경 조건을 제공한다(홍윤순, 2010, 67; https://www.heizungsbetrieb.de).

주거 환경 측면에서는 패시브 하우스(Passive House) 건축이 중요한 역할을 하고 있다. 패시브 하우스는 에너지 소비를 최소화하는 고효율 주택 설계로, 단열, 차양 시스템, 자연 환기 시스템을 갖춰 난방과 냉방에 필요한 에너지를 줄이는 데 기여하고 있다. 패시브 하우스는 건설 초기에는 일반 주택에 비해 7% 높은 비용이 들었지만 그 이후에는 에너지 사용량을 79% 감소하였

[그림 11-8] 독일 프라이부르크, 보봉 지구의 패시브 하우스

출처: TravelFeed(2018).

고, 온실 가스 배출량은 80% 저감하였다(Coates, 2013). 패시브 하우스는 1970년대 건물에 비해 폭염 시 2~5℃ 낮은 온도를 유지할 수 있다(Matzarakis *et al.*, 2020). 또한, 에너지 플러스 하우스(Energy Plus House)는 자체적으로 에너지를 생산하며, 사용하고 남은 전기를 판매하여 연평균 약 500만원(2018년 기준)의 소득을 창출하는 가구도 있다(오마이뉴스, 2018). 프라이부르크는 독일 남서부에 위치하여 상대적으로 기후가 온화하여 난방 에너지 소비가 다른 지역보다 적기 때문에 주택 설계를 통해 에너지 효율을 높이는 것에 유리한 환경을 갖고 있다. 이 사례는 에너지 전환과 패시브 하우스 도입을 통해 탄소중립을 실현하는 모델로 평가받고 있다.

3) 보행자와 자전거 중심의 교통체계와 대중교통 활성화

프라이부르크는 도시 내 탄소 배출을 저감하고, 지속가능한 교통 인프라를 조성하기 위해 자동차 사용을 최소화하고, 보행자와 자전거 중심의 교통체계를 구축하였다. 도로 폭을 줄이고 자전거 전용 도로와 보행자 도로를 확대하였으며, 도심 곳곳에 자전거 주차 공간을 확보하였다([그림 11-9]). 보행자 친화적인 환경을 조성하기 위해 주택가 도로의 제한속도를 30km/h 이하로 설정하였고, 자동차 없는 지역을 만들기 위해 다양한 인센티브 규정을 도입하였다(Mahzouni, 2018). 특히, 보봉 지구(Vauban District)에서는 자동차를 도시 외곽 주차장에만 주차할 수 있도록 제한하고, 주차 비용을 높게 책정하여 자동차 이용을 최소화하였다. 반면 트램(노면전차)과 버스를 도시 중심부와 연결하여 사람들의 접근성을 높였다. 또한, 대중교통 요금은 인하하고, 승차권 한 장으로 여러 교통수단(트램, 버스, 기차)을 환승할 수 있는 통합 요금제를 도입하여 시민들이 더욱 편리하게 이용할 수 있도록 하였다(Stadt Freiburg, 2014).

그 결과, 2009년 기준 보봉 지구 주민의 약 70%가 자동차 없이 생활하고 있다(Coates, 2013). 2015년 기준, 프라이부르크에서 자전거·트램·버스의 교통수단 분담률은 80%에 이른다(제민일보, 2015). 프라이부르크의 교통 정책은 보행자 및 자전거 중심의 교통체계를 구축하고, 트램(노면전차)과 대중교통을 활성화하여 자동차 의존도를 줄임으로써 탄소 배출 저감 뿐 아니라 교통 혼잡을 완화하고 시민들의 삶의 질을 높이는 데 기여한 사례이다.

【그림 11-9】 친환경, 보행자 중심의 주거지 설계 사례(Gerda-Weiler-Straße 11, 79100 Freiburg im Breisgau, 독일)

출처: Urbanitarian – Vauban(https://urbanitarian.com/streetscapes_post?id=1035).

4) 녹지 공간 확대

프라이부르크는 30년의 녹색 정책 역사를 가지고 있으며, 녹색 인프라에 대한 투자를 통해 도시 전역에 걸쳐 녹지 네트워크를 구축해 왔다. 도시의 서쪽에는 주로 도심에 대규모 공원녹지와 생태주거단지, 자연보호구역 등 오픈스페이스가 분포해 있다. 반면 다른 방향에는 검은 숲으로 둘러 쌓여 있어 오픈스페이스 보다는 산지와 계곡 중심의 녹지가 분포해 있다(홍윤순, 2010, 136).

도심 내에서는 트램 선로의 약 50%가 잔디로 덮여 있어 소음을 줄이고 유지 보수 비용을 절감하였다([그림 11-10]). 호수공원인 제팍(Seepark) 공원에는 기후 변화에 강한 23종의 나무로 구성된 '기후 변화 숲'을 조성하여 생물 다양성을 증진하고 공기 질을 개선하였다. 도심 곳곳에는 녹색 지붕과 외관, 가로수, 작은 공공 녹지 공간을 조성하여 보행자와 자전거 이용자에게 좋은 환경을 제공하고 있다(TCPA, 2019).

최근에도 '녹색 오아시스 계획'은 도시 전체 지역에 '나무 섬'이라는 시각적으로 매력적이고 편안한 나무 플랫폼을 설치하여 시민들에게 더 많은 녹지

【그림 11-10】 잔디로 덮여 있는 도시 내 트램 선로

출처: PlannersWeb – Freiburg-Vauban-tramway-slide.

와 그늘을 제공하려고 하고 있다. 또한, 프라이부르크는 '동네 단위의 도시 녹지 공간 계획'을 통해 새로운 주거 지역을 조성할 때 마을 정원을 조성하여 공동체 의식을 함양하고 이웃 간의 교류를 촉진할 수 있는 공간을 만들고 있다. 드라이잠 강을 따라 도시 생활을 위한 새로운 공간을 창출하기 위한 계획도 추진하고 있다. 지하 터널을 건설하여 매일 이곳을 통과하는 수만 대의 차량을 지하로 이동시키고, 지상에는 넓은 산책로, 녹색 자연 공간, 레스토랑 공간 등을 조성하려고 하고 있다(https://www.freiburg.de).

프라이부르크는 도시 외곽의 숲과 녹지를 보호하는 정책도 시행하고 있다. 대표적으로, 도심과 인접한 검은 숲을 지속적으로 관리하며, 시민들이 자연을 쉽게 접할 수 있도록 친환경 도보길과 자전거길을 조성하였다. 이를 통해 도시와 자연이 유기적으로 연결되는 지속가능한 환경을 조성하고 있다.

이와 같은 정책을 통해 확보된 녹지 공간은 심미적 효과를 넘어 기후변화 대응과 도시의 회복력을 높이는 핵심 요소로 작용한다. 도시 내 녹지는 폭염

시 도심 온도를 낮추는 냉각 효과를 제공하고, 강우 시 빗물을 흡수하여 홍수 위험을 줄이는 역할도 수행한다. 또한, 녹지 공간은 시민들의 삶의 질을 향상시키며, 지속가능한 도시를 만드는 중요한 기반이 된다.

【표 11-3】 프라이부르크 사례 요약

주요 정책	주요 내용
재생에너지 및 탄소중립	• 태양광, 풍력 등 재생에너지 적극 활용 • 패시브 하우스 및 에너지 플러스 하우스 도입 • 에너지 자립 및 탄소중립 목표 설정
지속가능한 교통 정책	• 트램 및 대중교통 활성화 • 자동차 중심 도시 설계 탈피, 보행자 · 자전거 중심 교통체계 구축 • 자동차 제한구역 및 도심 속 주차 비용 상승
자연기반해법	• 도시 내 녹지 공간 확대 및 생태 복원 • 도시열섬 완화를 위한 녹화 정책 시행 • 지속가능한 빗물 관리 시스템 도입
포용적 도시 개발	• 시민 참여형 도시 계획 추진 • 교통 · 주거 환경 개선을 통한 도시 내 접근성 강화

(2) 밴쿠버-그린웨이 시스템과 생태친화적 도시

1) 밴쿠버의 개요

밴쿠버(Vancouver)는 캐나다 브리티시컬럼비아(British Columbia)주의 남서부에 자리 잡고 있으며, 캐나다 서부의 관문이자 물류의 핵심 거점 항구 도시이다. 면적은 약 115㎢로 서울 강남구의 3배에 달하며, 인구는 2023년 기준 약 67만 5천 명으로 강남구의 약 53만 명보다는 다소 많은 수준이다. 밴쿠버는 거대한 항만 물류 시스템을 갖추었음에도 불구하고, 생태 친화적 도시 정책을 통해 쾌적하고 건강한 이미지를 유지하고 있다.

2) 주요 공원과 특징

밴쿠버는 자연과 도시가 조화롭게 공존하는 생태친화적 도시를 지향하며, 시민 1인당 높은 공원 면적을 자랑한다. 2006년 기준 1인당 공원 면적은 약 23.46㎡로 서울(4.58㎡)의 5배에 달한다(김기호·문국현, 2006). 이러한 광범위한 녹지 공간은 도시의 생물다양성을 보호하고, 도시열섬 현상을 완화하는 데 중요한 역할을 한다.

밴쿠버의 공원 시스템은 관리 주체와 규모에 따라 다양한 특성을 보이는데, 스탠리 파크(Stanley Park)는 밴쿠버 시에서 관리하는 캐나다 최대 규모의 도시 공원(405ha)이다. 도심에 위치해 울창한 숲과 해안선이 어우러져 있으며, 인위적인 조경이 특징인 다른 도시 공원들과 차별화 된다. 퀸 엘리자베스 파크(Queen Elizabeth Park) 역시 밴쿠버 시에서 관리하는 공원(53ha)이다. 원래 채석장이었던 곳을 재개발하여 조성한 사례이다. 퍼시픽 스피릿 파크(Pacific Spirit Park)는 메트로 밴쿠버(Metro Vancouver 또는 Greater Vancouver)가 관리하는 대규모 도시 숲(860ha)이다. 스탠리 파크의 약 두 배 규모이며, 도시 경계와 무관하게 조성된 광역 공원 시스템의 일부이다. 산책, 하이킹, 자전거 등 다양한 활동이 가능한 다목적 코스를 제공한다. 메트로 밴쿠버는 밴쿠버를 포함한 주변 여러 지방자치단체의 연합체로 공동으로 공원을 조성하고 관리한다.

3) 그린웨이 시스템

밴쿠버는 국제적으로 지속가능한 도시의 모델로 인정받고 있으며, 그린웨이(Greenway) 정책은 이러한 이미지 구축에 중요한 역할을 하였다. 밴쿠버는 1995년 그린웨이 개념을 도시 계획에 공식적으로 채택하여, 도시 내에 공원과 자전거 도로 등 보행자 친화적인 공간을 늘리는 것을 중점적으로 추진하였다(Vancouver Regular Council, 1995). 그린웨이는 크게 주요(Major), 도시권(City-Wide), 근린생활권(Neighbourhood) 그린웨이로 구분된다. 주요 그린웨이는 대형 공원, 병원 등 주요 목적지를 연결하고, 도시 경계를 넘어 확장될 수 있다([그림 11-11]). 도시권 그린웨이는 벤쿠버의 이웃 지역을 연결하며 중요한 도시 내 목적지를 포함한다. 근린생활권 그린웨이는 보행자와 자전거 이용자를 위한 소규모의 지역 간 연결 역할을 한다. 시는 모든 거주지에서 도보로 25분 이내 또는 자전거로 10분 이내에 도시 그린웨이에 도달하는 것을 목표로 하고 있다(https://vancouver.ca).

밴쿠버는 그린웨이 네트워크를 활용하여 공원과 녹지를 유기적으로 연결

【그림 11-11】 밴쿠버 시의 그린웨이 계획

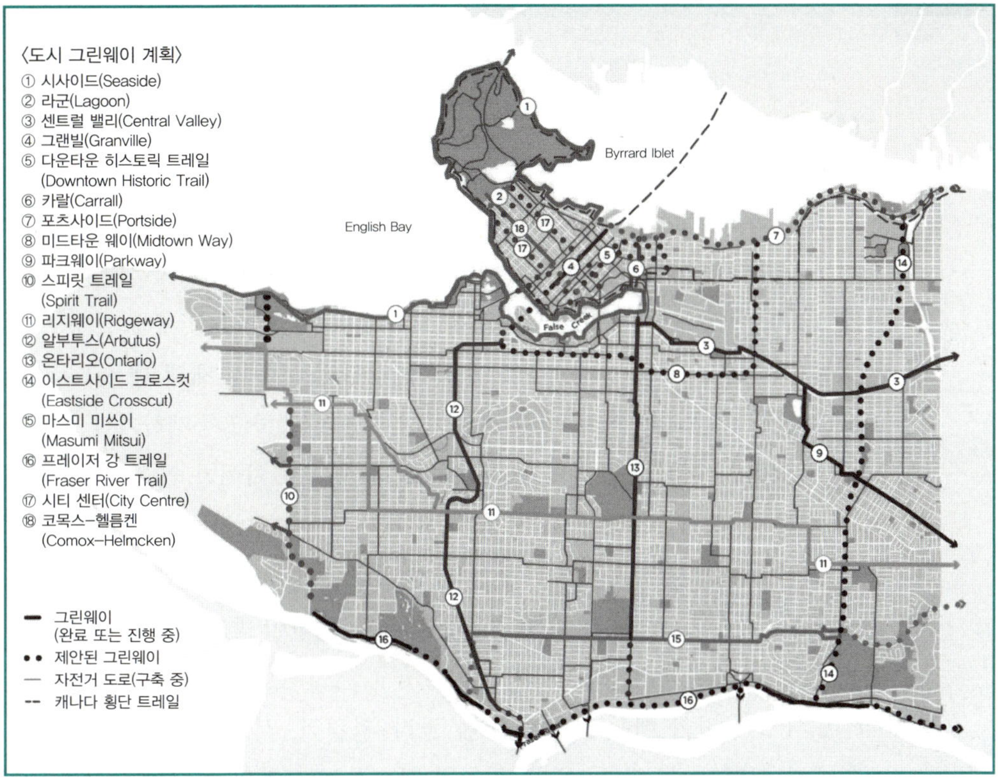

출처: https://vancouver.ca.

하고, 보행자와 자전거 이용자 중심의 친환경 이동 경로를 조성하고 있다. 이를 통해 자동차 중심의 도시 설계를 탈피하고, 대중교통 및 비동력 교통수단(자전거, 도보) 이용을 장려함으로써 탄소 배출을 줄이는 데 기여하고 있다. 도시 내 녹지와 공원은 자연재해 발생 시 홍수 조절과 빗물 침투 기능을 수행하며, 기후변화로 인한 극한 기후(폭염, 홍수 등)로부터 시민들을 보호하는 역할도 한다. 이러한 접근 방식은 도시의 회복력을 높이고, 밴쿠버를 생태친화적 도시 모델로서의 위상을 높이는 데 기여하였다.

4. 지속가능한 도시화의 가치

(1) 도시 회복력

도시 회복력(Resilience)은 기후변화, 재난, 사회·경제적 충격 등 다양한 위험 요인을 흡수하고, 도시 시스템이 빠르게 정상 기능을 회복하며, 장기적으로 더 나은 상태로 적응하는 능력을 의미한다. 이 개념은 재해 발생 이후 피해를 수습하고 원래 상태로 복구하는데 주안점을 두는 재해 대응(Disaster Response)과 대비되며, 재해 발생 이전에 위험을 예측하고 통제하거나 회피하는 데 초점을 맞추는 위험 관리(Risk Management)와도 차이가 있다. 재해 대응이 사후적 복구(되돌리기)를, 위험 관리가 사전적 예방(피하기)을 중시한다면, 도시 회복력은 충격을 흡수하고 적응하며 더 나은 상태로 전환하는 능력에 중점을 둔다. 즉, 도시 회복력은 불확실성과 복합 재난이 증가하는 시대에 적응하기 위한 새로운 패러다임이다.

도시 회복력의 핵심 요소는 크게 물리·환경적, 사회적, 경제적, 제도적 측면에서 설명할 수 있다. 물리·환경적 요소는 인프라의 안전성과 자연기반 해법(Nature-based Solutions, NbS)을 중심으로 한다. 도로, 교량, 전력망, 상하수도와 같은 도시 기반 시설이 충격 상황에서도 기능을 유지하거나 신속히 복구할 수 있어야 하며, 도시 숲이나 습지, 수변 공간과 같은 생태 인프라는 홍수와 폭염을 완화하는 자연적 완충 장치로서 기능한다.

사회적 요소는 공동체의 신뢰와 네트워크, 그리고 취약계층 보호에 초점을 맞춘다. 재난 상황에서는 주민 간 협력과 사회적 자본이 위기 대응의 핵심 자원이 되며, 노인, 아동, 저소득층, 장애인 등 상대적으로 취약한 집단을 위한 지원체계와 공중보건 시스템이 갖춰져야 한다.

경제적 요소는 도시가 충격 이후에도 빠르게 회복할 수 있는 기반을 마련하는 데 중점을 둔다. 특정 산업에 과도하게 의존하지 않고 다양한 경제 구조를 확보하며, 재해 대비 예산과 긴급 기금, 보험 제도 등을 통해 재정적 대응 능력을 보강해야 한다. 동시에 지속가능한 성장 모델을 구축하여 장기적으로 안정적인 발전을 도모할 필요가 있다.

마지막으로 제도적·거버넌스 요소는 다층적 거버넌스를 기반으로 한다. 지역, 광역, 국가 수준이 서로 협력하며, 부문별 정책들이 상호 충돌하지 않고 일관된 방향으로 조율되는 것이 중요하다. 또한 시민과 민간, 정부가 함께 참여하는 개방적 거버넌스를 통해 의사결정의 정당성을 확보해야 하며, 과거 재난 경험을 바탕으로 정책과 제도를 지속적으로 학습하고 개선하는 적응성이 요구된다.

도시 회복력은 물리적 인프라와 환경적 기능, 사회적 연대와 취약계층 보호, 경제적 안정성과 다양성, 그리고 다층적 거버넌스와 시민 참여를 포괄하는 종합적 개념이다. 이러한 요소들이 유기적으로 결합될 때, 비로소 도시 회복력이 실현된다.

읽기 자료 11-4. 2004년 인도양 쓰나미와 맹그로브 숲의 기능

2004년 12월 26일 '인도양 쓰나미'는 규모 9.1~9.3의 지진으로 발생해 15개국에서 22만 명 이상 사망, 4만 명 이상 실종, 170만 명 이상의 이재민을 발생시킨 초대형 재난이었다. 쓰나미의 이동 속도는 심해에서 시속 500~800km, 해안에서 약 시속 100km, 파고는 15~30m에 달했다. 그러나 피해 수준은 지역마다 큰 차이를 보였다(위키백과, 2004_인도양_지진해일).

인도 타밀나두 주 쿠달로르 지역에서는 맹그로브 숲 뒤에 위치한 3개 마을이 거의 피해를 입지 않은 반면, 맹그로브 외곽에 있던 2개 마을은 대부분 파괴되었다. 같은 지역 남부에서는 카수아리나 조림지에 둘러싸인 5개 마을이 부분적 피해만을 입었고, 조림지 자체도 해안 가장자리 몇 열의 나무만 쓰러졌을 뿐 대부분 유지되었다. 쓰나미로 큰 피해를 입은 5개국에서는 1980~2000년 사이 인간 활동으로 인해 맹그로브 면적이 약 26% 감소한 것으로 나타났으며, 이는 연안 도시의 재해 취약성을 높인 주요 원인이었다(Danielsen *et al.*, 2005).

이 사례는 도시 회복력에서 자연기반해법의 중요성을 잘 보여준다. 맹그로브 숲은 뿌리와 숲의 구조를 통해 해일의 파고와 속도를 흡수·감쇄하는 자연 방어선으로 기능하며, 도심 지역으로의 충격 전달을 완화한다. 반대로 무분별한 도시 확장과 해안 개발로 숲이 사라진 지역은 쓰나미의 충격을 고스란히 받아 더 큰 피해로 질 수 있다(Alongi, 2008). 따라서 기후변화로 해수면 상승과 폭풍 해일이 빈번해지는 오늘날, 연안 도시는 단기적 개발 이익보다 장기적 관점에서 생태 기반 회복력을 강화하는 데 우선순위를 두어야 한다.

(2) 포용적 성장

도시는 전 세계 GDP의 대부분을 창출하는 성장의 중심지이지만, 동시에 불평등과 빈곤이 집중되는 공간이기도 하다. 전통적으로는 경제적 효율성과 사회적 형평성이 서로 상충하는 가치로 인식되었다. 성장을 위해서는 경쟁 촉진과 규제 완화가 필요하다는 시각이 있었지만, 이는 소득 불평등을 심화시킬 수 있다는 우려를 낳았다. 반대로 분배를 위한 정책은 비효율성을 초래하여 경제성장을 저해할 수 있다는 비판이 뒤따랐다.

하지만 최근에는 이러한 이분법적 인식이 변화하고 있다. 소득 불균형, 교육 격차, 취약계층 소외와 같은 사회적 불평등은 단지 분배의 문제에 그치지 않고, 인적 자원의 활용을 저해하여 장기적으로 경제 성장의 동력을 약화시키는 요인으로 지적된다. 여기에 더해 대기오염, 도시열섬, 침수와 같은 환경적 위험이 저소득층, 노인, 아동 등 취약계층에 불균등하게 집중된다는 사실이 부각되면서, 환경적 형평성 역시 포용적 성장의 핵심 요소로 논의되고 있다. 따라서 모든 구성원에게 교육, 의료, 금융 등 기본적인 기회를 공평하게 제공하고 사회안전망을 강화하는 것과 더불어, 깨끗한 대기, 안전한 주거 환경, 녹지와 같은 환경적 자원에 대한 공평한 접근을 보장하는 것이 궁극적으로 생산성을 높이고 새로운 성장 기회를 창출하는 길이라는 인식이 확산되고 있다(OECD, 2016; 원종학 등, 2017).

이러한 배경 속에서 등장한 개념이 포용적 성장(Inclusive Growth)이다.

포용적 성장은 경제적 성과가 특정 계층에 집중되지 않고, 모든 시민에게 공정하게 분배되어 사회적·환경적 형평성과 사회 통합을 이루도록 하는 발전 방식으로, 경제적 효율성과 형평성의 관계를 상충이 아닌 선순환 구조로 재정립한다. 따라서 도시의 지속가능성을 확보하기 위해서는 경쟁력 있는 산업 구조와 자원 활용 최적화를 통한 경제적 효율성 확보와 동시에, 주거권 보장, 교육·의료·대중교통 등 기본 서비스의 보편적 접근성, 녹지 확충과 기후위기 대응 같은 환경적 형평성을 아우르는 포용적 성장 전략이 요구된다.

도시재생사업은 이러한 가치를 실천하는 대표적 사례다. 노후화된 거주환경을 개선하고 쇠퇴한 지역에 새로운 활력을 불어넣을 뿐 아니라, 공원·커뮤니티 공간 조성과 같은 생활 인프라 확충을 통해 주민의 삶의 질을 향상시킨다. 특히 저소득층과 고령층이 밀집한 지역을 대상으로 함으로써 도시 성장의 혜택에서 소외되는 계층을 최소화하며, 동시에 녹지 공간 조성이나 친환경 교통체계 도입을 통해 대기질 개선과 도시열섬 완화에도 기여한다. 버려진 공장을 문화 공간이나 창업 허브로 전환하여 일자리를 창출하고 지역 경제를 활성화하는 것도 중요한 성과다.

최근에는 기후위기 대응 과정에서 특정 계층이나 지역에 부담이 집중되지 않도록 하는 정의로운 전환(Just Transition) 원칙도 중요한 가치로 다뤄지고 있다. 특히, 기후 변화라는 거대한 구조적 변화가 특정 산업(석탄, 정유 등)의 노동자와 지역사회에 불평등하게 영향을 미칠 때, 이들이 뒤처지지 않도록 재교육, 고용 지원, 사회적 보호 등을 제공해야 한다는 점에서 포용적 성장의 가치와 직결된다(UNGC, 2022).

읽기 자료 11-5. 포용적 성장 사례

■ **도시재생사업: 부산 감천문화마을과 순천 구도심**

부산 감천문화마을은 주민 주도와 지역 공동체 회복이라는 측면에서 성공을 거둔 포용적 성공 사례이다. 한국전쟁 당시 피란민들의 집단 거주지였던 감천동은 낡고 쇠퇴한 동네였지만, 이 지역 특유의 계단식 주택과 골목길을 보존하고, 예술가와 주민들이 협력하여 벽화, 조형물 등 문화 콘텐츠를 입혔다. 연간 300만명의 관광객이 이곳을 찾고 있으며, 마을 주민들이 직접 운영하는 카페, 기념품 가게, 게스트하우스 등을 통해 일자리를 창출하고, 그 수익금을 마을 발전 기금으로 활용하고 있다. 이 기금으로 주민 목욕탕을 운영하는 등 마을 복지사업에 재투자하여 외부 관광객 유입의 혜택이 주민들에게 직접적으로 돌아가도록하고 있다. 한편 주민들로 구성된 협의체가 수익사업을 공동으로 관리하고, 외부 자본이 무분별하게 유입되는 것을 막아 임대료 급등으로 인한 기존 주민의 이탈을 최소화하려는 노력을 하고 있다(백도인, 2023a).

순천 구도심의 향동과 중앙동은 한때 상업과 행정의 중심지였으나, 신도심 개발과 상권 이동으로 급격히 쇠퇴하였다. 인구가 줄고, 노후 주거지와 빈 상가가 늘어나면서 지역은 침체와 공동체 붕괴를 겪었다. 이에 2014년 도시재생 선도사업 대상지로 선정되면서 본격적인 재생이 시작되었다. 사업은 '문화의 거리'를 조성하는 것을 핵심 전략으로 삼았다. 좁고 어두운 골목길은 정비되어 보행 친화 공간으로 바뀌었고, 빈집과 상가는 카페·공유 부엌·창작스튜디오·예술학교 등으로 리모델링되었다. 특히 주요 거점에 조성된 5개의 핵심 문화·거주 시설은 전국의 예술인들이 저렴하게 거주하며 창작 활동을 할 수 있는 공간으로, 전시회와 공연이 열리며 지역 문화예술의 중심지가 되었다. 그 결과 도시재생사업 5년 만에 이 일대의 빈집과 상가는 187동에서 7동으로 급감했고, 유동 인구는 65% 증가하였다. 과거 낡고 방치되던 골목은 이제 젊은 층이 찾는 공간으로 탈바꿈했고, 한옥을 활용한 게스트하우스, 카페, 소규모 상점들이 속속 들어섰다. 순천시는 이 일대를 "옥리단길"로 명명해 새로운 명소로 육성하고 있으며, 이는 지역 경제 활성화와 관광객 유입으로 이어지고 있다(백도인, 2023b).

■ 영농형 태양광 사업

우리나라의 농어촌 지역은 고령화, 인구 감소, 소득 불안정 등으로 인해 오랜 기간 쇠퇴를 겪고 있다. 특히 기후변화에 따른 농작물 생산의 불확실성 증가는 농가 경제를 더욱 어렵게 만들고 있다. 이는 농촌의 활력을 떨어뜨리고, 젊은 세대의 이탈을 가속화하는 원인이 되었다.

한편 기후 위기 대응 측면에서 태양광 보급이 적극적으로 추진되고 있지만, 높은 인구 밀도로 인한 토지 희소성은 재생에너지 시설 입지 선정과 관련하여 주민 수용성 문제를 야기하는 핵심적인 걸림돌이 되어 왔다. 또한 기존의 태양광 발전은 농지를 감소시켜 식량 안보를 위한 농지 보전 가치와 충돌하는 문제가 지적되었다. 이러한 문제에 대한 대안으로 영농형 태양광 보급 확대 정책이 추진되었다.

영농형 태양광은 동일한 토지에서 농작물을 재배하는 동시에 태양광 발전을 통해 전기를 생산하여, 토지 이용 효율성을 극대화하며 농작물 판매 소득 외에 안정적인 전기 판매 수익을 추가하여 농가의 소득을 보충하고 경제적 안정성을 높이는 데 초점을 맞추고 있다. 이 사업은 협동조합이나 마을 단위로 추진되며, 수익을 공동으로 활용함으로써 농촌 공동체의 지속가능성을 확보하는데 기여할 수 있다(김종익·조상민, 2023). 이와 관련하여 영농형 태양광 설치가 공동체 구성원인 농가 소득을 실질적으로 증대시킨다는 연구 결과도 발표되고 있다(양진영, 2023; 김갑제, 2023).

(3) 지속가능한 도시화의 핵심 가치

정부 및 정책 결정자들은 점점 더 도시화가 긍정적인 발전 결과를 가져올 수 있으며, 이를 통해 생활 수준 향상과 번영을 도모할 수 있음을 인식하고 있다. 도시를 단순히 사람들이 모여 사는 공간, 또는 해결해야 할 문제로 바라보는 시각에서 벗어나 경제와 문화가 창출되는 중심지이며, 환경 및 사회적 발전이 이루어지는 핵심 공간으로 인식할 필요가 있다(UN-Habitat, 2020). 지속가능한 도시화의 핵심 가치는 사람을 중심에 두고, 사회적, 환경적, 경제적, 무형적 영역이 균형 잡힌 상태에서 발전해 나가는 것에 있다. 사회적 영역에서는 삶의 질, 포용성, 형평성과 같은 가치들을 추구하며, 도시화가 모든 시민에게 이익이 돌아가도록 하는 데 초점을 맞춘다. 환경적 영역에서는 도시와 생태계 서비스, 기후변화 대응, 도시 환경 개선을 통해 도시가 환경적 부담을 최소화하면서 지속가능한 생태계를 유지하는 것을 추구한다. 무형적 영역은 거버넌스 체계, 도시 문화, 정책 정합성을 통해 제도·문화적 기반을 강화함으로써 도시 발전이 일관성과 정당성을 확보하도록 한다. 경제적 영역은 도시화가 국가적 번영, 국가 경제 기여, 기업 가치 창출로 이어지도록 하는 데 중점을 둔다. 이러한 가치는 지방, 광역, 국가 등 여러 수준의 정책과 활동을 통해 실현된다. 이 과정에서 정책을 구체화하기 위해서는 재정적·물적 자원의 뒷받침이 필요하므로, 투자 우선순위와 재원 배분이 고려되어야 한다. 또한 여러 정책이 서로 모순되지 않고 동일한 목표를 향해 일관되게 작동하도록 조율하는 정책 정합성을 확보하는 것이 중요하며, 이는 지속가능한 도시화 실현의 핵심 조건이다.

도시 지역은 전 세계 육지 면적의 약 2%만을 차지한다. 이는 도시가 체계적으로 계획되고 효과적으로 관리된다면, 대다수의 인구가 비교적 적은 면적에서 생활하면서 자연환경을 보전하고 지속가능한 발전을 추구할 수 있다는 것을 시사한다. 이를 통해 경제·사회·환경적 가치 뿐 아니라 거버넌스, 문화적 정체성, 제도적 안정성 등 무형적 가치도 창출될 수 있음을 의미한다.

하지만 이를 위해서는 도시에 대한 권리(Right to the City)와 모두를 위한 도시(Cities for All)라는 개념을 포용하는 정책적 접근이 필요하다. 도시는 전 세계 GDP의 80% 이상을 창출하며 경제 성장의 중심지 역할을 하지만 도시 내 빈곤과 불평등이 심화될 경우 사회적 갈등이 발생할 수 있다. 따라서 포용적 성장을 위한 정책이 필수적이다. 도시화는 빈곤 감소와 사회적 형평성을 증진하는 기회가 될 수 있지만 마찬가지로 불평등이 심화되면 오히려 사회 불안 요소가 될 가능성이 크다. 따라서 주거권 보장, 공공서비스 확대, 사회통합 정책 강화 등이 필요하다. 환경적 가치를 고려한 도시화는 필수적이다. 도시에서 전 세계 온실가스 배출의 70%가 발생하고 있으며, 도시의 무분별한 확장은 환경 파괴와 기후변화의 주요 원인이 되고 있다. 따라서 탄소중립 도시 계획, 자연기반해법, 지속가능한 교통 시스템 구축 등을 통해 환경적 가치를 극대화할 필요가 있다. 마지막으로 비물질적(Intangible) 가치 측면에서 거버넌스가 활성화 되고, 문화적 다양성을 수용하며, 정책의 일관성이 유지될 때 도시

【그림 11-12】 지속가능한 도시화의 핵심 가치에 대한 구조

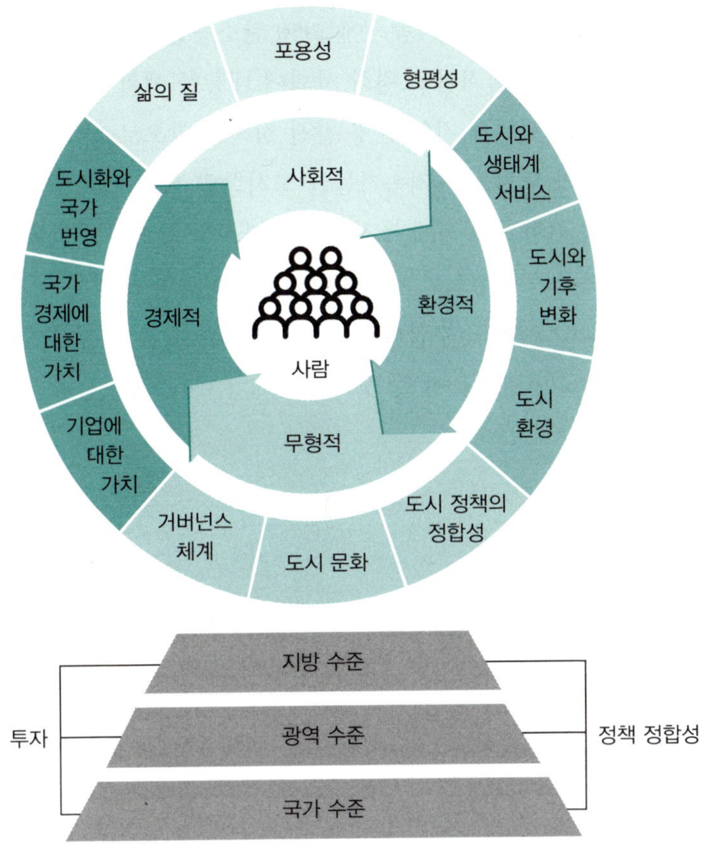

출처: UN-Habitat(2020, 7).

의 지속가능성은 증가한다.

이러한 4가지 가치를 실현하기 위해서는 지역(Local), 광역(Subnational), 국가(National) 차원에서 다층적 거버넌스(Multi-level Governance)가 필수적이다. 지역 수준에서는 도시 내 지속가능한 정책을 실행하고, 광역 수준에서는 여러 도시 간 협력과 인프라 구축이 필요하며, 국가 수준에서는 장기적인 정책 방향 설정과 재정 지원이 이루어져야 한다. 아울러 투자(Investments)와 정책 일관성(Policy Coherence)이 유지되어야 지속가능한 도시화가 실현될 수 있다.

우리나라 역시 도시화율이 90%를 넘어 세계적으로 가장 높은 수준에 있으며, 대도시와 지역 간 격차, 주거 불평등, 교통 혼잡, 대기오염과 같은 복합적인 문제를 안고 있다. 동시에 2050 탄소중립 목표 달성을 위한 도시 단위의 기후변화 대응, 급격한 고령화 사회에 대응한 생활 인프라 확충, 포용적 성장을 위한 도시재생과 지역 균형 발전 정책은 앞으로 더욱 중요해질 것이다. 따라서 한국의 도시들은 지속가능한 도시화의 핵심 가치를 바탕으로, 탄소중립과 디지털 전환을 동시에 추진하면서 사회적 형평성을 강화하고 지역 간 불균형을 해소하는 방향으로 나아가야 한다. 이러한 노력은 국제사회의 지속가능발전목표(SDGs)와도 부합하며, 미래 세대를 위한 지속가능한 도시 모델을 제시하는 중요한 발걸음이 될 것이다.

생각해 볼거리

1) **[사례찾기]** 우리나라에서 도시화 과정이 특정 지역의 환경문제와 어떻게 연결되었는지를 조사해보자. 예를 들어, 도심 침수, 하천 복개, 열섬현상, 개발로 인한 산사태, 고층 아파트 단지 조성에 따른 바람길 차단 등의 사례를 조사하고, 다음 사항을 중심으로 정리해 보자.
   - 어떤 도시 구조나 개발 방식이 문제를 초래했는가?
   - 자연적 재해가 왜 더 큰 피해로 이어졌는가?
   - 해당 지역의 주민이나 정책이 어떻게 대응했는가?
   - 사회적 불평등(예: 쿨루프, 무더위쉼터, 교통 접근성 등)은 어떻게 연관되어 있는가?
2) **[제안하기]** 앞서 조사한 사례를 바탕으로, 도시화로 인한 환경 문제를 완화하거나 예방할 수 있는 공간 설계나 정책을 제안해보자. 이 때 다음 질문들도 함께 고민해 보자.
   - 해외 사례에서는 어떤 방식으로 환경 보호와 경제 성장을 조화시켰을까?
   - 시민이 주도하는 지속가능한 도시 프로젝트를 한다면, 성공 조건은 무엇일까?

읽을거리

이두현·류주현, 2024, 미래를 준비한 세계의 도시들: 지속가능한 도시, 어떻게 만들어 왔나?, 지식과 감성.

홍윤순, 2010, 녹색문화도시, 프라이부르크 읽기, 나무도시.

이규인, 2004, 세계의 지속가능한 도시주거, 도서출판 발언.

참 | 고 | 문 | 헌

OECD, 2016, 포용적 성장의 거버넌스, OECD Publishing.

UNGC, 2021, 정의로운 전환 소개: 비즈니스 브리프, 유엔글로벌콤팩트 한국협회.

경향신문, 2010, 송도 녹지율 전국 1위 굳힌다(2010.01.04., 박석진 기자).

곽유미 · 조정현 · 최정신, 2005, "독일친환경주거사례연구 – 프라이부르크 보봉(Vauban) 주거단지를 중심으로 -", 한국주거학회 학술발표 논문집, 11, 246-248.

국가법령정보센터, 2022, 지속가능발전 기본법(제정 2022.1.4., 시행 2022.7.5.).

김갑제, 2023, 냉해 막고 수익 높이고 '1석2조' 영농형 태양광, 남도일보.

김기호 · 문국현, 2006, 세계 도시에서 배우다: 도시의 생명력, 그린웨이, 랜덤하우스중앙, 90-133.

김종익, 조상민, 2023, 「영농형 태양광 보급 확대를 위한 정책 방안: 경제성 측면을 중심으로」, 에너지경제연구원.

류중형 · 리우 캄비우, 2020, "지난 800년 동안 진행된 루이지애나 남부 삼각주의 형태역학 및 지질진화 연구", 한국지리학회지, 9(2), 281-293.

박종철 · 한지현, 2022, "2001~2019년 서울의 초과사망자에 대한 극한 기온과 고농도 오존의 단기 영향 비교", 기후연구, 7(4), 233-243.

백도인, 2023a, [도시재생 현장을가다] (18) 피난민촌에 예술 입혀 국제적 관광명소로, 연합뉴스.

백도인, 2023b, [도시재생 현장을가다] ⑧ 방치된 빈집을 마을호텔 · 청년주택으로, 연합뉴스.

양진영, 2023, 영농형 태양광 설치 시 연간 766만원 발전수익 가능, 전기신문.

오마이뉴스, 2018, 남는 전기 팔아 500만원 소득 올린 플러스에너지주택.

외교부 (https://www.mofa.go.kr/) 시사경제용어사전 – 유엔 밀레니엄 개발목표(UN MDG).

외교부, 2002, 뉴스 · 공지 - 보도자료-요하네스버그 정상회의(WSSD), https://www.mofa.go.kr.

원종학 · 권혁욱 · 이강국, 2017, 포용적 성장전략과 재정의 역할: 한국과 일본의 사례를 중심으로, 한국조세재정연구원.

이원영, 2023, "MDGs와 SDGs 비교 연구: 발전 패러다임의 보완 패러다임에서 대체 패러다임으로", NGO연구, 18(3), 1-42.

자오유, 2014, 쉽게 걷히기 힘든 스모그, 중국 경제의 감속 사능성 더 커졌다, LG Business Insight, 1286, 35-40.

제민일보, 2015.08.26., '태양의 도시' 환경보호 일자리 두 마리 토끼 잡아.

조윤승, 1991, "스모그와 건강피해–런던스모그참사의 재조명-(Smog and Health Effects-

A review of London Smog of December, 1952-)", 대한위생학회지, 6(1), 109-120.

탄소중립녹색성장위원회, https://www.2050cnc.go.kr, 접속일: 2025.07.16.

통계청, 2024, 통계적 지역분류체계로 본 도시화 현황.

하성규·김재익·전명진·문태훈, 2007, 지속가능한 도시론, 보성각.

홍경탁 역, 2018, 폭염 사회, 글항아리(Eric K., 2015, *Heat Wave: A Social Autopsy of Disaster in Chicago*, University of Chicago Press).

홍윤순, 2010, 녹색문화도시, 프라이부르크 읽기.

홍은경, 2016, "SDGs 최종 지표 내용과 이행의 실제: 환경보호," 국제개발협력, No.2, 15-43.

환경부, 2021, 국가지속가능발전목표(K-SDGs) 세부목표 및 지표, 지속가능발전 포털.

Barbier, E. B., Georgiou, I. Y., Enchelmeyer, B., and Reed, D. J., 2013, The value of wetlands in protecting southeast Louisiana from hurricane storm surges, *PLoS* ONE, 8(3), 1–6.

BBC, 2023, https://www.bbc.com/weather/features/67549533.

Brunkard, J., Namulanda, G., and Ratard, R., 2008, Hurricane Katrina deaths, Louisiana, 2005, *Disaster Medicine and Public Health Preparedness*, 2(4), 215–223.

Chen, R., Zhao, Z., and Kan, H., 2013, Heavy smog and hospital visits in Beijing, China, *American Journal of Respiratory and Critical Care Medicine*, 188(9), 1170-1.

Chicago Sun Times, 2021, https://chicago.suntimes.com/2021/9/1/22650753/fact-check-sean-casten-chicago-heat-wave-climate-change-politifact-global-warming.

CNN, 2020, https://edition.cnn.com/2020/08/29/us/gallery/hurricane-katrina/index.html.

Coates, G. J., 2013, The sustainable urban district of Vauban in Freiburg, Germany, *International Journal of Design & Nature and Ecodynamics*, 8(4), 265–286.

Danielsen, F., Sørensen, M. K., Olwig, M. F., Selvam, V., Parish, F., Burgess, N. D., Jensen, T. S., Hansen, R. M., Quarto, A., and Brien, S. L., 2005, The Asian tsunami: A protective role for coastal vegetation, *Science*, 310(5748), 643.

Jaworska, A., 2024, Urban Heat- A Comprehensive Guide to Monitoring and Mitigating Temperature Trends in Cities, METEORY, https://www.meteory.eu.

Kang, Y., Baek, I., and Park, J., 2024a, Assessing heatwave effects on disabled persons in South Korea, *Scientific Reports*, 14, 3459.

Kang, Y., Park, J., and Jang, D. H., 2024b, Compound impact of heatwaves on vulnerable groups considering age, income, and disability, *Scientific Reports*, 14, 24732.

Kim, M., Chun, B., Chamberlain, E., and Kim, W., 2025, Enhanced mud retention as an autogenic mechanism for sustained delta growth: Insight from records of the Lafourche subdelta of the Mississippi River, *Sedimentology*, 72, 165–188.

Kim, S.-W., Park, J., Kim, T., and Chae, Y., 2021, Identification of heatwave hotspots in Seoul using high-resolution population mobility data, *Urban Climate*, 36, 100771.

KoFID(국제개발협력시민사회포럼), 2016, 알기쉬운 지속가능발전목표 SDGs.

Krajick, K., 2021, Exposure to Deadly Urban Heat Worldwide Has Tripled in Recent Decades, Says Study, https://news.climate.columbia.edu.

Kunkel, K. E., Changnon, S. A., Reinke, B. C., and Arritt, R. W., 1996, The July 1995 heat wave in the Midwest: A climatic perspective and critical weather factors, *Bulletin of the American Meteorological Society*, 77(7), 1507–1518.

Li, Y., Schubert, S., Kropp, J. P., and others, 2020, On the influence of density and morphology on the urban heat island intensity, *Nature Communications*, 11, 2647.

Mahzouni, A., 2018, Urban brownfield redevelopment and energy transition pathways: A review of planning policies and practices in Freiburg, *Journal of Cleaner Production*, 195, 1476-1486.

Manoli, G., Fatichi, S., Schläpfer, M., and others, 2019, Magnitude of urban heat islands largely explained by climate and population, *Nature*, 573, 55–60.

Matzarakis, A., Muthers, S., and Graw, K., 2020, Thermische Belastung von Bewohnern in Städten bei Hitzewellen am Beispiel von Freiburg (Breisgau), *Bundesgesundheitsblatt*, 63, 1004–1012.

PlannersWeb – Freiburg-Vauban-tramway-slide, https://urbanitarian.com/masterplans_post?id=356.

Priestley Centre for Climate Futures, 2024, New images reveal global air quality trends since 1850, University of Leeds, Leeds, https://climate.leeds.ac.uk/new-images-reveal-global-air-quality-trends-since-1850.

Seminara, G., Lanzoni, S., and Cecconi, G., 2011, Coastal wetlands at risk: Learning from Venice and New Orleans, *Ecohydrology & Hydrobiology*, 11(3), 183–202.

SLATE, 2013, https://slate.com/technology/2013/11/china-air-pollution-smog-in-beijing-cant-be-censored.html.

Stadt Freiburg, 2014, Quartier Vauban: Von der Kaserne zum Stadtteil, Abschlussbericht zur Entwicklungsmaßnahme Vauban (1992~2014), Stadt Freiburg im Breisgau.

TCPA(Town and Country Planning Association), 2019, A report of the learning from the PERFECT project study tour to Freiburg, Germany.

TravelFeed, 2018, https://travelfeed.com/@izzynoel/vauban-germany-the-worlds-first-sustainable-living-suburb-1530665550.

Tuholske, C., Caylor, K., Funk, C., Verdin, A., Sweeney, S., Grace, K., Peterson, P., and Evans, T., 2021, Global urban population exposure to extreme heat, Proceedings of the National Academy of Sciences of the United States of America, 118(41), e2024792118.

U.S. Environmental Protection Agency, 2003, Washington, D.C. "Protecting Water Quality from Urban Runoff." Document No. EPA 841-F-03-003.

UN & WMO, 2023 기후과학 합동보고서(United in Science 2023): 기능가능발전편, https://library.wmo.int/idurl/68235.

UN, 2024, The-Sustainable-Development-Goals-Report.

UN, Department of Economic and Social Affairs, Population Division, 2014, World Urbanization Prospects: The 2014 Revision(송미경, 2015, 세계 도시화의 핵심 이슈와 신흥도시들의 성장 전망, 세계와 도시(7), p.52. 재인용).

UNEP, 2024, Global Resources Outlook 2024: Bend the Trend – Pathways to a liveable planet as resource use spikes. International Resource Panel. Nairobi.

UNEP, 2025, BEAT Pollution, https://www.unep.org/beatpollution/.

UN-Habitat, 2020, World Cities Report 2020: The Value of Sustainable Urbanization – Key Findings and Message.

Urbanitarian – Vauban, https://urbanitarian.com/masterplans_post?id=356.

Vancouver Regular Council, 1995. Policy Report: The Vancouver Greenways Plan.

WCED 1987. Our Common Future. Oxford University Press.

WHO(World Health Organization). (2021). WHO global air quality guidelines: Particulate matter ($PM_{2.5}$ and PM_{10}), ozone, nitrogen dioxide, sulfur dioxide and carbon monoxide. Geneva: World Health Organization.

World Bank, 2012, What a Waste: A Global Review of Solid Waste Management.

Zhou, M., He, G., Fan, M., Wang, Z., Liu, Y., Ma, J., Ma, Z., Liu, J., Liu, Y., Wang, L., and Liu, Y., 2015, Smog episodes, fine particulate pollution and mortality in China, *Environmental Research*, 136, 396–404.

https://earth.org/air-pollution-in-los-angeles

https://en.wikipedia.org/wiki/Great_Smog_of_London

https://en.wikipedia.org/wiki/Greater_Vancouver

https://en.wikipedia.org/wiki/Pacific_Spirit_Regional_Park

https://en.wikipedia.org/wiki/Queen_Elizabeth_Park,_British_Columbia

https://en.wikipedia.org/wiki/Stanley_Park

https://ko.wikipedia.org/wiki/2004_인도양_지진해일
https://metrovancouver.org/
https://namu.wiki/w/프라이부르크
https://vancouver.ca/streets-transportation/greenways-for-walking-and-cycling.aspx
https://www.freiburg.de/pb/208464.html
https://www.heizungsbetrieb.de/en/solar.html

제12장

도시의 미래와 교육

| 이진희 |

1. 도시의 미래를 묻는 지리교육
2. 2022개정 교육과정, 「도시의 미래 탐구」 들여다보기
3. 도시와 도시의 미래를 바라보는 두 가지 지리적 관점
4. 도시의 미래를 가르치는 교육학적 토대
5. 결론: 지속가능한 지리교육을 향하여

제 12 장

도시의 미래와 교육

1. 도시의 미래를 묻는 지리교육

(1) 도시화 시대, 학생들의 삶과 도시 공간

오늘날 도시는 인구와 자본, 정보와 문화가 밀집된 장소이자, 기후위기와 불평등, 갈등과 배제가 가장 선명하게 드러나는 공간이다. 전 세계 인구의 다수가 도시에 거주하며, 한국 역시 고도 도시화 사회로 진입한 지 오래다. 학생들의 일상은 통학과 이동, 주거와 소비, 여가와 정치적 참여에 이르기까지 거의 전 영역에서 도시 공간 속에서 이루어진다.

지리교육은 인간과 공간 간의 관계를 탐구하고, 사회 현상을 공간적 맥락에서 이해하도록 돕는 교육적 실천이다. 그런 점에서 도시는 지리교육이 가장 생생하게 작동할 수 있는 장이다. 학생이 몸으로 경험하는 생활세계이며, 지역-국가-세계의 다양한 스케일이 교차하는 구체적 장소이기 때문이다. 학생이 걷고 머무르는 거리와 골목, 학교와 아파트 단지, 동네 상권과 공공 공간은 추상적인 개념을 적용해 보는 대상이 아니라, 사고와 성찰이 시작되는 출발점이 된다.

그럼에도 학교 지리에서 도시를 다루는 방식은 오랫동안 산업화·도시화의 과정, 도시 내부 구조 모형, 도시 체계 이론 등을 설명하고 사례를 대입하는 수준에 머무른 경우가 많았다(박선미, 2007; 이세희, 2019). 도시 불평등, 젠트리피케이션, 주거 위기, 이주와 다문화, 기후위기와 회복력 같은 쟁점은 간단한 예시나 교과서 각 단원 말미에 탐구 활동 소재로 짧게 등장하는 정도에 그치는 경우가 많았다. 그 결과 학생이 실제로 경험하는 도시의 삶과 교과서

속 '도시 단원' 사이에는 여전히 큰 간극이 존재한다. 예비교사 수준에서도 비슷한 양상이 드러난다. 예비 초등교사의 도시지리 수업 인식을 분석한 김갑철과 노현종의 연구에서는 도시 수업이 여전히 사실 전달과 지식 재생산 중심으로 이해되는 경향이 강하고, 도시 불평등, 공간 정의, 시민 참여와 같은 비판적 민주시민교육 관점은 상대적으로 약하게 인식된다는 점을 지적하였다(김갑철·노현종, 2023). 도시는 학생들의 삶과 밀접하게 얽혀 있음에도, 수업 속에서는 "시험에 필요한 정보"의 목록으로 쉽게 축소된다는 것이다.

여기에 기후 위기, 감염병 확산, 디지털 전환, 돌봄과 노동의 재편과 같은 변화가 더해지면서, 도시는 더 이상 인구와 산업이 모여 있는 공간으로만 설명될 수 없다. 도시는 다양한 집단의 이해가 충돌하고 협력하는 정치적 공간이자, 어떤 미래를 선택하느냐에 따라 서로 다른 삶의 조건이 만들어지는 장소이기도 하다. 따라서 도시를 다루는 지리 수업은 단순히 "어디에 무엇이 있는지"를 아는 데서 그치지 않고, 어떤 도시가 지속가능한 도시인지, 누구에게 살기 좋은 도시인지, 도시의 변화를 누가 결정하고 그 결과는 누구에게 돌아가는지를 학생이 스스로 의문을 가지고 묻게 하는 방향으로 재구성될 필요가 있다. 학생이 자신의 삶과 직결된 도시의 현재와 미래를 스스로 묻고, 나름의 답을 구성해 가도록 돕는 교육, 곧 도시를 매개로 한 지리교육이 필요한 이유가 여기에 있다.

(2) 공간 정의와 시민성을 향한 지리교육의 전환

도시지리교육의 필요성은 도시가 단순한 배경이 아니라 사회적 관계와 권력의 작동이 새겨진 공간이라는 인식에서 출발한다. 매시(D. Massey)는 공간을 주어진 그릇이 아니라 사회적 관계의 결과이자 매개로 보아야 한다고 보며, 도시 공간을 다양한 행위자와 힘이 끊임없이 교섭하는 장으로 이해한다(Massey, 1994). 소자(E. Soja)가 말하는 '공간 정의(spatial justice)'는 정의가 소득 분배나 제도 설계만의 문제가 아니라, 누가 어떤 공간을 사용할 수 있는지, 도시 자원이 어디에 어떻게 배치되는지와 밀접하게 얽혀 있음을 밝혔다(Soja, 2010). 이 관점에서 보면, 주거와 교통, 교육과 환경 시설이 어떤 지역에, 누구를 대상으로 배치되는가는 도시의 형평성과 정의를 가늠하는 핵심 지표가 된다. 재개발과 젠트리피케이션, 청년·고령층의 주거 불안, 이주민 밀집 지역, 특정 계층만 접근할 수 있는 상업 공간 등은 모두 공간 정의의 관점에서 다시 읽어 볼 수 있는 주제이다. 도시를 어떻게 가르치는가는 학생들에게 어떤 도시를 '당연한 것'으로 받아들이게 할 것인지, 또 어떤 도시를 '다르게 만들 수 있는 것'으로 상상하게 할 것인지에 직결된다.

지리교육 내부의 논의도 이런 방향으로 움직이고 있다. 글로벌 시민성을 둘러싼 여러 담론을 비판적으로 검토하면서, 단순한 '세계 이해'를 넘어서 글로벌 부정의와 타자에 대한 정치·윤리적 책임을 중심에 두는 방향으로 지리교육의 초점을 옮겨야 한다는 의견이 설득력을 얻고 있다(김갑철, 2016). 이러한 정의 지향 세계 시민성 논의는 도시 불평등과 공간 정의를 탐구하는 수업과 자연스럽게 맞닿는다. 도시의 주거·교통·환경 문제는 세계적 구조와 연결되면서도, 학생이 자신의 자리에서 변화를 구체적으로 상상해 볼 수 있는 지점이기 때문이다.

또 다른 흐름은 지리교육의 초점을 "무엇을 아는가"에서 "어떻게 살아야 하는가"로 옮기려는 시도이다. 학교 지리가 특정 국가나 집단의 이해를 중심으로 유용한 지식을 전달하는 데 머무르지 않고, 학생이 자신이 속한 세계와 장소에 대해 어떤 관계를 맺고 어떤 책임을 질 것인지 질문하도록 이끌어야 한다는 주장이다(Biesta, 2013; 김갑철, 2023). 이 관점에서 도시의 미래를 다루는 교육은, 세계와 타인의 삶에 응답하는 감수성과 책임을 구체적인 도시 공간 위에서 길러 가는 장이 된다. 난민과 이주, 기후 위기와 에너지 전환, 돌봄과 노동의 재편과 같은 문제는 도시에서 특히 선명하게 드러나며, 이를 통해 학생은 지구적 쟁점을 자신의 도시와 일상에 연결해 사고할 수 있다.

시민성과 지리교육의 관계를 다룬 논의는 이런 흐름을 "공간"이라는 언어로 정리한다. 시민성을 특정 국가의 법적 지위가 아니라, 다양한 공간에서의 포섭과 배제, 소속과 참여의 문제로 이해할 때, 시민은 언제나 공간적으로 자리 잡은 존재, 곧 어떤 공간의 시민이기도 하다(조철기, 2015). 이러한 관점에서 지리교육은 사실을 전달하는 교과가 아니라 지리적 상상력과 비판적 시민성을 기르는 교육적 실천이라는 점이 강조된다(조철기, 2014). 도시의 미래를 주제로 한 지리 수업은 이런 통찰을 가장 구체적으로 구현할 수 있는 장이다. 학생이 자신의 도시 경험을 이야기하고, 그 안에 내재한 불평등과 권력관계를 비판적으로 해석하며, 다른 가능성을 상상해 보는 과정은 지리적 상상력과 시민성을 동시에 기를 수 있는 학습 경험이 된다.

UNESCO가 제시한 지속가능발전교육(Education for Sustainable Development; ESD)과 글로벌 시민교육(Global Citizenship Education; GCED) 담론도 같은 방향을 가리킨다. 교육 2030 인천선언과 프레임워크는 기후변화, 이주와 다양성, 도시 불평등, 환경 정의 등 전 지구적 과제를 교육의 핵심 주제로 제시하고, 이를 공간적으로 사고하고 윤리적으로 판단하며 실천으로 연결하는 능력을 강조한다(UNESCO, 2015). 이는 단순한 환경 보호 의식을 넘어, 공간의 배치와 사용 방식에 내포된 권력관계를 비판적으로 읽고, 더 정의로운 공간 질서를 함께 만들어 가는 시민을 길러야 한다는 요구이다. 도시지리교육은 이러한 요청을 학교 현장에서 구체화할 수 있는 중요한 접점이다. 도시의 공원과 광장, 주거지역과 상업지역, 공공시설과 인프라가 누구에게 열려 있고 누구에게는 닫혀 있는지 탐구하는 활동 자체가 공간 정의와 시민성을 학습하는 장이 되기 때문이다.

(3) 한국 교육과정 변화와 도시지리교육의 기회

이와 같은 국제적·학문적 논의는 한국 지리교육의 변화와도 긴밀하게 맞물려 있다. 2015 개정 교육과정은 탐구 중심 학습과 공동체적 삶의 탐색을 강조하며, 학생이 사회·환경 문제를 스스로 탐구하고 성찰하도록 돕는 방향으로의 전환을 시도했다. 2022 개정 교육과정에서는 지속가능한 미래를 위한 시민적 역량을 핵심 방향으로 제시하고, 각 교과의 성취기준을 질문 중심의 탐구 구조로 재구성함으로써 지리적 탐구를 시민적 실천과 연결하는 기반을 마련하고자 했다. 이러한 흐름은 지리교육이 학생의 삶과 공간을 다시 연결하는 방향으로 움직이고 있음을 보여 준다.

고교학점제의 도입은 이런 변화에 새로운 조건을 제공한다. 특정 학년에서 모두가 똑같이 듣는 공통 과목만으로는 지역성과 다양성이 강한 도시문제를 깊이 있게 다루기 어렵다. 선택 과목과 심화 과목을 통해 학생의 흥미와 진로, 지역의 특성을 반영한 도시 교육을 설계할 수 있는 여지가 생겼다. 도시지리 교육은 이 지점에서 중요한 실험의 장이 된다. 도시지리학의 방대한 이론과 연구 성과를 그대로 옮겨 놓는 대신, 학생의 생활세계와 공공성을 매개로 재구성하는 교육이 요구되는 것이다. 예를 들어, 도시 내부 구조 이론을 암기하는 데서 그치지 않고, 자신이 다니는 학교와 사는 동네, 일상적으로 이용하는 도시 공간을 다양한 자료와 개념을 활용해 분석해 보는 수업을 상상해 볼 수 있다. 인구·산업 통계, 상권 변화 지도, 항공사진, 생활지도를 함께 다루면서, 그 안에서 드러나는 불평등과 가능성을 시민성과 정의의 언어로 이야기하도록 이끄는 방식이다. 이는 앞에서 살펴본 공간 정의, 정의 지향 세계시민성, 공간적 시민성 논의를 구체적인 수업 장면으로 변환하는 작업이기도 하다.

최근 도입된 고등학교 선택 과목「도시의 미래 탐구」는 이러한 흐름 속에서 등장한 하나의 응답이다. 도시를 단순한 지식의 집합으로 제시하기보다, 학생이 살아가는 도시 공간을 비판적으로 해석하고, 지속가능하고 정의로운 삶의 조건을 함께 탐색하는 탐구의 장으로 재구성하려는 시도이다. 도시의 구조와 기능을 설명하는 데서 그치지 않고, 도시의 미래를 스스로 질문하고 설계해 보는 경험을 중심에 둔다는 점에서, 오늘날 도시지리교육이 나아가야 할 방향을 가늠하게 하는 중요한 사례로 볼 수 있다.

요컨대, 지금 도시지리교육이 필요한 이유는 분명하다. 학생이 살아가는 세계가 이미 도시 공간 위에서 펼쳐지고 있으며, 그 공간을 어떻게 이해하고 어떤 미래를 상상하느냐가 학생의 삶과 시민성, 공동체의 지속가능성을 좌우하기 때문이다. 도시를 단지 위치와 관련 이론을 나열하는 단원으로 다루는 데서 벗어나, 공간 정의와 시민성, 지속가능한 미래를 함께 사유하는 교육의 장으로 전환하는 작업이, 오늘날 지리교육이 맡아야 할 중요한 과제이다.

2. 2022개정 교육과정, 「도시의 미래 탐구」 들여다보기

(1) 과목 개발의 배경과 성격

「도시의 미래 탐구」는 2022 개정 교육과정에서 새롭게 도입된 고등학교 진로선택 과목으로, 지리 영역에 속해 있으면서도 도시를 단독 주제로 삼고 있다는 점에서 독특한 위치를 차지한다. 고교학점제의 전면 도입과 함께 학생 선택권이 확대되면서, 학생의 흥미와 진로, 지역의 특성을 반영하는 과목 구성이 요구되었고, 그 과정에서 도시를 생활세계와 미래 과제를 연결하는 교육 내용으로 정면에 세운 시도라 할 수 있다. 이 과목은 단순히 기존의 도시 관련 내용을 조금 더 심화해 다루는 과목이 아니다(이진희·임미영, 2023). 교육과정 성취기준에서 밝히고 있듯이, 학생이 살고 있는 도시 공간을 출발점으로 삼아, 도시의 현재를 탐구하고 미래를 상상해 보는 경험을 중심에 두고 설계되었다(교육부, 2022). 다시 말해, 도시를 "설명해야 할 대상"으로만 다루지 않고, 학생이 스스로 질문을 만들고 답을 찾아가는 과정에서 도시를 이해하고 재구성해 보는 학습의 장으로 삼는 것이다.

과목명에 '지리'가 아닌 '탐구'라는 단어를 사용한 것도 이러한 성격을 드러낸다. 「도시의 미래 탐구」는 도시지리학의 개념과 이론을 체계적으로 나열하는 과목이라기보다, 도시를 둘러싼 다양한 쟁점과 자료를 활용해 질문–탐색–해석–대안 제시로 이어지는 과정을 경험하도록 돕는 과목이다. 교육과정의 성취기준이 "무엇을 아는가?"보다 "어떤 질문을 던지고, 그 질문에 답하기 위해 어떤 자료와 개념을 사용할 것인가?"에 초점을 두고 서술되어 있는 이유도 여기에 있다. 동시에 「도시의 미래 탐구」는 1절에서 살펴본 것처럼 도시를 둘러싼 불평등과 공간 정의, 지속가능성의 문제를 정면에서 다루려는 의도를 담고 있다. 과목의 내용요소에는 재개발과 젠트리피케이션, 주거 불안, 기후 위기와 도시 회복력, 이주와 다양성, 지역 상권의 변화와 같은 주제가 포함되어 있다. 이는 도시를 단순한 발전의 공간으로만 그리는 관점을 넘어, 도시를 둘러싼 갈등과 쟁점, 선택의 문제를 학생과 함께 논의하는 공간으로 교실을 재구성하려는 시도로 이해할 수 있다.

이처럼 「도시의 미래 탐구」는 도시지리학의 학문적 논의를 학교 현장으로 곧장 옮겨 오는 것이 아니라, 학생의 삶과 경험, 그리고 시민적 성장을 중심에 두고 도시와 도시의 미래를 지리교육의 시각으로 해석한 결과물이라고 볼 수 있다.

(2) 「도시의 미래 탐구」 과목의 구조와 학습의 흐름

「도시의 미래 탐구」의 교육과정은 네 개의 영역(대단원)으로 구성되어 있다. 이 네 영역은 서로 독립된 주제 묶음이라기보다, 학생이 도시를 바라보는 시각을 점차 넓히고 심화해 가도록 설계된 학습의 흐름을 이룬다. 대체적인 흐름은 '생활세계에서 도시 인식 → 도시 변화 이해 → 도시 문제와 공간 정의 탐구 → 도시의 미래 설계'로 요약할 수 있다. 예비 교사들은 각 영역과 성취기준을 "무엇을 가르칠 것인가?"라는 목록이 아니라, "어떤 질문을 중심으로 탐구를 조직할 것인가?"를 알려주는 설계 단서로 읽어낼 필요가 있다.

1) 삶의 공간, 도시

1영역은 「도시의 미래 탐구」의 출발점으로, 학생이 '도시란 무엇인가'를 스스로 탐구하고 자신의 생활세계 속에서 도시를 새롭게 인식하도록 돕는다. 핵심 질문은 "도시는 무엇이며, 나에게 어떤 의미인가?"이다. 성취기준 [12도탐01-01]은 도시를 인구 규모나 행정구역과 같은 객관적 기준만으로 정의하는 데 그치지 않고, 도시민이 느끼는 이미지, 경관, 분위기 등 주관적 요소를 함께 탐구하도록 설계되었다. 예를 들어 학생이 '파리는 왜 낭만적인 도시로 불릴까?'를 탐구한다면, 단순히 상징적 장소를 나열하는 대신 거리 구조, 건축 양식, 예술과 생활 문화 속에서 형성된 도시의 정체성을 살펴본다. 또 다른 학생이 '뉴욕은 왜 세계의 중심으로 인식되는가?'를 묻는다면, 스카이라인과 미디어 이미지, 시민의 다양성을 통해 도시가 물리적 장소를 넘어 재현되고 구성되는 공간임을 이해하게 된다.

이 영역은 도시와 촌락을 서로 반대의 개념으로 대비하기보다는 상호 연결성을 강조한다. 도시는 더 이상 독립된 공간 단위가 아니라, 촌락과 연속적으로 이어진 생활권의 일부로 다뤄진다. 따라서 학생은 자신이 속한 지역의 도시적 특성과 생활양식을 관찰하며, '살기 좋은 도시'의 의미를 스스로 정의해 보는 활동을 수행한다. 교사는 이러한 과정을 통해 학생의 경험을 지리적 언어로 확장시키고, 도시 문해력의 첫 단계인 관찰과 인식이 탐구 질문으로 이어질 수 있도록 안내한다.

2) 변화하는 도시

2영역은 도시가 시간에 따라 어떻게 변화하고, 그 변화가 어떤 요인에 의해 발생하는지를 분석적으로 이해하는 단계이다. 핵심 질문은 "도시는 왜, 그리고 어떻게 변화하는가?"이다. 성취기준 [12도탐02-01]은 도시 체계와 공간 구조를 다루지만, 전통적인 도시이론을 단순히 암기하기보다 도시 공간이 사회·경제·문화적 요인에 따라 유동적으로 재구성되는 과정을 다양한 사례를 통해 탐구하도록 설계되었다. 예를 들어 학생들은 자신이 살고 있는 지역 주변의 도심 재생이나 구도심 쇠퇴, 상업 중심지 이동, 신도시 개발 등과 같은 사례를 살펴보며 산업 변화와 인구 이동, 정책 결정이 도시의 기능과 공간구조를 어떻게 바꾸는지 탐구·분석할 수 있다. 이때 교사는 통계, 지도, 사진 등 다양한 활용해, 학생이 공간적 변화의 패턴과 흐름을 파악하고 설명하도록 안내한다.

또한 성취기준 [12도탐02-02]는 도시의 경관과 이미지를 문화적 시각에서 이해하도록 돕는다. 축제, 예술, 건축, 도시 브랜드 등 문화 자산이 도시 정체성을 형성하는 과정을 탐구하면서, 학생은 도시를 경제나 산업의 결과물뿐 아니라 문화적 표현의 장으로 인식하게 된다. 요컨대 2영역은 도시를 고정된 형태로 이해하던 사고에서 벗어나, 다양한 요인이 얽혀 만들어지는 변화의 구조를 지리적으로 해석하는 학습 단계이다.

3) 도시 문제와 공간 정의

3영역은 도시 안에서 발생하는 다양한 사회적·환경적 문제를 '정의로운 도시란 무엇인가'라는 관점에서 비판적으로 탐구하도록 구성되었다. 핵심 질문은 "이 변화는 누구에게, 어떤 결과를 가져오는가?"이다. 학생은 도시의 불평등을 단순한 결과나 도덕적 문제로 보지 않고, 공간의 배치, 접근성, 배제의 구조 속에서 그 원인과 책임의 위치를 함께 성찰한다. 성취기준 [12도탐03-01]은 도시 환경 문제와 재난을 다룬다. 재난 유형을 나열하는 학습에서 벗어나, 열섬현상이나 홍수 취약 지역의 분포를 분석하고 이를 소득 수준, 토지 이용, 기반 시설 접근성과 결합해 살펴보며 "왜 어떤 지역은 더 위험한가?"를 묻도록 한다. 이를 통해 환경 문제를 '자연재해'가 아니라 사회·공간적 정의의 문제로 바라보게 한다.

성취기준 [12도탐03-02]는 부동산과 주거 문제를 중심으로 도시의 불평등 구조를 탐구한다. 학생은 아파트 가격 상승, 청년층의 지옥고(지하·옥탑·고시원) 주거 문제, 투기적 도시화 등 현실적 사례를 통해 주거권과 도시 접근성의 불평등을 인식한다. 단순히 주택 유형을 구분하는 학습이 아니라, "누가 도심에서 밀려나고, 그 과정에서 어떤 제도와 정책이 작동했는가?"를 묻는 사고로 확장되는 것이다. 교사는 이를 통해 학생이 도시문제를 제도의 산물로 분석하고, 대안을 상상하는 시민적 관점을 기르도록 돕는다.

성취기준 [12도탐03-03]은 국제 이주와 다문화 공간을 다룬다. 이 과정에서 학생은 이주민 거주지가 낙후되고 고립된 공간이라는 고정관념을 넘어, 도시 내 다양한 문화가 공존하며 끊임없이 재구성되는 동적 공간임을 이해한다. 서울의 대림동이나 파리의 벨빌(Belleville)처럼 다문화 상권을 사례로 공존과 포용의 관점에서 도시를 재해석할 수 있다.

이 영역의 중심 개념인 '공간 정의'는 소자의 이론을 그대로 가르치기 위한 것이 아니라, 도시문제를 시민적 가치 판단으로 연결하는 사고의 틀로 기능한다. 학생은 환경, 주거, 이주라는 세 주제를 통해 "정의로운 도시란 무엇인가?", "모든 사람이 도시의 서비스와 공간적 기회에 공정하게 접근할 수 있는가?"를 질문하며, 자신의 판단 근거를 사회적·공간적 맥락과 연결한다. 결국 3영역은 도시를 문제의 집합이 아닌 공동의 삶을 성찰하는 장으로 바라보는 학습 단계이다.

4) 도시의 미래

4영역은 학습자가 도시의 지속 가능한 미래를 구상하고, 자신이 속한 사회 속에서 실천의 방향을 모색하는 단계이다. 핵심 질문은 "더 나은 도시는 실현 가능하며, 나는 무엇을 할 수 있는가?"이다. 학생들은 도시를 인간만의 공간이 아니라 생태적 공존의 장으로 이해하고, 환경·사회·경제적 측면에서 지속가능성을 함께 고려한다. 성취기준 [12도탐04-01]은 도시의 회복력과 지속가능성을 다룬다. 학생은 기후변화, 에너지 전환, 쓰레기 처리, 이동권, 사회적 약자 보호 등 도시의 다양한 과제를 탐구하며, 도시가 '지속가능한 시스템'으로 유지되기 위한 조건을 살펴본다. 예를 들어 파리의 15분 도시나 서울의 생활권 계획 사례를 분석하며, 편리함을 높이는 정책이 외곽 지역의 소외를 초래할 수도 있음을 비판적으로 검토한다. 이를 통해 지속가능성의 핵심이 단순한 친환경 기술이 아니라 형평성과 접근성의 균형에 있음을 이해한다.

성취기준 [12도탐04-02]는 도시 공공성과 민주주의를 주제로 지속가능한 공동체의 원리를 학습한다. 학생은 생태도시, 도시 커먼즈, 공유경제 등의 사례를 통해 도시의 미래가 기술적 진보의 결과가 아니라 가치 선택의 결과임을 탐구한다. 공유 모빌리티의 편리함 뒤에 존재하는 노동 문제나, 녹지 조성이 가져오는 젠트리피케이션을 함께 검토하며, 도시의 변화가 누구에게 이익이 되고 누구를 배제하는지를 성찰한다.

학습 과정에서 교사는 학생이 제시한 대안이 실현 가능성, 효과, 형평성의 기준을 충족하는지 검토하도록 안내하며, 수업 결과를 스토리맵이나 지역사회 제안서, 전시·발표 등으로 표현하도록 돕는다. 이처럼, 4영역은 도시의 지속가능성과 회복력을 학문적 지식에서 행동가능한 시민 역량으로 전환하는 과정이며, 학생은 도시를 분석의 대상이 아니라 함께 만들어갈 미래의 공간으로 인식하게 된다.

(3) 교수·학습과 평가에서 드러나는 특징

「도시의 미래 탐구」는 교육과정 성취기준 문서에서부터 교수·학습과 평가의 방향을 비교적 분명하게 제시하고 있다. 가장 눈에 띄는 특징은 질문 중심 수업, 자료 기반 탐구, 프로젝트와 수행평가가 서로 긴밀하게 연결되어 있다는 점이다.

첫째, 이 과목의 탐구는 단순한 체험이나 프로젝트 수행이 아니라 명확한 질문을 중심으로 조직된 탐구여야 한다. 성취기준과 내용 요소는 대부분 질문의 형태로 풀어 쓸 수 있도록 설계되어 있다. 예를 들어 "도시의 인구와 산업 구조 변화를 자료를 통해 분석한다"는 성취기준은 "우리 도시의 인구와 산업 구조는 어떻게 변해 왔는가?", "그 변화는 누구에게 어떤 영향을 주었는가?"와 같은 질문으로 전환하여 수업을 구성할 수 있다. 교사는 이러한 질문을 바탕으로 학생이 자신의 경험과 지역 맥락을 연결해 세부 질문을 스스로 만들어 가도록 돕는다. 질문이 곧 수업의 출발점이자 탐구의 방향이 되는 구조이다.

예를 들어 3영역에서 '도시의 부동산과 주거 문제'를 다룰 때, 교사는 "청년 주거 접근성은 어느 지역에서, 어떤 요인에 의해 낮은가?"와 같은 질문을 제시하거나, 학생이 스스로 유사한 질문을 만들도록 안내할 수 있다. 학생은 공공데이터를 활용해 전·월세 변동, 교통 접근성, 공공임대주택 분포 등을 비교·분석하고, 그 결과를 시각화하여 지역 간 차이를 확인한다. 이후 "공공정책은 누구를 위한 것인가?", "형평성과 접근성의 측면에서 이 문제를 어떻게 판단할 것인가?"와 같은 후속 질문을 통해, 탐구가 단순한 정보 분석을 넘어 가치 판단과 대안 설계로 이어지도록 한다.

둘째, 지리정보기술과 다양한 공간 자료를 활용한 탐구학습이다. 통계자료, 주제도, 항공사진, 생활지도, 거리 사진, 인터뷰 기록 등 여러 자료 유형을 함께 분석하도록 제시함으로써, 학생이 도시를 다층적으로 바라보도록 돕는 것이 중요하다. 공간 시민성 관점에서 볼 때, 학생에게 필요한 것은 지도를 '읽는' 능력만이 아니라 지도를 직접 생산하고 해석하는 능력이다. 따라서 「도시의 미래 탐구」 수업에서는 종이 지도, 항공사진, 통계 지도, 온라인 GIS, 스토리맵과 같은 도구를 활용해 학생이 스스로 공간 정보를 수집·분석·표현하도록 유도한다. 예를 들어, 통학로 안전과 관련된 데이터를 지도 위에 시각화하고, 취약 지역을 파악한 뒤 개선 방안을 제안하는 활동은 도시 문해력과 공간 시민성을 동시에 기르는 좋은 사례이다. 또 다른 예로, '편의시설 분포 지도'와 '사회적 약자의 생활 인프라 지도'를 비교해 보는 활동은 같은 도시를 보더라도 어떤 기준과 시각으로 지도를 제작하느냐에 따라 전혀 다른 의미가 드러난다는 점을 보여줄 수 있다. 이때 학생들이 지리정보기술은 단순히 자료를 정리하거나 보기 좋게 표현하는 수단이 아님을 깨달을 수 있도록 하는 것이 중요하다. 교사는 학생들이 지도를 보며 어떤 정보는 강조되고 어떤 정보는 빠져 있는지, 같은 자료도 표현 방식에 따라 전혀 다른 인상을 줄 수 있음을 함께 살펴보게 함으로써, 지리정보기술이 공간을 비판적으로 읽고 질문을 던지는 유용한 도구로 사용될 수 있도록 지도해야 한다.

셋째, 지역사회와 연계된 프로젝트 기반 학습이다. 이 과목은 학생이 실제로 생활하는 지역을 중심으로 탐구를 조직하는 것이 바람직하다. 각 영역에서 소규모 탐구 과제나 프로젝트를 수행하도록 구성되어 있으며, 특히 '도시의 미래' 영역에서는 조별 혹은 개인 프로젝트를 통해 문제를 정의하고, 자료를 수집·분석하며, 대안을 제안하고 실천하는 전 과정을 경험하도록 되어 있다. 이때 탐구 주제는 가능하면 '우리 지역의 도시문제'와 연결하는 것이 좋다. 학생은 자신의 동네를 답사하고, 통학로나 생활권의 불편과 위험 요인을 조사하며, 주민·상인·지자체 관계자 등을 인터뷰할 수 있다. 교사는 이러한 현장 기반 프로젝트가 과도한 부담이 되지 않도록 범위와 깊이를 조정하면서, 학생이 자신의 언어로 문제를 정의하고 작은 변화 가능성을 모색해 보는 경험을 하도록 설계해야 한다. 평가 역시 결과물만을 채점하는 데 그치지 않고, 탐구 과정에서의 질문 만들기, 자료 수집과 분석, 지역사회와의 소통, 협업과 의사소통, 성찰 등을 함께 살피도록 안내하는 것이 중요하다. 예비 교사에게는 지역 자료를 탐색하고, 현장 활동을 학교 일정과 안전 지침 안에서 운영하는 능력, 지역사회와 교육적으로 소통하는 역량이 이러한 프로젝트 수업을 준비하는 핵심 과제가 된다.

넷째, 학생의 목소리와 경험을 수업의 중요한 자원으로 보는 관점이 반영되어 있다. 도시를 다루는 수업에서 학생은 단순한 지식 수용자가 아니라, 자신이 살아온 도시를 해석하고 재구성하는 주체로 설정된다. 수업에서 학생이 자신의 동네 이야기, 가족의 이주 경험, 이동과 통학의 불편함, 지역에 대한 애착과 불만 등을 자유롭게 말할 수 있을 때, 교과서 속 도시 개념과 현실 세계의 도시가 서로 연결된다. 이러한 경험은 이후 다른 단원이나 과목에서 도시와 관련된 내용을 다룰 때도 중요한 기반이 된다. 이러한 교수·학습과 평가는 학생이 정답을 맞히는 능력만을 키우는 것이 아니라, 도시를 둘러싼 쟁점을 스스로 탐구하고, 그 과정에서 생긴 생각을 타인과 나누며, 더 나은 대안을 함께 모색하는 시민으로 성장해 가는 과정을 함께 바라본다는 점에서 의미가 크다.

(4) 교육과정 개선을 위한 보완 과제

「도시의 미래 탐구」는 도시지리교육의 새로운 가능성을 열어 주는 과목이지만, 교육과정 수준에서 드러나는 보완점도 분명하다. 이는 이 과목의 한계라기보다, 향후 도시지리교육을 더 풍부하게 발전시켜 갈 수 있는 논의 지점으로 이해할 수 있다.

첫째, 성취기준의 제시만으로는 「도시의 미래 탐구」가 지향하는 수업 설계 의도, 특히 디지털 및 공간데이터 리터러시를 중심으로 한 탐구학습을 학교 현장에서 온전히 구현하기 어렵다는 점이다. 실제 수업에서 학생이 어느 수준까지 공간데이터를 수집·가공·해석해야 하는지, 어떤 도구를 활용해 어떤 학습 성취를 기대할 수 있는지에 대한 구체적인 그림이 부족한 상황에서는 학교 여건과 교사 역량에 따라 수업 내용과 수준의 격차가 커질 수밖에 없다. 이를 보완하기 위해 교육과정 고시 이후 교사 연구회, 시·도교육청 및 학회 차원의 공동 연구, 교육과정 개발자가 교사를 대상으로 한 연수 등을 통해 도구별 활용 수준과 과제 예시, 평가 준거를 체계적으로 축적·공유하는 지원체계가 필요하다. 나아가 도시를 주제로 한 수업 사례, 지역 연계 프로젝트, 수행평가 과제와 루브릭을 함께 발굴·보급함으로써, 성취기준이 단순한 항목 목록을 넘어 교사가 지리정보기술을 활용한 탐구학습을 구체적으로 설계하는 데 활용할 수 있는 실질적인 설계 단서로 작동하도록 할 필요가 있다.

둘째, 중학교–고등학교–대학(예비교사 교육)에 이르는 도시 교육의 연계 체계가 분명하지 않다는 점이다. 「도시의 미래 탐구」는 고등학교 단계에서 도시를 깊이 있게 다루려는 의미 있는 시도이지만, 중학교 지리의 도시 단원, 고등학교 지리 과목, 대학의 도시 관련 교과와 어떤 개념과 경험을 어떻게 나누어 맡을 것인지에 대한 논의는 아직 충분히 제시되어 있지 않다. 도시지리교육의 계열성과 연속성을 확보하기 위해서는 학년군 간 학습발달과정(learning progression)을 체계적으로 연구할 필요가 있다. 여기서 학습발달과정이란 특정 개념이나 주제에 대해 학습자가 시간의 흐름에 따라 점점 더 정교하고 복잡하게 사고해 가는 발달 경로를 도출하는 작업을 의미하며(Lee and Jo, 2022), 이를 토대로 각 단계에서 무엇을 가르칠 것인지, 어떤 수준의 사고를 기대할 것인지를 구체화해야 한다. 다시 말해, 발달 단계에 적합한 개념과 쟁점을 선별하고, 그에 상응하는 탐구 활동을 제시함으로써 학생들이 무리 없이 이해할 수 있으면서도 한 단계 높은 수준의 공간 사고와 시민적 성찰로 나아가도록 이끄는 설계가 필요하다.

이처럼 「도시의 미래 탐구」는 도시의 현재와 미래를 학생의 삶과 연결하는 도시지리교육의 새로운 출발점이다. 동시에, 이러한 시도가 단발적인 새 과목 도입에 그치지 않고, 중등과 대학을 아우르는 지리교육 전반의 변화로 이어지기 위해서는 교육과정의 구조와 내용, 교수·학습과 평가, 교사 교육과 지원 체제를 함께 고민하는 후속 논의가 필요하다. 그 가운데에서도 특히 '수업에서 도시를 어떤 눈으로 읽어 낼 것인가'에 대한 논의가 중요하다. 다음 절에서는 이러한 질문에 답하기 위한 두 가지 지리적 관점을 살펴보고자 한다.

3. 도시와 도시의 미래를 바라보는 두 가지 지리적 관점

(1) 권력과 불평등의 관계로 읽는 도시

도시를 가르칠 때 어떤 그림을 먼저 떠올리느냐에 따라 수업의 방향은 크게 달라진다. 전통적인 도시 연구는 중심업무지구(CBD)와 주거 지대의 분포, 교통망과 기능 지역을 설명하는 모형 등을 통해 도시 내부 구조와 체계를 파악하는 데 초점을 두었다. 이러한 접근은 도시의 기본 구조를 이해하는 데 여전히 유용하지만, 오늘날 도시를 둘러싼 여러 쟁점, 특히 불평등과 배제, 갈등과 저항의 문제를 충분히 설명해 주지는 못한다.

도시를 권력과 불평등의 관계가 새겨진 공간으로 읽는 관점은 이러한 한계를 넘어 도시를 다시 보게 한다. 공간은 비어 있는 그릇이 아니라 사회적 관계가 응축된 결과이자, 다시 새로운 관계를 만들어 내는 매개이다(Massey, 1994). 같은 도시 안에서도 어떤 집단은 지하철역과 공원, 교육·문화 시설이 풍부한 지역에 살고, 어떤 집단은 위험 시설과 혐오 시설이 몰린 곳, 대중교통 접근성이 떨어지는 변두리 지역에 살게 된다. 주거지와 학교, 일터와 상권이 어디에, 누구를 위해 배치되는지에 따라 도시의 기회 구조는 달라진다.

공간 정의(spatial justice)의 관점에서 도시를 바라보면, 재개발과 젠트리피케이션, 청년·고령층의 주거 불안, 이주민 밀집 지역, 특정 계층만 접근할 수 있는 상업·여가 공간 등은 모두 "누가 어떤 공간을 사용할 수 있는가?"라는 질문으로 이어진다(Soja, 2010). 임대료 상승으로 원주민이 밀려나는 동네, 대형 쇼핑몰이 들어선 뒤 골목 상권이 쇠퇴하는 지역, 고가 아파트와 재개발 예정지가 밀집한 구역에만 고급 교육·문화 시설이 들어서는 현상은 단순히 시장의 결과라기보다 권력과 이해관계가 반영된 공간 재편의 결과이기도 하다.

이러한 관점은 도시를 중립적인 배경으로 가정하는 교육에서 벗어나게 한다. 학생이 '도시의 구조'를 배울 때, 단순히 기능 지역과 그 특징만을 외우는 것이 아니라, 어떤 집단이 어느 위치에 배치되고, 그 결과 어떤 삶의 차이가 만들어지는지를 함께 생각할 수 있도록 하는 것이다. 예를 들어, "우리 시에서 전셋값이 가장 높은 동네는 어디인가?", "지하철역과 버스 노선이 부족한 지역은 어디이며, 그곳에 사는 사람들은 누구인가?"와 같은 질문은 교과서의 도시 내부 구조 내용을 학생의 현실과 연결하는 출발점이 될 수 있다.

학교 현장에서 이 관점을 적용한다고 해서 곧바로 특정한 정치적 입장을 주입해야 한다는 뜻은 아니다. 중요한 것은 학생들이 도시의 모습을 '어쩔 수 없는 구조'로 받아들이는 대신, "왜 이런 모습이 되었을까?", "다른 선택은 가능하지 않았을까?"를 묻도록 돕는 것이다. 도시를 권력과 불평등의 관계 속에서 읽고 해석하는 수업은, 도시를 단순한 발달 단계나 성장의 결과로 보는 시각을 넘어, 정의와 공공성의 관점에서 다시 생각해 보게 하는 계기를 제공한다.

「도시의 미래 탐구」에서도 '도시문제와 공간 정의' 영역이 이러한 관점을 교육과정에 구체화한 부분이다. 하지만 이 관점은 해당 영역에만 한정되지 않는다. 중학교 지리의 도시 단원, 고등학교 지리 과목에서도, 도시를 설명할 때 누가 어디에서 어떻게 살아가고 있는지, 그 배치가 누구에게 유리·불리하게 작용하는지를 함께 묻는다면, 학생의 도시 이해는 훨씬 입체적으로 확장될 수 있다.

(2) 사회·생태적 시스템으로 바라보는 도시

도시를 사회·생태적 시스템으로 바라보는 관점은 도시를 사람들의 경제·사회 활동이 모여 있는 무대 정도로만 보던 시각을 넘어선다. 이 관점에서 도시는 인간과 비인간, 에너지와 물질, 기후와 생태가 얽혀 끊임없이 상호작용하는 복합 생태계이다. 다시 말해, 도로와 건물, 하천과 녹지, 에너지와 폐기물, 교통과 생활양식이 서로 연결된 하나의 시스템으로 이해되는 것이다. 도시 홍수, 미세먼지, 폭염 같은 문제도 기후변화라는 외부 요인뿐 아니라, 도시 내부의 구조와 운영 방식이 만들어 낸 결과로 읽을 수 있다.

이 관점은 지속가능한 도시 논의와 맞닿아 있다. 유엔 지속가능발전목표(SDGs)의 '지속가능한 도시와 공동체'(SDG 11)는 탄소중립, 생태 도시, 자연 기반 해법과 같은 환경적 과제와 함께, 포용적 성장, 주거권, 공공성, 사회적 포용을 동시에 강조한다. 이 틀에서 보면 대중교통, 토지 이용, 녹지와 수변 공간, 도시 인프라는 각각의 시설 목록이 아니라 도시의 지속가능성을 떠받치는 조건들이 어떻게 연결되어 있는지를 보여주는 요소들이다. 「도시의 미래 탐구」에서 다루는 '지속가능한 도시 생활', '살기 좋은 도시의 조건'과 같은 주제는 이러한 관점에서 해석할 때 의미가 선명해진다.

사회·생태적 시스템 관점은 도시 회복력(resilience) 논의와도 이어진다. 기후재난, 감염병, 경제 위기 속에서 도시가 얼마나 피해를 흡수하고 기능을 유지하거나 새로운 균형으로 전환할 수 있는지는 방재 시설만으로 설명되지 않는다. 공공 서비스의 접근성, 지역 공동체와 행정의 협력, 다양한 집단의 참여 가능성이 함께 작동한다. 이 관점은 도시를 '위험에 취약한 공간'으로만 보는 시각을 넘어, 위험을 관리하고 미래를 설계하는 능동적 주체로 이해하게 한다. 또한 이 관점은 도시를 인간만의 공간이 아니라 다양한 생명과 물질이 함께 얽힌 혼종적 공간으로 보게 한다(Swyngedouw, 1996). 도시 하천 복원, 녹지 네트워크, 조류·곤충 서식지, 열섬현상과 같은 주제는 단순한 환경 미화가 아니라, 인간과 비인간이 공존하는 도시의 조건을 묻는 말이다. 학생이 "도시에서 인간과 비인간이 어떻게 함께 살아가고 있는가?"라는 질문을 던지는 순간, 도시의 미래는 개발 계획의 문제가 아니라 공존의 방식을 설계하는 문제로 확장된다.

학교 지리 수업에서 이 관점을 도입하면, 기후위기와 환경 문제를 다루는 방식도 달라진다. "기후변화 때문에 홍수가 잦아졌다"에서 멈추지 않고, "어떤 토지 이용과 배수 체계, 어떤 개발 방식이 특정 지역을 더 취약하게 만들었는가?", "그 피해는 누구에게 집중되는가?"를 함께 묻는 것이다. 폭우 시 침수 피해 지역을 지도에 표시하고 그 주변의 하천 정비, 도로 구조, 토지 이용을 함께 살펴보는 활동이나, 열섬현상을 주제로 어느 지역에 나무와 그늘이 부족한지, 그곳에 사는 사람들은 누구인지까지 연결해 보는 활동은, 도시를 사회·생태적 시스템으로 이해하도록 돕는 좋은 사례가 된다. 이렇게 도시를 읽고 해석하는 수업은 도시문제를 개별 현상이 아니라 환경, 경제, 사회, 생태가 얽힌 관계 속에서 통합적으로 사고하도록 이끄는 지리교육의 한 축이 된다.

(3) 두 관점을 교실에서 어떻게 엮을 것인가

권력과 불평등의 관계로 읽는 도시, 사회·생태적 시스템으로 보는 도시는 서로 다른 두 개의 시각처럼 보이지만, 실제 수업에서는 서로를 보완하는 관점으로 엮을 수 있다. 도시 불평등을 다룰 때, 주거와 교육, 교통 인프라의 격차를 지도에 표현하는 활동은 권력과 자원의 배분 문제를 드러내는 동시에, 이러한 격차가 기후 위기나 재난 상황에서 어떤 차별적 결과를 낳는지까지 연결할 수 있다. 예를 들어, 폭염과 폭우에 취약한 지역이 어디인지, 그곳에 사는 사람들은 누구인지, 녹지와 공공시설, 방재 인프라가 어떻게 배치되어 있는지를 함께 분석해 보는 것이다. 그러면 학생은 "누가 어디에 사느냐"의 문제와 "어떤 위험이 누구에게 더 크게 다가오는가?"의 문제가 맞물려 있음을 자연스럽게 이해하게 된다.

반대로, 도시를 사회·생태적 시스템으로만 다루면 문제의 책임이 모호해지기 쉽다. "기후위기 때문에 도시 홍수가 늘어난다"라는 설명을 넘어서, 어떤 개발 방식과 정책 선택이 어떤 지역을 더 위험하게 만들었는지, 그 결정 과정에 누가 참여했고 누가 배제되었는지를 함께 따져 본다면, 학생은 도시의 미래를 기술적·환경적 문제만이 아니라 사회적·정치적 문제로 동시에 사고하게 된다.

두 관점을 교실에서 엮을 때 중요한 것은, 학생이 도시를 '이미 정해진 구조'로 받아들이지 않도록 돕는 것이다. 도시 공간은 과거의 선택과 힘의 관계가 축적되어 만들어진 결과이지만, 동시에 앞으로의 선택에 따라 다른 모습으로 재구성될 수 있다. 권력과 불평등의 관계를 읽어내는 눈과 사회·생태적 시스템을 이해하는 눈은 학생이 도시의 현재를 비판적으로 이해하고 미래를 능동적으로 상상하는 데 필요한 두 축이 된다.

「도시의 미래 탐구」를 비롯한 도시 관련 수업에서 교사는 이 두 관점을 고정된 이론으로 제시하기보다는, 수업 속 다양한 질문과 활동에 자연스럽게 스며들게 할 수 있어야 한다. 예를 들어, 한 단원에서는 도시의 공간구조를 설명할 때 '누가 어디에 살고 일하는지'를 함께 묻게 하고, 다른 단원에서는 기후위기와 도시 환경을 다루면서 '어떤 시스템 변화가 누구에게 어떤 영향을 줄 것인지'를 토론하게 한다면, 학생에게 도시의 미래는 막연한 이상이 아니라, 구체적인 공간과 관계 속에서 함께 설계해 볼 수 있는 과제가 될 수 있다.

4. 도시의 미래를 가르치는 교육학적 토대

3절에서 살펴본 두 가지 지리적 관점, 곧 권력과 불평등의 관계로 읽는 도시와 사회·생태적 시스템으로 보는 도시는 도시를 어떻게 볼 것인가에 대한 이해의 틀을 제공한다. 그러나 이러한 관점만으로는 교실 수업이 구성되지 않는다. 도시를 무엇으로 이해할 것인가가 정리되었다면, 이제는 학생과 함께 도시를 어떻게 읽고, 말하고, 바꾸어 볼 것인가에 대한 학습의 방식이 필요하다. 「도시의 미래 탐구」는 도시 관련 지식을 기존 과정보다 조금 더 많이 다루는 과목이 아니라, 학생이 자신이 살아가는 도시를 읽고 해석하며, 그 안의 불평등과 생태적 한계를 비판적으로 성찰하고, 함께 살아갈 미래를 설계해 보는 실천까지 나아가도록 돕는 교과로 설계되어 있다. 이 절에서는 이러한 수업을 뒷받침하는 교육학적 토대로서 도시 문해력, 공간 시민성, 지속가능발전교육과 지오캐퍼빌리티를 살펴본다.

(1) 도시 문해력: 도시를 읽고 해석하고 다시 쓰는 능력

도시 문해력(urban literacy)은 오늘날 도시를 살아가는 학생에게 특히 중요한 지리 역량이다. 도시는 인프라와 경제, 권력과 문화, 일상적 관계가 얽혀 구성되는 복합 공간이기 때문에, 학교 지리에서 도시는 단순한 사례나 배경이 아니라 읽고, 해석하고, 다시 써 볼 수 있는 텍스트로 다루어질 필요가 있다. 도시계획과 건축 분야에서는 이미 이러한 관점이 제기되어 왔다. 랜드리(C. Landry)는 도시를 상징과 이미지, 이야기로 가득 찬 문화적 텍스트로 보며, 시민이 도시를 읽고 이해하는 능력이 도시의 잠재력을 발휘하는 조건이라고 보았다(Landry, 2000). 하빅(K. Havik)은 도시를 걷기와 관찰, 글쓰기를 통해 해석하는 경험을 강조하면서, 도시를 "읽고, 쓰고, 이해하는" 능력으로서 도시 문해력을 구체화했다(Havik, 2014). 다만 이 논의는 기본적으로 도시계획·건축·디자인 관점에서 도시 경험을 다루었다는 한계를 가진다.

이 장에서 사용하는 도시 문해력은 이러한 개념적 기원을 바탕으로 하되, 지리교육에서 축적된 문해력, 탐구학습, 시민성 교육 논의를 결합해 재구성한 개념이다. 베드나즈(S. Bednarz)는 지리 문해력을 단순한 정보 이해가 아니라, 공간적 사고와 탐구를 통해 세계를 해석하는 능력으로 보았고(Bednarz, 2004), 캐틀링(S. Catling)은 장소와 환경을 '읽고 쓰는' 학습이 비판적 시민성을 길러야 한다고 강조하며 지리를 세계를 이해하고 더 나은 방향으로 변화시키는 교육적 실천으로 보았다(Catling, 2004). 로버츠(M. Roberts)는 지리 수업이 질문을 만들고 증거를 찾으며 설명을 구성하는 '탐구로서의 지리'가 되어야 한다고 제안했고(Roberts, 2013), 이종원(2024)은 "무엇인가, 어디인가, 왜 거기인가, 다른 지역과 어떻게 연결되는가, 어떻게 변해 왔는가, 왜 중요한가, 나는 무엇을 할 수 있는가"라는 일곱 가지 지리 탐구 질문을 제시해 지리적 사고를 질문 구조로 세밀하게 정리하였다.

이 논의들을 도시 맥락에 옮겨보면, 도시 문해력은 도시 정보를 많이 아는 능력을 뜻하지 않는다. 도시를 텍스트로 관찰하고 인식하며, 지리적 개념과 탐구 질문을 활용해 현상을 해석·설명하고, 공공성과 지속가능성의 관점에서 도시를 비판적으로 성찰하며 더 나은 모습을 상상해 보는 일련의 탐구 과정을 포괄하는 역량으로 이해할 수 있다. 여기에는 통학로, 주거지, 상업지역, 공원과 같은 익숙한 장소를 단순한 풍경이 아니라 '읽어야 할 텍스트'로 바라보는 관찰과 인식의 차원이 포함된다. 무엇이 어디에, 어떤 방식으로 배치되어 있는지, 그 배치가 누구에게 편리하고 누구에게 불편한지를 눈여겨보는 감수성이 도시 문해력의 출발점이다. 스케치맵 그리기, 동네 답사, 경로와 경계, 결절점을 기록하는 활동은 이러한 관찰과 인식 능력을 기르는 대표적 사례라 할 수 있다. 학생들은 이미 각자의 공간 경험과 이야기를 가지고 교실에 들어오기 때문에(Elwood, 2004), 교사는 이 경험을 서로 나누고 비교하는 활동을 통해 개인적 서사를 공통의 탐구 주제로 전환하도록 안내할 수 있다.

관찰의 단계에서 더 나아가, 도시 문해력은 도시의 모습을 "그렇구나" 하고 받아들이는 데서 멈추지 않고 "왜 이렇게 되었는가?"를 묻는 해석과 설명의 차원을 포함한다. 학생은 도시 공간의 패턴을 발견하는 것을 넘어, 그러한 패턴이 어떻게 형성되고 유지되며 변화하는지를 질문한다. 특정 지역에만 고층 아파트가 집중된 이유, 어느 동네가 '핫플'로 부상한 과정, 한 지역의 상권이 쇠퇴하고 다른 지역이 성장하는 배경을 탐구하는 활동이 여기에 속한다. 이때 3절에서 살펴본 권력과 불평등, 사회·생태적 시스템 관점은 도시를 해석하는 데 중요한 틀을 제공한다. 학생은 '도시 체계', '공간 정의', '회복력'과 같은 개념을 사용해 현상을 설명하는 법을 익히고, 로버츠(2013)가 강조한 것처럼 "어떤 질문을 던지고, 그 질문에 답하기 위해 어떤 증거와 개념을 사용할 것인지"를 스스로 선택해 가는 경험을 하게 된다.

나아가 도시 문해력은 단순히 도시를 이해하는 데서 그치지 않고, 더 공정하고 지속가능한 도시를 상상하고 설계해 보는 비판과 재구성의 차원으로 이어진다. 상권 변화 지도를 만들고, 생활권 녹지와 그늘 공간의 재배치를 제안하며, 대중교통 접근성을 분석하고 개선 아이디어를 내는 활동은 모두 도시를 다시 쓰는 과정에 해당한다. 학생은 도시를 소비하는 존재를 넘어, 비록 작은 규모일지라도 도시를 변화시키는 데 참여하는 주체로 자신을 자리매김하게 된다. 「도시의 미래 탐구」의 네 영역이 '생활세계 인식–도시 변화 이해–도시문제와 공간 정의–도시의 미래 설계'라는 흐름을 따라 구성된 것은, 이러한 도시 문해력의 탐구 과정을 교육과정 수준에서 구조화하려는 시도로 이해할 수 있다.

(2) 공간 시민성: 도시를 함께 바꾸는 참여 역량

도시 문해력이 도시를 읽고 해석하는 능력이라면, 공간 시민성(spatial citizenship)은 그렇게 읽어낸 도시를 바탕으로 공동체의 문제에 참여하고 변화를 모색하는 시민적 역량에 초점을 둔다. 앞 절에서 보았듯이 도시 공간은 사회적 관계와 권력이 새겨진 결과이며, 그 배치에 따라 기회와 위험이 불평등하게 분배된다. 공간 시민성은 이러한 공간의 정치성을 이해하고, 공공의 문제를 공간적으로 사고하며, 다양한 이해관계자와 함께 더 나은 공간을 만들어 가는 능력이다.

최근 시민성 논의는 시민을 더 이상 국가 경계 안의 법적 지위로만 보지 않고, 지역과 국가, 세계를 가로지르는 관계적·다중 스케일의 실천 주체로 이해하려는 방향으로 나아가고 있다(조철기, 2015; Pykett, 2009). 개인의 목소리는 동네와 학교, 지방자치단체, 국가, 글로벌 시민사회에 이르기까지 서로 다른 공간 수준에서 표현된다. 지리교육은 이러한 다층적 공간 속에서 학생이 지리 정보를 바탕으로 사회 문제를 분석하고, 공동체와 함께 대안을 모색하며, 민주적 의사결정 과정에 참여하는 경험을 설계할 수 있는 교과이다. 「도시의 미래 탐구」에서 강조되는 시민적 실천 역량은 바로 이 공간 시민성 관점을 교육과정 속에 구체화한 것이라 할 수 있다.

공간 시민성을 학습목표로 삼을 때, 지리 수업은 지도와 통계, 사진, 홍보 영상, SNS 속 장소 이미지처럼 도시를 재현하는 다양한 자료를 비판적으로 읽는 학습을 포함하게 된다. 학생은 "어떤 정보가 강조되고 무엇이 생략되는가?", "누구의 시선으로 도시가 묘사되는가?"를 묻는다. 재개발 홍보물에서 노후 주거 환경 개선은 크게 부각되지만, 기존 주민의 이주와 생활 기반 붕괴 문제는 어떻게 감춰지거나 약하게 표현되고 있는지 비교해 보는 활동, 관광 홍보 이미지 속 화려한 조명과 축제 이면의 노동과 규제를 함께 살펴보는 활동은 공간 재현을 비판적으로 읽는 구체적인 사례이다. 이는 3절에서 논의한 공간 정의 관점을 학생의 생활세계 언어로 번역해 주는 학습이기도 하다.

그러나 공간 시민성은 주어진 지도를 읽는 데서 끝나지 않는다. 학생이 종이 지도와 스케치맵, 항공사진, 온라인 지도, GIS 등 다양한 도구를 활용해 스스로 공간 정보를 수집하고 분석하며 시각화하는 경험이 중요하다. 엘우드(Elwood, 2009)는 지리정보기술을 단순한 분석 도구가 아니라 참여적 지식 생산의 수단으로 보았다. 학생들이 웹지도나 스토리맵을 활용해 지역의 교통, 안전, 주거 문제를 시각화할 때, 그 지도는 단순한 과제가 아니라 "무엇이 드러나고 무엇이 가려지는가?"를 함께 따져 보는 공론장의 자료가 될 수 있다. 이는 2절에서 살펴본 「도시의 미래 탐구」의 자료 기반 탐구와도 자연스럽게 연결된다.

궁극적으로 공간 시민성은 "나는 이 문제에 대해 무엇을 할 수 있는가?"라는 질문으로 나아간다. 학생은 자신이 속한 학교와 지역사회를 하나의 공간 공동체로 인식하고, 그 안에서 발생하는 문제를 함께 논의하고 행동으로 옮기는 경험을 통해 시민성을 학습한다. 열섬이 심한 장소나 홍수 취약 구역을 직접 조사하고, 그 원인을 탐구한 뒤, 현실적으로 실천 가능한 개선 방안을 제안·실행해 보는 활동은 좋은 예이다. 이 과정에서 교사는 특정한 가치나 입장을 주입하기보다는, 상인과 노년층, 청소년, 장애인 등 다양한 이해관계자의 목소리가 함께 들리는 토론 구조를 만들고, 학생이 서로 다른 관점을 조정하며 공존의 방향을 모색하도록 돕는다.

이처럼 공간 시민성은 도시 문해력의 읽기-해석-재구성 과정을 시민적 참여와 실천의 수준으로 확장하는 개념이다. 「도시의 미래 탐구」에서 3영역 '도시문제와 공간 정의'와 4영역 '도시의 미래'가 환경, 주거, 이주, 회복력과 도시 커먼즈, 지속가능한 공동체 등으로 구성된 것은, 학생이 도시를 단순한 관찰의 대상이 아니라 함께 바꾸어 갈 사회적 장으로 인식하도록 돕기 위한 의도라고 볼 수 있다.

(3) 지속가능발전교육과 지오캐퍼빌리티: 지리교육이 지향하는 가치와 내용

도시 문해력과 공간 시민성이 학생들의 사고와 실천 방식에 관한 교육학적 틀이라면, 지속가능발전교육(ESD)과 지오캐퍼빌리티(GeoCapabilities)는 지리교육이 어떤 가치와 내용의 방향을 지향해야 하는지를 제시하는 규범적 틀에 가깝다. 앞에서 살펴본 것처럼, UNESCO(2015)가 제시한 ESD와 글로벌 시민교육(GCED)은 기후위기, 도시 불평등, 이주와 다양성, 환경 정의와 같은 전 지구적 과제를 교육의 핵심 주제로 제시하며, 이를 다루는 데 있어 지리교육의 역할을 강조한다. 이는 지리교육이 단순한 사실 학습을 넘어, 학생들이 지속가능한 미래를 함께 설계하는 시민으로 성장하도록 돕는 교육으로 재구성되어야 함을 시사한다.

영(M. Young)이 제시한 힘 있는 지식(powerful knowledge) 개념은 이러한 재구성을 이해하는 데 중요한 관점을 제공한다. 힘 있는 지식은 학생이 개인적 경험을 넘어 사회와 세계를 구조적으로 이해할 수 있도록 돕는 학문적 지식을 가리킨다(Young, 2008). '공간 정의', '도시 회복력', '지속가능성'과 같은 개념은 학생들이 일상에서 직접 체험하기는 어렵지만, 도시가 어떻게 움직이고 왜 특정 집단이 더 큰 위험과 부담을 떠안는지를 분석하는 데 핵심적인 도구가 된다. 그러나 힘 있는 지식이 실제 교육과정 속에서 의미 있게 작동하기 위해서는, 개념을 나열하는 차원을 넘어 그것이 학생들에게 어떤 역량을 길러주는지에 대한 구체적인 구상이 필요하다. 지오캐퍼빌리티는 바로 이러한 문제의식에서 출발한 접근이다(Lambert and Morgan, 2010). 지리교육이 학생들에게 "지리를 통해 무엇을 할 수 있게 할 것인가?"라는 질문을 던지며, 학문적 지식을 통해 세계를 이해하고, 불평등과 부정의를 인식하며, 더 나은 미래를 상상하고 실천하는 능력을 기르는 데 초점을 맞추어야 한다는 주장이다. 이 관점에서 보면, 「도시의 미래 탐구」에서 다루는 도시 이론과 사례는 그 자체가 목적이 아니라 학생이 도시문제를 공간적·구조적으로 분석하고, 다양한 이해관계자의 위치와 관점을 고려하여 공정성을 판단하며, 지속가능성과 공간 정의의 관점에서 대안을 설계하고 비교하고, 자신의 삶과 공동체의 미래를 연결해 책임 있는 선택을 모색할 수 있도록 돕는 수단이 된다. 다시 말해, 도시지리를 구성하는 지식은 학생의 사고와 실천을 확장하는 힘 있는 지식으로 구성되어야 한다.

지속가능발전교육(ESD)은 이러한 역량을 기르는 과정에서 현재의 삶과 미래 세대, 인간과 비인간, 지역과 세계 사이의 관계를 함께 성찰하도록 요구한다. 도시지리교육에서 ESD는 도시를 탄소 배출과 자원 소비의 장소로만 보지 않고, 지속가능한 전환을 실험하는 공간으로 바라보게 한다. 도시 재생, 대중교통 중심 개발, 녹지와 수변 공간 조성, 기후 적응 인프라 구축과 같은 주제는 '지속가능한 도시와 공동체'(SDG 11)를 구체화하는 학습 장면이 된다. 학생이 이러한 사례를 비판적으로 분석하고, 자신의 도시에서 가능한 전환의 경로를 상상해 보는 활동은, 도시를 통해 지속가능발전교육의 목표를 구현하는 구체적인 방식이라 할 수 있다.

캐틀링(S. Catling)이 말한 '지속가능한 지리교육' 논의는 한 걸음 더 나아가, 지속가능성을 주제로 가르치는 것만으로는 충분하지 않다고 지적한다. 지리교육이 사회적 적실성을 잃지 않고 살아 있는 학문으로 기능하기 위해서는, 지리가 어떤 질문을 던지고 어떤 가치 판단을 가능하게 하며, 그 과정을 통해 어떤 시민을 길러 내고자 하는지를 교사와 교육과정이 끊임없이 되돌아보아야 한다는 것이다(Catling, 2004). 「도시의 미래 탐구」가 '지속가능한 도시와 공동체'를 핵심 주제로 삼고, 탐구·협업·표현·성찰의 순환 구조를 강조하는 이유는, 지리교육 자체를 지속가능하게 만들고자 하는 시도이기도 하다. 도시를 둘러싼 불평등과 생태적 위기가 심화되는 시대에, 지리교육은 도시의 현재를 설명하는 데 그치는 교과가 아니라, 도시의 미래를 함께 설계하는 공적 토론의 장으로 기능해야 한다.

5. 지속가능한 지리교육을 향하여

이 장에서 살펴본 「도시의 미래 탐구」는 기존 도시지리 단원의 내용을 심화한 과목이 아니다. 이 과목은 오늘날 학생들이 살아가는 도시 공간을 출발점으로 삼아, 도시를 권력과 불평등의 관계가 새겨진 사회적 공간이자 인간과 비인간, 에너지와 물질, 기후와 생태가 얽힌 사회·생태적 시스템으로 이해하도록 이끈다. 이러한 관점 위에서 학생은 도시를 '시험을 위해 외워야 할 단원'이 아니라, 자신의 삶과 시민적 실천이 전개되는 구체적 장소로 다시 바라보게 된다.

「도시의 미래 탐구」가 지니는 교육적 의의는, 먼저 지리교육이 다루는 '공간'의 의미를 확장한다는 데 있다. 도시는 인구 규모와 공간구조로만 설명되는 대상이 아니라, 주거와 교통, 교육과 환경 시설이 특정한 방식으로 배치되고, 그 결과 기회와 위험이 불평등하게 분배되는 사회적 공간이다. 학생이 도시의 경관과 구조를 관찰하고, 그 안에서 나타나는 불평등과 갈등, 취약성과 회복력의 패턴을 탐구하는 과정은 도시 문해력을 기르는 토대가 된다. 이는 지리를 단순한 사실의 집합이 아니라, 세계를 읽고 해석하는 언어이자 사고의 도구로 경험하게 하는 학습이다.

둘째로, 이 과목은 교사 중심의 지식 전달 수업을 넘어, 학생이 스스로 질문을 만들고 탐구를 설계하는 참여적 학습의 구조를 제시한다. 네 개의 영역은 생활세계에서 도시를 인식하는 단계에서 출발해, 도시 변화의 구조를 해석하고, 도시 문제를 공간 정의의 관점에서 비판적으로 읽으며, 도시의 미래를 설계하고 실천 가능성을 모색하는 단계로 이어진다. 그 과정에서 학생은 통계자료, 지도, 항공사진, 생활지도, 인터뷰 기록과 같은 다양한 자료와 지리정보기술을 활용해 도시를 다층적으로 분석하고, 자신의 언어로 문제를 정의하며, 작은 규모이지만 구체적인 대안을 제안해 본다. 이는 도시 문해력의 관찰-해석-재구성 과정을 공간 시민성의 참여와 실천으로 확장하는 학습 경험이라 할 수 있다.

셋째로, 「도시의 미래 탐구」는 지리교육이 사회적 책임을 수행하는 교과로 나아가기 위한 방향을 보여준다. 이 과목에서 다루는 '공간 정의', '도시 회복력', '지속가능성'과 같은 개념은 단지 새로운 내용요소가 아니라, 도시를 통해 세계의 부정의와 불평등을 인식하고, 더 정의롭고 지속가능한 삶의 조건을 상상하도록 이끄는 힘 있는 지식이다. 학생은 기후 위기, 주거 불평등, 이주와 공존, 돌봄과 노동의 재편과 같은 동시대의 도시문제를 자신의 생활 공간 속에서 다시 바라보면서, 도시의 미래를 기술적·환경적 과제이자 사회적·정치적 과제로 동시에 사고하게 된다. 이때 지리학의 개념은 추상적인 이론이 아니라, 세계와 자신을 이해하고 책임 있는 선택을 모색하게 하는 도구로 기능한다.

이러한 의미에서 「도시의 미래 탐구」는 예비 지리교사에게도 하나의 선택 과목을 넘어, 교사 정체성과 실천을 성찰하게 하는 거울이 된다. 교사는 도시지리학의 지식을 전달하는 사람을 넘어, 학생이 세상을 탐구하고 스스로 질문을 던지도록 사고의 방향을 설계하는 동반자가 되어야 한다. 이를 위해 성취기준을 '가르쳐야 할 내용 목록'으로만 보지 않고, 그 속에 담긴 핵심 질문과 탐구의 흐름, 시민적·윤리적 쟁점을 읽어낼 수 있는 교육과정 문해력이 요구된다. 도시의 부동산과 주거 문제, 도시 환경과 재난, 이주와 다문화 공간을 다룰 때, 교사는 개념과 사례를 나열하는 수준에 머무르지 않고, 학생이 공간 불평등의 구조와 공공정책의 의미를 스스로 탐구하도록 수업을 재구성해야 한다. 이러한 해석과 재구성의 역량은 교수내용지식과 더불어, 지리교육이 지향하는 가치에 대한 성찰을 토대로 형성된다.

결국 「도시의 미래 탐구」는 지리교육이 도시를 설명하는 교과에 머무르지 않고, 도시를 통해 세계의 정의와 지속가능한 미래를 함께 논의하는 교과로 이동하고 있음을 보여주는 사례이다. 도시를 매개로 한 학습은 도시지리학의 지식, 지리교육의 교육학적 이론, 시민성과 지속가능성을 둘러싼 사회적 요구가 교실 속에서 만나는 지점을 마련한다. 이 과목을 통해 학생은 자신이 속한 도시 공간을 비판적으로 이해하고, 공존과 정의, 지속가능한 미래를 함께 상상해 보는 시민으로 성장할 수 있다. 동시에 교사는 이러한 수업을 설계하고 운영하는 과정에서, 지리교육의 본질이 사실 전달을 넘어 탐구와 성찰, 그리고 사회적 실천에 있음을 재확인하게 될 것이다. 이러한 점에서 「도시의 미래 탐구」는 도시지리교육을 넘어, 지속가능한 지리교육이 나아가야 할 방향을 모색하는 작은 실험장이자 출발점으로 자리할 수 있다.

생각해 볼거리

1) **[비교 및 진단하기]** 학창 시절 배웠던 사회·지리 교과서 속 '도시'와 지금 내가 매일 경험하고 미디어를 통해 접하는 현실의 '도시' 사이에는 어떤 간극이 있는지 비교해 보자. 기존의 도시 교육이 학생들의 구체적인 삶(주거 불안, 기후 위기, 공간 불평등 등)을 충분히 담아내지 못했다면, 그 이유는 무엇이며 이로 인해 학생들은 도시를 어떻게 인식하게 되었을까?
2) **[상상 및 제안하기]** 도시를 단순히 기능적인 공간이 아니라 읽고 해석해야 할 텍스트로 보는 '도시 문해력'을 기르기 위해, 교실과 학교 밖을 연결하는 새로운 학습 도구를 제안해 보자. 예를 들어, 우리 동네의 위험 요소를 찾는 커뮤니티 매핑이나 데이터 시각화 등 학생들이 도시의 저자가 되어 미래 도시를 다시 쓰는 활동에는 무엇이 있을까?

읽을거리

옹진환·장유정·김진아 역, 2023, 시민교육은 무엇을 가르쳐야 하는가 – 정의와 조화를 위한 교육과정, 역사비평사(Barton, K., and Ho, L., 2022, *Curriculum for Justice and Harmony*, Routledge).

이종원, 2023, 새로운 사회 수업의 발견, 창비.

이종원 역, 2016, 탐구를 통한 지리학습 – 중등학교를 위한 교수·학습방법, 푸른길(Roberts, M., 2013, *Geography Through Enquiry – Approaches to teaching and learning in the secondary school*, Sheffield: The Geographical Association).

참 | 고 | 문 | 헌

교육부, 2022, 사회과 교육과정. 교육부 고시 제2022-33호 [별책7].

김갑철, 2016, "세계시민성 함양을 위한 지리교육과정의 재개념화", 대한지리학회지, 51(3), 455-472.

김갑철, 2023, "실존적 위기 시대 학교지리교육의 방향 탐색-세계중심교육의 관점에서", 한국지리환경교육학회지, 31(1), 77-92.

김갑철·노현종, 2023, "예비 초등교사의 도시지리 수업에 대한 인식 분석: 비판적 민주시민교육의 관점에서", 한국지역지리학회지, 29(2), 231-254.

박선미, 2007, "지리교과서에 나타난 도시 내용의 변화 분석-지식과 교육 내용의 관계를 중심으로", 한국도시지리학회지, 10(1), 64-75.

이세희, 2019, 고등학교 「한국지리」 교과서의 도시 단원 내용 분석: Romey 기법을 중심으로, 서울대학교 대학원 교육학 석사학위논문.

이종원, 2024, "지리적 사고란 무엇인가? 그리고 어떻게 향상시킬 수 있는가?", 한국지리환경교육학회지, 32(4), 77-91.

이진희·임미영, 2023, "2022 개정 고등학교 「도시의 미래 탐구」 교육과정의 개발 방향과 특징", 한국지리환경교육학회지, 31(2), 27-38.

정현주 역, 2015, 공간, 장소, 젠더, 서울대학교 출판문화원(Massey, D., 1994, *Space, Place, and Gender*, Polity Press).

조철기, 2014, 지리교육학, 푸른길.

조철기, 2015, "글로컬 시대의 시민성과 지리교육의 방향", 한국지역지리학회지, 21(3), 618-630.

Bednarz, S. W., 2004, Geographical information system: A tool to support geography and environmental education?, *GeoJournal*, 60(2), 191-199.

Biesta, G. J. J., 2013, *The Beautiful Risk of Education*, Paradigm Publishers.

Catling, S., 2004, An understanding of geography: The perspectives of English primary trainee teachers, *GeoJournal*, 60(2), 149-158.

Elwood, S., 2004, Experiential learning, spatial practice, and critical urban geographies, *Journal of Geography*, 103(2), 55-63.

Elwood, S., 2009, Integrating participatory action research and GIS education: Negotiating methodologies, politics and technologies, *Journal of Geography in Higher Education*, 33(1), 51-65.

Havik, K., 2014, *Urban Literacy: Reading and Writing Architecture*, Nai010 Publishers.

Lambert, D., and Morgan, J., 2010, *Teaching Geography 11-18: A Conceptual Approach*, Open University Press.

Landry, C., 2000, *The Creative City: A Toolkit for Urban Innovators*, Earthscan.

Lee, J., and Jo, I., 2022, Assessment of mapping learning progressions in geography, in Bourke, T., Mills, R., and Lane, R. (eds.), Assessment in Geographical Education: An International Perspective, Springer, Cham.

Pykett, J., 2009, Making citizens in the classroom: An urban geography of citizenship education?, *Urban Studies*, 46(4), 803-823.

Roberts, M., 2013, *Geography Through Enquiry: Approaches to Teaching and Learning in the Secondary School*, The Geographical Association.

Soja, E. W., 2010, *Seeking Spatial Justice*, University of Minnesota Press.

Swyngedouw, E., 1996, The city as a hybrid: On nature, society and cyborg urbanization, *Capitalism Nature Socialism*, 7, 65-80.

UNESCO, 2015, *Global Citizenship Education: Topics and Learning Objectives, United Nations Educational*, Scientific and Cultural Organization, Paris.

Young, M., 2008, *Bringing Knowledge Back In: From Social Constructivism to Social Realism in the Sociology of Education*, Routledge.

제13장

도시의 삶과 지속가능한 도시

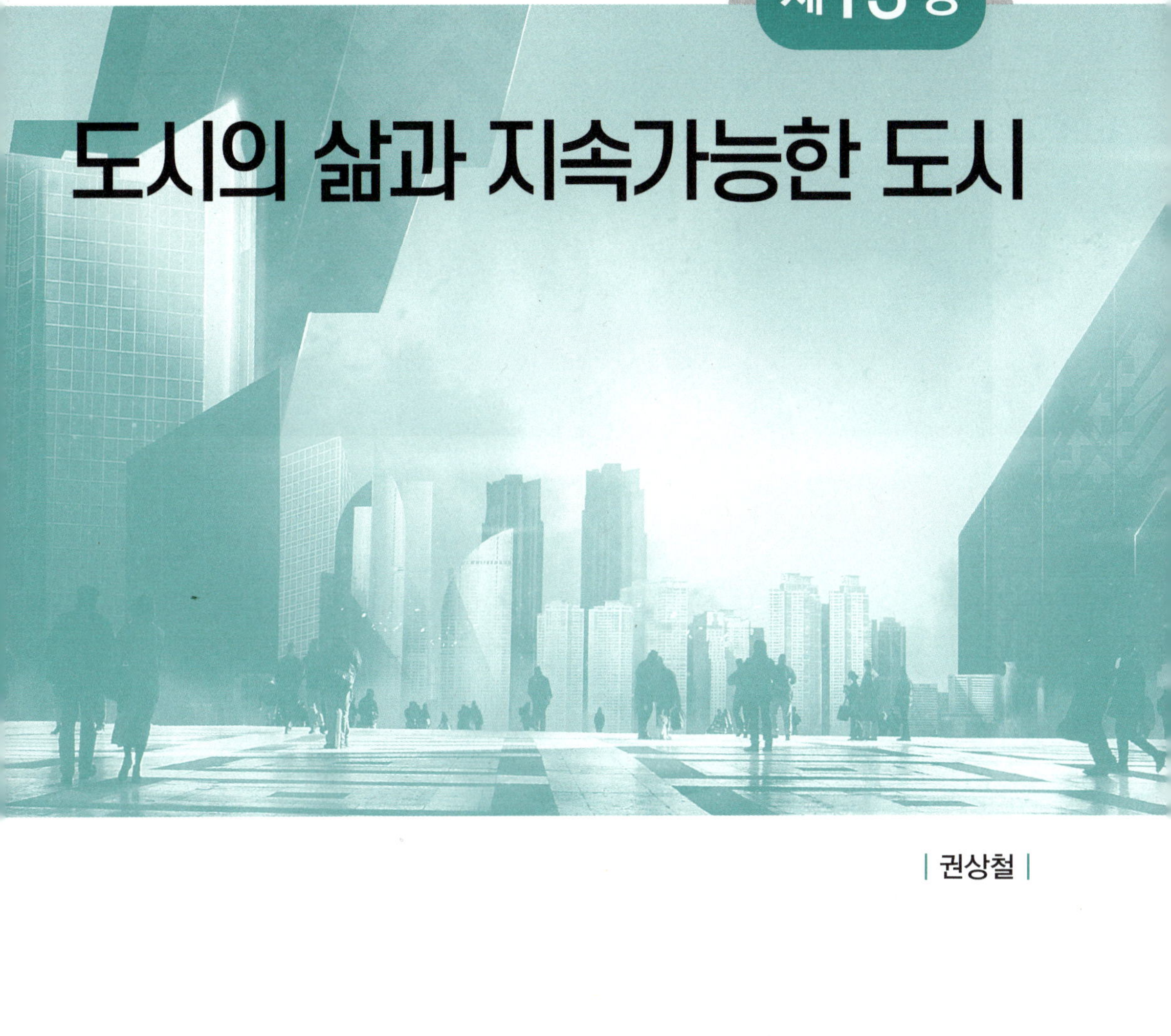

| 권상철 |

1. 도시의 삶
2. 지속가능한 도시와 미래

제 13 장

도시의 삶과 지속가능한 도시

1. 도시의 삶

(1) 도시와 도시 문제

도시는 사람들이 자신의 능력을 실현하는 기회를 얻으며 사회적 이동을 꿈꾸는 곳이자 국가와 세계의 경제적 그리고 사회적 성장의 견인차 역할을 하는 지역이다. 초기의 도시는 농업의 발달과 더불어 잉여 생산물을 보관하고 관리하는 교역의 중심지에 발달했는데, 일부는 해안에 그리고 방어를 목적으로 생겨나기도 했다. 본격적인 고대 도시의 발달은 기원전 4000년경 문명 발생지인 메소포타미아 지역에서 성장했고, 이후 나일강 계곡, 황하강 유역, 그리고 기원후 500년경 멕시코와 페루 등에서도 발달하였다. 이 당시의 도시는 인구 규모가 큰 경우 6만 명 정도였다. 그리스의 아테네나 로마와 같은 접근성이 좋은 곳에는 중심지 역할을 하는 큰 규모의 도시가 발달하는데 로마의 인구는 200년경 1백만 명 정도였다.

산업화는 도시를 경제 활동의 중심지로 변모시키며 급격한 인구 증가와 더불어 촌락 지역과 구분되는 도시적 특징을 고착화시켰다. 초기 도시가 성장하는 시기의 도시적 특성인 익명성과 이질성은 이전 촌락 공동체의 성격과 달라 부정적으로 인식되었다. 이후 도시는 경제 성장을 주도하고 개인의 자유와 목표를 실현하는 다양한 가치들이 공존하는 생활양식으로 긍정적인 평가를 받았다. 산업화 시기 도시는 일자리를 찾아 이주해 온 사람과 기존 인구의 자연 증가가 누적되며 규모가 커지고 수적으로도 늘어 전 세계 인구의 과반을 수용하며 경제 성장과 삶의 질에서 주류적인 삶의 공간으로 자리 잡았다.

산업화 시기, 성장의 중심지로 입지적 우위를 가진 도시들은 효율성을 추구하는 산업 활동의 집적과 순환누적적 과정을 통해 지속적인 성장을 이루었다. 성장을 지속하기 위한 도시의 노력은 늘어나는 인구를 수용하기 위해 경제 활동이 집중한 중심부의 고도 개발과 더불어 교외 지역에 주택을 건설하고 중심부와의 통근을 위한 도로를 건설하며 공간적으로 확장하였다. 자가 주택과 자가용을 소유한 중산층의 확대는 도시 성장의 상징이 되었다.

도시의 산업화 시기 성장은 경제 활동의 집중으로 발전의 중심지로 역할 했으나, 인구의 과도한 집중은 교통 체증, 주택 부족과 이에 따른 주택 가격 상승 등으로 생산비용이 증가하는 집적에 따른 불이익과 공공서비스 지출의 증가로 집적불경제를 경험하게 된다. 사회공간적으로는 도시에 거주하는 다양한 소득, 사회 계층들은 능력에 따라 집단별로 거주지를 형성하며 거주지 분리가 나타나고, 빈곤층의 경우 주거 비용을 감당하기 어려워 도시 내 열악한 지역에 집중하며 빈민가를 형성하는 경우도 빈번하다.

도시는 인구와 경제 활동의 과도한 집중으로 경쟁에서 뒤쳐진 소외 인구가 늘어나는 모습을 보인다. 도시의 제조업은 경쟁력을 잃어가며 기존의 공장지대는 황폐해지고 인근 주거지는 빈곤 인구의 집중지로 변모하는 경우가 많다. 도시의 공간적 확장은 주거를 위한 지대 지불 능력에 따라 거주지 분리를 심화시키고, 이동 거리의 증가와 주택 공급을 위한 녹지 공간의 제거는 도시 환경을 악화시키는 문제로 나타나고 있다. 도시의 업무 활동과 주거지의 분리 그리고 이에 따른 통근이동은 차량이 배출하는 온실가스 증가로 대기 오염을 심화시킨다. 도시의 에너지 사용과 폐기물 배출의 정도는 지구 환경을 악화시키는 주범으로 고려해야 할 수준이다.

도시는 환경 오염의 주범이자 산업화가 정점을 이룬 후 성장은 둔화하고, 인구 증가 또한 감소세로 들어서고 있어 양적 성장보다는 질적 성장을 고려해야 하는 새로운 상황을 맞이하고 있다. 오랫동안 도시는 경제 성장의 중심지로 두터운 중산층을 만들어 내며 도시 규모를 확대해 왔다. 그러나 후기산업사회로 접어들며 첨단 지식과 기술의 고부가가치 산업으로 성장을 지속하는 도시는 소수에 그치고, 전문 지식을 필요로 하는 일자리는 기존의 생산직에 종사하던 노동력을 수용하지 못하고, 대다수의 서비스직 노동자는 낮은 임금 수준으로 높은 주택 가격을 감당하지 못해 빈곤 지역이나 외곽으로 밀려나는 모습이다.

도시는 개인과 지역의 성장 기회를 제공하며 다양한 삶의 양식이 공존하는 장소이다. 그러나 경제 구조 재편은 경제적 불평등을 심화시키고 사회공간적 분열로도 이어지는 도시 문제로 나타나고 있어 새로운 도전을 맞고 있다. 도시를 살기 좋은 곳으로 지속시키기 위해서는 새로운 도시 성장에 대한 인식과 대안을 모색하는 노력을 기울일 필요가 있다.

(2) 도시의 성장과 관리

도시는 산업, 경제 활동, 인재들이 모이는 경제 성장의 중심지로 집중은 생산성과 혁신을 증가시키는 외부효과로 성장을 이끌어 간다. 초기 도시 성장기에는 자본가에 의한 공장 설립과 노동자 유입이 발전의 선두적 역할을 하였고 정부는 주거와 공공서비스를 제공하며 성장을 이끌었다. 도시는 산업과 인구의 집중으로 도심의 개발과 외곽 지역에 신도시를 건설하며 공간적으로 확대되었다. 도시 경제 기반은 생산을 통해 이윤을 추구하는 산업 경제에 서비스 경제를 더하며 다양화되는데, 특히 토지와 주택, 건물 등에 투자해 교환가치를 추구하는 자본가들은 도시를 더욱 빠르게 성장시키는 역할을 하고 있다.

도시는 자본주의 시장경제에서는 다양한 이해관계자, 특히 자본가, 정부, 그리고 시민사회가 상호작용하며 성장의 과정을 거친다. 도시는 공장, 기업, 토지, 건물 소유 등의 사적 부문과 더불어 도로, 상하수도 등의 사회기반시설과 보육, 교육, 보건, 복지 등의 공공 서비스 부문으로 구성되어 있다. 도시 정부는 공공 부문을 담당하는 관리자로, 주민의 생활을 편리하게 하고 기업 활동을 도와주는 사회기반시설과 공공서비스를 제공하는 역할을 한다. 이러한 도시 정부의 역할은 공공성을 추구하기에 이윤을 추구하는 자본가의 사적 부문과 대립하는 것이 보편적이다.

세계화의 진행과 더불어 도시는 경쟁이 심화되고 중앙정부의 지원이 축소하며 도시 정부는 자구적으로 재정을 조달해야 하는 경우가 보편적이다. 이러한 상황에서 성장을 지향하는 자본가들은 성장연합을 결성하고 독자적으로 또는 도시 정부와 개발을 위한 민관협력 기관을 만들어 도시 성장을 추동하는 경우가 많다. 정부의 관리자 역할은 재원을 보조금과 세금으로 충당하기에 성장을 통한 일자리 창출 등을 목표로 하는 경우 공공서비스 공급을 위한 재원 확보를 위해 종종 민간 자본에 협력하며 성장을 추구하는 경우도 빈번하다.

대도시의 경우 도시 확장으로 쇠퇴한 도심은 접근성 면에서 이윤추구 잠재력이 높아 민관협력 개발이 이루어지는데, 영국 런던의 도크랜드 개발, 대도시 주거, 상업 지구 젠트리피케이션을 정부에서 주도하는 경우를 그 예로 들 수 있다. 도심의 낙후지역 재개발을 위해 필요한 재원을 민간 자본으로 충당하는 경우 개발은 친자본적 성향으로 이루어져 서민층이나 공공성을 위한 개발과는 거리가 멀어진다. 이러한 도시 정부의 친기업적 성향은 공공성 약화에 대한 시민사회의 견제를 받는다.

도시는 산업과 인구가 밀집한 성장의 엔진으로 역할 했지만, 점차 집중에 따른 불경제와 분배의 문제, 환경에 미치는 부정적 영향으로 도전을 맞고 있다. 또한 성장에 부수하여 나타난 도시민의 삶의 질 저하는 도시계획 등을 통한 개선을 필요로 한다. 도시계획은 인구를 수용하는 주택 공급, 교통 서비스 제공 등의 물리적 측면 그리고 공장과 주거지의 혼재에 따른 비위생적이고 환경 오염이 심한 지역, 노동자 밀집 지역과 상류층 거주지의 격리 등의 문제를 포함한 사회적 측면 등을 고려해 도시를 관리하며 부작용을 줄이려는 목적으로 수립한다.

도시 문제를 완화하는 이상적 도시계획은 1900년대 초 하워드(E. Howard)의 전원도시 구상이 그 시작이라 할 수 있으며, 이후 다양한 개념의 도시계획이 지속적으로 등장하여 적용되고 있다. 초기 전원도시는 도시 내부의 주거, 산업, 농업 기능을 균형 있게 유지하고, 도시 주변은 녹지로 둘러싸여 도시와 전원의 장점이 조화를 이루는 자족적 도시를 계획했다. 이는 도시의 인구와 공간적 확장을 제한하고, 경제 활동 유지에 필요한 산업을 확보하고, 도시 전용의 상하수도, 가스, 전기, 철도 서비스를 공급하는 구상이다. 여기에 이상적으로 토지의 사유를 인정하지 않고, 도시에서 생기는 이익의 일정 부분은 지역 사회에서 보유하고, 주민은 자유 결합의 권리를 최대한 향유할 수 있도록 하는 도시를 제안하였다.

1980년대 후반에는 뉴어바니즘(new urbanism)이 새로운 도시계획 개념으로 등장한다. 뉴어바니즘은 도시 토지이용의 지나친 기능 분리와 외곽에 택지나 신도시를 조성하는 공간적 외연 확산이 도심의 황폐화와 주거지의 무질서한 교외화로 이어지는 문제를 지적한다. 도시의 공간적 확대는 도심의 인구 유출로 이어지고 인구 감소에 따른 주거 기능의 약화는 생활 서비스의 감소, 학교 통합이나 폐교 등 공공서비스의 축소로 이어지며 도심의 주거지로서의 매력은 점차 감소하는 악순환의 과정으로 나타난다. 또한 공간적 분리와 확장으로 인한 이동 교통량의 증가와 외곽 개발로 인한 환경 파괴 또한 도시민의 삶의 질을 악화시키는 문제로 지적한다. 이러한 문제를 개선하기 위해서는 토지이용의 용도지구제보다는 적절한 용도의 혼합이 바람직하다는 혼합 도시 또는 어반 빌리지(urban village)를 강조한다.

혼합 도시는 교외 지역의 신개발보다는 기존 시가지의 재생을 중요시해 도보권 내 공공시설과 초등학교 배치, 보행자 우선의 교통체계, 적정 개발 규모 등의 토지이용을 우선시한다. 또한 대중 교통이 편리한 도시철도 역세권이나 버스정류장 주변 지역 등에 고밀도 도시 개발을 유도하여 시민들의 승용차 의존도와 도로교통 혼잡을 줄이며 화석연료 사용이 감소하는 결과를 기대한다.

압축도시는 혼합 도시와 유사하게 도시의 외연적 확산 대신 기존의 개발 구역이나 새로운 지역을 고밀도로 개발함으로써 교외 지역의 자연환경 훼손을 막고 직주근접을 유도해 시민들의 통행 거리 감소와 에너지 절약을 도모하고 도심부를 활성화하는 압축된 개발을 강조한다. 교외 지역의 새로운 개발은 사회기반시설의 확충을 필요로 하고, 중심부는 상대적으로 시설 활용이 줄어들며 도심 쇠락으로 이어진다. 압축도시는 이러한 문제를 최소화하기 위해 교외 지역 개발을 억제하며 중심 시가지의 공동체를 유지하는 스마트 성장을 지향한다.

최근 정보통신기술을 활용해 물리적으로 집중된 도시의 공간을 보다 효율적으로 다양하게 이용하는 스마트 도시가 관심을 얻고 있다. 정보통신기술은 기반 시설의 이용과 서비스 수요를 양방향으로 소통시키며 도시의 효율적 관리와 도시계획 수립에서 운영까지 지방 정부와 기업, 지역 주민이 참여하는 도시 거버넌스 구축에 중요한 역할을 할 수 있다. 인천 송도지구는 한국의 대표 스마트 도시의 하나로 인천경제자유구역청이 주관하고 포스코건설과 미국 게일사의 컨소시엄이 참여하는 민관협력으로 동북아 경제중심도시를 겨냥하며 개발하였다. 스마트 도시를 지향해 교통, 방재, 쓰레기 집하 등의 시설을 정보통신기술로 관리하는 기반을 갖추고, 넓은 공원, 보행친화적 환경을 조성하였다. 그러나 개발이 대규모 재원 투입과 첨단기술 의존 그리고 갯벌 매립 등 환경을 파괴하며 이루어지며 지속가능성의 의문도 제기된다.

(3) 도시 정책의 패러다임 전환

도시는 오랫동안 경제 활동의 중심지로 많은 인구를 수용하고 일자리와 공공서비스를 제공하며 성장해 왔다. 여러 측면에서 도시는 인간이 능력을 실현할 수 있는 매개체로 진화하며 세계의 발전을 주도하는 역할을 했다. 그러나 세계 인구의 증가 속도가 둔화하며 도시의 위축 그리고 환경 악화와 빈부격차의 심화 등은 지금까지의 성장 일변도의 도시에 대해 달리 생각해 보게 한다. 여기에 성장 둔화에 대한 대응은 아직 효율성과 시장성을 강화하고 도시 간 경쟁에서 우위를 차지하려는 정책을 우선시하고 있어, 도시 발전 패러다임의 전환에 대한 관심과 실천 방안을 모색해야 할 시점이다.

도시의 미래는 인구와 경제의 저성장 그리고 기후 위기와 불평등의 심화로 지금까지와는 다른 양상으로 전개될 것이다. 세계적인 추세의 저성장과 기후변화는 이제 새로운 현실(new normal)로 다가와 있다. 고성장기의 도시 정책은 공급자 중심의 생산성, 그리고 양적인 확대를 우선으로 했다면, 저성장기에는 수요자 중심의 삶의 질, 그리고 사회적 약자를 배려하는 형평성을 염두에 둔 도시 정책으로 나아가야 한다. 고성장기에 만들어진 기존 도시 정책은 저성장기에 맞게 새로운 패러다임으로의 전환이 필요하다.

저성장시대의 도시 정책은 양적 확대보다 기성 시가지 재생과 공간의 질적 수준을 높이는 방안으로 생활도시, 압축도시, 포용도시, 공유도시 등의 새로운 도시를 지향한다. 새로운 도시 패러다임은 우선적으로 수요자 중심인 시민의 관점에서 도시 문제를 파악하고, 도시 기능이 시민들의 일상생활을 지원

【표 13-1】 저성장시대 도시 정책의 패러다임 전환

구분	고성장시대	저성장시대		새로운 도시 패러다임
정책 대상	• 공급자 중심 • 장소의 번영	• 수요자 중심 • 사람의 번영	⇒	생활도시 (Livable City)
도시 공간	• 양적인 공급 확대 • 도시의 외연적 확산	• 질적 수준 제고 • 기성시가지 재생	⇒	압축도시 (Compact City)
이해 관계자	• 토지 소유자의 절대적 권리 • 개발이익 사유화	• 세입자, 저소득층, 사회적 약자 배려 • 공동의 이익 추구	⇒	포용도시 (Inclusive City)
지향점	• 경제 가치 중심 • 도시의 외형적 성장	• 공동체 중시 • 사회적 연계와 연대	⇒	공유도시 (Sharing City)

출처: 양재섭 외(2016)를 수정함.

하는 주민의 번영을 추구하는 생활도시(livable city)를 지향하는 사고의 전환이다. 둘째, 도시공간의 집약적 이용을 통해 사회경제 활동의 효율성을 높이고, 공공서비스에 대한 접근성을 향상하는 방안을 강구한다. 도시의 양적 공급 확대와 외연적 확산은 이동 거리를 늘려 통근 시간과 온실가스 배출을 늘리는 문제를 만들기에 직주근접과 필요한 서비스를 근거리에서 조달하는 압축도시(compact city)를 지향한다. 이러한 합리성과 효율성에 기초한 변화에 더해 사회적 측면의 고려로, 셋째, 고도성장기에 소외되었던 저소득층, 세입자 등의 사회적 약자에 대한 배려를 우선시하고, 개발이익의 사유화를 방지하는 방안을 강화할 필요를 제시한다. 우리의 도시 정책은 사회적 안전망을 충분하게 갖추지 못한 채 저성장을 맞이하며 사회적 약자에 대한 무관심을 해소하는 포용도시(inclusive city)를 추구한다. 넷째, 경제적 가치 중심에서 벗어나 사회적 차별과 배제를 넘어 통합을 이루기 위해서는 공동체의 역할을 강조하고, 사회적 연계와 연대를 통해 자원을 공유하며 공동의 이익을 모색하는 사람 중심의 공유도시(sharing city)를 지향한다.

새로운 도시 정책 패러다임은 산업화 시기 효율성에 치중한 성장 과정에서 생겨난 도시 문제를 최소화시키고 저성장시대에 부합하는 삶의 질을 중시하는 도시 성장을 위해 지금까지의 도시 개발과 관리 방식을 변화시켜야 한다는 접근이다. 인간 활동의 대부분이 집중한 대도시들은 도심 업무지구와 주변과 교외 지역의 주택 그리고 자동차 소유를 사회적 지위로 대변하는 도시 생활양식이 아직 주류를 이루고 있다. 자동차 중심의 교통 이동은 가장 강력한 이산화탄소 배출원으로 삶의 질을 저하시키는 원인으로 변화가 필요하다. 우리에게 다가온 새로운 도시 공간의 경제, 사회, 환경의 변화는 도시 정책 패러다임의 전환을 절대적으로 요구한다.

새로운 도시 패러다임 논의의 일부는 최근 프랑스 파리의 15분 도시 조성계획에서 구체화하여 실천으로 옮기고 있다. 15분 도시는 기존 도시계획이 기능적 특화를 지향하여 기반 시설 배치를 위주로 하는 공간 분리와는 반대되는 접근을 취한다. 과도한 공간 분리는 이동에 소요되는 시간이 길어 시민들의 유용한 삶의 시간을 빼앗으므로 이를 최소화하는 생활도시를 강조한다. 이는 도시민의 도시 생활에 필수적인 시간 사용을 반영하는 시간 도시주의 접근으로, 시민들의 생활 수요를 근접성, 다양성, 밀도, 편재성 등으로 고려하며 충족시키는 도시계획을 수립한다.

15분 도시는 도심부와 다수의 특화된 단일 기능의 용도지구들을 거주, 업무, 생활 서비스, 건강, 교육, 번영의 6가지 필수적인 도시의 사회적 기능을 복합적으로 제공하는 공간으로 변환해 언제 어디서 누구에게나 접근할 수 있는 밀도 높은 초근접도시를 지향한다. 초근접도시는 도보나 자전거 이용을 촉진하여 자동차 도로를 탄소중립적인 이동 공간으로 전환하고, 주민의 수요와 공급 요소 간의 간극을 좁히고, 사회, 경제, 문화 기능 간 상호작용을 촉진하는 기능적 혼합의 화합과 만남의 공간을 확충한다. 단절을 만드는 지리적 배제를 근접성으로 넘어서게 하는 15분 도시는 공공서비스를 최적화하며 공유 협력을 통해 사회적 유대를 강화해 지역순환경제를 활성화하는 새로운 경제 사회모델이 될 수도 있다.

도시를 근거리 다핵구조로 재구조화하기 위해서는 필수 사회적 기능의 공동자산을 갖추어야 한다. 이들 핵심 사회적 기능의 세부 요소들은 적용 도시별로 다양하게 구성할 수 있는데, 각 도시의 지리, 도시, 정치, 사회 등의 특수성을 고려해 이동 시간은 도시화 수준과 시설, 인구 밀도 등에 따라 도시별로 20분, 30분 등으로 구역을 설정할 수 있고, 사회적 기능도 부분적으로 지역에 맞게 구성할 수 있다.

【표 13-2】 도시의 6가지 핵심 사회적 기능과 세부 요소: 호주 멜버른시 사례

거주	업무	생활서비스	교육	이동	번영
• 주거 다양성 • 저렴한 주거 제공 • 자택에서 여생을 보낼 권리 • 도로 및 공공 공간에서의 안전	• 지역 일자리 기회 • 일터 및 주요 서비스를 위한 대중교통 광역연결	• 근린상가 • 근거리 보건 의료 서비스 및 기반시설	• 인접한 학교 • 평생교육 기회	• 지역 대중교통 • 안전한 자전거 통행로 • 도보	• 스포츠와 레저 기반시설 • 공공 정원 • 가로/공공공간 녹화 • 근린공원 및 놀이터

출처: 박정윤 역(2022).

호주 멜버른은 시간 기반 도시계획의 대표적 사례 도시로, 대도시 정비계획 수립에 2050년까지 인구가 350만 명 정도 추가로 성장할 것을 전망하며 '지역 중심의 삶-20분 동네' 원칙을 설정하였다. 멜버른은 개인이 일상의 수요를 충족시키기 위해 기꺼이 걸을 수 있는 최대 시간을 20분에 기초해 거주지에서 800m 반경의 범위를 설정하고, 다중이용시설 중 근린상가 주변에 특히 고령층이나 장애인이 걸을 수 있도록 보도 환경을 개선하는 계획을 세웠다. 또한 혁신적이고 생산적인 도시를 위해 중심부에 일자리가 유지되도록 하며 주민들의 직주근접 여건을 향상시키고자 신규 주택은 직장, 교통, 생활서비스에 가까운 곳에 공급하고 사회임대주택을 확대하고자 한다.

현재의 대다수 도시는 20세기의 성장기에 만들어진 경제 가치와 공급자 중심의 도시계획에 기반하여 조성되어 도시 기능은 용도구역제로 업무와 주거는 분리되고, 대규모 택지는 외곽 지역에 공급하는 것이 일반적 특징이다. 이러한 공간 분리와 확장은 도로 건설에 상당한 투자를 필요로 하고 시민들은 먼 거리 이동에 많은 시간을 소비하며 시간에 쫓기는 불편 그리고 탄소 배출을 증가시키는 결과로 이어졌다. 다핵구조의 도시 조성은 지역 중심의 생활권 내에서 도시 수요를 충족시켜 삶의 질을 높이며 탄소 배출도 줄이는 친환경적 접근이기도 하다.

도시 생활이 좁은 반경 안에서 이루어지는 변화는 주민의 시간을 절약시켜 주어 지역에서 제공하는 장소를 누릴 기회를 더 많이 가지며 주민간 교류를 늘려주고, 지역 사업에 더 적극적으로 참여할 수 있게 된다. 도시의 공간

조직 변화는 지역 사회의 활력과 지역경제의 역동성도 높일 것이다. 이러한 도시는 일상의 도시 생활 안에서 경제, 환경, 사회는 유기적으로 교차, 융합되어 사회적 약자를 배려하고 공동체를 중시하는 포용적인 공유도시로 나아가며 지속가능한 도시로 발전해 나갈 수 있을 것이다.

2. 지속가능한 도시와 미래

(1) 지속가능발전 도시

도시는 멈추지 않고 성장을 추구해 2000년대에 이르러는 세계 인구의 절반 이상을 수용하고, 경제 생산의 75%를 담당하고, 에너지의 67%를 소비하며 전 세계 온실가스의 70%를 배출한다. 국제사회는 지구 차원의 산업화와 도시화의 진전이 환경 파괴를 수반하며 성장의 한계를 드러내고 있다는 것을 인식해 1991년 유엔(UN) 환경회의는 '환경적으로 건전하고 지속가능한 개발(ESSD)'을 선포하고 이를 위한 다양한 노력을 기울이고 있다. 유엔은 2000년을 맞이하면서 2015년까지 새천년개발목표(MDGs), 이어서 2016년부터 2030년까지는 지속가능발전목표(SDGs)를 설정해 추진하고 있다.

지속가능발전목표 17개 세부 목표 중 11번은 '지속가능한 도시와 공동체(sustainable cities and communities)'로 2010년 기준 전 세계 인구의 51% 이상이 거주하고 경제 발전의 토대가 되는 기회의 장소인 도시를 지속가능한 도시로 만들 것을 강조한다(UN, 2023). 현대의 도시는 성장 시대를 지나 인구 증가세의 둔화, 기후변화, 디지털 기술 등으로 인한 불확실성이 높아진 상황에서 성숙 시대로의 전환을 필요로 한다. 성숙 시대의 도시는 경제 위주의 양적 성장보다 사회와 환경을 경제와 같이 중요하게 다루는 질적 성장의 지속가능한 도시를 지향해야 한다.

유엔에서 2024년 발간한 지속가능발전 보고서(UN, 2023)는 2022년 세계 인구 약 80억 명 중 55%가 도시에 거주하는데, 이들 44억 명 중 약 11억 명이 주택, 교통, 기초 서비스가 부족한 빈곤 지역에 살고 있으며 2050년이 되면 도시 거주 인구는 70%로 늘어나며 빈곤 지역 인구는 약 20억 명이 될 것으로 예측한다. 이러한 상황은 모두가 살기 좋은 통합적이며 포용적인 지속가능한 도시로 나아갈 것을 요구한다.

읽기 자료 13-1. 지속가능발전의 지속가능한 도시(SDG #11) 세부 목표(Target)

11.1	2030년까지 모두에게 적절하고 안전하며 적정가격의 주택과 기본 공공 서비스의 접근성을 보장하고 빈민가 환경 개선
11.2	2030년까지 모두를 위한 안전한 적정가격의, 접근이 용이하고 지속가능한 교통시스템을 제공, 특히, 여성, 아동, 장애인, 노인 등 취약 계층의 필요를 고려하여 대중교통을 확대함으로써 도로 안전을 개선
11.3	2030년까지 모든 국가에서 참여적, 통합적이고 지속가능한 거주지 계획과 관리를 위한 역량 강화 및 포용적이고 지속가능한 도시화를 강화
11.4	세계 문화, 자연 유산을 보호하고 보존하기 위한 노력을 강화
11.5	2030년까지 빈곤층과 취약계층의 보호에 초점을 맞추고 물 관련 재난을 포함해 재난으로 인한 사망과 피해자 수를 현저히 줄이고, 글로벌 국내총생산(GDP)에 영향을 미치는 직접적인 경제적 손실을 대폭 감소
11.6	2030년까지 공기의 질과 도시 외 여타 폐기물 처리에 특별한 관심을 기울이는 등의 방식을 통해 도시 인구 1인당 부정적 환경 영향을 축소
11.7	2030년까지 특히 여성, 아동, 노인 및 장애인을 위해 안전하고 포용적이고 접근가능한 공공 녹지 공간에 대한 보편적 접근을 보장
11.a	국가 및 대륙별 발전 계획을 강화하여 도시 및 도시 근교, 농촌 간 긍정적인 경제 · 사회 · 환경적 연계성을 지원
11.b	2020년까지 포용, 자원 효율성, 기후변화 완화와 적응, 자연재해에 대한 복원력을 위해 통합된 정책과 계획을 채택하고 이행하는 도시와 주거지의 수를 대폭 늘리고, 센다이 방재 프레임워크에 따라 모든 수준에서 통합재난위험관리를 개발하고 실행
11.c	최빈국이 현지 자재를 활용하여 지속가능하고 복원력 있는 건물을 건축하도록 재정적, 기술적 보조를 통한 지원

출처: 유네스코 지속가능발전위원회 홈페이지.

지속가능한 도시는 경제 성장이 환경에 부담을 주지 않고 성장 효과가 도시 구성원에게 모두에게 잘 돌아갈 수 있도록 해 사회적 양극화를 최소화하는 통합적 접근을 중요하게 고려한다. 또한 모든 사람이 기본적인 주택과 공공서비스, 효율적인 교통, 녹지 공간에 대한 접근 등을 제공받을 수 있는 포괄적인 도시 개발 정책을 구현하는 데 노력할 것을 강조한다. 글로벌 스케일에서는 기본적인 생계와 재난 감소 등을 위해 선진국과 개발도상국의 협력과 지원을 강조한다. 지속가능한 도시는 구체적으로는 개별 국가 및 도시 상황에 따라 대중교통이나 보행 중심의 도시, 에너지 낭비가 없는 효율적인 도시, 일자리가 풍부한 도시, 녹지 등 자연환경이 양호한 도시, 사회적 약자를 보호하는 도시, 다양한 문화와 주민들이 공존하는 공동체 도시 등 다양한 측면을 강조한다. 이들은 공통적으로 경제적 효율성을 넘어 사회적 형평성과 환경을 고려하며 대다수 시민의 삶의 질을 보장하는 살기 좋은 도시를 지향한다.

(2) 유엔 해비타트 III의 새로운 도시 의제

도시의 미래에 대한 국제기구 차원의 비전은 유엔 인간정주계획(Human Settlements Programme: 해비타트/HABITAT)에서 보다 구체적으로 제시한다. 해비타트는 유엔 산하 기구로 1978년 설립되어 인간의 주거와 관련한 정책과 프로그램을 개발하고 지원하는데, 주요 활동은 20년마다 UN 정상회의를 개최하며 주택과 지속가능한 도시 발전에 대한 의제를 제시하는 것이다. 해비타트 I은 1976년 캐나다 밴쿠버, 해비타트 II는 1996년 터키 이스탄불, 해비타트 III는 2016년 에콰도르 키토에서 개최되었는데, 키토 회의에서는 2015년 채택된 유엔의 지속가능발전 11번 지속가능한 도시와 공동체 목표의 내용을 구체화하고 실천을 강조하는 새로운 도시의제(The New Urban Agenda)를 제시하였다.

해비타트 III의 새로운 도시의제는 3년간 각국 정부, 지방자치단체, 전문가, 시민사회단체, 여성·청년·원주민 등 이해관계자가 참여해서 작성하고 193개 회원국이 공식과 비공식 회의를 거쳐 최종 합의한 유엔 최고위급 회의의 결과물이다. 새로운 도시의제는 도시 정책의 세계적인 흐름을 집약하고 향후 글로벌 차원의 각종 도시 정책의 준거가 되는데, 핵심 주제로 도시화를 인

【그림 13-1】 SDG 11번 목표와 해비타트 III의 새로운 도시의제 구현

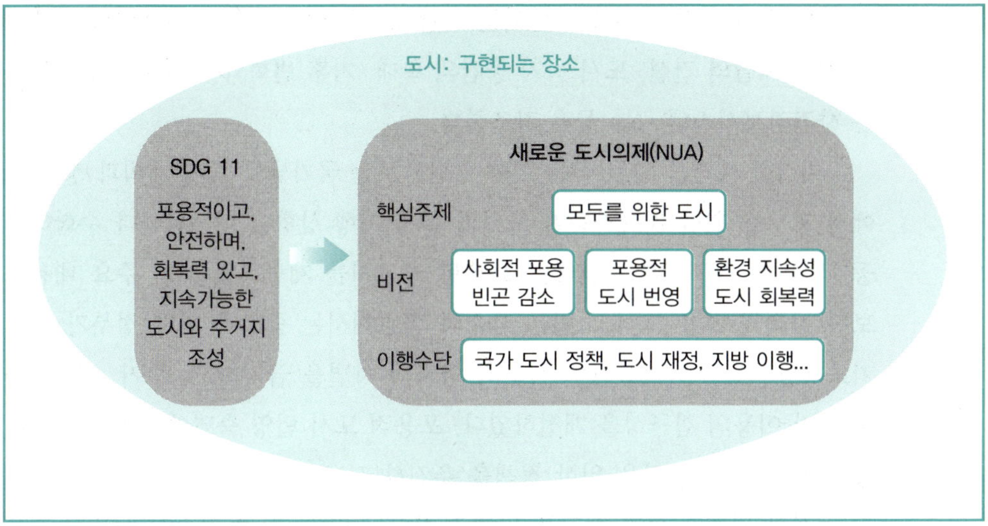

출처: 박세훈 외(2017, 18)의 변용.

류에 '기회'가 될 수 있도록 지속가능한 도시 발전을 위해 글로벌 비전과 실천적 규범으로 모두를 위한 도시(cities for all) 조성을 제시하고 있다.

모두를 위한 도시는 도시화에 따른 기회를 모든 계층이 누릴 수 있도록 시민들이 도시에 대한 권리를 표현할 수 있는 전향적 인식으로, 사회적 포용과 빈곤 감소, 포용적 도시 번영, 환경 지속성과 도시 회복력을 강조한다. 각 국가는 고유한 여건을 토대로 국가 차원의 도시 정책, 법과 제도 구축, 도시계획, 도시 경제와 지방재정 그리고 지방 이행을 제시하고 중앙정부와 지방정부 그리고 시민단체가 협력하며 책임을 다할 것을 제시한다.

새로운 도시의제는 핵심 주제 모두를 위한 도시 아래 3가지 비전으로 사회적 포용과 빈곤 감소, 포용적 도시 번영, 그리고 환경 지속성과 도시 회복력을 제시하고 있다. 사회적 포용과 빈곤 감소는 개도국과 선진국 모두에서 나타나는 도시의 빈곤과 불평등 문제에 주목한다. 특히 급격한 도시화와 코로나19 팬데믹으로 2020년 도시에 거주하는 약 11억 명이 빈민가와 비공식 정착지에서 생활하는 국제사회의 절대 빈곤 인구 상승에 관심을 기울인다. 포용적 도시 번영은 모든 시민이 도시 성장의 혜택을 누리고 차별이나 불평등 없이 동등한 기회를 얻을 수 있도록 도시에서 일자리를 창출하고 특히 비공식 정착

지역을 개선해 도시 생활의 질 향상을 강조한다. 환경 지속성과 도시 회복력은 자원 소비와 탄소 배출을 줄이는 복합 용도의 도시계획과 기후변화에 대비한 기반 시설의 건설, 도시 녹지 공간의 확대, 기후 변화와 자연재해에 대응하는 사전경보시스템 구축 등을 강조한다.

이러한 비전을 염두에 둔 이행 수단으로는 국가별로 도시 계획과 정책 면에서 모두를 위한 지속가능한 도시의 실제 이행 상황을 매 4년마다 수합하여 공개하도록 하고 있다. 한국은 2024년 보고서를 제출하였는데, 주요 내용을 보면 사회적 포용 그리고 빈곤 감소와 관련해서는 중앙과 지방 정부가 국민기초생활보장법을 적용하여 사회적 약자의 차별을 금지하고, 주거, 교통, 공공 공간 이용의 접근성을 개선하였다. 포용적 도시 번영 측면에서는 2000년대 들어 청년 고용 증진을 위한 정책을 추진하고, 도시재생사업 등으로 정주 여건 개선과 경제적 활력 제고를 위해 노력하고 있다. 환경 지속성과 도시 회복력 관련으로는 도시 면적 중 높은 수준의 녹지지역을 보존하기 위해 노력하고 있다.

전반적으로 한국의 새로운 도시의제 이행은 개선되고 있으나, 다문화·다인종 이민자, 기후 위기 등의 상황에 대응하는 능력이 낮은 취약 계층을 고려한 도시 정책은 포용성이 미흡한 것으로 나타나 개선이 필요하다. 또한 한국은 다양한 부문에서 제도적 기반을 갖추고 정부 정책을 시행하고 있지만, 지방정부, 시민사회, 지역 주민 등 다양한 이해관계자의 참여와 현지화 노력은 아직 부족해 확대할 필요가 있다.

유엔 해비타트Ⅲ의 새로운 도시의제는 국가별 상황에 부합하는 목표 아래 각 도시에서 성장과 공유가 이루어지는 노력으로 모두를 위한 도시를 지향하는데, 이는 도시 내 모든 사람들이 주거, 일자리, 공공 서비스 접근, 문화 활동, 도서 거버넌스 등에 공정하게 참여할 권리를 가질 수 있도록 보장해 지속가능한 도시 발전을 추구한다.

(3) 도시에 대한 권리

새로운 도시의제는 도시를 종합적으로 바라보며 '모든 시민은 누구나 도시에 대한 기회와 권리를 동등하게 가진다'는 도시에 대한 권리를 중요하게 강조한다(박세훈 외, 2017). 도시에 대한 권리는 1968년 프랑스 파리에서 68운동이 확산하던 시기 진보적 지식인이었던 앙리 르페브르(H. Lefebvre)가 출간한 책의 제목으로 처음 등장했다. 도시에 대한 권리는 도시 공간에 대한 포용성, 접근성, 그리고 민주주의의 필요를 강조하는 개념으로, 도시에 거주하는 주민은 누구나 도시가 제공하는 편익을 누릴 권리, 도시 정치와 행정에 참여할 권리, 자신들이 원하는 도시를 스스로 만들 권리를 의미한다. 이후 세계 여러 곳에서 도시에 대한 권리는 더욱 폭넓은 사회정의와 민주주의를 요구하는 구호로 사용된다.

도시는 건물, 도로, 기반 시설 등의 물질적 측면과 더불어 다양한 거주자들이 이질성, 다양성, 만남과 교환을 통해 만들어 가는 집합적 공간으로 상징적 측면의 사회적 가치(values)와 정치적 측면의 이상(ideas)이 상호의존하며 만들어진다(Chueca, 2016). 도시는 그 안에 살고 있는 모든 사람이 공유하는 집합적 공간으로 상품화나 자본주의와 같은 시장의 힘에 의해서만 통제되어서는 안 되고 그곳에 살고 있는 시민에 의해 구상되고 관리되어야 하는 공간이다.

도시에 대한 권리는 물질적으로는 물, 전기, 위생, 교육, 보건, 공공 공간

【그림 13-2】 도시에 대한 권리의 기반

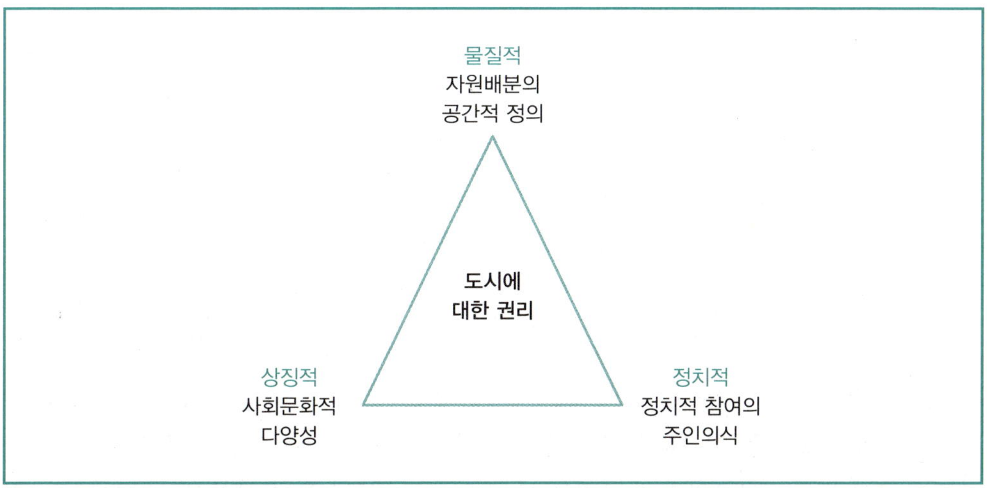

출처: Global Platform for the Right to the City(https://www.right2city.org/the-right-to-the-city/).

등의 기본 서비스와 시설, 적절하고 이용가능하고 지속가능한 교통수단, 적절한 주거/주택, 공평한 삶의 질, 기회, 적절한 일자리, 녹지 공간, 보존된 생태계와 생다양성 그리고 자연재해로부터 안전한 장소 등의 자원 배분이 사회적, 공간적으로 공정하게 배분되어 모든 인간 거주지역은 좋은 생활 조건을 보장받아야 한다.

도시는 성별, 정체성, 민족성, 종교, 유산, 집단 기억, 문화적 관행 및 표현 등의 차이를 포괄하는 사회문화적 다양성을 가진다. 이러한 사회문화적 다양성은 사회적 응집력, 사회적 자본, 자기표현 및 정체성을 나타내는 문화, 이웃 관계 및 이해관계의 인정을 요구하는 도시에 대한 상징적 권리로 표출된다. 도시는 상호 관계와 상호 이해가 새로운 형태의 도시 생활을 발전시키는 만남, 상호작용 및 적극적인 연결의 가능성을 창출해야 하고, 모든 종교, 민족성, 언어, 문화 및 관습을 존중하고 가치 있게 여겨야 한다. 또한 차별 없는 공공 공간의 사용으로 사회적 잠재력과 창의성을 개방해 커뮤니티와 연대를 구축하는 활동을 삶의 일부로 인정할 것을 요구한다.

정치적으로는 도시의 모든 주민은 정부 구조, 의사결정, 정책에 사회적, 정치적 행위자로서 시민권을 행사할 수 있는 주인의식을 실현할 수 있어야 한다. 모든 임시 거주자를 포함한 주민은 자신들의 생활환경을 만드는 데 필요한 요구를 충족시킬 수 있어야 하고, 이를 위해 주거지의 다양성이 제공되어야 한다. 정치적 주인의식은 자본과 국가 엘리트가 도시와 그 공간의 조직 및 관리에 대한 의사결정에 대한 권한을 축소하고, 모든 주민의 사용 가치를 극대화하는 방식으로 도시 공간을 재구성한다. 이를 위해서는 의사결정을 위한 투명성, 책임성 및 민주적 구조와 효과적이고 평등한 정치 참여의 충분한 기회 및 자원의 할당이 필요하다.

도시에 대한 물질적, 상징적, 정치적 측면의 권리는 사람 중심의 도시, 즉 사회적 도시 생산과 인간 거주지 만들기를 가능하게 한다. 도시에 대한 권리는 모든 거주자들이 충분하고 품위 있는 삶에 필수적인 도시를 공정하고, 포용적이고, 지속가능하게 사용, 점유, 생성하는 권리로, 도시 공동체 구성원 모두가 도시를 공유하며 혜택을 누릴 수 있어야 한다는 것을 강조한다. 이는 기본적으로 공간적으로 공정한 자원 배분, 사회-문화적 다양성, 그리고 정치적 참여를 주축으로 한다. 도시 권리의 주체는 거주자, 주민 협회, 시민단체, 공무원 등 다양하며, 정부와 도시 거주자는 도시에 대한 권리를 알아야 하는 책무를 다하고, 공유재로서의 도시를 집합적, 분산적 권리를 통해 이용, 관리하는 것을 기반으로 한다.

도시에 대한 권리의 기반은 보다 구체적으로는 8가지 구성 요소로 구분하여 볼 수 있는데, 이들이 정책과 실천으로 이어지면 모두를 위한 도시를 만들 수 있을 것이다. 첫째는 차별이 없는 도시로, 성별, 연령, 건강 상태, 소득, 국적, 민족, 이주 조건 또는 정치적, 종교적 또는 성적 지향 등 소수 민족과 민족적, 인종적, 성적 및 문화적 다양성을 포용하고, 주민의 모든 관습, 기억, 정체성, 언어 및 예술적, 문화적 표현을 존중, 보호 및 증진하는 도시를 지향한다. 둘째는 성평등 도시로 여성과 소녀에 대한 모든 형태의 차별 퇴치에 필요한 조치를 해, 여성과 소녀의 완전한 발전을 보장하고, 인권 행사 및 이행에서 평등을 보장하며, 폭력 없는 삶을 보장하기 위한 모든 적절한 조치를 하는

【그림 13-3】 도시에 대한 권리의 8가지 구성

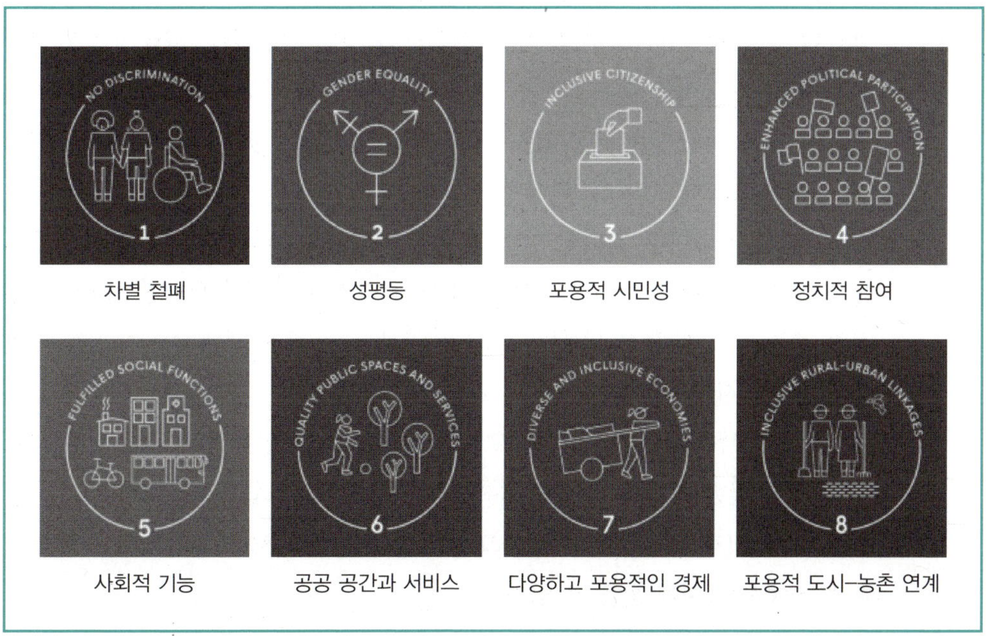

출처: Torres and Carbó(2022).

도시를 지향한다. 셋째는 포용적 시민성으로 영구적이건 임시적이건 모든 주민, 예를 들어 여성, 빈곤 또는 환경적 위험 상황에서 사는 사람, 비공식 경제 종사자, 민족 및 종교 단체, LGBT, 장애인, 어린이, 청소년, 노인, 이주민, 난민, 거리 거주자, 폭력 피해자와 원주민을 시민으로 간주하고 동등한 권리를 부여하는 도시를 지향한다. 넷째는 정치적 참여를 제공하는 도시로, 도시 정책의 정의, 실행, 모니터링 및 예산 책정과 주민과 조직의 다양성에 대한 투명성, 효과성 및 포용성을 강화하기 위한 공간 계획에 참여할 수 있는 도시로, 모든 인간 정착지의 공평한 거버넌스와 사회적 기능을 행사, 주장, 방어 및 촉진할 모든 정부와 시민의 책임을 강조한다. 다섯째는 모든 사람, 특히 여성, 소외 계층 및 특별한 요구 사항이 있는 사람들이 주택, 상품, 서비스 및 도시 기회에 공평하고 저렴하게 접근할 수 있도록 보장하는 사회적 기능을 수행하는 도시로, 도시/인간 거주지는 집단적으로 정의된 공공 및 사회적 이익을 우선시하고, 도시와 농촌 공간을 공정하고 환경적으로 균형 있게 사용하며, 서식지의 사회적 생산을 인정하고 지원한다. 여섯째는 공공 공간과 서비스를 갖춘 도시로 사회적 상호작용과 정치적 참여를 강화하고, 사회문화적 표현을 촉진하고, 다양성을 수용하며, 사회적 응집력을 키울 수 있는 주민, 특히 생계와 관련된 요구 사항을 충족하는 데 기여하는 도시를 지향한다. 일곱째는 다양하고 포용적인 경제를 갖춘 도시로 모든 주민을 위한 안전한 생계와 적절한 일자리에 대한 접근성을 보장하고, 사회 및 연대 경제, 공유 경제 등 대안 경제에 기회를 제공하고, 주로 여성이 개발한 가사 관리와 지역 사회 활동을 인정하며, 여성과 소녀의 완전한 발전 보장을 지향한다. 마지막 여덟째는 포용적 농촌-도시 연계를 갖춘 도시로 농촌과 도시 지역 모두에서 가난한 사람들에게 식량 주권을 보장하고, 생물다양성, 자연 서식지, 주변 생태계를 보호하는 지속가능한 도시를 지향한다.

도시에 대한 권리에 기반한 모두를 위한 도시는 실제 도시 정책에서 사회적 약자에 대한 차별과 배제를 극복하는 포용도시 그리고 도시의 자원, 공간, 정보 등을 시민들이 함께 이용하고 관리하는 공유도시를 실천하며 구현하려는 노력에서 사례를 찾을 수 있다.

(4) 포용도시와 공유도시

포용도시와 공유도시는 도시화와 산업화 과정에서 생겨난 도시의 불평등 구조와 사회적 문제, 특히 경제적 가치와 사적 재산권 소유에 기반한 성장을 추구하며 자산이 없는 시민들이 도시 공간의 이용과 의사결정에 참여하지 못하는 사회적 배제를 극복하고자 한다. 포용도시는 도시의 자원과 기회를 모든 시민이 누릴 수 있도록 하며, 공유도시는 자원, 공간, 정보 등을 시민들이 공유를 통해 공동 자원으로 확대하며 사회적 배제의 문제를 극복하고자 한다. 양자 모두에서 시민들은 자발적인 참여와 협력을 통해 공동체 의식을 배양하며 모두를 위한 지속가능한 도시를 실현하게 된다.

포용도시는 도시 내 거주하는 사람이 살만한 주거 공간과 공공 서비스를 제공받는지, 교육, 문화 등 사회적 영역에 관계하여 들어갈 수 있는 능력과 기회, 그리고 정치적 의사결정에 참여하는 기회를 보장받는지를 중요시하며 공간 차원에서는 보편적 접근, 사람 차원에서는 배제에서 포용, 거버넌스 차원에서는 참여와 혜택을 정책 방향으로 추구한다. 공간적 포용은 가장 기본적인 요소로 도시민들이 경제 활동에는 참여하지만 지불 능력이 없어 도시 외곽에 거주하며 통근하거나 재개발, 젠트리피케이션 등으로 기존의 주거 공간을 잃고 다른 지역으로 하게 되는 경우 사회적 관계, 정치적 권리마저 위협받는 상

【그림 13-4】 포용도시의 차원들

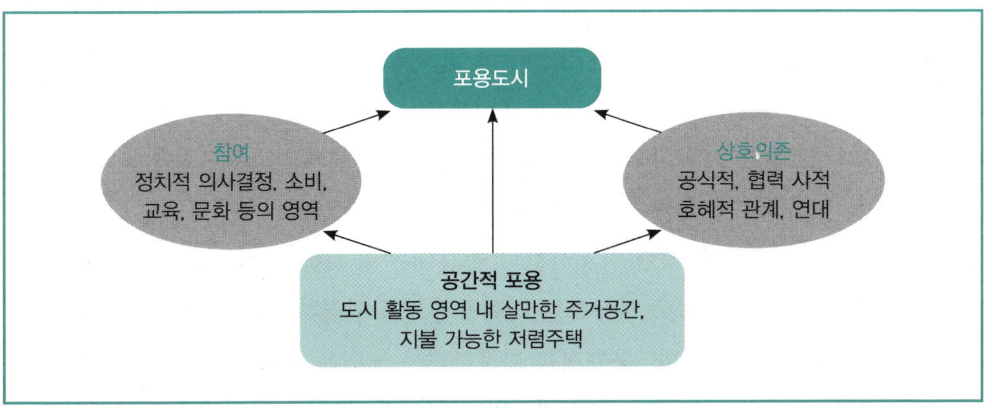

출처: 박인권(2015)의 변용.

황에 놓이기 때문에 사회적, 정치적 포용까지를 포괄하게 된다.

포용도시는 다양한 지표로 평가를 받는데, 한국의 경우 보편적으로 소형 주택이나 공공임대 주택 공급 비율, 빈곤 인구나 비정규직 비율, 투표율이나 자원봉사 참여율 등을 사용한다(변미리, 2018). 한국의 소형주택 의무 비율 제도는 1978년 처음 도입되어 중단과 변화를 겪으며 현재까지 유지되고 있으며, 임대주택 의무 비율 제도는 주택을 구입할 능력이 없는 저소득층에게 저렴한 주택을 공급해 주는 효과와 더불어 주로 중산층이 거주하는 분양주택과 혼합해 공급함으로써 사회적 통합에 기여한 것으로 평가받는다. 한국의 공공 임대주택 공급은 1971년 대한주택공사의 300호 건설을 시작으로 1989년 영구임대주택이 도입되면서 본격적으로 진행되었고, 이후 재개발사업이나 주거환경개선사업을 통해서도 공공 임대주택을 공급해 도시의 포용성을 높이는 역할을 하고 있다. 그러나 한국의 공공 임대주택 비율은 2020년 기준 약 7%로 OECD 평균 약 10%보다 낮고, 공공 임대주택에 거주할 자격이 저소득층, 장애인, 편부모 가정 등 사회적 약자로 한정되어 사회 계층에 따른 주거 분리 현상도 나타나며, 대다수 입주자들이 주거지에 대한 애착과 주인의식을 갖지 못하는 경우가 많아 사회적, 정치적 측면의 포용성에서는 한계를 보인다.

공유도시는 정보통신기술을 사용해 물건, 정보, 재능 등의 유휴 자원을 필요한 사람과 연결해 자원의 효율성을 높이며 적은 자원으로 최대한의 편익을 도모하는 목적으로 시작했다. 그러나 공유활동의 상업화 등의 문제로 최근에는 도시를 공유재로 인식하고 공유자원을 확대하는 방향으로 확장하고 있다. 도시는 농촌 지역과 달리 사적인 소유권이 확립된 배타적 공간으로 사유화되었거나 국가나 지방 정부가 소유하고 있어 공동체 구성원의 자치가 작동하는, 즉 공동체가 이용하고 관리하는 공유재를 찾아보기 어렵다. 여기에 1980년대 이후 확장되는 신자유주의화는 공공재의 민영화, 상품화, 공공서비스 축소를 가속화하며 도시의 배제적 공간은 늘고 있다.

공유도시에 대한 국제사회의 공감대는 도시를 사적 이윤의 각축장이 아닌 시민이 공동으로 사용하는 사회공간으로 인식해 모두를 위한 도시로 만들어 가자는 입장이다. 공유재를 회복하려는 노력은 도시의 사회적 배제를 극복하는 방안으로 도시에 대한 권리의 실천이다. 도시는 보편적으로 경제적 기능을 우선시하여 집적에 따른 교통 체증 등의 불이익을 줄이기 위해 그리고 경기 부양책으로 주택을 건설하고, 도로를 증설하고 주차장을 만들어 수용 용량을 늘리는 데 주력해 왔다. 그러나 최근 서울 도심의 공공 공간을 확대한 광화문광장 확장은 새로운 시도이다. 서울 도심의 광화문광장은 왕복 16차로의 세종로 중간에 위치해 광장 역할을 하지 못했다. 서울시는 문화재청의 광화문 복원 사업 과정에서 2018년 서쪽 차로를 없애고 동쪽에만 6차로를 두어 횡단보도를 없애고 기존 광장을 넓히는 모습으로 변경했다. 광화문 앞의 동서 방향 사직로 자리에는 새로 기존 공간의 3배 이상 크기로 광장을 조성해 문화공연 등에 사용할 수 있도록 했다. 이러한 변화는 정부 주도로 시민과 소통하며 자동차의 도심 운행을 줄이며 도로를 광장으로 변화시킨 시도였다.

시민 주도로 도시에서 공유지를 되찾고 공동체가 이용, 관리하려는 시도

【그림 13-5】 광화문광장 조성 기본계획

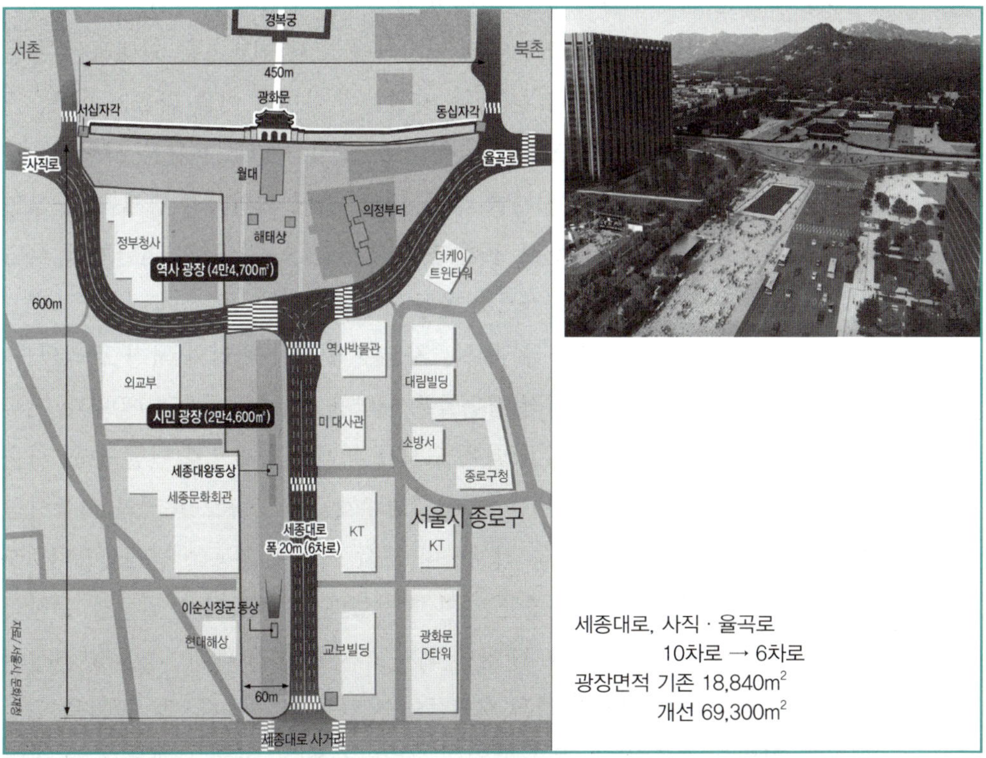

출처: 연합뉴스(좌-2018년 4월 10일, 우-2022년 7월 12일).

는 지역 자산화 또는 도시 커먼즈 운동으로 불린다. 지역 자산화는 사적 혹은 공적 재산권에 귀속된 토지나 건물을 공동체의 공유자산으로 전환함으로써 토지이용의 효율성과 안정성을 높이고 자산에서 발생하는 가치를 지역공동체가 함께 누리는 과정이다. 지역 자산화라는 용어는 공동체자산구축(community wealth building)을 의역한 것으로, 전통적인 도시 발전이 개발자, 자본 주도로 이루어지며 부수적으로 발생하는 문제를 해결하지 못하고 있어 사회적 경제에 기초하여 공동체와 개인의 능력을 발휘해 지역의 자산 소유권을 늘리고 지역의 일자리를 확보하고, 자체적으로 공공서비스를 제공하고, 지역 경제의 안정을 도모하며 도시를 개선하는 다양한 시도를 포괄한다(나상윤 외, 2023).

세계 여러 도시에서 지역 자산화에 부합하는 다양한 활동을 전개하는데, 시민들은 자발적으로 정부로부터 지역 자산을 운영하는 권한을 이양받아 텃밭 가꾸기, 마을 도서관 등의 공공 공간을 늘리며 주민 공동체를 형성하고 복원하여 지역의 역량과 정체성을 키워나간다. 지역 자산화는 국가 주도의 도시 개발방식 또는 자본주의 시장 원리에서 발생하는 투기적 도시화, 사회경제의 불평등과 양극화와 같은 사회문제에 저항하여 도시 커먼즈를 확대하는 운동으로 나타나기도 한다. 커먼즈는 공동 자원만이 아니라 이를 만들고 이용, 관리하는 규범과 제도까지를 포괄하는 의미로, 도시 커먼즈 운동은 사회적으로 배제된, 예를 들면 도시의 (재)개발 과정에서 쫓겨난 세입자와 영세 임차 상인들, 실업과 주거 불안정으로 살 곳이 없는 청년과 노숙자들의 피난처를 시민 참여자들이 직접 관리하는 공간으로 만들고자 한다.

그러나 도시에서 이윤을 추구하는 자본주의 시장 원리와 국가 관리의 규범에서 벗어나는 시민의 자치적 행위들은 제약을 받는다. 특히 1980년대 이후 지속되어 온 신자유주의 질서는 더욱 도시를 배제적 공간으로 만들었다. 서울의 경의선 유휴 철로부지 일부는 여러 시민주체들이 소규모 축제와 벼룩시장 등 다양한 공공 목적의 활동을 전개하며 도시 커먼즈 운동을 전개했으나, 정부의 반납 요구에 저항하다 결국 자진 철거했다. 광주광역시 푸른길 공원의 경우도 유사하게 철도 이설로 생겨난 폐선 부지를 민간 매각, 경전철 건설의 계획을 세우자 소음 피해를 겪은 시민들이 시민을 위한 공간으로 공원을 조성하자는 청원을 꾸준히 해 결국 공원으로 탈바꿈했다. 이들 사례는 도시 커먼즈의 어려움이 있지만, 시민의 자발적이고 지속적인 정책 참여는 그 가능성 또한 있다는 것을 보여주었다.

포용과 공유도시는 도시의 공간적, 사회적 배제와 불평등을 줄이기 위해 도시 공간을 시장적 가치로만 볼 것이 아니라 사회적 약자를 배려하고 시민 공동체가 이용, 관리하는 공간을 늘려 공공의 이익을 중시하며 사회적 가치를 창출하는 노력으로 그 과정에서 지역성을 회복하고, 지역공동체의 역량을 강화하며 지역 발전으로 이어지는 선순환의 고리를 만드는 토대가 되어 지속가능한 도시를 향해 나아가는 새로운 가능성을 보여준다.

(5) 지속가능한 미래 도시

도시는 인구가 집중하고 경제 성장을 주도하며 개인의 자유와 목표를 실현하는 지역으로 성장해 왔다. 이러한 성장 과정에는 자본주의 시장 원리와 개인들의 합리적 선택 그리고 국가 질서가 작동하며 보편적이면서도 다양한 발전 양상이 나타난다. 도시는 산업화 시기 기술 혁신과 부의 창출에 기반한 급격한 성장을 이루었으나, 이후 경제 재구조화와 신자유주의 확대 등으로 일자리가 줄어들고, 빈부격차가 심화되고, 도시 간 불평등한 발전과 도시 내 빈부 격차가 심화되는 문제를 맞고 있다.

대도시의 경우 주택 가격과 임대료 상승으로 물가와 임금 상승의 압박을 받고 다수의 노동자들은 외곽 지역에서 중심지로 통근하며 기업은 적합한 인력을 확보하는 데 어려움을 겪는다. 또한 저임금 일자리를 찾는 이주자가 증가하며 빈곤 주거 지역이 늘고 노숙자가 증가하며 도시의 양극화는 점차 심화된다. 여기에 이동을 위한 교통량의 증가는 탄소 배출 증가로 이어지며 기후 위기를 가속화시킨다. 대다수의 중소 도시는 세계 경제와 맞물려 발전을 위한 도시 정책으로 기업을 유치해 일자리를 창출하려 하지만, 글로벌 규모에서의 경쟁과 외부 자본에 의존하는 경제는 안정적이고 지속적인 성장을 어렵게 한다.

한국 도시의 경우 국가 전체적으로 저출산이 기존 수도권 집중과 불균형 발전이 새로운 변화 상황을 맞고 있다. 수도권으로의 인구와 기업의 집중은 서울의 도시 과밀화로 나타나 고밀도 개발과 주변 신도시 건설 그리고 이에 부수하는 교통 시설 확충의 공간 확장이 지속되고 있다. 지방 도시의 경우 수도권으로의 유출에 따른 상대적 인구 감소가 출산율 저하와 겹쳐지며 인구 감소와 인구 노령화가 가속화되고, 이에 따른 일자리 축소로 이어져 경제 활동은 위축되고 연이은 공공서비스 축소의 악순환 과정을 거치는 도시 쇠퇴의 위기를 겪고 있다. 도시의 불균등 발전과 지방 도시의 쇠퇴는 세계적으로 나타나는 보편적인 양상이지만 한국의 수도권 집중과 저출산 현상은 상당히 과도한 수준으로 심각한 상황으로 치닫고 있다.

오늘날 세계의 대다수 도시는 저성장을 겪고 있으며 점점 경제, 사회의 위기로 발전할 것이다. 새로운 도전을 맞고 있는 도시의 미래를 향해 국제사회는 성장에서 포용으로의 변화를 모색해야 한다는 공감대를 형성하고, 모두를 위한 공정하고, 살만하고, 살기 좋은 지속가능한 도시를 지향하고 있다. 이는 정부와 시민 모두 도시를 이윤추구 대상에서 모두를 포용하는 집합적이며 분산적인 권리에 기반해 운용, 관리하는 공유재로 고려하는 새로운 인식으로의 전환을 필요로 한다. 도시의 지속가능한 성장은 또한 저성장 시대를 맞이해 세계 경제에 의존하는 방식에서 지역 자원과 자산 그리고 지역 주민의 참여를 통해 지역 내에서 소비와 생산을 늘리고, 지역 내 이익이 머무르게 하는 지역 순환경제를 통해 지역의 자생력을 높이며 가능해질 것이다.

도시의 산업화가 중산층의 확대로 성장을 이루었다면, 새로운 도시는 포용적이며 모두를 위한 도시를 지향하며 지속가능한 도시로 나아가야 한다. 도시는 더 이상 개발의 대상이 아니라 공정한 자원 배분, 사회-문화적 다양성의 포용, 그리고 정치적 참여를 중요시하는 모두를 위한 도시로 성장해야 한다. 여기에는 공공주택을 포함한 적정한 비용의 다양한 주거를 선택할 수 있게 하고, 복합적 기능의 생활권을 갖춘 도시를 조성해 경제활동 참여 기회를 높이고, 자동차 시설 확충보다는 대중교통과 도보와 자전거 이용을 늘려 탄소 배출을 줄이는 전략을 필요로 한다. 이러한 도시 변화는 개인의 시간 활용과 지역사회 참여 기회가 늘며 주민 소속감이 높아지는 생활양식의 변화로도 이어진다.

도시는 사람이 모여 성장과 번영을 이끌어 온 곳이지만 도시의 지속가능

【그림 13-6】 지속가능한 도시의 통합적 이해

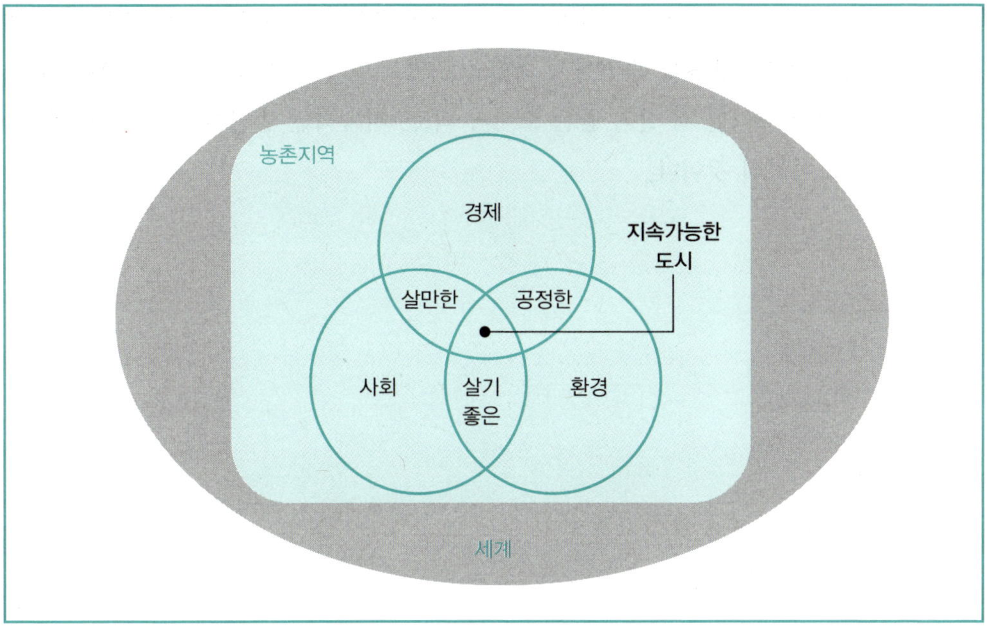

출처: Torres and Carbó(2022)의 변용과 확장.

성은 도전을 받고 있다. 지속가능한 도시는 시민, 기업, 정부 모두의 참여와 협력을 통해 사회적 배제를 넘어 모든 주민을 포용하고 모두가 참여하여 계획을 수립하고 의사결정을 하는 여건을 갖추고, 개발 지향을 넘어 기후변화에 대한 저감과 회복력을 갖출 때 성취할 수 있다. 도시의 지속가능성은 개별 도시만이 아니라 도시와 농촌 지역 그리고 세계 다른 지역의 도시와도 밀접히 연계되어 있다는 사고의 확장을 필요로 한다.

도시 주변 농촌 지역은 식량 자원 공급과 자연환경 보전을 수행하며 녹지 공간에 대한 접근과 부정적 환경 영향을 흡수하는 역할을 담당한다. 개발도상국의 도시는 급격한 인구 증가로 기반 시설이 부족하며, 자연재해를 겪으며 환경 악화와 빈곤 지역의 확대로 질병과 난민을 발생시키며 지구적 차원의 문제로 등장하고 있다. 발전국의 개발도상국 지원은 국제사회의 책무로 모두를 위한 지속가능한 발전의 필수 목표이다. 세계의 도시 인구 증가는 개발도상국에서 일어날 것으로 현재 발전국의 도시 성장 경로를 따르기보다 공간 분리와 탄소 배출이 적은 그리고 현재 개발도상국 전통에서 작동하는 공동체 기반 생활양식을 유지, 확대하는 방향으로 도시 발전을 지원할 필요가 있다.

지속가능한 도시는 세계의 도시들이 개별로 그리고 서로 협력하며 경제적, 사회적, 환경적 측면에서 균형을 이루는 모두가 함께 살아갈 도시를 만들기 위해 노력할 때 살기 좋은 도시가 되고, 지속적인 번영이 가능한 미래의 도시로 이어질 것이다.

생각해 볼거리

1) 도시와 농촌은 시대, 세대, 취향 등에 따라 살기 좋은 장소로서의 평가가 다를 수 있다. 도시와 농촌에 대한 자신의 평가를 다른 사람의 평가와 비교해 보고 왜 그런 차이가 나는지 생각해 보자.
2) 모두를 위한 도시를 다양한 거주자들이 서로 다른 시설이나 서비스를 요구할 수 있어 현실적으로 구현하는 데 어려울 수 있다. 대표적인 어려움으로 두 가지 정도를 생각해 보자.
3) 지속가능한 도시를 위해서는 여러 분야에서 시민의 참여가 중요하다. 자신이 생각하는 참여 활동으로는 무엇이 어떤 면에서 중요할지를 생각해 보자.

읽을거리

강정희·김남재·김선석·김승호·김태훈·박석규·박순희·박형균·변병설·변주영·서재증·신담·왕인숙·윤영선·임성철·임정호·장기민·장윤승·정경연·정혜원·최윤희·표순례, 2025, 도시, 미래를 그리다, 하움출판사.

김시덕, 2024, 한국 도시의 미래: 인문학자가 직접 탐사한 대한민국 임장 보고서, 프로스트북스.

김익성·양준호 역, 2023, 프레스턴, 더 나은 경제를 상상하다 – 쇠퇴한 지방 도시에서 영국 최고의 도시로 거듭난 프레스턴 이야기, 원더박스(Brown, M., and Jones, R, 2021, *Paint Your Town Red*, Repeater).

김현정 역, 2024, 축소되는 세계: 인구도, 도시도, 경제도, 미래도, 지금 세계는 모든 것이 축소되고 있다, 사이(Mallach, Alan, 2023, *Smaller Cities in a Shrinking World: Learning to Thrive Without Growth*, Island Press).

윤대식, 2023, 도시의 미래: 현상과 전망 그리고 처방, 박영사.

참 | 고 | 문 | 헌

강현수, 2010, 도시에 대한 권리: 도시의 주인은 누구인가, 책세상.

국토연구원, 2024, "특집: 새로운 도시의제(New Urban Agenda)와 우리 도시정책의 과제", 국토, 511.

김영선 역, 2023, 번영하는 도시, 몰락하는 도시, 어크로스(Goldin, I. and Lee-Devlin, T., 2023, *Age of the City: Why our Future will be Won or Lost Together*, Bloomsbury Continuum).

김인희·윤서연·진화연·변미리·맹다미·홍상연·한지혜·우영진, 2021, 뉴노멀시대 미래도시 전망과 서울의 도시공간 발전방향, 서울연구원.

김현정 역, 2024, 축소되는 세계: 인구도, 도시도, 경제도, 미래도, 지금 세계는 모든 것이 축소되고 있다, 사이(Mallach, A., 2023, *Smaller Cities in a Shrinking World: Learning to Thrive without Growth*, Island Press).

나상윤·사회적협동조합 사람과공간, 2023, 시민 자산화로 로컬의 거점 공간 만들기, 벽너머.

박배균·이승원·김상철·정기황 편, 2021, 커먼즈의 도전: 경의선 공유지 운동의 탄생, 전환, 상상, 빨간소금.

박세훈·박미선·임상연·이소영·윤소진, 2017, 해비타트Ⅲ 의제(the new urban agenda) 이행방안 연구, 국토연구원.

박인권, 2021, "도시 커먼즈와 사회적 부동산", 국토, 478, 11-18.

박인권, 2015, "포용도시: 개념과 한국의 경험", 공간과사회, 25(1), 93-137.

박정윤 역, 2022, 15분 도시 백서, 국토연구원(Chaire ETI, White Paper).

변미리, 2018, 포용도시를 향하여: 서울형 포용도시 지표개발과 포용성 진단, 서울연구원 정책리포트 제245호.

송창석, 2017, 유엔 해비타트III 후속 과제 발굴을 위한 국내외 지속가능한 도시 사례연구, 수원시지속가능도시재단.

신정엽·김감영·김영호 역, 2019, 도시 공간을 보다: 35가지 시선으로 바라본 도시, 제2판, 시그마프레스(Gottdiener, M., Budd, L., and Lehtovuori, P., 2016, *Key Concepts in Urban Studies*, SAGE).

안종희 역, 2018, 도시는 왜 불평등한가, 매일경제신문사(Florida, R., 2017, *The New Urban Crisis*, Basic Books).

양영란 역, 2023, 도시에 살 권리: 세계도시에서 15분 도시로, 정예씨출판사(Moreno, C., 2020, *Droit de Cite: de la《ville-monde》a la《ville du quart de'heure》*, Editions de l'Observatoire).

양재섭·남진·이영아·김인희·김예성·성수연·이재수, 2016, "저성장시대 도시정책 이슈와 방향", 도시정보, 409, 3-21.
연합뉴스, 2018년 4월 10일, "[그래픽] 광화문광장 조성 기본 계획".
윤대식, 2023, 도시의 미래: 현상과 전망 그리고 처방, 박영사.
이경식 역, 2022, 도시의 생존: 도시의 성장은 계속될 것인가, 한국경제신문(Glaeser, E. and Cutler, D., 2021, *Survival of the City: : The Future of Urban Life in an Age of Isolation*, Penguin Books).
이두현·류주현, 2024, 미래를 준비한 세계의 도시들: 지속 가능한 도시, 어떻게 만들어 왔나?, 지식과 감성.
이상호·임윤택·안세윤, 2017, 스마트시티, 커뮤니케이션북스.
이수진·허동숙, 2021, "프랑스 안 이달고 파리시장의 '내일의 도시 파리' 정책공약", 국토이슈리포트, 32.
임현묵·강상규·오수길·박세훈·김지현·김현정, 2017, 우리의 지속가능한 도시, 유네스코한국위원회.
임희지·양은정, 2024, 직주유 복합 집적도시 구상과 서울시 공간구조 개편사업 추진 방향, 서울연구원.
정원오, 2021, 지속가능도시: ESG에 Economy를 더해 지속가능도시를 탐구하다, 라이스메이커.
정윤희·임상연·박혜정·김민지·장재원, 2024, 새로운 도시의제 이행현황 대한민국 보고서, 국토교통부.
정은주, 2017, 인구감소시대 도시만들기와 공유경제, 전남대학교출판문화원.
조권중, 2017, '포용도시 서울' 성과와 과제, 서울연구원.
최명식, 2022, "도시 커먼즈 관점에서 본 우리나라의 사회적 부동산", 공간과 사회, 32(4), 90-122.
한국도시지리학회 편, 2022, 도시지리학개론, 법문사.

Brunn, S. D., Zeigler, D. J., Hays-Mitchell, M., and Graybill, J. K, 2020, *Cities of the World: Regional Patterns and Urban Environments*, 7th ed., Rowman & Littlefield.
Chueca, E.G., 2016, *The Right to the City: Building Another Possible World: Guidelines for its Understanding and Operationalization*, Global Platform for the Right to the City.
Torres, S., and Carbó, M. R., 2022, *Towards the Implementation of the Right to the City: Guide for the Implementation of Indicators on Municipal Policies for the Right to the City*, Observatori DESC and Global Platform for the Right to the City.
United Nations, 2023, *The Sustainable Development Goals Report*, Special edition.

Global Platform for the Right to the City Webpage, https://www.right2city.org/ the-right-to-the-city/#

색인

ㅅ

ㅇ

저자 약력(가나다 순)

권상철
제주대학교 지리교육과 교수(1995~현재)
오하이오주립대학교 지리학과 박사(1995)
경제지리학개론(2021, 공역)
도시지리학개론(2019, 공저)
지역정치생태학(2016)

김수정
전남대학교 지리교육과 교수(2021~현재)
이화여자대학교 인문지리학 박사(2018)
문화지리학개론(2025, 공역)
비재현적 방법론: 연구를 재상상하기(2023, 공역)

김종근
국립공주대학교 지리교육과 교수(2021~현재)
한국부동산원 부연구위원(2015~2021)
애리조나주립대학교 지리학 박사(2011)
지리정보시스템과 지리정보과학(2009, 공역)

박용하
전북대학교 지리교육과 교수(2021~현재)
오하이오주립대학교 지리학과 박사(2017)
한국교통연구원 부연구위원(2019~2021)
모빌리티 생활세계학(2021, 공저)

박종철
국립공주대학교 지리학과 교수(2021~현재)
국립공주대학교 지리정보학과 박사(2009)
섬 지역 척추동물 종목록(2024, 기술위원)
계룡시지(지리편)(2023, 공저)
한반도 기후특성에 따른 미기록 조류 후보 목록 구축(2022, 공저)
백두대간 나비의 분포와 잠재서식지 분석(2018, 공저)

이성호
경상국립대학교 지리교육과 교수(2021~현재)
서울대학교 지리학과 박사(2016)
미국의 주거정책(2023, 공역)
개발지리학과 국제개발협력(2023, 공역)
도시로 읽은 현대중국 2-개혁기(2017, 공저)

이소영
가톨릭관동대학교 지리교육과 교수(2024~현재)
서울대학교 지리교육과 박사(2020)
강릉시사(자연·인문환경)(2025, 공저)

이영아
대구대학교 지리교육과 교수(2010~현재)
(영국) 브리스톨대학교 사회정책학 박사(2009)
전술적 어버니즘: 장기적 변화를 위한 단기적 행동(2021, 공역)
장애의 지리학(2020, 공역)
불균등발전: 자연, 자본, 공간의 생산(2017, 공역)
도시재생과 가난한 사람들(2016, 공저)
사람을 위한 도시(2014, 역)

이재열
고려대학교 지리교육과 교수(2024~현재)
충북대학교 지리교육과 교수(2018~2024)
위스콘신주립대학교 지리학과 박사(2015)
지역개발론(2023, 역)
도시의 열쇠(2021, 역)
도시지리학개론(2020, 공저)

이진희

부산대학교 지리교육과 교수(2021~현재)
한국교육과정평가원 부연구위원(2019~2021)
텍사스주립대학교 지리학과 박사(2017)
Assessment in Geographical Education: An International Perspective(2022, 공저)

조대헌

경북대학교 지리교육과 교수(2023~현재)
가톨릭관동대학교 지리교육과 교수(2015~2022)
서울대학교 지리교육과 박사(2007)
한국의 인구(2025, 공저)
도시의 탐색: 도시공간이론과 GIS를 활용한 공간 분석(2011, 공역)
지리정보시스템과 지리정보과학(2009, 공역)

한지은

한국교원대학교 지리교육과 교수(2018~현재)
서울대학교 지리교육과 박사(2008)
도시와 장소 기억: 근대역사경관의 노스탤지어를 이용한 상하이의 도심재생(2014)
서울스토리: 장소와 시간으로 엮다(2013, 공저)

도시의 미래 탐구

2026년 1월 1일 초판 인쇄
2026년 1월 5일 초판 발행

엮 음 한국도시지리학회
발행인 배 효 선
발행처 도서출판 法 文 社
주 소 10881 경기도 파주시 회동길 37-29
등 록 1957년 12월 12일 / 제2-76호(윤)
TEL (031) 955-6500~6 FAX (031) 955-6525
e-mail (영업) bms@bobmunsa.co.kr
(편집) edit66@bobmunsa.co.kr
홈페이지 http://www.bobmunsa.co.kr
조 판 (주) 성 지 이 디 피

정가 35,000원 ISBN 978-89-18-91657-6